中国国家标准汇编

2002年修订-16

中国标准出版社
2004

中国国家标准汇编

2002年修订-16

中国标准出版社总编室　编

*

中国标准出版社出版
北京复兴门外三里河北街16号
邮政编码:100045
电话:68523946　68517548
中国标准出版社秦皇岛印刷厂印刷
新华书店北京发行所发行　各地新华书店经售

*

开本 880×1230　1/16　印张 46　字数 1 380 千字
2004年4月第一版　2004年4月第一次印刷

*

ISBN 7-5066-3405-8/TB・1095

印数 1—1 800　定价 120.00 元
网址 www.bzcbs.com

ISBN 7-5066-3405-8

9 787506 634052 >

出 版 说 明

1.《中国国家标准汇编》是一部大型综合性国家标准全集，自1983年起，按国家标准顺序号以精装本、平装本两种装帧形式陆续分册汇编出版。《汇编》在一定程度上反映了我国建国以来标准化事业发展的基本情况和主要成就，是各级标准化管理机构，工矿企事业单位，农林牧副渔系统，科研、设计、教学等部门必不可少的工具书。

2. 由于标准的动态性，每年有相当数量的国家标准被修订，这些国家标准的修订信息无法在已出版的《汇编》中得到反映。为此，自1995年起，新增出版在上一年度被修订的国家标准的汇编本。

3. 修订的国家标准汇编本的正书名、版本形式、装帧形式与《中国国家标准汇编》相同，视篇幅分设若干册，但不占总的分册号，仅在封面和书脊上注明“2002年修订-1，-2，-3，……”等字样，作为对《中国国家标准汇编》的补充。读者配套购买则可收齐前一年新制定和修订的全部国家标准。

4. 修订的国家标准汇编本的各分册中的标准，仍按顺序号由小到大排列（不连续）；如有遗漏的，均在当年最后一分册中补齐。

5. 本年度制修订的 GB/T 20000.1—2002、GB/T 24042—2002、GB/T 24043—2002、GB/T 28002—2002收集在本分册内。

6. 2002年度发布的修订国家标准分16册出版。本分册为“2002年修订-16”，收入新修订的国家标准30项。

中国标准出版社

2004年1月

目 录

前　言

本标准等效采用联合国标准报文中的《国际物流政府管理报文》。

本标准的报文类型代码为：SANCRT，版本发布号为：D.97A。

GB/T 17703系列标准在《国际物流政府管理报文》总标题下，目前包括下列3个部分：

第1部分：联合国标准国际物流政府管理报文

第2部分：一般原产地证明书报文

第3部分：普惠制原产地证明书报文

本标准与联合国标准报文技术内容完全一致，在编排格式上按照GB/T 1.1的要求编写。

本标准采用UN/EDIFACT D.97A中的段目录、复合数据元目录、数据元目录、代码表及有关国家标准。

本标准由对外贸易经济合作部提出。

本标准由全国电子业务标准化技术委员会归口。

本标准由中国国际电子商务中心、国家出入境检验检疫局、中国国际贸易促进委员会、外经贸部许可证事务局共同起草。

本标准主要起草人：刘立伟、汪先富、程慧、吴英俊、李又平。

中华人民共和国国家标准

国际物流政府管理报文 第1部分:联合国标准国际物流政府管理报文

GB/T 17703.1—2002

International movement of goods governmental regulatory message—Part 1:United Nations standard—International movement of goods governmental regulatory message

1 范围

本标准定义了国际物流政府管理报文(SANCRT)。

本报文适用于商业经营者与国家管理机构之间对进出口物品所需的证书、许可和授权书等进行申请和签发的电子数据交换。

2 使用规则

2.1 功能定义

本标准具有以下功能:

——商业经营者可以向国家管理机构申请签发或验证与进出口物品相关的证书、许可或授权书等。

——国家签证机构可以将物品的证书、许可或授权书的详细内容传送给申请人及进出口国家的相关部门(如海关等),以便于进出口物品的通关,同时保证进出口对象国对于物品的证明、许可和授权的要求得到满足。

2.2 应用领域

本报文适用于国内和国际应用,它以通用的商业规则为基础,不依赖于商业或行业类型。

2.3 原则

本报文可在国内、国际间使用,它可由政府机构或商业实体签发、验证或申请与进出口物品相关的许可证、证明书、授权书等。本报文主要在以下情况中使用:

——由进口商或出口商向签证机构申请签发证明书、许可证等。

——由签证机构通知申请人该证明书、许可证等已签发。

——由签证机构将已签发证明书、许可证的物品的详细内容通知国内海关当局。

——由签证机构将已签发证明书、许可证的物品的详细内容通知国外相关机构。

本报文针对出于各种原因(如各种物品的卫生/植物检疫证明、原产地证、授权书、或进出口许可证等)需要授权、验证的广泛的物品。

——本报文即可用于进口物品也可用于出口物品,在这两种情况下,一个报文用于从一个发货人交付给一个收货人的同一类物品。

——一份证书只限于同种类型或类别的物品。

——一份证书中的所有物品应由单个或成组运载工具同批运输。而运输可多阶段进行。

——物品可以装在一个或多个集装箱中,也可以是非箱货。

中华人民共和国国家质量监督检验检疫总局2002-08-09批准　　2003-04-01实施

——本报文不提倡在证明中使用标准背书或一般文本声明，建议上述声明和其他证明书协议在证明以外的单独贸易伙伴协议中说明。

3 报文定义

3.1 数据段描述

阅读本节时要参见段表。段表指明了必备型、条件型及重复要求。

0010 UNH 报文头

开始并唯一标识该报文的服务段，国际物流政府管理报文的报文类型代码是“SANCRT”。

注：《国际物流政府管理报文》必须在UNH段复合数据元S009中包含下列数据：

数据元	0065	SANCRT
	0052	D
	0054	97A
	0051	UN

0020 BGM 报文开始

该段唯一标识单证类型（例如原产地证、出口许可证、许可证申请书等），报文功能和单证参考号。

0030 DTM 日期/时间/期限

标识在BGM段中与单证有关的日期（例如签发日期、有效期、许可证的检验日期、物品的检验日期、鉴定日期、单证时间）。

0040 LOC 地点/位置标识

标识一个与整个报文相关的地点（例如原产地国、最终目的地国、目的地国、物品的当前位置、过境国、出口国、出口地区）。

0050 RFF 参考

标识与整个报文有关的参考（例如报关号、出口纺配许可证号、FORM A参考号、证明书号、屠宰厂商的执照号、加工厂商的执照号）。

0060 FTX 自由文本

以代码或自然语言描述文本信息，给出整个报文所需的进一步的说明（例如特别注释、证明陈述、物品描述等）。

0070 MEA 计量

标识与整个报文包含的产品相关的计量（如物品净重、物品数量、配额数量）。

0080 MOA 货币金额

标识与整个报文相关的货币金额（如发票金额、特殊手续费、运费、海关估价）。

0090 GIS 通用指示符

标识处理该报文的指示符。

0100 CST 货物通关状态

标识与整个报文相关的商品代码。

0110 段组1：DOC-DTM-LOC

标识单证的要求，以作为整个报文的支持信息。

0120 DOC 单证/报文细目

标识整个报文支持信息所需的一个特定单证。

0130 DTM 日期/时间/期限

标识在DOC段中说明的一个相关单证日期（例如单证签署日期或必须提交的期限）。

0140 LOC 地点/位置标识

标识与单证相关的地点（例如关于在DOC段中标识的签证地点）。

0150 段组2： NAD-SG3

标识涉及整个证书的参与方以及相关的联系方式及通信号码。

0160 NAD 名称和地址

标识与报文相关的参与方的名称和地址以及其他参考或地点(如进口商、发货人、收货人、出口商、申请人、承运公司、制造商、受让产品公司、证书签署机构、鉴定方等)。

0170 段组 3:CTA-COM

标识在 NAD 段中说明的参与方的联系和通信号码。

0180 CTA 联系信息

标识应直接联系的相关参与方的人员或部门的补充信息。

0190 COM 通信联系

标识与相关参与方详细的联系电话、传真或其他通信号码。

0200 段组 4:TDT-DTM-LOC-RFF

描述在这个报文中所述产品在各个阶段的运输方式。

0210 TDT 运输细目

标识运输方式和方法以及使用的运输工具(例如船的航次、飞机的航班、船名、飞机名称、船和飞机的注册号)。

0220 DTM 日期/时间/期限

标识与产品运输相关的日期(例如每个运输阶段的出发日期和到达日期)。

0230 LOC 地点/位置标识

标识与一个运输阶段相关的一个地点。

0240 RFF 参考

标识与一个运输阶段相关的附加单证或调整的参考。

0250 段组 5: PAC-PCI-MEA

描述与整个报文相关的包装件数、特性和包装标记。

0260 PAC 包装

标识与整个报文相关的包装类型和件数。

0270 PCI 包装标识

标识与整个报文相关的包装上的标记和标签。

0280 MEA 计量

标识对整个报文中所述产品的包装计量值(例如内包装、外包装的重量)。

0290 段组 6: EQD-TMP-SG7

标识整个报文所述产品的运输设备。

0300 EQD 设备细目

标识用于报文中所述产品的运输设备单位(例如集装箱或舱位)。

0310 TMP 温度

标识在 EQD 段中描述的设备单位的相关的温度细目。

0320 段组 7:SEL-DTM-LOC

标识用于整个报文中包含的产品运输设备单位上使用的签封。

0330 SEL 封志号

标识该设备单位的签封和签封方。

0340 DTM 日期/时间/期限

标识签封设备单元的相关日期。

0350 LOC 地点/位置标识

标识签封设备单元相关的地点(例如签封的地点)。

0360 段组 8:PRC-IMD-NAD-MEA-DTM-LOC-DOC-RFF-TMP

标识对整个报文中所含的货物、包装或运输设备的加工处理,以及相关的名称、地址、日期、计量和参考。

0370　PRC　处理标识

标识一个与整个报文相关的处理过程(例如有害物的处理、屠宰、包装、储存、测试、保存和与处理过程相关的物质,如化学品)。

0380　IMD　项描述

说明用在处理过程中的化学药品、活性成分等。

0390　NAD　名称和地址

标识与产品项目(如:处理、屠宰、包装、储存、测试机构)相关的参与方的名称和地址。

0400　MEA　计量

标识该处理过程中的多种计量因素(如储存的温度和处理过程中的化学浓度)。

0410　DTM　日期/时间/期限

标识与处理过程相关的日期和(或)时间(例如一个特定处理过程的持续时间)。

0420　LOC　地点/位置标识

标识与该处理过程相关的地点。

0430　DOC　单证/报文细目

标识作为该处理过程支持信息所需的一个特定单证。

0440　RFF　参考

标识与该处理过程相关的附加文本或调整参考。

0450　TMP　温度

标识与该处理过程相关的温度细目。

0460　段组 9:LIN-CST-MEA-PIA-IMD-GIN-RFF-ATT-DTM-LOC-FTX-QTY-MOA-SG10-SG11 SG13-SG14-SG16。

标识证明书、许可证、授权书的分项细目。

0470　LIN　分项

标识报文中的产品分项的细目。

0480　CST　货物通关状态

标识该项产品的商品代码。

0490　MEA　计量

标识关于该项产品的计量(例如毛重和净重、产品项目的编号或年份)。

0500　PIA　附加产品标识

描述附加的或代用的产品项目标识符,该段应该用来举例说明任何与该产品相关的关税类别。

0510　IMD　项描述

以行业或自由形式描述该产品项目,该段也可用于描述属性如种类等。

0520　GIN　货物标识号

描述关于产品项目的附加标识(如动物标识码)。

0530　RFF　参考

标识与产品项目相关的参考(如配额参考号、出口许可证号、许可证持有人参考号、产品序列号)。

0540　ATT　属性

进一步标识产品项目的属性(如产品的使用属性)。

0550　DTM　日期/时间/期限

标识与产品项目相关的日期(如使用日期)。

0560　LOC　地点/位置标识

标识与产品相关的地点(如原产地国与出口国不同)。

0570 FTX 自由文本

以代码或自然语言描述自由文本信息,给出该产品项目所需的进一步的说明(例如该项产品的学名、详细给出产品的特定说明和注释、产品污染物的名称)。

0580 QTY 数量

标识相关产品的数量细目(例如生产数量、贸易单位数量、调控单位数量、配额单位数量、装运数量)。

0590 MOA 货币金额

标识与该项产品相关的货币金额(如海关估价、项目价格)。

0600 段组 10:DOC-DTM-LOC

标识与许可证、证明书、执照等系列相关的特定单证。

0610 DOC 单证/报文细目

标识作为证明书、许可证和授权书等支持信息所需的一个特定单证。

0620 DTM 日期/时间/期限

标识与该单证相关的日期(例如单证签署日期或必须提交的期限)。

0630 LOC 地点/位置标识

标识与该单证相关的地点(例如单证签署地点)。

0640 段组 11:NAD-SG12

标识与一个分项相关的参与方及任何有关的地址,联系和通信号码。

0650 NAD 名称和地址

标识与一个分项相关的一个参与方的名称和地址。

0660 段组 12:CTA-COM

标识在 NAD 段中说明的参与方的联系和通信号码。

0670 CTA 联系信息

标识在 NAD 段中描述的应直接联系的相关参与方的人员和部门的补充信息。

0680 COM 通信联系

标识在 NAD 段中的参与方联系电话、传真或其他通信号码。

0690 段组 13:PAC-PCI-MEA

说明包装件数和特征以及单个包装的标记。

0700 PAC 包装

标识与该项产品相关的包装类型和件数。

0710 PCI 包装标识

标识与该产品项目相关的包装上的标记和标签。

0720 MEA 计量

标识与产品项目包装相关的计量值(例如内包装、外包装的重量)。

0730 段组 14:EQD-TMP-SG15

标识产品运输使用的设备。

0740 EQD 设备细目

标识用于运输产品的设备单位(例如集装箱或舱位)。

0750 TMP 温度

标识相关设备单位的温度细目。

0760 段组 15:SEL-DTM-LOC

标识用于该项产品运输的设备单位所用的签封。

0770 SEL 封志号

标识该设备单位的签封和签封人。

0780 DTM 日期/时间/期限

标识与签封设备单位有关的日期。

0790 LOC 地点/位置标识

标识一个签封设备单位的相关地点。

0800 段组 16:PRC-IMD-NAD-MEA-DTM-LOC-DOC-RFF-TMP

标识应用于该项产品的一个加工处理过程,以及相关的名称、地址、日期、计量和参考。

0810 PRC 处理标识

标识与产品项目相关的处理过程(例如有害物的处理、屠宰、包装、储存、测试、保存和处理中使用的物质,如化学品)。

0820 IMD 项描述

说明用于在处理过程中的化学药品、活性成分等。

0830 NAD 名称和地址

标识与产品项目相关的参与方(如检测机构)的名称和地址。

0840 MEA 计量

标识用于处理过程中的各种计量因素。

0850 DTM 日期/时间/期限

标识与处理过程相关的日期(例如一个特定处理过程的持续时间)。

0860 LOC 地点/位置标识

标识与该处理过程相关的地点。

0870 DOC 单证/报文细目

标识作为该处理过程支持信息所需的一个特定单证。

0880 RFF 参考

标识与该处理过程相关的附加参考或调整。

0890 TMP 温度

标识与这个处理过程相关的温度细目。

0900 CNT 控制总计

提供报文控制总计(如分项的总数、集装箱的总数、运输总量)以便为接收方核查。

0910 段组 17: AUI-DTM

允许查证发送方的真实性和数据的完整性。

0920 AUT 鉴定结果

包含运算的结果,以查证发送方的真实性和数据的完整性。

0930 DTM 日期/时间/期限

标识与前面 AUT 段有关的日期。

0940 UNT 报文尾

结束一个报文,给出报文中段的总数和报文的控制参考号。

3.2 数据段索引

ATT 属性

AUT 鉴定结果

BGM 报文开始

CNT 控制总计

COM 通信联系

CST 货物通关状态

CTA 联系信息

DOC 单证/报文细目
DTM 日期/时间/期限
EQD 设备细目
FTX 自由文本
GIN 货物标识号
GIS 通用指示符
IMD 项描述
LIN 分项
LOC 地点/位置标识
MEA 计量
MOA 货币金额
NAD 名称和地址
PAC 包装
PCI 包装标识
PIA 附加产品标识
PRC 处理标识
QTY 量
RFF 参考
SEL 封志号
TDT 运输细目
TMP 温度
UNH 报文头
UNT 报文尾

3.3 报文结构

3.3.1 段表

位置标识符	标记	名称	状态	重复次数
0010	UNH	报文头	M	1
0020	BGM	报文开始	M	1
0030	DTM	日期/时间/期限	C	99
0040	LOC	地点/位置标识	C	99
0050	RFF	参考	C	9
0060	FTX	自由文本	C	9
0070	MEA	计量	C	9
0080	MOA	货币金额	C	9
0090	GIS	通用指示符	C	9
0100	CST	货物通关状态	C	1
0110		——— 段组 1 ———	C	9
0120	DOC	单证/报文细目	M	1
0130	DTM	日期/时间/期限	C	9
0140	LOC	地点/位置标识	C	9
0150		——— 段组 2 ———	C	99
0160	NAD	名称和地址	M	1

0170	——— 段组 3 ———	C	9
0180	CTA 联系信息	M	1
0190	COM 通信联系	C	9
0200	——— 段组 4 ———	C	99
0210	TDT 运输细目	M	1
0220	DTM 日期/时间/期限	C	9
0230	LOC 地点/位置标识	C	9
0240	RFF 参考	C	9
0250	——— 段组 5 ———	C	99
0260	PAC 包装	M	1
0270	PCI 包装标识	C	9
0280	MEA 计量	C	9
0290	——— 段组 6 ———	C	99
0300	EQD 设备细目	M	1
0310	TMP 温度	C	9
0320	——— 段组 7 ———	C	99
0330	SEL 封志号	M	1
0340	DTM 日期/时间/期限	C	9
0350	LOC 地点/位置标识	C	9
0360	——— 段组 8 ———	C	99
0370	PRC 处理标识	M	1
0380	IMD 项描述	C	9
0390	NAD 名称和地址	C	9
0400	MEA 计量	C	9
0410	DTM 日期/时间/期限	C	9
0420	LOC 地点/位置标识	C	9
0430	DOC 单证/报文细目	C	9
0440	RFF 参考	C	9
0450	TMP 温度	C	9
0460	——— 段组 9 ———	C	9999
0470	LIN 分项	M	1
0480	CST 货物通关状态	C	9
0490	MEA 计量	C	9
0500	PIA 附加产品标识	C	9
0510	IMD 项描述	C	9
0520	GIN 货物标识号	C	9999
0530	RFF 参考	C	9
0540	ATT 属性	C	9
0550	DTM 日期/时间/期限	C	9
0560	LOC 地点/位置标识	C	9
0570	FTX 自由文本	C	9
0580	QTY 量	C	9
0590	MOA 货币金额	C	9

0600	——— 段组 10 ———	C	9
0610	DOC 单证/报文细目	M	1
0620	DTM 日期/时间/期限	C	9
0630	LOC 地点/位置标识	C	9
0640	——— 段组 11 ———	C	9
0650	NAD 名称和地址	M	1
0660	——— 段组 12 ———	C	9
0670	CTA 联系信息	M	1
0680	COM 通信联系	C	9
0690	——— 段组 13 ———	C	99
0700	PAC 包装	M	1
0710	PCI 包装标识	C	9
0720	MEA 计量	C	9
0730	——— 段组 14 ———	C	99
0740	EOD 设备细目	M	1
0750	TMP 温度	C	9
0760	——— 段组 15 ———	C	99
0770	SEL 封志号	M	1
0780	DTM 日期/时间/期限	C	9
0790	LOC 地点/位置标识	C	9
0800	——— 段组 16 ———	C	99
0810	PRC 处理标识	M	1
0820	IMD 项描述	C	9
0830	NAD 名称和地址	C	9
0840	MEA 计量	C	9
0850	DTM 日期/时间/期限	C	9
0860	LOC 地点/位置标识	C	9
0870	DOC 单证/报文细目	C	9
0880	RFF 参考	C	9
0890	TMP 温度	C	9
0900	CNT 控制总计	C	9
0910	——— 段组 17 ———	C	9
0920	AUT 鉴定结果	M	1
0930	DTM 日期/时间/期限	C	9
0940	UNT 报文尾	M	1

ICS 37.080
A 14

中华人民共和国国家标准

GB/T 17739.6—2002

技术图样与技术文件的缩微摄影
第6部分:35 mm 缩微胶片放大系统的质量准则和控制

Microfilming of technical drawings and technical documents—Part 6:Quality criteria and control of systems for enlargements from 35 mm microfilm

(ISO 3272-6:2000,Microfilming of technical drawings and other drawing office documents—Part 6:Quality criteria and control of systems for enlargements from 35 mm microfilm,MOD)

2002-05-21 发布　　2002-12-01 实施

中华人民共和国
国家质量监督检验检疫总局 发布

前　言

GB/T 17739《技术图样与技术文件的缩微摄影》分为6个部分：

——第1部分：操作程序；

——第2部分：35 mm银—明胶型缩微品的质量标准与检验；

——第3部分：35 mm缩微胶片开窗卡；

——第4部分：特殊和超大尺寸图样的拍摄；

——第5部分：开窗卡重氮拷贝缩微影像的检验程序；

——第6部分：35 mm缩微胶片放大系统的质量准则和控制。

本部分为GB/T 17739的第6部分，与ISO 3272-6:2000《技术图样和其他绘图室文件的缩微摄影——第6部分：35 mm缩微胶片放大系统的质量准则和控制》(英文版)的一致性程度为修改采用。其技术差异是：为了使用更方便，本部分中直接列入了ISO 3272-6中引用的ISO 3272-1中推荐的放大倍率表。

本部分还做了下列编辑性修改：

a) “国际标准本部分”改为“本部分”；

b) 删除国际标准的前言；

c) 用小数点“.”代替作为小数点的逗号“,”；

d) 由于增加了表1，原标准中的表1变为表2，表2变为表3。

本部分附录A是资料性附录。

本部分由全国文献影像技术标准化技术委员会(CSBTS/TC86)提出并归口。

本部分起草单位：全国文献影像技术标准化技术委员会六分会、国家档案局档案科学技术研究所。

本部分主要起草人：吴筑清、肖云。

本部分为首次发布。

技术图样与技术文件的缩微摄影 第6部分:35 mm缩微胶片放大系统的质量准则和控制

1 范围

GB/T 17739的本部分规定了缩微胶片放大系统和放大复印件的可读性要求和放大质量的检验方法。

GB/T 17739的本部分适用于技术图样和技术文件的缩微胶片放大系统和放大复印件。

2 规范性引用文件

下列文件中的条款通过GB/T 17739的本部分的引用而成为本部分的条款。凡是注日期的引用文件,其随后所有的修改单(不包括勘误的内容)或修订版均不适用于本部分,然而,鼓励根据本部分达成协议的各方研究是否可使用这些文件的最新版本。凡是不注日期的引用文件,其最新版本适用于本部分。

GB/T 6159.4—1994 缩微摄影技术 术语 第六部分:设备(eqv ISO 6196-6:1992)

GB/T 6159.5—2000 缩微摄影技术 词汇 第五部分:影像的质量、可读性和检查(eqv ISO 6196-5:1987)

GB/T 6159.7—2000 缩微摄影技术 词汇 第七部分:计算机缩微摄影技术(eqv ISO 6196-7:1992)

GB/T 6159.22—2000 缩微摄影技术 词汇 第二部分:影像的布局和记录方法(eqv ISO 6196-2:1993)

GB/T 6161—1994 缩微摄影技术 2号测试图的特征及其在缩微摄影技术中的应用(eqv ISO 3334:1989)

GB/T 8989—1998 缩微摄影技术 技术图样和技术文件缩微摄影的质量标准与检验(eqv ISO 3272-2:1994)

GB/T 14691—1993 技术制图 字体(eqv ISO 3098-1:1974)

GB/T 18405—2001 缩微摄影技术 ISO字符和1号测试图的特征及其使用(idt ISO 466:1991)

ISO 6196-1:1993 缩微摄影技术——词汇——第1部分:一般术语(Micrographics—Vocabulary—Part 1:General terms)

ISO 6196-3:1997 缩微摄影技术——词汇——第3部分:胶片处理(Micrographics—Vocabulary—Part 3:Film processing)

ISO 6196-4:1998 缩微摄影技术——词汇——第4部分:材料和包装物(Micrographics—Vocabulary—Part 4:Materials and packaging)

3 术语和定义

GB/T 6159.4—1994、GB/T 6159.5—2000、GB/T 6159.7—2000、GB/T 6159.22—2000、

ISO 6196-1:1993、ISO 6196-3:1997、ISO 6196-4:1998 确立的术语和定义适用于 GB/T 17739.6 的本部分。

4 放大倍率

放大制作时，应从表 1 中选定一种倍率。对于连续放大制作，所选取的放大倍率应使最大的放大复印件不超出卷筒式复印材料的宽度范围。

表 1 A 系列规格原件缩微品的放大倍率和复制尺寸(推荐值)

原件规格	名义缩率	名义放大倍率	复制尺寸
A0	1∶30	×14.9 ×21.0 ×29.9	A2 A1 A0
A1	1∶30 1∶21.2	×14.9 ×14.9 ×21.0	A3 A2 A1
A2	1∶21.2 1∶15	×14.9 ×14.9	A3 A2
A3	1∶21.2 1∶15	×14.9 ×14.9	A4 A3
A4	1∶15	×14.9	A4

5 可读性

用符合 GB/T 8989—1998 要求的测试片制作的放大复印件的可读性，宜能分辨表 2 中列出的 1 号测试图 ISO 字符或表 3 中列出的 2 号测试图图样。宜检验其中心线位置，并记录下水平与垂直方向的偏差。1 号测试图 ISO 字符和 2 号测试图图样见 GB/T 18405—2001 和 GB/T 6161—1994。

可使用光学仪器(如放大镜)检测可读性。

因为缩微胶片的可读性取决于缩率以及其他因素，因此放大的质量也取决于缩率。表 2 和表 3 给出了 GB/T 18405—2001 和 GB/T 6161—1994 规定的各种缩率对应的不同放大倍率下应能分辨清楚的 1 号测试图 ISO 字符和 2 号测试图图样值。

表 2 不同放大倍率下读出的 1 号测试图 ISO 字符

缩率	不同放大倍率下读出的 1 号测试图 ISO 字符				
	(7.5/1)	(10.5/1)	15/1	21/1	30/1
(1∶7.5)	100	80	63	56	50
(1∶10.5)	125	100	80	71	63
1∶15	140	125	112	100	80
1∶21	180	160	140	125	112
1∶30	250	225	180	160	140
注：括号中的数值没有列在表 1 中，只作为参考列入本表。					

表 3　不同放大倍率下读出的 2 号测试图图样

缩率	不同放大倍率下读出的 2 号测试图图样				
	(7.5/1)	(10.5/1)	15/1	21/1	30/1
(1∶7.5)	4.0	5.0	6.3	7.1	8.0
(1∶10.5)	3.2	4.0	5.0	5.6	6.3
1∶15	2.8	3.2	3.6	4.0	5.0
1∶21	2.2	2.5	2.8	3.2	3.6
1∶30	1.6	1.8	2.2	2.5	2.8

注：括号中的数值没有列在表 1 中，只作为参考列入本表。

附 录 A
（资料性附录）
缩微品放大复印的可读性

缩微品放大复印件的可读性取决于5个因素：

——字体的大小；

——字符的形状；

——字符的间隔；

——线条清晰度或解像力；

——反差。

GB/T 14691—1993规定了技术图样原件的字体尺寸、形状和间隔。当技术图样符合GB/T 14691—1993时缩微品放大复印件的可读性就由缩微品的解像力和反差共同决定。当解像力和反差高时，可读性就好，两者都低时，可读性就差。高解像力和低反差产生的复制品可读性也低。本标准只提出了解像力的测量。当鉴定复印质量时，考虑反差是必要的。可读性最终的准则是复印件是否满足使用者的需要。

ICS 25.220.10
A 29

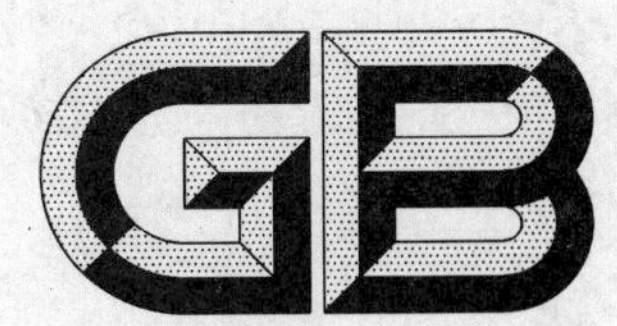

中华人民共和国国家标准

GB/T 17850.1—2002

涂覆涂料前钢材表面处理 喷射清理用非金属磨料的技术要求 导则和分类

Preparation of steel substrates before application of paints and related products—Specifications for non-metallic blast-cleaning abrasives—General introduction and classification

(ISO 11126-1:1993, Preparation of steel substrates before application of paints and related products—Specifications for non-metallic blast-cleaning abrasives—Part 1:General introduction and classification, MOD)

2002-09-13 发布　　　　2003-03-01 实施

中华人民共和国
国家质量监督检验检疫总局 发布

前　言

GB/T 17850的本部分是修改采用ISO 11126-1:1993《涂覆涂料前钢材表面处理　喷射清理用非金属磨料的技术要求　第1部分:导则和分类》进行编制的,在技术内容上与该国际标准等同。

本标准在编写格式上按GB/T 1.1—2000的规定,与ISO 11126-1:1993比较,删掉了引言及附录A;对国际标准"标记"一章做了格式上的修改。

ISO 11126在总标题"涂覆涂料前钢材表面处理　喷射清理用非金属磨料的技术要求"下,由下列几个部分组成:

第1部分:导则与分类

第2部分:硅砂

第3部分:铜精炼渣

第4部分:煤炉渣

第5部分:镍精炼渣

第6部分:炼铁炉渣

第7部分:熔融氧化铝

第8部分:橄榄石砂

第9部分:十字石

第10部分:石榴石

目前第2部、第7部分、第9部分和第10部分尚在制定中。

上述第3部分已制定国家标准,即GB/T 17850.3—1999　涂覆涂料前钢材表面处理　喷射清理用非金属磨料的技术要求　铜精炼渣(eqv ISO 11126-3:1993)

本部分是ISO 11126喷射清理用非金属磨料标准要求中的一部分。

喷射清理常用的非金属磨料的试验方法见ISO 11127。

ISO 11127在总题目"涂覆涂料前钢材表面处理　喷射清理用非金属磨料的试验方法"下由以下部分组成;

第1部分:抽样

第2部分:颗粒尺寸分布的测定

第3部分:表观密度测定

第4部分:通过玻璃载片试验评定硬度

第5部分:含水量测定

第6部分:水浸出液的导电率的测定

第7部分:水溶性氯化物测定

第8部分:喷射机器性能测定

上述第1～7部分已制定国家标准,即GB/T 17849—1999　涂覆涂料前钢材表面处理　喷射清理用非金属磨料的试验方法(eqv ISO 11127:1993)

喷射清理用金属磨料的要求见ISO 11124。

ISO 11124在总标题"涂覆涂料前钢材表面处理　喷射清理用金属磨料的技术要求"下,由下列几个部分组成:

第1部分:导则与分类

第 2 部分:淬火铸铁砂

第 3 部分:高碳铸钢丸和砂

第 4 部分:低碳铸钢丸

第 5 部分:钢丝段

目前第 5 部分尚在制定中。

喷射清理用金属磨料的试验方法见 ISO 11125。

ISO 11125 在总题目"涂覆涂料前钢材表面处理　喷射清理用金属磨料的试验方法"下由以下部分组成:

第 1 部分:取样

第 2 部分:颗粒尺寸分布的测定

第 3 部分:硬度测定

第 4 部分:表观密度测定

第 5 部分:缺陷颗粒百分比和微结构测定

第 6 部分:外来杂质测定

第 7 部分:含水量测定

磨料喷射清理技术广泛地用于表面清理和处理。在制定涂覆涂料前钢材表面处理国际标准系列时,就决定了需要制定一系列包含钢材表面处理常用的喷射清理用磨料的国际标准系列。

喷射清理用磨料的类型和颗粒形状将严重影响表面处理和处理后的表面粗糙度。

ISO 8501-1 的补充部分给出了使用不同磨料类型进行喷射清理时钢材表面变化的典型照片。

(ISO 8501-1:1988/Suppl　涂覆涂料前钢材表面处理　表面清洁度的目视评定　第 1 部分:未涂装过的钢材和全面清除原有涂层后的钢材锈蚀等级和除锈等级　补篇:用不同磨料喷射清理的钢材表面色彩变化的典型样板照片)。

ISO 8503-2 给出了表面处理后表面粗糙度的比较特性。ISO 11126 的第 1 部分中的表 1 规定了每一种喷射清理用磨料的比较类型。

(ISO 8503-2:1988　涂覆涂料前钢材表面处理　喷射清理过的钢材表面的粗糙度特性　第 2 部分:磨料喷射清理后钢材表面粗糙度分级　比较样块法)

本部分由中国船舶工业集团公司提出。

本部分由中国船舶工业船舶工艺研究所归口。

本部分起草单位:中国船舶工业综合技术经济研究院。

本部分主要起草人:宋艳媛。

涂覆涂料前钢材表面处理 喷射清理用非金属磨料的技术要求 导则和分类

警告：对于表面处理所用的设备、材料和磨料，如果使用不小心，可能出现危险。许多国家对那些在使用期间和使用后(废物管理)认为存在危险的材料，如：游离硅、致癌物质或有毒物质，均作了规定。因此，应遵守这些规定，而且重要的是保证给予足够的指导，并且执行所有要求的预防措施。

1 范围

GB/T 17850 的本部分规定了涂覆涂料前钢材表面处理 喷射清理用的非金属磨料(以下简称非金属磨料)的分类和标记等。

本部分适用于未经使用过的非金属磨料的标记。

注 1：虽然本部分 ISO 11126 是为满足钢构件处理要求而特别制定的，但规定的这些特性一般也适用于使用喷射清理技术处理的其他材料的表面和部件。这些技术已在 ISO 8504-2：2000《涂覆涂料前钢材表面处理 表面处理方法 第 2 部分：磨料喷射清理》中规定。

2 术语和定义

下列术语和定义适用于 GB/T 17850 的本部分。

2.1

喷射清理用磨料 blast-cleaning abrasive

用于磨料喷射清理的固体材料。

2.2

磨料喷射清理 abrasive blast-cleaning

以高动能的磨料流冲击待清理表面的表面处理方法。

2.3

丸粒 shot

主要形状为圆形的，其长度不大于最大颗粒宽度两倍，并且无棱边、破碎断面和其他尖锐表面缺陷的颗粒。

2.4

砂粒 grit

主要形状为棱角的，具有破碎断面和锐边，并且断面形状小于横截面一半的颗粒。

3 分类

3.1 磨料类型

非金属磨料应按材料、来源或制造法分类。钢材表面处理常用的喷射清理用非金属磨料见表 1。

注 2：表 1 中列出的仅为涂覆涂料前钢材表面处理常用的一些非金属磨料，而不是全部非金属磨料。

表 1 钢材表面处理常用的喷射清理用非金属磨料

类型		缩写	初始颗粒形状	比较样块[a]
天然产物	硅砂	N/SI	G	G
	橄榄石砂	N/OL		
	十字石砂	N/ST	S	G
	石榴石	N/GA	G	G
合成物	炼铁炉渣（硅酸钙渣）	N/FE	G	G
	铜精炼渣（硅酸铁渣）	N/CU		
	镍精炼渣（硅酸铁渣）	N/NI		
	煤炉渣（硅酸铝渣）	N/CS		
	氧化铝熔渣	N/FA	G	G

[a] 评定最终表面粗糙度时使用比较样块。使用比较样块评定表面粗糙度的方法在 ISO 8503-2 中规定。

3.2 初始颗粒形状

颗粒形状是指磨料颗粒的几何形状。非金属磨料的初始颗粒形状及其表示符号见表 2。

注 3：由于磨料的颗粒形状经使用会有所改变，所以 GB/T 17850 各个部分中规定的颗粒形状均是指初始颗粒形状。

表 2 初始颗粒形状

名称和初始颗粒形状	符号
丸粒—圆形	S
砂粒—不规则棱角形	G

3.3 颗粒尺寸范围

非金属磨料是不同尺寸的颗粒混合物，应按尺寸范围分类。

4 标记

非金属磨料的产品标记由下列三部分组成：产品名称、技术特征值和标准号。

表示方法为：

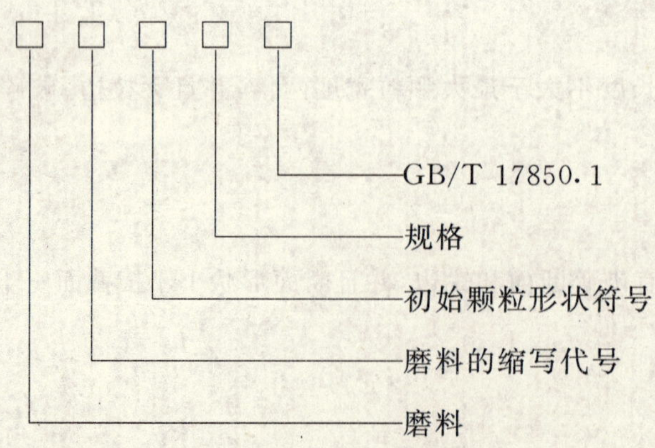

标记示例：

符合GB/T 17850相应部分的要求、初始颗粒形状为“砂粒”、颗粒尺寸范围为0.2 mm～0.5 mm的非金属煤炉渣类磨料标记为：

磨料　N/CS　G0.2～0.5　GB/T 17850.1

在订货单上标出这个完整的产品标记是必要的。

5　标识和标志

所有供应品应按第4章的规定，直接或随装运单一起清楚地加以标识或标志。

ICS 81.080
Q 47

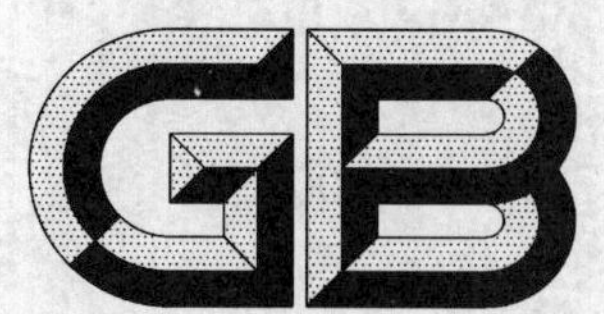

中华人民共和国国家标准

GB/T 17911.8—2002

耐火陶瓷纤维制品　导热系数试验方法

Refractory ceramic fibre products—Determination of thermal conductivity

(ISO 10635:1999,Refractory products—Methods of test ceramic fibre products,IDT)

2002-12-31 发布　　　　2003-06-01 实施

中华人民共和国国家质量监督检验检疫总局　发布

前　言

GB/T 17911 由以下 8 个部分组成：

GB/T 17911.1—1999　耐火陶瓷纤维制品　试样制备方法

GB/T 17911.2—1999　耐火陶瓷纤维制品　厚度试验方法

GB/T 17911.3—1999　耐火陶瓷纤维制品　体积密度试验方法

GB/T 17911.4—1999　耐火陶瓷纤维制品　加热永久线变化试验方法

GB/T 17911.5—1999　耐火陶瓷纤维制品　抗拉强度试验方法

GB/T 17911.6—1999　耐火陶瓷纤维制品　渣球含量试验方法

GB/T 17911.7—2000　耐火陶瓷纤维制品　回弹性试验方法

GB/T 17911.8—2002　耐火陶瓷纤维制品　导热系数试验方法

本部分为 GB/T 17911 的第 8 部分。

本部分等同采用国际标准 ISO 10635:1999《耐火制品　陶瓷纤维制品试验方法》第 8 部分。

本部分的附录 A 为资料性附录。

本部分由原国家冶金工业局提出。

本部分由全国耐火材料标准化技术委员会归口。

本部分由洛阳耐火材料研究院负责起草。

本部分参加起草单位：摩根热陶瓷(上海)有限公司、郑州豫华企业集团股份有限公司、绵竹恒丰节能材料有限公司、四川绵竹剑南节能材料有限公司。

本部分主要起草人：马春红、李永刚、秦　伟、梁智林、侯俊杰、袁兴田、任惠清。

耐火陶瓷纤维制品　导热系数试验方法

1　范围

GB/T 17911 的本部分规定了测定耐火陶瓷纤维制品导热系数的方法。

本部分适用于耐火陶瓷纤维毯、毡、纺织物、板。

本部分不适用于湿态交货的制品。

2　规范性引用文件

下列文件中的条款通过 GB/T 17911 的本部分的引用而成为本部分的条款。凡是注日期的引用文件，其随后所有的修改单(不包括勘误的内容)或修订版均不适用于本部分，然而，鼓励根据本部分达成协议的各方研究是否可使用这些文件的最新版本。凡是不注日期的引用文件，其最新版本适用于本部分。

GB/T 17911.1—1999　耐火陶瓷纤维制品　试样制备方法

GB/T 17911.2—1999　耐火陶瓷纤维制品　厚度试验方法

3　术语和定义

本部分采用以下术语和定义：

导热系数　thermal conductivity

单位时间内在单位温度梯度下，沿热流方向通过材料单位面积传递的热量。用 $W \cdot m^{-1} \cdot K^{-1}$ 表示。

4　原理

根据傅立叶一维平板稳定传热过程的基本原理，测定稳态时一维热流垂直通过试样热面流至冷面后被流经中心量热器的水流吸收的热量。该热量(Q)与试样的导热系数(λ)、冷热面温差(Δt)、试样面积(A)成正比，与试样厚度(L)成反比，即：

$$Q = \frac{\lambda \cdot A \cdot \Delta t}{L} \quad \cdots\cdots (1)$$

为测定平板试样导热系数，试验条件应满足：

a)　试样的一个面均匀受热；

b)　尽可能减少侧面热流；

c)　平板试样传导的热量由一个装有外保护装置的中心量热器测量。

用本方法，热流应垂直于板面。

5　设备

5.1　量热器

5.1.1　尺寸

内保护装置和中心量热器组合的尺寸应至少为 230 mm×230 mm，其中，中心量热器尺寸为 76 mm×76 mm。加热室剖面见图 1。

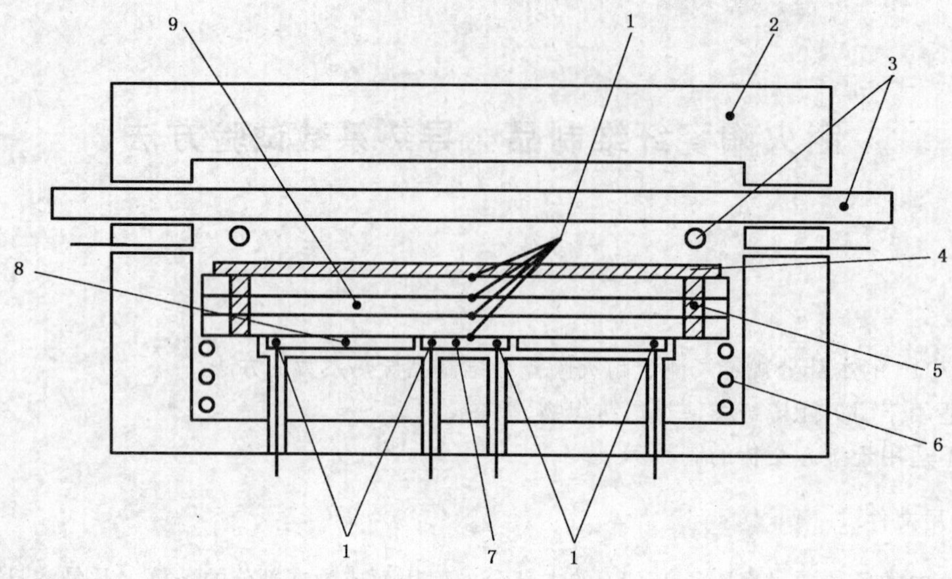

1——热电偶；

2——可动炉顶；

3——加热元件；

4——碳化硅板；

5——隔热支柱；

6——外保护装置；

7——中心量热器；

8——内保护装置；

9——多层试样组。

图1　导热系数测量设备的加热室剖面图

5.1.2　水循环系统

中心量热器和内保护装置分别装有一个进水口和一个出水口。进水口和出水口的定位应避免中心量热器和内保护装置之间的热传导。进水温度应在室温+3℃或-1℃之内。进水的温度变化不应超过0.5℃/h。进水的压力应恒定，水压变化不超过1%。

5.1.3　水温的测量装置

所用的装置应能测量进、出水之间的温差，精确至0.05℃。

5.2　加热炉

用电加热，并应保证在试样整个表面上方温度分布均匀。温度控制装置应能使温度恒定，恒温时，温度波动不超过±10℃。

表1给出不同试验温度下的加热速率。

表1　不同试验温度下的加热速率

试验温度/℃	温度/℃	加热速率/(℃/min)
≤1 250	室温～低于试验温度50 最后50	5～10 1～2
1 250～1 500	室温～1 200 1 200～低于试验温度50 最后50	5～10 2～5 1～2

表 1(续)

试验温度/℃	温度/℃	加热速率/(℃/min)
＞1 500	室温～1 200 1 200～低于试验温度 50 最后 50	＜20 ＜10 ＜2

5.3 通风干燥箱

能保持 110℃±5℃。

5.4 天平

精确至 0.1 g。

6 试样

6.1 试样制备

试样制备按 GB/T 17911.1 进行。

试样组应由一层或多层试样组成，每层试样长×宽应至少为 230 mm×230 mm，试样组厚度在 45 mm～100 mm。每一层试样都应覆盖中心量热器和内保护装置的整个表面，其厚度测定按 GB/T 17911.2进行。

当试样的厚度小于 40 mm 时，不少于 3 层；当厚度在 40 mm～50 mm 时，宜用两层；当厚度大于 50 mm时，可用单层。

6.2 干燥

将试样在干燥箱中 110℃±5℃干燥至恒量，即间隔 1 h 两次称量的质量变化不超过 0.1%时，可认为达到恒量。

7 试验步骤

7.1 准备工作

为每层试样用隔热砖制备四个支柱，其直径为 17 mm±0.5 mm，高度不低于试样厚度的 9/10。在每层试样四个角各打直径与支柱相同的一个孔，将支柱装入孔中。每层试样上孔的位置均相同。

7.2 试样的安装

将第一支热电偶装在中心量热器的中心，然后安装第一层试样，并用一块长、宽尺寸与试样相同的木板或其他工具将其压至支柱顶，使试样与量热器紧密接触。取出木板，将第二支热电偶装在第一层试样上面中心第一支热电偶的正上方处。依此类推，安装第二层试样和第三支热电偶，直至所需层数。用一块长、宽尺寸与试样相同的碳化硅板压在最后一层试样和热电偶之上，这块碳化硅板在整个试验期间与该层试样及其上面的热电偶保持接触。

如果试样仅有一层或两层，热电偶应插入试样中，且尽可能安插 5 支热电偶。

7.3 温度梯度的测量

最上面和最下面的两支热电偶测出试样组热面和冷面的温度。其余的热电偶每支均测出试样相邻两层的热面和冷面的温度。这些温度测量值和相应的厚度组合给出：

a) 10 个温度梯度和 10 个平均温度(由 4 层试样组成的试样组，5 支热电偶)；

b) 6 个温度梯度和 6 个平均温度(由 3 层试样组成的试样组，4 支热电偶)。

7.4 测量条件

试样组的热面应加热到制品使用的极限温度，而对高温制品，则应加热到所用设备的操作极限温度，至少保温 24 h。然后在该温度下，要保持加热元件的温度使热面温度在 2 h 内的变化不大于 5℃，同时用量热器测量的热流量变化不大于 2%。保持中心量热器的水流量在 120 mL/min～200 mL/min，该水流量应恒定，其变化不大于1%。

调节内保护装置的水流量，以保证该装置和中心量热器的出水温度基本相同。在30 min间隔内进行3次～5次测量，包括测量每层试样的热面温度 T_2，冷面温度 T_1 及水温升高值（t_2-t_1）和中心量热器的水流量 m，计算导热系数 λ 平均值。

8 结果计算

按式(2)计算导热系数，以 $W \cdot m^{-1} \cdot K^{-1}$ 表示，修约至第三位小数。

$$\lambda=\frac{m(t_2-t_1)CL}{A(T_2-T_1)} \qquad \cdots\cdots(2)$$

式中：

m——通过中心量热器的水的平均流量，单位为千克每秒（$kg \cdot s^{-1}$）；

t_1——进水温度，单位为摄氏度（℃）；

t_2——出水温度，单位为摄氏度（℃）；

T_1——试样层的冷面温度，单位为摄氏度（℃）；

T_2——试样层的相应的热面温度，单位为摄氏度（℃）；

L——测量 T_1 和 T_2 所用的热电偶之间的距离，单位为米（m）；

A——中心量热器的有效面积，单位为平方米（m^2）；

C——在量热器进、出水平均温度下水的比热容，单位为焦尔每千克开尔文（$J \cdot kg^{-1} \cdot K^{-1}$）。

对三层试样组成的试样组，用式(2)于每层试样和它们的厚度组合可得到导热系数和平均温度关系图上的6个点：

$$\lambda=f(T_m) \qquad \cdots\cdots(3)$$

$$T_m=\frac{1}{2}(T_2+T_1) \qquad \cdots\cdots(4)$$

式中：

T_m——平均温度，单位为摄氏度（℃）。

表2给出不同温度下水的比热容。温度区间内的比热容用内插法计算。

表2 水的比热容

温度/℃	$C/(J \cdot kg^{-1} \cdot K^{-1})$
15	4 185.5
20	4 181.6
25	4 179.3

试样中各点实际温度下的导热系数的计算，参见附录A。

9 试验报告

试样报告应包括下列内容：

a) 试验单位及委托单位名称；

b) 试验日期；

c) 执行的标准；

d) 试验样品的名称、牌号；

e) 试验样品的数量；

f) 每一块样品的试样数量；

g) 每层试样冷、热面温度，平均温度及对应的导热系数值。

附 录 A
（资料性附录）
试样中各点实际温度下的导热系数的计算

假设一种纤维制品的导热系数的变化规律以最常见的形式表示：

$$\lambda = AT^{1/2} + BT^{3} \quad \text{(A.1)}$$

A 和 B 是取决于材料的系数，并由式(A.2)确定：

$$\lambda_{T_1}^{T_2} = \int_{T_1}^{T_2} \frac{(AT^{1/2} + BT^{3})\mathrm{d}T}{T_2 - T_1} \quad \text{(A.2)}$$

因此 T_1 和 T_2 两个温度间 λ 的平均值为：

$$\lambda_{T_1}^{T_2} = \frac{2/3A}{T_2 - T_1}(T_2^{3/2} - T_1^{3/2}) + \frac{1/4B}{T_2 - T_1}(T_2^{4} - T_1^{4}) \quad \text{(A.3)}$$

鉴于试样的每一层可得到一个有两个未知数的方程，两层即可得到一个方程组，由此求出 A 和 B。由式 $\lambda = AT^{1/2} + BT^{3}$ 可计算随温度而变化的 λ 的实际值并画出导热系数曲线 $\lambda = f(T)$。

ICS 77.140.40
H 53

中华人民共和国国家标准

GB/T 17951.2—2002

半工艺冷轧无取向电工钢带(片)

Cold-rolled grain non-oriented electrical steel strip (sheet) delivered in the semi-processed state
(IEC 60404-8-2:1998, Specifications for individual materials —Cold-rolled electrical alloyed steel and strip delivered in the semi-processed state; IEC 60404-8-3:1998, Specifications for individual materials —Cold-rolled electrical non-alloyed steel sheet and strip delivered in the semi-processed state, MOD)

2002-11-29 发布　　　　2003-06-01 实施

中华人民共和国
国家质量监督检验检疫总局　发布

前言

本标准修改采用国际电工委员会标准 IEC 60404-8-2:1998《半工艺冷轧合金电工钢板(带)技术条件》和 IEC 60404-8-3:1998《半工艺冷轧非合金电工钢板(带)技术条件》(英文版)。

本标准根据 IEC 60404-8-2:1998 和 IEC 60404-8-3:1998 重新起草为一个标准。为了方便比较,在资料性附录 B 中列出了本国家标准条款和国际标准条款的对照一览表。

有关技术性差异已编入正文中并在它们所涉及的条款的页边空白处用垂直单线标识。在附录 C 中给出了这些技术性差异及其原因的一览表以供参考。

为了便于使用,本标准还做了下列编辑性修改:

a) 第三章'定义'改为'术语及定义';

b) 表 1 中单位'mm'从表中放到表的右上方陈述'单位为毫米';

c) 删除国际标准前言。

本标准中的附录 A、附录 B、附录 C 均为资料性的附录。

本标准由原国家冶金工业局提出。

本标准由全国钢标准化技术委员会归口。

本标准主要起草单位:武汉钢铁(集团)公司、冶金工业信息标准研究院。

本标准主要起草人:杨春甫、李炳南、陶济群、柳秋芳、吴新春、董　莉。

半工艺冷轧无取向电工钢带(片)

1 范围

本标准规定了公称厚度为0.50 mm、0.65 mm的半工艺冷轧电工钢带(片)的牌号、一般要求、技术要求、检验方法、包装、标志及质量证明书等。

本标准适用于磁路结构中使用的、无涂层的、冲片后需要进行热处理的半工艺冷轧电工钢带(片)。

2 规范性引用文件

下列文件中的条款通过在本标准中引用而成为本标准的条款。凡是注日期的引用文件,其随后所有的修改单(不包括勘误的内容)或修订版均不适用于本标准,然而,鼓励根据本标准达成协议的各方研究是否可使用这些文件的最新版本。凡是不注日期的引用文件,其最新版本适用于本标准。

GB/T 228 金属材料 室温拉伸试验方法

GB/T 247 钢板和钢带检验、包装、标志及质量证明的一般规定

GB/T 2521 冷轧晶粒取向、无取向磁性钢带(片)(neq IEC 404-8-4;IEC 404-8-7)

GB/T 2522 电工钢(片)带层间电阻、涂层附着性、叠装系数测试方法(neq IEC 404-2)

GB/T 3655 用爱泼斯坦方圈测量电工钢片(带)磁性能的方法(neq IEC 404-2)

GB/T 13789 单片电工钢片(带)磁性能测量方法

GB/T 17505 钢及钢产品交货一般技术要求(eqv ISO 404)

3 术语和定义

GB/T 2521确立的以及下列术语和定义适用于本标准。

3.1

半工艺 semi-processed

生产厂没有进行最终退火而必须由用户完成的退火工艺状态。

3.2

镰刀弯 edge camber

钢带长度方向的纵边与该边测量长度两端连线之间的最大垂直距离。

3.3

不平度 flatness

钢板或钢带表面的上下起伏,即不平直的量度,它用最大波(全波)高与波长之比的百分数表示。

3.4

残余弯曲 residual curvature

成品钢卷中呈现在轧制方向上的永久弯曲。

4 分类

本标准中的牌号是按磁感在1.5T、单位总铁损值(W/kg)和钢带(片)的公称厚度(0.50 mm和0.65 mm)进行分类的。

5 牌号

钢的牌号按下列顺序组成：

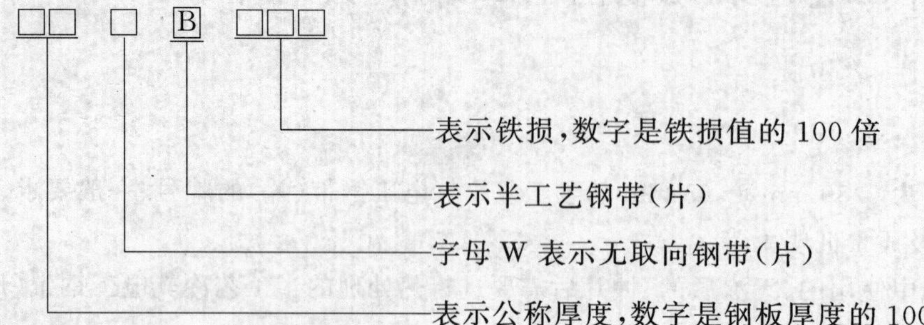

例如：50WB660代表以半工艺状态交货的磁感1.5T,频率50 Hz,规定总铁损值为6.60 W/kg,公称厚度为0.50 mm的电工钢带(片)。

6 一般要求

6.1 生产工艺

钢的化学成分和生产工艺由生产厂自行确定。

6.2 交货形式

钢片以箱交货,钢带以卷交货。

箱重和卷重订货时协议确定。

钢卷内径一般为510 mm±20 mm。

以箱交货的钢片应叠放,应使侧面平直并与上顶表面垂直。

钢带宽度应为等值,卷的侧面应平直,钢卷应卷紧,在自重下不得塌卷。

每一钢卷一般应由一条钢带卷成;如需方同意,允许由同一牌号,同一尺寸的两条以上的钢带卷成,但每条钢带的长度不得小于200 m,中间接头采用焊接或对接,并要有明显标志。焊接或对接在一起的两部分钢带的边缘应成直线。

6.3 交货条件

对于由生产厂切分成条、需方不加工原边使用的钢带(片),剪边毛刺应不大于0.03 mm。

由于制造方法和以成卷供货的原因,交货状态的钢带(片)可能存在内应力和在轧制方向出现残余弯曲,需方在钢带(片)的应用或使用中应采取措施以减少或消除这些因素的影响。

提供的钢带(片)一般没有绝缘涂层。

6.4 表面状态

钢带(片)表面应清洁,不得有妨碍使用的锈蚀、孔洞、重皮、折印、分层等缺陷。允许有在厚度公差范围内的、不影响使用的划痕、裂纹等局部缺陷。

钢带(片)表面粗糙度及检验方法应符合订货协议要求。

6.5 剪切适应性

钢带(片)应能够剪切或者冲片而不使工具过早磨损;确保用合适的工具能精确地在任何地方剪切成常用的形状。需方对剪切或冲片的适应性有特殊要求时,由供需双方协议。

7 技术要求

7.1 磁特性

7.1.1 参考热处理条件

表2中的磁特性值(磁感应强度和单位总损耗)为测试试样在脱碳气氛中消除应力热处理之后测得的值。

试样热处理的参考工艺及注意事项：

测试试样应在表2规定温度的脱碳气氛中，保温2 h～3 h，升温速度≤200℃/h。从保温温度冷却到550℃的速度应≤120℃/h。脱碳气氛为20%H_2+80%N_2+水蒸气，在标准大气压下，露点为+35℃。

在炉子升温前，需要连续不断地向炉子中通惰性保护气体，以驱除炉中的空气。应调节脱碳气体的流量和压力，以保证在试样的任何点都具有良好的脱碳气氛，并且在热处理的任何时间，随时要更新炉子中的气体。

应保证测试试样相互之间没有粘连。

如果钢带(片)不需要脱碳时，可只用100% N_2气保护进行热处理。

7.1.2 磁感应强度

频率为50 Hz，交变磁场强度H值(峰值)为2 500 A/m、5 000 A/m、10 000 A/m时，磁感应强度的最小值应符合表2的规定。

7.1.3 规定总损耗

磁感应强度为1.5 T、频率为50 Hz或60 Hz时，以W/kg表示的规定总损耗的最大值应符合表2的规定。

7.1.4 损耗和磁感应强度的各向异性

损耗和磁感应强度的各向异性应符合供需双方的订货协议。

7.2 尺寸、形状及允许偏差

7.2.1 厚度

钢带(片)的公称厚度为0.50 mm和0.65 mm。

厚度偏差是指下列之间的差别：同一验收批内公称厚度的允许差；一张钢片或者平行于轧制方向的钢带上的厚度偏差；垂直于轧制方向上的厚度偏差。这种偏差只适用于宽度大于150 mm的钢带(片)。

同一验收批的公称厚度偏差为公称厚度的±8%。由于焊接增加的厚度不应超过所测厚度0.050 mm。

钢带(片)平行于轧制方向的厚度偏差不应大于公称厚度的8%。

厚度为0.50 mm的钢带(片)垂直于轧制方向的厚度偏差不应大于0.02 mm；厚度为0.65 mm的钢带(片)垂直于轧制方向的厚度偏差不应大于0.03 mm。横向厚度偏差的规定只适用于宽度大于150 mm的材料。对于窄带，应按协议要求。

7.2.2 宽度

钢带(片)的公称宽度小于等于1 250 mm。

宽度偏差可分为轧制状态切边和不切边钢带(片)。

切边交货钢带(片)的宽度偏差应符合表1的规定。

不切边交货钢带(片)的宽度偏差应为$^{+5}_{0}$ mm。

7.2.3 长度

钢片长度偏差应为订货长度的$^{+5}_{0}$%，最大为+6 mm。

表1 公称宽度偏差

单位为毫米

公称宽度 l	宽度偏差
l≤150	$^{+0.2}_{0}$
150<l≤300	$^{+0.3}_{0}$
300<l≤600	$^{+0.5}_{0}$
600<l≤1 000	$^{+1.0}_{0}$
1 000<l≤1 250	$^{+1.5}_{0}$
注：根据订货协议，宽度偏差可全为负值。	

7.2.4 镰刀弯

切边交货和不切边交货的钢带(片)有所不同。切边交货的钢带(片),每 2 m 长钢带的镰刀弯应不大于 1.0 mm;不切边状态交货的钢带(片),每 2 m 长钢带的镰刀弯应不大于 6 mm。

7.2.5 不平度

规定的不平度只适用于切边交货的钢带(片),其不平度应不大于 2%。

7.3 密度

一般不规定钢带(片)的密度。计算磁特性值而使用的常规密度值在表 2 中给出。

7.4 叠装系数

叠装系数应不小于 97%。

7.5 力学性能

根据需方要求,经供需双方协议,生产厂可提供力学性能指标。

8 检验和试验

8.1 概述

根据 GB/T 17505,按本标准签订的订货合同,在没有规定检验项目时,生产厂应提供表 2 中规定的磁感应强度值和规定总损耗值。一般以一个生产卷为一个验收批。

在规定了检验项目时,供应的钢带(片)由同一厚度和同一级别组成重量为 20 t 的验收批,且生产厂应提供规定了的检验项目值。

产品以纵切卷或用卷剪切成片以箱供货时,所供货物的性能为生产卷组批上的测试结果。

8.2 试样的选择

测试试样应从每一验收批上采取。钢卷应从除去第一内圈和最外圈以及焊接区域外的地方采取。在钢片的情况下,应从箱的上部采取。

通过选择合适的测试顺序,同一试样可用于检验多种特性。

8.3 试样的制备

8.3.1 磁特性试样

测试钢带(片)的磁感强度和规定总损耗试样的制备应分别符合 GB/T 3655 或 GB/T 13789 的规定。

8.3.2 力学性能试样

力学性能试样的制备应符合 GB/T 228 的规定。

8.3.3 几何特性试样

厚度、宽度、不平度和镰刀弯的测试试样应为一张钢片或 2 m 长钢带。

8.3.4 叠装系数试样

测试叠装系数的试样应符合 GB/T 2522 的规定。

8.4 测试方法

对于合同中规定的每一个特性,每一个验收批应进行一次测试,磁性能应在热处理之后测试,其他的测试应在(23±5)℃的温度和交货状态下进行。

8.4.1 磁特性

规定总损耗值和磁感值可按 GB/T 13789 标准测试,也可按 GB/T 3655 标准测试,按 GB/T 13789 标准测试时,其值应符合供需双方的协议;按 GB/T 3655 标准测试时,采用 0.5 kg 方圈,铁损和磁感值精确到小数后 2 位,铁损值的第 3 位非零进一,磁感值非零舍去。

8.4.2 尺寸、外形

8.4.2.1 厚度和长度

钢带(片)的厚度用 0.001 mm 精度的千分尺测试。对剪边的宽带材料,在离边部不小于 15 mm 的任何地方进行,对毛边宽带材料,在离边不小于 25 mm 的地方进行。对于窄带,订货时协议。

钢片长度在平行于中心线处测量。

8.4.2.2　**宽度**

宽度应在垂直于钢带(片)的纵向中心线处,用钢卷尺(宽度 $L \geqslant 600$ mm)测量。

8.4.2.3　**镰刀弯**

用直尺紧靠钢带的凹侧边,测量直尺与凹侧边的最大距离。

8.4.2.4　**不平度**

将钢片自由地放在平台上,除钢片本身重量外,不施加任何压力,用直尺测量最大波(全波)的高度 h 和波长 L,不平度等于 $h/L \times 100\%$。

8.4.2.5　**毛刺**

用千分尺测量钢带(片)的剪切处和钢带(片)内侧处的厚度,以两者厚度差计算毛刺高度。

8.4.3　**力学性能**

抗拉强度和伸长率按 GB/T 228 测试。

8.4.4　**工艺性能**

叠装系数按 GB/T 2522 测试。

8.5　**复验**

当测试结果不符合本标准规定的值时,应在同一验收批的钢带上取双倍试样重新测试,如果复验样全部合格时,则该批钢材为合格产品。

生产厂有权对不符合标准的验收批重新处理之后再次进行测试交货。

9　包装、标志和质量证明书

9.1　**包装、标志**

钢带(片)的包装、标志应符合 GB/T 247 的规定。

9.2　**质量证明书**

钢带(片)的质量证明书应符合 GB/T 2521 的规定。

10　异议

如果钢带(片)的内部缺陷或外部缺陷明显的影响钢带(片)的加工和合理使用,需方可提出异议。需方应及时将有异议的钢带(片)和异议证据反馈给生产厂,以使生产厂能及时确认。

在任何情况下,异议的条款和条件应符合 GB/T 17505。

11　需方提供的信息

按本标准所订购材料,需方订货时应提供以下的资料:

a)　数量;

b)　产品类型(带或片);

c)　本标准号(GB/T 17951.2);

d)　牌号;

e)　钢片或钢带的尺寸(包括钢卷外径的要求);

f)　钢片箱的重量或钢卷重量的要求;

g)　焊接或连接标记的特殊要求;

h)　对光洁度的特殊要求;

i)　单片测试时,对磁性的要求;

j)　其他特殊要求。

表 2　磁特性值和参考热处理温度

牌　号	公称厚度/mm	参考热处理温度/℃（±10℃）	1.5T 时的最大规定总损耗值/(W/kg)		交变磁场强度下的最小磁感值/T			常规密度/(kg/dm³)
			50 Hz	60 Hz	2 500 A/m	5 000 A/m	10 000 A/m	
50WB340		840	3.40	4.32	1.54	1.62	1.72	7.65
50WB390		840	3.90	4.97	1.56	1.64	1.74	7.70
50WB450		790	4.50	5.67	1.57	1.65	1.75	7.75
50WB500		790	5.00	6.58	1.58	1.67	1.77	7.80
50WB530		790	5.30	6.97	1.58	1.67	1.75	7.75
50WB560	0.50	790	5.60	7.03	1.57	1.66	1.76	7.80
50WB600		790	6.00	7.90	1.57	1.68	1.77	7.80
50WB660		790	6.60	8.38	1.62	1.70	1.79	
50WB700		790	7.0	9.21	1.62	1.70	1.79	
50WB800		790	8.0	10.53	1.62	1.70	1.79	7.85
50WB890		790	8.90	11.30	1.60	1.68	1.78	
50WB1050		790	10.5	13.34	1.57	1.65	1.77	
65WB390		840	3.90	5.07	1.54	1.62	1.72	7.65
65WB450		840	4.50	5.86	1.56	1.64	1.74	7.70
65WB520		790	5.20	6.72	1.57	1.65	1.75	7.75
65WB630	0.65	790	6.30	8.09	1.58	1.66	1.76	7.80
65WB800		790	8.00	10.16	1.62	1.70	1.79	
65WB1000		790	10.00	12.70	1.60	1.68	1.78	7.85
65WB1200		790	12.00	15.24	1.57	1.65	1.77	
注：一般只提供 50 Hz 时的铁损值和 5 000 A/m 时的磁感作为保证值，其他为参考值。								

附 录 A
（资料性附录）
国家、IEC 标准、欧洲标准牌号对照

表 A.1 国家、IEC 标准、欧洲标准牌号对照表

GB/T 17951.2—2002	IEC 标准	欧洲标准
50WB340	M340—50E5	M340—50E
50WB390	M390—50E5	M390—50E
50WB450	M450—50E5	M450—50E
50WB500		
50WB530		
50WB560	M560—50E5	M560—50E
50WB600		
50WB660	M660—50D5	M660—50D
50WB700		
50WB800		
50WB890	M890—50D5	M890—50D
50WB1050	M1050—50D5	M1050—50D
65WB390	M390—65E5	M390—65E
65WB450	M450—65E5	M450—65E
65WB520	M520—65E5	M520—65E
65WB630	M630—65E5	M630—65E
65WB800	M800—65D5	M800—65D
65WB1000	M1000—65D5	M1000—65D
65WB1200	M1200—65D5	M1200—65D

附 录 B
（资料性附录）
本标准章条编号与IEC标准章条编号对照

表B.1给出了本标准章条编号与IEC标准章条编号对照一览表。

表B.1 本标准章条编号与IEC 60404-8-2和IEC 60404-8-3标准章条编号对照

本标准章条编号	对应的国际标准章条编号
1	1的第1、2段
3.1	—
3.2～3.4	3.1～3.3
6.2	6.2中的1、2、4、5、6、7段
7.1.1	7.1.1的第1～4段
7.1.3	7.1.3的第1段
7.3	7.3中的第一句
7.4	7.4中部分
7.5	—
8.1	8.1中前两段
8.3.1	8.3.1中部分
8.3.2	—
8.3.3	8.3.2
8.3.4	8.3.3
8.4.2.1	8.4.2.1中厚度部分
8.4.2.5	—
8.4.3	—
8.4.4	8.4.3
9.1～9.2	—
11	11中a)～h)条和k)条
附录A	—
附录B	—
附录C	—
—	附录A
—	附录B
—	附录C

注：表中的章条以外的本标准其他章条编号与IEC 60404-8-2和IEC 60404-8-3其他章条编号均相同，且内容相同。

附 录 C
（资料性附录）
本标准与 IEC 60404-8-2 和 IEC 60404-8-3 技术性差异及其原因

表 C.1 给出了本标准与 IEC 60404-8-2 和 IEC 60404-8-3 技术性差异及其原因的一览表。

表 C.1 本标准与 IEC 60404-8-2 和 IEC 60404-8-3 技术性差异及其原因

本标准的章条编号	技术性差异	原 因
1	删除了"这些磁性材料符合 IEC 60404-1 的 C21 条款"这条，"范围"按 GB/T 1.1 的表述方法进行表述	因我国钢分类方法与国际标准不同。这样表述符合我国国情，便于使用
2	部分引用了采用国际标准的我国标准，而非国际标准。增加引用了 GB/T 228、GB/T 247 和 GB/T 13789	以适合我国国情。 因内容中增加了力学性能试验而引用标准中增加了相应标准
3.1	为新增加的章条	因该术语在我国标准中第一次出现，所以有必要进行解释
5	IEC 用条来表述牌号表示方法，而本标准按 GB/T 2521 的图解的方法进行表述，而且牌号表示方法也完全不同	按照我国常用的牌号表示方法，这样使我国同类标准中牌号的表示方法相统一，便于使用
6.2	供货形式中的卷重、钢卷内径、钢卷中的钢条数、接头方法等均采用了 GB/T 2521 的规定和表述方法	与我国同类标准相统一，便于使用
6.3	交货条件中增加了对毛刺的要求	根据用户意见增加
7.1.1	增加一句	根据个别生产厂的实际条件
7.2.4	对于切边交货的钢带(片)，规定镰刀弯应不大于 1.0 mm/2 m，比 IEC 标准加严了 3.0 mm/2 m	结合我国实际情况，各生产厂都能达到这个指标
7.4	规定叠装系数具体值，而 IEC 标准中规定"由协商确定。"而本标准为"不小于 97%"	便于使用
7.5	增加的条款	根据用户要求，增加对力学性能的要求
8.1	增加一句	与 GB/T 2521 统一
8.3.1	引用我国国家标准来进行试样的制备，而不像 IEC 标准中那样表述	这样表达更简捷明了
8.3.2	增加的条款	根据我国实际情况，而增加力学性能试验
8.4.1	增加规定了铁损和磁感值精确到小数后 2 位，铁损值的第三位非零进一，磁感值非零舍去	这样规定是为了保证铁损和磁感值符合本标准
8.4.2.1	IEC 标准为：切边交货材料在离边部最小 40 mm 的地方进行，毛边交货材料在离边部最小 50 mm 的地方进行。本标准对应分别为：15 mm 和 25 mm。还增加了长度的测量	根据我国生产实际，为了与 GB/T 2521 相对应
8.4.2.3 8.4.2.4	IEC 标准是按相应的标准进行测试，而我国没有相应的标准，所以用文字进行表述	按我国的实际情况

表 C.1(续)

本标准的章条编号	技术性差异	原因
8.4.2.5	增加的条款	根据我国实际和用户要求,增加对毛刺的测量规定
8.4.3	增加的条款	根据我国实际,增加了力学性能试验
9	IEC标准规定"可在定货时商定"。本标准是按相应我国标准进行	按我国统一的包装、标志和质量证明书规定,使用更方便
11	去掉了IEC标准中的i)、j)两条,最后一条改为"其它特殊要求"	这两条在我国不是重要定货信息,都可归为"其它特殊性要求"
表2	表中牌号比IEC标准中牌号增加了五个牌号:50WB500、50WB530、50WB600、50WB700、50WB800	根据我国生产使用特点
附录	取消了IEC标准中的附录A、B、C。增加了资料性附录A	IEC标准中的附录对我国无实际用途。为给用户使用时提供参考而增加附录A

前　言

1998年，国际标准化组织(ISO)和国际电工委员会联合成立了运动图像专家组(MPEG)。MPEG针对运动图像及其声音的压缩编码研究制定了若干标准，如MPEG-2，其编号为ISO/IEC 13818，称为《信息技术——运动图像及其伴音信号的通用编码》。该标准的第3部分为声音信号通用编码要求。

为使我国声音信号的通用编码标准与国际接轨，本标准制定时根据国际标准化组织和国际电工委员会制定的ISO/IEC 13818.3—1998《信息技术——运动图像及其伴音信号的通用编码：音频》进行。在技术内容上与该国际标准等同。制定过程中起草人把国家标准与国际标准进行对比，在“引用标准”中我国已有对应国家标准的改为我国的国家标准。

本标准等同采用了ISO/IEC 13818.3—1998的第0章、第1章和第2章，主要内容包含术语定义、编/解码结构和参数、比特流语法等。这样，使我国声音信号的通用编码标准尽可能与国际标准一致，以适应国际贸易、技术和经济交流飞速发展的需要。

根据国家标准规定格式的要求，本标准中1.1为“范围”、1.2为“引用标准”，各章中的条号及内容不变。取消原国际标准中2.6和附录F、附录G、附录H、附录I，这些内容为版权公告，对本标准无影响。

本标准的附录A、附录B为标准的附录。

本标准的附录C、附录D、附录E为提示的附录。

本标准由国家广播电影电视总局提出。

本标准由全国信息标准化技术委员会归口。

本标准起草单位：国家广播电影电视总局广播科学研究院。

本标准主要起草人：邹峰、付明栋、孔小芳、杨明、凌三画。

ISO/IEC 前言

ISO(国际标准化组织)和IEC(国际电工委员会),作为世界范围的标准制定了这一特定的系统。ISO 或 IEC 的各成员国家、团体,为研究特殊领域而由相应组织建立的各技术委员会,参与各项国际标准的开发。各 ISO 和 IEC 技术委员会在共同关心的领域内进行合作。其他与 ISO 和 IEC 有联系的官方或非官方的国际组织,也参加了这项工作。

在信息技术的这一领域中,ISO 和 IEC 已建立了一个联合技术委员会 ISO/IEC JTC1。由该联合技术委员会通过的国际标准(草案)在各国家、团体中函审,以便进行表决。当国际标准出版时,要求在投票表决的国家团体中至少要有 75%赞成。

国际标准 ISO/IEC 13818-3 是由信息技术联合技术委员会 ISO/IEC JTC1 的音频、图像、多媒体和超媒体信息的编码分委员会 SC29 制定的。

ISO/IEC 13818 在总标题《信息技术——运动图像及其伴音信号的通用编码》之下,包括下列部分:

——第 1 部分:系统

——第 2 部分:视频

——第 3 部分:音频

——第 4 部分:合格测试

——第 5 部分;软件模拟

——第 6 部分:向 DSM-CC 扩展

——第 7 部分:高级音频编码(AAC)

——第 9 部分:向系统解码器的实时接口扩展

——第 10 部分:向 DSM-CC 的一致性扩展

附录 A 和附录 B 为 ISO/IEC 13818 本部分的组成部分。附录 C～附录 E 是提示性内容。

引　言

GB/T 17975 系列标准是等同采用的国际标准 ISO/IEC 13818。ISO/IEC 13818 是由 SC29/WG11，亦称为 MPEG(运动图像专家组)制定的。为了对存储在数字存储媒体上的运动图像及其声音的编码表示制定一个标准，于 1988 年组成了 MPEG。

ISO/IEC 13818 分成 3 个部分出版。第 1 部分(系统)规定了该标准的系统编码层。该部分定义了把音频数据与视频数据组合起来的复用结构，并指定为了实时地重放同步序列所需要的定时信息的表示。第 2 部分(视频)规定视频数据的编码表示，以及为了重新构成图像所需要的解码处理。第 3 部分(音频)规定了音频数据的编码表示，以及为了解码音频信号所需要的解码处理。

与 ISO/IEC 13818-3:1995 的第 1 次出版相比，在第 2 版中的技术变更如下：

1) 在第 1 次出版中，未禁止动态串音与预测的某些组合，但是，实际上这些组合是不可实现的。在第 2 版中，明确地禁止这些组合。

2) 在第 1 次出版中，在矩阵模式 2(模拟的环绕声模式)中，对单声道环绕声信号应用了低通滤波器。在第 2 版中，省略了这一滤波器，大大简化了解码器。

3) 在第 1 次出版中，LFE 声道的语法描述是任意的。在第 2 版中，已明确了这一描述。

紧接在这些技术变更之后，为了改善易读性和明确性，已做了很多编写上的变动。

0.1　GB/T 17191.3 音频编码向低取样频率的扩展

为了在非常低的比特率下(每个音频声道＜64 kb/s)，特别是和 ITU-T(原称 CCITT)建议 G.722 的性能相比时，能取得更好的声音质量，对 GB/T 17191.3 的层Ⅰ、层Ⅱ和层Ⅲ提供了三个新增的取样频率。新增的取样频率(f_s)为 16 kHz、22.05 kHz 和 24 kHz。这允许相应的音频带宽大约为 7.5 kHz，10.3 kHz 和 11.25 kHz。除了取样频率字段、比特率索引字段和比特分配表的新定义外，GB/T 17191.3 的语法、语义及编码方法维持不变。如果在 GB/T 17191.3 头内的 ID 比特等于零，这些新的定义是有效的。为了得到最好的音频特性，用于编码器内的心理声学模型的参数必须相应地改变。

对于这些取样频率，音频帧的长度相应为：

层	取样频率		
	16 kHz	22.05 kHz	24 kHz
Ⅰ	24 ms	17.41.. ms	16 ms
Ⅱ	72 ms	52.24.. ms	48 ms
Ⅲ	36 ms	26.12.. ms	24 ms

0.2　多声道音频的低比特率编码

0.2.1　通用多声道音频系统

单声道或立体声信号的低比特率编码标准由 GB/T 17191.3 中的 MPEG-1 音频制定。本标准适用于在具有有限容量的存储媒介上或传输通道中携有与图像信息有关或无关的高质量的数字音频信号。

在仅需要双声道立体声的任何情况下，GB/T 17191.3 音频编码标准都可与 MPEG-1 及 MPEG-2 视频一起使用。MPEG-2 音频(GB/T 17975.3)提供向 3/2 多声道音频和可选择的低频增强(LFE)声道的扩展。

本标准描述了称为ISO/MPEG-多声道音频的音频子带编码系统，该系统可在具有有限容量的存储媒介上或传输通道中传送高质量的数字多声道和/或多语种音频信息。它的一个基本特点就是与使用GB/T 17191.3编码的单声道、立体声或双声道音频节目的后向兼容性。其设计用途涵盖了由ISO/MPEG音频组及ITU-R(原称CCIR)专家组TG 10/1、10/2及10/3所考虑到的不同应用。

与传统的双声道音频系统相比，多声道音频系统提供了更强的立体声表现力。现已确认其改进了的播放效果不仅有与图像相关的应用，而且也适用于仅有音频的应用。通用的及兼容的多声道音频系统适用于卫星或地面电视广播、数字音频广播(地面和卫星)和其他非广播媒体，如：

CATV	有线电视
CDAD	电缆数字音频分配
DAB	数字音频广播
DVD	数字通用光盘
ENG	电子新闻采集(包括卫星新闻采集)
HDTV	高清晰度电视
IPC	人际间通信(视频会议，可视电话等)
ISM	交互存储媒体(光盘等)
NDB	网络数据库业务(通过ATM等)
DSM	数字存储媒体(数字录像机等)
EC	电子影院
HTT	家庭电视影院
ISDN	综合业务数字网

看起来，这些业务对制造商、经营者和消费者都有非常大的吸引力。

0.2.2 多声道音频的表示

0.2.2.1 3/2立体声加LFE格式

关于立体声的播放，ITU-R、SMPTE和EBU的专家小组建议使用一个附加的中置扬声器声道C和两个环绕声扬声器声道LS和RS，以增强左前、右前扬声器声道(L和R)。这种音频参考形式被称为“3/2立体声”(3个前置/2个环绕声扬声器声道)，它要求传送5个正确格式化的音频信号。

对于随同图像的音频应用(如HDTV)，三个前扬声器声道按照在电影院中共同的实践，能保证足够的方向稳定性和与图像有关的前方声像清晰度。主要好处是“稳定的中心”，这在无论听众在什么位置的条件下都能得到保证，而且这对大多数对话来说也是重要的。

另外，对于仅有音频的应用，已发现3/2立体声格式是对双声道立体声的一种改进。附加一对环绕声声道使收听气氛更为真实。

低频增强声道(在本文件中称这为LFE声道)能够任选地附加到这些配置中。这个声道的目的是允许听众在频率和电平方面扩展重放节目的低频内容。这样，它与电影工业为其数字声系统所建议的LFE声道是相同的。

不应该把LFE声道用于多声道播放中的整个低频内容。在接收机上，LFE声道是任选的，这样，LFE声道应该只携载可能具有高电平的低频声音效果。LFE声道并不包括在解码器内的解矩阵操作中。LFE声道的取样频率相应于主声道的取样频率除以因子96。这样一个音频帧中就包括12个LFE样值。LFE声道能处理从15 Hz～120 Hz范围的信号。

0.2.2.2 兼容性

从2/0立体声向多声道声音扩展

由于传统双声道立体声(2/0立体声)重放的广泛采用，本标准必须保持与现有的2/0立体声重放系统或现有的矩阵式环绕声接收机的兼容性。这意味着,对于很多种应用来说,必须把包含多声道节目音频信息的适当缩混结果的基本立体声信号与多声道音频信息一起传输出去。公式对(1)和(2)、公式(3)和公式(4)、公式(5)和(6)及公式(7)和(8)给出适当的缩混公式:

$$Lo = L + (0.5 * \sqrt{2}) * C + (0.5 * \sqrt{2}) * LS \quad (1)$$

$$Ro = R + (0.5 * \sqrt{2}) * C + (0.5 * \sqrt{2}) * RS \quad (2)$$

或

$$Lo = L + (0.5 * \sqrt{2}) * C + 0.5 * LS \quad (3)$$

$$Ro = R + (0.5 * \sqrt{2}) * C + 0.5 * RS \quad (4)$$

或

$$Lo = L \quad (5)$$

$$Ro = R \quad (6)$$

或

$$Lo = L + (0.5 * \sqrt{2}) * C - (0.5 * \sqrt{2}) * jS \quad (7)$$

$$Ro = R + (0.5 * \sqrt{2}) * C + (0.5 * \sqrt{2}) * jS \quad (8)$$

这里,jS 通过从 LS 和 RS 计算的单声道分量求得。然后,对这一分量进行动态范围压缩和 90°移相。按公式(7)和(8)缩混以适合于现有的矩阵式环绕声解码器。

本标准比特流的格式可使 GB/T 17191.3 音频解码器能按照上述缩混公式组之一(见 0.2.3.1),正确解码基本立体声信息。在出版本标准时,尚未对通过使用公式(7)和(8)而实现的与现有环绕声解码器的兼容性进行验证。

在本标准中,为了与多声道音频信息一起对用户提供基本立体声缩混,可区分 3 种不同的可能性:

a) 以 GB/T 17191.3 后向兼容的方式在一个比特流中固有地与多声道信息一起传输的 2/0 立体声,从而避免同播。这是考虑到最有效地利用 2/0 立体声及多声道音频信号此二者所需要的比特率。其它的优点是:这两个节目按 PCM 音频样值严格同步,以及在 MPEG 音频比特流辅助数据区内运载的音频节目相关数据只能传输 1 次。从多声道音频信号向立体声的缩混由 ISO/IEC 13818-3 编码器来处理。本标准提供了许多根据公式(1)和(2)及公式(3)和(4)的用于缩混矩阵处理选项。

b) 按照本标准来编码的多声道音频信号,与按照 GB/T 17191.3 来编码的立体声信号在一起同播。这一解决方法需要两个可通过 GB/T 17975.1 进行复用和传输的独立比特流。节目供应商必须对是否需要把两个比特流同步起来作好准备。进一步,同播选择需要高得多的比特率,因为总共必须传输 7 个音频声道来代替在 3/2 多声道声音情况下的 5 个声道。然而,同播选择考虑到了可以由音响工程师进行控制的,独立的、动态的向 2/0 立体声的缩混。

c) 通过利用非矩阵处理模式(缩混公式(5)和(6)),只传输多声道信号。于是,每一个立体声解码器必须能够解码 5 个声道,并且,能够进行立体声缩混。虽然这种缩混可以在进行滤波操作之前在解码器中进行,并且只需在两个声道上进行滤波,但这使解码器明显复杂化了。

如果需要与现有矩阵式环绕声解码器兼容,则本标准还提供了 3 种解决方法:

1) 为保证 3/2 多声道信号和矩阵式环绕声信号二者所需比特率的高效利用,可以在后向兼容的立体声通道内传输这一环绕声信号。按照公式(7)和(8)的矩阵选项'10'提供了可在基本立体声声道内传输适当兼容的信号。通过利用 GB/T 17191.3 双声道解码器,可在接收机上获得适合于现有矩阵式环绕声解码器的矩阵式环绕声信号。通过利用 ISO/IEC 13818-3 解码器,可得到相应的 3/2 声道输出。

2) 在对使用 GB/T 17191.3 的矩阵式环绕声信号和使用本标准的 3/2 多声道音频信号进行同播时,需要较高的比特率。这一同播选择考虑到了可由音响工程师进行控制的,对矩阵式环绕声信号的独立混合。这一解决方法的缺点是,如果使用矩阵选项'10',需要传输 7 个声道,而非只传输 5 个声道,这就需要附加的比特率。

3）通过利用非矩阵处理模式，只传输多声道信息。于是，每一个立体声解码器必须能够解码全部5个声道，并且能够按照公式(7,8)进行缩混。虽然这种缩混可以在进行滤波操作之前在解码器中进行，并且只需在两个声道上进行滤波，但这使解码器明显复杂化了。

向下兼容性

在1992年11月的ITU-R775号建议书《带图像和不带图像的多声道立体声音频系统》中，建议了一种使用较少数量的扬声器声道且播放效果有所降低（降到2/0立体声甚至单声道）的音频格式层次体系，以及一组相应的缩混公式。在受到经济或通道容量限制的情况下可使用的另一些较低级的音频格式是：3/1，3/0，2/2，2/1，2/0和1/0。相应的扬声器配置是3/2，3/1，3/0，2/2，2/1，2/0和1/0。

后向兼容性

在一些应用中，其目的是通过传输附加的音频声道（中置，环绕声）而不使用同播工作来扩展现有的2/0立体声系统。这种与现有接收机后向兼容的措施意味着使用兼容矩阵，上一代解码器必须能重放2个常规的基本立体声信号L'o/R'o，多声道解码器从基本的立体声信号和扩展信号中产生完整的3/2立体声表示L′、C′、R′、LS′和RS′。

现已认识到，并不是对MPEG-2音频的所有应用都要求后向兼容性。因此，现在正在评测不受后向兼容性限制的非后向兼容(NBC)音频编码系统，它可以作为一种选择与本标准一起工作。

0.2.2.3 多语种性能

特别是在HDTV应用中，需要多声道立体声效果和双语言节目或多语种解说词。本标准在5声道音频系统中为其他音频声道配置作好了准备，例如一个双语声的2/0立体声节目或一个2/0，3/0立体声节目加伴随业务（例如，为听力困难者提供的“清楚的对话”，为视力受损者提供的解说词，多语种解说词等等）。一种重要的配置是，与普通音乐/效果的立体声缩混（例如资料影片、体育报道）一起重放解说词对话（如通过中置扬声器）。

0.2.3 多声道音频编码系统的基本参数

传输一个3/2声音系统的5个音频信号需要5个传输通道（虽然在比特率减少了的信号的语境中，这些通道不一定是独立的）。为使传输信号中的特定两路能自己提供一立体声业务，一般在编码前，源声音信号经线性矩阵组合起来。这些已组合的信号（和它们的传输通道）以标志T0，T1，T2，T3和T4来识别。

0.2.3.1 同GB/T 17191.3兼容性

ISO/MPEG音频多声道系统提供与GB/T 17191.3的全面兼容性。对于多声道音频比特流来说，后向兼容性意味着，GB/T 17191.3音频解码器能正确地解码基本立体声信息。前向兼容性意味着，MPEG2的多声道音频解码器能够正确地解码GB/T 17191.3音频比特流。

通过遵照GB/T 17191.3来编码基本立体声信息、及利用GB/T 17191.3音频帧（从本标准的角度来看，是为基本帧）的辅助数据区、再加上向多声道扩展的可选扩展帧，来实现后向兼容性。

完整的GB/T 17191.3帧包括四种不同类型的信息：

——头信息，在GB/T 17191.3音频帧前32比特内。

——CRC（循环冗余校验码），紧跟在头信息之后（可选择），由16 bit组成。

——音频数据，对于层Ⅱ，由比特分配(BAL)，比例因子选择信息(SCFSI)，比例因子(SCF)和子带样值组成。

——辅助数据，由于有许多不同应用使用本标准，故这一字段的长度和用法尚未规定。

辅助数据字段可变的长度允许把通道 T2/T3/T4 的整个扩展信息打包装入辅助数据字段的第一部分中。如果 MC 编码器没有使用用于多声道扩展信息的全部辅助数据字段，则该字段的剩余部分可以用于其他辅助数据。

多声道扩展信息所需要的比特率，可根据声音信号以逐帧为基础而变化。由于使用了可选的扩展比特流，故总比特率可能超过对 GB/T 17191.3 提供的比特率。包括扩展比特流在内的最大比特率由下表给出：

取样频率	层	最大总比特率
32 kHz	Ⅰ	903 kb/s
32 kHz	Ⅱ	839 kb/s
32 kHz	Ⅲ	775 kb/s
44.1 kHz	Ⅰ	1075 kb/s
44.1 kHz	Ⅱ	1011 kb/s
44.1 kHz	Ⅲ	947 kb/s
48 kHz	Ⅰ	1130 kb/s
48 kHz	Ⅱ	1066 kb/s
48 kHz	Ⅲ	1002 kb/s

本标准描述了层Ⅰ、Ⅱ和Ⅲ的基本 Lo、Ro 立体声组合，及层Ⅱmc 和层Ⅲmc 的多声道扩展。下列组合是可能的：

基本 Lo、Ro 立体声	多声道扩展
层 Ⅱ	层Ⅱmc
层 Ⅲ	层Ⅲmc
层 Ⅰ	层Ⅱmc

0.2.3.2 音频输入/输出格式

取样频率：48，44.1 或 32 kHz

量化： 高达 24 bit/PCM 样值的分辨率

下列音频声道的组合可以用作音频编码器的输入：

a) 5 声道，使用 3/2 配置
   L，C，R 加 2 个环绕声声道 LS，RS
b) 4 声道，使用 3/1 配置
   L，C，R 加单个环绕声声道 S
c) 3 声道，使用 3/0 配置
   L，C，R 没有环绕声
d) 5 声道，使用 3/0+2/0 配置
   第一个节目的 L，C，R 加第二个节目的 L2，R2
e) 4 声道，使用 2/2 配置
   L，R 加 2 个环绕声声道 LS，RS
f) 3 声道，使用 2/1 配置
   L，R 加单个环绕声声道 S

g) 2 声道,使用 2/0(或 1/0+1/0)配置

如 GB/T 17191.3 中的立体声(或双声道模式)

h) 4 声道,使用 2/0+2/0(或 1/0+1/0+2/0)配置

第一个节目的 L,R(或声道Ⅰ和声道Ⅱ)加第二个节目的 L2,R2

i) 1 声道,使用 1/0 配置

单声道模式(如 GB/T 17191.3)

j) 3 声道,使用 1/0+2/0 配置

单声道模式(如 GB/T 17191.3)加第二个节目的 L2,R2

对音频输入信号的不同组合进行编码并在多至 5 路的可用传输通道 T0,T1,T2,T3 和 T4 内传输,其中,通道 T0 和 T1 是 GB/T 17191.3 的 2 个基本通道,并传送后向兼容信号 Lo 和 Ro。传输通道 T2,T3 和 T4 一起组成多声道扩展信息,在 GB/T 17191.3 辅助数据字段和可选的扩展比特流内兼容地传输。

在多声道解码之后,多至 5 个的音频声道被恢复,然后,在听众的选择下,可以按任一种方便的格式播放:

a) 5 声道,使用 3/2 配置

前面:左(L)和右(R)声道加中置声道(C)

环绕声:左环绕(LS)和右环绕(RS)声道

b) 4 声道,使用 3/1 配置

前面:左(L)和右(R)声道加中置声道(C)

环绕声:单环绕(S)声道

c) 3 声道:使用 3/0 配置

前面: 左(L)和右(R)声道加中置声道(C)

环绕声:无

d) 4 声道:使用 2/2 配置

前面:左(L)和右(R)声道

环绕声:左环绕(LR)和右环绕(RS)声道

e) 3 声道:使用 2/1 配置

前面:左(L)和右(R)声道

环绕声:单环绕(S)声道

f) 2 声道:使用 2/0 配置

前面:左(L)和右声道(R)

环绕声:无

g) 单声道输出:使用 1/0 配置

前面:单声道(M_o)

环绕声:无

可以把一个低频增强声道任选地加到任一配置中,1/0 配置除外。

可以要求各输出提供分立信号,也可以按照 ITU-R 建议 775 定义的缩混或向上变换公式把它们组合起来。

0.2.3.3 复合编码模式

动态传输通道切换

为了在 2 个兼容信号 T0 和 T1 与 3 个附加传输信号 T2,T3 和 T4 间提供较好的正交性,T2,T3 和

T4 通道的选择需要有灵活性。本标准允许在许多频率范围内独立地选择在 T2,T3 和 T4 内传输 L,C,R,LS,RS 五路信号中 3 路的多种组合方式。

动态串音

按照双耳听力模型,可以确定立体声信号中与立体声播放的空间感不相干的某些部分。这些与立体感不相干的信号分量不被掩蔽,但它们对声源的定位无贡献。在人类听觉系统的双耳处理器中将其忽略。因此,任何立体声信号(L,C,R,LS 或 RS)中与立体感不相干的分量都可以通过配置中的任一个或几个扬声器恢复,而不影响立体声效果。这可在许多频率区域上独立进行。

自适应多声道预测

为了利用声道间的统计相关性,可使用自适应多声道预测来减少冗余度。此时并不在通道 T2,T3,T4 内传输实际信号,而是传输相应的预测误差信号。这里使用高达二阶的具有延迟补偿的预测器。

中置声道的幻象编码

由于人类听觉系统在较高频率时的定位只利用音频信号的强度内容,故可在前置左、右声道内传送中置声道的高频部分,在中置扬声器的位置上构成一幻象声源。

0.2.3.4 编码器和解码器参数

编码和解码:与 GB/T 17191.3 相似。

编码模式:3/2,3/1,3/0(+2/0),2/2,2/1,2/0(+2/0),1/0+ 1/0(+2/0),1/0(+2/0)

第二立体声节目;

最多 7 个附加的多语种或解说词声道;

相关业务。

子带滤波器变换:子带数:32;

取样频率:$f_s/32$;

子带带宽:$f_s/64$。

利用 MDCT 的进一步分解(仅对层Ⅲ):

频率分辨率:每子带 6 或 18 个分量。

LFE 声道滤波器变换:LFE 声道数:1;

取样频率:$f_s/96$;

LFE 声道的带宽:125 Hz。

动态范围:大于 20 bit。

中华人民共和国国家标准

信 息 技 术
运动图像及其伴音信号的通用编码
第3部分：音频

GB/T 17975.3—2002
idt ISO/IEC 13818-3:1998

Information technology—
Generic coding of moving pictures and associated audio information—Part 3: Audio

1 总述

1.1 范围

本标准在GB/T 17191.3基础上规定了以下扩展：

(1) 更低取样频率；

(2) 多声道和多语种的高质量音频信号的编码表述和解码方法。编码器的输入和解码器的输出是和PCM标准兼容的。

本标准适用于广播、传输和存储媒体。

1.2 引用标准

下列标准所包含的条文，通过在本标准中引用而构成为本标准的条文。本标准出版时，所示版本均为有效。所有标准都会被修订，使用本标准的各方应探讨使用下列标准最新版本的可能性。

GB/T 14857—1993 演播室数字电视编码参数规范

GB/T 17191.3—1997 信息技术 具有1.5 Mb/s数据传输率的数字存储媒体运动图像及其伴音的编码 第3部分：音频

GB/T 17576—1998 CD数字音频系统

IEEE 1180/D2:1990 实现8×8离散余弦反变换的规范

ITU-R 建议书 648:1986 音频信号的记录

ITU-R 建议书 775:1992 带图像和不带图像的多声道立体声系统

ITU-R 建议书 955-2:1990 对500 MHz～3 000 MHz范围内的移动、便携和固定接收机的卫星声音广播

ITU-T 建议书 G.722:1988 在64 kb/s范围内的7 kHz音频编码

ITU-T 建议书 J.52:1995 每一个单声道信号利用1个、2个、或3个64 kb/s的通道(每一个立体声信号最多利用6个64 kb/s的通道)的，高质量声音节目的数字传输

ETS 300401:1995 无线电广播系统：对移动、便携和固定接收机的数字音频广播(DAB)

2 技术要点

2.1 定义

本标准采用下列定义。

中华人民共和国国家质量监督检验检疫总局2002-05-08批准 2002-10-01实施

2.1.1　16×8 **预测**(视频)　**prediction**

一种类似于以场为基础的预测模式,在这里,预测块的大小是16×8个亮度样值。

2.1.2　**AC 系数**(视频)　**AC coefficient**

任一在一维或二维上频率不为零的DCT系数。

2.1.3　**存取单元**(系统)　**access unit**

一个播放单元的编码表示。在音频情况下,一个存取单元是一个音频帧的编码表示。

在视频情况下,一个存取单元包括对一幅图像的全部编码数据,以及紧接在该编码数据之后、直到(但不包括)下一个存取单元的起点的所有填充数据。如果在一幅图像之前没有group_start_code或者sequence_header_code,则存取单元从图像起始码开始。如果一幅图像之前为group_start_code和/或sequence_header_code,则存取单元从这些起始码中第1个起始码的第1个字节开始。如果在比特流中遇到在sequence_end_code前的最后一幅图像,则在在编码图像的最后一个字节与sequence_end_code(包括该sequence_end_code)之间的全部字节属于该存取单元。

2.1.4　**自适应比特分配**(音频)　**adaptive bit allocation**

根据心理学模型以时间和频率变化的方式将比特分配给子带。

2.1.5　**自适应多声道预测**(音频)　**adaptive multichannel prediction**

利用声道间的统计相关性,减少多声道数据的方法。

2.1.6　**自适应噪声分配**(音频)　**adaptive noise allocation**

根据心理学模型,以时间和频率变化的方式,将编码噪声分配给频段。

2.1.7　**自适应分段**(音频)　**adaptive segmentation**

在可变时间段内对音频信号的数字表示的细分。

2.1.8　**混叠**(音频)　**alias**

由亚奈奎斯特(sub-Nyquist)取样引起的镜像信号分量。

2.1.9　**分析滤波器组**(音频)　**analysis filterbank**

编码器内的滤波器组,它把宽带PCM音频信号转换为一组亚抽样的子带样值。

2.1.10　**辅助数据**(音频)　**ancillary data**

可以用于传输辅助数据的比特流部分。

2.1.11　**音频存取单元**(音频)　**audio access unit**

对层Ⅰ、层Ⅱ,一个音频存取单元被定义为编码比特流的最小部分,它可通过自身解码,这里的解码意味"完全重新构成声音"。对层Ⅲ,一个音频存取单元是利用预先获得的主信息进行解码的比特流部分。

2.1.12　**音频缓存**(音频)　**audio buffer**

用于存储已压缩音频数据的系统目标解码器内的缓存。

2.1.13　**音频序列**(音频)　**audio sequence**

音频帧(基本帧加任选扩展帧)不中断的序列,其中下列参数不变:

——ID;

——层;

——取样频率。

对于层Ⅰ和层Ⅱ,不要求解码器支持基本流连续可变的比特率(而是在比特率索引中改变)。而这种要求上的放宽并不适用于扩展流。

2.1.14　**B 场图像**(视频)　**B-field picture**

场结构的B图像。

2.1.15　**B 帧图像**(视频)　**B-frame picture**

帧结构的B图像。

2.1.16 **B图像;双向预测编码图像(视频) B-picture; bidirectionally predictive-coded picture**

使用前后参考场或帧的运动补偿预测而编码的图像。

2.1.17 **Bark(巴克)(音频) Bark**

临界频带率(critical band rate)的单位。Bark刻度是在音频范围内,在与该频段内人耳频率灵敏度基本上相应的频率刻度的非线性映射。

2.1.18 **后向兼容性 backward compatibility**

如果采用旧编码标准工作的解码器能够通过全部或部分地对按新编码标准制作的比特流进行解码而继续工作,则该新编码标准相对旧编码标准是后向兼容的。

2.1.19 **后向运动矢量(视频) backward motion vector**

用于按显示顺序由后面的参考帧或参考场,进行运动补偿的运动矢量。

2.1.20 **后向预测(视频) backward prediction**

根据未来参考帧(场)进行的预测。

2.1.21 **基本比特流(音频) base bit stream**

由连续基本帧组成的比特流中所包括的信息。这一比特流可由GB/T 17191.3和本标准解码器来解码。本标准比特流应永远包括基本比特流,并且可选地包括扩展比特流。

2.1.22 **基本帧(音频) base frame**

本标准编码音频帧中,可以由GB/T 17191.3解码器解码,并且包括基本立体声信号的那一部分。

2.1.23 **底层(视频) base layer**

可分层结构中第1个可独立解码的层。

2.1.24 **大图像(视频) big picture**

按照在GB/T 17975.2的附录C的C7中的定义,可引起VBV缓存下溢的编码图像。大图像只能出现在low _ delay等于1的序列中。有时用“跳跃图像”来描述同一概念。

2.1.25 **比特率 bitrate**

已压缩的比特流传送到解码器输入端的速率。

2.1.26 **比特流;流 bistream; stream**

形成数据编码表示的有序比特序列。

2.1.27 **比特流检验器(视频) bitstream verifier**

一种过程,通过该过程可以测试和检验比特流是否满足在GB/T 17975.2中所规定的全部要求。

2.1.28 **块(视频) block**

8行×8列样值矩阵,或64个DCT系数(源的、量化的或去量化的)。

2.1.29 **块压扩(音频) block companding**

在某一时间段内,音频信号的数字表示的归一化。

2.1.30 **底场(视频) bottom field**

组成一帧的两场之一。在空间上,底场的每一行紧邻顶场对应行,位于其下。

2.1.31 **边界(音频) bound**

采用强度立体声编码的最低子带。

2.1.32 **按字节对准 byte aligned**

如果一个比特距已编码比特流中第1个比特的距离是8 bit的整数倍,则该流中的该比特已按字节对准。

2.1.33 **字节 byte**

8 bit的序列。

2.1.34 **中置声道(音频) centre channel**

用于稳定正面立体声声像中心分量的音频播放声道。

2.1.35　**通道**（音频）　**channel**

一个表示被传送的音频信号的数据序列。

2.1.36　**色度同播**（视频）　**chroma simulcast**

分级的一种类型（SNR 分级的一个子集），此处增强级只包括色差分量中 DC 系数的编码细节数据和 AC 系数的全部数据。

2.1.37　**色度格式**（视频）　**chrominance format**

定义一个宏块中色度块的数目。

2.1.38　**色差分量**（视频）　**chrominance component**

在定义的比特流状态中，表示与基色相关的两个色差之一的矩阵、块或单个样值。表示色差信号的符号是 Cr 和 Cb。

2.1.39　**编码音频比特流**（音频）　**coded audio bit stream**

本标准规定的音频信号的编码表示。

2.1.40　**编码 B 帧**（视频）　**coded B-frame**

1 个 B 帧图像，或 1 对 B 场图像。

2.1.41　**编码帧**（视频）　**coded frame**

编码帧是编码 I 帧，编码 P 帧，或编码 B 帧。

2.1.42　**编码 I 帧**（视频）　**coded I-frame**

1 个 I 帧图像或一对 I 场图像，此处第 1 场图像是 I 图像，第 2 场图像是 I 图像或 P 图像。

2.1.43　**编码次序**（视频）　**coded order**

图像传输和解码所依照的次序。这个次序和显示次序不必相同。

2.1.44　**编码 P 帧**（视频）　**coded P-frame**

1 帧 P 帧图像，或 1 对 P 场图像。

2.1.45　**编码图像**（视频）　**coded picture**

编码图像由图像头、紧接其后的可选扩展、以及随后的图像数据组成，编码图像可以是编码帧或编码场。

2.1.46　**编码表示**　**coded representation**

以其编码形式表示的数据单元。

2.1.47　**编码视频比特流**（视频）　**coded vidio bit stream**

如在 GB/T 17975.2 中定义的，1 幅或 1 幅以上图像序列的编码表示。

2.1.48　**编码参数**（视频）　**coding parameters**

用户可定义的参数集，它们确定编码视频比特流的特性。比特流的特性由编码参数确定。解码器的特性由可解码的比特流确定。

2.1.49　**分量**（视频）　**component**

组成图像的三个矩阵（一个亮度和两个色度）之一的矩阵、块或单个样值。

2.1.50　**压缩**　**compression**

减少用于表示数据项的比特数。

2.1.51　**恒定比特率**　**constant bitrate**

从编码比特流开始到结束，比特率都是恒定的操作。

2.1.52　**约束参数**（视频）　**constrained parameters**

GB/T 17191.2 的 2.4.3.2 中规定的一组编码参数值。

2.1.53　**约束系统参数流；CSPS**（系统）　**constrained system parameter stream**

使用在 GB/T 17975.1 的 2.7.9 中定义的约束的节目流。

2.1.54　**循环冗余校验码**　**CRC**

用来校验数据正确性的循环冗余校验。

2.1.55 **临界频带**(音频) **critical band**

在频谱范围内,与人耳的频率选择性对应的心理声学度量。这种选择性以 Bark 为单位来表示。

2.1.56 **临界频带率**(音频) **critical band rate**

频率的心理声学函数。在一个给定的可听频率上,它等于低于该频率的临界频带数,临界频带率的刻度单位为 Bark。

2.1.57 **数据元素** **data element**

用来表示编码前和解码后的数据项。

2.1.58 **数据划分**(视频) **data partitioning**

一种用来把比特流分割成为两个分开的比特流,以及使差错回复原来位置的方法。在解码以前,必须把这两个比特流重新组合起来。

2.1.59 **DC 系数**(视频) **DC coefficient**

在二维中频率为零的 DCT 系数。

2.1.60 **DCT 系数**(视频) **DCT coefficient**

一种特殊余弦基本函数的幅度。

2.1.61 **去加重**(音频) **de-emphasis**

对一个存储或传输后的音频信号进行滤波,以去掉由于加重造成的线性失真。

2.1.62 **解码流** **decoded stream**

压缩比特流的解码重构。

2.1.63 **解码器输入缓存**(视频) **decoder input byffer**

在视频缓冲检验器中特定的先进先出(FIFO)缓冲器。

2.1.64 **解码器** **decoder**

解码过程的具体实现。

2.1.65 **解码器子环**(视频) **decoder sub-loop**

编码器中能够产生在数值上与 GB/T 17975.2 第 7 章中描述的解码过程所产生的结果相一致的结果的级。在不仅仅能产生 I 帧的编码器中嵌入解码器子环,以进行时域预测并模拟下传码流解码器的行为。

2.1.66 **解码**(**过程**) **decoding**(**process**)

GB/T 17975 的第 1、第 2、第 3 部分中所定义的过程,即读取输入编码比特流,产生解码图像或音频样值。

2.1.67 **解码时间标记;DTS**(系统) **decoding time-stamp; DTS**

一个可能出现在 PES 包头中的字段,它指示在系统目标解码器中解码一个存取单元的时间。

2.1.68 **去量化**(视频) **dequantisation**

已量化的 DCT 系数在比特流内的表示被解码之后,且在将其进行反 DCT 处理之前,对其进行重新标度的过程。

2.1.69 **数字存储媒体;DSM** **digital storage media;DSM**

用于数字存储或传输的设备或系统。

2.1.70 **离散余弦变换;DCT**(视频) **discrete cosine transform; DCT**

正向离散余弦变换或反向离散余弦变换。DCT 是可逆的、离散的正交变换。

2.1.71 **显示幅型比**(视频) **display aspect ratio**

预期显示的画面高度/宽度比(以 SI 为单位)

2.1.72 **显示顺序**(视频) **display order**

解码图像显示的顺序。通常,它与编码器图像输入的顺序相同。

2.1.73 显示过程(视频) display process

显示重建帧的(非标准的)过程。

2.1.74 缩混(音频) downmix

为了获得小于 n 的声道数量而进行的 n 声道的矩阵计算。

2.1.75 漂移(视频) drift

在由嵌入编码器内的假想解码器子环产生的重新构成的输出(见“解码器子环”的定义)与由(下行码流)解码器产生的重新构成的输出之间失配的积累。

2.1.76 DSM-CC

数字存储媒体的指令和控制。

2.1.77 双声道模式(音频) dual channel mode

一种模式,具有独立节目内容(如双语节目)的两个音频声道在一个比特流内进行编码,该编码过程与立体声模式相同。

2.1.78 双基预测(视频) dual-prime prediction

一种对两个基于场的前向预测值进行平均的预测模式。预测像块的大小为16×16个亮度样值。双基预测仅用于隔行扫描的P图像。

2.1.79 动态串音(音频) dynamic crosstalk

减少多声道数据的一种方法,即将与立体感无关的信号分量复制到另一通道中。

2.1.80 动态传输通道切换(音频) dynamic transmission channel switching

通过把正交性的信号分量分配给传输通道,来减少多声道数据的一种方法。

2.1.81 编辑 editing

通过对一个或多个编码比特流进行处理,产生一个新的编码比特流的过程。必须保证编辑后的比特流满足GB/T 17975的第1、第2、第3部分中规定的要求。

2.1.82 基本流的时钟参考;ESCR(系统) Elementary Stream Clock Reference;ESCR

PES流中的时间标记,PES流解码器可从该标记得出定时信息。

2.1.83 基本流;ES(系统) elementary stream;ES

对PES包中已编码视频、已编码音频、或其他已编码比特流之一的通用术语。一个基本流在有且只有一个stream_id的PES包的序列运载。

2.1.84 加重(音频) emphasis

在存储或传输前对音频信号滤波,以改善高频的信噪比。

2.1.85 编码器 encoder

编码过程的具体实现。

2.1.86 编码(过程) encoding(process)

在GB/T 17975中没有规定这一过程,它读取输入图像或音频样值流并产生一个符合GB/T 17975的第2、第3部分中定义的有效编码比特流。

2.1.87 增强层(视频) enhancement layer

分级的层次结构中相对高的一层(在底层之上)。对于分级的所有形式,其解码过程可由低层的解码过程和增强层本身适当的附加解码过程来说明。

2.1.88 授权控制消息;ECM(系统) entitlement control message;ECM

授权控制消息是私有条件接收信息,它规定了控制字及其他可能的,典型的如流-特定的加扰和/或控制参数等。

2.1.89 授权管理消息;EMM(系统) entitlement management message;EMM

授权管理消息是规定特定解码器的授权级别或业务的私有条件接收信息。它们寻址给单个或一组解码器。

2.1.90 熵编码 entropy coding

用以减少冗余度的信号数字表示的可变长度无损编码。

2.1.91 事件(系统) event

把事件定义为带有共同时基、相关起始时间和相关结束时间的基本流集合。

2.1.92 有害比特流 evil bitstream

与有用信号正交的比特流。

2.1.93 扩展比特流(音频) extension bitstream

包含在与系统级上的基本音频比特流相关的附加比特流中的信息,以支持超过在 GB/T 17191.3 中规定的比特率。该附加比特流中包含多声道和多语种数据的剩余部分。

2.1.94 扩展帧(音频) extension frame

只能被本标准解码器解码的,本标准编码音频帧部分。这一可选帧包括多声道和多语种数据、以及可选辅助数据的剩余部分。

2.1.95 快速倒放(视频) fast reverse playback

以比实时快的速度,以相反的播放顺序来播放图像序列的过程。

2.1.96 快速正向播放(视频) fast forward playback

以比实时快的速度,按图像播放顺序播放图像的一个序列或序列的一部分的过程。

2.1.97 快速傅里叶变换;FFT fast fourier transform

快速傅里叶变换。一种用来完成离散傅里叶变换(正交变换)的快速算法。

2.1.98 场(视频) field

对于隔行扫描的视频信号,“场”是一帧中相隔行的集合。因此,一个隔行扫描的帧图像包括两个场,即顶场和底场。

2.1.99 场周期(视频) field period

两倍帧频的倒数。

2.1.100 场图像;场结构图像(视频) field picture; field structure picture

场结构的图像是一种编码图像,其 picture _ structure 等于“顶场”或“底场”。

2.1.101 基于场的预测(视频) field-based prediction

只使用一场作为参考帧的预测模式。预测块的大小为 16×16 个亮度样值。逐行扫描中不使用基于场的预测。

2.1.102 滤波器组(音频) filterbank

一组覆盖整个音频范围的带通滤波器。

2.1.103 固定分段(音频) fixed segmentation

把音频信号的数字表示细分为固定的时间段。

2.1.104 标志 flag

一种取值范围为本标准中定义的唯一的两个值之一的变量。

2.1.105 固定长度码;FLC fixed length code

固定长度码。

2.1.106 禁用 forbidden

“禁用”这个术语当用在定义编码比特流的条款中时表示其值应永不使用,这通常是为了避免起始码的混淆。

2.1.107 强迫更新(视频) forced updating

为保证编码器和解码器中的反向 DCT 处理之间的失配误差不至过大,而对宏块不时地进行帧内编码的过程。

2.1.108 前向兼容性 forward compatibility

如果按新编码标准工作的解码器能够对按旧编码标准制作的比特流进行解码，则新编码标准与旧编码标准是前向兼容的。

2.1.109 **前向运动矢量**(视频) **forward motion vector**

用于以显示次序中较早的参考帧或参考场进行运动补偿的运动矢量。

2.1.110 **前向预测**(视频) **forward prediction**

根据过去的参考帧(场)的预测。

2.1.111 **帧**(音频) **frame**

与音频存取单元的音频 PCM 样值对应的音频比特流部分。

2.1.112 **帧**(视频) **frame**

帧包括视频信号的空间信息行。对于逐行扫描视频，这些行从某一时刻开始，经过连续的行到达帧底样值。对于隔行扫描视频，一帧包括两场，即顶场和底场。两场之一将比另一场晚一个场周期。

2.1.113 **帧周期**(视频) **frame period**

帧频的倒数。

2.1.114 **帧图像；帧结构图像**(视频) **frame picture；frame structure picture**

帧结构图像是一种编码图像，其 picture _ structure 等于帧。

2.1.115 **帧速率**(视频) **frame rate**

解码处理后帧输出的速率。

2.1.116 **帧序重排**(视频) **frame reordering**

当编码顺序与显示顺序不同时，重建帧的重新排序过程。当比特流中出现 B 帧时，进行帧序重排。在解码低延时比特流时，不进行帧序重排。

2.1.117 **基于帧的预测**(视频) **frame-based prediction**

使用参考帧的两场的预测模式。

2.1.118 **自由格式**(音频) **free format**

比每一层定义的最高有效比特率低，但非已定义比特率的任意比特率。

2.1.119 f_s(音频)

如 2.1.219 中所定义的取样频率。

2.1.120 **未来参考帧(场)**(视频) **future reference frame(field)**

未来参考帧(场)是在显示顺序中比当前图像出现晚的参考帧(场)。

2.1.121 **颗粒**(层Ⅱ) (音频) **granules(Layer Ⅱ)**

来自全部 32 个子带的一组 3 个连续的子带样值，量化之前把它们放在一起考虑。它们对应于 96 个 PCM 样值。

2.1.122 **颗粒**(层Ⅲ) (音频) **granules(Layer Ⅲ)**

携带他们自身信息的 576 条谱线。

2.1.123 **图像组**(视频) **group of pictures**

仅在 GB/T 17191.2 中定义的一个概念。在 GB/T 17975.2 中，可通过插入图像组头得到类似功能。

2.1.124 **Hann 窗**(音频) **Hann Window**

在傅里叶变换之前，逐样值作用到音频样值块上的时域函数。

2.1.125 **头 header**

在编码比特流中包括一些数据元素编码表示的数据块，这些数据元素与该比特流中头之后的编码数据有关。

2.1.126 **哈夫曼编码 Huffman coding**

熵编码的一种特殊方法。

2.1.127 **混合滤波器组**(音频) **hybrid filterbank**

子带滤波器组和 MDCT 的组合序列。

2.1.128 **混合可分级性**(视频) **hybrid scalability**

混合分级性是两种(或多种)分级性的组合。

2.1.129 **I 场图像**(视频) **I-field picture**

场结构 I 图像。

2.1.130 **I 帧图像**(视频) **I-frame picture**

帧结构 I 图像。

2.1.131 **I 图像;帧内编码图像**(视频) **I-picture;intra-coded picture**

只使用自身信息编码的图像。

2.1.132 **反离散余弦变换;IDCT** **inverse discrete cosine transform**

反离散余弦变换。

2.1.133 **反修正离散余弦变换;IMDCT**(音频) **inverse modified discrete cosine transform**

反修正离散余弦变换。

2.1.134 **强度立体声**(音频) **intensity stereo**

基于在高频处仅保留左、右声道能量包络,以利用立体声音频节目中的立体感无关性或冗余度的一种方法。

2.1.135 **隔行**(视频) **interlace**

常规电视帧的特性,一帧的相邻行在时间上表示不同的时刻。在隔行帧中,先显示其中一场。这一场称为第一场。第一场可以是一帧的顶场,也可以是底场。

2.1.136 **帧内编码**(视频) **intra coding**

仅使用来自其自身信息的宏块或图像的编码。

2.1.137 **ITU-T Rec. H.222.0 | ISO/IEC 13818(复用)流**(系统)

ITU-T Rec. H.222.0|ISO/IEC 13818(multiplexed)stream

一种包括以 ITU-T Rec. H.222.0 | ISO/IEC 13818 中定义的方式组合起来的 0 或多个基本流的比特流。

2.1.138 **相关立体声编码**(音频) **joint stereo coding**

利用立体感无关性或冗余度的任一种编码方法。

2.1.139 **相关立体声模式**(音频) **joint stereo mode**

使用相关立体声编码的音频编码算法的模式。

2.1.140 **层**(音频) **layer**

在本标准中定义的音频编码系统层次结构中的多个级别之一。

2.1.141 **层**(系统) **layer**

在 ISO/IEC 13818 第 1、第 2 部分中定义的视频和系统数据层次结构规范中的多个级别之一。

2.1.142 **层**(视频) **layer**

在分级的层次结构中表示比特流有序集中的一个集合,及其有关的解码过程(隐含包括这一层之下的所有层的解码)。

2.1.143 **层比特流**(视频) **layer bitstream**

与特定层有关的单一比特流(总是与层的限定语一起使用,例如"增强层比特流")。

2.1.144 **级**(视频) **level**

一个取值限定的确定集合,在特定的型中通过本标准的参数进行取值。一个型可以包括一个或一个以上的级。在不同的场合,级可以指非零系数的绝对值(见"游程")。

2.1.145 **LFE**(音频)

低频增强声道。在多声道系统内用于低频音响效果的一个限定带宽的声道。

2.1.146 **低频增强声道**(音频) **low frequency enhancement channel**

在多声道系统内用于低频音响效果的一个限定带宽的声道。

2.1.147 **较低层**(视频) **lower layer**

紧接在某一给定增强层之下的层的一种相对称谓(隐含包括这一增强层之下的所有层的解码)。

2.1.148 **亮度分量**(视频) **luminance component**

在定义的比特流状态中,代表信号的亮度以及有关的基色表示的矩阵,块或样值。用于亮度的符号是Y。

2.1.149 **宏块**(视频) **macroblock**

一幅图像亮度分量的16×16样值区域内由4个8×8亮度数据块和2个相应的8×8的色度数据块(4:2:0色度格式)或4个8×8色度数据块(4:2:2色度格式)或8个8×8色度数据块(4:4:4色度格式)组成的块。宏块有时指样值数据,有时指样值的编码表示或标准本部分中定义的语法的宏块头中定义其他数据元素。从上下文可清楚了解其用法。

2.1.150 **映射**(音频) **mapping**

利用子带滤波和/或利用MDCT将音频信号从时间域向频率域的转换。

2.1.151 **掩蔽**(音频) **masking**

利用人耳听觉系统的特性,使一个音频信号在另一个音频信号存在时不被感觉到。

2.1.152 **掩蔽门限**(音频) **masking threshold**

一个时间及频率的函数,在一个音频信号低于此门限的情况下,人耳听觉系统无法感知之。

2.1.153 **兆比特**(视频) **Mbit**

1000000 bit。

2.1.154 **运动补偿预测器;MCP**(视频) **motion compensate predictor**

运动补偿预测器。

2.1.155 **修正离散余弦变换;MDCT**(音频) **modified discrete cosine transform**

与时间域混叠消除滤波器组相对应的改进的离散余弦变换。

2.1.156 **失配**(视频) **mismatch**

两个解码过程从同一编码比特流中重新构成的数据之间的数值差异。除了IDCT之外,GB/T 17975.2规范中绝对明确地定义了解码过程。因此,如果按照GB/T 17975.2规范来实现这两个解码过程,则失配只能由IDCT的不同实现而引起。

2.1.157 **运动补偿**(视频) **motion compensation**

利用运动矢量来改善样值的预测效率。预测是利用运动矢量提供与过去和/或未来参考帧或参考场的偏差,这些参考帧或参考场包含用于产生预测误差的解码样值。

2.1.158 **运动估计**(视频) **motion estimation**

在编码过程中估计运动矢量的过程。

2.1.159 **运动矢量**(视频) **motion vector**

用于运动补偿的两维矢量,它提供当前图像帧或场中坐标与参考帧或场中坐标间的偏差。

2.1.160 **MS立体声**(音频) **MS stereo**

在立体声音频节目中,基于对和信号和差信号,而非对左、右声道编码,利用立体感无关性或立体声冗余度的一种方法。

2.1.161 **多声道**(音频) **multichannel**

用来建立空间声场的音频声道组合。

2.1.162 **多语种**(音频) **multilingual**

多于一种语言的对话表示。

2.1.163 **网络信息表;NIT(系统) network information table**

如GB/T 17975.1—2000的表2-23所定义的网络信息表。

2.1.164 **非帧内编码(视频) non-intra coding**

不仅使用宏块或图像自身信息,而且使用其他时间出现的宏块或图像信息进行的宏块或图像编码。

2.1.165 **非单音分量(音频) non-tonal component**

音频信号的一种类似噪声的分量。

2.1.166 **奈奎斯特取样 Nyquist sampling**

以2倍或大于2倍信号最大带宽的频率进行取样。

2.1.167 **奇偶性对立(视频) opposite parity**

顶场的对立是底场,反之亦然。

2.1.168 **P场图像(视频) P-field picture**

场结构P图像。

2.1.169 **P帧图像(视频) P-frame picture**

帧结构P图像。

2.1.170 **P图像;预测编码的图像(视频) P-picture; predictive-coded picture**

利用过去参考场或帧做运动补偿预测编码的图像。

2.1.171 **包(系统) pack**

一个包由包(pack)头及后面的零个或多个包(packet)组成,它是在GB/ 17975.1—2000的2.5.3.3中描述的系统编码语法中的一层。

2.1.172 **包(系统) packet**

由一个头和后面的大量来自基本数据流的连续字节组成。它是在GB/T 17975.1—2000的2.4.3中描述的系统编码语法中的一层。

2.1.173 **包数据(系统) packet data**

包内基本流数据的连续字节。

2.1.174 **包标识符;PID(系统) packet identifier; PID**

GB/T 17975.1—2000的2.4.3中描述的,在单节目或多节目传送流中,用于关联一个节目的各基本流的唯一整数值。

2.1.175 **填充(音频) padding**

通过有条件地把一个片添加到音频帧中,把一个音频帧的平均时间长度调整到相应的PCM样值的持续时间的一种方法。

2.1.176 **参数 parameter**

一个在本标准语法范围内的、取值在某数值范围之中的变量。取值范围为仅有的两个值之一的变量是标志或指示符,而不是参数。

2.1.177 **(场的)奇偶性(视频) parity (of field)**

场的奇偶性可以是顶场或底场。

2.1.178 **分析程序 parser**

从编码比特流中提取表示编码单元(FLC(固定长度码)或VLC(可变长度码))比特序列的解码器功能级。

2.1.179 **过去参考帧(场)(视频) past reference frame (field)**

过去参考帧(场)是在显示次序中出现时间比当前图像时间早的参考帧(场)。

2.1.180 **节目关联表;PAT(系统) program associated table**

如GB/T 17975.1的2.4.4.3中定义的节目关联表。

2.1.181 **有效载荷(系统) payload**

有效载荷指包中头字节之后的字节。例如,传送流包的有效载荷包括 PES _ packet _ header 及其 PES _ packet _ data _ byte,或 pointer _ field 及 PSI 段,或私有数据;但是 PES _ packet _ payload 只包括 PES _ packet _ data _ byte。传送流包头和调节字段不是有效载荷。

2.1.182 **PES**(系统)

"打包的基本流"的缩略语。

2.1.183 **PES 包**(系统) **PES packet**

用于运载基本流数据的数据结构。它包括 PES 包头,其后为 PES 包有效载荷,在 GB/T 17975.1—2000 的 2.4.3.6 及 2.4.3.7 中描述了 PES 包。

2.1.184 **PES 包头**(系统) **PES packet header**

在流不是填充流的情况下,PES 包头是在 PES 包中,直到但不包括 PES _ packet _ data _ byte 字段之前的字段。在流是填充流的情况下,把 PES 包类似地定义为在 PES 包中直到但不包括 padding _ byte 字段之前的字段。

2.1.185 **PES 流**(系统) **PES stream**

PES 流包括下述 PES 包,其全部有效载荷均来自同一基本流的数据,并且它们有相同的 stream _ id。对其使用特定语义约束。

2.1.186 **图像**(视频) **picture**

源的、编码的或重建的图像数据。源或重建图像包括代表一个亮度和二个色度信号的三个 8 bit 数的矩阵。GB/T 17975 中定义了"编码图像"。对逐行视频,图像与帧完全相同。而对于隔行视频,一幅图像可以是一帧,也可以根据不同的场合是一帧的顶场和底场。

2.1.187 **图像数据**(视频) **picture data**

在 VBV 操作中,图像数据定义为编码图像的所有比特;以及如果有的话,在其之前的所有头和用户数据(包括它们之间的任何填充),还有其后的所有填充,直到(但不包括)下一个起始码为止,例外情况是下一个起始码为序列码尾部,在此情况下,将其包括到图像数据中。

2.1.188 **多相滤波器组**(音频) **polyphase filterbank**

一组具有特殊相位互相关性的等带宽滤波器,可高效实现该滤波器组。

2.1.189 **预测**(音频) **prediction**

利用预测器,根据其他声道中的子带样值对在某一声道内的样值提供估计值。

2.1.190 **预测误差**(视频) **prediction error**

样值或数据元素的实际值与预测值之间的差。

2.1.191 **预测**(视频) **prediction**

利用预测值对正在解码的样值或数据元素提供估计值。

2.1.192 **预测值**(视频) **predictor**

已解码的样值或数据单元的线性组合。

2.1.193 **播放声道**(音频) **presentation channel**

与左、中、右、左环绕声和右环绕声扬声器位置对应的,解码输出端的音频声道。

2.1.194 **播放时标;PTS**(系统) **presentation time-stamp; PTS**

可出现在包头内,用以指明播放单元出现在系统目标解码器中的时间的字段。

2.1.195 **播放单元;PU**(系统) **presentation unit; PU**

一个已解码的音频存取单元或一个已解码的图像。

2.1.196 **类型(简称"型")**(视频) **profile**

该规范语法的一个确定子集。

2.1.197 **型与级组合**(视频) **profile-and-level combination**

视频比特流与解码器达到一致之点。在 GB/T 17975.2—2000 的第 8 章中定义了确定的型与级组合。在比特流中，型与级组合从 profile _ and _ level _ indication 中得出。一种解码器可遵守几种型与级组合。

2.1.198 **节目（系统） program**

节目是各节目单元的集合。节目单元可以是基本流。各节目单元不需要有任何确定的时基；需要有确定时基的那些节目单元有共同的时基，用于同步播放。

2.1.199 **节目时钟参考；PCR（系统） Program Clock Reference；PCR**

传送流中的时间标记，解码器用以从中得出定时信息。

2.1.200 **节目单元（系统） program element**

对可能包含在节目中的基本流或其他数据流之一的总称。

2.1.201 **节目的特定信息；PSI（系统） Program Specific Information；PSI**

PSI 包括对传送流解复用和成功恢复节目所需的标准数据，它在 GB/T 17975.1—2000 的 2.4.4 中说明。PSI 的一个情况，非强制性的网络信息表，是自行定义的。

2.1.202 **逐行（视频） progressive**

影片帧的特性，帧内所有样值代表同一时刻。

2.1.203 **心理声学模型（音频） psychoacoustic model**

人类听觉系统掩蔽效应的一种数学模型。

2.1.204 **量化矩阵（视频） quantisation matrix**

去量化器中使用的 64 个 8 bit 值的集合。

2.1.205 **量化的 DCT 系数（视频） quantised DCT coefficient**

去量化前的 DCT 系数。量化的 DCT 系数的可变长编码作为编码视频比特流的一部分传输。

2.1.206 **量化比例（视频） quantiser scale**

比特流中编码的比例因子，解码过程中用以标度去量化过程。

2.1.207 **随机存取 random access**

在任意点开始阅读和解码已编码比特流的过程。

2.1.208 **重建帧（视频） reconstructed frame**

重建帧由表示一个亮度和两个色度信号的 3 个 8 bit 数矩阵组成。通过解码已编码的帧，得到重建帧。

2.1.209 **重建图像（视频） reconstructed picture**

通过解码已编码的图像，得到重建图像。重建图像是重建帧（当解码帧图像时），或重建帧的一场（当解码场图像时）。如果编码图像是场图像，那么，重建图像是该重建帧的顶场或底场。

2.1.210 **参考解码器（视频） reference decoder**

一种精确地实现 GB/T 17975.2 中规定的解码过程，并利用参考 IDCT 的解码器。参考解码器能够解码任何与确定的型与级组合兼容的比特流。

2.1.211 **参考 IDCT（视频） reference IDCT**

饱和算术整型数 IDCT 的具体实现。在 GB/T 17975.2—2000 的附录 A 中规定的。

2.1.212 **参考场（视频） reference field**

参考场是重建帧的一场。当解码 P 图像和 B 图像时，参考场用于前向和后向预测。应该注意，当解码场 P 图像时，编码帧的第 2 场 P 图像的预测利用同一编码帧的第一个重建场作为参考场。

2.1.213 **参考帧（视频） reference frame**

参考帧是以编码 I 帧或编码 P 帧的形式来编码的重建帧。当解码 P 图像和 B 图像时，参考帧用于前向和后向预测。

2.1.214 **重排序延时（视频） reordering delay**

在解码过程中由帧顺序重排引起的延时。

2.1.215 再量化(音频) requantisation

解码已编码子带样值,以便恢复原始量化值。

2.1.216 保留 reserved

"保留"这术语当用在定义编码比特流的条款时,表示其值可以供未来ISO/IEC定义的扩展部分用。

2.1.217 游程(视频) run

在一个扫描顺序中,在非零系数前的零系数的个数。非零系数的绝对值称为"级"。

2.1.218 样点幅型比;SAR(视频) sample aspect ratio; SAR

样点幅型比规定了样点之间的相对距离。将其定义为(用于本标准),一帧内亮度样点行的垂直位移与亮度样点水平位移之比。单位为(m/行)/(m/样点)。

2.1.219 取样频率(f_s)(音频) Sampling Frequency (f_s)

定义为以赫兹为单位,用于取样过程期间内对音频信号进行数字化的速率。

2.1.220 饱和度(视频) saturation

通过设定范围适当的最大值和最小值,对超过定义范围的值加以限制。

2.1.221 分级性(视频) scalability

分级性是解码器对比特流的有序集进行解码以产生重建序列的能力。而且,当解码子集时输出有用的视频。可以这样解码的最小子集是称为底层的集内的第一个比特流。在该集内的每一个其他比特流均称为增强层。当提到一个特定的增强层时,"低层"指该增强层之前的比特流。

2.1.222 分级层次结构(视频) scalable hierarchy

包含一个以上视频比特流有序集合的编码视频数据。

2.1.223 比例因子(音频) scalefactor

量化前按这个因子标度一组数值。

2.1.224 比例因子带(音频) scalefactor band

层Ⅲ内使用同一个比例因子标度的一组频率线。

2.1.225 比例因子索引(音频) scalefactor index

比例因子的数字编码。

2.1.226 加扰(系统) scrambling

为防止对明文形式信息的非授权接收,而对视频、音频或编码数据流特征的一种改变。这一改变是在条件接收系统控制下的一种特定的处理。

2.1.227 辅助信息 side information

比特流内为控制解码器所需的信息。

2.1.228 空白宏块(视频) skipped macroblock

没有编码数据的宏块。

2.1.229 条(视频) slice

在编码比特流中,一串由 slice _ start _ code 开始,并一直继续到下一个起始码(或第一个填充字节,如果下一个 strat _ code 之前为填充字节的话)的连续宏块。

2.1.230 片(音频) slot

比特流内的一个基本部分。在层Ⅰ中,一个片等于4个字节,在层Ⅱ和层Ⅲ中,一个片等于1个字节。

2.1.231 SNR分级性(视频) SNR scalability

分级的一种,增强层只包括低层DCT系数的细节编码数据。

2.1.232 源流 source stream

压缩编码前的单个非复用样值流。

2.1.233 **源;输入**(视频) **source; input**

用于描述编码之前的视频素材或其某些属性的术语。

2.1.234 **空间预测**(视频) **spatial prediction**

空间分级中使用的低层解码器的解码帧内得出的预测。

2.1.235 **空间分级**(视频) **spatial scalability**

一种分级,增强层使用的预测是依据低层样值数据进行的,不使用运动矢量。各层可以有不同的帧尺寸、帧频或色度格式。

2.1.236 **拼接**(系统) **splicing**

连接,在系统级上对两个不同的基本流的连接。所形成的系统流完全满足与GB/T 17975.1的一致性。这种拼接可能造成在时基、连续性计数器、PSI和解码过程上的不连续性。

2.1.237 **扩展函数**(音频) **spreading function**

描述掩蔽效果的频率扩展的函数。

2.1.238 **起始码**(系统和视频) **start codes**

嵌入到编码比特流内的唯一的32位码。起始码被用作几种目的,包括识别编码语法的某些结构。

2.1.239 **STD输入缓冲区**(系统) **STD input buffer**

系统目标解码器输入端用来在解码前存储来自基本流的压缩数据的先进先出缓冲区。

2.1.240 **立体声模式**(音频) **stereo mode**

一种模式,指构成立体声对(左和右)的两音频声道被编码在一个比特流内。编码过程与双声道模式相同。

2.1.241 **立体感无关部分**(音频) **stereo-irrelevant**

立体声音频信号中对空间感无贡献的部分。

2.1.242 **静止图像**(系统) **still picture**

由严格地包含一个帧内编码图像的视频序列构成的编码静止图像。这一图像具有相关的PTS,如果有后续图像的话,则后续图像的播放时间至少比静止图像出现的时间晚两个图像周期。

2.1.243 **填充**(比特);**填充**(字节) **stuffing(bits); stuffing(bytes)**

可以插入编码比特流内,并在解码处理时予以剔除的码字。目的是增加流的比特率,否则比特率将比所需的比特率低。

2.1.244 **子带**(音频) **subband**

音频频带的细分。

2.1.245 **子带滤波器组**(音频) **subband filterbank**

一组覆盖整个音频频率范围的带通滤波器,在本标准中,子带滤波器组是一个多相滤波器组。

2.1.246 **子带样值**(音频) **subband samples**

音频编码器内的子带滤波器组产生输入音频流的经滤波和亚抽样的表示。该已滤波的样值称为子带样值。32个时间连续的输入音频样值在32个子带内各产生1个子带样值。

2.1.247 **环绕声声道**(音频) **surround channel**

一个添加到前置声道(L和R或L、R和C)上,以增强立体感的音频重放声道。

2.1.248 **同步字**(音频) **syncword**

嵌入到音频比特流内以标识一帧开始的12位码。

2.1.249 **合成滤波器组**(音频) **synthesis filterbank**

解码器内将子带样值重组成PCM音频信号的滤波器组。

2.1.250 **系统时钟参考;SCR**(系统) **System Clock Reference; SCR**

节目流中的时间标记,解码器可以从该标记得出定时信息。

2.1.251 **系统头**(系统) **system header**

由GB/T 17975.1—2000的2.5.3.5定义的数据结构，其中携带概述ITU-T Rec. H.222.0 | ISO/IEC 13818复用节目流的系统特性信息。

2.1.252 **系统目标解码器；STD**（系统） **system target decoder; STD**

解码过程的假定参考模型，用于描述ITU-T Rec. H.222.0 | ISO/IEC 13818复用比特流语义。

2.1.253 **时间预测**（视频） **temporal prediction**

从参考帧或场得出的预测，这些参考帧或场不是空间预测中规定的那些。

2.1.254 **时间分级**（视频） **temporal scalability**

一种可分级性，增强层使用的预测是依据低层样值数据进行的，使用运动矢量。各层具有相同的帧尺寸和色度格式，但可以有不同的帧速率。

2.1.255 **时间标记**（系统） **time-stamp**

表示一个特定动作时间的术语，如一个字节的到达或播放一个播放单元等动作。

2.1.256 **单音分量**（音频） **tonal component**

音频信号中类似正弦波的分量。

2.1.257 **顶场**（视频） **top field**

组成一帧的两场之一。在空间上，顶场的每一行恰好位于底场的对应行之上。

2.1.258 **顶层**（视频） **top layer**

分级层次结构的最高层（带有最高的layer_id）。

2.1.259 **传送流包头**（系统） **Transport Stream packet header**

一直到包括continuity_counter字段在内的传送流包中位于前面的所有字段。

2.1.260 **三元组**（音频） **triplet**

一组来自一个子带的三个连续子带样值。32个子带中各子带的三元组组成一个颗粒。

2.1.261 **可变比特率** **variable bitrate**

在压缩比特流解码过程中比特率随时间变化的操作。

2.1.262 **可变长度编码** **variable length coding**

分配较短的码字给常见事件、较长的码字给少见事件的可逆编码过程。

2.1.263 **可变长度码** **variable length code**

由可变长度编码器赋予的码字（见"可变长度编码"）。

2.1.264 **可变长度解码器** **variable length decoder**

一种获得经可变长度编码技术编码的符号的过程。

2.1.265 **视频缓存校验器；VBV**（视频） **video buffering verifier; VBV**

概念上与编码器输出端相联接的假想解码器。其目的是对编码器或编辑过程中可能产生的数据率变化加以约束。

2.1.266 **视频序列**（视频） **video sequence**

编码视频比特流的最高语法结构。它包含一个或多个编码帧序列。

2.1.267 **xxx型比特流**（视频） **xxx profile bitstream**

分级层次结构中对应于xxx型的比特流。注意，这种比特流只有与所有的低层比特流在一起才是可解码的（除非该比特流是底层比特流）。

2.1.268 **xxx型解码器**（视频） **xxx profile decoder**

能够对顶层符合xxx型规范的一个比特流或分级层次结构的比特流进行解码的解码器（xxx是所定义的型名称的任一个）。

2.1.269 **xxx型分级层次结构**（视频） **xxx profile scalable hierarchy**

其顶层符合xxx型规范的比特流集合。

2.1.270 **Z字形扫描顺序**（视频） **zig-zag scanning order**

DCT 系数的特定排列次序，空间频率大致是最低到最高。

2.2 符号和缩略语

用于描述本标准的数学算符与用在 C 程序语言的数学算符相似。然而带余舍的整数除法是特殊规定的。在假定整数用二进制补码表示的情况下定义了逐位算符。编码和计数的循环，一般从零开始。

2.2.1 算术运算符

＋ 加

－ 减(作为二进制算符)，或负(作为一元算符)

＋＋ 增量

－－ 减量

* 乘法

^ 乘方

/ 采用结果向零舍位的整数除法，例如 7/4 和-7/-4 舍位为 1，而-7/4 和 7/-4 舍位为-1。

// 采用舍入到最接近的整数的整数除法。除非另有规定，把半整数值远离零而舍入。例如 3//2 被取整到 2，-3//2 被取整到-2。

DIV 采用结果向负无穷大舍位的整数除法

| | 绝对值 $|x|=x$ 当 $x>0$

$|x|=0$ 当 $x=0$

$|x|=-x$ 当 $x<0$

% 取模算符，仅对正数定义

sign ( ) 符号 $\text{sign}(x)=1$ 当 $x>0$

$\text{sign}(x)=0$ 当 $x=0$

$\text{sign}(x)=-1$ 当 $x<0$

NINT ( ) 最接近的整数算符，返回最接近实数参量的整数值。半整数值远零舍入。

sin 正弦

cos 余弦

exp 指数

√ 平方根

$\log_{10}$ 以 10 为底的对数

$\log_e$ 以 e 为底的对数

$\log_2$ 以 2 为底的对数

2.2.2 逻辑运算符

|| 逻辑或

&& 逻辑与

! 逻辑非

2.2.3 关系运算符

＞ 大于

＞＝ 大于或等于

＜ 小于

＜＝ 小于或等于

＝＝ 等于

！＝ 不等于

max [,…,]　　在参量表内的最大值

min [,…,]　　在参量表内的最小值

2.2.4　位运算符

在使用逐位算符之处，假定数据用2的补码表示。

&　　与

|　　或

≫　　带符号扩展的右移

≪　　带填充零的左移

2.2.5　赋值

=　　赋值算符

2.2.6　助记符

为了描述在编码比特流内所使用的不同数据类型，定义了下列助记符。

bslbf	比特串，左边为第1个比特，这里的“左”是在GB/T 17975里比特串的书写次序。比特串是写在单引号内的1和0的串，例如‘10000001’，一个比特串内的空格是为了便于阅读，无意义。
centre_chan	中置声道的标志。
centre_limited	这是个变量，它指示中置声道的某一子带是否没有被传输，用于中置声道幻像编码情况。
ch	声道，如果ch的值为0，则表示一个立体声信号的左声道或两个独立信号的第一个信号。
dyn_cross	指用于针对某一传输通道和某一子带的动态串音。
gr	在音频层Ⅱ中，指大小为3＊32个子带样值的颗粒，在音频层Ⅲ中，指大小为18＊32个子带样值的颗粒。
Lo,Ro	兼容的立体声音频信号。
L,C,R,LS,RS	左，中置，右，左环绕和右环绕音频信号。
L^w,C^w,R^w,LS^w,RS^w	加权的左，中置，右，左环绕，右环绕音频信号。 由于下述两个理由这种加权是必要的： 1）在计算兼容立体声信号时，为避免过载所有在信号编码前必须衰减。 2）矩阵方程式包含衰减因子和相移等其他处理。 被编码、传输并在解码器内去归一的实际是经加权和处理的信号。
left_surr_chan	左环绕声声道标志。
main_data	比特流主数据部分，包含比例因子，哈夫曼编码数据和辅助信息。
mlsblimit	在比特流的多语种部分中被利用的最大子带。
mono_surr_chan	单环绕声声道标志，同左环绕声声道标记一样。
msblimit	比特流扩展部分中被利用的最大子带。
nch	声道数量，对单声道模式等于1，其他模式等于2。
nmch	多声道扩展部分的声道数量。
nmlch	多语种声道数量。
npred	按2.5.2.15的表所允许的预测器数量。
npredcoeff	所使用的预测系数的数量。

part2 _ length	main _ data 中比例因子的比特数。
pci	预测器的索引号[0, 1, 2]。
px	预测器的索引号[0,1 …,npred-1]。
right _ surr _ chan	右环绕声道标志。
rpchof	剩余多项式系数,第1项是最高阶。
sb	子带。
sbgr	按2.5.2.15的子带组表,形成的单个子带的组。
sblimit	无比特分配的最低子带数。
scfsi	比例因子选择信息。
switch _ point _ l	开始使用window开关的比例因子带(长块比例因子带)序号。
switch _ point _ s	开始使用window开关的比例因子带(短块比例因子带)序号。
T0,T1,T2,T3,T4	音频传输通道。通过解矩阵过程和传输通道分配信息,来确定音频信号对传输通道的分配。
tc	已传输通道。
uimsbf	无符号整数,第1位是最高有效位。
vlclbf	可变长度码,左边为第1个比特,这里"左"指VLC码的书写次序。
window	在 block _ type == 2,0 <= window <= 2(层Ⅲ)时的实际时隙数。

多字节字的字节次序是,第1个是最高有效字节。

2.2.7 常数

π	3.14159265358…
e	2.71828182845…

2.3 比特流语法的描述方法

2.4.1和2.5.1中描述了通过解码器恢复的比特流。在比特流内,每个数据项都是用粗体表示的,通过其名称、以比特为单位的长度、以及表示其类型和传输次序的助记符来描述。

比特流内已解码的数据元素所产生的作用取决于该数据元素之值和以前解码的数据元素。数据元素的解码和用于解码的状态变量的定义由2.4.2、2.4.3、2.5.2和2.5.3描述。下列结构用来表示在数据元素存在并为标准类型时的条件:

注意,这一语法使用C语言代码规范,即变量或表达式的计算值非零时,等同于某条件为真。

while(条件)
  data-element
…
}
	如果条件为真,则数据流中下一个将出现的就是该数据元素组。此循环重复至条件为假。

do{
  data-element
  …
} while(条件)
	数据元素至少总会出现一次。重复该数据元素直至条件为假。

if(条件){
  data-element
  …
}
	如果条件为真,则数据流中下一个将出现的就是第一个数据元素组。

else {
  data-element
  …
}
	如果条件不真，则数据流中下一个将出现的就是第二个数据元素组。

for(expr1; expr2; expr3){
  data-element
  …
}
	exprl 是规定循环初始化的表达式。通常它规定计数器的起始状态。expr2 是规定在每次循环之前要做的测试条件。当该条件不满足时，停止循环，expr3 是每次循环结束时执行的表达式，通常它使计数值加 1。

注意：这个结构的最常见的用法如下：

for($i=0$; $i<n$; $i++$){
  data-element
  …
}
	该数据元素组出现 n 次。在该数据元素组内的条件结构可能决定于循环控制变量 i 的值，第一次出现时 i 被设置为 0；第二次出现时增至 1，以此类推。

注意：数据元素组可以包含嵌套条件结构，为书写紧凑，当后面只有一个数据元素时，可省略{}。

data _ element [ ]	data _ element [ ]是一个数组，数据元素的数量由上下文关系表明。
data _ element [***n***]	data _ element [n]是一个数组的第 $n+1$ 个元素。
data _ element [***m***][***n***]	data _ element [m][n]是一个 2 维数组的第 $m+1$,$n+1$ 个元素。
data _ element [***l***][***m***][***n***]	data _ element [l][m][n]是 3 维数组的第 $l+1$,$m+1$,$n+1$ 个元素。
data _ element [***m***…***n***]	data _ element [m…n]是 data _ element 中包括比特 m 和比特 n 在内的所有比特。

当语法以过程术语表达时，不应设想 2.4.3 和 2.5.3 能完成令人满意的解码过程，尤其是这要求有正确的、无误码的输入比特流。实际的解码器必须有寻找起始码的方法，以便正确地开始解码。

bytealigned 函数的定义

如果当前的位置在字节边界上，也就是该比特流的下一位是一个字节的第一位。则函数 bytealigned()返回 1，其他情况返回 0。

nextbits 函数的定义

nextbits( )函数允许将一个比特串与比特流中后面将要解码的比特进行比较。

next _ start _ code 函数的定义

next _ start _ code 函数去掉所有零比特和零字节填充，并定位下一个起始码。

语　　法	比特数	助 记 符
next _ start _ code( ){		
while(! bytealigned( ))		
zero _ bit	1	'0'
while(nextbits( )! = '0000 0000 0000 0000 0000 0001')		
zero _ bit	8	'00000000'
}		

这一函数检查当前的位置是否已字节对准。如果不是，则出现零比特填充。此后，在起码之前可出现任意个数的零字节。因此，起始码总是字节对准的，它之前可有任意个数的零比特填充。

2.4 GB/T 17191.3 向更低取样频率扩展的要求

2.4.1 音频比特流编码语法特性

2.4.1.1 音频序列

见 GB/T 17191.3,2.4.1.1。

2.4.1.2 音频帧

见 GB/T 17191.3,2.4.1.2。

2.4.1.3 头

见 GB/T 17191.3—1997 的 2.4.1.3。

2.4.1.4 误码校验

见 GB/T 17191.3—1997 的 2.4.1.4。

2.4.1.5 音频数据层 Ⅰ

见 GB/T 17191.3—1997 的 2.4.1.5。

2.4.1.6 音频数据层 Ⅱ

见 GB/T 17191.3—1997 的 2.4.1.6。

2.4.1.7 音频数据层 Ⅲ

语 法	比特数	助记符
audio _ data( )		
{		
main _ data _ begin	8	uimsbf
if (mode==single _ channel)		
private _ bits	1	bslbf
Else		
private _ bits	2	bslbf
for (ch=0;ch<nch;ch++) {		
part2 _ 3 _ length[ch]	12	uimsbf
big _ values[ch]	9	uimsbf
global _ gain[ch]	8	uimsbf
scalefac _ compress[ch]	9	bslbf
window _ switching _ flag[ch]	1	bslbf
if (windows _ switching _ flag[ch]== '1') {		
block _ type[ch]	2	bslbf
mixed _ block _ flag[ch]	1	uimsbf
for (region=0; region<2; region++)		
table _ select[ch][region]	5	bslbf
for (window=0; window<3; window++)		
Subblock _ gain[ch][windows]	3	uimsbf
}		
else{		
for (region=0; region<3; region++)		
table _ select[ch][region]	5	bslbf
region0 _ count[ch]	4	bslbf
region1 _ count[ch]	3	bslbf
}		
scalefac _ scale[ch]	1	bslbf
countltable _ select[ch]	1	bslbf
}		
main _ data( )		
}		

下面,定义主数据比特流。在 audio _ data( )语法中的 main _ data 区包含来自主数据比特流的各字节。然而,由于用于层 Ⅲ 的哈夫曼编码可变的特性,一帧的主数据一般来说不总跟在该帧的头和辅助信息之后。一帧的 main _ data 开始于该帧头之前的比特流内,在由 main _ data _ begin 的值给出的负偏移量的位置上(见 GB/T 17191.3 中 main _ data begin 定义)。

语　　法	比特数	助记符
main_data( )		
{		
for (ch=0; ch<nch; ch++) {		
if ((windows_swiching_flag[ch]== '1')&&		
Block_type[ch]== '10') {		
if (mixed_block_flag[ch]== '1') {		
for (sfb=0; sfb<6; sfb++)		
scalefac_l[ch][sfb]	0..4	uimsbf
for (sfb=3; sfb<12; sfb++)		
for (window=0; window<3; window++)		
scalefac_s[ch][sfb][window]	0..5	uimsbf
}		
else{		
for (sfb=0; sfb<12; sfb++)		
for (window=0; window<3; window++)		
scalefac_s[ch][sfb][window]	0..5	uimsbf
}		
}		
else{		
for (sfb=0; sfb<21; sfb++)		
scalefac_l[ch][sfb]	0..5	uimsbf
}		
Huffmancodebits( )		
}		
for (b=0; b<no_of_ancillary_bits; b++)		
ancillary_bit	1	bslbf
}		

Huffmancodebits 见 GB/T 17191.3—1997 的 2.4.1.7。

2.4.1.8　辅助数据

见 GB/T 17191.3—1997 的 2.4.1.8。

2.4.2　音频比特流语法的语义

2.4.2.1　音频程序概要

见 GB/T 17191.3—1997 的 2.4.2.1。

然而，与 GB/T 17191.3 层Ⅲ帧包括 1152 个样值相对的是层Ⅲ低取样频率帧只包括 576 个样值的信息。

2.4.2.2　音频帧

见 GB/T 17191.3—1997 的 2.4.2.2。

2.4.2.3　头

对所有层而言，前 32 bit(4 byte)均为头信息。

syncword——见 GB/T 17191.3—1997 的 2.4.2.3。

ID——1 比特，表明算法的 ID，对 GB/T 17191.3 等于'1'，对于向更低取样频率扩展时为'0'.

layer——见 GB/T 17191.3—1997 的 2.4.2.3。

protection_bit——见 GB/T 17191.3—1997 的 2.4.2.3。

bitrate_index——表明比特率的 4 个比特。各比特值均为零时表示"自由格式"的情况，"自由格式"可以使用不必列入表中的固定比特率。固定的意思是根据填充比特数量，一帧包含 N 或 $N+1$ 个片。bitrate _ index 是表的索引,该表对层Ⅱ和层Ⅲ相同,但层Ⅰ与另两层不同。

bitrate _ index 表示当 ID= = '0' 时根据下表确定的总比特率,与模式(立体声,相关立体声,双声道,单声道)无关。

码率索引	对于 f_s=16 kHz、22.05 kHz、24 kHz 规定的码率/(kb/s)	
	层Ⅰ	层Ⅱ、层Ⅲ
0000	自由	自由
0001	32	8
0010	48	16
0011	56	24
0100	64	32
0101	80	40
0110	96	48
0111	112	56
1000	128	64
1001	144	80
1010	160	96
1011	176	112
1100	192	128
1101	224	144
1110	256	160
1111	禁用	禁用

处于自由格式模式时,对层Ⅰ、层Ⅱ和层Ⅲ分别而言,不要求解码器支持高于 256 kb/s、160 kb/s、160 kb/s 的比特率。

sampling _ freguency——表示 ID= = '0' 时由下表确定的取样频率

取样频率	规定的频率/kHz
00	22.05
01	24
10	16
11	备用

在改变取样频率时,应把音频解码器复位。

padding _ bit——见 GB/T 17191.3—1997 的 2.4.2.3,取样频率为 22.05 kHz 时需要填充,在自由格式时,可能也需要填充。

private _ bit——见 GB/T 17191.3—1997 的 2.4.2.3。

mode——见 GB/T 17191.3—1997 的 2.4.2.3。

mode _ extension——见 GB/T 17191.3—1997 的 2.4.2.3。

copyright——见 GB/T 17191.3—1997 的 2.4.2.3。

original/copy——见 GB/T 17191.3—1997 的 2.4.2.3。

emphasis——见 GB/T 17191.3—1997 的 2.4.2.3。

2.4.2.4 误码校验

对层Ⅰ和层Ⅱ见 GB/T 17191.3—1997 的 2.4.2.4。

对层Ⅲ，用于计算纠错的比特是：

头的 16..31 位

audio_data 的 0..71 位，用于单声道模式

audio_data 的 0..135 位，用于其他模式

2.4.2.5 音频数据层Ⅰ

见 GB/T 17191.3—1997 的 2.4.2.5。

2.4.2.6 音频数据层Ⅱ

见 GB/T 17191.3—1997 的 2.4.2.6。

2.4.2.7 音频数据层Ⅲ

见 GB/T 17191.3—1997 的 2.4.2.7，对 scalefac_compress 的不同定义除外。

scalefac_compress[ch]——选择传输比例因子所用的比特数并用于置位或复位 preflag。如果置位 preflag，则把一张表中的值加到按 GB/T 17191.3—1997(附录 B 表 B6)描述的比例因子上。

2.4.2.8 辅助数据

见 GB/T 17191.3—1997 的 2.4.2.8。

2.4.3 音频解码过程

2.4.3.1 音频解码层Ⅰ、层Ⅱ

见 GB/T 17191.3—1997 的 2.4.3。对于层Ⅱ，应该用本标准的表 B1(层Ⅱ每一子带可用量化)来替换 GB/T 17191.3—1997 的表 B2(层Ⅱ比特分配表)。

2.4.3.2 音频解码层Ⅲ

低取样频率层Ⅲ的解码与 GB/T 17191.3 中层Ⅲ的解码一样执行，但有如下不同：

a) 与 GB/T 17191.3 中一个层Ⅲ帧包括两帧的情况不同，对于低取样频率来说，一个层Ⅲ帧只包括一个颗粒。变量'gr'已不复存在。每帧的样值个数为 576 个。因此，对于层Ⅲ，必须按照下表来修改用于计算帧长度(GB/T 17191.3—1997 的 2.4.3.1)及填充算法(GB/T 17191.3—1997 的 2.4.2.3)的常数。

改变后的本标准层Ⅲ的常数		
	GB/T 17191.3	本标准
slots_per_frame	144	72
frame_size	1152	576

b) 如果选用强度立体声，强度位置的最大值将表示一种非法的强度位置。如同在 GB/T 17191.3 中，如果使用 MS 立体声，带有非法的强度位置的比例因子带必须按照 GB/T 17191.3 中所定义的 MS 公式解码，如果不使用 MS 立体声，则按照两个独立声道来解码。

c) 如同在 GB/T 17191.3 中，最后一个未使用强度编码的比例因子带等于右声道的最后一个非全零比例因子带，并且其中相应的比例因子不表示非法的强度位置。如同 GB/T 17191.3，在短块(block_type==‘10’)情况下，对每个窗口单独执行强度立体声低边界的解码。也就是说，与 GB/T 17191.3—1997 的 2.4.3.4 一样，对每个短窗口中的所有值计算强度边界，并允许每个短窗口独立进行强度立体声解码。

d) 描述强度立体声解码过程的第 4 步、第 5 步被修正如下：

4) $R_i := L_i * k_r$

5) $L_i := L_i * k_l$

k_l和 kr 的值由所传输的比例因子 scalefactor / is_pos_{sb}来计算，如下：

if (is_pos_{sb}==0)　　$k_l = 1.0$　　$k_r = 1.0$

else if (is_pos_{sb}%2==1)　　$k_l = i_0^{(is\_pos_{sb}+1)/2}$　　$k_r = 1.0$

else $k_l = 1.0$ $k_r = i_0^{is\_pos_{sb}/2}$

基本强度立体声解码因子 i_0 由 intensity _ scale 决定(intensity _ scale==1 时,为 1/√2,其他情况为 1/√√2)。intensity _ scale 的值由右声道的 **scalefac _ compress** 的值按下式求得:

intensity _ scale = **scalefac _ compress** % 2

e) GB/T 17191.3—1997 的 2.4.3.4"比例因子"段必须用下文替换:

比例因子

比例因子根据 slenl、slen2、slen3 和 slen4 及由 **scalefac _ compress** 值确定的 nr _ of _ sfb1、nr _ of _ sfb2、nr _ of _ sfb3 和 nr _ of _ sfb4 解码得出。

用于比例因子编码的比特位数称作 part2 _ length,并按下式得出:

part2 _ length = nr _ of _ sfb1 * slen1 + nr _ of _ sfb2 * slen2 + nr _ of _ sfb3 * slen3 + nr _ of _ sfb4 * slen4

这些比例因子分成 4 部分传输。按下列过程,根据 **scalefac _ compress** 解出各部分中比例因子的数量(nr _ of _ sfb1,nr _ of _ sfb2,nr _ of _ sfb3 和 nr _ of _ sfb4)、各部分中比例因子的长度(slenl,slen2,slen3,和 slen4)及 preflag:

```
if (! (((mode _ extension== '01') || (mode _ extension== '11')) && (ch==1))) {
  if (scalefac _ compress < 400) {
    slen1 = (scalefac _ compress >> 4) / 5
    slen2 = (scalefac _ compress >> 4) % 5
    slen3 = (scalefac _ compress % 16) >> 2
    slen4 = scalefac _ compress % 4
    preflag = 0
     block _ type        mixed _ block _ flag nr _ of _ sfb1  nr _ of _ sfb2  nr _ of _ sfb3  nr _ of _ sfb4
     '00', '01', '11'   x                    6              5              5              5
     '10'               0                    9              9              9              9
     '10'               1                    6              9              9              9
  }
  if ((400 <= scalefac _ compress) && (scalefac _ compress < 500)) {
    slen1 = ((scalefac _ compress - 400) >> 2) / 5
    slen2 = ((scalefac _ compress - 400) >> 2) % 5
    slen3 = ((scalefac _ compress - 400) % 4
    slen4 = 0
    preflag = 0
     block _ type        mixed _ block _ flag nr _ of _ sfb1  nr _ of _ sfb2  nr _ of _ sfb3  nr _ of _ sfb4
     '00', '01', '11'   x                    6              5              7              3
     '10'               0                    9              9              12             6
     '10'               1                    6              9              12             6
  }
  if ((500 <= scalefac _ compress) && (scalefac _ compress < 512)) {
    slen1 = (scalefac _ compress - 500) / 3
    slen2 = (scalefac _ compress - 500) % 3
    slen3 = 0
    slen4 = 0
    preflag = 1
```

```
        block_type        mixed_block_flag  nr_of_sfb1  nr_of_sfb2  nr_of_sfb3  nr_of_sfb4
        '00', '01', '11'  x                 11          10          0           0
        '10'              0                 18          18          0           0
        '10'              1                 15          18          0           0
    }
}
if ((mode_extension == '01') || (mode_extension == '11')) && (ch == 1)) {
    intensity_scale = scalefac_compress % 2
    int_scalefac_compress = scalefac_compress >> 1
    if (int_scalefac_compress < 180) {
        slen1 = int_scalefac_compress / 36
        slen2 = (int_scalefac_compress % 36) / 6
        slen3 = (int_scalefac_compress % 36) % 6
        slen4 = 0
        preflag = 0
        block_type        mixed_block_flag  nr_of_sfb1  nr_of_sfb2  nr_of_sfb3  nr_of_sfb4
        '00', '01', '11'  x                 7           7           7           0
        '10'              0                 12          12          12          0
        '10'              1                 6           15          12          0
    }
    if ((180 <= int_scalefac_compress) && (int_scalefac_compress < 244) {
        slen1 = ((int_scalefac_compress-180) % 64) >>4
        slen2 = ((int_scalefac_compress-180) % 16) >>2
        slen3 = (int_scalefac_compress - 180) % 4
        slen4 = 0
        preflag = 0
        block_type        mixed_block_flag  nr_of_sfb1  nr_of_sfb2  nr_of_sfb3  nr_of_sfb4
        '00', '01', '11'  x                 6           6           6           3
        '10'              0                 12          9           9           6
        '10'              1                 6           12          9           6
    }
    if ((244 <= int_scalefac_compress) && (int_scalefac_compress < 255) {
        slen1 = (int_scalefac_compress - 244) / 3
        slen2 = (int_scalefac_compress - 244) % 3
        slen3 = 0
        slen4 = 0
        preflag = 0
        block_type        mixed_block_flag  nr_of_sfb1  nr_of_sfb2  nr_of_sfb3  nr_of_sfb4
        '00', '01', '11'  x                 8           8           5           0
        '10'              0                 15          12          9           0
        '10'              1                 6           18          9           0
    }
}
```

在 slenl、slen2、slen3 或 slen4 为零,而对应的 nr _ of _ slenl、nr _ of _ slen2、nr _ of _ slen3 或 nr _ of _ slen4 不为零的比例因子带内,必须把这些带的比例因子置为零,以形成零强度位置。

2.5 GB/T 17191.3 向多声道音频扩展的要求

2.5.1 音频比特流编码语法特性

2.5.1.1 音频序列

音频序列包括基本比特流(也可由 GB/T 17191.3 解码器来解码)和供选择的扩展比特流。

2.5.1.1.1 基本比特流

语　　法	比特数	助 记 符
base _ bit _ stream( )		
{		
while (nextbits( )==syncword) {		
base _ frame( )		
}		
}		

2.5.1.1.2 扩展比特流

语　　法	比特数	助 记 符
ext _ bit _ stream( )		
{		
if (ext _ bit _ stream _ present== '1') {		
ext _ frame( )		
}		
}		

2.5.1.2 层 I 基本帧

语　　法	比特数	助 记 符
base _ frame( )		
{		
mpeg1 _ header( )		
mpeg1 _ error _ check( )		
mpeg1 _ audio _ data( )		
mc _ extension _ data _ part1( )		
continuation _ bit	1	bslbf
mpeg1 _ header( )		
mpeg1 _ error _ check( )		
mpeg1 _ audio _ data( )		
mc _ extension _ data _ part2( )		
continuation _ bit	1	bslbf
mpeg1 _ header( )		
mpeg1 _ error _ check( )		
mpeg1 _ audio _ data( )		
mc _ extension _ data _ part3( )		
mpeg1 _ ancillary _ data( )		
}		

2.5.1.3 层Ⅱ基本帧

语法	比特数	助记符

base_frame( )
{
mpeg1_header( )
mpeg1_error_check( )
mpeg1_audio_data( )
mc_extension_data_part1( )
mpeg1_ancillary_data( )
}		

2.5.1.4 层Ⅲ基本帧

语法	比特数	助记符

base_frame( )
{
mpeg1_header( )
mpeg1_error_check( )
mpeg1_audio_side_info( )
mpeg1_main_data( )
}		

语法	比特数	助记符

mpeg1_main_data( )
{
mpeg1_audio_main_data( )
mc_extension_data_part1( )
mpeg1_ancillary_data( )
}		

2.5.1.5 扩展帧

语法	比特数	助记符

ext_frame( )
{
ext_header( )
ext_data( )
if (layer! =3)
ext_ancillary_data( )
}		

2.5.1.6 MPEG1 头

见 GB/T 17191.3—1997 的 2.4.1.3。

2.5.1.7 MPEG1 纠错

见 GB/T 17191.3—1997 的 2.4.1.4。

2.5.1.8 MPEG1 音频数据

见 GB/T 17191.3—1997 的 2.4.1.5、2.4.1.6、2.4.1.7。

2.5.1.9 MPEG1 辅助数据

如果 ext _ bit _ stream _ present＝＝'1' 或 layer＝＝3,则下列语法有效。

语　　法	比特数	助记符
mpeg1 _ ancillary _ data( )		
{		
if (ext _ bit _ stream _ present＝＝'1' || layer＝＝3)		
for (b＝0; b<8 * n _ ad _ bytes; b＋＋)		
ancillary _ bit	1	bslbf
}		
}		

若 ext _ bit _ stream _ present＝＝'0' 且 layer！＝3,则见 GB/T 17191.3—1997 的 2.4.1.8。

2.5.1.10 扩展头

语　　法	比特数	助记符
ext _ header( )		
{		
ext _ syncword	12	bslbf
ext _ crc _ check	16	bslbf
ext _ length	11	uimsbf
ext _ ID _ bit	1	bslbf
}		

2.5.1.11 扩展辅助数据

语　　法	比特数	助记符
ext _ ancillary _ data( )		
{		
for(b＝0; b<no _ of _ ext _ ancillary _ bits; b＋＋)		
ext _ ancillary _ bit	1	bslbf
}		

2.5.1.12 MC 扩展

2.5.1.12.1 层Ⅰ和Ⅱ的 MC 扩展

语　　法	比特数	助记符
mc _ extension( )		
{		
mc _ header( )		
mc _ error _ check( )		
mc _ composite _ status _ info( )		
mc _ audio _ data( )		
ml _ audio _ data( )		
}		

2.5.1.12.2 层Ⅲ的MC扩展

语　　法	比特数	助记符
mc _ extension( )		
{		
mc _ header( )		
mc _ error _ check( )		
mc _ composite _ status _ info( )		
mpeg2 _ audio _ side _ info( )		
while(! bytealigned( ))		
byte _ align _ bit	1	bslbf
mpeg2 _ audio _ main _ data( )		
}		

语　　法	比特数	助记符
mpeg2 _ audio _ side _ info( )		
{		
mc _ side _ info( )		
if (lfe= = '1')		
lfe _ side _ info( )		
if (no _ of _ multi _ lingual _ ch! =0)		
ml _ side _ info( )		
}		

语　　法	比特数	助记符
mpeg2 _ audio _ main _ data( )		
{		
mc _ audio _ main _ data( )		
if (lfe= = '1')		
lfe _ audio _ main _ data( )		
if (no _ of _ multi _ lingual _ ch! =0)		
ml _ audio _ main _ data( )		
mpeg2 _ ancillary _ data( )		
}		

语　　法	比特数	助记符
mpeg2 _ ancillary _ data( )		
{		
for(b=0; b<l3 _ mpeg2 _ ancillary _ bits; b++) {		
ancillary _ bit	1	bslbf
}		
}		

2.5.1.12.3 MC 扩展数据的位置

层Ⅰ中，把 mc _ extension( )的内容分割为 mc _ extension _ data _ part1( )、mc _ extension _ data _ part2( )、mc _ extension _ data _ part3( )，以及其后可选的 ext _ data( )，ext _ data( )在相应的扩展帧内传输。

在层Ⅱ和层Ⅲ中，把 mc _ extension( )的内容分割为 mc _ extension _ data _ part1( )以及其后可选的 ext _ data( )，ext _ data( )在相应的扩展帧内传输。可将其表示如下。

语法	比特数	助记符
mc _ extension _ data( )		
{		
if (layer==1){		
mc _ extension _ data _ part1( )		
mc _ extension _ data _ part2( )		
mc _ extension _ data _ part3( )		
}		
else		
mc _ extension _ data _ part1( )		
if (ext _ bit _ stream _ present== '1')		
ext _ data( )		
}		

2.5.1.13 MC 头

语法	比特数	助记符
mc _ header( )		
{		
ext _ bit _ stream _ present	1	bslbf
if (ext _ bit _ stream _ present== '1' || layer==3)		
n _ ad _ bytes	8	uimsbf
centre	2	bslbf
surround	2	bslbf
lfe	2	bslbf
audio _ mix	1	bsblbf
dematrix _ procedure	2	bslbf
no _ of _ multi _ lingual _ ch	3	uimsbf
multi _ lingual _ fs	1	bslbf
multi _ lingual _ layer	1	bslbf
copyright _ identification _ bit	1	bslbf
copyright _ identification _ start	1	bslbf
}		

2.5.1.14 MC 纠错

语法	比特数	助记符
mc _ error _ check( )		
{		
mc _ crc _ check	16	rpchof
}		

2.5.1.15 层Ⅰ和层Ⅱ的MC组合状态信息

语 法	比特数	助记符
mc _ composite _ status _ info( )		
{		
tc _ sbgr _ select	1	bslbf
dyn _ cross _ on	1	bslbf
mc _ prediction _ on	1	bslsf
if (tc _ sbgr _ select= = '1') {		
tc _ allocation	0..3	uimsbf
for(sbgr=0; sbgr<12; sbgr++)		
tc _ allocation[sbgr]=tc _ allocation		
}		
else for(sbgr=0; sbgr<12; sbgr++)		
tc _ allocation[sbgr]	0..3	uimsbf
if (dyn _ cross _ on= = '1') {		
dyn _ cross _ LR	1	bslbf
for (sbgr=0; sbgr<12; sbgr++) {		
dyn _ cross _ mode[sbgr]	0..4	bslbf
if (surround= = '11')		
dyn _ second _ stereo[sbgr]	1	bslbf
}		
}		
if (mc _ prediction _ on= = '1') {		
for (sbgr=0; sbgr<8; sbgr++) {		
mc _ prediction[sbgr]	1	bslbf
if (mc _ prediction[sbgr]= = '1')		
for (px=0; px<npred; px++)		
predsi[sbgr][px]	2	bslbf
}		
}		
}		

2.5.1.16 层Ⅲ MC组合状态信息

语 法	比特数	助记符
mc _ composite _ status _ info( )		
{		
mc _ data _ begin	11	uimsbf
for (gr=0; gr<2; gr++)		
for (ch=2; ch<4; ch++) {		
seg _ list _ present[gr][ch]	1	bslbf
tc _ present[gr][ch]	1	bslbf
block _ type[gr][ch]	2	bslbf
}		
if (centre! = '00') {		
for (gr=0; gr<2; gr++) {		
seg _ list _ present[gr][centre _ chan]	1	bslbf
tc _ present[gr][centre _ chan]	1	bslbf
block _ type[gr][centre _ chan]	2	bslbf
}		

续表

语　　法	比特数	助记符
}		
if (surround= = '01') {		
for (gr=0; gr<2; gr++) {		
seg _ list _ present[gr][mono _ surr _ chan]	1	bslbf
tc _ present[gr][mono _ surr _ chan]	1	bslbf
block _ type[gr][mono _ surr _ chan]	2	bslbf
}		
}		
if (surround= = '10' || surround= = '11') {		
for (gr=0; gr<2; gr++)		
for (ch=left _ surr _ chan; ch<=right _ surr _ chan; ch++) {		
seg _ list _ present[gr][ch]	1	bslbf
tc _ present[gr][ch]	1	bslbf
block _ type[gr][ch]	2	bslbf
}		
}		
if (dematrix _ procedure ! = '11')		
dematrix _ length	4	bslbf
else		
dematrix _ length = '0000'		
for (sbgr=0; sbgr<dematrix _ length; sbgr++)		
dematrix _ select[sbgr]	3..4	bslbf
for (gr=0; gr<2; gr++)		
for (ch=2; ch<7; ch++) {		
if (ch _ present(ch)= = '1' && seg _ list _ present[gr][ch]= = '1') {		
seg _ list _ nodef[gr][ch]	1	bslbf
if (seg _ list _ nodef[gr][ch]= = '1') {		
if (gr= =1 && seg _ list _ present[gr _ 0][ch] = = '1'&&		
seg _ list _ nodef[gr _ 0][ch]= = '1') {		
segment _ list _ repeat[ch]	1	bslbf
if(segment _ list _ repeat[ch]= = '0') {		
segment _ list(gr,ch)		
}		
}		
else		
segment _ list(gr,ch)		
}		
}		
}		
mc _ prediction _ on	1	bslbf
if (mc _ prediction _ on= = '1') {		
for (sbgr=0; sbgr<15; sbgr++)		
mc _ prediction[sbgr]	1	bslbf
for (sbgr=0; sbgr<15; sbgr++) {		
if (mc _ prediction _ sbgr[sbgr]= = '1') {		
for (pci=0; pci<npredcoef; pci++)		

续表

语　　法	比特数	助 记 符
predsi[sbgr][pci]	1	bslbf
}		
}		
for (sbgr=0; sbgr<15; sbgr++) {		
for(pci=0; pci<npredcoef; pci++) {		
if (presi[sbgr][pci]== '1')		
pred _ coef[sbgr][pci]	3	uimsbf
}		
}		
}		
}		

语　　法	比特数	助 记 符
segment _ list(gr,ch)		
{		
seg=0		
sbgr=dematrix _ length		
if (block _ type[gr][ch]== '10')		
sbgr _ cnt = 12		
else sbgr _ cnt = 15		
attenuation _ range[gr][ch]	2	uimsbf
attenuation _ scale[gr][ch]	1	uimsbf
while (sbgr<sbgr _ cnt) {		
seg _ length[gr][ch][seg]	4	uimsbf
if (seg _ length[gr][ch][seg]==0)		
break;		
tc _ select[gr][ch][seg]	3	uimsbf
if (tc _ select[gr][ch][seg]! =7 && tc _ select[gr][ch][seg]! =ch)		
for (sbgr1=sbgr; sbgr1<sbgr+seg _ length[gr][ch][seg]; sbgrl++)		
attenuation[gr][ch][seg][sbgr1]	2..5	uimsbf
sbgr+=seg _ length[gr][ch][seg]		
seg++		
}		
}		

2.5.1.17　层Ⅰ和层Ⅱ的MC音频数据

语　　法	比特数	助 记 符
mc _ audio _ data( )		
{		
if (lfe== '1')		
lfe _ allocation	4	uimsbf
else lfe _ allocation = 0		
for (sb=0; sb<msblimit; sb++)		
for (mch=0; mch<nmch; mch++)		
if (! centre _ limited[mch][sb] && ! dyn _ cross[mch][sb])		
allocation[mch][sb]	2..4	uimsbf

续表

语　　法	比特数	助 记 符
else if (centre _ limited[mch][sb])		
allocation[mch][sb]=0		
for (sb=0; sb<msblimit; sb++)		
for (mch=0; mch<nmch; mch++)		
if (allocation[mch][sb]! =0)		
scfsi[mch][sb]	2	bslbf
if (mc _ prediction _ on== '1')		
for (sbgr=0; sbgr<8; sbgr++)		
if (mc _ prediction[sbgr]== '1')		
for (px=0; px<npred; px++)		
if (predsi[sbgr][px]! = '00') {		
delay _ comp[sbgr][px]	3	uimsbf
for (pci=0; pci<predsi[sbgr][px]; pci++)		
pred _ coef[sbgr][px][pci]	8	uimsbf
}		
if (lfe _ allocation! =0)		
lf _ scalefactor	6	uimsbf
for (sb=0; sb<msblimit; sb++)		
for (mch=0; mch<nmch; mch++)		
if (allocation[mch][sb]! =0) {		
if (scfsi[mch][sb]== '00') {		
scalefactor[mch][sb][0]	6	uimsbf
scalefactor[mch][sb][1]	6	uimsbf
scalefactor[mch][sb][2]	6	uimsbf
}		
if (scfsi[mch][sb]== '01' || scfi[mch][sb]== '11') {		
scalefactor[mch][sb][0]	6	uimsbf
scalefactor[mch][sb][2]	6	uimsbf
}		
if (scfsi[mch][sb]== '10')		
scalefactor[mch][sb][0]	6	uimsbf
}		
for (gr=0; gr<12; gr++)		
{		
if (lfe _ allocation! =0)		
lf _ sample[gr]	2..16	uimsbf
for (sb=0; sb<msblimit; sb++)		
for (mch=0; mch<nmch; mch++)		
if (allocation[mch][sb]! =0 && ! dyn _ cross[mch][sb])		
{		
if (grouping[mch][sb])		
samplecode[mch][sb][gr]	5..10	uimsbf
else for (s=0; s<3; s++)		
sample[mch][sb][3 * gr+s]	2..16	uimsbf
}		
}		
}		

2.5.1.18 层Ⅰ和层Ⅱ的 ML 音频数据

语　　法	比特数	助记符
ml_audio_data( )		
{		
for (sb=0; sb<mlsblimit; sb++)		
for (mlch=0; mlch<nmlch; mlch++)		
allocation[mlch][sb]	2..4	uimsbf
for (sb=0; sb<mlsblimitl; sb++)		
for (mlch=0; mlch<nmlch; mlch++)		
if (allocation[mlch][sb]! =0)		
scfsi[mlch][sb]	2	bslbf
for (sb=0; sb<mlsblimit; sb++)		
for (mlch=0; mlch<nmlch; mlch++)		
if (allocation[mlch][sb]! =0) {		
if (scfsi[mlch][sb]== '00') {		
scalefactor[mlch][sb][0]	6	uimsbf
scalefactor[mlch][sb][1]	6	uimsbf
scalefactor[mlch][sb][2]	6	uimsbf
}		
if (scfsi[mlch][sb]== '01' || scfsi[mlch][sb]== '11') {		
scalefactor[mlch][sb][0]	6	uimsbf
scalefactor[mlch][sb][2]	6	uimsbf
}		
if (scfsi[mlch][sb]== '10')		
scalefactor[mlch][sb][0]	6	uimsbf
}		
for (gr=0; gr<ngr; gr++)		
for (sb=0; sb<mlsblimit; sb++)		
for (mlch=0; mlch<nmlch; mlch++)		
if (allocation[mlch][sb]! =0) {		
if (grouping[mlch][sb])		
samplecode[mlch][sb][gr]	5..10	uimsbf
else for (s=0; s<3; s++)		
sample[mlch][sb][3*gr+s]	2..16	uimsbf
}		
}		

2.5.1.19 层Ⅲ的 MC 音频数据

语　　法	比特数	助记符
mc_side_info( )		
{		
if (dematrix_procedure! = '11')		
matrix_attenuation_present	1	bslbf
else		
matrix_attenuation_present = '0'		
if (matrix_attenuation_present== '1') {		
for (gr=0; gr<2; gr++)		
for (ch=2; ch<7; ch++)		
if (block_type[gr][ch]== '10')		

续表

语　　法	比特数	助记符
for (sbgr=dematrix _ length; sbgr<12; sbgr++)		
if (js _ carrier[gr][ch][sbgr]) {		
matrix _ attenuation _ l[gr][ch][sbgr]	3	bslbf
matrix _ attenuation _ r[gr][ch][sbgr]	3	bslbf
}		
else		
for (sbgr=dematrix _ length; sbgr<15; sbgr++)		
if (js _ carrier[gr][ch][sbgr]) {		
matrix _ attenuation _ l[gr][ch][sbgr]	3	bslbf
matrix _ attenuation _ r[gr][ch][sbgr]	3	bslbf
}		
}		
for (tc=2; tc<7; tc++)		
for (scfsi _ band=0; scfsi _ band<4; scfsi _ band++)		
if(tc _ present[gr _ 0][tc]== '1'&& tc _ present[gr _ 1][ch]== '1')		
scfsi[tc][scfsi _ band]	1	bslbf
else		
scfsi[tc][scfsi _ band]= '0'		
for (gr=0; gr<2; gr++) {		
for (tc=2; tc<7; tc++) {		
if (tc _ present[gr][tc]== '1') {		
part2 _ 3 _ length[gr][tc]	12	uimsbf
big _ values[gr][tc]	9	uimsbf
global _ gain[gr][tc]	8	uimsbf
scalefac _ compress[gr][tc]	4	bslbf
if (block _ type[gr][tc]! = '00') {		
for (region=0; region<2; region++)		
table _ select[gr][tc][region]	5	bslbf
if (block _ type[gr][tc]== '10') {		
for (windows=0; windows<3; windows++)		
subblock _ gain[gr][tc][window]	3	uimsbf
}		
}		
else {		
for (region=0; region<3; region++)		
table _ select[gr][tc][region]	5	bslbf
region0 _ count[gr][tc]	4	bslbf
region1 _ count[gr][tc]	3	bslbf
}		
preflag[gr][tc]	1	bslbf
scalefac _ scale[gr][tc]	1	bslbf
count1table _ select[gr][tc]	1	bslbf
}		
}		
}		
}		

语　　法	比特数	助记符
mc _ audio _ main _ data( )		
{		
for (gr=0; gr<2; gr++) {		
for (tc=2; tc<7; tc++) {		
if (tc _ present[gr][tc]== '1') {		
if (block _ type[gr][tc]== '10') {		
for (sfb=0; sfb<12; sfb++)		
for (window=0; window<3; window++)		
if (data _ present[gr][tc][sfb][window]) {		
scalefac _ s[gr][tc][sfb][window]	0...4	uimsbf
}		
}		
else {		
if ((scfsi[tc][0]== '0') || (gr==0))		
for (sfb=0; sfb<6; sfb++)		
if (data _ present[gr][tc][sfb]) {		
scalefac _ l[gr][tc][sfb]	0...4	uimsbf
}		
if ((scfsi[tc][1]== '0' || (gr==0))		
for (sfb=6; sfb<11; sfb++)		
if (data _ present[gr][tc][sfb]) {		
scalefac _ l[gr][tc][sfb]	0...4	uimsbf
}		
if ((scfsi[tc][2]== '0' || (gr==0))		
for (sfb=11; sfb<16; sfb++)		
if (data _ present[gr][tc][sfb]) {		
scalefac _ l[gr][tc][sfb]	0...4	uimsbf
}		
if ((scfsi[tc][3]== '0' || (gr==0))		
for (sfb=16; sfb<21; sfb++)		
if (data _ present[gr][tc][sfb]) {		
scalefac _ l[gr][tc][sfb]	0...4	uimsbf
}		
}		
Huffmancodebits( )		
}		
}		
}		
}		

语　　法	比特数	助 记 符
Huffmancodebits(　)		
{		
for (l=0; l<big _ values * 2; l+=2) {		
hcod[|**x**|][|**y**|]	0...19	bslbf
if (|x|==15 && linbits>0)		
linbitsx	1...13	uimsbf
if (x! =0)		
signx	1	bslbf
if (|y|==15 && linbits>0)		
linbitsy	1...13	uimsbf
if (y! =0)		
signy	1	bslbf
is[l] = x		
is[l+1] = y		
}		
for (; l<big _ values * 2+countl * 4; l+=4) {		
hcod[|**v**|][|**w**|][|**x**|][|**y**|]	1...6	bslbf
if (v! =0)		
signv	1	bslbf
if (w! =0)		
signw	1	bslbf
if (x! =0)		
signx	1	bslbf
if (y! =0)		
signy	1	bslbf
is[l] = v		
is[l+1] = w		
is[l+2] = x		
is[l+3] = y		
}		
for (; l<576; l++)		
is[l] = 0		
}		

2.5.1.20　层Ⅲ的 LFE 辅助信息

语　　法	比特数	助 记 符
lif _ side _ info(　)		
{		
lfe _ hc _ len	8	uimsbf
lfe _ gain	8	
lfe _ table _ select	5	
}		

2.5.1.21 层Ⅲ的LFE音频主数据

语 法	比特数	助记符
lfe _ audio _ main _ data( )		
{		
for (l=0; l<lfe _ bigval; l++) {		
hcod[|x|][|y|]	0..19	bslbf
if (|x|==15 && linbits>0)		
linbitsx	1..13	uimsbf
if (x! =0)		
signx	1	bslbf
if (|y|==15 && linbits>0)		
linbitsy	1..13	uimsbf
if (y! =0)		
signy		
is _ lfe[gr _ 0][l] = x		
is _ lfe[gr _ 1][l] = y		
}		
while(l<6){		
is _ lfe[gr _ 0][l] = 0		
is _ lfe[gr _ 1][l] = 0		
l++		
}		
}		

2.5.1.22 层Ⅲ ML辅助信息

如果multi _ lingual _ fs==0,则见GB/T 17191.3—1997的2.4.1.7中的audio _ data( )语法,但不包括main _ data _ begin、private _ bit和main _ data( )。

如果multi _ lingual _ fs==1,则见本标准的2.4.1.7中的audio _ data( )语法,但不包括main _ data _ begin、private _ bit和main _ data( )。

用于ML辅助信息时,nch置为no _ of _ multi _ lingual _ ch

2.5.1.23 层Ⅲ ML音频主数据

如果multi _ lingual _ fs==0,见GB/T 17191.3—1997的2.4.1.7中main _ data语法。

如果multi _ lingual _ fs==1,见本标准中的2.4.1.7main _ data语法。

用于ML音频主数据时,nch置为no _ of _ multi _ lingual _ ch。

2.5.2 音频比特流句法的语义

2.5.2.1 音频序列概况

base _ frame加可选的**ext _ frame**构成了可自解码的比特流部分。它包括:对每个已编码音频声道的1152个音频样值的信息、对LFE声道的12个样值和对每个多语种声道的1152或576个样值的信息。它从一个同步字开始,在层Ⅰ中刚好在其后第3个同步字之前结束,在层Ⅱ或层Ⅲ中刚好在下一个同步字之前结束。它包括整数个片(在层Ⅰ中一片为4个字节,在层Ⅱ或层Ⅲ中为1个字节)。

根据矩阵信息,基本帧应包括后向兼容立体声,或左及右声道。对于层Ⅰ和层Ⅱ,它从mpeg1 _ header和mpeg1 _ error _ check开始,其后为mpeg1 _ audio _ data、mc _ extension _ data _ part1和mpeg1 _ ancillary _ data。对于层Ⅰ,mc _ extension _ data _ part分为三个部分:mc _ extension _ data _ part1,mc _ extension _ data _ part2和mc _ extension _ data _ part3。对于层Ⅲ,它也从mpeg1 _ header和mpeg1 _ error _ check开始,但其后为mpeg1 _ audio _ side _ info和mpeg1 _ main _ data。mpeg1 _ main _ data包括mpeg1 _ audio _ main _ data,mc _ extension _ data _ part1和mpeg1 _ ancillary _ data。

在整个比特率超过 base _ frame 比特率的情况下，如 mpeg1 _ header 中所规定，mc _ extension _ data _ part1 至少应包括 mc _ header。base _ frame 可通过 GB/T 17191.3 解码器自解码。

2.5.2.2 层Ⅰ基本帧

mpegl _ header——包含同步和状态信息的比特流部分。

mpegl _ error _ check——含有在比特流的 MPEG1 部分中进行误码校验所使用的信息的比特流部分。

mpegl _ audio _ data—— 含有有关比特流中 MPEG1 部分音频样值信息的比特流部分。

mc _ extension _ data _ part1，mc _ extension _ data _ part2，mc _ extension _ data _ part3——这三部分加一个可选的扩展帧中的 ext _ data，构成了音频帧中完整的多声道扩展字段 mc _ extension，其中包括 mc _ header，mc _ error _ check，mc _ composite _ status _ info，mc _ audio _ data 和 ml _ audio _ data。

continuation-bit——值为 0 的一个比特，用以协助同步。

mpegl _ ancillary _ data——可以用作辅助数据的比特流部分。

2.5.2.3 层Ⅱ基本帧

mpegl _ header——见 2.5.2.2。

mpegl _ error _ check——见 2.5.2.2。

mpegl _ audio _ data——见 2.5.2.2。

mc _ extension _ data _ part1（ ）——这部分加可选扩展帧中的 ext _ data，构成了多声道扩展字段，其中包含 mc _ header，mc _ error _ check，mc _ composite _ status _ info，mc _ audio _ data 和 ml _ audio _ data。

mpegl _ ancillary _ data——见 2.5.2.2。

2.5.2.4 层Ⅲ基本帧

mpegl _ header——见 2.5.2.2。

mpegl _ error _ check——见 2.5.2.2。

mpegl _ audio _ side _ info——与 GB/T 17191.3—1997 的 2.4.1.7 中的语法成分 audio _ data（ ）相同，但其中不包括 main _ data（ ）。

mpegl _ main _ data——与 GB/T 17191.3—1997 的 2.4.1.7 中的语法成分 main _ data（ ）相同。访问该数据使用 main _ data _ begin（见 GB/T 17191.3—1997的 2.4.1.7 中的语法成分 audio _ data（ ）），其中包括 MPEG-1 音频数据、MPEG-2 音频数据（多声道及多语种）和辅助数据。

mpegl _ audio _ main _ data——与 GB/T 17191.3—1997 的 2.4.1.7 中的语法成分 main _ data（ ）相同，但不包括辅助数据。

mc _ extension _ data _ part1——这部分加可选扩展帧中的 ext _ data，构成了多声道扩展字段，其中包含 mc _ header，mc _ error _ check，mc _ composite _ status _ info，mc _ audio _ data 和 ml _ audio _ data。

mpegl _ ancillary _ data——见 2.5.2.2。

2.5.2.5 扩展帧

ext _ header——包含同步和状态信息的扩展比特流部分。

ext _ data——比特流中多声道/多语种字段部分，包含不能在 base _ frame 中传输的比特。

ext _ ancillary _ data——可用于携带层Ⅰ、层Ⅱ辅助数据的扩展比特流部分。在层Ⅲ中，多声道/多语种扩展部分中的附加辅助数据 mpeg2 _ ancillary _ data 被放在 mpeg2 _ audio _ main _ data 中，而与是否使用扩展比特流无关（见 2.5.1.12.2）。

2.5.2.6 MPEG1 头

见 GB/T 17191.3—1997 的 2.4.2.3。

2.5.2.7　MPEG1 误码校验

见 GB/T 17191.3—1997 的 2.4.2.4。

2.5.2.8　MPEG1 音频数据

见 GB/T 17191.3—1997 的 2.4.2.5、2.4.2.6 和 2.4.2.7。

2.5.2.9　MPEG1 辅助数据

见 GB/T 17191.3—1997 的 2.4.2.8。

2.5.2.10　扩展帧头

ext _ syncword——12 bit 的比特串‘011111111111’,用于同步基本比特流和扩展比特流。

ext _ crc _ check ——强制性的 16 bit 检验字。CRC-校验的计算从 ext _ length 字段的第 1 比特开始,包括在 *CRC* 校验中的比特数为 128,如果提前遇到 ext _ data 字段末尾的话,则小于 128。

ext _ length ——11 比特数,表明扩展帧内的字节总数。

ext _ ID _ bit——保留为未来使用。对本标准扩展帧,应设为‘0’。

2.5.2.11　Ext 辅助数据

ext _ ancillary _ bit——用户可定义。扩展帧辅助数据比特数(no _ of _ ext _ ancillary _ data)等于 ext _ length 减去 ext _ header 和 ext _ data 所使用的比特数。

2.5.2.12　MC 扩展

2.5.2.12.1　层Ⅰ和层Ⅱ的 MC 扩展

mc _ header——包含同步及有关比特流中多声道和多语种扩展部分状态信息的比特流部分。

mc _ error _ check——包含在比特流中多声道扩展部分进行误码检测所使用的信息的比特流部分。

mc _ composite _ status _ info——包含有关组合编码模式状态信息的比特流部分。

mc _ audio _ data——包含比特流的多声道扩展部分的有关音频样值信息的比特流部分。

ml _ audio _ data——包含比特流的实况解说扩展部分的有关音频样值信息的比特流部分。

2.5.2.12.2　层Ⅲ的 MC 扩展

mc _ header——见 2.5.2.12.1。

mc _ error _ check——见 2.5.2.12.1。

mc _ composite _ status _ info——见 2.5.2.12.1。

mpeg2 _ audio _ side _ info——包含用于多声道扩展部分和多语种扩展部分解码有关信息的比特流部分。

byte _ align _ bit ——用于完成 mpeg2 _ audio _ main _ data 字节对齐的专用位。

mpeg2 _ audio _ main _ data ——包含多声道扩展部分和多语种扩展部分中音频样值信息的比特流部分。通过 mc _ composite _ status _ info 语法成分中的 mc _ data _ begin 成分来访问这部分数据(见 2.5.1.16)。由于层Ⅲ中所使用的哈夫曼编码方法的可变长特性以及比特储存技术,mpeg2 _ audio _ main _ data 通常并不接在该帧的 mpeg2 _ audio _ side _ info 之后。一帧的 mpeg2 _ audio _ main _ data 从比特流中某帧的 mc _ header 和 mpeg2 _ audio _ side _ info 前由 mc _ data _ begin(见 GB/T 17191.3—1997的 2.4.2.7main _ data _ begin 定义)值给出的负偏移量位置处开始。用于 mpeg2 _ audio _ main _ data 以外的其他信息表示的字节数在使用 mc _ data _ begin 时不计算在内。

mc _ side _ info ——包含用于全带宽声道解码有关信息的比特流部分。

lfe _ side _ info——包含用于低频增强声道解码有关信息的比特流部分。

ml _ side _ info ——包含用于多语种声道解码有关信息的比特流部分。

mc _ audio _ main _ data——包含全带宽声道音频样值有关信息的比特流部分。

lfe _ audio _ main _ data——包含低频增强声道音频样值有关信息的比特流部分。

ml _ audio _ main _ data——包含多语种声道音频样值有关信息的比特流部分。

mpeg2 _ ancillary _ data——这是多声道/多语种扩展部分的辅助数据。l3 _ mpeg2 _ ancillary _ bits 所表示的辅助数据比特数对应于从多声道/多语种哈夫曼数据结束到 mpeg2 _ audio _ main _ data 中下一帧的 mc _ data _ begin 指针所指位置之间的位距。

2.5.2.13 MC 头

ext _ bit _ stream _ present ——表示是否存在扩展比特流的 1 个比特，当信息无法装在 1 个 base _ frame 中时，该扩展比特流中包括余下的多声道和多语种音频信息。

'0' 没有扩展比特流

'1' 有扩展比特流

如果 ext _ bit _ stream _ present 的值改变，则可能出现解码器的复位。在使用扩展比特流的可变比特率应用中，如果某音频帧所需比特数已经可以装在 base _ frame 中，即不需要 ext _ frame，为避免解码器进行上述复位，该 ext _ frame 可仅由一个 ext _ header 构成。

n _ ad _ bytes ——组成无符号整数的 8 bit，表示如果存在扩展比特流时，有多少字节用于 MPEG-1 兼容辅助数据区（层 Ⅰ 或层 Ⅱ），或表示是否使用层 Ⅲ（包括或不包括扩展比特流）。

centre ——表示在复用中是否包含中置声道的 2 个比特，并表示其带宽。

'00' 无中置声道

'01' 有中置声道

'10' 未定义

'11' 中置声道带宽受限（幻象编码）

若中置信号带宽受限，将不传输子带 11 之上的子带。解码器应将这些子带的 centre _ limited [mch][sb]变量设置为真，并将这些子带的（比特）分配设置为零：

```
for (sb=0; sb<12; sb++)
    centre _ limited[centre][sb] = false;
if (centre=='11')
    for (sb=12; sb<msblimit; sb++)
        centre _ limited[centre][sb] = true;
else
    for (sb=12; sb<msblimit; sb++)
        centre _ limited[centre][sb] = false;
```

对那些 centre _ limited[mch][sb]为真的子带而言，只能使用包括中置声道信号的传输通道分配。在使用包含中置声道的动态串音时，将不传输那些子带的比例因子。

surround——表示在复用中是否包含环绕声的 2 个比特。

'00' 无环绕声

'01' 单环绕声

'10' 立体环绕声

'11' 无环绕声，但有第二套立体声节目

lfe——表示是否有低频增强声道的 1 个比特

'0' 无低频增强声道

'1' 有低频增强声道

audio _ mix——1 bit，表示信号是为剧场等大听音室，还是为卧室等小听音室而混合的。解码器忽略该比特，但重放系统可利用该比特。

'0' 为大听音室混合的音频节目

'1' 为小听音室混合的音频节目

dematrix _ procedure——表示解码器使用哪个解矩阵方法的 2 bit。dematrix _ procedure 影响到 tc

_ allocation 的解码和去归一化的方法。这些方法见 2.5.3.2.1.1 和 2.5.3.2.5。

'00' 方法 0；

'01' 方法 1；

'10' 方法 2；

'11' 方法 3；

'10'值仅能用于 3/1 或 3/2 配置。

no _ of _ multi _ lingual _ ch——3 bit 的无符号整数，表示在 mc _ extension 比特流中多语种声道或实况解说声道的数量。

multi _ lingual _ fs——表示多语种声道的取样频率与主音频声道的取样频率是否相同的 1 bit。如果多语种声道的取样频率选为 $1/2 * f_s$（主音频声道取样频率），则等于'1'，如果两者取样频率相同，则等于'0'。

multi _ lingual _ layer——表示是使用层Ⅱ ml 还是层Ⅲ ml 的 1 bit。对于层Ⅰ，总是使用层Ⅱml。

GB/T 17191.3 基本立体声	multi _ lingual _ layer	层
层Ⅰ	X	层Ⅱ ml
层Ⅱ	'0'	层Ⅱ ml
层Ⅱ	'1'	层Ⅲ ml
层Ⅲ	'0'	层Ⅱ ml
层Ⅲ	'1'	层Ⅲ ml

copyright _ identification _ bit——1 bit，它是 72 bit 版权识别字段的一部分。该字段的起始位由 copyright _ identification _ start 位标识。该字段由一个 8 位的 copyright _ identifier 以及其后的 64 位 copyright _ number 组成。版权识别符由一个 SC29 指定的注册管理组织给出。copyright _ number 是从该注册管理组织获得的一个值，唯一标识该版权所保护的内容。

copyright _ identification _ start——1 bit，表示这一帧中的 copyright _ identification _ bit 是 72 bit 版权识别符的第 1 位。如不传输版权识别，则这个比特应保持'0'。

'0' 在这一帧内版权识别符未开始

'1' 在这一帧内版权识别符开始

2.5.2.14 MC 误码校验

mc _ crc _ check——误码检测所必须的 16 bit 校验字。也用于检测多声道信息或多语种信息是否可用。在层Ⅰ和Ⅱ中，误码校验计算开始于多声道头的第一个比特，结束于 scfsi 字段的最后一个比特，但 mc _ crc _ check 字段本身除外。

在层Ⅲ中，误码校验计算开始于多声道头的第一个比特，结束于 ML _ header（ ）的最后一个比特。

2.5.2.15 层Ⅰ、Ⅱ的 MC 组合状态信息

tc _ sbgr _ select——表示 tc _ allocation 是对所有子带有效还是对单独子带组有效的一个比特。如果对所有子带有效，则等于'1'，如果 tc _ allocation 对单独子带组有效，则等于'0'。下表为子带到子带组 sbgr 的分配方法。

sbgr	包含在子带组中的子带
0	0
1	1
2	2
3	3

续表

sbgr	包含在子带组中的子带
4	4
5	5
6	6
7	7
8	8...9
9	10...11
10	12...15
11	16...31

dyn _ cross _ on——表示是否使用动态串音的 1 bit。如果使用动态串音，则等于‘1’，否则，等于‘0’。

mc _ prediction _ on——表示是否使用 mc _ prediction 的 1 bit。如果使用 mc _ prediction，则等于‘1’，否则，等于‘0’。

tc _ allocation，tc _ allocation[sbgr]——分别包含对所有子带的传输通道分配信息和对相应的子带组 sbgr 中子带的传输通道分配信息。T0 总是包含 Lo，T1 总是包含 Ro。dematrix _ procedure 等于‘11’的情况意味着，tc _ allocation[sbgr] = 0。如果使用幻象编码（centre = = ‘11’），对有关的子带组，中置声道必须被包含在附加传输通道内，也就是对这些子带组必须把 tc _ allocation 值限制为：

0，3，4，5　　在 3/2 模式中
0，3，4　　在 3/1 模式中
0　　在 3/0 和 3/0＋2/0 模式中

A）3/2 配置（nmch＝3，tc _ allocation 字段长度：3 bit）：

tc _ allocation	T2	T3	T4
0	C^w	LS^w	RS^w
1	L^w	LS^w	RS^w
2	R^w	LS^w	RS^w
3	C^w	L^w	RS^w
4	C^w	LS^w	R^w
5	C^w	L^w	R^w
6	R^w	L^w	RS^w
7	L^w	LS^w	R^w

B）3/1 配置（nmch＝＝3，tc _ allocation 字段长度：3 bit）：

tc _ allocation	T2	T3
0	C^w	S^w
1	L^w	S^w
2	R^w	S^w
3	C^w	L^w
4	C^w	R^w

（仅在 demarix _ procedure‘10’时可能使用）

C) 3/0(+2/0)配置(在 3/0 模式中 nmch==1,在 3/0+2/0 模式中 nmch==3,tc _ allocation 字段长度:3 bit):

tc _ allocation	T2
0	C^W
1	L^W
2	R^W

在有第二套立体声节目时,T3 包含该立体声节目的 L2,T4 包含其 R2。

D) 2/2 配置(nmch==3,tc _ allocation 字段长度:2 bit):

tc _ allocation	T2	T3
0	LS^W	RS^W
1	L^W	RS^W
2	LS^W	R^W
3	L^W	R^W

E) 2/1 配置(nmch==3,tc _ allocation 字段长度:2 bit):

tc _ allocation	T2
0	S^W
1	L^W
2	R^W

F) 2/0(+2/0)配置(在 2/0 模式中 nmch==0,在 2/0+2/0 模式中 nmch==2,tc _ allocation 字段长度:0 比特):

在有第二套立体声节目时,T2 包含该立体声节目的 L2,T2 包含其 R2。

G) 1/0(+2/0)配置(在 1/0 模式中 nmch==0,在 1/0+2/0 模式中 nmch==2,tc _ allocation 字段长度:0 比特):

在有第二套立体声节目时,T2 包含该立体声节目的 L2,T2 包含其 R2。

dyn _ cross _ LR——1 bit,表示 C^W 和/或 S^W 应该从 Lo(dyn _ cross _ LR== '0')还是从 Ro(dyn _ cross _ LR == '1')复制。

dyn _ cross _ mode[sbgr]——1 bit~4 bit,表示在哪些传输通道之间的动态串音对子带组 sbgr 内的子带起作用。对于这些子带,比特流中将省略其比特分配和子带样值。这个字段的比特数取决于通道配置,该通道配置可以是 3/2(A),3/1(B),3/0(C),2/2(D)和 2/1(E)。下表给出了所有模式中省略的传输通道。如省略传输通道 T_j(表中用'—'表示),则相应音频声道已重新量化但还未重新标度的子带样值,必须按下列规则复制:

——如果表中同一行有 T_{ij}项,则在传输通道 j 中的子带样值必须从传输通道 i 复制。

——如果表中同一行有 T_{ijk}项,则在传输通道 j 和 k 中的子带样值必须从传输通道 i 复制。

——对所有其他情况

——L^W 和 LS^W 应该从 Lo 复制,

——R^W 和 RS^W 应该从 Ro 复制。

——如果 dyn _ cross _ LR== '0',则 C^W 和 S^W 应该从 Lo 复制,如果 dyn _ cross _ LR== '1',则从 Ro 复制。

最初,对于所有传输通道的所有子带,必须把变量 dyn _ crsoss[Tx][sb]置为假。然后,对于那些不传输比特分配和样值的传输通道中的子带,必须把变量 dyn _ cross[mch][sb]置为真:

for (sb=liml; sb<=lim2; sb++)

dyn _ cross[Tx][sb]=true;

这里,lim1 和 lim2 代表子带组边界(见 2.5.2.15 开始处的表)。对于 dyn _cross[Tx][sb]为真的子带,必须从相应的传输通道中复制其比特分配。如果比特分配是零,则不传输比例因子选择信息和比例因子。

A) 3/2 配置(dyn _ cross _ mode 字段长:4 bit)

dyn _ cross _ mode[sbgr]	传输通道			备　注
'0000'	T2	T3	T4	无动态串音
'0001'	T2	T3	—	
'0010'	T2	—	T4	
'0011'	—	T3	T4	
'0100'	T2	—	—	
'0101'	—	T3	—	
'0110'	—	—	T4	
'0111'	—	—	—	
'1000'	T2	T34	—	对 T34 无预测
'1001'	T23	—	T4	对 T34 无预测
'1010'	T24	T3	—	对 T34 无预测
'1011'	T23	—	—	无预测
'1100'	T24	—	—	无预测
'1101'	—	T34	—	无预测
'1110'	T234	—	—	无预测
'1111'	禁用			

B) 3/1 配置(dyn _ cross _ mode 字段长:3 bit)

dyn _ cross _ mode[sbgr]	传输通道		备　注
'000'	T2	T3	无动态串音
'001'	T2	—	
'010'	—	T3	
'011'	—	—	
'100'	T23	—	无预测
'101'	禁用		
'110'	禁用		
'111'	禁用		

C) 3/0(+2/0)配置(dyn _ cross _ mode 字段长:1 bit)

dyn _ cross _ mode[sbgr]	传输通道	备　注
'0'	T2	无动态串音
'1'	—	

D) 2/2 配置(dyn _ cross _ mode 字段长:3 bit)

dyn _ cross _ mode[sbgr]	传 输 通 道		备　　注
‘000’	T2	T3	无动态串音
‘001’	T2	—	
‘010’	—	T3	
‘011’	—	—	
‘100’	T23	—	无预测
‘101’	禁用		
‘110’	禁用		
‘111’	禁用		

E）2/1 配置(dyn _ cross _ mode 字段长：1 bit)

dyn _ cross _ mode[sbgr]	传 输 通 道	备　　注
‘0’	T2	无动态串音
‘1’	—	

F）2/0(＋2/0)配置(dyn _ cross _ mode 字段长：0 bit)

G）1/0(＋2/0)配置(dyn _ cross _ mode 字段长：0 bit)

dyn _ second _ stereo[sbgr]——1 bit，表示在第二套立体声节目中是否使用动态串音。如果在第二套立体声节目中不使用动态串音，则等于‘0’。如果该位是‘1’，则 R2(在 2/0＋2/0 配置中为传输通道 T3，在 3/0＋2/0 配置中为 T4)的子带样值从 L2(在 2/0＋2/0 配置中为传输通道 T2，在 3/0＋2/0 配置中为 T3)复制。

mc _ prediction[sbgr]——1 bit，表示在子带组 sbgr 中是否通过使用预测来减少多声道冗余度。mc _ prediction 的应用被限制在子带组 0～7 范围内。如果采用这项减少冗余度措施，则等于‘1’。否则，为‘0’。

predsi[sbgr][px]——预测器选择信息。表示子带组 sbgr 中是否使用以 px 作为索引的预测器。如果使用预测器，则将传送多少个系数。

‘00’	不使用预测器
‘01’	传送 1 个系数
‘10’	传送 2 个系数
‘11’	传送 3 个系数

所用预测器的最大数量 npred 取决于动态串音(dyn _ cross _ made)。npred 的值如下：

配置	动 态 串 音															
	0	1	2	3	4	5	6	7	8	9	10	11	12	13	14	15
3/2	6	4	4	4	2	2	2	0	4	4	4	2	2	2	2	—
3/1	4	2	2	0	2	—	—	—								
3/0	2	0														
2/2	4	2	2	0	2	—	—	—								
2/1	2	0														

2.5.2.16　层Ⅲ的 MC 组合状态信息

mc _ data _ begin——11 bit，以字节为单位来表示距实际帧第 1 个字节的负偏移量。该帧中属于

GB/T 17191.3 部分的字节数,及 mc _ header,mc _ error _ check,mc _ composite _ status _ info 的字节数不考虑在内。这意味着,如果 mc _ data _ begin = = 0,则 mc _ main _ data 从最后一个 byte _ aligned _ bit 之后开始。

seg _ list _ present[gr][ch]——仅当 mc _ header( )中标明该声道存在时传输。若未标明 seg _ list _ present(这仅对最多两个声道是合法的),则相应声道通过对左/右兼容声道和所传输的通道的解矩阵处理进行重构。

seg _ list _ nodef[gr][ch]——表示是否传输段表或是否使用缺省值。该缺省段表表示在特定的通道内完整地传输了该声道。

segment _ list _ repeat[ch]——表示第二颗粒的段表是否与第一颗粒的段表一致。仅当所传输的第1颗粒的段表不是缺省型时传输这一变量。

tc _ present[gr][ch]——表示能否在比特流中找到有关(已传输通道 tc)的信息。seg _ list _ present 和 tc _ present 之间的区别是即使考虑到那些通过解矩阵而重新构成的通道,仍可能存在已传输通道比输出声道更少的情况。一个确有段表但无相应 tc 的通道,必须通过强度立体声来重新构成。tc _ present 置位的通道可为 tc _ select 所涉及。tc _ present = = '1' 意味着该通道是存在的。对于在 mc _ header ( )中标明为不存在的音频声道,假设其 tc _ present 值为零。

ch _ present (ch)——如同在 mc _ header( )中表示的那样,它是表示音频声道 ch 是否存在的函数。

block _ type[gr][ch]——表示颗粒/声道的窗口类型(见层Ⅲ对滤波器组的描述)。

block _ type[gr]	窗口类型
'00'	普通块
'01'	起始块
'10'	3个短窗口
'11'	结束块

block _ type 给出有关如何对块中的值进行组合以及有关变换长度和数量的信息(见图 A4 的示意图、附录C 的分析说明)。多相滤波器在 GB/T 17191.3—1997 的 2.4.3 中描述。

对长块(block _ type 不等于'10')的情况,IMDCT 由 18 个输入值产生 36 个输出值。根据 block _ type 对输出加窗,而且前一半和前面块的后一半重叠。所得矢量是一个子带的多相滤波器组合成部分的输入。

在短块情况(block _ type 等于'10')下,执行三次变换,各产生 12 个输出值。把这三个矢量加窗并重叠。在所得矢量的两端各级联 6 个 0,得到一个长为 36 的矢量,对它按一个长变换输出那样进行处理。

如果 block _ type 不是'00',就把其他几个变量设为缺省值:

region0 _ count=7 (在 block _ type = = '01' 或 block _ type = = '11' 的情况下)

region0 _ count=8 (在 block _ type = = '10' 的情况下)

region1 _ count=36 因而在区域 1 内包含 big _ value 区域内的所有剩余值

dematrix _ length——在其上显式传输经解矩阵处理的通道的 scalefactorband _ group 的数目。第 1 个 dematrix _ length scalefactorband _ group 不传输相关立体声信息(tc _ select)。如果 dematrix _ length = = '0000',则由 seg _ list _ present 确定需通过解矩阵处理重构的声道。

dematrix _ select[sbgr]——向第 1 个 dematrix _ length scalefactorband _ group 提供的信息。它指出哪些输出声道应通过使用兼容矩阵公式由解矩阵重新构成。下表示出在 dematrix _ select 中传输的值到必须通过解矩阵而重新构成的声道的映射。x 意味着这个声道必须通过解矩阵而重新构成,'0'意味着这个声道不需要经解矩阵处理。

3/2,3/1 和 2/2 配置(4 bit)

dematrix _ select	L	R	C	LS/S	RS	对 3/2 配置有效	对 3/1 配置有效	对 2/2 配置有效
'0000'	0	0	0	0	0	y	y	y
'0001'	x	0	0	0	0	y	y	y
'0010'	0	x	0	0	0	y	y	y
'0011'	x	x	0	0	0	y	y	y
'0100'	0	0	x	0	0	y	y	n
'0101'	x	0	x	0	0	y	y	n
'0110'	0	x	x	0	0	y	y	n
'0111'	0	0	0	x	0	y	y	y
'1000'	0	x	0	x	0	y	y	y
'1001'	0	0	x	x	0	y	n	n
'1010'	0	0	0	0	x	y	n	y
'1011'	x	0	0	0	x	y	n	y
'1100'	0	0	x	0	x	y	n	n
'1101'	0	0	0	x	x	y	n	y
'1110'	x	0	0	x	0	n	y	n
'1111'	—	—	—	—	—	n	n	n

3/0 和 2/1 配置(3 bit)

dematrix _ select	L	R	C/S	对 3/2 配置有效	对 3/1 配置有效
'000'	0	0	0	y	y
'001'	x	0	0	y	y
'010'	x	x	0	y	y
'011'	0	0	x	y	y
'100'	x	0	x	y	y
'101'	0	x	x	y	y
'110'	—	—	—	n	n
'111'	—	—	—	n	n

scalefactorband _ group——为了传输 dematrix _ length 和段表,需要把这些比例因子带组合在一起。下面两个表给出了对长块(block _ type = = '00','01','11')的组合和对短块(block _ type = = '10')的组合。对于短块,其 scalefactorband _ group 包含了所有三个子块各自的数值。

在比例因子带内每个 scalefactorband _ group(sbgr)的宽度和起始位置:

sbgr #	长 块 (block _ type = = '00','01','11')		短 块 (block _ type = = '10')	
	sbgr 宽度	sbgr 起始位置	sbgr 宽度	sbgr 起始位置
0	3	0	1	0
1	3	3	1	1
2	3	6	1	2
3	1	9	1	3
4	1	10	1	4

续表

sbgr #	长 块 (block _ type= = ‘00’, ‘01’, ‘11’)		短 块 (block _ type= = ‘10’)	
	sbgr 宽度	sbgr 起始位置	sbgr 宽度	sbgr 起始位置
5	1	11	1	5
6	1	12	1	6
7	1	13	1	7
8	1	14	1	8
9	1	15	1	9
10	1	16	1	10
11	1	17	2	11
12	1	18	—	13
13	1	19	—	—
14	2	20	—	—
15	—	22	—	—

attenuation _ range[gr][ch]——段表的衰减有四种不同范围，下表列出衰减范围：

attenuation _ range	衰减的比特数
0	2
1	3
2	4
3	5

attenuation _ scale[gr][ch]——决定衰减的步长。对 attenuation _ scale= =0，步长是 1 √ 2，对 attenuation _ scale= =1，步长是 1/√2。

seg _ length[gr][ch][seg] ——由 tc _ select 决定应与衰减量相乘，并且复制到声道(ch)的比例因子带组的数量。seg _ length= =0 时，即立刻停止传输 tc _ select 和衰减量。将未选中的 scalefactorband _ group 置为零。

tc _ select[gr][ch][seg]——表示用作段表处理源的传输通道数量，tc _ select= =7 表示在这一段中的值通过解矩阵处理重新构成。

attenuation[gr][ch][seg][sbgr]——对每个 scalefactorband _ group 传输一个衰减量，以便构造该声道。衰减量宽度可以在 2～5 bit 之间变化，用 attenuation _ range 表示。衰减的步长由 attenuatior _ scale 决定，并可在 √2 和 √√2 之间变化。若 tc _ select= =7，表明应对声道进行解矩阵处理而且不传输衰减。如果 tc _ select= =ch，表明所传输的通道就是所选择的通道，并且不传输衰减。

mc _ prediction _ on——表示是否使用 mc _ prediction 的 1 bit。若使用 mc _ prediction，则等于‘1’，否则等于‘0’。

mc _ prediction [sbgr]—表示在子带组 sbgr 中是否通过使用预测来减少多声道冗余度的 1 bit。若使用，则等于‘1’，否则等于‘0’。

predsi[sbgr][pci]—— 预测器选择信息，表示在子带组 sbgr 内是否传送以 pci 作为索引的预测器系数。如果传送系数，则等于‘1’，否则等于‘0’。

pred _ coef[sbgr][pci]——在子带组 sbgr 中和具有索引 pci 的子带所使用的实际预测器系数。

2.5.2.17 层Ⅰ、Ⅱ的 MC 音频数据

lfe _ allocation——包含有关用于低频增强声道内样值的量化器的信息。在这一字段内的 4 bit 组成一无符号整数,用作下表的索引,该表中给出了用于量化的级数和每个样值的比特数。从而 lfe _ allocation 表明了对低频增强声道样值进行编码所需的比特数。下表对所有取样频率均有效。

lfe _ allocation	取样位	级　数
0	0	—
1	2	3
2	3	7
3	4	15
4	5	31
5	6	63
6	7	127
7	8	255
8	9	511
9	10	1023
10	11	2047
11	12	4095
12	13	8191
13	14	16383
14	15	32767
15	16	65535

allocation[mch][sb]——包含有关用于多声道扩展通道 mch 的子带 sb 内样值的量化器的信息。对某一子带和声道是否存在这一分配字段取决于 composite _ status _ info。在这一字段中的比特组成一个无符号整数,用作 GB/T 17191.3—1997 的表 B2"层Ⅱ比特分配表" 中相关表格的索引。它给出用于量化的级数。如果 f_s 等于 48 kHz,则应使用表 B2 a),如果 f_s 等于 44.1 kHz 或 32 kHz,则应使用表 B2 b),这与比特率无关。msblimit 的值应设成相应表的 sblimit。

scfsi[mcb][sb]——比例因子选择信息,表示为多声道扩展通道 mch 的子带 sb 传输的比例因子的个数。音频帧被分成每个子带有 12 个子带样值的三个相等的部分。

'00' 对部分 0,1,2 各传输一个比例因子。

'01' 传输两个比例因子,对部分 0 和 1 第 1 个有效,对部分 2 第 2 个有效。

'10' 传输一个比例因子,对全部 3 个部分都有效。

'11' 传输两个比例因子,对部分 0 第 1 个有效,对部分 1 和 2 第 2 个有效。

delay _ comp[sbgr][px]——3 bit,规定用于子带组 sbgr 和预测器索引 px 的 0,1,2…7 个子带样值移位的延迟补偿。

pred _ coef[sbgr][px][pci]——在子带组 sbgr 和预测器索引 px 中所用的最高为 2 阶的预测器实际系数。

lf _ scalefactor——比例因子,低频增强声道的再量化样值应乘以该因子。这 6 bit 组成一无符号整数,作为 GB/T 17191.3—1997 的表 B1"层Ⅰ、层Ⅱ比例因子"的索引。

scalefactor[mch][sb][p]——比例因子,多声道扩展通道 mch 的音频帧中部分 p 的子带 sb 的再量化样值应乘以该因子。这 6 bit 组成一个无符号整数,作为 GB/T 17191.3—1997 的表 B1 "层Ⅰ,Ⅱ比例因子"的索引。

lf _ sample[gr]——在低频增强声道的颗粒 gr 内的单个样值的编码表示。

samplecode[mch][sb][gr]——多声道扩展通道 mch 的子带 sb 的颗粒 gr 内三个连续样值的编码表示。

sample[mch][sb][s]——多声道扩展通道 mch 的子带 sb 的样值 s 的编码表示。

2.5.2.18 层Ⅰ和层Ⅱ的 ML 音频数据

allocation[mlch][sb]——包含有关用于多语种扩展通道 mlch 的子带 sb 样值的量化器的信息。该区中的比特构成一无符号整数，用作 GB/T 17191.3—1997 的表 B2“层Ⅱ比特分配表”中相关表的索引，它给出用于量化的级数。如果 f_s 等于 48 kHz，应使用表 B2 a)，如果 f_s 等于 44.1 kHz 或 32 kHz，应使用表 B2b，这与比特率无关。如果在多语种声道(multi _ lingual _ fs==‘1’)中采用半取样频率，则应使用本标准的表 B1。mlsblimit 的值应设置为相应表的 sblimit。

scfsi[mlch][sb]——比例因子选择信息，表示为多语种扩展声道 mlch 的子带 sb 传送的比例因子个数。音频帧被分成每个子带有 12 个子带样值(若 multi _ lingual _ fs 等于‘0’，即全取样频率)或每个子带有 6 个子带样值(若 multi _ lingual _ fs 等于‘1’，即半取样频率)的 3 个相等的部分。

‘00’ 对部分 0，1，2，各传输 1 个比例因子

‘01’ 传输 2 个比例因子，对部分 0 和 1 第 1 个有效，对部分 2 第 2 个有效

‘10’ 传输 1 个比例因子，对全部 3 个部分都有效

‘11’ 传输 2 个比例因子，对部分 0 第 1 个有效，对部分 1 和 2 第 2 个有效

scalefactor[mlch][sb][p]——比例因子，多语种扩展声道 mlch 中音频帧的部分 p 中的子带 sb 的再量化样值应该乘以该因子。这 6 bit 组成一无符号整数，作为 GB/T 17191.3—1997 的表 B1“层Ⅰ、层Ⅱ比例因子”的索引。

samplecode[mlch][sb][gr]——多语种扩展声道 mlch 中子带 sb 的颗粒 gr 内三个连续样值的编码表示。如果 mult _ lingual _ fs 等于‘0’(全取样频率)则颗粒数 ngr 等于 12，如果 mult _ lingual _ fs 等于‘1’(半取样频率)则颗粒数 ngr 等于 6。

sample[mlch][sb][s]——多语种扩展通道 mlch 中子带 sb 的样值 s 的编码表示。

2.5.2.19 层Ⅲ的 MC 音频数据

data _ present[gr][tc][sfb]——一个描述实际传输哪些数据(根据颗粒，传输通道和比例因子带)的对应关系。不传输这一对应关系，但它在解码器内通过确定 dematrix _ select 或 segment _ list 所涉及的比例因子带得以恢复。

js _ carrier[gr][tc][sbgr]——一个描述哪些 scalefactorband _ group 数据(根据颗粒，传输通道和 scalefactorband _ group)被用作相关立体声传输载体的对应关系。不传输这一对应关系，但它在解码器内通过确定所涉及的 tc _ select！=ch 的 scalefactorband _ group 得以恢复。

matrix _ attenuation _ present——表示 matrix _ attenuation 是否已传输。如果传输 matrix _ attenuation，则 matrix _ attenuation _ present 等于‘1’。

matrix _ attenuation _ 1/r[gr][ch][sbgr]——在相关立体声编码的情况下，需要修正值以获得缩混兼容信号 Lo 和 Ro 中存留的能量。在解码器内，需加衰减以进行正确的解矩阵处理。

实际衰减因子通过如下计算得到：

attenuation = 1/(√√2 * * matrix _ attenuation _ 1/r)

对于使用 Lo(Ro)声道的解矩阵过程，采用 matrix _ attenuation _ 1(matrix _ attenuation _ r)。对解矩阵操作的修正在解码处理中描述。

scfsi[tc][scfsi _ band]——在层Ⅲ中，比例因子选择信息的作用与音频层Ⅱ相似。其主要区别是将可变的 scfsi _ band 用于成组的比例因子，而非用于单个比例因子。由 scfsi 控制比例因子在颗粒中的应用。仅当该声道在两颗粒中均传输时，才传输比例因子选择信息。其他情况置为零。

scfsi[scfsi _ band]	
‘0’	为每颗粒分别传输比例因子
‘1’	为颗粒 0 传输的比例因子对颗粒 1 也有效

如果使用短窗口，即某颗粒的 block _ type==‘10’，那么，对于这一帧，scfsi 总是零。

scfsi _ band ——控制比例因子选择信息对成组的比例因子(scfsi _ band)的使用。

scfsi _ band	比例因子带(见表 B8)
0	0,1,2,3,4,5
1	6,7,8,9,10
2	11...15
3	16...20

part2 _ 3 _ length[gr][tc]——包含用于比例因子和哈夫曼码数据的 main _ data 比特数量。

big _ values[gr][tc]——利用不同的哈夫曼码表编码的每一颗粒的频谱值。从零至耐奎斯特频率的整个频率范围被分成几个区域，这些区域用不同表编码。分区是按最大量化值进行的，这样做是假设预期在高频的值有较小的振幅，或根本不需要将其编码。从高频开始，计算量化值等于 0 的对的个数，这个数被称为“rzero”。然后，计算绝对值不超过 1(即只有 3 种可能的量化级)的量化值的四元组个数，这个数被称为“count1”。这又留下了偶数个值。最后，在最低延伸到直流的频谱区域内值对的个数被称为“big _ values”，在这区域内的最大绝对值被限制为 8191，下图示出分区方法：

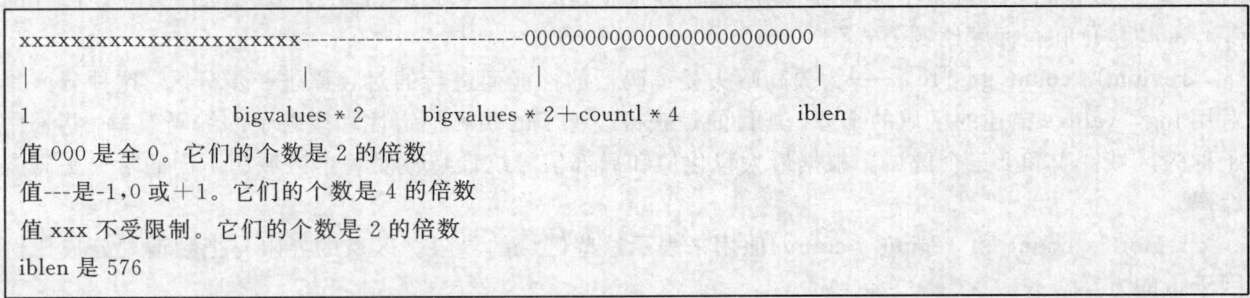

global _ gain[gr][tc]——辅助信息变量 global _ gain 传输有关量化器级大小的信息。以对数方式将其量化。使用 global _ gain 时，参考 GB/T 17191.3—1997 的 2.4.3.4“再量化和所有标度的公式”中的公式。

scalefac _ compress[gr][tc]——根据下表选择用以传输比例因子的比特数：

如果 block _ type 是‘00’，‘01’，或‘11’：

slen1：比例因子带 0 到 10 的比例因子长度

slen2：比例因子带 11 到 20 的比例因子长度

如果 block _ type 是‘10’：

slen1：比例因子带 0～5 的比例因子长度

slen2：比例因子带 6～11 的比例因子长度

scalefac _ compress[gr]	slen1	slen2
‘0000’	0	0
‘0001’	0	1
‘0010’	0	2
‘0011’	0	3

续表

scalefac _ compress[gr]	slen1	slen2
'0100'	3	0
'0101'	1	1
'0110'	1	2
'0111'	1	3
'1000'	2	1
'1001'	2	2
'1010'	2	3
'1011'	3	1
'1100'	3	2
'1101'	3	3
'1110'	4	2
'1111'	4	3

table _ select[gr][tc][region]——根据最大量化值和信号局部统计特性而使用不同的哈夫曼码表。总共有 32 种可能的表，在表 B7 中给出。

subblock _ gain[gr][tc][window]——表示一个子块相对全局增益的增益偏移(量化：因子 4)。仅对块型 2(短窗口)传输。在解码器内子块值必须被 $4^{(\text{subblock\_gain[window]})}$ 除。见GB/T 17191.3—1997的 2.4.3.4"量化和全标度比例公式"。

region0 _ count[gr][tc]——为提高哈夫曼编码器的性能而进行的对频谱进一步分区。这种分区是对用 big _ values 描述的区域的细分。其目的是获得改善了的误码稳定性和改善了的编码效率。共采用了称为区域 0,1 和 2 三个区域。根据最大量化值和局部信号统计特性对每个区域用不同的哈夫曼码表编码。

region0 _ count 和 regionl _ count 值用来表示这些区域的界限。区域的界限与把频谱划分成比例因子带的方案对齐。

region0 _ count 字段包含比 region0 内的比例因子带数小 1 的数值。在短块情况下，每个比例因子带被计算三次，即对每个短窗口一次，因此 region0 _ count 值为 8，表示区域 1 从第 3 个比例因子带开始。

如果 block _ type＝＝'10'，则在此情况下该颗粒比例因子带的总个数是 12 * 3＝36。如果 block _ type！＝'10'，该比例因子带的个数是 21。

region1 _ count[gr][tc]——其值比区域 1 内比例因子带个数小 1。同样，如果 block _ type＝＝'10'，则表示不同片的比例因子带被分别计算。

preflag[gr][tc]——这是对量化值的附加高频放大的一种快捷指示。如果 preflag 被置位，就把表中的值加到比例因子(见 GB/T 17191.3—1997 的表 B6)上。这等同于再量化的比例因子与表中的值相乘。preflag 从不在 block _ type＝＝'10'(短块)时使用。

scalefac _ scale[gr][tc]——根据 scalefac _ scale 以对数方式按步长 2 或 √2 来量化比例因子。下表表示在每一种步长的再量化方程中使用的比例因子乘数。

scalefac _ scale[gr]	scalefac _ multiplier
'0'	0.5
'1'	1

count1table _ select[gr][tc]——根据这一标志对大小不超过 1 的量化值四元组区域，在 2 种可能

的哈夫曼码表中选择 1 种。

countbable _ select[gr]	
‘0’	表 B7-A
‘1’	表 B7-B

scalefac _ 1[gr][tc][sfb],scalefac _ s[gr][tc][sfb][window],is _ pos[sfb]——用来着色量化噪声的比例因子。如果以正确的形状来着色量化噪声,噪声则完全被掩蔽。与层Ⅰ和层Ⅱ不同,层Ⅲ的比例因子与量化信号的局部最大值无关。在层Ⅲ中,比例因子用于解码器内以得到样值组的除法因子。在层Ⅲ情况下,每组覆盖几条谱线。这些组称为比例因子带,其选定原则是尽可能地类似于临界频带。

scalefac _ compress 表明比例因子 0…10 的范围为 0～15 (最大长度 4 bit),比例因子 11…21 的范围为 0～7(最大长度 3 bit)。

对于每一种块长和取样频率,把频谱细分为比例因子带的方法是固定的,并将其以表的形式存入编码器和解码器中(见 GB/T 17191.3—1997 的表 B8)。表中最高线以上的谱线的比例因子是 0,即其实际的乘数是 1.0。

比例因子以对数方式量化,量化步长由 scalefac _ scale 设定。

没有被传输通道选择的比例因子带中的比例因子不传输,就是说传输时将把比例因子打包在一起,解码或进行解矩阵出来必须拆包。

Huffmancodebits(　)——经哈夫曼编码的数据。

Huffmancodebitsl(　)语法指出如何对量化值编码。在 big _ values 分区内,绝对值小于 15 的量化值对用哈夫曼码直接编码,所用码从 GB/T 17191.3—1997 的表 B7 内的哈夫曼表 0～31 中选择。值(x,y)总是按对编码的。如果对幅度大于或等于 15 的量化值进行编码,则用哈夫曼码后的独立区域编码。如果某值对中一个或两个值不是零,则把 1 个或 2 个符号比特附加到码字上。

Big _ values 分区的哈夫曼表由三个参数组成:

hcod[|x|][|y|]是对应值 x,y 的哈夫曼码表表目

hlen[|x|][|y|]是对应值 x,y 的哈夫曼长度表表目

linbits 是 linbitsx 或 linbitsy 编码时的长度。

Huffmancodebits(　)语法包含下列字段和参数:

sign(v) 是 v 的符号(如正为‘0’,如负为‘1’)。

sign(w) 是 w 的符号(如正为‘0’,如负为‘1’)。

sign(x) 是 x 的符号(如正为‘0’,如负为‘1’)。

sign(y) 是 y 的符号(如正为‘0’,如负为‘1’)。

linbits(x) 如果 x 的大小大于或等于 15,则用来对 x 值进行编码。只有在 hcod 内的| x |等于 15 时才对该字段编码。如果 linbits 是 0,即| x |==15 时实际没有比特需编码,则 libits$x$ 的值规定为 0。

linbits(y) 这和 linbits$x$ 相同,但用于 y。

is[1] 这是第 1 条谱线的量化值。

只有在大于或等于 15 的值需要编码时,才使用 linbitsx 或 linbitsy 字段。这些字段解释为无符号整数,加上 15 以获得编码值。如果所选择的表是对应于最大量化值小于 15 的块的一个表,则绝不使用 linbitsx 和 linbitsy 字段。注意值为 15 时仍可用 linbits 为 0 的哈夫曼表编码。在这种情况下,因为 linbits 是 0,linbitsx 或 linbitsy 区实际没被编码。

在 count1 分区内,对幅值小于或等于 1 的四元组值进行编码。利用 GB/T 17191.3—1997 的表 B7 中表 A 或表 B 的哈夫曼码对值的大小进行编码。对每个非零值,哈夫曼码的后面附加一个符号比特。

count1 分区的哈夫曼表由下列参数组成:

hcod[|v|][|w|][|x|][|y|]:是对应值 v,w,x,y 的哈夫曼码表表目。

hlen[|v|][|w|][|x|][|y|]:是对应值 v ,w,x,y 的哈夫曼码表表目。

哈夫曼码表 B 不是一种真正的 4 维码,因为它是由平凡码构造起来的:0 用一个 1 编码,1 用一个 0 编码。

count1 分区以上的量化值是零,所以不对它们编码。

为了清楚起见,本标准用"count1" 参数表示在 count1 区域内的哈夫曼码个数。然而,不像在 big _ values 分区中,在 count1 分区内的值的个数没有用语法中的一个字段明确编码。只有当颗粒的所有比特(如 part2 _ 3 _ length 规定)已经用完时,才能知道 count1 分区的末端 。在 count1 区域解码完成之后,才能明确地知道 count1 的值。

哈夫曼数据的次序取决于颗粒的 block _ type。如果 block _ type 是'00','01'或'11',则哈夫曼数据的次序与频率增加次序一样。

如果 block _ type==‘10’(短块),则哈夫曼编码数据与该颗粒的比例因子值次序相同。对哈夫曼编码数据在由比例因子带 0 开始的连续的比例因子带上给出。在每个比例因子带内,数据按连续的时域窗口给出。数据从窗口 0 开始,在窗口 2 结束。在每个窗口内,量化值按频率增加的次序来排列。

2.5.2.20 层Ⅲ的 LFE 辅助信息

lfe _ table _ select——确定用于低频增强声道频谱值解码的哈夫曼码表。其解释与 table _ select 相同。

lfe _ hc _ len——确定两颗粒中低频增强声道频谱值的哈夫曼编码总长度。

lfe _ gain——确定低频增强声道的量化器级大小。其解释与 global _gain 相同。

2.5.2.21 层Ⅲ的 LFE 音频主数据

lfe _main _data( )——包括在两颗粒中低频增强声道的哈夫曼编码频谱值。应将 lfe _ main _ data( ) 理解为一仅由 big _ values 和 zero _ values 组成的 Huffmancodebits( )结构。与 Huffmancodebits( )中 count1 相似,lfe _ main _ data( )中的哈夫曼码个数(即 lfe _ bigval)并不显式地传输。而是直到 lfe _hc _len 中所指出的所有比特都已用尽时,哈夫曼码个数才由哈夫曼解码恢复。与 Huffmancodebits( )结构不同,已解码的值 x 和 y 分别表示颗粒 0 和颗粒 1 的频谱系数值。

2.5.2.22 层Ⅲ的 ML 辅助信息

如果 multi _ lingual _ fs==0,则见 GB/T 17191.3—1997 的 2.4.2.7 中的 audio _ data( )语法,但其中不包括 main _ data _ begin、private _ bit 和 main _ data( )。

如果 multi _ lingual _ fs==1,则见本标准的 2.4.2.7 的 audio _ data( )语法,但不包括 main _ data _ begin、private _ bit 和 main _ data( )。

2.5.2.23 层Ⅲ的 ML 音频数据

根据 mult _ lingual _ fs,参见 GB/T 17191.3—1997 的 2.4.2.7 或本标准的 2.4.2.7。

2.5.3 音频解码处理

2.5.3.1 概述

总的解码处理极类似 GB/T 17191.3—1997 的 2.4.3。在层Ⅰ或层Ⅱ的情况下包括比特分配解码,比例因子选择信息解码,比例因子解码,子带样值再量化。在层Ⅲ的情况下包括辅助信息解码,比例因子解码,哈夫曼解码,再量化,重新排序,合成滤波器组和去混叠等步骤。

第一步动作是按 GB/T 17191.3—1997 的 2.4.3 解码后向兼容信号 Lo,Ro。最初假定 MPEG-1 辅助数据区包含多声道扩展信号编码。如果强制性的 CRC-校验产生有效结果,就开始多声道解码。每三个连续的 GB/T 17191.3 层Ⅰ帧中只有 1 个包含多声道头。多声道扩展的前 16 或 2 个 4 bit 组成多声道头,它提供下列有关信息:中置声道,环绕声声道、LFE 声道是否存在,应执行的解矩阵处理方法,包含在多声道扩展比特流中的多语种声道数,多声道的取样频率,用于多语种声道的编码层和版权标志。

本标准提供了将比特率扩展到超过 GB/T 17191.3 中为 3 层所定义的比特率范围的可能性,同时保留与该标准的后向兼容性。这是通过使用包含多声道/多语种数据的剩余数据的扩展比特流而实现的。这种比特流的典型结构在附录 A 的图 A2 中描述。在 MPEG-2 比特流中，基本比特流至少包含 MPEG-1 音频数据和 MC 头。层Ⅲ比特流的相应结构示于附录 A 中的图 A3。

跟在 mc _ header 后的强制性 *CRC*——校验字的误码检测方法与在 GB/T 17191.3 中使用的方法相同，该方法在 GB/T 17191.3—1997 的 2.4.3.1 中描述。

2.5.3.2 层Ⅰ、层Ⅱ解码

2.5.3.2.1 组合编码模式

2.5.3.2.1.1 传输通道切换

根据 tc _ sbgr _ select 的值，把音频声道分配给对传输通道的过程(tc _ allocation)，可对整个带宽有效或对单独子带组有效。根据配置，tc _ allocation 字段确定哪些音频声道包含在传输通道内。对每种可能性有一个解码矩阵，为了获得输出声道必须在子带范围内对所有传输通道使用该矩阵。下面给出该矩阵。所得信号仍必须去归一化(见 2.7.3.6)。如果选择 dematrix _ procedure‘11’(见 2.7.2.8)，则所有信号都可直接从传输通道得出，而无需解矩阵处理。这种情况下使用缺省值 tc _ allocation‘0’。如果 dematrix _ procedure＝＝‘10’，则对环绕声声道需做如下处理：

1) 在 3/2 配置下，计算单环绕声信号

$jS^W = 0.5 * (jLS^W + jRS^W)$。

2) 所得 jS^W 信号必须用于解矩阵处理。

对于 3/2 配置中的 jLS^W 和 jRS^W 或 3/1 配置中的 jS^W 信号在输出前可作以下处理(这些操作在解矩阵前可以不做)。

3a) －90°相移。

3b) 动态扩展。

解码矩阵

下列解矩阵公式对不同的多声道配置有效。这些解矩阵公式不影响第二套立体声节目。

3/2 配置，解矩阵处理为‘00’和‘01’：

tc _ allocation	解码矩阵
0	$L^W = Lo - T2 - T3$
	$R^W = Ro - T2 - T4$
	$C^W = T2$
	$LS^W = T3$
	$RS^W = T4$

tc _ allocation	解码矩阵
1	$C^W = Lo - T2 - T3$
	$R^W = Ro - C^W - T4$
	$L^W = T2$
	$LS^W = T3$
	$RS^W = T4$

tc _ allocation	解码矩阵
2	$C^W = Lo - T2 - T4$
	$L^W = Ro - C^W - T3$
	$R^W = T2$
	$LS^W = T3$
	$RS^W = T4$

tc _ allocation	解码矩阵
3	$LS^W = Lo - T3 - T2$
	$R^W = Ro - T2 - T4$
	$C^W = T2$
	$LS^W = T3$
	$RS^W = T4$

tc _ allocation	解 码 矩 阵
4	L^W= Lo－T2－T3
	RS^W＝Ro－T4－T2
	C^W＝T2
	LS^W＝T3
	RS^W＝T4

tc _ allocation	解 码 矩 阵
5	LS^W= Lo－T3－T2
	RS^W＝Ro－T4－T2
	C^W＝T2
	L^W＝T3
	R^W＝T4

tc _ allocation	解 码 矩 阵
6	C^W= Lo－T2－T4
	LS^W＝Ro－T3－C^W
	R^W＝T2
	L^W＝T3
	RS^W＝T4

tc _ allocation	解 码 矩 阵
7	C^W= Lo－T2－T3
	RS^W＝Ro－T4－C^W
	L^W＝T2
	LS^W＝T3
	R^W＝T4

3/2 配置，解矩阵处理为‘10’：

tc _ allocation	解 码 矩 阵
0	L^W= Lo－T2＋jS^W
	R^W＝Ro－T2－jS^W
	C^W＝T2
	jLS^W＝T3
	jRS^W＝T4

tc _ allocation	解 码 矩 阵
1	C^W= Lo－T2＋jS^W
	R^W＝Ro－C^W－jS^W
	L^W＝T2
	jLS^W＝T3
	jRS^W＝T4

tc _ allocation	解 码 矩 阵
2	L^W＝Ro－T2－jS^W
	L^W＝Lo－C^W＋jS^W
	R^W＝T2
	jLS^W＝T3
	jRS^W＝T4

tc _ allocation	解 码 矩 阵
3	R^W= Lo＋Ro－2＊T2－T3
	jLS^W＝－2＊(Lo－T2－T3)－T4
	C^W＝T2
	L^W＝T3
	jRS^W＝T4

tc _ allocation	解 码 矩 阵
4	L^W＝Lo＋Ro－2＊T2－T4
	jRS^W＝2＊Ro－2＊(T2＋T4)－T3
	C^W＝T2
	jLS^W＝T3
	R^W＝T4

tc _ allocation	解 码 矩 阵
5	jLS^W＝0.5＊(Ro－Lo＋T3－T4)
	jRS^W＝jLS^W
	C^W＝T2
	L^W＝T3
	R^W＝T4

tc _ allocation	解码矩阵
6	C^W＝0.5＊(Ro＋Lo－T2－T3)
	jLS^W＝Ro－Lo－T2＋T3－T4
	R^W＝T2
	L^W＝T3
	RS^W＝T4

tc _ allocation	解码矩阵
7	C^W＝0.5＊(Lo＋Ro－T2－T4)
	jRS^W＝Ro－Lo＋T2－T3－T4
	L^W＝T2
	jLS^W＝T3
	R^W＝T4

3/1 配置，解矩阵处理为‘00’和‘01’：

tc _ allocation	解码矩阵
0	L^W＝Lo－T2－T3
	R^W＝Ro－T2－T3
	C^W＝T2
	S^W＝T3

tc _ allocation	解码矩阵
1	C^W＝Lo－T2－T3
	R^W＝Ro－C^W－T3
	L^W＝T2
	S^W＝T3

tc _ allocation	解码矩阵
2	C^W＝Ro－T2－T3
	L^W＝Lo－C^W－T3
	R^W＝T2
	S^W＝T3

tc _ allocation	解码矩阵
3	S^W＝Lo－T2－T3
	R^W＝Ro－T2－S^W
	C^W＝T2
	L^W＝T3

tc _ allocation	解码矩阵
4	S^W＝Ro－T2－T3
	L^W＝Lo－T2－S^W
	C^W＝T2
	R^W＝T3

3/1 配置，解矩阵处理为‘10’：

tc _ allocation	解码矩阵
0	L^W＝Lo－T2＋T3
	R^W＝Ro－T2－T3
	C^W＝T2
	jS^W＝T3

tc _ allocation	解码矩阵
1	C^W＝Lo－T2＋T3
	R^W＝Ro－C^W－T3
	L^W＝T2
	jS^W＝T3

tc _ allocation	解 码 矩 阵
2	C^W=Ro−T2−T3
	L^W=Lo−C^W+T3
	R^W=T2
	jS^W=T3

tc _ allocation	解 码 矩 阵
3	jS^W=Lo+T2+T3
	R^W=Ro−T2−jS
	C^W=T2
	L^W=T3

tc _ allocation	解 码 矩 阵
4	jS^W=Ro−T2−T3
	L^W=Lo−T2+jS
	C^W=T2
	R^W=T3

tc _ allocation	解 码 矩 阵
5	C^W=0.5 * (Ro+Lo−T2−T3)
	jS^W=0.5 * (Ro−Lo+T2−T3)
	L^W=T2
	R^W=T3

3/0 配置，解矩阵处理为‘00’和‘01’：

tc _ allocation	解 码 矩 阵
0	L^W=Lo−T2
	R^W=Ro−T2
	C^W=T2

tc _ allocation	解 码 矩 阵
1	C^W=Lo−T2
	R^W=Ro−C^W
	L^W=T2

tc _ allocation	解 码 矩 阵
2	C^W=Ro−T2
	L^W=Lo−C^W
	R^W=T2

2/2 配置，解矩阵处理为‘00’和‘01’：

tc _ allocation	解 码 矩 阵
0	L^W=Lo−T2
	R^W=Ro−T3
	LS^W=T2
	RS^W=T3

tc _ allocation	解 码 矩 阵
1	R^W=Ro−T3
	LS^W=Lo−T2
	L^W=T2
	S^W=T3

tc _ allocation	解 码 矩 阵
2	L^W=Lo−T2
	R^W=Ro−T3
	LS^W=T2
	R^W=T3

tc _ allocation	解 码 矩 阵
3	LS^W=Lo−T2
	RS^W=Ro−T3
	L^W=T2
	R^W=T3

2/1 配置，解矩阵处理为‘00’和‘01’：

tc _ allocation	解 码 矩 阵
	L^W=Lo－T2
	R^W=Ro－T2
	S^W=T2

tc _ allocation	解 码 矩 阵
	S^W=Lo－T2
	R^W=Ro－C^W
	L^W=T2

tc _ allocation	解 码 矩 阵
	S^W=Ro－T2
	L^W=Lo－S^W
	R^W=T2

2.5.3.2.1.2　动态串音

如果对一个声道的某一子带组允许动态串音，即 dyn _ cross[Tx][sb]为真，则不传输这一子带组每一子带的比特分配和子带样值编码。应从相应的传输通道复制比特分配和解码的子带样值。比特流中 dyn _ cross _ mode 字段表示子带样值必须从何通道向何通道复制。然而，比例因子选择信息和用于重新标度子带样值的比例因子应包含在该比特流中。

应对不同的配置使用下列规则：

3/2 配置

如果省去传输通道 T2，其相应的播放声道是 L，则该声道可由将为 Lo 传输的子带样值和在 T2 内传输的比例因子相乘而得到。如果在 T2 中省去的播放声道是 C 并且 dyn _ cross _ LR 是‘0’，则该声道可由将为 Lo 传输的子带样值和在 T2 内传输的比例因子相乘得到。如果 dyn _ cross _ LR 是‘1’，则该声道可由将为 Ro 传输的子带样值和在 T2 内传输的比例因子相乘得到。如果省去的播放声道是 R，则该声道可由将为 Ro 传输的子带样值和在 T2 内传输的比例因子相乘得到。如果省去传输通道 T3，其中包含 L 或 LS，则播放声道 L 或 LS 可由将 Lo 的子带样值和在 T3 内传输的比例因子相乘得到。如果省去传输通道 T4，其中包含 R 或 RS，则这些声道可由将 Ro 的子带样值和 T4 内传输的比例因子相乘得到。表内 TS_{ij}项意味着，在传输通道 j 内的子带样值必须从传输通道 i 复制得到。传输通道 T_i的合成滤波器的输入样值通过把子带样值 TS_{ij}与比例因子 scf_i相乘得到。传输通道 T_j的综合滤波器的输入样值通过把 TS_{ij}与比例因子 scf_j相乘得到。其他声道的解码处理和不采用动态串音状态时相同。

3/1 配置

如果省去传输通道 T2，其相应的播放声道是 L，则该声道可由将为 L_o传输的子带样值和在 T2 内传输的比例因子相乘而得到。如果在 T2 中省去的播放声道是 C 并且 dyn _ cross _ LR 是‘0’，则该声道可由将为 Lo 传输的子带样值和在 T2 内传输的比例因子相乘得到。如果 dyn _ cross _ LR 是‘1’，则该声道可由将为 Ro 传输的子带样值和在 T2 内传输的比例因子相乘得到。如果省去的播放声道是 R，则该声道可由将为 Ro 传输的子带样值和在 T2 内传输的比例因子相乘得到。如果省去传输通道 T3，相应的播放声道是 S，且 dyn _ cross _ LR 为‘0’，则该声道可由将为 Lo 传输的子带样值和在 T3 内传输的比例因子相乘得到。如果省去传输通道 T3，相应的播放声道是 S，且 dyn _ cross _ LR 为‘1’，则该声道可由将为 Ro 传输的子带样值和在 T3 内传输的比例因子相乘得到。

表内 TS_{ij}项意味着，在传输通道 j 内的子带样值必须从传输通道 i 复制得到。传输通道 T_i的合成滤波器的输入样值通过把子带样值 TS_{ij}与比例因子 scf_i相乘得到。传输通道 T_j的综合滤波器的输入样值通过把 TS_{ij}与比例因子 scf_j相乘得到。其他声道的解码处理和不采用动态串音状态时相同。

3/0 配置

如果省去传输通道 T2，其相应的播放声道是 L，则该声道可由将为 Lo 传输的子带样值和在 T2 内传输的比例因子相乘而得到。如果在 T2 中省去的播放声道是 C 并且 dyn _ cross _ LR 是‘0’,则该声道可由将为 Lo 传输的子带样值和在 T2 内传输的比例因子相乘得到。如果 dyn _ cross _ LR 是‘1’,则该声道可由将为 Ro 传输的子带样值和在 T2 内传输的比例因子相乘得到。如果省去的播放声道是 R,则该声道可由将为 Ro 传输的子带样值和在 T2 内传输的比例因子相乘得到。其他声道的解码处理和不采用动态串音状态时相同。

2/2 配置

如果省去传输通道 T2,其中包含 L 或 LS,则播放声道 L 或 LS 可由将 Lo 的子带样值和在 T3 内传输的比例因子相乘得到。如果省去传输通道 T3,其中包含 R 或 RS,则这些声道可由将 Ro 的子带样值和 T4 内传输的比例因子相乘得到。

表内 TS_{ij}项意味着,在传输通道 j 内的子带样值必须从传输通道 i 复制得到。传输通道 T_i的合成滤波器的输入样值通过把子带样值 TS_{ij}与比例因子 scf_i相乘得到。传输通道 T_j的综合滤波器的输入样值通过把 TS_{ij}与比例因子 scf_j相乘得到。其他声道的解码处理和不采用动态串音状态时相同。

2/1 配置

如果省去传输通道 T2,其相应的播放声道是 L,则该声道可由将为 Lo 传输的子带样值和在 T2 内传输的比例因子相乘而得到。如果省去的播放声道是 R,则该声道可由将为 Ro 传输的子带样值和在 T2 内传输的比例因子相乘得到。如果在 T2 中省去的播放声道是 S 并且 dyn _ cross _ LR 是‘0’,则该声道可由将为 Lo 传输的子带样值和在 T2 内传输的比例因子相乘得到。如果 dyn _ cross _ LR 是‘1’,则该声道可由将为 Ro 传输的子带样值和在 T2 内传输的比例因子相乘得到。

2.5.3.2.1.3 MC _预测

如果 mc _ prediction _ on 比特置位且如果 mc _ prediction[sbgr]比特也被置位,则由 predsi[sbgr][px]比特确定对于每个子带组 sbgr 使用哪个预测器以及传输多少个 pred _ coef[sbgr][px][pci] 系数。如果 predsi[sbgr][px]是 1,2 或 3,则延迟补偿 delay _ comp[sbgr][px]和后面的 1,2 或 3 个预测器系数必须从比特流中读出。该预测器系数作为 8 bit uimsbf 值传输,且必须按下式量化:

pred _ coef[sbgr][px][pci] = (pred _ coef[sbgr][px][pci-127]/32

如果所传输的系数少于 3 个,则把其余的 pred _ coef[sbgr][px][pci]置为零。如果 predsi[sbgr][px]是‘00’,则把所有相应的 pred _ coef[sbgr][px][pci]置为零。

对于“无动态串音”(dyn _ cross _ mode[sbgr]= = ‘0000’)的 3/2 配置,存储在 pred _ coef[sbgr][px][pci]内的预测器系数与传输通道 T2,T3 和 T4 的对应关系如下(npred = 6):

T2: px = 0 和 px = 1,即:

pred _ coef _ T2 _ 0[sbgr][pci] = pred _ coef[sbgr][px = 0][pci]

pred _ coef _ T2 _ 1[sbgr][pci] = pred _ coef[sbgr][px = 1][pci]

T3: px = 2 和 px = 3,即:

pred _ coef _ T3 _ 0[sbgr][pci] = pred _ coef[sbgr][px = 2][pci]

pred _ coef _ T3 _ 1[sbgr][pci] = pred _ coef[sbgr][px = 3][pci]

T4: px = 4 和 px = 5,即:

pred _ coef _ T4 _ 0[sbgr][pci] = pred _ coef[sbgr][px = 4][pci]

pred _ coef _ T4 _ 1[sbgr][pci] = pred _ coef[sbgr][px = 5][pci]

对于其他配置和不同的动态串音模式,预测器系数与传输通道的对应关系必须适应于动态串音表(见 2.5.2.15)。

例如:

3/2 配置,dyn _ cross _ mode[sbgr] = ‘0010’,npred = 4

T2:px = 0 和 px = 1,即:

pred _ coef _ T2 _ 0[sbgr][pci] = pred _ coef[sbgr][px = 0][pci] pred _ coef _ T2 _ 1[sbgr][pci] = pred _ coef[sbgr][px = 1][pci]

T3:不传输=>不预测

T4:px = 2 和 px = 3,即:

pred _ coef _ T4 _ 0[sbgr][pci] = pred _ coef[sbgr][px = 2][pci]

pred _ coef _ T4 _ 1[sbgr][pci] = pred _ coef[sbgr][px = 3][pci]

[举例完毕]

对于传输通道 T2,T3 和 T4 中传输的最多三路信号中的每一路,其各个子带组 sbgr 的预测信号可用如下公式计算:

$$\hat{T}2(n) = \sum_{pci=0}^{2} pred\_coef\_T2\_0[sbgr][pci] * T0(n - delay\_comp - pci) + \sum_{pci=0}^{2} pred\_coef\_T2\_1[sbgr][pci] * T1(n - delay\_comp - pci)$$

$$\hat{T}3(n) = \sum_{pci=0}^{2} pred\_coef\_T3\_0[sbgr][pci] * T0(n - delay\_comp - pci) + \sum_{pci=0}^{2} pred\_coef\_T3\_1[sbgr][pci] * T1(n - delay\_comp - pci)$$

$$\hat{T}4(n) = \sum_{pci=0}^{2} pred\_coef\_T4\_0[sbgr][pci] * T0(n - delay\_comp - pci) + \sum_{pci=0}^{2} pred\_coef\_T4\_1[sbgr][pci] * T1(n - delay\_comp - pci)$$

这里,$T0(n)$和$T1(n)$指经再量化并与比例因子作用后的$T0$和$T1$的子带样值。

通过把所传输的预测误差信号加到预测信号上,可使用下列公式中对应的 3,2 或 1 个来重构子带组 sbgr 内的信号。

$$T2(n) = \hat{T}2(n) + \varepsilon_{T2}(n)$$

$$T3(n) = \hat{T}3(n) + \varepsilon_{T3}(n)$$

$$T4(n) = \hat{T}4(n) + \varepsilon_{T4}(n)$$

在动态串音模式的情况下,由 Txy 或 Txyz 标识的组合信号在传输通道 T2,T3 或 T4 之一内传输,不使用预测技术。

2.5.3.2.2 重新量化的方法

见 GB/T 17191.3—1997 的 2.4.3.1 和 2.4.3.3.4。

2.5.3.2.3 比例因子的解码

见 GB/T 17191.3—1997 的 2.4.3.3。

2.5.3.2.4 低频增强声道的解码

低频增强声道以经过块压扩的线性 PCM 编码样值的形式传输,其取样频率为其他声道的取样频率的 1/96。所传输的样值的再量化和比例因子的使用,同 GB/T 17191.3 层Ⅰ。见 GB/T 17191.3—1997 的 2.4.3.1。

2.5.3.2.5 去归一化的方法

在解码器中,首先必须通过把已加权的信号 L^W,C^W,R^W,LS^W,RS^W乘以反加权因子来进行反加权。随后,为消除在编码器一侧为避免在计算兼容信号时过载而进行的衰减,可以把这些信号乘以去归一化因子。

dematrix _ procedure	信　号	反加权因子	解归一化因子
‘00’,‘10’	L^W,R^W	1	1+√2
	C^W,LS^W,RS^W	√2	
‘01’	L^W,R^W	1	1.5+0.5*√2
	LS^W,RS^W	2	
	C^W	√2	
‘11’	L^W,R^W,C^W,LS^W,RS^W	1	1

2.5.3.2.6　合成子带滤波器

见 GB/T 17191.3—1997 的 2.4.3.2.2。

2.5.3.3　层Ⅲ解码

2.5.3.3.1　层Ⅲ段表

段表语法允许进行多声道信号的灵活的相关立体声编码，同时在最小情况下可仅用很少的几个比特。其主要思路是，从传输通道(TC)的频谱数据池中组成每一个音频输出声道。这可根据声道频谱的不同部分(段)而改变。对每一段，传输源 TC 的长度和编号(seg _ length，分别以 scalefactorband _ group 和 tc _ select 为单位)。对层Ⅲ定义了下列 TC 号：

TC#	声　道	符　号
0	Lo	left _ comp _ chan
1	Ro	right _ comp _ chan
2	L	left _ chan
3	R	right _ chan
4	C	centre _ chan
5	LS/S	left _ surr _ chan mono _ surr _ chan
6	RS	right _ surr _ chan
7	“解矩阵”	

在传输第二套立体声节目(surround＝＝‘11’)时，TC 5、6 用作左，右声道。若采用 dematrix _ procedure ‘11’(不作矩阵处理)，则左右声道的信号分别在 TC 0 和 1，而非 TC 2 和 3 中传输。

每一个 TC 均存在一种和 MPEG-1 层Ⅲ音频声道相似的数据结构，即辅助信息和经哈夫曼编码的频谱值。tc _ present 标志用于表示传输了哪些 TC，即在 mc _ audio 比特流内包含多少组辅助信息和主信息。在 MPEG-2 情况下，辅助信息量对每个声道可以不同。除这一区别之外，对哈夫曼编码值的解码和 MPEG-1 解码器的解码过程相同。

音频输出声道 ch 的每个段有一个到相应 TC 的缺省映射(tc _ select＝＝ch)，但在组合编码时它被分配给不同的 TC。在此情况下，传输一个衰减值并将其用于 TC 频谱数据上，以恢复音频输出声道的频谱数据。在 tc _ select＝＝7 的特殊情况下，相应段通过解矩阵处理重构。

对几种段表类型定义了快捷形式：

a) seglist _ present＝＝0，表示一个段表所涉及的所有 scalefactorband _ group 中的数据通过解矩阵重构。(即最大段长，tc _ select＝7)

b) seglist _ nodef＝＝0，表示一个简单的“缺省”段表，其中所涉及的所有 scalefactorband _ group 中的数据在相应的 TC 内传输。(即最大段长，tc _ select＝ch)

c) seglist _ repeat＝＝1 表示颗粒 1 使用与为颗粒 0 传输的段表相同的段表。

段表或仅对颗粒的一个有效，或者像由 segment _ list _ repeat 所说明的那样，对一帧内的两个颗粒均有效。seg _ length 为零表示段表终结，通道频谱的剩余部份置为零。

对 scalefactorband _ group 边界(用 dematrix _ length 表示)以上的频率，段表被用来指示可进行组合编码的声道。当 scalefactorband _ group 低于 dematrix _ length 时，将使用较不灵活的方式来分配实际的传输通道，该方式不允许组合编码。

dematrix _ select 是一个 3..4 比特值，有 14 种可能取值(对 3/2 配置)。用于查找哪些通道必须进行解矩阵处理，哪些通道已被传输。可对 2 个，1 个通道或甚至不需对任何通道进行解矩阵处理重构。当为每个颗粒分别传输段表时，dematrix _ select 对两个颗粒均有效。

2.5.3.3.2 层Ⅲ解码处理

如果存在一个扩展比特流，其存取单元可包括 mc _ composite _ status _ info 和 mc _ audio _ data 部分。它们的内容被连接到 MPEG-1 兼容比特流主数据部分中的 mc _ composite _ status _ info 和/或 mc _ audio _ data 后。mc _ data _ begin 指针的目标位置在载有经级联的比特流的缓存中计算。层Ⅲ多声道/多语种比特流结构可在附录 A 中 A3 找到。可能出现的 ext _ data(由 mc _ header 中的 ext _ bit _ stream _ present 标志说明其存在性)必须插在 mpeg2 _ main _ data 和 mpeg1 _ ancillary _ data 之间。

解码处理由下列步骤组成：

a) 缺省段表类型的扩展

这是通过估算 seg _ list _ present，seg _ list _ nodef 和 seg _ list _ repeat 进行的。如果这些语法单元说明使用了快捷形式，将根据 2.5.3.3.1 节中对快捷形式的定义对全 segment _ list 表示进行扩展。

b) 解码映射的构造

构造一个描述实际传输了哪些 TC 频谱数据(根据颗粒、传输通道和比例因子带)的映射关系 data _ present[gr][tc][sfb]。这是通过确定 dematrix _ select 或 segment _ lists(作为 scalefactorband _ group 的一部分)所涉及的的比例因子带而进行的。

另外，构造一个描述哪些 TC 频谱数据被用作相关立体声传输载波的映射 js _ carrier[gr][tc][sbgr]。每个音频声道 ch，这是通过确定由 tc _ select！＝ch 时所涉及的 scalefactorband _ group 而进行的。

c) TC 信息的解码

按 tc _ present 的表示，重新量化所有通道的 TC 数据。这一过程恰如在 MPEG-1 层Ⅲ中利用以下单元内信息进行的解码过程一样：block _ type，scalefac _ 1，scalefac _ s，scfsi，part2 _ 3 _ lengh，big _ values，global _ gain，scalefac _ compress，table _ select，subblock _ gain，region0 _ count，region1 _ count，preflag，scalefac _ scale，count1 table _ select。重新量化操作在 GB/T 17191.3—1997 的 2.4.3.4 中描述。已解码的数据是相应音频输出声道未处理的频谱数据，且不考虑所有属于 data _ present[gr][tc][sfb]＝＝0 的比例因子带的系数。

d) 多声道预测的解码

类似层Ⅰ和层Ⅱ，对每一个 scalefactorband _ group sbgr 单独进行多声道预测解码。若 mc _ prediction _ on 无效，则无需对任一个 scalefactorband _ group 进行预测解码。若 mc _ prediction _ sbgr[sbgr] 标志无效，则在相应的 scale _ factorband _ group 中不使用预测，也不再传输预测器信息。每帧传输预测信息一次，并适用于两个颗粒。

1) 可能的预测组合和预测器系数数目的计算

对每个 scalefactorband _ group sbgr 可能的预测组合按下列规则来计算：

——如果(1)传输了某一颗粒的数据(data _ present[gr _ 0][ch][sfb(sbgr)]！＝0 || data _ present[gr _ 1][ch] [sfb(sbgr)]！＝0)且(2)源与目标声道有相同的 block _ type，那么，任一声道都可能是多声道预测的目表声道。

——每个可能的目标声道可能有 1 或 2 个源声道(和预测器系数)：

目标声道	源声道数	源　声　道
L	1	Lo
R	1	Ro
C，S	2	Lo，Ro
LS	1	Lo
RS	1	Ro

在相关立体声编码(js _ carrier[gr][ch][sbgr]！＝0)情况下，两个源声道Lo和Ro都被认为是可能的源声道。npredcoef的值表示在一个scalefactorband _ group内可能的预测器系数的总数。对于短块(block _ type＝＝'10')，salefactorband _ group大于11时(即大于已定义的scalefactorband _ group值)，把npredcoef定义为零。

——对每个可能的系数，传输预测器选择信息predsi[sbgr][]中的1个比特。各可能的系数位根据目标声道，使用标准的声道分配顺序即L，R，C，LS，RS来排序。如果目标声道可能有两个源声道，则第1比特对应于Lo而第2比特相应于Ro源声道。

——如果predsi[sbgr][pci]为'0'，相应系数pred _ coef[sbgr][pci]被置零。否则传输一个系数。系数的顺序与predsi信息的顺序相同。即该系数根据目标声道(粗排序)和源声道(精排序)排序。这些系数按下表重新量化：

传输值	重新量化后的值
0	－0.61199
1	－0.24565
2	0.24565
3	0.61199
4	1.15831
5	1.97304
6	3.18805
7	5

2）预测信号的计算

在每个参考目标声道中，按下式计算预测信号并将其与所传输的预测误差信号相加：

L　＋＝ pred _ coef _ L[sbgr] ＊ Lo

R　＋＝ pred _ coef _ R[sbgr] ＊ Ro

C　＋＝ pred _ coef _ C1[sbgr] ＊ Lo ＋ pred _ coef _ C2[sbgr] ＊ Ro

LS ＋＝ pred _ coef _ LS[sbgr] ＊ Lo

RS ＋＝ pred _ coef _ RS[sbgr] ＊ Ro

对于相关立体声编码的情况，按下式：

JS ＋＝ pred _ coef _ JS1[sbgr] ＊ Lo ＋ pred _ coef _ JS2[sbgr] ＊ Ro

只对相应通道中有数据传输的颗粒进行预测信号相加(data _ present[gr][ch][sbgr]！＝0)。

e）声道数据的解码

每个输出音频声道是按照它的段表和dematrix _ select配置从已解码的TC数据中得到的。忽略所有经解矩阵重构的scalefactorband _ group。利用data _ present映射关系，把编码的频谱值从TC数据定位到目标声道频谱缓存中正确的scalefactorband _ group位置上。

对于组合编码段(即tc _ select！＝ch && tc _ select！＝7)，使用所传输的衰减值对频谱数据按下述进行标度操作：

1）确定基本衰减因子 a_0(attenuation _ scale==1 时为 $1/\sqrt{2}$，其他情况下为 $1/\sqrt{\sqrt{2}}$）

2）利用实际的衰减因子 a 进行标度：

$$a=\begin{cases} a_0^{attenuation} & \text{for } attenuation < 0.75 \cdot max\_attenuation \\ a_0^{attenuation - max\_attenuation} & \text{for } attenuation \geqslant 0.75 \cdot max\_attenuation \end{cases}$$

其中 $max\_attenuation = 2^{attenuation\_range+2}$

f）解矩阵处理

解矩阵处理用来重构被省去的 scalefactorband _ group(仅适用于 dematrix _ procedure！= '11'，不适于第二套立体声节目，即 surround=='11')。

对于 scalefactorband _ group 中第 1 个 dematrix _ length 值，应根据为整个帧传输的 dematrix _ select 值来确定进行解矩阵处理的部分。高于这一界限，定义为由段表中 tc _ select==7 的段。对 3/2 立体声配置来说，解矩阵处理就是通过缩混方程恢复 0,1 或 2 个声道。

$$Lo = \alpha * (L+\beta * C+\gamma * LS) \text{ 和 } Ro = \alpha * (R+\beta * C+\gamma * RS)$$

或在 3/1 立体声配置时

$$Lo = \alpha * (L+\beta * C+\gamma * S) \text{ 和 } Ro = \alpha * (R+\beta * C+\gamma * S)$$

这里，α 是对所有声道的总衰减，而 β 和 γ 是中置和环绕声信号的衰减因子。对其他立体声配置，缩混方程可从这些方程之一通过把不存在的音频声道设为零得出。在 dematrix _ procedure=='10' 时，解矩阵方程按 2.5.3.2.1 中所描述的定义来修正。

对每种解矩阵方法，规定了衰减因子值：

解矩阵方法	α	β	γ
'00'	$1/(1+\sqrt{2})$	$1/\sqrt{2}$	$1/\sqrt{2}$
'01'	$1/(1.5+0.5*\sqrt{2})$	$1/\sqrt{2}$	0.5
'10'	$1/(1+\sqrt{2})$	$1/\sqrt{2}$	$1/\sqrt{2}$

1）幻像编码的中置声道

对于幻像编码的中置声道(centre=='11')，在经解矩阵处理的中置声道中通过如下所示的带宽限制来抑制编码噪声的出现：

取样频率，Hz	中置声道中有效谱线数
48000	230
44100	238
32000	296

该步骤在另一声道进行解矩阵处理之前进行。

2）相关立体声解矩阵处理的校正

如果 matrix _ attenuation _ present 标志有效，则修正声道解矩阵处理的标准过程。对于解矩阵操作，所有相关立体声编码的 scalefactorband _ group 数据使用衰减因子预先标度。这种标度对包括 Lo 和 Ro 的解矩阵方程的两个部分独立地执行。

比例因子 ml 和 mr 由所传输的 matrix _ attenuation 值确定。

$$ml = 2^{-0.25 \cdot matrix\_attenuation\_l[js\_ch][sbgr]}$$

$$mr = 2^{-0.25 \cdot matrix\_attenuation\_l[js\_ch][sbgr]}$$

这里，js _ ch 表示在其中传输相关立体声编码信号实际频谱数据的 TC，sbgr 为 scalefactorband _ group 索引。

在 L 和 C 的相关立体声编码情况下，该过程图解如下。频谱数据在 L 声道的 TC (即 TC2)中传输。

这样，使用相应的衰减值由相同数据得到C。解矩阵处理之前，L和C用因子 ml 和 mr 标度。这种标度工作不在最后的输出声道数据上使用。

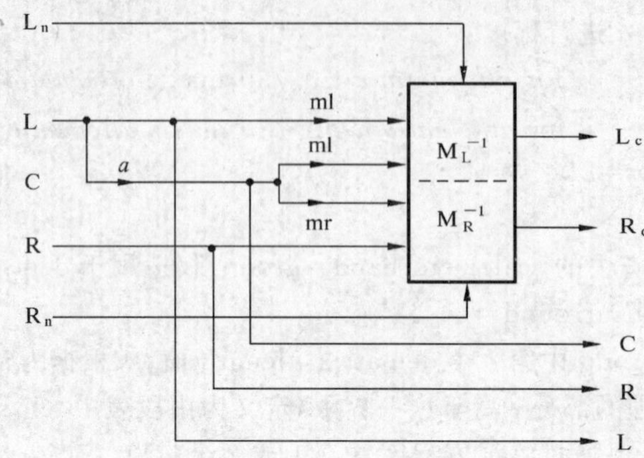

g）合成滤波器组

采用合成滤波器组(见 GB/T 17191.3,2.4.3.4.10)。

2.5.3.3.3 层Ⅲ的 LFE 解码

从一种简化的层Ⅲ型比特流中解码 LFE 值。

a）使用 lfe _ table _ select 指明的哈夫曼码表进行哈夫曼编码值的解码。

b）持续对所传输的哈夫曼码进行解码，直到所有由 lfe _ hc _ len 表示的比特用完为止。在这一处理之后，就可得到 lfe _ bigval 的值。为清晰起见，引入该参数用于表示所传输的低频声道频谱数据哈夫曼码字的数量。解码分量 x 和 y 被解释为颗粒 0 和 1 各自的频谱系数值。

c）接着，以与 TC 数据去量化相似的方式执行去量化。为此目的，使用 lfe _ gain 并假设比例因子和子块增益为零。

d）作为低频增强声道的合成滤波器组，使用在短块(blck _ type＝＝'10')中为恢复数据而使用的反向 MDCT(IMDCT)，IMDCT 在 GB/T 17191.3—1997 的 2.4.3.4.10 中作为合成混合滤波器组的一部分作了描述。这样，对每颗粒的 12 个 IMDCT 输出样值使用在 GB/T 17191.3—1997 的 2.4.3.4.10/加窗 d)中描述的窗口类型。因为每颗粒只有一个窗口，故“重叠加法”的处理简化为：

$\text{result}_I = y_i + s_i$　　对 $i = 0 \sim 5$

$s_I = y_{i+6}$　　对 $i = 0 \sim 5$

2.5.3.3.4 层Ⅲ的 ML 数据解码

如果 multilingual _ fs＝＝0，则见 GB/T 17191.3—1997 的 2.4.3.4。

如果 multilingual _ fs＝＝1，则见本标准的 2.4.3.2。

用于 ML 主数据时，nch 置为 no _ of _ multi _ lingual _ ch。

附 录 A
（标准的附录）
图

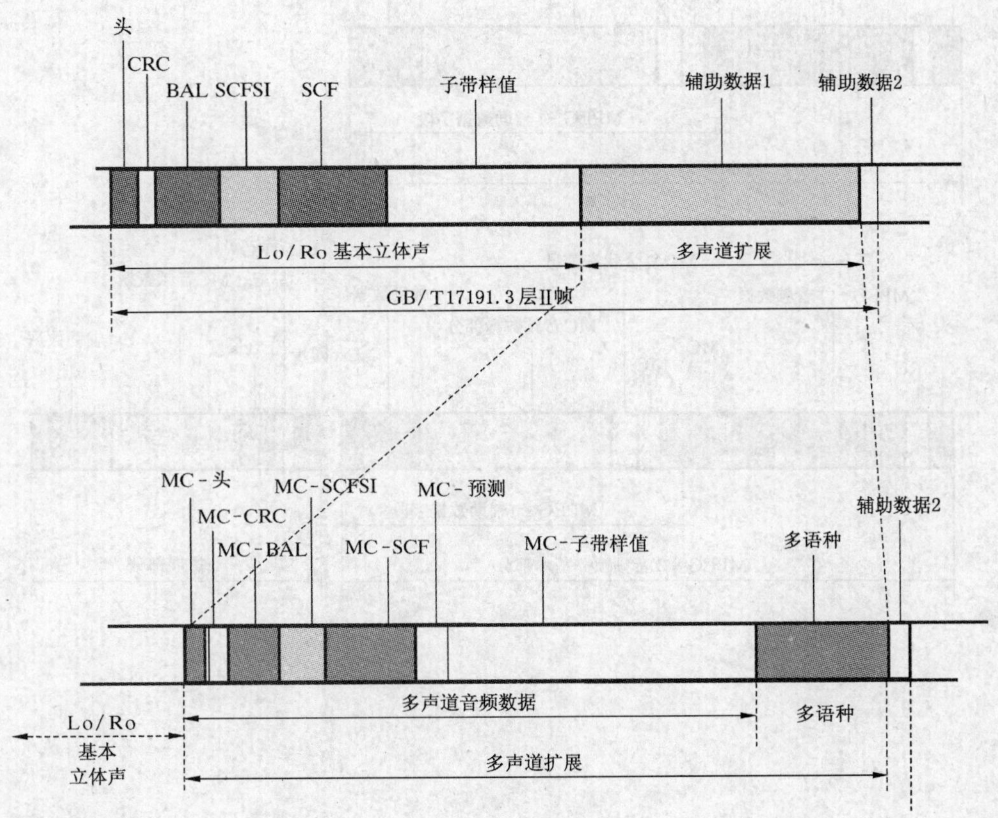

图 A1 与 GB/T 17191.3 层Ⅱ后向兼容的本标准层Ⅱ多声道扩展结构

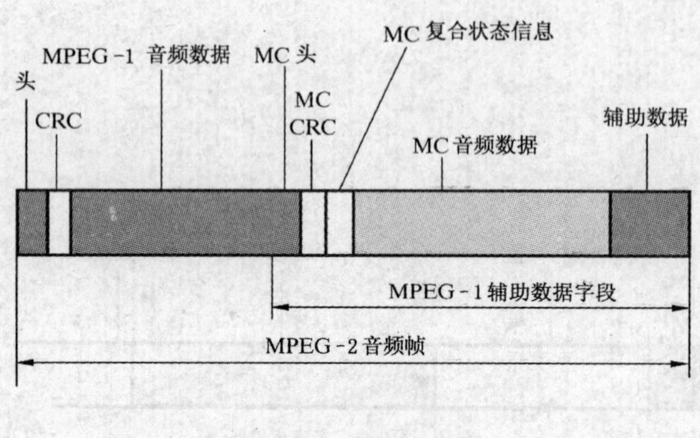

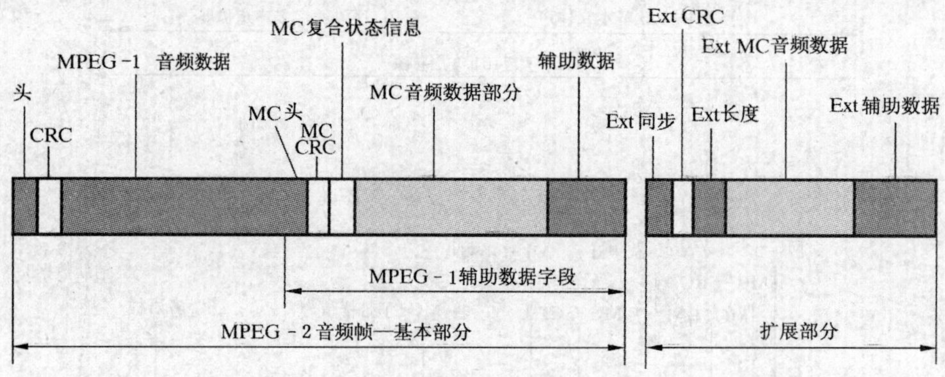

图 A2 使用GB/T 17191.3 兼容基本比特流以及扩展比特流的本标准层Ⅱ多声道扩展典型结构的一个例子

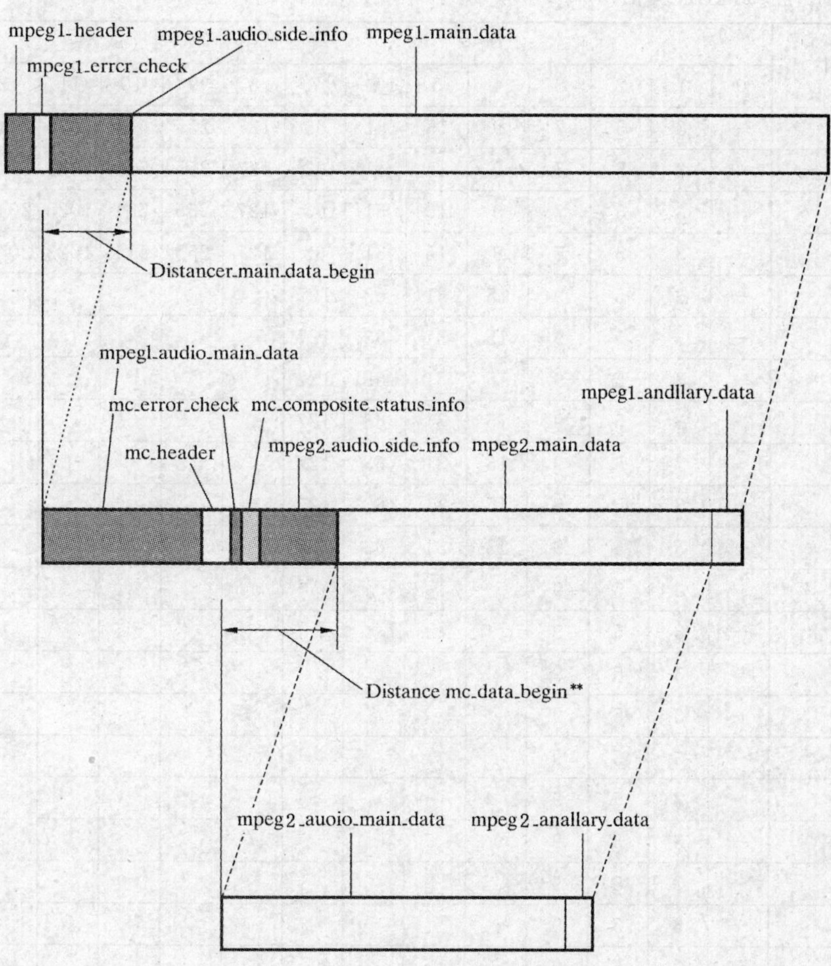

* 未计入:mpeg1 _ header,mpeg1 _ error _ check,mpeg1 _ audio _ side _ info

* * 未计入:mpeg1 _ header,mpeg1 _ error _ check,mpeg1 _ audio _ side _ info,mpeg1 _ audio _ main _ data,mc _ header,mc _ error _ check,mc _ composite _ status _ info,mc _ audio _ side _ info,mpeg1 _ ancillary _ data

图 A3 本标准层Ⅲ多声道扩展的典型结构的一个例子——
一个可能的 **ext _ data** 必须插在 **mpeg2 _ main _ data** 与 **mpeg1 _ ancillary _ data** 之间

附 录 B
（标准的附录）
表

表B1 层Ⅱ各子带可能的量化

取样频率 16 kHz，22.05 kHz，24 kHz

sb	nbal	索引															
		0	1	2	3	4	5	6	7	8	9	10	11	12	13	14	15
0	4	—	3	5	7	9	15	31	63	127	255	511	1023	2047	4095	8191	16383
1	4	—	3	5	7	9	15	31	63	127	255	511	1023	2047	4095	8191	16383
2	4	—	3	5	7	9	15	31	63	127	255	511	1023	2047	4095	8191	16383
3	4	—	3	5	7	9	15	31	63	127	255	511	1023	2047	4095	8191	16383
4	3	—	3	5	9	15	31	63	127								
5	3	—	3	5	9	15	31	63	127								
6	3	—	3	5	9	15	31	63	127								
7	3	—	3	5	9	15	31	63	127								
8	3	—	3	5	9	15	31	63	127								
9	3	—	3	5	9	15	31	63	127								
10	3	—	3	5	9	15	31	63	127								
11	2	—	3	5	9												
12	2	—	3	5	9												
13	2	—	3	5	9												
14	2	—	3	5	9												
15	2	—	3	5	9												
16	2	—	3	5	9												
17	2	—	3	5	9												
18	2	—	3	5	9												
19	2	—	3	5	9												
20	2	—	3	5	9												
21	2	—	3	5	9												
22	2	—	3	5	9												
23	2	—	3	5	9												
24	2	—	3	5	9												
25	2	—	3	5	9												
26	2	—	3	5	9												
27	2	—	3	5	9												
28	2	—	3	5	9												
29	2	—	3	5	9												
30	0	—															
31	0																

sblimit = 30

nbal 之和 = 75

表 B2　层Ⅲ比例因子带

取样频率 16 kHz，长块，线数 576

这些表列出每个比例因子带的宽度。对于长窗(0,1 或 3 型)，每个取样频率上有 22 个比例因子带，对于短窗，每个取样频率上有 13 个带。由于最后一个比例因子带的比例因子置为固定值，不传输，故长窗中比例因子数为 21，短窗为 12。

比例因子带	带的宽度	起点的索引	终点的索引
0	6	0	5
1	6	6	11
2	6	12	17
3	6	18	23
4	6	24	29
5	6	30	35
6	8	36	43
7	10	44	53
8	12	54	65
9	14	66	79
10	16	80	95
11	20	96	115
12	24	116	139
13	28	140	167
14	32	168	199
15	38	200	237
16	46	238	283
17	52	284	335
18	60	336	395
19	68	396	463
20	58	464	521
21	54	522	575

取样频率 16 kHz，短块，线数 192

比例因子带	带的宽度	起点的索引	终点的索引
0	4	0	3
1	4	4	7
2	4	8	11
3	6	12	17
4	8	18	25
5	10	26	35
6	12	36	47
7	14	48	61

表 B2(续)

比例因子带	带的宽度	起点的索引	终点的索引
8	18	62	79
9	24	80	103
10	30	104	133
11	40	134	173
12	18	174	191

取样频率 22.05 kHz,长块,线数 576

比例因子带	带的宽度	起点的索引	终点的索引
0	6	0	5
1	6	6	11
2	6	12	17
3	6	18	23
4	6	24	29
5	6	30	35
6	8	36	43
7	10	44	53
8	12	54	65
9	14	66	79
10	16	80	95
11	20	96	115
12	24	116	139
13	28	140	167
14	32	168	199
15	38	200	237
16	46	238	283
17	52	284	335
18	60	336	395
19	68	396	463
20	58	464	521
21	54	522	575

取样频率 22.05 kHz,短块,线数 192

比例因子带	带的宽度	起点的索引	终点的索引
0	4	0	3
1	4	4	7
2	4	8	11
3	6	12	17

表 B2(续)

比例因子带	带的宽度	起点的索引	终点的索引
4	6	18	23
5	8	24	31
6	10	32	41
7	14	42	55
8	18	56	73
9	26	74	99
10	32	100	131
11	42	132	173
12	18	174	191

取样频率 24 kHz,长块,线数 576

比例因子带	带的宽度	起点的索引	终点的索引
0	6	0	5
1	6	6	11
2	6	12	17
3	6	18	23
4	6	24	29
5	6	30	35
6	8	36	43
7	10	44	53
8	12	54	65
9	14	66	79
10	16	80	95
11	18	96	113
12	22	114	135
13	26	136	161
14	32	162	193
15	38	194	231
16	46	232	277
17	54	278	331
18	62	332	393
19	70	394	463
20	76	464	539
21	36	540	575

表 B2(完)

取样频率 24 kHz,短块,线数 192

比例因子带	带的宽度	起点的索引	终点的索引
0	4	0	4
1	4	4	8
2	4	8	12
3	6	12	18
4	8	18	26
5	10	26	36
6	12	36	48
7	14	48	62
8	18	62	80
9	24	80	104
10	32	104	136
11	44	136	180
12	12	180	192

附 录 C
(提示的附录)
编 码 过 程

C1 向更低取样频率扩展

在附录的这一部分中,描述与 GB/T 17191.3 编码器的不同之处。

C1.1 更低取样频率,层 I

与 GB/T 17191.3 中描述的编码器仅有的不同之处是格式化和心理声学模型。编码的子带信息按由片组成的帧为单位传送。在层 I,32 bit 组成一个片。在一帧内的片数取决于取样频率和比特率。对原始输入信号的每个声道,每帧包含有关 384 个样值的信息。

f_s/kHz	帧大小/ms
24	16
22.05	17.415..
16	24

一个帧内的片数可由下式计算:

每帧片数(N) = 比特率 $*$ $12/f_s$

若上式不能给出一个整数结果,则对其进行截断,并需要"填充"。这就是说片数可能在 N 和 $N+1$ 之间变动,使用与 GB/T 17191.3—1997 的 2.4.2.3 中描述的过程相同的填充过程,以确定何时必须加入填充比特。

对于更低取样频率,心理声学模型需要改进,见附录 D1。

C1.2 更低取样频率,层 Ⅱ

与 GB/T 17191.3 中描述的编码器之不同处是格式化、可能的量化和心理声学模型。编码的子带信息以由片组成的帧为单位而传送。在层 Ⅱ,一片由 8 比特组成。在一帧内的片数取决于取样频率和比特率。对原始输入信号的每个声道每个音频帧包含 1152 个样值的信息。

f_s/kHz	帧大小/ms
24	48
22.05	52.245..
16	72

1 帧内的片数可由下式计算：

每帧片数(N) ＝ 比特率 * 144/f_s

若上式不能给出一个整数结果，则对其进行截断，并需要“填充”。这就是说片数可能在 N 和 $N+1$ 之间变动，使用与 GB/T 17191.3 中描述的过程相同的填充过程，以确定何时必须加入填充比特。

必须用本标准的表 B1“层Ⅱ各子带可能的量化”取代 GB/T 17191.3—1997 的表 B2“层Ⅱ比特分配表，每子带可能的量化”。

对于更低取样频率，心理声学模型需要改进。见附录 D1。

C1.3　更低取样频率，层Ⅲ

与 GB/T 17191.3 层Ⅲ中描述的编码处理的不同之处是改变了的比例因子带表，由于改变了帧格式而省略的某些辅助信息，以及心理声学模型中一些改变了的表格。除比例因子选择信息的计算外，GB/T 17191.3 描述的所有基本步骤都适用。

C2　多声道扩展

本附录的这一部分中，描述两个合适的多声道编码器例子，一个用于层Ⅰ和层Ⅱ，一个用于层Ⅲ。这两个例子对于 5＋1 声道配置（即左，中置，右，左环绕，右环绕和一个低频增强声道）有效，对于与多声道扩展同层的多语种扩展也有效。

C2.1　层Ⅰ、层Ⅱ的多声道扩展

C2.1.1　滤波器组

所用的滤波器组和 GB/T 17191.3 中的一样，即一种用于所有层的分为 32 个频带的多相滤波器组，其后为仅用于层Ⅲ子带信号的 MDCT。必须把该子带滤波器用在所有 5 个声道上。

C2.1.2　比例因子的计算

比例因子计算，以及对层Ⅱ比例因子选择信息的计算严格按与 GB/T 17191.3 相同的方法进行。

C2.1.3　心理声学模型

在 GB/T 17191.3 中描述的两种心理声学模型也适用于此。对所有 5 个声道，计算所有子带的信号—掩蔽比。

C2.1.4　预矫正

使用预矫正（或预量化）来防止在解码器中进行解矩阵处理时来自音频声道的未掩蔽和非预期的噪声。出现噪声是因为在解码器内使用了与编码器内用于矩阵处理的信号不同的多声道扩展信号来进行解矩阵处理。在解码器内只能得到量化后的样值。这种可听到的人工产物可在编码器内通过在矩阵处理之前预先量化这些样值来避免。可使用下列方法。

对各子带组：

　　步骤 1：传输通道切换方法；选择多声道扩展信号 T2，T3，T4 和相关 tc _ allocation；

如果 tc _ allocation[sbgr]等于 1 或 7：

　　步骤 2：根据掩蔽门限的计算，编解码 T2，T3；

　　步骤 3：采用 T2 和 T3 的预校正结果进行矩阵处理以获得 Lo；

　　步骤 4：计算预校正中置信号，它将在 Lo 编解码后在解码器端得到；

　　步骤 5：采用经预校正的中置信号和 T4 的预校正结果进行矩阵处理，以获得 Ro。

如果 tc _ allocation[sbgr]等于 2 或 6：

步骤 2：根据掩蔽门限的计算，编解码 T2，T4；

步骤 3：采用 T2 和 T4 的预校正结果进行矩阵处理以获得 Ro；

步骤 4：计算预校正中置信号，它将在 Ro 编解码后在解码器端得到；

步骤 5：采用经预校正的中置信号和 T3 的预校正结果进行矩阵处理，以获得 Lo。

如果 tc _ allocation[sbgr]等于 0，3，4 或 5：

步骤 2：根据掩蔽门限的计算，编解码 T2，T3，T4；

步骤 3：采用 T2，T3，T4 的预校正结果进行矩阵处理，以获得(Lo，Ro)兼容声道对。

如果中置信号在某一子带组内是主要的，则建议只使用在附加传输通道中不包含中置信号的 tc _ allocation 值。

C2.1.5 矩阵处理

首先，所有信号必须进行衰减以避免在计算兼容立体声信号时过载。衰减因子取决于所选择的矩阵处理程序。

程序 0，2：	$1/(1+\sqrt{2})$
程序 1：	$1/(1.5+0.5*\sqrt{2})$
程序 3：	1

其次，在计算兼容立体声信号之前，中置、左环绕声和右环绕声信号必须进行衰减。衰减因子是：

程序 0，2：	C，LS，RS	$1/\sqrt{2}$
程序 1：	C	$1/\sqrt{2}$
	LS，RS	0.5
程序 3：	C，LS，RS	1

衰减以后的信号称为 C^W，LS^W，RS^W

接下来，必须根据下式计算兼容信号：

程序 0，1：

$$Lo = L^W + C^W + LS^W$$

$$Ro = R^W + C^W + RS^W$$

程序 2：

$$Lo = L^W + C^W - js^W$$

$$Ro = R^W + C^W + js^W$$

在 T3 和 T4 中传输的信号通过可选的动态范围压缩及 90 度移相从 LS^W 和 RS^W 中得出。jS^W 从 jLS^W 和 jRS^W 中通过计算单音分量 $(jLS^W + jRS^W)/2$ 得出。

程序 3：

$$Lo = L^W$$

$$Ro = R^W$$

C2.1.6 动态传输通道切换

为了避免由于解矩阵处理引起的可听到的人工产物，选择正确的传输通道分配是必要的。这适用于矩阵处理程序 0，1 和 2。一个简单但有效的方法是，为传输通道 T2，T3，T4 选择那些在所考虑的子带组中具有最低比例因子的通道。在由一个以上子带组成的子带组中，首先，对于每一路信号必须确定在一个子带组内所有子带的最大比例因子。然后，把具有最低的最大比例因子的最低的三个信号（最高的比例因子索引）分配给传输通道 T2，T3 和 T4。如果传输通道的分配对所有子带组是相同或几乎相同的话，就可以把 tc _ sbgr _ select 比特设置为 0，在此情况下对所有子带组仅需发送一个 tc _ allocation。

C2.1.7 动态串音

根据人的双耳模型，那些双声道或多声道立体声信号中与立体声播放的空间感无关的分量可被确定到一个很大的范围内。这些与立体感无关的信号分量未被掩蔽，然而在另一方面，它们对声源的定位没有贡献。因此，不是所有传输通道在所有时间都必须传送，尤其是那些包括立体感无关分量的声道。在此情况下，多声道立体声信号(L,C,R,LR 或 RS)的任一声道可由其他任一声道代替。这种情况可以在子带组，即最多 12 个子带组中，或在整个音频声道中发生。在解码端，该声道或该声道的一部分必须在不影响立体声感觉的条件下，通过任一个播放声道或几个播放声道重放。

在层Ⅰ和层Ⅱ使用动态串音方法是基于强度立体声编码概念的，这在 GB/T 17191.3 的附录 G 中描述，但在不同声道之间允许大得多的灵活性，并在频带划分上有高得多的分辨率。动态串音可以用来在给定比特率下提高音频质量，和/或在一定质量下减少多声道音频信号的比特率。这种方法只需增加可忽略不计的解码器复杂性，也不影响编码器和解码器的延迟。

动态串音基于熟知的心理声学效应。一方面，这种方法使用象强度立体声编码所利用的效果，即在高频时，定位主要基于音频信号的时间包络而不是音频信号时域的精密结构。另一方面，动态串音基于这样的事实，即对定位而言只有音频信号时间包络的快速变化是重要的。特别在冲击后，相对较稳定的部分在定位方面的影响更加轻微。这意味着，在某一时间间隔及频谱某一区域内允许串音。这些信号必须在编码器内以信号分析的方法确定，可将这些信号设置为"单声道"并仅在一个通道内传输。该信号可以子带组为基础确定。多声道扩展部分中最多三个传输通道可被取代。

对于那些在解码器中将由动态串音代替的声道，只传输相应的比例因子和 scfsi 而不传输比特分配和子带样值。其结果是，在基本声道 Lo/Ro 内，完全包含了声像中所谓"完型"信息，在扩展声道内只传输相关的立体声信息。

2.5.2.15 中动态串音表的 Txy 项表示将 tc _ allocation 表(同在 2.5.2.15 中给出)中给出的各播放声道子带样值相加，如在 GB/T 17191.3—1997 的附录 G 中描述的那样。比特分配和子带样值在传输通道 Tx 中传输。对应于 Tx 和 Ty 的播放声道的比例因子和 scfsi 必须在传输通道 Tx 和 Ty 中传输。这造成了可为两个通路分别传输电平控制信息，以便恢复对应于 Tx 和 Ty 的两个播放声道的时间斜度。动态串音表中的表项允许很灵活地使用强度立体声编码。

C2.1.8 自适应多声道预测

自适应多声道预测用于减少声道间的冗余度。当使用多声道预测时，在传输通道 T2..T4 中的信号由基本比特流(Lo,Ro)中的兼容立体声信号预测得出。预测误差代替子带组内的实际信号，连同预测器系数和延迟补偿一起传输。

可能的预测公式是(所有的计算以逐帧为基础进行)：

$$\hat{T}2(n) = \sum_{pci=0}^{2} \mathrm{pred\_coef\_T2\_0[sbgr][pci]} * \mathrm{T0}(n - \mathrm{delay\_comp\_pci}) + \sum_{pci=0}^{2} \mathrm{pred\_coef\_T2\_1[sbgr][pci]} * \mathrm{T1}(n - \mathrm{delay\_comp\_pci})$$

$$\hat{T}3(n) = \sum_{pci=0}^{2} \mathrm{pred\_coef\_T3\_0[sbgr][pci]} * \mathrm{T0}(n - \mathrm{delay\_comp\_pci}) + \sum_{pci=0}^{2} \mathrm{pred\_coef\_T3\_1[sbgr][pci]} * \mathrm{T1}(n - \mathrm{delay\_comp\_pci})$$

$$\hat{T}4(n) = \sum_{pci=0}^{2} \mathrm{pred\_coef\_T4\_0[sbgr][pci]} * \mathrm{T0}(n - \mathrm{delay\_comp\_pci}) + \sum_{pci=0}^{2} \mathrm{pred\_coef\_T4\_1[sbgr][pci]} * \mathrm{T1}(n - \mathrm{delay\_comp\_pci})$$

预测误差信号取代 T2,T3 和 T4 被传输。

$$\varepsilon_{T2}(n) = T2(n) - \hat{T}2(n)$$

$$\varepsilon_{T3}(n) = T3(n) - \hat{T}3(n)$$

$$\varepsilon_{T4}(n) = T4(n) - \hat{T}4(n)$$

计算预测器系数 pred _ coef[sbgr][px][pcx]，以使预测误差信号的功率最小化，得到最佳的预测增益。该预测增益是原始信号的能量与相应预测误差信号的能量之比，以 dB 表示。下面给出这些计算的详细说明。

通过对实际预测增益和为了预测器系数编码所必需的辅助信息总量的比较，确定在每音频帧中对哪些子带组和哪些信号(L^W,R^W,C^W,LS^W,RS^W和S^W)进行预测。编码一个预测器系数需要 8 bit，对应于预测增益 1.34 dB。

如果以预测误差信号取代原始信号进行传输，则用于比特分配过程的 SMR 值必须减去计算得到的预测增益。为提供比特分配所需的 SCFSI 信息，必须计算所传输的预测误差信号的"基本"形式。

为避免不同量化误差的积累，建议在计算"最后的"预测误差信号之前量化和再量化信号 Lo，Ro 以及预测器系数。这样，在编码器和解码器中预测误差信号将是一致的。

传输信号 T0，T1，T2，T3，T4 的编码象通常一样使用"比特分配"，"SCFSI"，"比例因子"和"样值"来执行。

a）音频帧的编码

```
{
    -subband filtering;
    -matrixing;
    -scalefactor calculation;
    -transmission pattern calculation (SCFSI);
    -calculation of the SMR values by the psychoacoustic model;
    -transmission channel allocation
    -dynamic cross-talk
    -calculation of delay compensation, predictor coefficients and prediction gain;
    -calculation of the predictor select information (PREDSI);
    -calculation of the modified SMR values;
    -quantisation of the predictor coefficients;
    -calculation of the preliminary prediction error signals;
    -scalefactor calculation;
    -transmission pattern calculation (SCFSI);
    -bit allocation (using modified SMR values);
    -quantisation of the subband samples;
    -dequantisation of the subband samples;
    -calculation of the final prediction error signals(using the dequantised subband samples)
    -scalefactor calculation;
    -transmission pattern calculation(SCFSI);
    -quantisation of the subband samples;
    -bit stream formatting;
}
```

b）预测器系数、预测增益和预测器选择信息的计算

下面的类 C 语言描述是预测计算的一个简例，该简例是针对在传输通道 T2、T3、T4 分别包含 C、LS、RS，不使用动态串音，且只使用没有延迟补偿的零阶预测器的情况。该过程的输出由系数 coef _ 0，coef _ 1，coef _ 2，coef3 和相应的预测器选择信息 predsi[0..3]组成。

在本例中，sqr( )表示参数的平方值，sqrt( )表示参数的平方根值。

coef _ 0..coef _ 3 的意义是：

pred _ coef _ C0 = coef _ 0;

pred _ coef _ C1 = coef _ 1;

```
    pred _ coef _ LS = coef _ 2;
    pred _ coef _ RS = coef _ 3;
```

在其他情况下所遵循的方法与此类似。

```
for (sbgr=0; sbgr<12; sbgr++) {
/* calculation of variances and correlation functions using short-term estimates */
st1 = st2 = sc = sls = srs = 0;
ctlc = ct2c = ctlt2 = ctlls = ct2rs = 0;
numsb = ((sbgr==11) ? sblimit:sbgr _ min[sbgr+1]) - sbgr _ min[sbgr];
for (sb=sbgr _ min[sbgr]; sb<sbgr _ min[sbgr]+numsb; sb++)
   for (gr=0; gr<3; gr++)
      for (i=0; i<12; i++) {
         st1 += sqr(sb _ sample[0][gr][i][sb]);
         st2 += sqr(sb _ sample[1][gr][i][sb]);
         sc += sqr(sb _ sample[2][gr][i][sb]);
         sls += sqr(sb _ sample[3][gr][i][sb]);
         srs += sqr(sb _ sample[4][gr][i][sb]);
         ct1c += sb _ sample[0][gr][i][sb] * sb _ sample[2][gr][i][sb];
         ct2c += sb _ sample[1][gr][i][sb] * sb _ sample[2][gr][i][sb];
         ct1t2 += sb _ sample[0][gr][i][sb] * sb _ sample[1][gr][i][sb];
         ct1ls += sb _ sample[0][gr][i][sb] * sb _ sample[3][gr][i][sb];
         ct2rs += sb _ sample[1][gr][i][sb] * sb _ sample[4][gr][i][sb];
      }
      st1 = sqrt(st1/(3 * 12 * numsb));
      st2 = sqrt(st2/(3 * 12 * numsb));
      sc = sqrt(sc/(3 * 12 * numsb));
      sls = sqrt(sls/(3 * 12 * numsb));
      srs = sqrt(srs/(3 * 12 * numsb));
      st1 = (st1>MIN _ S)? st1:MIN _ S;/ * to avoid division by 0 * /
      st2 = (st2>MIN _ S)? st2:MIN _ S;
      sc = (sc>MIN _ S)? sc:MIN _ S;
      sls = (sls>MIN _ S)? sls:MIN _ S;
      srs = (srs>MIN _ S)? srs:MIN _ S;
      ct1c = ct1c/(st1 * sc);
      ct2c = ct2c/(st2 * sc);
      ct1t2 = ct1t2/(st1 * st2);
      ct1ls = ct1ls/(st1 * sls);
      ct2rs = ct2rs/(st2 * srs);
      / * calculation of predictor coefficients * /
      coef _ 0 = sc/st1 * ct1c;
      coef _ 1 = sc/st2 * ct2c;
      coef _ x0 = sc/st1 * (ct1c-ct2c * ct1t2)/(1-sqr(ct1t2));
      coef _ x1 = sc/st2 * (ct2c-ct1c * ct1t2)/(1-sqr(ct1t2));
      coef _ 2 = sls/st1 * ct1ls;
```

```
coef _ 3 = srs/st2 * ct2rs;
/ * calculation of prediction gain * /
/ * problem:if sbgr contains more than one subband the * /
/ * prediction gain can be different in the subbands!!!  * /
gain _ 0 = 10 * log(1/(1-sqr(ct1c)));
gain _ 1 = 10 * log(1/(1-sqr(ct2c)));
gain _ 2 = 10 * log(1/(1-sqr(ct1ls)));
gain _ 3 = 10 * log(1/(1-sqr(ct2rs)));
temp = sqr(sc)-2 * (coef _ x0 * ct1c * st1 * sc)-2 * (coef _ x1 * ct2c * st2 * sc)
          +2 * (coef _ x0 * coef _ x1 * ctlt2 * st1 * st2)+sqr(coef _ x0 * st1)
          +sqr(coef _ x1 * st2);
gain _ 01 = 10 * log(sqr(sc)/temp);
/ * calculation of predictor select information * /
maxgain = 0;
maxmode = 0;
if (gain _ 0-SI _ COEF/numsb>maxgain) {
    maxgain = gain _ 0-SI _ COEF/numsb;
    maxmode = 1;
}
if (gain _ 1-SI _ COEF/numsb>maxgain) {
    maxgain = gain _ 1-SI _ COEF/numsb;
    maxmode = 2;
}
if (gain _ 01-2 * SI _ COEF/numsb>maxgain) {
    maxgain = gain _ 01-2 * SI _ COEF/numsb;
    maxmode = 3;
}
switch (maxmode) {
case 0:
    temp _ pred _ gain[0] = 0;
    predsi[0] = '0';
    predsi[1] = '0';
    break;
case 1:
    temp _ pred _ gain[0] = gain _ 0;
    predsi[0] = '1';
    predsi[1] = '0';
    pred _ coef[sbgr][0] = coef _ 0;
    break;
case 2:
    temp _ pred _ gain[0] = gain _ 1;
    predsi[0] = '0';
    predsi[1] = '1';
```

```
        pred _ coef[sbgr][1] = coef _ 1;
        break;
    case 3:
        temp _ pred _ gain[0] = gain _ 01;
        predsi[0] = '1';
        predsi[1] = '1';
        pred _ coef[sbgr][0] = coef _ x0;
        pred _ coef[sbgr][1] = coef _ x1;
        break;
    }
    if (gain _ 2>SI _ COEF/numsb) {
        temp _ pred _ gain[1] = gain _ 2;
        predsi[2] = '1';
        pred _ coef[sbgr][2] = coef _ 2;
    }
    else {
        temp _ pred _ gain[1] = 0;
        predsi[2] = '0';
    }
    if (gain _ 3>SI _ COEF/numsb) {
        temp _ pred _ gain[2] = gain _ 3;
        predsi[3] = '1';
        pred _ coef[sbgr][3] = coef _ 3;
    }
    else {
        temp _ pred _ gain[2] = 0;
        predsi[3] = '0';
    }
    /* simplifying assumption:prediction gain is the same in */
    /*          all subbands of one subband group */
    for (sb=sbgr _ min[sbgr]; sb<sbgr _ min[sbgr]+numsb; sb++)
        for (i=0; i<3; i++)
            pred _ gain[i][sb] = temp _ pred _ gain[i];
    /* modification of the SMR values according to the prediction gain */
    /* i.e. :SMR is reduced by the prediction gain */
    for (sb=sbgr _ min[sbgr]; sb<sbgr _ min[sbgr]+numsb; sb++)
        for(i=0;i<3;i++)
            smr[i+2][sb]- = pred _ gain[i][sb];
} /* for (sbgr=0; sbgr<12; sbgr++) */
```

C2.1.9 中置声道的幻像编码

如果比特不够用，则中置声道幻像编码的采用能够以不易察觉的方式提供显著的增益。该中置信号经低通和高通滤波以获得低频和高频部分。中置声道的高频部分经 3dB 衰减加到左、右声道。滤波和求和应在 PCM 范围内进行，以避免在子带边界上的混叠问题，而幻像编码是在子带边界以上进行的。多声道比特流中的中置比特必须设置为'11'。 实际只传输中置信号低频部分的比特分配,比例因子选择信息,比例因子和样值数据。

C2.1.10 比特分配

比特分配方法与GB/T 17191.3中使用的相似,但现在用在5个声道及可选的低频增强声道上。在层Ⅰ中,其方法略有不同,因为兼容部分需要3 bit分配,而多声道扩展部分仅需要1 bit分配。获得这种分配的一种简便办法是对每三个连续的层Ⅰ基本帧使用相同的比特分配,对这部分的辅助信息及样值需要的比特数增至3倍。这样处理之后,可以像在层Ⅱ中那样来对待它。必须从有效比特的总数中减去2 bit,因为必须将这两个比特中的每一个比特置零,分别插入每三个连续基本帧的头两个帧的末端。这是为了在面向比特,不再进一步组帧的通道情况中进行同步。

C2.1.11 多语种

多语种声道的编码可以与比特流中兼容和多声道数据相同的取样频率或一半的取样频率进行。在后一种情况下,编码效率的显著增益是以牺牲带宽得到的。如果输入信号的带宽已经受到限制,如在语言信号的情况下,这种带宽限制事实上并不是不利因素。

如果使用全取样频率,则除了不能进行强度立体声编码以及可以复用最多七个声道外,编码按GB/T 17191.3进行。如果使用半取样频率,则除了不能进行强度立体声编码,可以复用最多七个声道,以及帧中包含一半子带样值外,编码按C1.2中描述向更低取样频率的扩展进行。

C2.1.12 格式化

已编码音频比特流必须按3.5.1的语法格式化。在层Ⅱ,必须把多声道扩展数据直接插到基本比特流后向兼容信号音频数据后面。基本帧内其余的比特可用于辅助数据。在层Ⅰ,多声道扩展数据基本上由三部分组成,分布在三个层Ⅰ基本帧内。第1部分必须直接起始于后向兼容信号音频数据之后,于下一个同步字前1比特处结束,基本帧的最后一比特被置零。第2部分直接起始于下一基本帧的后向兼容信号音频数据之后,于该基本帧结束前1比特处结束,最后的比特再次被置零。第3部分直接从下一帧的后向兼容部分之后开始,在该帧结束之前结束。其余的比特可用于辅助数据。如果帧长大于所描述的基本帧长度,则可选用扩展帧以分配不适用于基本帧的比特。

C2.2 层Ⅲ多声道扩展

C2.2.1 心理声学模型

GB/T 17191.3描述的两种心理学模型也适用于此。对所有5个声道和兼容声道,计算所有比例因子带的门限电平。如果使用矩阵处理进行编码(即dematrix _ procedure != '11'),则为了系统的最佳运作,所有声道的block _ types应该相同。这是通过当至少在一个声道中满足了窗口切换条件时,把在GB/T 17191.3—1997的C1.5.3/2中描述的窗口切换序列应用于全部声道中来实现的。

C2.2.2 滤波器组

所使用的滤波器组和GB/T 17191.3中的相同,即一种32频带多相滤波器组,后跟处理子带信号的MDCT和用来减少混叠的一些处理(见GB/T 17191.3—1997的C1.5.3/3)。根据由心理声学模型计算的block _ type值,把该滤波器组用于所有5个声道。

C2.2.3 段表处理

当一个声道的输出是另一不同声道中数据的标度结果的情况下,段表是进行相关立体声编码的一般方法。应用segment _ list处理的一个要求是所有声道使用相同的block _ type。建议在除dematrix _ prcedure == '11'之外的多声道信号编码中采用。在此情况下,通过复合编码组合在一起的所有声道应该有相同的block _ type。

当语法允许在一个块内有几个包含不同相关立体声模式的段时,可以把segment-list的应用限制在高频的某段。这是对这里描述的编码器建议的实际做法。

相关立体声编码的应用是通过利用相关立体声检测方法的受控方式来进行的,以便在声道之间确定最佳相关立体声组合。变量dematrix _ length表示在自适应解矩阵处理与相关立体声处理之间的分隔点。

对从 0 到 14 所有的 dematrix _ length 可能值进行相关立体声的检测。在相关立体声检测表明可以获得相关立体声编码的预期增益，同时也满足实际上不损伤声像印象的要求的情况下，把 dematrix _ length 设置为满足上述要求的最低的 dematrix _ length 索引值。

相关立体声检测是利用寻求最佳相关立体声组合而实现的。利用所有合理的声道组合(如 L+LS，R+RS，L+C+LS，R+C+RS，LS+RS 等)，把模拟的相关立体声组合和原始的作比较。通过估计原始的与模拟的相关立体声信号短时能量来进行上述比较。如果相对能量偏移大于 0.03，则这种组合的相关立体声是不可行的。同时，利用感知熵(*PE*)来估计相关立体声编码可能带来的比特率下降。选择根据短时能量比能获得最小的质量损失以及同时按 *PE* 能提供最大增益的声道组合。

为了传输所选择的相关立体声组合，一个通道被用作这种组合的“载体”。这个载体通道包含该相关立体声组合的频谱信息。该载体通道作为具有最高能量的组合声道从所有组合声道中选择。

C2.2.4 动态传输通道切换

为了避免由于解矩阵处理产生的可听的人工产物，有必要选择正确的传输通道分配。这可用几种方式实现：

a) 选择整个通道来传输，这可以用使用“seglist _ present”语法的辅助信息中很少几个比特来实现。对有效的层Ⅲ比特流，通过设置 seglist _ present[]为零，编码器可以选择最多 2 个通道做解矩阵处理。在这种情况下，可以把相应的 tc _ present[]设置为零，表示不传输更多的关于相应 TC 的辅助信息。

b) 要更好地控制解矩阵配置，传输通道的选择可以在逐个比例因子带组的基础上进行。这可通过使用 dematrix _ select 语法来实现。对于 dematrix _ length 以上的比例因子带组可以通过为相应的段选择值为 7 的 tc _ select 以达到相同的效果。

选择过程基于下列准则：对每个声道，像 MPEG-1 层Ⅲ编码过程(见 GB/T 17191.3—1997 的 C1.5.3)一样，通过心理声学模型计算得到它的掩蔽能力(掩蔽门限，xmin)。从所有声道中选择两个具有最强掩蔽能力的声道，以便通过解矩阵处理重组，这样就不必传输这两个声道。在一个声道是中置声道，且计算的掩蔽门限差大于 6dB 的情况下，只选择具有最强掩蔽能力的声道来做解矩阵处理。

C2.2.5 矩阵处理

按下式从多声道信号中计算兼容立体声信号 Lo/Ro：

程序 0,1,3：

$$Lo = \alpha * (L + \beta * C + \gamma * LS)$$

$$Ro = \alpha * (R + \beta * C + \gamma * RS);$$

以及

程序 2：

$$Lo = \alpha * (L + \beta * C - \gamma * jS)$$

$$Ro = \alpha * (R + \beta * C + \gamma * jS)$$

这里，jS 是从 LS 和 RS 中通过计算单声道分量得到的，其带宽限制在 100 Hz～7000 Hz 范围，经动态范围压缩及 90°相移。

在上述等式中，α 是对所有声道的总衰减，β 和 γ 是中置信号和环绕声信号的衰减因子。对每个解矩阵处理方法规定了衰减因子值：

dematrix _ procedure	α	β	γ
‘00’	$1/(1+\sqrt{2})$	$1/\sqrt{2}$	$1/\sqrt{2}$
‘01’	$1/(1.5+0.5*\sqrt{2})$	$1/\sqrt{2}$	0.5
‘10’	$1/(1+\sqrt{2})$	$1/\sqrt{2}$	$1/\sqrt{2}$
‘11’	1	0	0

注意与层Ⅰ、层Ⅱ不同，所有多声道立体声信号 L，R，C，LS，RS，S 的处理不采用加权方法。

C2.2.6　自适应多声道预测

除了预测处理用于混合滤波器组的输出值外，在层Ⅲ多声道编码中可使用与层Ⅰ、层Ⅱ中相同的自适应多声道预测。

C2.2.7　量化和编码

为了随后的编码，所有5个输入声道和2个兼容声道的输出数据被转换为TC表示。这通过从滤波器组的输出声道频谱中去掉所有不必传输的频谱部分来进行。有两种情况其频谱部分从传输中被排除：

a）在解码器内通过解矩阵处理重组的频谱数据在TC的传输中被排除。这根据动态传输通道切换的结果来进行。

b）在相关立体声编码的情况下，只有所涉及的声道数据中的载波部分在TC内传输。所有其他涉及的声道数据在解码器内通过段表语法经相关立体声处理来重组。

在组成TC数据之后，以与使用GB/T 17191.3—1997的C1.5.4中描述的迭代策略的层Ⅲ立体声编码器的声道频谱的相同处理方式，对所有的TC进行量化。把已利用心理声学模型计算出的比例因子带和各声道的门限值作为迭代目标（即每个比例因子带允许的量大失真，X_{min}）。更复杂的编码策略可以包含根据所计算的其他声道的门限电平来修正迭代目标。

已编码TC之间比特的分配，根据它以感知熵（PE）来表示的相对贡献来进行，如下式：

$$tc\_bits_{ch} = \frac{PE_{ch}}{\sum_i PE_i} \cdot total\_bits$$

这里，tc _ bits表示分配给TC #ch的比特，PE_i表示第i声道总的感知熵，total _ bits是这一颗粒的总有效比特数，它取决于比特率和取样频率。感知熵的定义见GB/T 17191.3—1997的C1.5.3/2.1。

C2.2.8　多语种扩展

根据所选择的multi _ lingual _ fs，按GB/T 17191.3—1997中的描述或采用C1.3中描述的修正来进行编码。

附　录　D
（提示的附录）
心理声学模型

D1　更低取样频率的心理声学模型1

这里重复描述该心理声学模型1，以及在更低取样频率方面所需进行的改动。

心理声学模型的计算必须适应于相应的层。这里，提供的例子对层Ⅰ和层Ⅱ是有效的，该模型可作修改以适应层Ⅲ。

心理声学模型1对层Ⅰ或层Ⅱ的应用方面没有原则上的区别。

层Ⅰ：对每块12个子带或384个输入PCM样值计算新的比特分配。

层Ⅱ：对相应于3＊384(1152)个输入PCM样值的3块总共36子带样值，计算新的比特分配。

以所有子带的信号掩蔽比为基础，计算32个子带的比特分配。因此，确定每个子带的最大信号电平和最小掩蔽门限是必要的。最小掩蔽门限先经输入PCM信号的FFT，再进行心理声学模型的计算得到。

与子带滤波器操作并行执行的FFT补偿了子带滤波器组在低频时所达到的频谱选择度的不足。这种技术既为编码音频信号提供了足够的时间分辨率（为最小化预回响而作了窗口优化的多相滤波器），并为掩蔽门限的计算提供了足够的频谱分辨率。混叠失真频率和电平可以计算。这对于为那些需要一些比特以抵消解码器中混叠分量的子带计算最小比特率来说是必要的。为计算较好的频率分辨率所附加的复杂性仅在编码器中是必要的，且在解码器中不引入附加时延或复杂性。

信号对掩蔽比按下列步骤计算：

步骤1：时间到频率转换的FFT计算；

步骤2：确定每子带内的声压级；

步骤3：确定听觉门限(绝对门限)；

步骤4：音频信号的单音(更像正弦波)和非单音(更像噪声)分量的查找；

步骤5：掩蔽源的抽取，只保留相关的掩蔽源；

步骤6：计算单独的掩蔽门限；

步骤7：决定全局掩蔽门限；

步骤8：决定每个子带内最小的掩蔽门限；

步骤9：计算每个子带内信号掩蔽比。

下面将进一步描述这些步骤。除非另有说明，假定取样频率为24 kHz。对其他两种取样频率，应该相应地按比例改变所有涉及到的频率。

a) 步骤1　计算频谱

FFT在原则上和GB/T 17191.3中相同，但由于取样频率不同，故其长度以ms表示时是不同的。

FFT的技术数据：

	层Ⅰ	层Ⅱ
变换长度 N	512样值	1024样值
窗口尺寸，若 f_s= 24 kHz	21.33 ms	42.67 ms
窗口尺寸，若 f_s= 22.05 kHz	23.22 ms	46.44 ms
窗口尺寸，若 f_s= 16 kHz	32 ms	64 ms
频率分辨	$f_s/512$	$f_s/1024$

Hann窗，$h(i)$：

$$h(i) = \sqrt{8/3} * 0.5 * \{1-\cos[2\pi(i)/N]\} \qquad 0<=i<=N-1$$

功率密度谱 $X(k)$

$$X(k) = 10 * \log_{10}\left|\frac{1}{N}\sum_{l=0}^{N-1} h(l) * s(l) * e^{(-jkl*2\pi/N)}\right|^2 \text{dB} \qquad k = 0\cdots N/2$$

这里，$S(1)$是输入信号。

按参考电平96 dB SPL(声压级)进行归一化，必须以最大值对应于96 dB的方法来进行。

b) 步骤2　确定声压级

子带 n 内的声压级 L_{sb} 用下式计算：

$$L_{sb}(n) = \max[X(k), 20 * \log(\mathrm{scf}_{max}(n) * 32\,768) - 10]\ \text{dB}$$

$X(k)$在子带 n 内

这里，$X(k)$是具有索引 K 的FFT谱线的声压级，它在相应于子带 n 的频率范围内有最大的幅度。表达式 $\mathrm{scf}_{max}(n)$在层Ⅰ内是比例因子，在层Ⅱ内它是在一帧内子带 n 的三个比例因子之最大者。“−10 dB”项校正峰值和均方根电平之间的差别。声压级 $L_{sb}(n)$对各子带 n 分别计算。

下面另一个可选择的计算 $L_{sb}(n)$的方法为获得更高的编码器性能提供了一种可能性，但这种技术尚未受到正式的音频质量测试。子带 n 中另一个可选择的声压级 L_{sb} 由下式计算：

$$L_{sb}(n) = \max[X_{spl}(n), 20 * \log_{10}(\mathrm{scf}_{max}(n) * 32\,768) - 10]\ \text{dB}$$

其中

$$X_{spl}(n) = 10 * \log_{10}(\sum_k 10^{X(k)/10})\ \text{dB}$$

K 在子带 n 内

这里，$X_{spl}(n)$是相应于子带 n 的可选择的声压级。

c) 步骤 3　考虑听觉门限

也称为绝对门限的听觉门限 $LT_q(K)$，在“频率，临界频带率和绝对门限”表中(对于层Ⅰ，表 D1 a)，表 D1 b)，表 D1 c)，对于层Ⅱ，表 D1 d)，表 D1 e)，表 D1 f))可以得到。这些表根据输入 PCM 信号的取样率，在计算掩蔽门限的频率范围内，可以得到相对于每个样值的值。

d) 步骤 4　单音和非单音分量的查找

掩蔽分量的音色对掩蔽门限有影响。因此，区分单音分量与非单音分量是值得的。为计算全局掩蔽门限，需要从 FFT 频谱中得到单音和非单音分量。

这一步骤从确定局部的最大值开始，然后提取单音分量(正弦波形)，计算在临界频带带宽内非单音分量的强度。该临界频带的边界在“临界频带边界”表中给出(对于层Ⅰ，表 D2 a)，表 D2 b)，表 D2 c)；对于层Ⅱ，表 D2 d)，表 D2 e)，表 D2 f))。

临界频带的带宽随着中心频率而变化，在低频带宽约为 0.1 kHz，在高频带宽约为 4 kHz。通过心理声学实验已知，人耳在较低频率比在较高频率范围内具有更好的频率分辨力。为确定一个局部最大值是否是单音分量，考察该局部最大值周围的一个频率范围 df。频率范围 df 如下给出：

取样频率：16 kHz

$df = 62.5$ Hz　　0 kHz $< f \leqslant$ 3.0 kHz

$df = 93.75$ Hz　　3.0 kHz $< f \leqslant$ 6.0 kHz

$df = 187.5$ Hz　　6.0 kHz $< f \leqslant$ 7.5 kHz

取样频率：22.05 kHz

$df = 86.133$ Hz　　0 kHz $< f \leqslant$ 2.756 kHz

$df = 129.199$ Hz　　2.756 kHz $< f \leqslant$ 5.512 kHz

$df = 258.398$ Hz　　5.512 kHz $< f \leqslant$ 10.336 kHz

取样频率：24 kHz

$df = 93.750$ Hz　　0 kHz $< f \leqslant$ 3.0 kHz

$df = 140.63$ Hz　　3.0 kHz $< f \leqslant$ 6.0 kHz

$df = 281.25$ Hz　　6.0 kHz $< f \leqslant$ 11.250 kHz

为了制作单音或非单音分量的频谱线 $X(k)$ 的表，要执行下列三项操作：

1) 标出局部最大值：

如果 $X(k) > X(k-1)$ 且 $X(k) \geqslant X(k+1)$，就把频谱线 $X(k)$ 标为局部最大值。

2) 列出单音分量，计算声压级

如果 $X(k) - X(k+j) \geqslant 7$ dB，就把局部最大值放入单音分量表内。

这里，j 根据下列选择：

层Ⅰ，$f_s = 16$ kHz

$j = -2, +2$　　对于 $2 < k < 96$

$j = -3, -2, +2, +3$　　对于 $96 \leqslant k < 192$

$j = -6, \cdots, -2, +2, \cdots, +6$　　对于 $192 \leqslant k < 250$

层Ⅱ，$f_s = 16$ kHz

$j = -4, +4$　　对于 $4 < k < 192$

$j = -6, -2, +2, +6$　　对于 $192 \leqslant k < 384$

$j = -12, \cdots, -2, +2, \cdots, +12$　　对于 $384 \leqslant k < 500$

层Ⅰ，$f_s = 22.05$ kHz，24 kHz

$j = -2, +2$　　对于 $2 < k < 64$

$j = -3, -2, +2, +3$　　对于 $64 \leqslant k < 128$

$j = -6, \cdots, -2, +2, \cdots, +6$　　对于 $128 \leqslant k < 250$

层Ⅱ，$f_s = 22.05$ kHz，24 kHz

$j = -4, +4$　对于 $4<k<128$

$j = -6, -2, +2, +6$　对于 $128\leqslant k<256$

$j = -12, \cdots, -2, +2, \cdots, +12$　对于 $256\leqslant k<500$

如果发现 $X(k)$ 是单音分量，那么列出下列参数来：

——频谱线的索引号 k；

——声压级 $X_{tm}(k)=10*\log_{10}\{10^{\frac{X(k-1)}{10}}+10^{\frac{X(k)}{10}}+10^{\frac{X(k+1)}{10}}\}$，以 dB 表示；

——单音标志。

其次，把所考察的频率范围内的所有谱线设置为 $-\infty$ dB。

3) 列出非单音分量，计算其功率

从剩余的频谱线中计算非单音(噪声)分量。为了从这些频谱线 X(k) 中计算非单音分量，利用“临界频带边界”表(对于层Ⅰ，表 D2 a)，表 D2 b)，表 D2 c)；对于层Ⅱ，表 D2 d)，表 D2 e)，表 D2 f))来确定临界频带 $z(k)$。取样频率为 16 kHz 时用 21 个临界频带，取样频率 22.05 kHz 和 24 kHz 时用 23 个临界频带。在每一个临界频带内，把(单音分量已被零化后剩余的)谱线功率求和，以得到相应于该临界频带新的非单音分量 $X_{nm}(k)$ 的声压级。

列出下列参数：

——最接近于临界频带几何平均值的频谱线索引号 k；

——声压级 $X_{nm}(k)$，以 dB 表示；

——非单音标志。

e) 步骤 5　单音和非单音掩蔽源抽取

抽取是减少在全局掩蔽门限计算时所考虑的掩蔽源数量的一种方法。

1) 只有 $X_{tm}(k)\geqslant LT_q(k)$ 或 $X_{nm}(k)>=LT_q(k)$ 时，才为计算掩蔽门限考虑单音分量 $X_{tm}(k)$ 或非单音分量 $X_{nm}(k)$。

在此表达式中，LT_q(k) 是频率为索引 k 的绝对门限(或听觉门限)。这些值在对于层Ⅰ的表 D1 a)，表 D1 b)，表 D1 c) 中和对于层Ⅱ的表 D1 d)，表 D1 e)，表 D1 f) 中给出。

2) 在小于 0.5 Bark 的距离内，从单音分量表中除去 2 个或更多单音分量：保留具有最高功率的分量，并从单音分量表中去掉较小的分量。为完成这项操作，使用在临界频带范围内宽度为 0.5 Bark 的滑动窗口。

下面，索引 j 用来表示综合抽取表中的相关单音或非单音掩蔽源。

f) 步骤 6　单独掩蔽门限的计算

对以 k 为索引的原 $N/2$ 个频域样值中，只考虑将以 i 为索引的样值子集用于全局掩蔽门限计算。所用的样值示于：对于层Ⅰ，表 D1 a)，表 D1 b)，表 D1 c) 中；对于层Ⅱ，在表 D1 d)，表 D1 e)，表 D1 f) 中。

1) 层Ⅰ：

对应于被前 6 个子带覆盖的频率范围的谱线，不采用亚抽样。对相应于下 6 个子带的频率范围，考虑每相隔的谱线。最后，对接下来的 18 个子带，考虑每相隔 4 根的谱线(对于层Ⅰ，也见表 D1 a)，表 D1 b)，表 D1 c))。

2) 层Ⅱ：

对应于被前 3 个子带覆盖的频率范围的谱线，不采用亚取样。对相应于下 3 个子带的频率范围，考虑每相隔的谱线。对相应于再下面 6 个子带的频率范围，考虑每相隔 4 根的谱线。最后，对接下来的 18 个子带，考虑每相隔 8 根的谱线(对于层Ⅱ，也见表 D1 d)，表 D1 e)，表 D1 f))。

在亚抽样的频率范围内的样值数 n 取决于层。层Ⅰ，n 等于 108。层Ⅱ，n 等于 132。

把最接近于原始谱线 $X(k)$ 频率的索引 i 值分配给每个单音和非单音分量。索引 i 在层Ⅰ表 D1 a)，表 D1 b)，表 D1 c)和层 Ⅱ 表 D1 d)，表 D1 e)，表 D1 f)中给出。

单音和非单音分量单独掩蔽门限由下列表达式给出：

$$LT_{tm}[z(j),z(i)] = X_{tm}[z(j)]+av_{tm}[z(j)]+vf[z(j),z(i)] \quad (dB)$$

$$LT_{nm}[z(j),z(i)] = X_{nm}[z(j)]+av_{nm}[z(j)]+vf[z(j),z(i)] \quad (dB)$$

在这两式中，LT_{tm}和 LT_{nm}是临界频带率为 z_m Bark 的掩蔽分量在临界频带率为 z Bark 处产生的单独掩蔽门限。这些 dB 值可以是正，也可以是负。$X_{tm}[z(j)]$项是在相应临界频带率为 $z(j)$，具有索引号为 j 的掩蔽分量的声压级。av 项称为掩蔽指数，vf 为掩蔽分量 $X_{tm}[z(j)]$的掩蔽函数。掩蔽指数 av 对单音和非单音掩蔽源（av_{tm}和 av_{nm}）是有区别的。

对于单音掩蔽源，av 由下式给出：

$$av_{tm} = -1.525-0.275*z(j)-4.5 \text{ dB}$$

对于非单音掩蔽源，则

$$av_{nm} = -1.525-0.175*z(j)-0.5 \text{ dB}$$

掩蔽源的掩蔽函数 vf 的特征是不同的上升和下降斜率，这种斜率取决于以 Bark 为单位表示的到掩蔽源的距离 $dz = z(i)\text{-}z(j)$。在此表达式中，i 是在其上计算掩蔽函数的谱线索引。j 为该掩蔽源的索引。临界频带率 $z(j)$和 $z(i)$可以在层 Ⅰ 表 D1 a)，表 D1 b)，表 D1 c)和层 Ⅱ 表 D1 d)，表 D1 e)，表 D1 f)中查到。掩蔽函数对于单音掩蔽源和非单音掩蔽源是相同的，由下式给出：

$vf = 17*\{dz+1)-(0.4*X[z(j)]+6\}$ (dB)　　对于 $-3\leqslant dz<-1$ Bark

$vf = \{0.4*X[z(j)]+6\}*dz$ (dB)　　对于 $-1\leqslant dz<0$ Bark

$vf = -17*dz$ (dB)　　对于 $0\leqslant dz<-1$ Bark

$vf = -(dz-1)*\{17-0.15*X[z(j)]\}-17$ (dB)　　对于 $1\leqslant dz<8$ Bark

在这些表达式中，$X[z(j)]$是第 j 掩蔽源的声压级，用 dB 表示。由于实现上的复杂性，故如果 $dz<-3$ Bark或 $dz\geqslant 8$ Bark（在这个范围外 LT_{tm}和 LT_{nm}被设置为$-\infty$），则不再考虑掩蔽。

g) 步骤 7　全局掩蔽门限 LT_g的计算

在第 i 频率样值上的全局掩蔽门限 $LT_g(i)$由每个单音和非单音掩蔽源 j 的单独掩蔽门限的上升和下降的斜率及听觉门限 $LT_q(i)$导出。这也在层 1 的表 D1 a)，表 D1 b)，表 D1 c)；层 Ⅱ 的表 D1 d)，表 D1 e)，表 D1 f)中给出。该全局掩蔽门限通过把相应于单独掩蔽门限和静止门限的功率相加而求出。

$$LT_g(i) = 10*\log_{10}\left(10^{LT(i)/10}+\sum_{j=1}^{m}10^{LT_{tm}(z(j),z(i))/10}+\sum_{j=1}^{n}10^{LT_{nm}(z(j),z(i))/10}\right)$$

单音掩蔽源的总数由 m 给出，非单音掩蔽源的总数由 n 给出。对给定 i,j 的范围可以减少到仅包含那些从 i 算起-8 Bark～$+3$ Bark 之内的掩蔽分量。在该范围以外，LT_{tm}和 LT_{nm}是$-\infty$ dB。

h) 步骤 8　最小掩蔽门限的确定

在子带 n 内最小掩蔽门限电平 $LT_{min}(n)$由下述表达式决定：

$$LT_{min}(n) = MIN[LT_g(i)] \quad (dB) \qquad f(i)\text{在子带 } n \text{ 内}$$

这里，$f(i)$是第 i 频率样值的频率。对于层 Ⅰ，$f(i)$被列在表 D1 a)，表 D1 b)，表 D1 c)内，对于层 Ⅱ，列在表 D1 d)，表 D1 e)，表 D1 f)内。对每个子带，计算最小掩蔽电平 $LT_{min}(n)$。

i)步骤 9　信号掩蔽比的计算

对每一子带 n，计算信号掩蔽比：

$$SMR_{sb}(n) = L_{sb}(n)-LT_{min}(n) \quad (dB)$$

表 D1 频率、临界频带率和绝对门限

a）适用于层 I，取样频率为 16 kHz

索引号 i	频率 Hz	临界频带率 z	绝对门限 dB	索引号 i	频率 Hz	临界频带率 z	绝对门限 dB
1	31.25	0.309	58.23	55	1937.50	12.898	0.02
2	62.50	0.617	33.44	56	2000.00	13.104	−0.25
3	93.75	0.925	24.17	57	2062.50	13.302	−0.54
4	125.00	1.232	19.20	58	2125.00	13.493	−0.83
5	156.25	1.538	16.05	59	2187.50	13.678	−1.12
6	187.50	1.842	13.87	60	2250.00	13.855	−1.43
7	218.75	2.145	12.26	61	2312.50	14.027	−1.73
8	250.00	2.445	11.01	62	2375.00	14.193	−2.04
9	281.25	2.742	10.01	63	2437.50	14.354	−2.34
10	312.50	3.037	9.20	64	2500.00	14.509	−2.64
11	343.75	3.618	8.52	65	2562.50	14.660	−2.93
12	375.00	3.903	7.94	66	2625.00	14.807	−3.22
13	406.25	4.185	7.44	67	2687.50	14.949	−3.49
14	437.50	4.463	7.00	68	2750.00	15.087	−3.74
15	468.75	4.736	6.62	69	2812.50	15.221	−3.98
16	500.00	5.006	6.28	70	2875.00	15.351	−4.20
17	531.25	5.272	5.97	71	2937.50	15.478	−4.40
18	562.50	5.533	5.70	72	3000.00	15.602	−4.57
19	593.75	5.789	5.44	73	3125.00	15.841	−4.82
20	625.00	6.041	5.21	74	3250.00	16.069	−4.96
21	656.25	6.289	5.00	75	3375.00	16.287	−4.98
22	687.50	6.532	4.80	76	3500.00	16.496	−4.90
23	718.75	6.770	4.62	77	3625.00	16.697	−4.70
24	750.00	7.004	4.45	78	3750.00	16.891	−4.39
25	781.25	7.233	4.29	79	3875.00	17.078	−3.99
26	812.50	7.457	4.14	80	4000.00	17.259	−3.51
27	843.75	7.677	4.00	81	4125.00	17.434	−2.99
28	875.00	7.892	3.86	82	4250.00	17.605	−2.45
29	906.25	8.103	3.73	83	4375.00	17.770	−1.90
30	937.50	8.309	3.61	84	4500.00	17.932	−1.37
31	968.75	8.511	3.49	85	4625.00	18.089	−0.86
32	1000.00	8.708	3.37	86	4750.00	18.242	−0.39
33	1031.25	8.901	3.26	87	4875.00	18.392	0.03
34	1062.50	9.090	3.15	88	5000.00	18.539	0.40
35	1093.75	9.275	3.04	89	5125.00	18.682	0.72
36	1125.00	9.456	2.93	90	5250.00	18.823	1.00
37	1156.25	9.632	2.83	91	5375.00	18.960	1.24
38	1187.50	9.805	2.73	92	5500.00	19.095	1.44
39	1218.75	9.974	2.63	93	5625.00	19.226	1.62
40	1250.00	10.139	2.53	94	5750.00	19.356	1.78
41	1281.25	10.301	2.42	95	5875.00	19.482	1.92
42	1312.50	10.459	2.32	96	6000.00	19.606	2.05
43	1343.75	10.614	2.22	97	6125.00	19.728	2.18
44	1375.00	10.765	2.12	98	6250.00	19.847	2.30
45	1406.25	10.913	2.02	99	6375.00	19.964	2.42
46	1437.50	11.058	1.92	100	6500.00	20.079	2.55
47	1468.75	11.199	1.81	101	6625.00	20.191	2.69
48	1500.00	11.474	1.71	102	6750.00	20.300	2.82
49	1562.50	11.736	1.49	103	6875.00	20.408	2.97
50	1625.00	11.988	1.27	104	7000.00	20.513	3.13
51	1687.50	12.230	1.04	105	7125.00	20.616	3.29
52	1750.00	12.461	0.80	106	7250.00	20.717	3.46
53	1812.50	12.684	0.55	107	7375.00	20.815	3.65
54	1875.00	12.898	0.29	108	7500.00	20.912	3.84

表 D1(续)

b）适用于层Ⅰ,取样频率为 22.05 kHz

索引号 i	频率 Hz	临界频带率 z	绝对门限 dB	索引号 i	频率 Hz	临界频带率 z	绝对门限 dB
1	43.07	0.425	45.05	55	2670.12	14.909	−3.41
2	86.13	0.850	25.87	56	2756.25	15.100	−3.77
3	129.20	1.273	18.70	57	2842.38	15.284	−4.09
4	172.27	1.694	14.85	58	2928.52	15.460	−4.37
5	215.33	2.112	12.41	59	3014.65	15.631	−4.60
6	258.40	2.525	10.72	60	3100.78	15.796	−4.78
7	301.46	2.934	9.47	61	3186.91	15.955	−4.91
8	344.53	3.337	8.50	62	3273.05	16.110	−4.97
9	387.60	3.733	7.73	63	3359.18	16.260	−4.98
10	430.66	4.124	7.10	64	3445.31	16.406	−4.96
11	473.73	4.507	6.56	65	3531.45	16.547	−4.88
12	516.80	4.882	6.11	66	3617.58	16.685	−4.74
13	559.86	5.249	5.72	67	3703.71	16.820	−4.54
14	602.93	5.608	5.37	68	3789.84	16.951	−4.30
15	646.00	5.959	5.07	69	3875.98	17.079	−4.02
16	689.06	6.301	4.79	70	3962.11	17.205	−3.71
17	732.13	6.634	4.55	71	4048.24	17.327	−3.37
18	775.20	6.959	4.32	72	4134.38	17.447	−3.00
19	818.26	7.274	4.11	73	4306.64	17.680	−2.25
20	861.33	7.581	3.92	74	4478.91	17.905	−1.50
21	904.39	7.879	3.74	75	4651.17	18.121	−0.81
22	947.46	8.169	3.57	76	4823.44	18.331	−0.18
23	990.53	8.450	3.40	77	4995.70	18.534	0.35
24	1033.59	8.723	3.25	78	5167.97	18.731	0.79
25	1076.66	8.987	3.10	79	5340.23	18.922	1.15
26	1119.73	9.244	2.95	80	5512.50	19.108	1.44
27	1162.79	9.493	2.81	81	5684.77	19.289	1.68
28	1205.86	9.734	2.67	82	5857.03	19.464	1.89
29	1248.93	9.968	2.53	83	6029.30	19.635	2.07
30	1291.99	10.195	2.39	84	6201.56	19.801	2.24
31	1335.06	10.416	2.25	85	6373.83	19.963	2.41
32	1378.13	10.629	2.11	86	6546.09	20.120	2.59
33	1421.19	10.836	1.97	87	6718.36	20.273	2.78
34	1464.26	11.037	1.83	88	6890.63	20.421	2.98
35	1507.32	11.232	1.68	89	7062.89	20.565	3.19
36	1550.39	11.421	1.53	90	7235.16	20.705	3.43
37	1593.46	11.605	1.38	91	7407.42	20.840	3.68
38	1636.52	11.783	1.23	92	7579.69	20.972	3.95
39	1679.59	11.957	1.07	93	7751.95	21.099	4.24
40	1722.66	12.125	0.90	94	7924.22	21.222	4.56
41	1765.72	12.289	0.74	95	8096.48	21.342	4.89
42	1808.79	12.448	0.56	96	8268.75	21.457	5.25
43	1851.86	12.603	0.39	97	8441.02	21.569	5.64
44	1894.92	12.753	0.21	98	8613.28	21.677	6.05
45	1937.99	12.900	0.02	99	8785.55	21.781	6.48
46	1981.05	13.042	−0.17	100	8957.81	21.882	6.95
47	2024.12	13.181	−0.36	101	9130.08	21.980	7.44
48	2067.19	13.317	−0.56	102	9302.34	22.074	7.96
49	2153.32	13.578	−0.96	103	9474.61	22.165	8.52
50	2239.45	13.826	−1.38	104	9646.88	22.253	9.10
51	2325.59	14.062	−1.79	105	9819.14	22.338	9.72
52	2411.72	14.288	−2.21	106	9991.41	22.420	10.37
53	2497.85	14.504	−2.63	107	10163.67	22.499	11.06
54	2583.98	14.711	−3.03	108	10335.94	22.576	11.79

表 D1(续)

c) 适用于层Ⅰ,取样频率为 24 kHz

索引号 i	频率 Hz	临界频带率 z	绝对门限 dB	索引号 i	频率 Hz	临界频带率 z	绝对门限 dB
1	46.88	0.463	42.10	55	2906.25	15.415	−4.30
2	93.75	0.925	24.17	56	3000.00	15.602	−4.57
3	140.63	1.385	17.47	57	3093.75	15.783	−4.77
4	187.50	1.842	13.87	58	3187.50	15.956	−4.91
5	234.38	2.295	11.60	59	3281.25	16.124	−4.98
6	281.25	2.742	10.01	60	3375.00	16.287	−4.98
7	328.13	3.184	8.84	61	3468.75	16.445	−4.94
8	375.00	3.618	7.94	62	3562.50	16.598	−4.84
9	421.88	4.045	7.22	63	3656.25	16.746	−4.66
10	468.75	4.463	6.62	64	3750.00	16.891	−4.43
11	515.63	4.872	6.12	65	3843.75	17.032	−4.15
12	562.50	5.272	5.70	66	3937.50	17.169	−3.82
13	609.38	5.661	5.33	67	4031.25	17.303	−3.45
14	656.25	6.041	5.00	68	4125.00	17.434	−3.06
15	703.13	6.411	4.71	69	4218.75	17.563	−2.66
16	750.00	6.770	4.45	70	4312.50	17.688	−2.24
17	796.88	7.119	4.21	71	4406.25	17.811	−1.83
18	843.75	7.457	4.00	72	4500.00	17.932	−1.43
19	890.63	7.785	3.79	73	4687.50	18.166	−0.68
20	937.50	8.103	3.61	74	4875.00	18.392	−0.02
21	984.38	8.410	3.43	75	5062.50	18.611	0.52
22	1031.25	8.708	3.26	76	5250.00	18.823	0.97
23	1078.13	8.996	3.09	77	5437.50	19.028	1.32
24	1125.00	9.275	2.93	78	5625.00	19.226	1.60
25	1171.88	9.544	2.78	79	5812.50	19.419	1.83
26	1218.75	9.805	2.63	80	6000.00	19.606	2.03
27	1265.63	10.057	2.47	81	6187.50	19.788	2.22
28	1312.50	10.301	2.32	82	6375.00	19.964	2.41
29	1359.38	10.537	2.17	83	6562.50	20.135	2.60
30	1406.25	10.765	2.02	84	6750.00	20.300	2.81
31	1453.13	10.986	1.86	85	6937.50	20.461	3.03
32	1500.00	11.199	1.71	86	7125.00	20.616	3.27
33	1546.88	11.406	1.55	87	7312.50	20.766	3.53
34	1593.75	11.606	1.38	88	7500.00	20.912	3.82
35	1640.63	11.800	1.21	89	7687.50	21.052	4.12
36	1687.50	11.988	1.04	90	7875.00	21.188	4.46
37	1734.38	12.170	0.86	91	8062.50	21.318	4.82
38	1781.25	12.347	0.67	92	8250.00	21.445	5.20
39	1828.13	12.518	0.49	93	8437.50	21.567	5.62
40	1875.00	12.684	0.29	94	8625.00	21.684	6.07
41	1921.88	12.845	0.09	95	8812.50	21.797	6.54
42	1968.75	13.002	−0.11	96	9000.00	21.906	7.06
43	2015.63	13.154	−0.32	97	9187.50	22.012	7.60
44	2062.50	13.302	−0.54	98	9375.00	22.113	8.18
45	2109.38	13.446	−0.75	99	9562.50	22.210	8.80
46	2156.25	13.586	−0.97	100	9750.00	22.304	9.46
47	2203.13	13.723	−1.20	101	9937.50	22.395	10.15
48	2250.00	13.855	−1.43	102	10125.00	22.482	10.89
49	2343.75	14.111	−1.88	103	10312.50	22.566	11.67
50	2437.50	14.354	−2.34	104	10500.00	22.646	12.50
51	2531.25	14.585	−2.79	105	10687.50	22.724	13.37
52	2625.00	14.807	−3.22	106	10875.00	22.799	14.29
53	2718.75	15.018	−3.62	107	11062.50	22.871	15.26
54	2812.50	15.221	−3.98	108	11250.00	22.941	16.28

表 D1(续)

d）适用于层Ⅱ，取样频率为 16 kHz

索引号 i	频率 Hz	临界频带率 z	绝对门限 dB	索引号 i	频率 Hz	临界频带率 z	绝对门限 dB
1	15.63	0.154	68.00	67	1343.75	10.459	2.22
2	31.25	0.309	58.23	68	1375.00	10.614	2.12
3	46.88	0.463	42.10	69	1406.25	10.765	2.02
4	62.50	0.617	33.44	70	1437.50	10.913	1.92
5	78.13	0.771	27.97	71	1468.75	11.058	1.81
6	93.75	0.925	24.17	72	1500.00	11.199	1.71
7	109.38	1.079	21.36	73	1562.50	11.474	1.49
8	125.00	1.232	19.20	74	1625.00	11.736	1.27
9	140.63	1.385	17.47	75	1687.50	11.988	1.04
10	156.25	1.538	16.05	76	1750.00	12.230	0.80
11	171.88	1.690	14.87	77	1812.50	12.461	0.55
12	187.50	1.842	13.87	78	1875.00	12.684	0.29
13	203.13	1.994	13.01	79	1937.50	12.898	0.02
14	218.75	2.145	12.26	80	2000.00	13.104	—0.25
15	234.38	2.295	11.60	81	2062.50	13.302	—0.54
16	250.00	2.445	11.01	82	2125.00	13.493	—0.83
17	265.63	2.594	10.49	83	2187.50	13.678	—1.12
18	281.25	2.742	10.01	84	2250.00	13.855	—1.43
19	296.88	2.890	9.59	85	2312.50	14.027	—1.73
20	312.50	3.037	9.20	86	2375.00	14.193	—2.04
21	328.13	3.184	8.84	87	2437.50	14.354	—2.34
22	343.75	3.329	8.52	88	2500.00	14.509	—2.64
23	359.38	3.474	8.22	89	2562.50	14.660	—2.93
24	375.00	3.618	7.94	90	2625.00	14.807	—3.22
25	390.63	3.761	7.68	91	2687.50	14.949	—3.49
26	406.25	3.903	7.44	92	2750.00	15.087	—3.74
27	421.88	4.045	7.22	93	2812.50	15.221	—3.98
28	437.50	4.185	7.00	94	2875.00	15.351	—4.20
29	453.13	4.324	6.81	95	2937.50	15.478	—4.40
30	468.75	4.463	6.62	96	3000.00	15.602	—4.57
31	484.38	4.600	6.44	97	3125.00	15.841	—4.82
32	500.00	4.736	6.28	98	3250.00	16.069	—4.96
33	515.63	4.872	6.12	99	3375.00	16.287	—4.98
34	531.25	5.006	5.97	100	3500.00	16.496	—4.88
35	546.88	5.139	5.83	101	3625.00	16.697	—4.66
36	562.50	5.272	5.70	102	3750.00	16.891	—4.34
37	578.13	5.403	5.57	103	3875.00	17.078	—3.93
38	593.75	5.533	5.44	104	4000.00	17.259	—3.45
39	609.38	5.661	5.33	105	4125.00	17.434	—2.93
40	625.00	5.789	5.21	106	4250.00	17.605	—2.38
41	640.63	5.916	5.10	107	4375.00	17.770	—1.83
42	656.25	6.041	5.00	108	4500.00	17.932	—1.30
43	671.88	6.166	4.90	109	4625.00	18.089	—0.80
44	687.50	6.289	4.80	110	4750.00	18.242	—0.34
45	703.13	6.411	4.71	111	4875.00	18.392	0.07
46	718.75	6.532	4.62	112	5000.00	18.539	0.44
47	734.38	6.651	4.53	113	5125.00	18.682	0.76
48	750.00	6.770	4.45	114	5250.00	18.823	1.03
49	781.25	7.004	4.29	115	5375.00	18.960	1.26
50	812.50	7.233	4.14	116	5500.00	19.095	1.47
51	843.75	7.457	4.00	117	5625.00	19.226	1.64
52	875.00	7.677	3.86	118	5750.00	19.356	1.80
53	906.25	7.892	3.73	119	5875.00	19.482	1.94
54	937.50	8.103	3.61	120	6000.00	19.606	2.07
55	968.75	8.309	3.49	121	6125.00	19.728	2.19
56	1000.00	8.511	3.37	122	6250.00	19.847	2.32
57	1031.25	8.708	3.26	123	6375.00	19.964	2.44
58	1062.50	8.901	3.15	124	6500.00	20.079	2.57
59	1093.75	9.090	3.04	125	6625.00	20.191	2.70
60	1125.00	9.275	2.93	126	6750.00	20.300	2.84
61	1156.25	9.456	2.83	127	6875.00	20.408	2.99
62	1187.50	9.632	2.73	128	7000.00	20.513	3.15
63	1218.75	9.805	2.63	129	7125.00	20.616	3.31
64	1250.00	9.974	2.53	130	7250.00	20.717	3.49
65	1281.25	10.139	2.42	131	7375.00	20.815	3.67
66	1312.50	10.301	2.32	132	7500.00	20.912	3.87

表 D1(续)

e)适用于层Ⅱ,取样频率为 22.05 kHz

索引号 i	频率 Hz	临界频带率 z	绝对门限 dB	索引号 i	频率 Hz	临界频带率 z	绝对门限 dB
1	21.53	0.213	68.00	67	1851.86	12.603	0.39
2	43.07	0.425	45.05	68	1894.92	12.753	0.21
3	64.60	0.638	32.57	69	1937.99	12.900	0.02
4	86.13	0.850	25.87	70	1981.05	13.042	−0.17
5	107.67	1.062	21.63	71	2024.12	13.181	−0.36
6	129.20	1.273	18.70	72	2067.19	13.317	−0.56
7	150.73	1.484	16.52	73	2153.32	13.578	−0.96
8	172.27	1.694	14.85	74	2239.45	13.826	−1.38
9	193.80	1.903	13.51	75	2325.59	14.062	−1.79
10	215.33	2.112	12.41	76	2411.72	14.288	−2.21
11	236.87	2.319	11.50	77	2497.85	14.504	−2.63
12	258.40	2.525	10.72	78	2583.98	14.711	−3.03
13	279.93	2.730	10.05	79	2670.12	14.909	−3.41
14	301.46	2.934	9.47	80	2756.25	15.100	−3.77
15	323.00	3.136	8.96	81	2842.38	15.284	−4.09
16	344.53	3.337	8.50	82	2928.52	15.460	−4.37
17	366.06	3.536	8.10	83	3014.65	15.631	−4.60
18	387.60	3.733	7.73	84	3100.78	15.796	−4.78
19	409.13	3.929	7.40	85	3186.91	15.955	−4.91
20	430.66	4.124	7.10	86	3273.05	16.110	−4.97
21	452.20	4.316	6.82	87	3359.18	16.260	−4.98
22	473.73	4.507	6.56	88	3445.31	16.406	−4.94
23	495.26	4.695	6.33	89	3531.45	16.547	−4.85
24	516.80	4.882	6.11	90	3617.58	16.685	−4.69
25	538.33	5.067	5.91	91	3703.71	16.820	−4.49
26	559.86	5.249	5.72	92	3789.84	16.951	−4.24
27	581.40	5.430	5.54	93	3875.98	17.079	−3.95
28	602.93	5.608	5.37	94	3962.11	17.205	−3.63
29	624.46	5.785	5.22	95	4048.24	17.327	−3.28
30	646.00	5.959	5.07	96	4134.38	17.447	−2.91
31	667.53	6.131	4.93	97	4306.64	17.680	−2.16
32	689.06	6.301	4.79	98	4478.91	17.905	−1.41
33	710.60	6.469	4.67	99	4651.17	18.121	−0.72
34	732.13	6.634	4.55	100	4823.44	18.331	−0.11
35	753.66	6.798	4.43	101	4995.70	18.534	0.41
36	775.20	6.959	4.32	102	5167.97	18.731	0.84
37	796.73	7.118	4.21	103	5340.23	18.922	1.19
38	818.26	7.274	4.11	104	5512.50	19.108	1.48
39	839.79	7.429	4.01	105	5684.77	19.289	1.71
40	861.33	7.581	3.92	106	5857.03	19.464	1.91
41	882.86	7.731	3.83	107	6029.30	19.635	2.09
42	904.39	7.879	3.74	108	6201.56	19.801	2.26
43	925.93	8.025	3.65	109	6373.83	19.963	2.43
44	947.46	8.169	3.57	110	6546.09	20.120	2.61
45	968.99	8.310	3.48	111	6718.36	20.273	2.80
46	990.53	8.450	3.40	112	6890.63	20.421	3.00
47	1012.06	8.587	3.33	113	7062.89	20.565	3.22
48	1033.59	8.723	3.25	114	7235.16	20.705	3.46
49	1076.66	8.987	3.10	115	7407.42	20.840	3.71
50	1119.73	9.244	2.95	116	7579.69	20.972	3.98
51	1162.79	9.493	2.81	117	7751.95	21.099	4.28
52	1205.86	9.734	2.67	118	7924.22	21.222	4.60
53	1248.93	9.968	2.53	119	8096.48	21.342	4.94
54	1291.99	10.195	2.39	120	8268.75	21.457	5.30
55	1335.06	10.416	2.25	121	8441.02	21.569	5.69
56	1378.13	10.629	2.11	122	8613.28	21.677	6.10
57	1421.19	10.836	1.97	123	8785.55	21.781	6.54
58	1464.26	11.037	1.83	124	8957.81	21.882	7.01
59	1507.32	11.232	1.68	125	9130.08	21.980	7.50
60	1550.39	11.421	1.53	126	9302.34	22.074	8.03
61	1593.46	11.605	1.38	127	9474.61	22.165	8.59
62	1636.52	11.783	1.23	128	9646.88	22.253	9.18
63	1679.59	11.957	1.07	129	9819.14	22.338	9.80
64	1722.66	12.125	0.90	130	9991.41	22.420	10.46
65	1765.72	12.289	0.74	131	10163.67	22.499	11.15
66	1808.79	12.448	0.56	132	10335.94	22.576	11.88

表 D1(完)

f）适用于层Ⅱ，取样频率为 24 kHz

索引号 i	频率 Hz	临界频带率 z	绝对门限 dB	索引号 i	频率 Hz	临界频带率 z	绝对门限 dB
1	23.44	0.232	68.00	67	2015.63	13.154	−0.32
2	46.88	0.463	42.10	68	2062.50	13.302	−0.54
3	70.31	0.694	30.43	69	2109.38	13.446	−0.75
4	93.75	0.925	24.17	70	2156.25	13.586	−0.97
5	117.19	1.156	20.22	71	2203.13	13.723	−1.20
6	140.63	1.385	17.47	72	2250.00	13.855	−1.43
7	164.06	1.614	15.44	73	2343.75	14.111	−1.88
8	187.50	1.842	13.87	74	2437.50	14.354	−2.34
9	210.94	2.069	12.62	75	2531.25	14.585	−2.79
10	234.38	2.295	11.60	76	2625.00	14.807	−3.22
11	257.81	2.519	10.74	77	2718.75	15.018	−3.62
12	281.25	2.742	10.01	78	2812.50	15.221	−3.98
13	304.69	2.964	9.39	79	2906.25	15.415	−4.30
14	328.13	3.184	8.84	80	3000.00	15.602	−4.57
15	351.56	3.402	8.37	81	3093.75	15.783	−4.77
16	375.00	3.618	7.94	82	3187.50	15.956	−4.91
17	398.44	3.832	7.56	83	3281.25	16.124	−4.98
18	421.88	4.045	7.22	84	3375.00	16.287	−4.98
19	445.31	4.255	6.90	85	3468.75	16.445	−4.92
20	468.75	4.463	6.62	86	3562.50	16.598	−4.80
21	492.19	4.668	6.36	87	3656.25	16.746	−4.61
22	515.63	4.872	6.12	88	3750.00	16.891	−4.36
23	539.06	5.073	5.90	89	3843.75	17.032	−4.07
24	562.50	5.272	5.70	90	3937.50	17.169	−3.73
25	585.94	5.468	5.50	91	4031.25	17.303	−3.36
26	609.38	5.661	5.33	92	4125.00	17.434	−2.96
27	632.81	5.853	5.16	93	4218.75	17.563	−2.55
28	656.25	6.041	5.00	94	4312.50	17.688	−2.14
29	679.69	6.227	4.85	95	4406.25	17.811	−1.73
30	703.13	6.411	4.71	96	4500.00	17.932	−1.33
31	726.56	6.592	4.58	97	4687.50	18.166	−0.59
32	750.00	6.770	4.45	98	4875.00	18.392	0.05
33	773.44	6.946	4.33	99	5062.50	18.611	0.58
34	796.88	7.119	4.21	100	5250.00	18.823	1.01
35	820.31	7.289	4.10	101	5437.50	19.028	1.36
36	843.75	7.457	4.00	102	5625.00	19.226	1.63
37	867.19	7.622	3.89	103	5812.50	19.419	1.86
38	890.63	7.785	3.79	104	6000.00	19.606	2.06
39	914.06	7.945	3.70	105	6187.50	19.788	2.25
40	937.50	8.103	3.61	106	6375.00	19.964	2.43
41	960.94	8.258	3.51	107	6562.50	20.135	2.63
42	984.38	8.410	3.43	108	6750.00	20.300	2.83
43	1007.81	8.560	3.34	109	6937.50	20.461	3.06
44	1031.25	8.708	3.26	110	7125.00	20.616	3.30
45	1054.69	8.853	3.17	111	7312.50	20.766	3.57
46	1078.13	8.996	3.09	112	7500.00	20.912	3.85
47	1101.56	9.137	3.01	113	7687.50	21.052	4.16
48	1125.00	9.275	2.93	114	7875.00	21.188	4.50
49	1171.88	9.544	2.78	115	8062.50	21.318	4.86
50	1218.75	9.805	2.63	116	8250.00	21.445	5.25
51	1265.63	10.057	2.47	117	8437.50	21.567	5.67
52	1312.50	10.301	2.32	118	8625.00	21.684	6.12
53	1359.38	10.537	2.17	119	8812.50	21.797	6.61
54	1406.25	10.765	2.02	120	9000.00	21.906	7.12
55	1453.13	10.986	1.86	121	9187.50	22.012	7.67
56	1500.00	11.199	1.71	122	9375.00	22.113	8.26
57	1546.88	11.406	1.55	123	9562.50	22.210	8.88
58	1593.75	11.606	1.38	124	9750.00	22.304	9.54
59	1640.63	11.800	1.21	125	9937.50	22.395	10.24
60	1687.50	11.988	1.04	126	10125.00	22.482	10.98
61	1734.38	12.170	0.86	127	10312.50	22.566	11.77
62	1781.25	12.347	0.67	128	10500.00	22.646	12.60
63	1828.13	12.518	0.49	129	10687.50	22.724	13.48
64	1875.00	12.684	0.29	130	10875.00	22.799	14.41
65	1921.88	12.845	0.09	131	11062.50	22.871	15.38
66	1968.75	13.002	−0.11	132	11250.00	22.941	16.41

表 D2 临界频带界限

a）适用于层 I，取样频率为 16 kHz

频率表示每个临界频带的高端

no	F 和 CB 表的索引	频 率 Hz	Bark z
0	3	93.75	0.925
1	7	218.75	2.145
2	10	312.50	3.037
3	13	406.25	3.903
4	17	531.25	5.006
5	21	656.25	6.041
6	25	781.25	7.004
7	30	937.50	8.103
8	35	1093.75	9.090
9	40	1250.00	9.974
10	47	1468.75	11.058
11	51	1687.50	11.988
12	55	1937.50	12.898
13	61	2312.50	14.027
14	67	2687.50	14.949
15	74	3250.00	16.069
16	79	3875.00	17.078
17	84	4500.00	17.932
18	91	5375.00	18.960
19	99	6375.00	19.964
20	108	7500.00	20.912

b）适用于层 I，取样频率为 22.05 kHz

频率表示每个临界频带的高端

no	F 和 CB 表的索引	频 率 Hz	Bark z
0	2	86.13	0.850
1	5	215.33	2.112
2	7	301.46	2.934
3	10	430.66	4.124
4	12	516.80	4.882
5	15	646.00	5.959
6	18	775.20	6.959
7	21	904.39	7.879
8	25	1076.66	8.987
9	29	1248.93	9.968
10	34	1464.26	11.037

表 D2(续)

no	F 和 CB 表的索引	频 率 Hz	Bark z
11	39	1679.59	11.957
12	46	1981.05	13.042
13	51	2325.59	14.062
14	55	2670.12	14.909
15	61	3186.91	15.955
16	68	3789.84	16.951
17	74	4478.91	17.905
18	79	5340.23	18.922
19	85	6373.83	19.963
20	92	7579.69	20.972
21	101	9130.08	21.980
22	108	10335.94	22.576

c)适用于层Ⅰ,取样频率为 24 kHz

频率表示每个临界频带的高端

no	F 和 CB 表的索引	频 率 Hz	Bark z
0	2	93.75	0.925
1	4	187.50	1.842
2	7	328.13	3.184
3	9	421.88	4.045
4	11	515.63	4.872
5	14	656.25	6.041
6	17	796.88	7.119
7	20	937.50	8.103
8	23	1078.13	8.996
9	27	1265.63	10.057
10	31	1453.13	10.986
11	36	1687.50	11.988
12	42	1968.75	13.002
13	49	2343.75	14.111
14	53	2718.75	15.018
15	58	3187.50	15.956
16	65	3843.75	17.032
17	72	4500.00	17.932
18	77	5437.50	19.028
19	82	6375.00	19.964
20	89	7687.50	21.052
21	97	9187.50	22.012
22	108	11250.00	22.941

表 D2(续)

d）适用于层Ⅱ，取样频率为 16 kHz

频率表示每个临界频带的高端

no	F 和 CB 表的索引	频　率 Hz	Bark z
0	6	93.75	0.925
1	13	203.13	1.994
2	20	312.50	3.037
3	27	421.88	4.045
4	34	531.25	5.006
5	42	656.25	6.041
6	49	781.25	7.004
7	54	937.50	8.103
8	59	1093.75	9.090
9	64	1250.00	9.974
10	71	1468.75	11.058
11	75	1687.50	11.988
12	79	1937.50	12.898
13	85	2312.50	14.027
14	91	2687.50	14.949
15	98	3250.00	16.069
16	103	3875.00	17.078
17	108	4500.00	17.932
18	115	5375.00	18.960
19	123	6375.00	19.964
20	132	7500.00	20.912

e）适用于层Ⅱ，取样频率为 22.05 kHz

频率表示每个临界频带的高端

no	F 和 CB 表的索引	频　率 Hz	Bark z
0	5	107.67	1.062
1	9	193.80	1.903
2	14	301.46	2.934
3	19	409.13	3.929
4	25	538.33	5.067
5	30	646.00	5.959
6	36	775.20	6.959
7	43	925.93	8.025
8	49	1076.66	8.987
9	53	1248.93	9.968
10	58	1464.26	11.037
11	63	1679.59	11.957

表 D2(完)

no	F和CB表的索引	频　率 Hz	Bark z
12	70	1981.05	13.042
13	75	2325.59	14.062
14	79	2670.12	14.909
15	85	3186.91	15.955
16	92	3789.84	16.951
17	98	4478.91	17.905
18	103	5340.23	18.922
19	109	6373.83	19.963
20	116	7579.69	20.972
21	125	9130.08	21.980
22	132	10335.94	22.576

f）适用于层Ⅱ，取样频率为 24 kHz
频率表示每个临界频带的高端

no	F和CB表的索引	频　率 Hz	Bark z
0	4	93.75	0.925
1	9	210.94	2.069
2	13	304.69	2.964
3	18	421.88	4.045
4	23	539.06	5.073
5	28	656.25	6.041
6	33	773.44	6.946
7	39	914.06	7.945
8	46	1078.13	8.996
9	51	1265.63	10.057
10	55	1453.13	10.986
11	60	1687.50	11.988
12	66	1968.75	13.002
13	73	2343.75	14.111
14	77	2718.75	15.018
15	82	3187.50	15.956
16	89	3843.75	17.032
17	96	4500.00	17.932
18	101	5437.50	19.028
19	106	6375.00	19.964
20	113	7687.50	21.052
21	121	9187.50	22.012
22	132	11250.00	22.941

D2 更低取样频率的心理声学模型 2

除了某些例外，对于更低取样频率的心理声学模型 2 与 GB/T17191.3 中所述的心理声学模型 2 相同。对于层Ⅲ，使用下列各表来替代表 GB/T 17191.3—1997 的表 C7 a)～表 C8 e)。

表 D3 a) 取样频率＝24 kHz，长块

no	FFT-llnes	minval	qthr	norm	bval
0	2	15	17.8250179	0.697374165	0.236874461
1	2	15	17.8250179	0.455024809	0..71016103
2	2	15	1.78250182	0.431440443	1.18193281
3	2	15	1.78250182	0.42391625	1.65102732
4	2	13	0.178250194	0.418206781	2.11632562
5	2	13	0.178250194	0.41158545	2.57676744
6	2	13	0.0563676581	0.405409157	3.03136396
7	2	13	0.0563676581	0.399695486	3.47920918
8	2	13	0.0563676581	0.393753231	3.91948748
9	2	12	0.0178250186	0.387357473	4.35147953
10	2	12	0.0178250186	0.38045457	4.77456427
11	2	10	0.0178250186	0.373053908	5.18822002
12	2	10	0.0178250186	0.365188122	5.59202194
13	2	10	0.0178250186	0.356897771	5.98564005
14	2	9	0.0178250186	0.348700613	6.36883163
15	2	9	0.0178250186	0.340260029	6.74143791
16	2	6	0.0178250186	0.332341045	7.10337448
17	2	6	0.0178250186	0.330462843	7.45462418
18	2	6	0.0178250186	0.345568359	7.79523182
19	3	3	0.0267375279	0.377859652	8.20455742
20	3	3	0.0267375279	0.396689415	8.67640114
21	3	3	0.0267375279	0.391237885	9.12561035
22	3	3	0.0267375279	0.37761277	9.55298138
23	3	3	0.0267375279	0.362836808	9.95940971
24	3	0	0.0267375279	0.349010617	10.3458519
25	3	0	0.0267375279	0.339673489	10.7132998
26	3	0	0.0267375279	0.343845725	11.0627575
27	4	0	0.0356500372	0.355822682	11.447506
28	4	0	0.0356500372	0.358104348	11.8627586
29	4	0	0.0356500372	0.34745428	12.2520256
30	4	0	0.0356500372	0.334927917	12.6173973
31	4	0	0.0356500372	0.331643254	12.9608269
32	5	0	0.0445625484	0.333368897	13.3219252
33	5	0	0.0445625484	0.332313001	13.6976833
34	5	0	0.0445625484	0.3314417	14.047802
35	6	0	0.0534750558	0.330947191	14.405302
36	6	0	0.0534750558	0.332477689	14.7684803
37	7	0	0.062387567	0.332647532	15.1315956
38	7	0	0.062387567	0.330841452	15.4940481
39	8	0	0.0713000745	0.327769846	15.8516159
40	8	0	0.0713000745	0.324572712	16.204628
41	9	0	0.0802125856	0.323825002	16.5502281
42	10	0	0.0891250968	0.321414798	16.9067478
43	10	0	0.0891250968	0.318189293	17.2537231
44	11	0	0.0980376005	0.315934151	17.5901108
45	12	0	0.106950112	0.315639287	17.931406
46	13	0	0.115862623	0.316569835	18.2750721
47	14	0	0.124775134	0.31656	18.6191597
48	15	0	0.133687645	0.315465957	18.9621754
49	16	0	0.142600149	0.313576341	19.3029613
50	17	0	0.151512653	0.311635971	19.6405869
51	18	0	0.160425171	0.311066717	19.9742699
52	20	0	0.355655879	0.311465651	20.3115921
53	21	0	0.373438686	0.311872005	20.6507797
54	23	0	0.409004271	0.311015964	20.9890823
55	24	0	0.676411927	0.309207708	21.3251152
56	26	0	0.732779562	0.3081128	21.6565971
57	28	0	0.789147198	0.310006589	21.9881554
58	31	0	2.76287794	0.327113092	22.3222847
59	34	0、	3.03025317	0.416082352	22.6605186

表 D3(续)

b) 取样频率＝22.05 kHz,长块

no	FFT-llnes	minval	qthr	norm	bval
0	2	15	17.8250179	0.658683598	0.217637643
1	2	15	17.8250179	0.432554901	0.652563453
2	2	15	1.78250182	0.405113578	1.08633137
3	2	15	1.78250182	0.397231787	1.51803517
4	2	15	1.78250182	0.392088681	1.94679713
5	2	13	0.178250194	0.386788279	2.37177849
6	2	13	0.178250194	0.380574644	2.79218864
7	2	13	0.0563676581	0.375097765	3.20729256
8	2	13	0.0563676581	0.370087624	3.61641645
9	2	12	0.0178250186	0.364568561	4.01895428
10	2	12	0.0178250186	0.358959526	4.4143672
11	2	12	0.0178250186	0.352938265	4.80218887
12	2	10	0.0178250186	0.3465029	5.18202305
13	2	10	0.0178250186	0.33968094	5.55354261
14	2	10	0.0178250186	0.332571507	5.91648674
15	2	9	0.0178250186	0.326015651	6.27065945
16	2	9	0.0178250186	0.325442046	6.61592293
17	2	9	0.0178250186	0.341315031	6.95219517
18	3	6	0.0267375279	0.374984443	7.3584404
19	3	6	0.0267375279	0.396138102	7.8290925
20	3	3	0.0267375279	0.39271906	8.27975655
21	3	3	0.0267375279	0.380755007	8.71083069
22	3	3	0.0267375279	0.367386311	9.12284088
23	3	3	0.0267375279	0.354351997	9.51640987
24	3	3	0.0267375279	0.341508389	9.89222908
25	3	0	0.0267375279	0.333577901	10.2510386
26	3	0	0.0267375279	0.338108748	10.5936022
27	4	0	0.0356500372	0.350744486	10.9723492
28	4	0	0.0356500372	0.354519457	11.38272
29	4	0	0.0356500372	0.345274031	11.7689981
30	4	0	0.0356500372	0.333828837	12.1329184
31	4	0	0.0356500372	0.331436664	12.4761295
32	5	0	0.0445625484	0.334172577	12.8381901
33	5	0	0.0445625484	0.334024847	13.2160273
34	5	0	0.0445625484	0.33392629	13.5690479
35	6	0	0.0534750558	0.334218502	13.9303951
36	6	0	0.0534750558	0.336405039	14.298193
37	7	0	0.062387567	0.337080389	14.666563
38	7	0	0.062387567	0.335603535	15.0346909
39	8	0	0.0713000745	0.332515866	15.398139
40	8	0	0.0713000745	0.327727586	15.7570457
41	9	0	0.0802125856	0.322346836	16.1083431
42	9	0	0.0802125856	0.317575186	16.4528522
43	10	0	0.0891250968	0.31632933	16.7886105
44	11	0	0.0980376005	0.317602783	17.132
45	12	0	0.106950112	0.319945186	17.4796028
46	13	0	0.115862623	0.320881754	17.8287659
47	14	0	0.124775134	0.320346534	18.1774921
48	15	0	0.133687645	0.318628669	18.5243168
49	16	0	0.142600149	0.316125751	18.8681736
50	17	0	0.151512653	0.313746184	19.2082729
51	18	0	0.160425171	0.312971771	19.5440025
52	20	0	0.178250194	0.313278913	19.8831882
53	21	0	0.373438686	0.313735574	20.224247
54	23	0	0.409004271	0.31308493	20.5646286
55	24	0	0.426787049	0.31156227	20.903141
56	26	0	0.732779562	0.310435742	21.2376747
57	28	0	0.789147198	0.31132248	21.5730591
58	30	0	0.845514894	0.32730341	21.9066811
59	33	0	2.94112802	0.414659739	22.2411156

表 D3(续)

c) 取样频率=16 kHz,长块

no	FFT-llnes	minval	qthr	norm	bval
0	3	15	26.7375278	0.697374165	0.236874461
1	3	15	26.7375278	0.455024809	0.71016103
2	3	15	26.7375278	0.431440443	1.18193281
3	3	15	26.7375278	0.42391625	1.65102732
4	3	13	0.26737529	0.418206781	2.11632562
5	3	13	0.26737529	0.41158545	2.57676744
6	3	13	0.0845514908	0.405409157	3.03136396
7	3	13	0.0845514908	0.399695486	3.47920918
8	3	13	0.0845514908	0.393753231	3.91948748
9	3	12	0.0267375279	0.387357473	4.35147953
10	3	12	0.0267375279	0.38045457	4.77456427
11	3	10	0.0267375279	0.373053908	5.18822002
12	3	10	0.0267375279	0.365188122	5.59202194
13	3	10	0.0267375279	0.356897742	5.98564005
14	3	9	0.0267375279	0.34869957	6.36883163
15	3	9	0.0267375279	0.340241522	6.74143791
16	3	6	0.0267375279	0.332089454	7.10337448
17	3	6	0.0267375279	0.328292668	7.45462418
18	3	6	0.0267375279	0.336574793	7.79523182
19	4	3	0.0356500372	0.354600489	8.17827797
20	4	3	0.0356500372	0.364343345	8.59994984
21	4	3	0.0356500372	0.359369367	9.00363636
22	4	3	0.0356500372	0.347775847	9.38988018
23	4	3	0.0356500372	0.335562587	9.7592926
24	4	0	0.0356500372	0.326988578	10.1125278
25	4	0	0.0356500372	0.327966213	10.45022735
26	5	0	0.0445625484	0.334450752	10.811614
27	5	0	0.0445625484	0.335228145	11.1935263
28	5	0	0.0445625484	0.329595625	11.5549288
29	5	0	0.0445625484	0.326683223	11.8971443
30	6	0	0.0534750558	0.326986551	12.2520256
31	6	0	0.0534750558	0.325072199	12.6173973
32	6	0	0.0534750558	0.323560268	12.9608269
33	7	0	0.062387567	0.322494298	13.3093863
34	7	0	0.062387567	0.323403448	13.6617231
35	8	0	0.0713000745	0.323232353	14.0134668
36	8	0	0.0713000745	0.322662383	14.3639784
37	9	0	0.0802125856	0.324054241	14.7098465
38	10	0	0.0891250968	0.323228806	15.0686541
39	10	0	0.0891250968	0.320751846	15.4191036
40	11	0	0.0980376005	0.318823338	15.7594051
41	12	0	0.106950112	0.318418682	16.104557
42	13	0	0.115862623	0.318762124	16.451416
43	14	0	0.124775134	0.317806393	16.7975388
44	15	0	0.133687645	0.315653771	17.1411018
45	16	0	0.142600149	0.313369036	17.4808159
46	17	0	0.151512653	0.312513858	17.8158207
47	19	0	0.169337675	0.312785119	18.1543369
48	20	0	0.178250194	0.31343773	18.4948578
49	22	0	0.196075201	0.313258767	18.8350143
50	23	0	0.20498772	0.312570423	19.1740704
51	25	0	0.222812727	0.312572777	19.5104179
52	27	0	0.240637749	0.313047856	19.8497677
53	29	0	0.515701056	0.315029174	20.1900635
54	31	0	0.551266611	0.330613613	20.5294952
55	33	0	0.586832225	0.41819948	20.8664398

表 D3(续)

d) 取样频率=24 kHz,短块

no	FFT-llnes	qthr	norm	SNR(db)	bval
0	1	8.91250896	0.971850038	0.150000006	0
1	1	8.91250896	0.874727964	0.150000006	0.946573138
2	1	0.891250908	0.85779953	0.150000006	1.88476217
3	1	0.0891250968	0.839743853	0.150000006	2.8056457
4	1	0.028183829	0.82260257	0.150000006	3.70133615
5	1	0.00891250931	0.80018574	0.150000006	4.56532001
6	1	0.00891250931	0.771475196	0.150000006	5.39263105
7	1	0.00891250931	0.737389982	0.150000006	6.17986727
8	1	0.00891250931	0.701111019	0.150000006	6.92507982
9	1	0.00891250931	0.65977633	0.150000006	7.62757969
10	1	0.00891250931	0.615037441	0.150000006	8.28770351
11	1	0.00891250931	0.568658054	0.150000006	8.90657234
12	1	0.00891250931	0.522260666	0.180000007	9.48587132
13	1	0.00891250931	0.478903115	0.180000007	10.0276566
14	1	0.00891250931	0.43808648	0.180000007	10.5341988
15	1	0.00891250931	0.412505627	0.180000007	11.0078659
16	1	0.00891250931	0.39070797	0.180000007	11.4510288
17	1	0.00891250931	0.371887118	0.180000007	11.866004
18	1	0.00891250931	0.367617637	0.180000007	12.2550087
19	1	0.00891250931	0.422220588	0.180000007	12.6201363
20	2	0.0178250186	0.564990044	0.180000007	13.2772083
21	2	0.0178250186	0.519700944	0.180000007	13.871047
22	2	0.0178250186	0.455360681	0.200000003	14.4024391
23	2	0.0178250186	0.408867925	0.200000003	14.8811684
24	2	0.0178250186	0.381538749	0.200000003	15.3153324
25	2	0.0178250186	0.362357527	0.200000003	15.7116165
26	2	0.0178250186	0.365735918	0.200000003	16.0755405
27	3	0.0267375279	0.38064	0.200000003	16.4882088
28	3	0.0267375279	0.379183382	0.200000003	16.9410992
29	3	0.0267375279	0.360672712	0.200000003	17.3513336
30	3	0.0267375279	0.343065977	0.200000003	17.7264423
31	3	0.0267375279	0.339290261	0.200000003	18.0722466
32	4	0.0356500372	0.342963994	0.200000003	18.4426575
33	4	0.0356500372	0.343128443	0.200000003	18.8344078
34	4	0.0356500372	0.343988508	0.25	19.1955795
35	5	0.0445625484	0.343928397	0.25	19.5697021
36	5	0.0445625484	0.339527696	0.25	19.9551182
37	5	0.0889139697	0.336541563	0.280000001	20.3115921
38	6	0.106696762	0.334955156	0.280000001	20.6737747
39	6	0.169102982	0.335601568	0.300000012	21.0404968
40	7	0.1972868	0.334716886	0.300000012	21.4060211
41	7	0.1972868	0.331676662	0.300000012	21.7696877
42	8	0.713000774	0.328550965	0.400000006	22.1267223
43	8	0.713000774	0.339241952	0.400000006	22.4769249
44	9	0.802125871	0.425207615	0.400000006	22.8164864

表 D3(续)

e) 取样频率＝22.05 kHz,短块

no	FFT-llnes	qthr	norm	SNR(db)	bval
0	1	8.91250896	0.954045713	0.150000006	0
1	1	8.91250896	0.833381653	0.150000006	0.869851649
2	1	0.891250908	0.815945923	0.150000006	1.73325908
3	1	0.0891250968	0.794244766	0.150000006	2.58322191
4	1	0.028183829	0.776486695	0.150000006	3.4134295
5	1	0.00891250931	0.755260408	0.150000006	4.21850443
6	1	0.00891250931	0.731070817	0.150000006	4.99414825
7	1	0.00891250931	0.701775849	0.150000006	5.73718691
8	1	0.00891250931	0.667876124	0.150000006	6.44553185
9	1	0.00891250931	0.630284071	0.150000006	7.11807632
10	1	0.00891250931	0.590170324	0.150000006	7.75455618
11	1	0.00891250931	0.548788548	0.150000006	8.3553915
12	1	0.00891250931	0.507795513	0.150000006	8.92152882
13	1	0.00891250931	0.469515711	0.180000007	9.45430183
14	1	0.00891250931	0.432291716	0.180000007	9.95530319
15	1	0.00891250931	0.411131173	0.180000007	10.4262848
16	1	0.00891250931	0.390771538	0.180000007	10.8690758
17	1	0.00891250931	0.373318017	0.180000007	11.2855215
18	1	0.00891250931	0.36956048	0.180000007	11.6774378
19	1	0.00891250931	0.42595759	0.180000007	12.0465794
20	2	0.0178250186	0.576900065	0.180000007	12.7141209
21	2	0.0178250186	0.533114731	0.180000007	13.3197365
22	2	0.0178250186	0.469967514	0.180000007	13.8634901
23	2	0.0178250186	0.417268544	0.200000003	14.3544445
24	2	0.0178250186	0.389299124	0.200000003	14.8002586
25	2	0.0178250186	0.362824857	0.200000003	15.2073727
26	2	0.0178250186	0.346801281	0.200000003	15.5811834
27	2	0.0178250186	0.349400043	0.200000003	15.926218
28	3	0.0267375279	0.364026934	0.200000003	16.3194923
29	3	0.0267375279	0.36560446	0.200000003	16.752903
30	3	0.0267375279	0.354275256	0.200000003	17.1470814
31	3	0.0267375279	0.351219416	0.200000003	17.5086212
32	4	0.0356500372	0.354364097	0.200000003	17.8938141
33	4	0.0356500372	0.348915905	0.200000003	18.2992878
34	4	0.0356500372	0.337649345	0.200000003	18.6713982
35	4	0.0356500372	0.332076877	0.25	19.015646
36	5	0.0445625484	0.330793113	0.25	19.3734016
37	5	0.0445625484	0.327528268	0.25	19.7430382
38	5	0.0889139697	0.32551071	0.280000001	20.0859604
39	6	0.106696762	0.324436843	0.280000001	20.4354992
40	6	0.106696762	0.325835049	0.280000001	20.7905579
41	7	0.1972868	0.326221824	0.300000012	21.1458054
42	7	0.1972868	0.325960994	0.300000012	21.5005951
43	8	0.225470632	0.339019388	0.300000012	21.8504524
44	8	0.713000774	0.426850349	0.400000006	22.1951065

表 D3(完)

f） 取样频率＝16 kHz,短块

no	FFT-llnes	qthr	norm	SNR(db)	bval
0	1	8.91250896	0.834739447	0.150000006	0
1	1	8.91250896	0.623757005	0.150000006	0.631518543
2	1	0.891250908	0.60420388	0.150000006	1.2606914
3	1	0.891250908	0.591974258	0.150000006	1.88476217
4	1	0.0891250968	0.575301588	0.150000006	2.50111985
5	1	0.028183829	0.561547697	0.150000006	3.1073606
6	1	0.028183829	0.546665847	0.150000006	3.70133615
7	1	0.00891250931	0.52986443	0.150000006	4.28118753
8	1	0.00891250931	0.511183441	0.150000006	4.84536505
9	1	0.00891250931	0.490902334	0.150000006	5.39263105
10	1	0.00891250931	0.46938166	0.150000006	5.92205667
11	1	0.00891250931	0.447003782	0.150000006	6.43299866
12	1	0.00891250931	0.428170592	0.150000006	6.92507982
13	1	0.00891250931	0.414536625	0.150000006	7.39815664
14	1	0.00891250931	0.401033074	0.150000006	7.85228777
15	1	0.00891250931	0.38779071	0.150000006	8.28770351
16	1	0.00891250931	0.374230444	0.150000006	8.704772
17	1	0.00891250931	0.360547513	0.180000007	9.10397339
18	1	0.00891250931	0.348256677	0.180000007	9.48587132
19	1	0.00891250931	0.350327015	0.180000007	9.85109234
20	1	0.00891250931	0.406330824	0.180000007	10.200304
21	2	0.0178250186	0.554098248	0.180000007	10.846529
22	2	0.0178250186	0.528312504	0.180000007	11.4447651
23	2	0.0178250186	0.476527005	0.180000007	11.9928398
24	2	0.0178250186	0.428205669	0.180000007	12.495945
25	2	0.0178250186	0.402271926	0.180000007	12.9588718
26	2	0.0178250186	0.378024429	0.180000007	13.3859692
27	2	0.0178250186	0.36254698	0.180000007	13.7811394
28	2	0.0178250186	0.368058592	0.200000003	14.1478529
29	3	0.0267375279	0.385963261	0.200000003	14.5674343
30	3	0.0267375279	0.38640517	0.200000003	15.0304852
31	3	0.0267375279	0.367834061	0.200000003	15.4513416
32	3	0.0267375279	0.349686563	0.200000003	15.836277
33	3	0.0267375279	0.345709383	0.200000003	16.1904697
34	4	0.0356500372	0.34871915	0.200000003	16.5683517
35	4	0.0356500372	0.347054332	0.200000003	16.9660263
36	4	0.0356500372	0.346329987	0.200000003	17.3304482
37	5	0.0445625484	0.344658494	0.200000003	17.7055588
38	5	0.0445625484	0.338779271	0.200000003	18.0899811
39	5	0.0445625484	0.334878683	0.200000003	18.4440536
40	6	0.0534750558	0.332811534	0.200000003	18.8030052
41	6	0.0534750558	0.333717585	0.25	19.1665268
42	7	0.062387567	0.333986402	0.25	19.5299358
43	7	0.062387567	0.334142625	0.25	19.8934898
44	8	0.142262354	0.34677428	0.280000001	20.2535706
45	8	0.142262354	0.436254472	0.280000001	20.610569

表 D4 用来把门限计算的分区变换成比例因子带的表

a）取样频率＝24 kHz，长块

no. sb	cbw	bu	bo	w1	w2
0	2	0	3	1	0.916666746
1	3	3	6	0.083333254	0.583333492
2	3	6	9	0.416666508	0.25
3	2	9	11	0.75	0.916666985
4	3	11	14	0.083333015	0.583333969
5	3	14	17	0.416666031	0.25
6	3	17	20	0.75	0.537036896
7	3	20	23	0.462963104	0.5
8	4	23	27	0.5	0.055556000
9	3	27	30	0.944444001	0.402778625
10	3	30	33	0.597221375	0.766667187
11	3	33	36	0.233332828	0.805555999
12	3	36	39	0.194444016	0.769841909
13	3	39	42	0.23015812	0.611111104
14	3	42	45	0.38888896	0.449494779
15	3	45	48	0.550505221	0.194444954
16	2	48	50	0.805555046	0.913194656
17	3	50	53	0.086805344	0.580555737
18	3	53	56	0.419444263	0.113426208
19	2	56	58	0.886573792	0.533730626
20	2	58	60	0.466269344	0.691176474

b）取样频率＝22.05 kHz，长块

no. sb	cbw	bu	bo	w1	w2
0	2	0	3	1	0.916666746
1	3	3	6	0.083333254	0.583333492
2	3	6	9	0.416666508	0.25
3	2	9	11	0.75	0.916666985
4	3	11	14	0.083333015	0.583333969
5	3	14	17	0.416666031	0.25
6	3	17	20	0.75	0.203703582
7	3	20	23	0.796296418	0.166666687
8	3	23	26	0.833333313	0.722222686
9	4	26	30	0.277777344	0.152778625
10	3	30	33	0.847221375	0.566667199
11	3	33	36	0.433332831	0.93518573
12	4	36	40	0.064814247	0.118056297
13	3	40	43	0.881943703	0.092593738
14	2	43	45	0.907406271	0.934344172
15	3	45	48	0.065655798	0.575398028
16	3	48	51	0.424601972	0.232026935
17	2	51	53	0.767973065	0.758334339
18	3	53	56	0.241665646	0.187501252
19	2	56	58	0.812498748	0.533731699
20	2	58	60	0.466268271	0.257577598

表 D4(续)

c）取样频率＝16 kHz,长块

no.sb	cbw	bu	bo	w1	w2
0	1	0	2	1	0.944444478
1	2	2	4	0.055555504	0.722222328
2	2	4	6	0.277777672	0.5
3	2	6	8	0.5	0.27777797
4	2	8	10	0.72222203	0.055555994
5	1	10	11	0.944444001	0.833333313
6	3	11	14	0.166666672	0.203703582
7	3	14	17	0.796296418	0.166666687
8	3	17	20	0.833333313	0.54166698
9	3	20	23	0.458333015	0.652778625
10	4	23	27	0.347221375	0.166667163
11	3	27	30	0.833332837	0.722222924
12	4	30	34	0.277777106	0.277778625
13	3	34	37	0.722221375	0.604167938
14	3	37	40	0.395832062	0.627778649
15	3	40	43	0.37222138	0.542736351
16	3	43	46	0.457263649	0.371528625
17	3	46	49	0.628471375	0.008334339
18	2	49	51	0.991665661	0.500001311
19	2	51	53	0.499998659	0.886832893
20	2	53	55	0.113167092	0.629034221

d）取样频率＝24 kHz,短块

no.sb	cbw	bu	bo	w1	w2
0	3	0	4	1	0.166666746
1	2	4	6	0.833333254	0.833333492
2	3	6	9	0.166666508	0.5
3	4	9	13	0.5	0.5
4	5	13	18	0.5	0.833333969
5	5	18	23	0.166666031	0.25
6	4	23	27	0.75	0.25
7	3	27	30	0.75	0.611111999
8	4	30	34	0.388888031	0.208333969
9	3	34	37	0.791666031	0.766667187
10	4	37	41	0.233332828	0.45238167
11	4	41	45	0.54761833	0.277778625

表 D4(完)

e) 取样频率=22.05 kHz,短块

no. sb	cbw	bu	bo	w1	w2
0	3	0	4	1	0.166666746
1	2	4	6	0.833333254	0.833333492
2	3	6	9	0.166666508	0.5
3	4	9	13	0.5	0.5
4	4	13	17	0.5	0.5
5	4	17	21	0.5	0.916666985
6	4	21	25	0.083333015	0.25
7	4	25	29	0.75	0.611111999
8	4	29	33	0.388888031	0.458333969
9	4	33	37	0.541666031	0.633334339
10	4	37	41	0.366665661	0.583334565
11	4	41	45	0.416665405	0.437500954

f) 取样频率=16 kHz,短块

no. sb	cbw	bu	bo	w1	w2
0	3	0	4	1	0.166666746
1	2	4	6	0.833333254	0.833333492
2	3	6	9	0.166666508	0.5
3	4	9	13	0.5	0.5
4	5	13	18	0.5	0.833333969
5	5	18	23	0.166666031	0.75
6	4	23	27	0.25	0.75
7	4	27	31	0.25	0.611111999
8	4	31	35	0.388888031	0.458333969
9	4	35	39	0.541666031	0.166667163
10	3	39	42	0.833332837	0.805555999
11	4	42	46	0.194444016	0.4375

附 录 E

(提示的附录)

辅助数据的应用

引言

包括一些国际标准(例如,DAB、ITU-T J.52)在内的很多现有的 MPEG 音频应用,已经按照其特定的要求定义了辅助数据字段的格式。在本附录中说明一些例子,这对未来的应用来说可能是有意义的。

每一个本标准帧可能包括许多辅助数据字节。这种数据可在本标准编码帧的两个分开的字段中运载。一个字段位于基本帧的终点上,以便与 GB/T 17191.3 辅助数据的定义兼容,另一个字段位于扩展帧的终点上。

最常用的辅助数据是与节目有关的数据(PAD),即直接涉及音频信号的数据。

典型的与节目有关的数据

与节目有关的数据的典型例子是:音乐或语言的指示(音乐/语言标志);与节目有关的文本(ITTS

[1]);通用作品码/欧洲作品号(UPC/EAN[1]);与音频节目同步提供的,对接收机/解码器的特殊指令;以及动态范围控制信息(DRC)。在接收机中,可以有选择地把 DRC 信号用于压缩音频信号的动态范围。这就是一个在共享数据业务中,当排队时如果这样的数据被延时了,它就会变成无用数据的例子。

由 PAD 提供的全部功能和 PAD 字段的长度都是用户可定义的。因此,不能强制性能在 PAD 字段中发送某种信息。

动态范围控制

我们早已认识到,在不很完善的环境中,很多听众要利用数字音频信号所能运载的全动态范围是不实际的。对于数字音频广播的 GB/T 17191.3 的层Ⅱ(DAB),已经定义了为了容许音频信号的重放动态范围受限而在已编码比特流中运载数据的方法。

借助于"动态范围控制(DRC)",接收机可以减小音频信号的动态范围。其目的在于使音频信号的动态范围适于在嘈杂的环境中进行收听,或者适应于对于家庭收听来说具有过高动态范围的音频源(一般为影片的音轨)。本标准解码器可利用一种处理有选择地提供这样一种音频动态范围的压缩,该处理从音频信号本身、或者从辅助数据字段中传输的适当的 DRC 信号中得出其控制信息。对于节目供应商来说,传输 DRC 信号是一种选择,而不是系统的要求。

在 DAB 规范中,与音频一起运载的一部分额外数据("F-PAD")带有用以调整重放音频信号增益的 6 比特 DRC 数据字段。在当前的建议[1]中,当使用"动态范围控制"时,该 6 bit 表示已恢复的音频信号上的增益,其范围为 0 dB~15.75 dB,步长为 0.25 dB。实验已发现,为了在古典音乐中增益缓慢改变的期间内提供平滑的增益控制,0.25 dB 的步长是最可以接受的。为了在不是特别困难的收听条件下适当地减小动态范围,作为可表示的最大增益的该上限 15.75dB 目前认为是足够的。如果由于极端不利的收听条件而要求进一步减小动态范围,就可以改变这些给出的值的比例,而且,步长的增大是听不到的。如果发送"动态范围控制"数据,则要求每经 24 ms 发送一次该 6 比特值。这表示比特利用率为 250 b/s(未计入为了表示使用 DRC 数据而需要附加的比特利用率)。

音乐/语言指示

这两个标志指示所传输的声音包括音乐还是语言。接收机可以利用这一信息来控制任一声音处理电路。这种标志的一种特定的组合通知:不给出任何指示。音乐/语言指示一般需要 2 个比特,每秒钟重复约 10 次。

给接收机/解码器的指令

为了与音频信号同步地传送给予接收机/解码器的特殊指令,可以提供一个通道。可以把这样的指令用于例如触发从以前以异步方式填充的缓存中读出图像。这一通道能够在 0.2 s~0.5 s 的范围内,以不规则的时间间隔来运载少量的字节。

与节目相关的文本

为了阐明所传输的音频信号(一首歌,一个节目),可与该音频信号一起运载已编码的文本。这种文本可由节目供应商在现场来制作,也可从预先记录的数字软件中将其读出,并且,可多少有些透明地对其进行转换,或者,可把几个文本源组合起来。文本所需的通道容量,取决于把该业务制作的复杂程度和吸引力程度。

机构内部的信息

可以对短的、同步的指令和异步数据的长串提供通道。这些指令的意义是,只是打算在特定的应用范围内作内部应用。

前　言

本标准等同采用 ISO/IEC 13818-7:1997《信息技术 运动图像及其伴音的通用编码信息 第 7 部分：先进音频编码(AAC)》以及 ISO/IEC 13818-7:1997/技术勘误 1。

GB/T 17975 在《信息技术 运动图象及其伴音信息的通用编码》的总标题下，目前包括以下几个部分：

第 1 部分：系统；

第 2 部分：视频；

第 3 部分：音频。

第 7 部分：先进音频编码(AAC)

本标准的附录 A 为标准的附录。本标准的附录 B、附录 D、附录 E 和附录 F 为提示的附录。

本标准由中华人民共和国信息产业部提出。

本标准由全国信息技术标准化技术委员会归口。

本标准起草单位：东南大学。

本标准主要起草人：吴镇扬、姜晔、陈艳阳、史名锐、梁彬。

ISO/IEC 前言

ISO(国际标准化组织)和IEC(国际电工委员会)是世界性的标准化专门机构。ISO 和 IEC 的成员国通过各个组织建立的技术委员会,积极参与特定技术领域的国际标准的起草工作。ISO 和 IEC 技术委员会在共同感兴趣的领域内进行合作,其他一些与 ISO 和 IEC 有联系的官方和非官方国际组织也参与国际标准的制定工作。

在信息技术领域,ISO 和 IEC 建立了一个联合技术委员会,即 ISO/IEC JTC1,被联合技术委员会采纳的国际标准草案在成员国范围内投票表决。发布一项国际标准需要至少 75%的成员国投票赞成。

国际标准 ISO/IEC13818-7 是由 ISO/IEC JTC1/SC29(音频、图像、多媒体和超媒体信息的编码分技术委员会)制定的。

国际标准 ISO/IEC 13818 在总标题“信息技术——运动图像及其伴音信息的通用编码”下,包括以下部分:

第 1 部分:系统;

第 2 部分:视频;

第 3 部分:音频;

第 4 部分:一致性测试;

第 6 部分:DSM-CC 扩展;

第 7 部分:先进音频编码(AAC);

第 9 部分:系统解码器的实时接口扩展;

第 10 部分:DSM-CC 的一致性扩展。

附录 A 是 ISO/IEC 13818-7 的一个组成部分。附录 B 到附录 F 仅用作参考资料。

引　　言

标准化组织ISO/IEC JTC 1/SC 29/WG 11,也即运动图像专家组(Moving Pictures Expert Group)(MPEG),成立于1988年,任务是制定低数据率下数字视频和音频的编码方案。1992年11月,MPEG完成了第一阶段的音频标准(MPEG-1),ISO/IEC 11172-3。在第二阶段的发展计划中,MPEG音频工作组对MPEG-1的音频进行多声道的扩展(MPGE-2 BC),它能够与已有的MPEG-1系统向下兼容,以及一个低于MPEG-1采样频率的音频编码标准,ISO/IEC 13818-3 。

中华人民共和国国家标准

信息技术 运动图像及其伴音信息的通用编码 第7部分:先进音频编码(AAC)

Information technology—Generic coding of moving pictures and associated audio information— Part 7: Advanced audio coding

GB/T 17975.7—2002
idt ISO/IEC 13818-7:1997

1 范围

本标准描述了MPEG-2音频非向下兼容标准,称为MPEG-2先进音频编码,即AAC。AAC与现有的MPEG-2 BC (MPEG-1向下兼容)相比是一个更高质量的多声道标准。对五个全带宽声道音频信号,在数码率为320 kbit/s时,MPEG-2 AAC音频标准满足ITU-R"不可分辨"质量的要求。

AAC解码器的工作过程利用了一系列必选或可选的模块。表1列出了这些模块和它们是否为必选的。必选模块在任何框架中都是必须的。可选模块在某些框架中可以省略。

表1

模块名称	必选/可选
比特流装配器	必选
无噪声解码	必选
反量化器	必选
比例因子	必选
M/S	可选
预测	可选
强度/耦合	可选
TNS	可选
滤波器组	必选
增益控制	可选

MPGE-2 AAC 模块简述

图1.1和图1.2给出了MPEG-2的基本结构。正如表1指出的,解码器中包括了必选和可选的模块,参见图1.2。图中数据的流向是从左至右,由上至下。解码器的任务是找出比特流中对量化音频频谱的描述,解出量化值和其他重建信息,恢复量化频谱,通过比特流里的可用模块对恢复的频谱处理,从而逼近输入比特流给出的实际信号频谱,最后将频谱值从频域变换到时域中去,其中可选的增益控制模块可用可不用。在重建初始化和频谱重建的定标之后,提供了一系列的可选模块对一段或者更多的频谱进行修正,使编码效率更高。对于每一个运作在频域的可选模块,默认的选项是"通过",在任何情况下,当该项操作被省略时,其输入端的频谱信号不作修改地直接通过该模块。

中华人民共和国国家质量监督检验检疫总局2002-05-08批准　　2002-10-01实施

比特流去格式化模块的输入是MPEG-2 AAC比特流。去格式化器将MPEG-2 AAC数据流的各部分分离成为对应各个模块的数据部分，并且提供给该模块与之有关的比特流信息。

比特流去格式化器的输出是：

- 无噪声编码频谱的分区信息；
- 无噪声编码的频谱；
- M/S的判决信息(可选)；
- 预测器状态信息(可选)；
- 强度立体声控制信息和耦合声道控制信息(均可选)；
- 时域噪声整形(TNS)信息(可选)；
- 滤波器控制信息；
- 增益控制信息(可选)。

无噪声解码模块从比特流去格式化器取得信息，分析该信息，对霍夫曼码字解码，重建量化频谱以及霍夫曼编码和DPCM编码的比例因子。

无噪声解码模块的输入是：

- 无噪声编码频谱的分区信息；
- 无噪声编码的频谱。

无噪声解码模块的输出是：

- 比例因子的解码整型表示；
- 频谱的量化值。

反量化模块获得频谱的量化值，将整型值转化成非归一化的重建频谱。量化器是非均匀量化。

反量化模块的输入是：

- 频谱的量化值。

反量化模块的输出是：

- 非归一化的反量化频谱。

比例因子模块将比例因子的整型表示转化为真实值，与相应的非归一化反量化频谱相乘。

比例因子模块的输入是：

- 比例因子的整型表示；
- 非归一化的反量化频谱。

比例因子模块的输出是：

- 归一化的反量化频谱。

M/S模块在M/S判决信息的控制下，将频谱对从中间/旁边转化成为左/右，从而提高编码效率。

M/S模块的输入是：

- M/S判决信息；
- 与成对声道相关的，归一化的反量化频谱。

M/S模块的输出是：

- 经过M/S解码的、与成对声道相关的、归一化的反量化频谱。

注意：对于每个声道单独编码的归一化的反量化频谱，M/S模块不加处理，而是让它们直接通过不加修改。如果M/S模块不可用，所有的频谱都不加修改地直接通过。

预测模块是编码器中预测的逆过程。它将编码时预测模块去除的冗余重新引入，并由预测状态信息加以控制。该模块由一个二阶后向自适应预测器实现。

预测模块的输入是：

- 预测器状态信息；
- 归一化的反量化频谱。

预测模块的输出是：

- 使用预测器后的归一化的反量化频谱。

注意：如果未使用预测，归一化的反量化频谱不加修改地直接通过。

强度立体声/耦合模块完成成对频谱的强度立体声解码。此外，在耦合控制信息的控制下，它将非独立切换耦合声道的有关信息加到该点的频谱之上。

强度立体声/耦合模块的输入是：

- 反量化频谱；
- 强度立体声控制信息和耦合控制信息。

强度立体声/耦合模块的输出是：

- 经过强度和耦合声道解码后的反量化频谱。

注意：如果这个模块的任一部分被禁用，反量化频谱不加修改地直接通过该模块。强度立体声模块和M/S模块的安排使得对于给定的任何比例因子频段和一簇频谱对而言，M/S和强度立体声的操作是互斥的。

时域噪声整形(TNS)模块对编码噪声的精细时间结构加以控制。在编码器中，TNS将所处理的时域信号包络变平坦。对于解码器，在TNS信息的控制下，用相反的过程来恢复真实的时域包络。这种恢复是通过对部分频谱数据的滤波来完成。

TNS模块的输入是：

- 反量化的频谱；
- TNS信息。

TNS模块的输出是：

- 反量化的频谱；

注意：如果该模块被禁用，反量化频谱值不加修改地直接通过。

滤波器组模块为编码器中频率映射的相反过程，由滤波器组控制信息和可能存在的增益控制信息加以表示。滤波器组使用了改进离散余弦反变换(IMDCT)。如果没有使用增益控制模块，按window_sequence的取值不同，IMDCT的输入由1024线或128线的频谱系数构成(见6.3，表6.11)；相反，如果使用了增益控制模块，滤波器组的输入则由四组256线或32线的频谱系数构成，其取决于window_sequence的值。

滤波器组模块的输入是：

- 反量化的频谱；
- 滤波器组的控制信息。

滤波器组模块的输出是：

- 重建的时域音频信号。

如果存在增益控制模块，它会在该模块输入端信号的4个频带上分别加上一个独立的时域增益控制(这4个频带是由编码器的增益控制模块的PQF滤波器组生成的)。然后，它将4个频带组合起来并通过增益控制模块重建时间波形。

增益控制模块的输入是：

- 重建的时域音频信号；
- 增益控制信息。

增益控制模块的输出是：

- 重建的时域音频信号；

如果增益控制模块没有激活，重建的时域音频信号直接从滤波器组通过，成为解码器的输出。该模块仅用于采样频率可分级(SSR)框架。

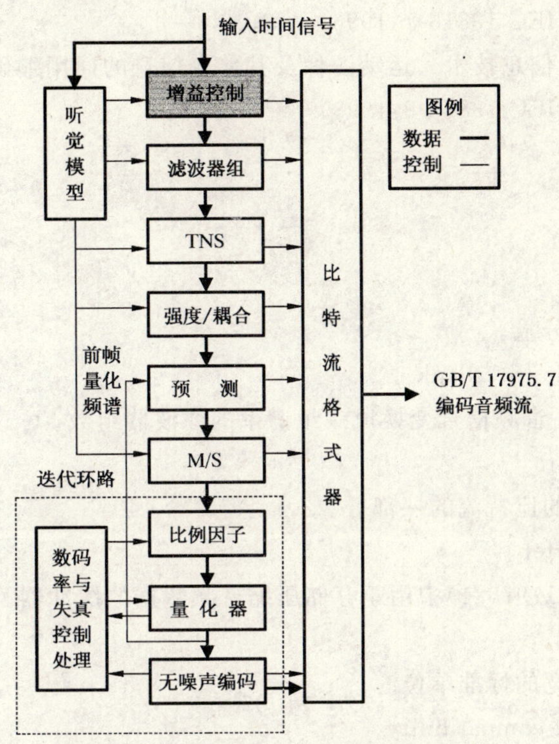

图 1.1 MPEG-2 AAC 编码器框图

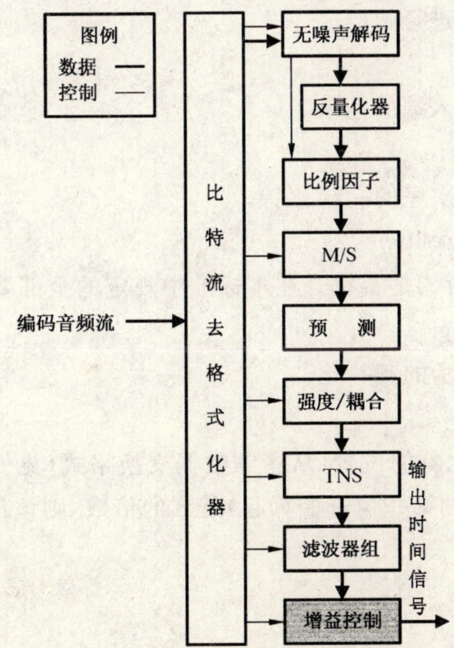

图 1.2 MPEG-2 AAC 解码器

2 引用标准

下列标准所包含的条文,通过在本标准中引用而构成为本标准的条文。本标准出版时,所示版本均为有效。所有标准都会被修订,使用本标准的各方应探讨使用下列标准最新版本的可能性。

GB/T 17191.3—1997 信息技术 具有1.5Mbit/s数据传输率的数字存储媒体运动图像及其伴音的编码 第3部分:音频(idt ISO/IEC 11172-3:1993)

GB/T 17975.1—2000 信息技术 运动图像及其伴音信息的通用编码 第1部分:系统(idt ISO/IEC 13818-1:1996)

GB/T 17975.3—2002 信息技术 运动图像及其伴音信息的通用编码 第3部分:音频(idt ISO/IEC 13818-3:1998)

3 定义

本标准采用下列术语。

3.1 混叠 alias

采样所产生的镜像信号分量。

3.2 分析滤波器组 analysis filterbank

在编码器中把宽带PCM音频信号变换成一组谱系的滤波器组数。

3.3 辅助数据 ancillary data

可以用作辅助数据传输的比特流的一部分。

3.4 音频缓冲器 audio buffer

系统目标解码器(GB/T 17975.1)中用于存储压缩音频数据的缓冲器。

3.5 巴 Bark

对应于人类听觉临界带宽的标准单位。

3.6 向下兼容性 backward compatibility

新的编码标准是向下可兼容旧的编码标准,即:按旧的编码标准设计成的解码器也能对按新的编码标准产生比特流的全部或者部分进行解码。

3.7 比特率 bitrate

压缩比特流传输到解码器输入端的速率。

3.8 比特流;码流 bitstream;stream

用作数据编码表示的有一定次序的一组比特。

3.9 比特流检测器 bitstream verifier

一个进程,通过它来检查比特流是否符合在本标准中规定的全部要求。

3.10 块压扩 block companding

某一时间内音频信号数字表示的归一化。

3.11 字节对齐 byte aligned

在编码比特流中,如果某一比特的位置(从音频数据交换格式(见6.1)的比特流的第一位或者音频数据传递格式(见6.2)的同步字的第一位开始算起)是8的倍数,则该比特就称为字节对齐的。

3.12 字节 byte

8个比特的序列。

3.13 中置声道 centre channel

一个音频声道,用来稳定前沿立体映像的中间成分。

3.14 声道 channel

用来表示在一收听位置再现音频信号的数据序列。

3.15 编码音频比特流 coded audio bitstream

音频信号的编码表示。

3.16 编码表示 coded representation

以编码形式表示的数据单元。

3.17 压缩 compression

用缩减比特数表示数据项的内容。

3.18 恒比特率 constant bitrate

编码比特流从开始到结束的比特率是常量的操作。

3.19 CRC

循环冗余校验,以检测数据的正确性。

3.20 临界带 critical band

这一带宽单位表示了人类听觉系统的标准带宽划分,与人的耳蜗的固定长度相对应。在低频时近似等于 100 Hz,在高频时为 1/3 的八度音阶,约 700 Hz。

3.21 数据单元 data element

编码前和编码后的数据项的表示。

3.22 去加重 de-emphsis

对存储或传输的音频信号所采取的一种滤波,以消除因加重而引起的线性失真。

3.23 解码流 decoded stream

压缩比特流的解码重建。

3.24 解码器 decoder

解码处理的实体。

3.25 解码 decoding

在本标准中定义的一种数据处理,即读入编码比特流并输出解码的音频采样值。

3.26 数字存储媒体 digital storage media;DSM

用于数字存储或传输的器件或系统。

3.27 离散余弦变换 discrete cosine transform ;DCT

离散余弦正变换或离散余弦反变换。DCT 是一种可逆的离散正交变换。

3.28 向下混合 downmix

对 n 个声道进行矩阵变换得到少于 n 的声道数。

3.29 编辑 editing

对一个或多个压缩比特流进行操作,以产生一个新的比特流。合格的编辑后的比特流必须满足本标准中规定的要求。

3.30 加重 emphasis

音频信号在进行存储或传输前所进行的滤波,以提高高频信噪比。

3.31 编码器 coder

编码处理的实体。

3.32 编码 coding

MPEG-2 中未规定的处理,即读入的音频采样流,并产生一个在本标准中定义的有效的比特流。

3.33 熵编码 entropy coding

信号数字表示中的一种变长无损编码,用以减少统计特性上的冗余。

3.34 FFT

快速傅立叶变换。离散傅立叶变换的快速算法(一种正交变换)。

3.35 滤波器组 filterbank

覆盖全部音频范围的一组带通滤波器。

3.36 标记 flag

一个变量,可用来表示在本标准中定义的二值值集中的一个值。

3.37 向上兼容性 forward compatibility

新的编码标准是向上可兼容旧的编码标准的,即:按新的编码标准设计成的解码器也能对按旧的编码标准产生的比特流进行解码。

3.38 Fs

采样频率。

3.39 汉宁窗 Hann Window

在进行傅立叶变换前对音频样本块逐点使用的时间函数。

3.40 霍夫曼编码 Huffman coding

熵编码的一种具体方法。

3.41 混合型滤波器组 hybrid filterbank

子带滤波器组与 MDCT 的级联组合。

3.42 IDCT

离散余弦反变换。

3.43 IMDCT

改进的离散余弦反变换。

3.44 强度立体声 intensity stereo

基于在高频部分仅保留左右声道的能量包络,利用立体声音频节目中的立体声无关性或冗余的一种方法。

3.45 联合立体声编码 joint stereo coding

利用立体声无关性或冗余的一种方法。

3.46 联合立体模式 joint stereo mode

使用联合立体声编码算法的音频编码方法。

3.47 低频增强声道 low frequency enhancement (LFE)

在多声道系统中用于低频效果的有限带宽声道。

3.48 主音频声道 main audio channels

在一个节目中所有的单声道单元(见 8.2.1)或双声道单元(见 8.2.1)。

3.49 映射 maping

音频信号通过子带滤波或 MDCT 进行从时域到频域的转换。

3.50 掩蔽 masking

人类听觉系统的特性:一个音频信号在另一音频信号存在的情况下,无法被感知。

3.51 掩蔽阈值 masking threshold

时域和频域的函数,低于它的音频信号人耳则无法感知。

3.52 改进离散余弦变换 modified discrete cosine transform (MDCT)

具有时域混叠抵消特性的变换,对 MDCT 的分析可以参见附录B的 B 2.3.1.2。

3.53 M/S 立体声　M/S stereo

一种利用立体声音频节目中的立体声无关性和冗余性以及去除声像中人工分量的方法。对和及差信号编码,而非对左右两个声道编码。

3.54 多声道　multichannel

多个音频声道的组合,以产生空间声音场。

3.55 多语种　multilingual

用不止一种语言来表现对话。

3.56 非音色成分　non-tonal component

音频信号的类噪声成分。

3.57 奈奎斯特采样　Nyquist sampling

以信号最高频率分量的两倍或两倍以上的频率采样。

3.58 填料　padding

通过在音频帧中有条件地加入间隔,将音频帧的平均时长调整为相应的 PCM 样本宽度的方法。

3.59 参数　parameter

在此标准语法中的一个变量,可代表一个范围内的值。

注:可代表唯一两个值中的一个的变量是标记或指示值而不是参数。

3.60 分析程序　parser

解码器的功能级,它从编码比特流中抽取一串比特来表示编码单元。

3.61 多相滤波器组　polyphase filterbank

一组有相同带宽、特殊相位关系的滤波器,可以高效实现滤波器组。

3.62 预测误差　prediction error

采样的真实值或数据单元与它的预测值之间的差。

3.63 预测　prediction

用预测器估算当前被解码的采样值或数据单元。

3.64 预测器　predictor

先前解码的采样值或数据单元的线性组合。

3.65 表现声道　presentation channel

解码器输出的音频声道。

3.66 节目　program

一组主音频声道,coupling _ channel _ elements(耦合声道单元)(见 8.2.1),lfe _ channel _ elements(低音增强声道单元)(见 8.2.1)以及将要解码与回放的相关的数据流,一个节目可以缺省定义(见 8.5.1)或由 program _ configuration _ element(见 8.2.1)定义,在任何比特流中一个给定的 single _ channel _ element(见 8.2.1),channel _ pair _ element(见 8.2.1),coupling _ channel _ element,lfe _ channel _ element(见 8.2.1)或数据通道可以伴随一个或多个节目。

3.67 心理分析模型　psychoacoustic model

人类听觉系统的掩蔽行为的数学模型。

3.68 随机访问　random access

从任意点开始对编码比特流进行读取和解码的过程。

3.69 保留　reserved

在定义编码比特流中的"保留"项,可能在将来的标准扩展中被用到。

3.70 采样频率　Sampling Frequency(Fs)

以赫兹(Hz)定义其速率,它用来在采样过程中数字化音频信号。

3.71 比例因子 scalefactor

量化前按此因子标度一组数值。

3.72 比例因子频带 scalefactor band

用同一个比例因子标度的一组频谱系数。

3.73 比例因子索引 scalefactor index

比例因子的一个编码值。

3.74 边信息 side information

比特流中控制解码的必要的信息。

3.75 谱系数 spectral coefficient

分析滤波器组中输出的离散频谱域数据。

3.76 分布函数 spreading function

描述掩蔽效应的频率分布的函数。

3.77 立体声无关性 stereo-irrelevant

立体声音频信号中对空间感无贡献的部分。

3.78 填充(位);填充(字节) stuffing (bits); stuffing (byte)

可以插入到压缩比特流的特别位置中,而在解码过程中被去除的码字。填充的目的是为了增加码流的比特率,否则,将低于要求的比特率。

3.79 环绕声道 sorround channel

附加于前向声道(L 和 R 或 L,R 和 C)的音频表现声道,用来增强空间感。

3.80 同步字 syncword

嵌入在音频比特流中的 12 位码,用来确定 adts_frame()的开始(见 6.2,表 6.4)。

3.81 综合滤波器组 synthesis filterbank

解码器中的滤波器组,用来从子带样本中重建 PCM 音频信号。

3.82 音色成分 tonal component

音频信号的正弦状成分。

3.83 可变比特率 variable bitrate

在对压缩比特流解码期间比特流随时间变化的操作。

3.84 可变长编码 variable length coding

可逆的编码过程。对频率高的事件用较短的码字,对频率低的事件用较长的码字。

3.85 可变长码字 variable length code (VLC)

可变长编码器产生的码字(见可变长编码)。

3.86 可变长解码器 variable length decoder

获取用可变长编码技术所编码的符号的过程。

3.87 可变长编码器 variable length encoder

把符号赋予可变长码字的过程。

4 符号和缩略语

本标准使用的数学运算符号与 C 语言类似。但取整和舍入的整数除法是特殊定义的。位操作是在整数是二进制补码表示的假设前提下定义的。编号和计数循环从零开始。

4.1 算术运算符

+	加
−	减(二元运算)或负(一元运算)
++	增加
−−	减少
*	乘
∧	幂
/	整数除法结果向零取整。例如,7/4 和−7/−4 取整为 1,−7/4 和 7/−4 取整为−1。
//	整除除法,结果舍入到最近的整数。除非特殊说明,半整数值背零舍入,即四舍五入。例如:3/2 为 2,−3/2 为−2 。
DIV	整数除法,结果向−∞取整。
‖	绝对值　$\|x\|=x$　当 $x>0$ $\|x\|=0$　当 $x=0$ $\|x\|=-x$　当 $x<0$
%	取模　只对正数有定义。
Sign()	取符号　$\mathrm{Sign}(x)=1$　当 $x>0$ $\mathrm{Sign}(x)=0$　当 $x=0$ $\mathrm{Sign}(x)=-1$　当 $x<0$
INT()	取整数。返回实数值的整数部分。
NINT()	取最近整数。返回实数值的最近的整数值。半整数值背零舍入,即四舍五入。
sin	正弦
cos	余弦
exp	指数
$\sqrt{\ }$	平方根
$\log_{10}$	10 为底的对数
$\log_e$	e 为底的对数
$\log_2$	2 为底的对数

4.2 逻辑运算符

‖	逻辑或
&&	逻辑与
!	逻辑非

4.3 关系运算符

>	大于
>=	大于等于
<	小于
<=	小于等于
==	等于
! =	不等于
max[,...,]	参数表中的最大值
min[,...,]	参数表中的最小值

4.4 位操作符

使用位操作时,假设操作数为二进制的补码表示。

&	与

| 或

≫ 带符号扩展右移

≪ 补零左移

4.5 赋值

= 赋值运算符

4.6 助记符

下面定义的助记符用以描述编码比特流中的不同数据类型。

bslbf 位串，左位在前，这里"左"是按GB/T 17191中写的位串的顺序。位串是带单引号的1和0串。如'1000 0001'。位串内的空格是便于阅读的，无特殊意义。

L,C,R,LS,RS 左、中、右、左环绕和右环绕音频信号

rpchof 剩余多项式系数，高阶在前(音频)

uimsbf 无符号整数，最高有效位在前

vlclbf 变长编码，左位在前，其中"左"系指VLC码的书写顺序

window 当block_type==2,0<=window<=2时，实际时隙的数目。(音频)

多字节字的顺序是最高有效字节在前。

4.7 常量

π 3.14159265358.....

e 2.71828182845.....

5 描述比特流语法的方法

由解码器恢复的比特流在第6章(语法)中描述。比特流中的每一个数据项用黑体。通过名字、按位的长度以及其类型和传输顺序的助记符来描述。

比特流中被解码的数据元素所导致的操作，依赖于该数据元素的值及以前解码的数据元素。数据元素的解码及所用的状态变量的定义在8.3中描述。下面的语法结构表示数据元素以标准类型出现时的情形。

注意本语法用"C"代码规定，变量或表达式为非零值时等价于条件为真。

```
while(condition){
  data_element
  ......
}
```

若条件为真，则数据元素组紧接着数据流产生。如此重复直到条件为非真

```
do {
  data_element
  ......
} while(condition)
```

数据元素至少产生一次。数据元素重复产生直至条件为非真。

```
if (condition)  {
  data_element
  ......
```

若条件为真，在数据流中产生第一组数据元素

```
} else {
  data_element
  ......
```

若条件为非真，在数据流中产生第二组数据元素

}

for(expr1;expr2;expr3){	expr1 是指定循环初始状态表达式,通常它指定了计数器的初始状态
data _ element	expr2 是指定的每次循环前的测试条件。条件为非真时循环终止
……	expr3 是每次循环结束时执行的表达式,一般是增加计数器
}	

注意:本结构的最通常用法为:

for(i=0;i<n;i++){	数据元素组产生 n 次。数据元素组内的条件结构可能依赖循环控制
data _ element	变量的值 i。第一次出现时被置为 0,第二次增加到 1,如此往复
……	
}	

注:数据元素组中可能含有嵌套结构。为简便起见,当后面只有一个数据元素时{ }省略。

data _ element[ ]	data _ element 是一数组数据,数据元素的个数由上下文而定
data _ element[n]	data _ element[n]是数组数据的第 n+1 个元素
data _ element[m][n]	data _ element[m][n]是二维数组的第 m+1,n+1 个元素
data _ element[l][m][n]	data _ element[l][m][n]是三维数组的第 l+1,m+1,n+1 个元素
data _ element[m..n]	data _ element[m..n]是位 m 到位 n 之间包括的位

虽然语法用过程项表示,但不能认为条款×.×.×实现了可靠的解码过程。它只是定义了一个正确的无错误的比特流输入。实际的解码器必须包括查寻起始码的方法才能开始正确解码。

bytealigned 函数的定义

如果当前位置在字节的边界,bytealigned( )函数返回 1,即比特流中的下一位是一个字节的起始位;否则返回 0。

nextbits 函数的定义

函数 nextbits()将位串与比特流中将要解码的下一比特进行比较。

第二栏注明了每个数据元素的比特数。"X..Y"表示比特数的大小介于 X 和 Y 之间,包括 X 和 Y。"{ X;Y }"表示比特数的大小为 X 或 Y,取决于比特流中其他数据元素的值。

6 语法

6.1 Audio _ Data _ Interchange _ Format , ADIF

表 6.1 **adif _ sequence**( )语法

语法	比特数	助记符
adif _ sequence( )		
{		
adif _ header( )		
byte _ alignment( )		
raw _ data _ stream( )		
}		

表 6.2 **adif _ header( )**语法

语法	比特数	助记符
adif _ header( )		
{		
adif _ id	32	**bslbf**
copyright _ id _ present	1	**bslbf**
if(copyright _ id _ present)		
copyright _ id	72	**bslbf**
original _ copy	1	**bslbf**
home	1	**bslbf**
bitstream _ type	1	**bslbf**
bitrate	23	**uimsbf**
num _ program _ config _ elements	4	**bslbf**
for(i=0; i<num _ program _ config _ elements+1; i++) {		
if(bitstream _ type=='0')		
adif _ buffer _ fullness	20	**uimsbf**
program _ config _ element( )		
}		
}		

6.2 **Audio _ Data _ Transport _ Stream frame, ADTS**

表 6.3 **adts _ sequence( )** 语法

语法	比特数	助记符
adts _ sequence( )		
{		
while (nextbits( ) == syncword) {		
adts _ frame( )		
}		
}		

表 6.4 **adts _ frame( )** 语法

语法	比特数	助记符
adts _ frame( )		
{		
adts _ fixed _ header( )		
adts _ variable _ header( )		
adts _ error _ check( )		
byte _ alignment( )		
for(i=0; i<number _ of _ raw _ data _ blocks _ in _ frame+1; i++) {		
raw _ data _ block( )		
byte _ alignment( )		
}		
}		

6.2.1 ADTS 的固定字头

表 6.5 **adts _ fixed _ header( )**语法

语法	比特数	助记符
adts _ fixed _ header( )		
{		
syncword	12	**bslbf**
ID	1	**bslbf**
layer	2	**uimsbf**
protection _ absent	1	**bslbf**
profile	2	**uimsbf**
sampling _ frequency _ index	4	**uimsbf**
private _ bit	1	**bslbf**
channel _ configuration	3	**uimsbf**
original/copy	1	**bslbf**
home	1	**bslbf**
}		

6.2.2 ADTS 的可变字头

表 6.6 **adts _ variable _ header( )** 语法

语法	比特数	助记符
adts _ variable _ header( )		
{		
copyright _ identification _ bit	1	**bslbf**
copyright _ identification _ start	1	**bslbf**
frame _ length	13	**bslbf**
adts _ buffer _ fullness	11	**bslbf**
number _ of _ raw _ data _ blocks _ in _ frame	2	**uimsfb**
}		

6.2.3 误差检测

表 6.7 **adts _ error _ check( )** 语法

语法	比特数	助记符
adts _ error _ check( )		
{		
if (protection _ absent = = '0')		
crc _ check	16	**rpchof**
}		

6.3 原始数据

这是一个原始数据流(raw _ data _ stream)。它能被直接解码,或者利用一个可变速率字头和一个缓冲器是否满的测试位串，并把一帧内的所有数据包含在两个字头中间，转换成音频数据传输流（Audio _ Data _ Transport）。

表 6.7a **raw _ data _ stream( )** 语法

语法	比特数	助记符
raw _ data _ stream( )		
{		
while (data _ available( )) {		
raw _ data _ block( )		
byte _ alignment( )		
}		
}		

表 6.8 **raw _ data _ block( )** 语法

语法	比特数	助记符
raw _ data _ block( )		
{		
while ((id=**id _ syn _ ele**)! =ID _ END) {	3	**uimsbf**
switch (id) {		
case ID _ SCE: single _ channel _ element( )		
break;		
case ID _ CPE: channel _ pair _ element( )		
break;		
case ID _ CCE: coupling _ channel _ element( )		
break;		
case ID _ LFE: lfe _ channel _ element( )		
break;		
case ID _ DSE: data _ stream _ element( )		
break;		
case ID _ PCE: program _ config _ element( )		
break;		
case ID _ FIL: fill _ element( )		
break;		
}		
}		
}		

表 6.9 **single _ channel _ element( )** 语法

语法	比特数	助记符
single _ channel _ element( )		
{		
element _ instance _ tag	4	**uimsbf**
individual _ channel _ stream(0)		
}		

表 6.10 **channel _ pair _ element**( )语法

语法	比特数	助记符
channel _ pair _ element( )		
{		
element _ instance _ tag	4	**uimsbf**
common _ window	1	**uimsbf**
if (common _ window) {		
ics _ info( )		
ms _ mask _ present	2	**uimsbf**
if (ms _ mask _ present==1) {		
for(g=0; g<num _ window _ groups; g++) {		
for(sfb=0; sfb<max _ sfb; sfb++) {		
ms _ used[g][sfb]	1	uimsbf
}		
}		
}		
}		
individual _ channel _ stream(common _ window)		
individual _ channel _ stream(common _ window)		
}		

表 6.11 **ics _ info**( )语法

语法	比特数	助记符
ics _ info( )		
{		
ics _ reserved _ bit	1	**bslbf**
window _ sequence	2	**uimsbf**
window _ shape	1	**uimsbf**
if (window _ sequence ==ELGHT _ SHORT _ SEQUENCE) {		
max _ sfb	4	**uimsbf**
scale _ factor _ grouping	7	**uimsbf**
}		
else {		
max _ sfb	6	**uimsbf**
predictor _ data _ present	1	**uimsbf**
if (predictor _ data _ present) {		
predictor _ reset	1	**uimsbf**
if (predictor _ reset) {		
predictor _ reset _ group _ number	5	**uimsbf**
}		
for (sbf=0; sfb<min(max _ sfb, PRED _ SFB _ MAX); sfb++) {		
prediction _ used[**sfb**]	1	**uimsbf**
}		
}		
}		
}		

表 6.12 **individual _ channel _ stream( )** 语法

语法	比特数	助记符
individual _ channel _ stream(common _ window)		
{		
global _ gain	8	**uimsbf**
if(! common _ window)		
ics _ info( )		
section _ data( )		
scale _ factor _ data( )		
pulse _ data _ present	1	**uimsbf**
if(pulse _ data _ present) {		
pulse _ data( )		
}		
tns _ data _ present	1	**uimsbf**
if (tns _ data _ present) {		
tns _ data( )		
gain _ control _ data _ present	1	**uimsbf**
if(gain _ control _ data _ present)		
gain _ control _ data( )		
spectral _ data( )		
}		

表 6.13 **section _ data( )** 语法

语法	比特数	助记符
section _ data()		
{		
if(window _ sequence = = EIGHT _ SHORT _ SEQUENCE)		
sect _ esc _ val=(1<<3)−1		
else		
sect _ esc _ val=(1<<5)−1		
for (g=0; g<num _ window _ groups; g++) {		
k=0		
i=0		
while (k<max _ sfb) {		
sect _ cb[g][i]	4	**uimsbf**
sect _ len=0		
while (**sect _ len _ incr**==sect _ esc _ val)	{3;5}	**uimsbf**
sect _ len += sect _ esc _ val		
sect _ len += sect _ len _ incr		
sect _ start[g][i] = k		
sect _ end[g][i] = k+sect _ len		
for (sfb=k; sfb<k+sect _ len; sfb++)		

表 6.13(完)

语法	比特数	助记符
sfb _ cb[g][sfb]=sect _ cb[g][i];		
k += sect _ len		
i++		
}		
num _ sec[g] = i		
}		
}		

表 6.14 **scale _ factor _ data**( )语法

语法	比特数	助记符
scale _ factor _ data( )		
{		
for (g=0; g<num _ window _ groups; g++) {		
for (sfb=0; sfb<max _ sfb; sfb++) {		
if (sfb _ cb[g][sfb]! =ZERO _HCB) {		
if (is _ intensity(g,sfb))		
hcod _ sf[dpcm _ is _ position[g][sfb]]	1..19	**bslbf**
else		
hcod _ sf[dpcm _ sf[g][sfb]]	1..19	**bslbf**
}		
}		
}		
}		

表 6.15 **tns _ data**( )语法

语法	比特数	助记符
tns _ data( )		
{		
for (w=0; w<nuw _ windows; w++) {		
n _ filt[w]	1..2	**uimsbf**
if (n _ filt[w])		
coef _ res[w]	1	**uimsbf**
for (filt=0; filt<n _ filt[w]; filt++) {		
length[w][filt]	{4;6}	**uimsbf**
order[w][filt]	{3;5}	**uimsbf**
if (order[w][filt]) {		
direction[w][filt]	1	**uimsbf**
coef _ compress[w][filt]	1	**uimsbf**
for (i=0; i<order[w][filt]; i++)		
coef[w][filt][i]	2..4	**uimsbf**
}		
}		
}		
}		

表 6.16 **spectral _ data( )** 语法

语法	比特数	助记符
spectral _ data( )		
{		
for(g=0; g<num _ window _ groups; g++) {		
for (i=0; i<num _ sec[g]; i++) {		
if(sect _ cb[g][i]! =ZERO _ HCB&&		
sect _ cb[g][i]<=ESC _ HCB) {		
for (k=sect _ sfb _ offset[g][sect _ start[g][i]];		
k<sect _ sfb _ offset[g][sect _ end[g][i]];) {		
if(sect _ cb[g][i]<FIRST _ PAIR _ HCB) {		
hcod[sect _ cb[g][i]][w][x][y][z]	1..16	**bslbf**
if(unsigned _ cb[sect _ cb[g][i]])		
quad _ sign _ bits	0..4	**bslbf**
k += QUAD _ LEN		
}		
else {		
hcod[sect _ cb[g][i][y][z]	1..15	**bslbf**
if (unsigned _ cb[sect _ cb[g][i]])		
pair _ sign _ bits	0..2	**bslbf**
k += PAIR _ LEN		
if(sect _ cb[g][i] = = ESC _ HCB) {		
if(y = = ESC _ FLAG)		
hcod _ esc _ y	5..21	**bslbf**
if(z = = ESC _ FLAG)		
hcod _ esc _ z	5..21	**bslbf**
}		
}		
}		
}		
}		
}		
}		

表 6.17 **pulse _ data( )** 语法

语法	比特数	助记符
pulse _ data( ) {		
number _ pulse	2	**uimsbf**
pulse _ start _ sfb	6	**uimsbf**
for (i=0; i<number _ pulse+1; i++) {		
pulse _ offset[i]	5	**uimsbf**
pulse _ amp[i]	4	**uimsbf**
}		
}		

表 6.18 **coupling_channel_element( )** 语法

语法	比特数	助记符
coupling_channel_element( )		
{		
element_instance_tag	4	**uimsbf**
ind_sw_cce_flag	1	**uimsbf**
num_coupled_elements	3	**uimsbf**
num_gain_element_lists=0		
for(c=0; c<num_coupled_elements+1; c++) {		
num_gain_element_lists++		
cc_target_is_cpe[c]	1	**uimsbf**
cc_target_tag_select[c]	4	**uimsbf**
if (cc_target_is_cpe[c]) {		
cc_l[c]	1	**uimsbf**
cc_r[c]	1	**uimsbf**
if(cc_l[c]&&cc_r[c])		
num_gain_element_lists++		
}		
}		
cc_domain	1	**uimsbf**
gain_element_sign	1	**uimsbf**
gain_element_scale	2	**uimsbf**
individual_channel_stream(0)		
for (c=1; c<num_gain_element_lists; c++) {		
if (ind_sw_cce_flag) {		
cge=1		
} else {		
common_gain_element_present[c]	1	**uimsbf**
cge=common_gain_element_present[c]		
}		
if (cge)		
hcod_sf[common_gain_element[c]]	1..19	bslbf
else {		
for (g=0; g<num_window_groups; g++) {		
for (sfb=0; sfb<max_sfb; sfb++) {		
if (sfb_cb[g][sfb]! =ZERO_HCB)		
hcod_sf[dpcm_gain_element[c][g][sfb]]	1..19	**bslbf**
}		
}		
}		
}		
}		

表 6.19 **lfe _ channel _ element**( )语法

语法	比特数	助记符
lfe _ channel _ element( )		
{		
element _ instance _ tag	4	**uimsbf**
individual _ channel _ stream(0)		
}		

表 6.20 **data _ stream _ element**( )语法

语法	比特数	助记符
data _ stream _ element( )		
{		
element _ instance _ tag	4	**uimsbf**
data _ byte _ align _ flag	1	**uimsbf**
cnt =**count**	8	**uimsbf**
if (cnt == 255)		
cnt += **esc _ count**;	8	**uimsbf**
if(data _ byte _ align _ flag)		
byte _ alignment( )		
for(i=0; i<cnt; i++)		
data _ stream _ byte[element _ instance _ tag][i];	8	**uimsbf**
}		

表 6.21 **program _ config _ element**( )语法

语法	比特数	助记符
program _ config _ element()		
{		
element _ instance _ tag	4	**uimsbf**
profile	2	**uimsbf**
sampling _ frequency _ index	4	**uimsbf**
num _ front _ channel _ elements	4	**uimsbf**
num _ side _ channel _ elements	4	**uimsbf**
num _ back _ channel _ elements	4	**uimsbf**
num _ lfe _ channel _ elements	2	**uimsbf**
num _ assoc _ data _ elements	3	**uimsbf**
num _ valid _ cc _ elements	4	**uimsbf**
mono _ mixdown _ present	1	**uimsbf**
if(mono _ mixdown _ present == 1)		
mono _ mixdown _ element _ number	4	**uimsbf**
stereo _ mixdown _ present	1	**uimsbf**
if(stereo _ mixdown _ present == 1)		
stereo _ mixdown _ element _ number	4	**uimsbf**
matrix _ mixdown _ idx _ present	1	**uimsbf**

表 6.21(完)

语法	比特数	助记符
if(matrix-mixdown _ idx _ present == 1) {		
matrix _ mixdown _ idx	2	**uimsbf**
pseudo _ surround _ enable	1	**uimsbf**
}		
for(i=0; i<num _ front _ channel _ elements; i++){		
front _ element _ is _ cpe[i];	1	**bslbf**
front _ element _ tag _ select[i];	4	**uimsbf**
}		
for(i=0; i<num _ side _ channel _ elements; i++) {		
side _ element _ is _ cpe[i];	1	**bslbf**
side _ element _ tag _ select[i];	4	**uimsbf**
}		
for (i=0; i<num _ back _ channel _ elements; i++) {		
back _ element _ is _ cpe[i];	1	**bslbf**
back _ element _ tag _ select[i];	4	**uimsbf**
}		
for(i=0; i<num _ lfe _ channel _ elements; i++)		
lfe _ element _ tag _ select[i];	4	**uimsbf**
for(i=0; i<num _ assoc _ data _ elements; i++)		
assoc _ data _ element _ tag _ select[i];	4	**uimsbf**
for(i=0; i<num _ valid _ cc _ elements; i++) {		
cc _ element _ is _ ind _ sw[i];	1	**uimsbf**
valid _ cc _ element _ tag _ select[i];	4	**uimsbf**
}		
byte _ alignment( )		
comment _ field _ bytes	8	**uimsbf**
for(i=0; i<comment _ field _ bytes; i++)		
comment _ field _ data[i];	8	**uimsbf**
}		

表 6.22 **fill _ element**( )语法

语法	比特数	助记符
fill _ element()		
{		
cnt = **count**	4	**uimsbf**
if (cnt = = 15)		
cnt += **esc _ count**−1;	8	**uimsbf**
while (cnt>0) {		
cnt −= extension _ payload(cnt)		
}		
}		

表 6.23 **gain_control_data( )** 语法

语法	比特数	助记符
gain_control_data( )		
{		
max_band	2	**uimsbf**
if(window_sequence == ONLY_LONG_SEQUENCE) {		
for(bd=1; bd<=max_band; bd++) {		
for(wd=0; wd<1; wd++) {		
adjust_num[bd][wd]	3	**uimsbf**
for(ad=0; ad<adjust_num[bd][wd]; ad++) {		
alevcode[bd][wd][ad]	4	**uimsbf**
aloccode[bd][wd][ad]	5	**uimsbf**
}		
}		
}		
}		
else if(window_sequence == LONG_START_SEQUENCE) {		
for(bd=1; bd<=max_band; bd++) {		
for(wd=0; wd<2; wd++) {		
adjust_num[bd][wd]	3	**uimsbf**
for(ad=0; ad<adjust_num[bd][wd]; ad++) {		
alevcode[bd][wd][ad]	4	**uimsbf**
if(wd == 0)		
aloccode[bd][wd][ad]	4	**uimsbf**
else		
aloccode[bd][wd][ad]	2	**uimsbf**
}		
}		
}		
}		
else if(window_sequence == EIGHT_SHORT_SEQUENCE) {		
for(bd=1; bd<=max_band; bd++) {		
for(wd=0; wd<8; wd++) {		
adjust_num[bd][wd]	3	**uimsbf**
for(ad=0; ad<adjust_num[bd][wd]; ad++) {		
alevcode[bd][wd][ad]	4	**uimsbf**
aloccode[bd][wd][ad]	2	**uimsbf**
}		
}		

表 6.23(完)

语法	比特数	助记符
}		
}		
else if(window _ sequence == LONG _ STOP _ SEQUENCE) {		
for(bd=1; bd<=max _ band; bd++) {		
for(wd=0; wd<2; wd++) {		
adjust _ num[bd][wd]	3	**uimsbf**
for(ad=0; ad<adjust _ num[bd][wd]; ad++) {		
alevcode[bd][wd][ad]	4	**uimsbf**
if(wd == 0)		
aloccode[bd][wd][ad]	4	**uimsbf**
else		
aloccode[bd][wd][ad]	5	**uimsbf**
}		
}		
}		
}		
}		

表 6.24 **extension _ payload( )** 语法

语法	比特数	助记符
extension _ payload (cnt)		
{		
extension _ type	4	**uimsbf**
switch (extension _ type) {		
case EXT _ DYNAMIC _ RANGE:		
n = dynamic _ range _ info ( );		
return n;		
case EXT _ FILL _ DATA:		
fill _ nibble /* must be '0000' */	4	**uimsbf**
for (i = 0; i< cnt - 1; i++)		
fill _ byte [i] /* must be '10100101' */	8	**uimsbf**
return cnt		
case default:		
for (i = 0; i<8*(cnt - 1)+4; i++)		
other _ bits[i]	1	**uimsbf**
return cnt		
}		
}		

表 6.25 **dynamic _ range _ info( )** 语法

语法	比特数	助记符
dynamic _ range _ info()		
{		
n = 1		
drc _ num _ bands = 1		
pce _ tag _ present	1	**uimsbf**
if (pce _ tag _ present == 1) {		
pce _ instance _ tag	4	**uimsbf**
drc _ tag _ reserved _ bits	4	**uimsbf**
n++		
}		
excluded _ chns _ present	1	**uimsbf**
if (excluded _ chns _ present == 1) {		
n += excluded _ channels ()		
}		
drc _ bands _ present	1	**uimsbf**
if (drc _ bands _ present == 1) {		
drc _ band _ incr	4	**uimsbf**
drc _ bands _ reserved _ bits	4	**uimsbf**
n++		
drc _ num _ bands = drc _ num _ bands + drc_ band _ incr		
for (i = 0; i<drc _ num _ bands; i++) {		
drc _ band _ top[i]	8	**uimsbf**
n++		
}		
}		
prog _ ref _ level _ present	1	**uimsbf**
if (prog _ ref _ level _ present == 1) {		
prog _ ref _ level	7	**uimsbf**
prog _ ref _ level _ reserved _ bits	1	**uimsbf**
n++		
}		
for (i = 0; i<drc _ num _ bands; i++) {		
dyn _ rng _ sgn[i]	1	**uimsbf**
dyn _ rng _ ctl[i]	7	**uimsbf**
n++		
}		
return n		
}		

表 6.26 **excluded _ channels( )** 语法

语法	比特数	助记符
excluded _ channels()		
{		
n = 0		
num _ excl _ chan = 7		
for (i=0; i<7; i++)		
exclude _ mask[i]	1	**uimsbf**
n++		
while (**additional _ excluded _ chns**[**n**−1] = = 1) {	1	**uimsbf**
for (i=num _ excl _ chan; i<num _ excl _ chan+7; i++)		
exclude _ mask[i]	1	**uimsbf**
n++		
num _ excl _ chan += 7		
}		
return n		
}		

7 框架

7.1 框架

MPEG-2 AAC 中定义了三层框架：

主框架

低复杂度框架

可分级采样率框架

节目配置单元和 ADTS 固定的字头里，一个两比特的字段描述了所使用的框架：

表 7.1 框架

索引	框架
0	主框架
1	低复杂度框架(LC)
2	可分级采样率框架(SSR)
3	(保留)

主框架

主框架用于可以不考虑存储器开销，并且处理能力足够充裕的时候。可使用除增益控制以外的所有模块，以提供最好的数据压缩效果。

低复杂度框架 LC

低复杂度框架用于存储器、处理能力和压缩要求均有限的时候。在这层框架中，不包括预测、增益控制模块，TNS 的阶数也受到限制。

可分级采样率框架 SSR

在这层框架中，增益控制模块是必需的。不包括预测和声道耦合，TNS 的阶数和带宽受到限制。但是增益控制不包括在 PQF(多相正交滤波器)四个子带的最低一个子带中。在音频带宽减小的情况下，

SSR 框架根据复杂度对频率分级。

MPEG-AAC 解码器和比特流的命名规则

解码器或比特流可以用下述形式命名:A.L.I.D 声道 <框架名>框架 MPEG-2 AAC 解码器。其中,A 表示主声道的个数,L 表示 LFE(低频增强)声道的个数,I 表示独立切换耦合声道的个数,D 表示非独立切换耦合声道的个数。<框架名>表示实际使用的框架。例如:5.1.1.1 声道主框架 MPEG-2 AAC 解码器,代表能够对 5 个主声道,1 个 LFE 声道,独立和非独立切换耦合声道各一个,并且所有声道采用主框架的比特流进行解码。也可简写为:M.5.1.1.1,其中 M 指出这是一个主框架解码器。类似地,低复杂度解码器可用“L”打头表示,SSR 框架用“S”打头表示。

主声道个数和框架确定时的最低解码能力

为了保证不同层次的互操作性,表 7.2 给出了主声道个数和框架确定时的最低解码器能力。

表 7.2　不同框架下的最低解码器能力

主声道个数	主框架解码能力	低复杂度框架解码能力	SSR 框架解码能力
1	1.0.0.0	1.0.0.0	1.0.0.0
2	2.0.0.0	2.0.0.0	2.0.0.0
3	3.0.1.0	3.0.0.1	3.0.0.0
4	4.0.1.0	4.0.0.1	4.0.0.0
5	5.1.1.1	5.1.0.1	5.1.0.0
7	7.1.1.2	7.1.0.2	7.1.0.0

7.1.1　框架决定的模块参数

最大 TNS 阶数和带宽

根据所用的框架,对于长窗常量 TNS_MAX_ORDER 有如下的取值:主框架中 TNS_MAX_ORDER 为 20,低复杂度框架和可分级采样率框架中 TNS_MAX_ORDER 为 12;对于短窗,三层框架中 TNS_MAX_ORDER 均为 7。

根据所用的采样率和框架,常量 TNS_MAX_BANDS 有如下的取值:

采样率/Hz	低复杂度/主框架（长窗）	低复杂度/主框架（短窗）	可分级采样率框架（长窗）	可分级采样率框架（短窗）
96000	31	9	28	7
88200	31	9	28	7
64000	34	10	27	7
48000	40	14	26	6
44100	42	14	26	6
32000	51	14	26	6
24000	46	14	29	7
22050	46	14	29	7
16000	42	14	23	8
12000	42	14	23	8
11025	42	14	23	8
8000	39	14	19	7

7.2　框架互操作性

比特流和解码器的互操作性

给定框架的比特流，只要它的主声道、LFE声道、独立耦合声道以及非独立耦合声道的个数小于或等于相应框架的解码器支持的声道个数，就能被解码。(见表7.3)

表7.3描述了三层框架的互操作性。

表7.3　框架互操作性

	编码器框架		
解码器框架	主框架	LC框架	SSR框架
主框架	是	是	否*
LC框架	否	是	否*
SSR框架	否	否**	是

* 在表7.3中，如果主框架或LC框架能够分离出(而不是解码)增益控制信息，就能对这两项进行带宽受限的解码，重建其音频。

** 在表7.3中，能够对此项解码，但解码信号的带宽将被限制在约5 kHz以内，相应于第一个PQMF滤波器频带的非混迭部分。

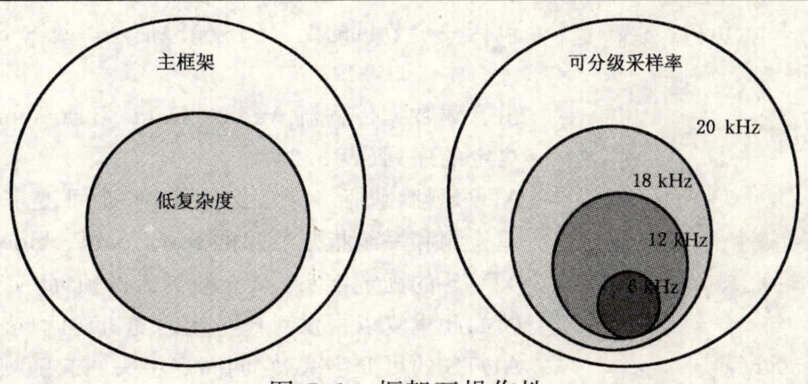

图7.1　框架互操作性

8　通用信息

8.1　音频数据交换格式 **Audio _ Data _ Interchange _ Format(ADIF)**，音频数据传输流 Audio _ Data _ Transport _ Stream(ADTS)和原始数据块 raw _ data _ block

8.1.1　定义

比特流单元：

adif _ sequence()　由音频数据交换格式 Audio _ Data _ Interchange _ Format 决定的序列(表6.1)

adif _ header()　Audio _ Data _ Interchange _ Format 的字头，位于 adif _ sequence 的开始(表6.2)。

raw _ data _ block()　见8.2.1节和表6.8

adif _ id　Audio _ Data _ Interchange _ Format 的标识符，取值0x41444946(最高位在前)，即字符串“ADIF”的ASCII码。

copyright _ id _ present　表明 copy _ right _ id 是否存在。

copyright _ id　此域包括一个8位的 copyright _ identifier，一个64位的 copyright _ number(表6.2)。copyright _ identifier 由国际标准化组织指定的注册机构分配。copyright _ number 的值唯一确定此版权内容。见GB/T 17975.3，2.5.2.13节。

original _ copy 见 GB/T 17191.3—1997，2.4.2.3(表 6.2)对 copyright 的定义。

home 见 GB/T 17191.3—1997,2.4.2.3(表 6.2)对 original _ copy 的定义。

bitstream _ type 表明比特流类型的标志。(表 6.2)：

'0' 匀速比特流,可通过信道匀速传输。

'1' 可变速比特流,不适于匀速信道传输。

bitrate 23 位的无符号整数。表明匀速比特流的比特率(比特/秒)或可变速比特流的最大峰值比特率(以帧划分)。'0'表示比特率未知。(表 6.2)

num _ **program _ config** _ element 当前 adif _ sequence()中 program _ config _ element 单元的个数。(表 6.2)

adif _ buffer _ fullness 对 adif _ sequence 的首个 raw _ data _ block 编码后,编码器缓冲区内剩余的比特数(表 6.2)。

program _ config _ element() 包括一个节目的配置(表 6.2)信息。见 8.5。

adts _ sequence() 由音频数据传输流 Audio _ Data _ Transport _ Stream ADTS 决定的序列(表 6.3)。

adts _ frame() ADTS 帧,包括一个固定字头,一个可变字头,一个可选的误差检测和一组指定数目的 raw _ data _ block()(表 6.4)。

adts _ fixed _ header() ADTS 的固定字头。从一帧到另一帧,此字头的内容不变。每帧如此重复以提供对比特流的随机访问(表 6.5)。

adts _ variable _ header() ADTS 的可变字头。它同固定字头一起随帧传输,但其中内容会随帧变化(表 6.6)。

adts _ error _ check() CRC 检错生成的数据,详见 GB/T 17191.3—1997，2.4.3.1(表 6.7)。以下数据位是被保护的,并且根据其出现顺序进入 CRC 算法中:

帧头的全部位。

任何

single _ channel _ element(SCE)

channel _ pair _ element(CPE)

coupling _ channel _ element(CCE)

低频增强声道(LFE)

单元中的前 192 位。

此外,在 channel _ pair _ element 单元中的第二个 individual _ channel _ stream 的前 128 位必须是被保护的。任何节目配置单元或数据单元中的全部信息必须是被保护的。

如果指定的保护长度(128 或 192 位),超过了任何单元的实际长度,就用'0'补足此单元以便 CRC 计算。

byte _ alignment() 如果在 raw _ data _ block 中被调用,就与 raw _ data _ block 的第一位对齐,否则与帧头的第一位对齐。

syncword 比特串'1111 1111 1111'。见 GB/T 17191.3—1997,2.4.2.3(表 6.5)。

ID MPEG 标识符,设置为'1'。见 GB/T 17191.3—1997,2.4.2.3(表 6.5)。

layer 表明所用的层。设置为'00'。见 GB/T 17191.3—1997,2.4.2.3(表 6.5)。

protection _ absent 表明是否存在 error _ check()数据。同 GB/T 17191.3—1997,2.4.1 和 2.4.2(表 6.5)中语法单元'protection _ bit'。

profile 所用的框架。见第 1 章(表 6.5)。

sampling _ frequency _ index 根据下表所指出的采样频率。(表 6.5)

sampling _ frequency _ index	采样频率
0x0	96000
0x1	88200
0x2	64000
0x3	48000
0x4	44100
0x5	32000
0x6	24000
0x7	22050
0x8	16000
0x9	12000
0xa	11025
0xb	8000
0xc	保留
0xd	保留
0xe	保留
0xf	保留

private _ bit 见 GB/T 17191.3—1997,2.4.2.3(表 6.5)

channel _ configuration 表明所用的声道结构。如果 channel _ configuration 大于 0,声道结构就是表 8.1 中的'缺省比特流索引数字',见 8.5。如果 channel _ configuration 等于 0,则声道结构并未被帧头指定,因此必须由三种方法给出,一种是由 praogram _ config _ element 随即给出,作为帧头后第一个 raw _ data _ block 的第一个比特流单元;第二种是由缺省结构给出;第三种是在应用中已确定。

emphasis 见 GB/T 17191.3—1997,2.4.2.3(表 6.5)

copyright _ identification _ bit	72 位的版权标识域的一位(见 copyright _ id)。此域比特随帧传输;第一位由 copyright _ identification _ start 位表明设置为'1'。此域包括 8 位的 copyright _ identifier 及随后 64 位的 copyright _ number 。版权标识(copyright identifier)由 SC29 指定的注册权威给出。copyright _ number 的值唯一确定此版权内容。见 GB/T 17191.3—1997,2.5.2.13(表 6.6)。
copyright _ identification _ start	一位,表明此音频帧的 copyright _ identification _ bit 是 72 位的版权标识的第一位。如果没有版权标识,此位是'0'。 '0'　　此音频帧中无版权标识。 '1'　　此音频帧版权标识的开始。 见 GB/T 17191.3—1997,2.5.2.13(表 6.6)。
frame _ length	帧长,包括头和检错位(表 6.5)。单位:字节。
adts _ buffer _ fullness	对 ADTS 帧的首个 raw _ data _ block 编码后,编码器缓冲区内剩余 32 位字的数(表 6.2)。16 进制值 7FF 表示比特流速率可变,在这种情况下,缓冲区满(buffer fullness)无效。
number _ of _ raw _ data _ blocks _ in _ frame	ADTS 帧中的 raw _ data _ blocks 的个数(表 6.6)。

帮助单元:

data _ available()	只要数据有效,该函数返回'1',否则为'0'。

8.1.2 概述

raw _ data _ block()包含所有的音频数据(包括辅助数据)。此外要完整地描述一个音频序列,还需要采样率等附加信息。根据本标准,Audio _ Data _ Interchange _ Format(ADIF)包含描述比特流所需的所有单元。

在特殊应用中,ADIF 字头中指定的部分或全部语法单元,如采样率,可由其它方式通知解码器而不必出现在比特流中。此外,可能需要随块变化的附加信息(如为了增强可分离性或容错性)。因此,可用来设计特殊应用的传输流,它们不由标准指定。然而,已经描述了一个称为 Audio _ Data _ Transport _ Stream(ADTS) 的非标准传输流,它可用于译码器来解析比特流。

8.1.3 **Audio _ Data _ Interchange _ Format ADIF**

Audio _ Data _ Interchange _ Format(ADIF)包含序列开始的字头及随后的 raw _ data _ stream()。raw _ data _ stream()可以不含任何进一步的 channel _ configuration _ element。

这样,ADIF 仅适用于定义起始点而无需从音频数据流中间开始解码的系统,,例如,从磁盘文件解码。它能用作包含所有解码和播放音频数据必需信息的一种交换格式。

8.1.4 **Audio _ Data _ Transport _ Stream ADTS**

Audio _ Data _ Transport _ Stream(ADTS)同 GB/T 17191.3 和 GB/T 17975.3 中的格式类似,可被 GB/T 17191.3 的解码器识别为"层四"的比特流。

ADTS 的固定字头包含同步字和字头中所有解码必需和随帧不变的部分。ADTS 的可变字头包含随帧变化的字头数据。ADTS 仅支持只有一个节目的 raw _ data _ stream()。此节目可带有多达 7 个声道加上一个独立切换的耦合声道。

8.2 原始数据的解码

8.2.1 定义

Raw _ data _ stream() raw _ data _ block()的序列。

Raw _ data _ block() 原始数据块,包括1024个音频数据样本,相关信息和其他数据。Id _ syn _ ele标识了8种比特流单元。在一个原始数据流和一个原始数据块中,音频单元有且仅有一个采样率。在原始数据块中可能出现相同的id _ syn _ ele,但除了data _ stream _ element,每个id _ syn _ ele必须有一个值各异的4比特标志element _ instance _ tag。因此,在一个原始数据块中,任何一种id _ syn _ ele标志的语法单元可以有0到16个。其中data _ stream _ element, fill _ element和terminator element例外。多个数据流单元(data _ stream _ element),如果带有各异的element _ instance _ tag,则属于不同数据流的部分;如果带有相同的element _ instance _ tag,则属于同一数据流的部分。Fill _ element没有element _ instance _ tag(因为它的内容毋需被下文参照。)并且可以出现任意多次。terminator element没有element _ instance _ tag,必须且仅出现一次,标识出raw _ data _ block(原始数据块)的结束。(表6.8)。

id _ syn _ ele 数据流单元(表6.8),标识下述语法单元之一:

语法单元	ID名	编码	缩写
single _ channel _ element	ID _ SCE	0x0	SCE
channel _ pair _ element	ID _ CPE	0x1	CPE
coupling _ channel _ element	ID _ CCE	0x2	CCE
lfe _ channel _ element	ID _ LFE	0x3	LFE
data _ stream _ element	ID _ DSE	0x4	DSE
program _ config _ element	ID _ PCE	0x5	PCE
fill _ element	ID _ FIL	0x6	FIL
terminator	ID _ END	0x7	TERM

single _ channel _ element() 缩写SCE。含有单声道已编码数据的比特流语法单元。一个single _ channel _ element()基本上由一个individual _ channel _ stream()组成。每个原始数据块可至多有16个这样的单元,每单元必须有唯一的element _ instance _ tag。(表6.9)

channel _ pair _ element() 缩写CPE。含有双声道已编码数据的比特流语法单元。一个channel _ pair _ element由两个individual _ channel _ stream和附加的联合声道信息组成。两个声道可共享相同的边信息。关于element _ instance _ tag和出现次数,channel _ pair _ element和single _ channel _ element有相同的规定。

coupling _ channel _ element() 缩写CCE。含有耦合声道音频数据的语法单元。耦合声道描述数据块中多声道强度信息,或用于描述多语言节目的对话信息。coupling _ channel _ elements的个数以及标志使用的规则均同single _ channel _ elements。(表6.18)见12.3。

lfe _ channel _ element()	缩写LFE。含有低采样率增强声道的语法单元。lfe _ channel _ elements 的个数以及标志使用的规则均同 single _ channel _ elements。(表 6.19)见 8.4。
program _ config _ element()	缩写 PCE。含有节目结构数据的语法单元。Program _ config _ elements 的个数以及标志使用的规则均同 single _ channel _ elements(表 6.21)。在 raw _ data _ block() 中,PCE 必须在其他语法单元之前。见 8.5。
fill _ element()	缩写 FIL。含有填充数据的语法单元。在原始数据块 raw _ data _ block()中,可有任意多个、按任何次序的填充单元。(表 6.22)见 8.7。
data _ stream _ element()	缩写 DSE。含有数据的语法单元。它也有 16 个 element _ instance _ tags。但是具有相同的 element _ instance _ tag 的 data _ stream _ element 的数目不受限制,例如单个 data _ stream _ element 可以使用同一个 element _ instance _ tag 延伸到多个 data _ stream _ element 中。
terminator(ID _ END)	结束符 id _ syn _ ele ID _ END 指出原始数据块的结尾。每个原始数据块有且仅有一个结束符。(表 6.8)
element _ instance _ tag	除结束符单元和填充单元外,语法单元的独特实例标志。包含实例标志的语法单元均可以多次出现。但除了 data _ stream _ element,每个原始数据块 raw _ data _ block()中的语法单元都必须有唯一的 element _ instance _ tag。在 coupling _ channel _ element,single _ channel _ elements,channel _ pair _ elements,lfe _ channel _ element,data _ channel _ elements,和 program _ config _ element 内的 coupling _ channel _ element 中,此标志也用于音频语法单元的基准,并且最多提供 16 个独立的 program _ config _ element。(表 6.9,6.10 ,6.18,6.20,6.21,6.22)
audio _ channel _ element	single _ channel _ element,channel _ pair _ elements,coupling _ channel _ element,和 lfe _ channel _ element 的通用项。

8.2.2 缓冲要求

最小解码器输入缓冲区

无论对于整个比特流,任何给定节目或任何给定的 SCE/CPE/CCE,用下述规则计算输入缓冲区的最大位数:

缓冲区大小对每一 SCE 或每一独立切换 CCE 为 6144 比特,每一 CPE 加 12288 比特。总缓冲区与单个缓冲区尺寸均受限,故可计算整个比特流、整个节目或单个音频单元的限制程度,允许解码器将多声道比特流分解成单声道和立体声比特流,相应地由单独的单声道和立体声解码器进行解码。非独立 CCE 也遵循 6144 比特/CCE,但这些比特必须来自基于独立 CCE、SCE 和 CPE 计算的所需全部缓冲区。

比特存贮池

比特存贮池由编码器控制。最大尺寸依赖于声道个数和平均比特率。匀速信道的比特存贮池最大尺寸可由解码器最小输入缓冲区尺寸减去每块平均比特数。例如:96kbit/s 的立体声信号,采样率 48 kHz,比特存贮池最大尺寸为 :

12288bit－(96000bit/s / 48000 1/s * 1024)＝10240bit

对于比特率可变信道,编码器的操作必须使得所需输入缓冲区不超过解码器最小输入缓冲区。

比特存贮池的状态用由 buffer _ fullness 域传送，它为比特存贮池的可用比特数除以声道个数除以 32 后，再截成整型。

最大比特率：

最大比特率取决于音频采样频率。每声道最大比特率根据最小输入缓冲区按下式得到：

$$\frac{6144\ \frac{位}{块}}{1024\ \frac{样本}{块}}\cdot 采样率$$

因此可得下例：

采样频率	最大比特率/声道
48 kHz	288 kbit/s
44.1 kHz	264.6 kbit/s
32 kHz	192 kbit/s

8.2.3 解码过程

假定已知原始数据块(raw _ data _ block)的开始，则毋需任何额外的“传输级”信息即可解码，并在每个输出声道产生 1024 个音频样本。音频信号的采样率，如采样频率索引(**sampling _ frequency _ index**)所示，可指定在 program _ config _ element 中，或隐含在具体的应用中。对于后者，为了解析比特流，必须推导出采样率索引。既然给定的采样率索引只与唯一的采样频率相联系，并且要在可能的采样频率范围内获得最大的灵活性，则用下表可将隐含的采样频率与所需的采样率索引联系起来。使用方法如下：确定表中不超过隐含频率的最大频率，使用同行的索引。

频率	sampling _ frequency _ index
92017	0x0
75132	0x1
55426	0x2
46009	0x3
37566	0x4
27713	0x5
23004	0x6
18783	0x7
13856	0x8
11502	0x9
9391	0xa
0	0xb

假定原始数据流(raw _ data _ stream)中的第一个原始数据块(raw _ data _ block)的起始点已知，则毋需任何额外的“传输级”信息即可解码该序列，并在每个原始数据块(raw _ data _ block)的每个输出声道产生 1024 个音频样本。

原始数据流支持匀速和可变速率信道的编码。除了细微的条件之外，每种情形下比特流的结构和解码器的操作完全相同。对于匀速信道，编码器可能会插入 FIL 单元来准确地调整达到期望速率。解码之前，读匀速信道的解码器必须在输入缓冲区中积累最低数量的比特，以免输出缓冲区跟不上解码速度。

要求读取的信道的速率可变的情况下，每个原始数据块(raw _ data _ block)可有一最短长度(速率)，以达到期望的音质，并且在解码之前，解码器没有最少输入数据的要求。

最简单的可能的比特流的例子为：

比特流段	输出信号
〈SCE〉〈TERM〉〈SCE〉〈TERM〉...	单声道
〈CPE〉〈TERM〉〈CPE〉〈TERM〉...	立体声
〈SCE〉〈CPE〉〈CPE〉〈LFE〉〈TERM〉〈SCE〉〈CPE〉〈CPE〉〈LFE〉〈TERM〉...	5.1 声道

其中用尖括号(〈 〉)对语法单元分界。单声道信号每个 SCE 的 element _ instance _ tag 值必须相同；类似地，立体声信号每个 CPE 的 element _ instance _ tag 值必须相同；对于 5.1 信号，每个 SCE 的 element _ instance _ tag 值必须相同，与前向声道对相关的每个 CPE 有相同的 element _ instance _ tag 值，与后向声道对相关的每个 CPE 有相同的 element _ instance _ tag 值。

如果比特流将通过匀速信道传输，必须加入填充单元以调整瞬时比特率。此时已编码的立体声信号如下：

〈CPE〉〈FIL〉〈TERM〉〈CPE〉〈FIL〉〈TERM〉...

如果比特流还带有辅助数据，通过匀速信道，则已编码的立体声信号为：

〈CPE〉〈DSE〉〈FIL〉〈TERM〉〈CPE〉〈DSE〉〈FIL〉〈TERM〉...

相同数据流部分的 data _ stream _ element 有相同的 element _ instance _ tag。

8.3 **single _ channel _ element(SCE)、channel _ pair _ element(CPE)和 individual _ channel _ stream (ICS)的解码**

8.3.1 定义

比特流单元：

individual _ channel _ stream()	包含单个声道解码所需的数据。(表 6.12)
ics _ info()	包含 individual _ channel _ stream 解码所需的边信息。channel _ pair _ element 中的 individual _ channel _ streams 可共享相同的 ics _ info()。(表 6.11)
commom _ window	指出两个 individual _ channel _ streams 是否共享 ics _ info()的标志。如果共享，ics _ info 成为 channel _ pair _ element 的一部分，必须用于两个声道；否则，ics _ info 成为每个 individual _ channel _ stream 的一部分。(表 6.10)
ics _ reserved _ bit	备用的保留位
window _ sequence	指出表 8.3 定义的窗序列。(表 6.11)
window _ shape	一比特，决定分析窗后部的窗口形状。(表 6.11)
max _ sfb	每组传送的比例因子频段的个数。(表 6.11)
scale _ factor _ grouping	一比特，包含短频谱数据的分组信息。(表 6.11)

帮助单元

scalefactor window band	窗内比例因子频段的用语，表 8.4 至 8.6 给出。
scalefactor band	组内比例因子频段的用语，在 EIGHT _ SHORT _ SEQUENCE 和分组的情况下，一个比例因子频段可包含几个相应频率的比例因子窗口频段。在其他窗口序列 window _ sequences 的情况下，比例因子频段和比例因子窗口频段完全相同。
g	组索引。
win	组内窗口索引。
sfb	组内比例因子频段索引。
swb	窗内比例因子窗口频段索引。
bin	系数索引。
num _ window _ groups	共享一套比例因子的窗口组个数。
window _ group _ length[g]	每组窗口个数。
bit _ set(bit _ field,bit _ num)	函数，返回一个 bit _ field(最右边一位为比特 0)的 bit _ num 比特数的值。
num _ windows	实际窗口序列的窗口数。
num _ swb _ long _ window	长窗的比例因子频段个数。它的选取依赖于采样率。见 8.8。
num _ swb _ short _ window	短窗的比例因子窗口频段个数。它的选取依赖于采样率。见 8.8。
num _ swb	在 EIGHT _ SHORT _ SEQUENCE 的情况下，短窗的比例因子窗口频段个数。否则为长窗的比例因子窗口频段个数。
swb _ offset _ long _ window[swb]	表格，包含长窗的比例因子频段(sfb)最低谱系数的索引。此表的选取依赖于采样率。见 8.8。
swb _ offset _ short _ window[swb]	表格，包含短窗的比例因子频段(sfb)最低谱系数的索引。此表的选取依赖于采样率。见 8.8。
swb _ offset[swb]	表格，在 EIGHT _ SHORT _ SEQUENCE 的情况下，包含短窗的比例因子频段(sfb)最低谱系数的索引。否则为长窗。见 8.8。
sect _ sfb _ offset[g][section]	表格，给出组内 section _ data()开始系数的个数。此偏移取决于 window _ sequence 和 scale _ factor _ grouping。
sampling _ frequency _ index	见 8.1.1。

8.3.2 解码过程

single _ channel _ element 和 **channel _ pair _ element**

single _ channel _ element 由 element _ instance _ tag 和一个 individual _ channel _ stream 组成。此时，ics _ info 总是位于 individual _ channel _ stream 之内。

channel _ pair _ element 以 element _ instance _ tag 和 common _ window 标志开始。如果 common _ window 等于‘1’，则两个 individual _ channel _ stream 共享 ics _ info，并传送 MS 信息。如果 common _ window 等于‘0’，则每个 individual _ channel _ stream 有各自的 ics _ info，且无 MS 信息。

individual _ channel _ stream(ICS)的解码

对 individual _ channel _ stream(ICS)解码的顺序为：

得到 global _ gain

得到 ics _ info(如果没有共同信息，分离比特流)

得到段数据

如果存在，得到比例因子数据。

如果存在，得到脉冲数据。

如果存在，得到 TNS 数据。

如果存在，得到增益控制数据。

如果存在，得到谱数据。

恢复脉冲数据的过程详见第9章，tns _ data 详见第14章，增益控制数据详见第16章。这里给出如何对 ics _ info(8.3)，段数据(第9章)，增益控制数据(第9章，第11章)和谱数据(第9章)解码的概述。

恢复 ics _ info

single _ channel _ element 的 ics _ info 在 individual _ channel _ stream 内，总是紧随着 global _ gain。对于 channel _ pair _ element 的 ics _ info 有两种可能的位置。如果声道对具有共同切换窗口，则 ics _ info 在 channel _ pair _ element()内，紧随 common _ window，并且 common _ window 置为'1'；否则，channel _ pair _ element()中的两个 individual _ channel _ stream()内各有一个 ics _ info 紧随 global _ gain，并且 common _ window 置为'0'。

ics _ info 带有与 ICS 相关的窗口信息，因此如果需要，允许声道对的每一声道单独切换窗口。另外，它带有 max _ sfb 信息，其中规定了 ms _ used[ ]和 preditor _ used[ ]必须传送比特数的上限。如果窗口序列是 EIGHT _ SHORT _ SEQUENCE (8短序列)，则传送 scale _ factor _ grouping。如果是短窗组，则共享比例因子和强度立体声位置，它们的谱系数也是交叉存取的。第一个短窗总是开始一个新组，因此无需分组位。随后的短窗只要分组位是1，就在同一组。如果分组位是0，则开始一个新组。这里假定被分组的短窗有类似的信号统计特性。因此谱的交叉存取是将相关的系数排列在一起。图8.3说明了交叉存取的方法。ics _ info 还带有单独声道和声道对的预测数据(见第13章)。

恢复分段数据

1个长窗或8个短窗的信息在 ICS 中恢复。分段数据是首先被解码的域，并且描述 ICS 中用于比例因子频段的霍夫曼码字(见第9章，第11章)。段数据的格式为：

sect _ cb 该段的码书

以及

sect _ len 该段的长度。

通过顺序读取一个分段长的比特流，将溢出值累加在该段总长度之上，直到发现非溢出值，将其继续累加得到该段的总长度。可用类C的语法描述解释以上过程。注意在每一分组内，分段必须使得比例因子频段从0到 **max _ sfb**，以便组内第一个分段开始于第0频段，组内最末分段结束于 **max _ sfb**。

分段数据描述了码书，然后根据码书，段长从第一个比例因子频段开始，直到完成全部比例因子频段。

给出描述之后，所有比例因子和对应于码书零的谱系数被清零，不传输与这些比例因子和谱系数相应的数值。在扫描比例因子数据时，应注意到任何霍夫曼码书为零的比例因子频段的比例因子将被忽略。类似地，所有与霍夫曼零码书相关的谱数据也被忽略(见第9章，第11章)。

此外，如果比例因子带有强度码书，不会传输与之相关的谱数据，但会传输强度指示系数以代替比例因子，详见12.2。

比例因子数据分离和解码

对于不在零码书编码段(ZERO _ HCB)中的各比例因子频段，将传输一个比例因子。表示为有效比例因子频段，相应的比例因子成为有效比例因子。全局增益，ICS 中第一个比特流单元，是典型的第一个有效比例因子值。所有比例因子(和指示系数)的传输利用了相对于前面有效 比例因子的霍夫曼编码 DPCM。而第一个比例因子的编码相对于全局增益作差分编码。注意，还有一种合法但效率低的方法得到第一个比例因子 DPCM 值，即利用一个不同于第一个有效比例因子的全局增益和非零的 DPCM 值得到。如果接收到分散在DPCM比例因子单元里的任何强度指示系数，则用于强度立体声模块，与比例因子值的DPCM编码无关(见12.2)。第一个传输的有效比例因子通常是全局增益 global _ gain，伴随的第一个DPCM比例因子取值为零。一旦比例因子解码还原成整型，即可通过幂运算求出原值。

谱数据分离和解码

谱数据恢复成为ICS的最后部分。它包括频谱中保留下来的所有未被清零的系数，按照 ics _ info 所描述的次序排列。对于每一非零、非强度码书，如无噪声编码技术所述，见第9章，数据成对或四个四个地用霍夫曼解码恢复。如果谱数据与无符号霍夫曼码书有关，则必要的符号位出现在霍夫曼码字之后(见9.3)。在ESCAPE码书的情况下，如果接收到ESCAPE溢出值，相应的溢出序列ESC出现在霍夫曼码字之后，正如该码字解码时ESCAPE值所表明的，在ESCAPE码书中每一码字有零个、一个或两个溢出序列。对于每一段，霍夫曼解码持续到该段所有谱值都被解码。当所有段解码完毕，将数据乘以解码得到的比例因子，如果需要，去掉交叉存取。

8.3.3 窗口和窗口序列

量化和编码都在频域中进行。为此，编码器将时间信号映射到频域中。解码器则进行相反的映射操作，详见第15章。取决于信号，编码器可用两种窗改变时间/频率分辨率：LONG _ WINDOW 和 SHORT _ WINDOW。为了在两种窗之间切换，要用到过渡窗 LONG _ START _ WINDOW 和 LONG _ STOP _ WINDOW。表8.2列出了各种窗口，规定了相应变换的长度，并大略画出了窗口的形状。变换长度有两种：1024点(长变换)和128点(短变换)系数。窗序列组成方式在于 raw _ data _ block 总是包含代表1024个输出样本的数据。比特流单元 window _ sequence 指出了实际所用的窗序列。表8.3列出了个别窗口是如何构成窗序列的，有关变换和窗口的更详细的内容参见第15章。

8.3.4 比例因子频段和分组

解码器的许多技术完成成组的频谱值操作，这样的组叫作比例因子频段(缩写为sfb)。比例因子频段宽度的确定模仿人类听觉系统的临界频带。因此，频段中的比例因子频段个数和宽度取决于变换长度和采样率。表8.4和表8.6列出了变换长度分别为1024点和128点以及不同采样率时，每个比例因子频段的起始偏移。

在序列包含 SHORT _ WINDOW 时，为了减少边信息量，连续的 SHORT _ WINDOW 可被分组(见图8.1)。分组信息写在比特流单元 scale _ factor _ grouping 中。分组意味着所有被分组的窗口只要共享一套比例因子，如同只有一个窗口。比例因子于是适用于所有分组窗口内的对应谱数据。为了提高无噪声编码(见第9章)的效率，用8.3.5给出的交叉存取的顺序来传输一组谱数据。比例因子频段的交叉存取是建立在比例因子频段基础上的，因此谱数据分组可以形成真正的比例因子频段，实现共享比例因子。本标准中“比例因子频段”(缩写 sfb)都是指这种真正的比例因子频段。如果提到单独窗口的比例因子频段，就表达为“比例因子窗口频段”(缩写 swb)。比例因子频段的分组效应影响到 section _ data 的意义(见第9章)、谱数据的次序(见8.3.5)及比例因子频段的总个数。对于长窗 LONG _ WINDOW，由于一个窗口对应一组，比例因子频段和比例因子窗口频段是相同的。

比特流单元 max _ sfb 用于减少传输各比例因子频段特定边信息所需的信息量。它的取值大于所有组的最大有效比例因子。max _ sfb 影响段数据的译码(见第9章)、比例因子的传输(见第9章，第11章)、预测数据的传输(见第13章)和 ms _ mask 的传输(见12.1)。

因为比例因子是编码算法的基本单元，需要一些辅助变量和数组来描述利用比例因子频段的解码过程。这些辅助变量依赖于 sampling _ frequency，window _ sequence，scale _ factor _ grouping 和 max _ sfb，且必须在每个 raw _ data _ block 中建立。伪代码如下：

- 如何确定窗序列的窗口个数 num _ windows
- 如何确定窗口组的个数 *num _ window _ groups*
- 如何确定各组的窗口个数 *window _ group _ length*[*g*]

- 如何针对真实的窗口形状，确定比例因子窗口频段的总个数 *num _ swb*。
- 如何确定 *swb _ offset*[*swb*]，实际使用窗口的比例因子窗口频段 *swb* 中第一个系数的偏移。
- 如何确定 *sect _ sfb _ offset*[*g*][*section*]，段中第一个系数的偏移。此偏移取决于 **window _ sequence** 和 **scale _ factor _ grouping**，在 spectral _ data()解码时需要。

长变换窗总被描述成只有一个窗的窗口组，因为比例因子频段的个数和宽度取决于采样率，用 sampling _ frequency _ index 来索引待定变量，选择正确的表格。

```
fs_index=sampling_frequency_index;
switch(window_sequence){
  case ONLY_LONG_SEQUENCE:
  case LONG_START_SEQUENCE:
  case LONG_STOP_SEQUENCE:
        num_windows=1;
        num_window_groups=1;
        window_group_length[num_window_groups-1]=1;
        num_swb=num_swb_long_window[fs_index];
        /*preparation of sect_sfb_offset for long blocks*/
        /*also copy the last value! */
        for(i=0; i<max_sfb+1; i++){
            sect_sfb_offset[0][i]=swb_offset_long_window[fs_index][i];
            swb_offset[i]=swb_offset_long_window[fs_index][i];
        }
        break;
  case EIGHT_SHORT_SEQUENCE:
        num_windows=8;
        num_window_groups=1;
        window_group_length[num_window_groups-1]=1;
        num_swb=num_swb_short_window[fs_index];
        for(i=0;i<num_swb_short_window[fs_index]+1;i++)
            swb_offset[i]=swb_offset_short_window[fs_index][i];
        for(i=0;i<num_windows-1;i++){
            if(bit_set(scale_factor_grouping,6-i)){
              num_window_groups+=1;
              window_group_length[num_window_groups-1]=1;
              }
              else{
                  window_group_length[num_window_groups-1]+=1;
              }
        }
        /*preparation of sect_sfb_offset for short blocks*/
        for(g=0;g<num_window_groups;g++){
            sect_sfb=0;
            offset=0;
```

```
            for(i=0;i<max_sfb;i++){
                width=swb_offset_short_window[fs_index][i+1]-
                          swb_offset_short_window[fs_index][i];
                width *=window_group_length[g];
                sect_sfb_offset[g][sect_sfb++]=offset;
                offset+=width;
            }
            sect_sfb_offset[g][sect_sfb]=offset;
        }
        break;
    default:
        break;
}
```

8.3.5 spectral_data 中谱系数的次序

对于 ONLY_LONG_SEQUENCE 窗(num_window_group=1, window_group_length[0]=1),谱数据按照频谱上升的次序,如图 8.2 所示。

对于 EIGHT_SHORT_SEQUENCE 窗,频谱次序取决于以下的分组方法:

- 顺序分组
- 组内的比例因子频段由相关的比例因子窗口频段被分组的短窗的谱数据组成。限制组长从 1 个到 8 个短窗,举例说明。
  - 如果有 8 组,每组长是 1(num_window_groups=8,window_group_length[0]=1),结果是 8 段频谱序列,每段按频谱升序排列。
  - 如果只有一组,组长是 8(num_window_groups=1,window_group_length[0]=8),结果是全部 8 个短窗的谱数据根据比例因子窗口频段交叉排列。
  - EIGHT_SHORT_SEQUENCE 的短窗 SHORT_WINDOW 分组如图 8.1(num_window_group=4),它的谱排列如图 8.3 所示。
- 在比例因子窗口频段内,系数按频谱升序排列。

8.3.6 输出字长

每个声道的全局增益的标度保证了 IMDCT 输出的整数部分能够象 16 位音频输出一样直接用于数模(D/A)转换器。这是缺省的操作模式,并将得到正确的音频 PCM 电平。如果解码器的 D/A 分辨率超过 16 位,那么 IMDCT 的输出可以按比例扩大以得到合适的小数位数,从而得到合适的 D /A 字长。在这种情况下,转换器的输出将与 16 位 D/A 的输出匹配,它的优势在于较宽的信号动态范围和较低的转换器噪声电平。类似可得到较短的 D/A 字长。

8.3.7 加重的使用

本标准不支持预加重和去加重,比特流中不提供传输这些信息的信号位。

8.3.8 向下混合矩阵算法

8.3.8.1 描述

向下混合矩阵算法仅适合于 3 前/2 后扬声器配置、5 声道节目向下混合成立体声或单声道节目。不适用于任何非 3/2 配置的节目,只有能对 3/2 配置解码的解码器才能够采用这种模式解码。

8.3.8.2 定义

matrix-mixdown_idx_present 1 比特,指出存在立体声矩阵系数索引(见表 6.21)。对于任何非 3/2 格式的配置,此位必须是零。

matrix _ mixdown _ idx 两比特字段，指出 5 声道向 2 声道向下混合所用的系数。8.3.8.5 列出了可能的矩阵系数。

pseudo _ surround _ enable 一比特，指出允许伪环绕解码。

8.3.8.3 向下混合过程

利用以下两个方程组之一，可以在向下混合解码器中计算生成立体声信号。

组 1：

$$L' = \frac{1}{1 + 1/\sqrt{2} + A}[L + C/\sqrt{2} + A \cdot L_S]$$

$$R' = \frac{1}{1 + 1/\sqrt{2} + A}[R + C/\sqrt{2} + A \cdot R_S]$$

组 2：

$$L' = \frac{1}{1 + 1/\sqrt{2} + 2 \cdot A}[L + C/\sqrt{2} - A \cdot (L_S + R_S)]$$

$$R' = \frac{1}{1 + 1/\sqrt{2} + 2 \cdot A}[R + C/\sqrt{2} + A \cdot (L_S + R_S)]$$

其中 L,C,R,LS,RS 是源信号，L'和 R'是生成立体声信号，A 是 matrix _ mixdown _ idx 指出的矩阵系数。向下混合忽略了 LFE 声道。

如果没有置 pseudo _ surround _ enable 位只能用方程组 1。否则，两组方程均可适用，取决于接收器是否有调用某种环绕综合的能力。

应进一步指出，可用如下方程导出单声道信号：

$$M = \frac{1}{3 + 2 \cdot A}[L + C + R + A \cdot (L_S + R_S)]$$

8.3.8.4 建议

向下混合矩阵算法提供的操作模式使得一些操作者在某种情况下可能受益。但是，最好不要使用这种算法。这种后处理会违反音频编码所依赖的心理声学原理，因而不能保证忠实地重建可闻信号。推荐使用 AAC 语法中的向下混合立体声声道或单声道来提供立体声或单声道节目，这种节目由常规演播室在降低比特率之前就混音制作完毕。

向下混合立体声声道或单声道提供的内容还能够单独地优化立体声和多声道节目混合——这在向下混合矩阵算法中是不可能的。

此外应注意的是，由于使用了多声道和立体声声道向下混合编码算法，因此，经常可以实现超过向下混合矩阵算法所能提供的比特率和音质的优化组合。

8.3.8.5 表格

向下混合矩阵系数

matrix _ mixdown _ idx	A
0	$1/\sqrt{2}$
1	1/2
2	$1/(2\sqrt{2})$
3	0

8.4 低频增强声道(**LFE**)

8.4.1 概述

为了维持解码器的规则结构，定义 lfe _ channel _ element 作为一个标准的 individual _ channel _ stream(0) 单元，即等于一个 single _ channel _ element。这样，可以根据标准步骤对 single _ channel _ element 解码。

为了提供更高的比特率和 LFE 解码器高效的硬件实现，需要在此单元编码中引入一些限制选项：

- window _ shape 域总为 0，即正弦窗(见 6.3，表 6.11)。
- window _ sequence 域总为 0(ONLY _ LONG _ SEQUENCE)(见 6.3，表 6.11)。
- 单元中出现的最高非零谱系数的索引为 12。
- 不用时域噪声整形，即 tns _ data _ present 为 0(见 6.3，表 6.12)。
- 不用预测，即 predictor _ data _ present 为 0(见 6.3，表 6.11)。

LFE 声道的存在取决于所用框架。详见第 7 章。

8.5 节目配置单元(PCE)

Profile	两比特，表 7.1 的框架索引(表 6.21)。
sampling _ frequency _ index	指出该节目的采样率(以及该比特流中的其他所有节目)。见8.1.1 的定义(表 6.21)。
num _ front _ channel _ elements	前声道中音频语法单元的个数，从前中置到后中置，左右对称；在单声道单元时由左和右代替。
num _ side _ channel _ elements	边声道单元个数，定义同上(表 6.21)。
num _ back _ channel _ elements	后声道单元个数，定义同边声道和前声道单元(表 6.21)。
num _ lfe _ channel _ elements	与此节目相关的 LFE 声道单元个数，定义同上(表 6.21)。
num _ assoc _ data _ elements	与该节目关联的数据单元个数。(表 6.21)
num _ valid _ cc _ elements	可加入此节目音频数据的 CCE 个数。(表 6.21)
mono _ mixdown _ present	一比特，指出存在单声道向下混合单元。(表 6.21)
mono _ mixdown _ element _ number	具有单声道向下混合的特定 SCE 个数。
stereo _ mixdown _ present	一比特，指出存在立体声向下混合。(表 6.21)
stereo _ mixdown _ element _ number	具有立体声向下混合单元的特定 CPE 个数。(表 6.21)
matrix _ mixdown _ idx _ present	一比特，指出存在向下混合矩阵的信息。(表 6.21)
matrix _ mixdown _ idx	两比特字段，规定环绕向下混合系数的索引。(表 6.21)
pseudo _ surround _ enable	一比特，指出伪环绕重建向下混合的可能。(表 6.21)
front _ element _ is _ cpe	指出 SCE 还是 CPE 选择为前单元。(表 6.21) '0' 选择 SCE。 '1' 选择 CPE。 被寻址的 SCE 或 CPE 的实例由 front _ element _ tag _ select 给出。
front _ element _ tag _ select	SCE/CPE 的 instance _ tag 为前置单元。(表 6.21)
side _ element _ is _ cpe	见 front _ element _ is _ cpe，但针对边声道。(表 6.21)
side _ element _ tag _ select	见 front _ element _ tag _ select，但针对边声道。(表 6.21)
back _ element _ is _ cpe	见 front _ element _ is _ cpe，但针对后置声道。(表 6.21)
back _ element _ tag _ select	见 front _ element _ tag _ select，但针对后置声道。(表 6.21)
lfe _ element _ tag _ select	LFE 的 instance _ tag 寻址。(表 6.21)
assoc _ data _ element _ tag _ select	DSE 的 instance _ tag 寻址。(表 6.21)
valid _ cc _ element _ tag _ select	CCE 的 instance _ tag 寻址。(表 6.21)

cc _ element _ is _ ind _ sw 一比特，指出相应的CCE是独立切换耦合声道。(表6.21)
comment _ field _ bytes 随后的注释字段长度，以字节计。(表6.21)
comment _ field _ data 注释字段的数据。(表6.21)

PCE内的SCE或CPE单元由两个语法单元寻址。首先，语法单元is _ cpe选择寻址SCE还是CPE。其次，语法单元instance _ tag选择SCE或CPE的instance _ tag。LFE，CCE和DSE单元由各自的instance _ tag直接寻址。

8.5.1 缺省和自定义的声道配置

MPEG-2 AAC音频语法提供两种方法将一组语法单元中声道的映射转换成扬声器的物理位置。第一种方法基于接收到的特定语法单元组以及它们的接收次序，得到缺省的映射。表8.1进一步定义了最常用的映射。如果没有使用表8.1所示的映射，则按以下方法确定缺省的声道映射。

1)可以出现任意数目的SCE(只要满足其他限制，例如框架)。如果SCE的个数是奇数，则第一个SCE代表前置中央声道，其他的SCE代表L/R声道对，从前置中央声道向外和向后排列至后置中央声道。

如果是偶数个，SCE指定为中央－前置L/R对，成对地由前置中央向外和向后排列至后置中央声道。

2)可以出现任何数目的CPE或SCE对。每个CPE或每对SCE代表一个L/R对，从第一对SCE开始成对向后直到中央后置的两侧。

3) 任何数目的SCE。如果是偶数个，以SCE的左/右成对排列，同2)，由后至后置中央。如果是奇数个，以L/R成对排列，除了最末的SCE指定为后置中央。

在这种缺省(或隐含)映射的情况下，在program _ configfuration _ element没有发送时，不能改变比特流内的SCE和CPE的个数和次序以及最终配置，即不允许有隐含配置。

其它不包含附加输出扬声器的音频语法单元，例如耦合channel _ element，可以遵循所列的语法单元组。显然，可以额外接收非音频语法单元，并以相对于所列的语法单元的任何次序排列。

如果关心针对扬声器几何方位设置的声道映射的可靠性，推荐使用表8.1的隐含映射，或者是节目配置单元。

对于更加复杂的配置，定义了节目配置单元(PCE)。有16种可用的PCE，可分别规定原始数据流里出现的不同节目。raw _ data _ block内所有可用的PCE必须出现在其它所有语法单元之前。节目可或不可共享音频语法单元，例如，节目可共享一个channel _ pair _ element，同时对于不同语言的画外音，使用不同的耦合声道。原始数据流可能包括众多节目，给定的节目配置单元包含的内容仅属于其中之一。PCE中包括“前置声道列表”，仍按照中央向外，左先于右的规则。此列表中，如果有中央声道SCE，必须首先出现，并且任何其它SCE必须左右成对出现。如果只规定了两个SCE，则表示一对LR立体声。

前置声道列表之后是“边声道”列表，包括CPE或SCE对。由前至后排列。对于SCE对的情况，第一个仍然是左声道，第二个是右声道。

边声道列表之后是后置声道列表，由外向内排列。除了最后的SCE，其余的SCE都必须成对出现，两个SCE(单独或跟随一个CPE)的同时出现表明两个SCE分别是左、右后置中央声道。

PCE指出的配置在包含该PCE的raw _ data _ block中有效。PCE中规定的前置、后置和边声道的个数，必须出现在该块和所有后继的raw _ data _ block中，直到出现包含新的PCE的raw _ data _ block。

对其它单元也做了规定。一个或多个LFE的列表用于该节目。同样也提供了一个或多个CCE(基于框架)的列表，用于对话管理以及使用共同主声道时的不同声道的不同强度的耦合流。与该节目有关的数据流列表也可以与节目的一个或多个数据流相关联。节目配置单元也符合单声道和一个立体声同时联播的向下混合声道的节目规范。

注意 MPEG-2 系统标准支持交替的同时联播方案。

PCE 单元不用于快速的节目变化。任何时候，当 element _ instance _ tag 给出的 PCE 定义了一个新的(相对于重复的)节目，解码器并不一定能提供连续的音频信号。

8.6 数据流单元(DSE)

比特流单元：

data _ byte _ align _ flag	一比特，指出数据流单元内采用了字节对齐。(表 6.20)
count	数据流长度的初值。(表 6.20)
esc _ count	数据或填补单元长度的增加值。(表 6.20)
data _ stream _ byte	从比特流中抽取的一个数据流字节。(表 6.20)

数据单元包含任何附加的、非音频信息本身的数据，即辅助信息。具有相同 element _ instance _ tag 的数据单元可以有任意多个，具有不同 element _ instance _ tag 的数据单元最多可达 16 个。本节描述了数据单元解码的步骤。

解码步骤：

首先读取的语法单元是一比特的 data _ byte _ align _ flag。其后是 8 比特的 count 值。它含有数据流的初始字节长度。如果 count 等于 255，就加上另一个 8 位的值：esc _ count，最终的值代表了数据流单元的字节数。如果设置了 data _ byte _ align _ flag，就采用字节对齐。随后是数据流的字节。

8.7 填充单元(FIL)包括动态范围控制(DRC)

比特流单元：

count	填充数据长度的初值。(表 6.22)
esc _ count	填充数据长度的增加值。(表 6.22)
extension _ type	4 比特，表明填充单元内容的类型。(表 6.22)
fill _ nibble	4 比特，用于填充（ 表 6.24 ）
fill _ byte	被解码器丢弃的字节（ 表 6.24 ）
other _ bits	被解码器丢弃的比特(表 6.24)
pce _ tag _ present	一比特，表明节目内容标签存在(表 6.25)
pce _ instance _ tag	标识动态范围信息与哪一个节目内容相联系(表 6.25)
drc _ tag _ reserved _ bits	保留位(表 6.25)
excluded _ chns _ present	一比特，表明隔离声道存在(表 6.25)
drc _ bands _ present	一比特，表明 DRC 多频带信息存在(表 6.25)
drc _ band _ incr	大于一的 DRC 频带数，存在 DRC 信息(表 6.25)
drc _ bands _ reserved _ bits	保留位(表 6.25)
drc _ band _ top[i]	表明第 i 个 DRC 频带的最高频谱，以 4 根谱线为单位。(表 6.25) 如果 drc _ band _ top[i]=k，则第 i 个 DRC 频带最高谱系数的索引为 k * 4+3。对于 EIGHT _ SHORT _ SEQUENCE 的 windows _ sequence，索引值 i 指向一串接数组，该数组存放相对于 8 个短变换的 8 * 128(解交织)个频率点。
prog _ ref _ level _ present	一比特，表明参考电平存在(表 6.25)
prog _ ref _ level	参考电平，所有组合通道的长项音频级度量标准(表 6.25)
prog _ ref _ level _ reserved _ bis	保留位(表 6.25)
dyn _ rng _ sgn[i]	动态范围控制符号信息，一比特，表明 dyn _ rng _ ctl 的符号(0 为正，1 为负，表 6.25)
dyn _ rng _ ctl[i]	动态范围控制幅度信息(表 6.25)

excluded _ mask[i]	布尔数组，表明一个排除在DRC处理过程之外的音频声道节目使用此DRC信息。
additional _ excluded _ chns[i]	一比特，表明存在另外的隔离声道（表6.26）

如果所有音频数据和附加数据的比特数低于本帧满足目标比特率需要的最少比特数，就必须加入填充位。一旦编码器希望包含DRC信息，动态范围控制(DRC)位必须被加入填充单元中。一般情况下不使用填充比特，而用自由比特填充比特存储池。只有在比特存储池满时，才写入填充位。允许任意多个填充单元。

解码步骤：

语法单元 **count** 给出填充数据的初始长度。与数据单元一样，如果 **count** 值等于15，就加上 esc _ count 的值，结果就是要读的 fill _ byte 的个数。

DRC 解码步骤：

为动态范围信息而保留的填充单元包括 extension _ payload，它的 extension _ type 定义为 EXT _ DYNAMIC _ RANGE 的(参见下文)。在这种情况下，填充单元的 **count** 域必须被置为所有动态范围信息加上 extension _ type 域的总字节长度。

prog _ ref _ level _ present 表明 **prog _ ref _ level** 正在传送。这使得可以任意少地发送 **prog _ ref _ level**(例如1次)，尽管周期性的发送允许间断。

prog _ ref _ level 以0.25 dB的步长被量化为7比特，因此范围大约为32 dB。这表明相对于满刻度的节目电平，其重构如下：

$$level = 32767 \cdot 2^{-prog\_ref\_level/24}$$

这里满刻度电平为32767(prog _ ref _ level 等于零)。

pce _ tag _ present 表明 **pce _ instance _ tag** 正在发送。这使得可以任意少地发送 **pce _ instance _ tag**(例如1次)，尽管周期性的发送允许被打断。

pce _ instance _ tag 表明动态范围信息与哪个节目相关，若该项未出现，则为缺省节目。最通常的模式是每个AAC比特流只有一个节目。多节目比特流中的每个节目分别向 fill _ element() 的 extension _ payload()中发送动态范围信息。对于多节目而言，必须标记 **pce _ instance _ tag**。

drc _ tag _ reserved _ bits 将可选域填充为整数个字节长度。

excluded _ chns _ present 位表明排除在动态处理范围之外的声道，在此位之后立即被标志。隔离声道的屏蔽信息必须在这些声道的每一帧中传送。下列排序准则用于指定 exclude _ mask 给声道输出：

- 如果PCE存在(显式扬声器映射)，**exclude _ mask** 位相应于音频声道中语法单元SCE、CPE、CCE和LFE在PCE中出现的顺序。就CPE而言，最先传送的屏蔽位对应于CPE中的第一个声道，其次传送的屏蔽位对应于第二个声道。就CCE而言，仅当耦合声道被指定为一独立切换耦合声道时，才传送屏蔽位。
- 对于隐式扬声器映射(PCE不存在)，**exclude _ mask** 位相应于音频声道中语法单元SCE、CPE和LFE在比特流中的出现顺序，随后是语法单元CCE定义的音频声道。就CPE而言，最先传送的屏蔽位对应于CPE中的第一个声道，其次传送的屏蔽位对应于第二个声道。就CCE而言，仅当耦合声道被指定为一独立切换耦合声道时，才传送屏蔽位。

drc _ band _ incr 存在多频带DRC信息时，它表示大于1的频带数。

dyn _ rng _ ctl 以0.25 dB为步长被量化为7 bits无符号整型数，因此，与 **dyn _ rng _ sgn** 相配合，其范围为+/-31.75 dB。它代表一增益值，此增益值将用于解码当前帧的音频输出样本。

动态范围信息支持范围总结如下表：

域	比特数	步长数	步长,dB	范围,dB
prog _ ref _ level	7	128	0.25	31.75
dyn _ rng _ sgn 和 **dyn _ rng _ ctl**	1 and 7	+/−127	0.25	+/−31.75

extension _ type 域值的符号缩写现定义如下：

符号	**extension _ type** 的值	目的
EXT _ FILL	'0000'	比特流填充
EXT _ FILL _ DATA	'0001'	比特流数据填充
EXT _ DYNAMIC _ RANGE	'1011'	动态范围控制
—	所有其他值	保留

保留值可用于语法的进一步兼容扩展。

注意到 fill _ nibble 通常被定义为'0000',fill _ byte 被定义为'10100101'(保证自时钟自行提供时钟同步的数据流,如无线调制解调器,可以执行可靠的时钟恢复)。

动态范围控制是综合滤波器组之前的紧邻模块,处理一帧谱线数据 spec[i]。对于一个 EIGHT _ SHORT _ SEQUENCE 的 windows _ sequence，索引 i 指向一串数组，该数组存放相对于 8 个短变换的 8×128(解交织)频率点。

下列伪代码仅是说明性的,指出将一组动态控制信息应用到一帧目标音频声道的方法。常量 ctrl1 和 ctrl2 是压缩常量(通常介于 0 和 1 之间,0 表示无压缩),可以选择性地用于节目的动态压缩特性,而节目标度电平可以大于或小于参考电平。常量 target _ level 描述了用户希望的输出电平，与 prog _ ref _ level 表达的标度相同。

```
bottom = 0;
drc _ num _ bands = 1;
if ( drc _ bands _ present )
    drc _ num _ bands += drc _ band _ incr;
if ( drc _ num _ bands == 1 )
    drc _ band _ top[0] = 1024/4 - 1;
for (bd=0; bd < drc _ num _ bands; bd++ )
    top = 4 * ( drc _ band _ top[bd] + 1 );

    /*   Decode DRC gain factor   */
if ( dyn _ rng _ sgn[bd] )
    factor = 2 ∧ ( -ctrl1 * dyn _ rng _ ctl[bd]/24);        /*   compress   */
else
    factor = 2 ∧ ( ctrl2 * dyn _ rng _ ctl[bd]/24);         /*   boost   */
/* If program reference normalization is done in the digital domain,modify
 * factor to perform normalization.
 * prog _ ref _ level can alternatively be passed to the system for modification
 * of the level in the analog domain.  Analog level modification avoids problems
 * with reduced DAC SNR (if signal is attenuated) or clipping ( if signal is boosted)
```

```
*/
  factor *= 0.5 ∧ ( ( target_level - prog_ref_level )/24 );
/*   Apply gain factor    */
   for ( i = bottom; i<top; i++)
   spec[I] *= factor;
   bottom = top;
}
```

注意动态范围控制和耦合声道之间的关系：

- 非独立切换耦合声道总是优先于声道的 DRC 处理和这些声道的综合滤波，与目标声道的谱系数耦合。因此，一个与特定目标声道耦合的非独立切换耦合声道信号，将经历此目标声道的 DRC 处理。
- 既然独立耦合声道在时域与目标声道耦合，每个独立耦合声道将经历 DRC 处理，然后综合滤波，与目标声道分离。这允许独立切换耦合声道可根据需要有不同的 DRC 处理过程。

DRC 信息的持续：

在比特流的开始，所有声道的 DRC 信息被设为缺省值：节目参考电平等于解码器的目标参考电平，一个 DRC 频带，并且没有 DRC 修正增益。除非数据被重写，否则原数据有效。

已传送的 DRC 信息的持续有两种请况：

- 节目参考电平针对各音频节目，并持续到传送新的数据，这时新的数据代替旧的数据在本帧起作用。（可以适当地周期性地传送此数据，以允许比特流间断。）
- 其它 DRC 信息持续，基于每个声道。注意到如果通过适当的 excluded_mask[]位把声道隔离，事实上，该声道没有通过调用 dynamic_range_info()传送信息。隔离的声道的屏蔽信息必须于每一帧中传送。

按下列法则保持每个信道的 DRC 信息：

- 如果在给定声道中的给定帧中没有 DRC 信息，则使用上一帧中用过的信息。（这意味着，尽管可以适当周期性地传送 DRC 信息以允许间断，一个调整将持续很长时间。）
- 如果某一声道的 DRC 信息出现在当前帧，则发生下述结果：首先，用缺省值为该声道重写所有各声道的 DRC 信息（一个 DRC 频带，并且没有 DRC 修正增益），然后，将传送值重写入每个声道的 DRC 信息。

8.8 表格

表 8.1 隐含的扬声器映射

缺省的比特流索引数	扬声器个数	音频语法单元，按接收顺序排列	扬声器映射的缺省单元
1	1	single_channel_element	中央前置扬声器
2	2	channel_pair_element	左、右前置扬声器
3	3	single_channel_element, channel_pair_element	中央前置扬声器， 左、右前置扬声器
4	4	single_channel_element, channel_pair_element, single_channel_element	中央前置扬声器 左、右中央前置扬声器， 后置环绕

表 8.1(完)

缺省的比特流索引数	扬声器个数	音频语法单元,按接收顺序排列	扬声器映射的缺省单元
5	5	single _ channel _ element, channel _ pair _ element, channel _ pair _ element	中央前置扬声器 左、右前置扬声器 左环绕、右环绕后置扬声器
6	5+1	single _ channel _ element, channel _ pair _ element, channel _ pair _ element,lfe _ element	中央前置扬声器 左、右前置扬声器, 左环绕、右环绕后置扬声器 前置低频效果扬声器
7	7+1	single _ channel _ element, channel _ pair _ element, channel _ pair _ element, channel _ pair _ element, lfe _ element	中央前置扬声器 左、右中央前置扬声器, 左、右外前置扬声器, 左环绕、右环绕后置扬声器 前置低频效果扬声器

表 8.2　窗变换(48 kHz)

窗口	num _ swb	# coeffs	形状
LONG _ WINDOW	49	1024	
SHORT _ WINDOW	14	128	
LONG _ START _ WINDOW	49	1024	
LONG _ STOP _ WINDOW	49	1024	

表 8.3　窗序列

值	window _ sequence	num _ windows	形状
0	ONLY _ LONG _ SEQUENCE =LONG _ WINDOW	1	
1	LONG _ START _ SEQUENCE =LONG _ START _ WINDOW	1	
2	EIGHT _ SHORT _ SEQUENCE =8 * SHORT _ WINDOW	8	
3	LONG _ STOP _ SEQUENCR =LONG _ STOP _ WINDOW	1	

表 8.4　44.1 和 48 kHz 时 **LONG _ WINDOW**，　**LONG _ START _ WINDOW**，**LONG _ STOP _ WINDOW** 的比例因子频带

f_s/ kHz	44.1，48
num _ swb _ long _ window	49
Swb	swb _ offset _ long _ window
0	0
1	4
2	8
3	12
4	16
5	20
6	24
7	28
8	32
9	36
10	40
11	48
12	56
13	64
14	72
15	80
16	88
17	96
18	108
19	120
20	132
21	144
22	160
23	176
24	196
25	216
26	240
27	264
28	292
29	320
30	352
31	384
32	416
33	448
34	480
35	512
36	544
37	576
38	608
39	640
40	672
41	704
42	736
43	768
44	800
45	832
46	864
47	896
48	928
	1 024

表 8.5　32，44.1 和 48 kHz 采样率下 **SHORT _ WINDOW** 的比例因子频带

f_s/kHz	32,44.1,48
num _ swb _ short _ window	14
swb	swb _ offset _ short _ window
0	0
1	4
2	8
3	12
4	16
5	20
6	28
7	36
8	44
9	56
10	68
11	80
12	96
13	112
	128

表 8.6 32 kHz 采样率下 **LONG _ WINDOW**，**LONG _ START _ WINDOW**，**LONG _ STOP _ WINDOW** 的比例因子频带

f_s/kHz	32		
num _ swb _ long _ window	51		
swb	swb _ offset _ long _ window	swb	swb _ offset _ long _ window
0	0	26	240
1	4	27	264
2	8	28	292
3	12	29	320
4	16	30	352
5	20	31	384
6	24	32	416
7	28	33	448
8	32	34	480
9	36	35	512
10	40	36	544
11	48	37	576
12	56	38	608
13	64	39	640
14	72	40	672
15	80	41	704
16	88	42	736
17	96	43	768
18	108	44	800
19	120	45	832
20	132	46	864
21	144	47	896
22	160	48	928
23	176	49	960
24	196	50	992
25	216		1 024

表 8.7 8 kHz 采样率下的 **LONG _ WINDOW**，**LONG _ START _ WINDOW**
LONG _ STOP _ WINDOW 的比例因子频带

f_s/kHz	8
num _ swb _ long _ window	40

swb	swb _ offset _ long _ window	swb	swb _ offset _ long _ window
0	0	21	288
1	12	22	308
2	24	23	328
3	36	24	348
4	48	25	372
5	60	26	396
6	72	27	420
7	84	28	448
8	96	29	476
9	108	30	508
10	120	31	544
11	132	32	580
12	144	33	620
13	156	34	664
14	172	35	712
15	188	36	764
16	204	37	820
17	220	38	880
18	236	39	944
19	252		1 024
20	268		

表 8.8 8 kHz 采样率下 **SHORT _ WINDOW** 的比例因子频带

f_s/kHz	8
num _ swb _ short _ window	15

swb	swb _ offset _ short _ window	swb	swb _ offset _ short _ window
0	0	8	36
1	4	9	44
2	8	10	52
3	12	11	60
4	16	12	72
5	20	13	88
6	24	14	108
7	28		128

表 8.9　11.025,12 和 16 kHz 采样率下 **LONG _ WINDOW**,
LONG _ START _ WINDOW,**LONG _ STOP _ WINDOW** 的比例因子频带

f_s/kHz	11.025,12,16
num _ swb _ long _ window	43
swb	swb _ offset _ long _ window
0	0
1	8
2	16
3	24
4	32
5	40
6	48
7	56
8	64
9	72
10	80
11	88
12	100
13	112
14	124
15	136
16	148
17	160
18	172
19	184
20	196
21	212
22	228
23	244
24	260
25	280
26	300
27	320
28	344
28	368
30	396
31	424
32	456
33	492
34	532
35	572
36	616
37	664
38	716
39	772
40	832
41	896
42	960
	1 024

表 8.10　11.025,12 和 16 kHz 采样率下 **SHORT _ WINDOW** 的比例因子频带

f_s/kHz	11.025,12,16
num _ swb _ short _ window	15
swb	swb _ offset _ short _ window
0	0
1	4
2	8
3	12
4	16
5	20
6	24
7	28
8	32
9	40
10	48
11	60
12	72
13	88
14	108
	128

表 8.11 22.05 和 24 kHz 采样率下 **LONG _ WINDOW**，**LONG _ START _ WINDOW**，**LONG _ STOP _ WINDOW** 的比例因子频带

f_s/kHz	22.05 和 24		
num _ swb _ long _ window	47		
swb	swb _ offset _ long _ window	swb	swb _ offset _ long _ window
0	0	24	160
1	4	25	172
2	8	26	188
3	12	27	204
4	16	28	220
5	20	29	240
6	24	30	260
7	28	31	284
8	32	32	308
9	36	33	336
10	40	34	364
11	44	35	396
12	52	36	432
13	60	37	468
14	68	38	508
15	76	39	552
16	84	40	600
17	92	41	652
18	100	42	704
19	108	43	768
20	116	44	832
21	124	45	896
22	136	46	960
23	148		1 024

表 8.12 22.05 和 24 kHz 采样率下 **SHORT _ WINDOW** 的比例因子频带

f_s/kHz	22.05 和 24		
num _ swb _ short _ window	15		
swb	swb _ offset _ short _ window	swb	swb _ offset _ short _ window
0	0	8	36
1	4	9	44
2	8	10	52
3	12	11	64
4	16	12	76
5	20	13	92
6	24	14	108
7	28		128

表 8.13　64 kHz 采样率下 **LONG _ WINDOW**，**LONG _ START _ WINDOW**，**LONG _ STOP _ WINDOW** 的比例因子频带

f_s/kHz	64
num _ swb _ long _ window	47
swb	swb _ offset _ long _ window
0	0
1	4
2	8
3	12
4	16
5	20
6	24
7	28
8	32
9	36
10	40
11	44
12	48
13	52
14	56
15	64
16	72
17	80
18	88
19	100
20	112
21	124
22	140
23	156
24	172
25	192
26	216
27	240
28	268
29	304
30	344
31	384
32	424
33	464
34	504
35	544
36	584
37	624
38	664
39	704
40	744
41	784
42	824
43	864
44	904
45	944
46	984
	1 024

表 8.14　64 kHz 采样率下 **SHORT _ WINDOW** 的比例因子频带

f_s/kHz	64
num _ swb _ short _ window	12
swb	swb _ offset _ short _ window
0	0
1	4
2	8
3	12
4	16
5	20
6	24
7	32
8	40
9	48
10	64
11	92
	128

表 8.15 88.2 和 96 kHz 采样率下 **LONG _ WINDOW**，**LONG _ START _ WINDOW**，**LONG _ STOP _ WINDOW** 的比例因子频带

f_s/kHz	88.2 和 96
num _ swb _ long _ window	41
swb	swb _ offset _ long window
0	0
1	4
2	8
3	12
4	16
5	20
6	24
7	28
8	32
9	36
10	40
11	44
12	48
13	52
14	56
15	64
16	72
17	80
18	88
19	96
20	108
21	120
22	132
23	144
24	156
25	172
26	188
27	212
28	240
29	276
30	320
31	384
32	448
33	512
34	576
35	640
36	704
37	768
38	832
39	896
40	960
	1 024

表 8.16 88.2 和 96 kHz 采样率下 **SHORT _ WINDOW** 的比例因子频带

f_s/kHz	88.2 和 96
num _ swb _ short _ window	12
swb	swb _ offset _ short _ window
0	0
1	4
2	8
3	12
4	16
5	20
6	24
7	32
8	40
9	48
10	64
11	92
	128

8.9 图

window _ sequence = EIGHT _ SHORT _ SEQUENCE

num _ windows =8

grouping _ bits = '1100101'

num _ window _ groups = 4

window _ group _ length[] = {3, 1, 2, 2}

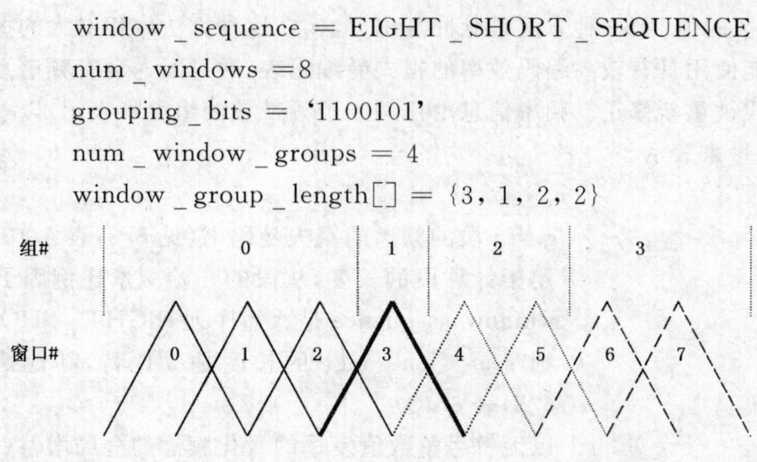

图 8.1 短窗组合的例子

图 8.2 **ONLY _ LONG _ SEQUENCE** 的比例因子频带的频谱顺序

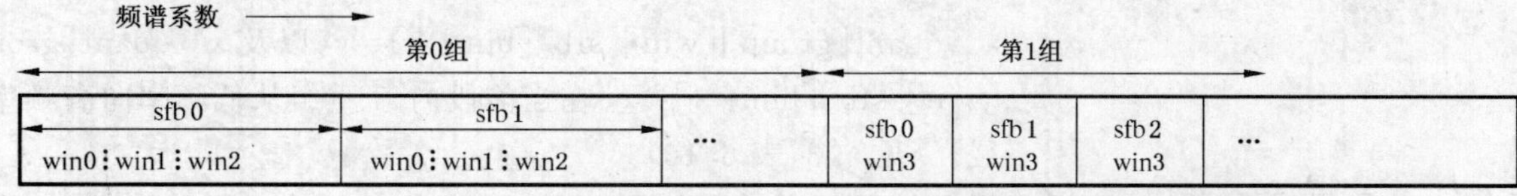

图 8.3 **EIGHT _ SHORT _ SEQUENCE** 的比例因子频带的频谱顺序

9 无噪声编码

9.1 模块描述

无噪声编码用于进一步降低每个音频声道的比例因子和量化频谱的冗余。

全局增益被编码为 8 位无符号整数。与量化频谱相关的第一个比例因子相对于全局增益值作差分编码,并(根据比例因子码书)用霍夫曼编码。剩下的比例因子相对于前面的比例因子作差分编码,也(根据比例因子码书)作霍夫曼编码。

量化频谱的无噪声编码依赖于频谱系数的两个分割。第一个分割是比例因子频带,包含量化频谱系数为 4 的整数倍,见 8.3.4 和 8.3.5。

第二个分割依赖于量化频谱数据,以比例因子频带为基础的一个分割以形成段。一个段的有效性在于段内的量化频谱用从 11 种可能的码书中选出单个霍夫曼码书来表征。除了段的霍夫曼编码频谱以外,一个段的长度及其相关的霍夫曼码书必须附在段内霍夫曼编码的频谱的后边以边信息传送。注意一个段的长度以比例因子频带给出而不是以比例因子窗频带给出(见 8.3.4)。为了使量化频谱和霍夫曼码书统计之间的匹配最大化,段的数目允许和比例因子频带的数目一样多。段的最大尺寸是 max _ sfb 比例因子频带。

正如在表 9.2 中指出的那样,频谱霍夫曼码书能表征有符号或无符号的 n 重组系数。对于无符号码书,n 重组中的每个非零系数的符号位紧跟着与其相关的编码字。

无噪声编码有两种办法来代表大的量化频谱。一种办法是从溢出(ESC)霍夫曼码书中发送溢出标志，这预示着紧跟那个编码字的位加选择符号位是一个溢出序列，这个序列编码的值大于那些由溢出(ESC)霍夫曼码书表征的值。第二种方法是脉冲溢出方法，在这种方法中相对大的振幅系数能被较小振幅系数所替代，以便能使用具有较高编码效率的霍夫曼编码表。通过发送含有频谱系数的位置和幅度差值的边信息，这个替代被重新修正。频率信息由比例因子频带数的组合来表示，以一个基频和相对于该比例因子频带的偏移量来表示。

9.2 定义

sect _ cb[g][i] g组i段的频谱的霍夫曼码书(见6.3，表6.13)。

sect _ len _ incr 用于计算段的长度，从段的开始测量比例因子频带的数目。如果 **window _ sequence** 是八短序列 EIGHT _ SHORT _ SEQUENCE，则 sect _ len _ incr 的长度是3比特，其他情况下是5比特(见6.3，表6.13)。

global-gain 以无符号整数值发送的量化频谱的全局增益(见6.3，表6.12)

hcod _ sf[ ] 用于比例因子编码的从霍夫曼码书得到的霍夫曼编码字。(见6.3，表6.14)

hcod[sect _ cb[g][i]][w][x][y][z] 用于编码频谱系数的下一个4重组(w，x，y，z)的 **sect _ cb[g][i]** 码书中的霍夫曼编码字，在这里w，x，y，z是量化频谱系数。在一个n重组以内，w，x，y，z如8.3.5中描述的那样的顺序排列。因而，x _ quant[group][win][sfb][bin]＝w，x _ quant[group][win][sfb][bin＋1]＝x，
x _ quant[group][win][sfb][bin＋2]＝y，以及x _ quant[group][win][sfb][bin＋3]＝z。在当前段内N重组从低频率向高频率进展。(见6.3，表6.16)

hcod[sect _ cb[g][i]][y][z] 用于编码频谱系数的下一个2重组(y，z)的 **sect _ cb[g][i]** 码书中的霍夫曼编码字，在这里y，z是量化频谱系数。在一个n重组之内，y，z如8.3.5中描述的那样的顺序排列，因而x _ quant[group][win][sfb][bin]＝y，以及x _ quant[group][win][sfb][bin＋1]＝z。在当前段内，n重组从低频率向高频率进展。(见6.3，表6.16)

quad _ sign _ bits 频谱4重组中非零系数的符号位。'1'表明是一个负的系数，'0'表明是一个正的系数。与较低频率系数相关的比特先发送(见6.3，表6.16)

pair _ sign _ bits 频谱2重组中非零系数的符号位。'1'表明是一个负的系数，'0'表明一个正的系数。与较低频率系数相关的位先发送。(见6.3，表6.16)

hcod _ esc _ y 与先前霍夫曼码字相关的2重组(y，z)的量化频谱系数y的溢出序列。(见6.3，表6.16)

hcod _ esc _ z 与先前霍夫曼码字相关的2重组(y，z)的量化频谱系数z的溢出序列。(见6.3，表6.16)

pulse _ data _ present 1比特，用于指示脉冲溢出是否被使用('1'表明被使用，'0'表明未被使用)(见6.3，表6.17)。注意对于一个八短序列 EIGHT _ SHORT _ SEQUENCE 来说 pulse _ data _ present 必须为0。

number _ pulse 两比特，用于指示多少脉冲溢出被使用。脉冲溢出的数目由1至4。(见6.3，表6.17)。

pulse _ start _ sfb	6 比特,用于指示最低比例因子频带的索引,脉冲溢出在此频带获得。(见 6.3,表 6.17)。
pulse _ offset[i]	5 比特,用于指示偏移量。(见 6.3,表 6.17)。
pulse _ amp[i]	4 比特,用于指示脉冲的无符号幅度。(见 6.3,表 6.17)。
sect _ start[g][i]	g 组 i 段中第一个比例因子频带的偏移量(见 6.3, 6.13)。
sect _ end[g][i]	g 组 i 段中高于最后一个比例因子频带的偏移量。(见 6.3,表 6.13)
num _ sec[g]	g 组中段的数目(见 6.3,表 6.13)
escape _ flag	ESC 霍夫曼码书中 16 的值。
escape _ prefix	N 个 1 的比特序列。
escape _ separator	一个 0 位。
escape _ word	一个 N+4 比特无符号整数字,最高位在前面。
escape _ sequence	escape _ prefix,escape _ separator 和 escape _ word 的序列。
escape _ code	2 ∧(N+4)+escape _ word
x _ quant[g][win][sfb][bin]	g 组,win 窗,sfb 比例因子频带,bin 系数的霍夫曼解码值。
spec[w][k]	解交叉频谱,w 取值从 0 至 *num _ windows*-1 并且 k 取值从 0 至 *swb _ offset[num _ swb]*-1。

无噪声编码模块需要这些常量(见 6.3,spectral _ data())

ZERO _ HCB	0
FIRST _ PAIR _ HCB	5
ESC _ HCB	11
QUAD _ LEN	4
PAIR _ LEN	2
INTENSITY _ HCB2	14
INTENSITY _ HCB	15
ESC _ FLAG	16

9.3 解码过程

量化频谱系数的 4 重组或 2 重组用霍夫曼编码,并从最低频率系数开始传送然后扩展到最高频谱系数。对于每块多窗口的情况(EIGHT _ SHORT _ SEQUENCE),频谱系数的分类和交叉组合被看作为从低到高扩展的单一系数集合。这个系数的集合在解码后需要解交叉(见 8.3.5)。系数存储在数组 x _ quant[g][win][sfb][bin]中,霍夫曼编码字的传送顺序如下:当它们按被接受和在数组中存储的顺序解码时,bin 是增加最快的索引而 g 是增加最慢的索引。在一个编码字之内,对于那些与频谱 4 重组相关的码字,解码的顺序是 w,x,y,z,对于那些与频谱 2 重组相关的码字,解码的顺序是 y,z。系数的集合被划分为段,段信息从最低频率段开始被传送并进展到最高频率段。以"零"码书编码的段的频谱信息并不被发送,因为这些频谱信息为零。类似的,以"强度"码书编码的段的频谱信息也不被发送。对于等于和高于 max _ sfb 的比例因子频带,没有段数据,因而频谱信息为零。

有一个单一差分比例因子码书,这个码书表征的数值范围见表 9.1。差分比例因子码书见表 A1。对于频谱数据有十一个霍夫曼码书,这些参数见表 9.2。码书见表 A2~A12。在实际的霍夫曼码书之上还有三个其它的码书,具体地说,有"零"码书用于指示比例因子和量化数据都不被传送,有"强度"码书用于指示该独立声道是声道对的一部分,并且那些一般情况下作为比例因子的数据现在为强度立体声的控制数据。在这里,没有量化频谱数据被传送。码书 12 和 13 备用。

频谱霍夫曼码书对有符号和无符号量化频谱系数的 2 重组或 4 重组编码,如表 9.2 所示。这个表格同时指明能够被每个码书编码的最大绝对值(LAV),并定义了一个布尔辅助变量数组 unsigned _ cb [],当码书无符号时数组值为1,当码书有符号时为0。

霍夫曼解码每个差分比例因子码字的结果是该码字的索引,这已在表A1的第一栏列出。通过向索引加入索引偏移量 index _ offset,便被译为需要的差分比例因子。index _ offset 的值为－60,见表9.1。同样地,解码每个n重频谱的霍夫曼结果是码字索引,这列在表A2到A12中的第一栏。这个索引被译为n重频谱值,这在下面的伪C代码中详细说明:

unsigned＝布尔值 unsigned _ cb[i],列于表9.2的第二栏。

dim＝码书的维数。列于表9.2的第三栏。

lav＝最大绝对值,列于表9.2的第四栏。

idx＝编码字索引。

```
if (unsigned){
    mod＝lav＋1;
    off＝0;
}
else{
    mod＝2＊lav＋1;
    off＝lav;
}
if (dim＝＝4){
    w＝INT(idx/(mod＊mod＊mod))－off;
    idx－＝(w＋off)＊(mod＊mod＊mod);
    x＝INT(idx/(mod＊mod))－off;
    idx－＝(x＋off)＊(mod＊mod);
    y＝INT(idx/mod)－off;
    idx－＝(y＋off)＊mod;
    z＝idx－off;
}
else {
    y＝INT(idx/mod)－off;
    idx－＝(y＋off)＊mod;
    z＝idx－off;
}
```

如果霍夫曼码书表征有符号值,则在霍夫曼解码和将编码字索引译成量化频谱系数之后,量化频谱n重组的解码才完成。如果码书表征无符号值,则与非零系数相关的符号位紧跟着霍夫曼编码字,并用"1"指明为一个负系数,用"0"指明为一个正系数。例如,如果码书7中的一个霍夫曼编码字

hcod[7][y][z]

被分离,则在比特流中紧跟它的是

pair _ sign _ bits

这是一个从0到2比特的可变长度字段,可直接从比特流中分离

```
if (y! ＝0)
    if (one _ sign _ bit＝＝1)
        y＝－y
```

```
  if (z! =0)
    if (one_sign_bit==1)
        z=-z
```

在这里 one_sign_bit 是比特流中的下一位，**pair_sign_bits** 是 one_sign_bit 域的串接。

溢出码书是一种特殊的情况。它表征从 0 到 16 的值，但从 0 到 15 的值编码真正的数据值，而值 16 是一个溢出标志 *escape_flag*，指明 **hcod_esc_y** 或 **hcod_esc_z** 的存在，这两者中的任何一个被表示为一个溢出序列 *escape_sequence*。这个 *escape_sequence* 允许最大绝对值 LAV 大于 15 的量化频谱分量被编码。它由 N 个 1 的一个溢出前缀 *escape_prefix* 构成，后面跟有一个零的溢出分离器 *escape_separator*，再后面跟有一个代表无符号整数值的 N +4 比特的溢出字 *escape_word*。这个溢出序列的解码值为 2 ∧(N+4)+*escape_word*。需要的量化频谱系数由溢出序列的值加上 pair_sign_bits 所指示的符号获得。换句话说，溢出序列 00000 解码为 16，溢出序列 01111 解码为 31，溢出序列 1000000 解码为 32，溢出序列 1011111 解码为 63，如此等等。注意 10.3 中的限制要求溢出序列的长度总是小于 22 位。对于溢出霍夫曼编码字，比特流单元的排列顺序是霍夫曼编码字后紧跟 0～2 比特符号位，之后再紧跟 0～2 个溢出序列。

当 **pulse_data_present** 是 1 时(脉冲溢出被使用)，一个或多个量化系数已经被编码器中具有较小幅度的系数所代替。被代替的系数的数目由 **number_pulse** 指示。在重建量化频谱系数 x_quant 中，这种替换通过从先前解码的系数中加上或减去 **pulse_amp** 来补偿，其中被解码系数的频率索引由 **pulse_start_sfb** 和 **pulse_offset** 指明。注意对于一个窗序列 **window_sequence** 是八短序列 EIGHT_SHORT_SEQUENCE 的块来说，脉冲溢出方法是非法的。解码过程由下列伪 C 代码具体说明：

```
if (pulse_data_present){
  g=0;
  win=0;
  k=swb_offset[pulse_start_sfb];
  for(j=0;j<number_pulse+1;j++){
     k+=pulse_offset[j];

     /*translate_pulse_parameters(); */
     for(sfb=pulse_start_sfb;sfb<num_swb;sfb++){
          if(k<swb_offset[sfb+1]){
                    bin=k-swb_offset[sfb];
                    break;
          }
     }

     /*restore coefficients */
   if (x_quant[g][win][sfb][bin] > 0)
          x_quant[g][win][sfb][bin]+=pulse_amp[j];
    else
          x_quant[g][win][sfb][bin]-=pulse_amp[j];
     }
}
```

多个解码模块(TNS，滤波器组)以非交叉方式存取频谱系数，即，所有频谱系数根据窗口数目和窗口内频率来排列。这通过使用标记 spec[w][k]而不是 x _ quant[g][w][sfb][bin]来指明。

下面的伪C代码指明四维(或称交叉)数组结构 x _ quant[][][][]和两维(或称解交叉),数组结构 spec[][]之间的对应关系。在后一个数组中,第一个索引在窗序列中的独立窗口之上增加,而第二个索引在对应于每个窗口的频谱系数之上增加,在每一个窗口中这些系数从低频向高频线性扩展。

```
Quant _ to _ spec(){
  k=0;
  for(g=0;g<num_ window _ groups;g++){
    j=0;
    for (sfb=0;sfb<num _ swb;sfb++){
        width=swb _ offset[sfb+1]—swb _ offset[sfb];
        for (win=0;win<window _ group _ length[g];win++){
            for(bin=0;bin<width;bin++){
                spec[win+k][bin+j]=x _ quant[g][win][sfb][bin];
            }
        }
        j+=width;
    }
    k+=window _ group _ length[g];
  }
}
```

9.4 表格

表 9.1 比例因子霍夫曼码书的参数

码书号	码书的维数	标志偏移量	值的范围	列出码书的表格
0	1	—60	—60 到 60	A1

表 9.2 频谱霍夫曼码书的参数

码书号,i	unsigned _ cb[i]	码书维数	码书的 LAV	列出码书的表格
0	—	—	0	—
1	0	4	1	A2
2	0	4	1	A3
3	1	4	2	A4
4	1	4	2	A5
5	0	2	4	A6
6	0	2	4	A7
7	1	2	7	A8
8	1	2	7	A9
9	1	2	12	A10
10	1	2	12	A11
11	1	2	(16)ESC	A12
12	—	—	(保留)	—
13	—	—	(保留)	—
14	—	—	外相位强度	—
15	—	—	内相位强度	—

10 量化

10.1 模块说明

对于编码器中频谱系数的量化,使用一个非均匀量化器。因此在比例因子(见第9章和第11章)和频谱数据(见第9章)的霍夫曼解码后,解码器必须执行逆非均匀量化。

10.2 定义

帮助单元:

x_quant[*g*][*win*][*sfb*][*bin*] g组,win窗口,sfb比例因子频带,bin系数的量化频谱系数。

x_invquant[*g*][*win*][*sfb*][*bin*] g组,win窗口,sfb比例因子频带,bin系数的逆量化后的频谱系数。

10.3 解码过程

逆量化由下面的公式描述:

$$x\_invquant = Sign(x\_quant) \cdot |x\_quant|^{4/3} \ \forall \ k$$

的最大允许绝对幅度是8191。逆量化应用如下:

```
for(g=0;g<num_window_group;g++){
  for (sfb=0;sfb<max_sfb;sfb++){
    width=(swb_offset [sfb+1]-swb_offset [sfb]);
    for(win=0;win<window_group_len[g];win++){
      for(bin=0;bin<width;bin++){
      x_invquant[g][win][sfb][bin]=sign(x_quant[g][win][sfb][bin])*
                                   abs(x_quant[g][win][sfb][bin])∧(4/3);
          }
        }
      }
    }
```

11 比例因子

11.1 模块描述

在频域中调整量化噪声的基本方法是利用比例因子做噪声整形。为此,频谱系数被分成几个组,称为比例因子频带,每一组的频谱系数共享一个比例因子(见8.3.4)。一个比例因子代表一个增益值,用于改变一个比例因子频带内所有的频谱系数的幅度。使用这一机制的目的是为了改变非均匀量化后量化噪声在频域上的分配。

对于包含短窗SHORT_WINDOW组的窗序列的应用,特定数目的相继的SHORT_WINDOW仅需要一套比例因子。一组比例因子频带将按频率拥有一个比例因子(见8.3.4)。

在这个模块里比例因子用于逆量化系数来重建频谱值。

11.2 定义

比特流单元

global_gain 8比特无符号整数,代表第一个比例因子的值。同时它还是后差分编码比例因子的初始值(见表6.12)。

scale_factor_data() 比特流的某一部分,包含了差分编码的比例因子。

hcod_sf[] 霍夫曼码字,从霍夫曼码表中得到,用于比例因子的编码。表6.14和9.2。

帮助单元

dpcm _ sf[g][sfb]	组 g 比例因子频带 sfb 的差分编码比例因子。
x _ rescal[]	重新标度变换后的频谱系数。
sf[g][sfb]	每一组比例因子的数组。
get _ scale _ factor _ gain()	函数,返回值为对应一个比例因子的增益值。

11.3 解码过程

11.3.1 比例因子频带

比例因子用于频谱的量化噪声整形。因此频谱被分成一些比例因子频带(见 8.3.4)。每个比例因子频带有一个比例因子,它表示这一比例因子频带的全部频谱系数的增益。在 EIGHT _ SHORT _ SEQUENCE 的情况下,一个比例因子频带可以包含相继 SHORT _ WINDOW 的多个比例因子窗口频带。

11.3.2 比例因子的解码

对所有的比例因子,每个比例因子与前一值的差值将进行霍夫曼编码,码书由表 A1 给出。第 9 章是对霍夫曼解码的详细描述。初始值由一个比特流单元 **global _ gain** 给出,它是一个 8 比特的 PCM 值。如果用于比例因子编码的霍夫曼码书是 ZERO _ HCB,则不传送比例因子。当对某一比例因子频带进行编码的霍夫曼码书是 INTENSITY _ HCB 或 INTENSITY _ HCB2 时,这个比例因子是用于强度立体声的(见第 9 章和 12.2),这时不存在正常的比例因子(但作为数组中的一个有效入口,它被初始化为零)。

下面的伪代码描述了怎样对比例因子 *sf[g][sfb]*进行解码。

```
last _ sf = global _ gain;
for (g=0; g<num _ window _ groups; g++){
    for(sfb=0; sfb<max _ sfb; sfb++){
      if(sfb _ cb[g][sfb] ! = ZERO _ HCB&&sfb _ cb[g][sfb]! =INTENSITY _ HCB
        &&sfb _ cb[g][sfb] ! =INTENSITY _ HCB2){
        dpcm _ sf=decode _ huffman()—index _ offset;/ * see clause 9 * /
        sf[g][sfb]=dpcm _ sf + last _ sf;
      }
      else{
        sf[g][sfb] = 0;
      }
    }
}
```

注意比例因子 sf[g] [sfb],必须在 0 到 256 之间(包括 0 和 256)。

11.3.3 应用比例因子

对应于某一个比例因子的所有比例因子频带的频谱系数,必须根据这个比例因子做标度变换。对于包含了短窗组的窗序列中,分组比例因子窗口频带的所有频谱系数使用同一个比例因子。

当窗序列 window _ sequences 仅使用一种窗口时,比例因子频带和它们对应的频谱系数按频谱升序排列。在 EIGHT _ SHORT _ SEQUENCE 和分组的情况下,分组短窗序列的频谱系数由比例因子窗口频带进行交叉分组,见 8.3.5 可得到更多的详细信息。

下面的伪代码完成标度变化。

```
for(g=0; g<num _ window _ group; g++){
    for(sfb=0; sfb<max _ sfb; sfb++){
      width = (swb _ offset[sfb+1] — swb _ offset[sfb]);
```

```
    for(win = 0; win<window_group_len[g]; win++){
      gain = get_scale_factor_gain(sf[g][sfb]);
      for(k=0; k<width; k++){
          x_rescal[g][window][sfb][k] =
                x_invquant[g][window][sfb][k] * gain;
      }
    }
  }
}
```

函数 *get_scale_factor_gain(sf[g][sfb])* 返回对应于某一个比例因子的增益系数，返回值遵从下述公式：

$$gain = 2^{0.25(sf[g][sfb]-SF\_OFFSET)}$$

常量 SF_OFFSET 必须设为 100。

下面的伪代码描述了这一过程

```
get_scale_factor_gain(sf[g][sfb]){
    SF_OFFSET = 100;
    gain = 2 ∧(0.25 * (sf[g][sfb] -SF_OFFSET));
    return(gain);
}
```

12 联合编码

12.1 M/S 立体声

12.1.1 模块描述

M/S 联合声道编码应用于声道对，声道通常是成对组合的，因此它们对于听者有对称的特征，如左/右或左环绕/右环绕。声道对中第一个声道标志为“左”，第二个为“右”。在每一频谱系数的基础上，由左声道和右声道信号组成的矢量要用单位阵加权重建或分解：

$$\begin{bmatrix} l \\ r \end{bmatrix} = \begin{bmatrix} 1 & 0 \\ 0 & 1 \end{bmatrix} \begin{bmatrix} l \\ r \end{bmatrix}$$

或是用 M/S 逆矩阵：

$$\begin{bmatrix} l \\ r \end{bmatrix} = \begin{bmatrix} 1 & 1 \\ 1 & -1 \end{bmatrix} \begin{bmatrix} m \\ s \end{bmatrix}$$

用哪一个矩阵通过比例因子基处理比例因子频带，由 ms_used 标志来决定。M/S 联合声道编码只有当 Common_window 为“1”时才使用(见 8.3.1)。

12.1.2 定义

ms_mask_present 两个比特字段表示了 M/S 掩蔽

00 全零

01 表示此字段后面紧跟着 ms_used 的 max_sfb 频带的掩蔽

10 全 1

11 保留

见 6.3，表 6.10

ms_used[g][sfb] 每一比例因子频带的一比特标志，表示窗口组 g，比例因子频带 sfb 中使用了 M/S 编码。(见 6.3，表 6.10)

l_spec[] 独立声道对中左声道频谱的数组。

r _ spec[]　　独立声道对中右声道频谱的数组。

is _ intensity(*g*,*sfb*)　　函数,返回强度状态,定义于12.2.3。

12.1.3 解码过程

第一(左)声道和第二(右)声道的频谱系数的重建是由 **mask _ present** 和 **ms _ used**[ ][ ]标志规定的,过程如下:

```
if(mask _ present)=1){
    for(g=0; g<num _ window _ group; g++){
    for(b=0; b<window _ group _ length[g]; b++){
      for(sfb=0;sfb<max _ sfb;sfb++){
        if((ms _ used[g][sfb]||mask _ present==2)&&
                ! is _ intensity(g,sfb))){
            for(i=0; i<swb _ offset[sfb+1] - swb _ offset[sfb]; i++){
                tmp = l _ spec[g][b][sfb][i] - r _ spec[g][b][sfb][i];
                l _ spec[g][b][sfb][i] = l _ spec[g][b][sfb][i]+ r _ spec[g][b][sfb][i];
                r _ spec[g][b][sfb][i] = tmp;
            }
          }
        }
      }
    }
}
```

注意 ms __ used[ ][ ]同时也用于强度立体声编码。当对某一比例因子频带使用了强度立体声编码,就不能同时使用 M/S 立体声解码。

12.2 强度立体声

12.2.1 模块描述

这一模块是用来实现声道对中两个声道之间的联合强度立体声编码的,因此逆量化之后两个声道的输出可以由同一套频谱系数得到。当强度立体声标志被激活时,这可以在比例因子频带基础上有选择地工作。

12.2.2 定义

hcod _ sf[]　　霍夫曼码字,可以从霍夫曼码表中得到,用于对比例因子编码。

dpcm _ is _ position[][]　　不同编码的强度立体声位置。

is _ positon[*group*][*sfb*]　　每一组比例因子频带 sfb 的强度立体声位置。

l _ spec[]　　独立声道对中左声道的频谱数组。

r _ spec[]　　独立声道对中右声道的频谱数组。

12.2.3 解码过程

强度立体声编码是由伪码书 INTENSITY _ HCB 和 INTENSITY _ HCB2(15 和 14)在右声道中来表示的(这些码书在声道对单元的左声道中使用是非法的)。INTENSITY _ HCB 和 INTENSITY _ HCB2 分别表示了内相位和外相位强度立体声编码。

另外,利用 ms _ used 字段可以对强度立体声编码的相位关系取反。因为,对于某一组的某一个比例因子频段,M/S 立体声编码和强度立体声编码是互不相容的,所以,如果每一个频段的相应 ms _ used

比特位被置位，用霍夫曼码表表示的初相位关系可以从内相位变为外相位，反之亦然。

强度立体声的方位信息由“强度立体声位置”值提供，它代表了左右声道标度的关系。当强度立体声在某一组以及比例因子频带被激活时，强度立体声位置值将取代右声道的比例因子并被传送。

和比例因子一样，对强度位置的差值也要进行霍夫曼编码，但有两点不同之处：

——没有开始的 PCM 值被传送，差值解码过程的开始都假定上一个强度立体声位置值为零。

——对比例因子和强度立体声位置的差分解码是分开完成的，换言之，比例因子的解码器忽略了强度立体声位置值，反之亦然。（见 11.3.2）

对强度立体声位置的编码使用和比例因子编码一样的码书。

在使用强度立体声解码中，定义了两个伪函数

```
function is_intensity(group,sfb)  {
  +1     for window groups / scalefactor bands with right channel
         codebook sfb_cb[group][sfb] == INTENSITY_HCB
  -1     for window groups / scalefactor bands with right channel
         codebook sfb_cb[group][sfb] ==INTENSITY_HCB2
  0      otherwise
  }

function invert_intensity(group,sfb)  {
      1-2*ms_used[group][sfb]       if (ms_mask_present==1)
      +1                            otherwise
      }
```

一个声道对的强度立体声解码定义为如下伪代码：

```
p=0;
for(g=0; g<num_window_groups; g++)  {

  /* Decode intensity positions for this group */
  for (sfb=0; sfb<max_sfb; sfb++)
     if (is_intensity(g,sfb))
       is_position[g][sfb] = p += dpcm_is_position[g][sfb];

  /* Do intensity stereo decoding */
  for(b=0; b<window_group_length[g]; b++)  {
     for(sfb=0; sfb<max_sfb; sfb++)  {
       if (is_intensity(g,sfb))  {

         scale=is_intensity(g,sfb)*invert_intensity(g,sfb)*0.5∧(0.25*is_position[g][sfb]);
           /* Scale from left to right channel , do not touch left channel */
         for (i=0;i<swb_offset[sfb+1] - swb_offset[sfb]; i++)
              r_spec[g][b][sfb][i] = scale*l_spec[g][b][sfb][i];
       }
```

```
        }
    }
}
```

12.2.4 与声道内预测模块集成

若比例因子频段使用强度立体声编码，则右声道相应的预测器被置位为“off”，这样可以有效地把有 prediction _ used 掩蔽指定的状态置为无效。将强度立体声解码的右声道频谱值充作“最后量化值” $X_{rec}(n-1)$来实现这些预测器的更新。这些值是在左声道到右声道的标度的变换过程中得到的，如伪代码中所描述。

12.3 耦合声道

12.3.1 模块描述

耦合声道单元提供两个功能：首先是，当声道间的频谱可以共享时，耦合声道用来实现一般的强度立体声编码。第二，耦合声道动态地把声音向下混合到立体声声像中去。

注意，这一模块包括与框架有一定联系的参数。

12.3.2 定义

ind _ sw _ cce _ flag 一位标志，表示耦合目标语法单元是独立切换(1)还是非独立切换(0)CCE(见 6.3，表 6.18)。

num _ coupled _ channels 耦合目标声道的数目(见 6.3，表 6.18)。

cc _ target _ is _ cpe 一位，表示耦合目标语法单元是 CPE(1)还是 SCE(0)(见 6.3，表 6.18)。

cc _ target _ tag _ select 四位字段，指定耦合目标语法单元的 element _ instance _ tag(见 6.3，表 6.18)。

cc _ l 一位，表示将增益单元 gain _ element 值列表应用到声道对的左声道中。(见 6.3，表 6.18)

cc _ r 一位，表示将增益单元 gain _ element 值列表应用到声道对的右声道中。(见 6.3，表 6.18)

cc _ domain 一位，表示耦合是位于耦合目标声道的 TNS 解码前(0)还是解码后(1)(见 6.3，表 6.18)。

gain _ element _ sign 一位，表示传送的增益单元 gain _ element 值是(1)否(0)包含有关于内相位/外相位的耦合信息(见 6.3，表 6.18)。

gain _ element _ scale 按照表 2.1 决定标度变换的幅度分辨率 *cc _ scale*(见 6.3，表 6.18)。

common _ gain _ element _ present [c] 一位，表示传送的是霍夫曼编码的一般增益单元 common _ gain _ elemen 值(1)还是霍夫曼编码的差分增益单元(0)(见 6.3，表 6.18)。

dpcm _ gain _ element[][] 差分编码的增益单元。

gain _ element[group][sfb] 每一组和比例因子频带的增益单元。

common _ gain _ element[ ] 某一耦合目标声道的所有窗口组和比例因子频带的增益单元。

spectrum _ m(idx,domain) 指向单声道单元的频谱数据的指针，索引为 idx，“domain”表示其指向的频谱系数是位于 TNS 前(0)还是 TNS 后(1)。

spectrum _ l(idx,domain) 指向声道对单元 channel _ pair _ element 中左声道的频谱数据的指针，索引为 idx，domain 表示其指向的频谱数据是位于 TNS 解码前(0)还是 TNS 解码后(1)。

spectrum _ r(idx,domain)　　指向声道对单元 channel _ pair _ element 中右声道的频谱数据的指针，索引为 idx，“domain”表示其指向的频谱数据是位于 TNS 解码前(0)还是 TNS 解码后(1)。

12.3.3　解码过程

耦合声道基于带有一些专用字段的内嵌的单声道单元 single _ channel _ element，它可以实现某种特定的功能。

耦合目标语法单元(SCE 和 CPE)使用两个语法单元来标识，一个是 cc _ target _ is _ cpe 字段，选择 SCE 或 CPE；第二个是 cc _ target _ tag _ select 字段，选择 SEC/CPE 的 instance _ tag。

带有声道耦合的标度变换由增益单元 gain _ element 定义，它表示了可应用的增益系数和符号。和比例因子及强度立体声位置的编码一样，gain _ element 也使用了同样的霍夫曼码表来编码。类似地，解码的耦合增益系数与频谱系数窗口组也具有一定的联系。

独立切换 CCE 与非独立切换 CCE

有两种 CCE，“独立切换”和“非独立切换”CCE。独立切换 CCE 是指 CCE 的窗口状态(即 window _ sequence 和 window _ shape)不需要和与 CCE 耦合的 SCE 或 CPE 声道的窗口状态相匹配。在这里有几个重要的含义：

首先，它要求独立切换 CCE 必须仅使用一般增益 common _ gain 单元，而不是增益单元 gain _ element 列表。

其次，当窗口状态不匹配时，独立切换 CCE 在做标度变换及和与它耦合的不同的 SCE 和 CPE 声道相加前，必须经历时域的全部解码过程(即包括综合滤波器组)。

另一方面，对非独立切换 CCE，它的窗口状态必须和与它耦合的且由 cc _ l 和 cc _ r 单元列表确定的 SCE 和 CPE 的声道相匹配。在这种情况下，在它和目标 SCE 和或 CPE 声道相加前，它只要经过频域解码然后直接用增益列表做标度变换。

下面在函数 decode _ coupling _ channel()中的伪代码，定义了非独立切换耦合声道单元的解码过程。首先，内嵌的 single _ channel _ element 的频谱系数被解码并放入内部缓冲区。因为第一个耦合目标的增益单元(list _ index＝＝0)不传送，因此关于这个目标的所有 gain _ elemnt 值被假定为 0，即，耦合声道以它自然的标度加到耦合目标声道。否则频谱系数要经过合适的 gain _element 值做标度变换再加到耦合目标声道的频谱系数上。

独立切换 CCE 的解码和只有 common _ gain _ element 的非独立切换 CCE 类似，但做标度变换后的频谱系数要变换到时域，并在时域耦合。

注意，gain _ element 列表可以被目标声道对单元的左、右声道所共享，这由 cc _ l 和 cc _ r 同时为 0 来表示，如下表所示：

cc _ l　，　cc _ r	出现共享增益列表	出现左声道增益列表	出现右声道增益列表
0　，　0	是	否	否
0　，　1	否	否	是
1　，　0	否	是	否
1　，　1	否	是	是

```
decode_coupling_channel()
{
    —decode spectral coefficients of embedded single_channel_element
    into buffer "cc_spectrum[]".
    /* Couple spectral coefficients onto target channels */
    list_index=0;
    for(c=0;c<num_coupled_elements+1;c++)  {
      if(! cc_target_is_cpe[c]){
        couple_channel(cc_spectrum,
                          spectrum_m(cc_target_tag_select[c],cc_domain),
                          list_index++);
      }
      if(cc_target_is_cpe[c]){
        if(! cc_l[c] && ! cc_r[c]){
          couple_channel(cc_spectrum,
                          spectrum_l(cc_target_tag_select[c],cc_domain),
                          list_index);
           couple_channel(cc_spectrum,
                          spectrum_r(cc_target_tag_select[c],cc_domain ),
                          list_index++);
      }
    if(cc_l[c])  {
        couple_channel(cc_spectrum,
                          spectrum_l(cc_target_tag_select[c],cc_domain),
                          list_index++) );
      }
    if(cc_r[c])  {
        couple_channel(cc_spectrum,
                          spectrum_r(cc_target_tag_select[c],cc_domain),
                          list_index++) );
          }
        }
    }
}

couple_channel(source_spectrum[],dest_spectrum[],gain_list_index )
{
    idx=gain_list_index;
    a=0;
    cc_scale=cc_scale_table[gain_element_scale];
    for(g=0;g<num_window_groups;g++){

          /* Decode coupling gain elements for this group */
```

```
        if(common_gain_element_present[idx])  {

            for(sfb=0;sfb<max_sfb;sfb++)  {
             cc_sign[idx][g][sfb]=1;
             gain_element[idx][g][sfb]=common_gain_element[idx];
            }
        } else  {

            for(sfb=0;sfb<max_sfb;sfb++) {
                if(sfb_cb[g][sfb]=ZERO_HCB)
                    continue;

                if(gain_element_sign)  {
                    cc_sign[idx][g][sfb]=
                      1-2*(dpcm_gain_element[idx][g][sfb]&0x1);
                    gain_element[idx][g][sfb]=
                      a+=(dpcm_gain_element[idx][g][sfb]>>1);
                }
                else  {
                    cc_sign[idx][g][sfb]=1;
                    gain_element[idx][g][sfb]=
                      a+=dpcm_gain_element[idx][g][sfb];
                }
            }
}

/*Do coupling onto target channels */
    for(b=0;b<window_group_length[b];b++)  {
     for(sfb=0;sfb<max_sfb;sfb++)  {

       if(sfb_cb[g][sfb]! =ZERO_HCB)  {
         cc_gain[idx][g][sfb]=
           cc_sign[idx][g][sfb]*cc_scale∧gain_element[idx][g][sfb];

        for(i=0;i<swb_offset[sfb+1]-swb_offset[sfb];i++)
          dest_spectrum[g][b][sfb][i]+=
            cc_gain[idx][g][sfb]*source_spectrum[g][b][sfb][i];
       }
     }
    }
  }
}
```

注：sfb_cb 数组表示与内嵌的 single_channel_element 的 CCE 有关的码书数据(而不是耦合目标声道)

12.3.4 表

表 12.1 声道耦合的标度分辨率(**cc _ scale _ table**)

"gain _ element _ scale"值	幅度分辨率"cc _ scale"	步长[dB]
0	2 ∧(1/8)	0.75
1	2 ∧(1/4)	1.50
2	2 ∧(1/2)	3.00
3	2 ∧ 1	6.00

13 预测

13.1 模块描述

预测用于进一步减少冗余,对于那些或多或少具有一些平稳特性的信号预测特别有效,在对比特率有要求的情况下,它是不可缺少的部分。预测可以应用于每一个声道,使用一个声道内(或单声道)的预测器,它利用了相继各帧之间的频谱分量的自相关。因为类型为 EIGHT _ SHORT _ SEQUENCE 的窗口序列表明信号变化较大,即非平稳特性的信号,所以预测只能用于类型为 ONLY _ LONG _ SEQUENCE、LONG _ START _ SEQUENCE 或 LONG _ STOP _ SEQUEN 的窗口序列。预测器的使用是由框架决定的,详细信息见第 7 章。

每个声道的预测器应用对象是经过滤波器组做谱分解后的频谱分量,每个受 PRED _ SFB _ MAX 指定上限的频谱分量都有一个相应的预测器,这样形成一个预测器组,每一个预测器利用了相继各帧频谱值之间的自相关。

由于整个编码过程采用了频率分辨率高的滤波器组,所以采用后向自适应预测来获得高的编码效率。这种预测方式意味着在编码器和解码器中,由前面量化的频谱分量计算得到预测器系数,并且预测器不需要传送额外的辅助信息,而这些辅助信息在前向自适应预测中是必需的。每个频谱分量使用一个二阶后向自适应格型预测器,因此每个预测器工作时需要前两帧的频谱分量值。利用一种基于 LMS 的自适应算法,预测器的参数逐帧地自适应于当前信号的统计特性。如果预测功能被激活,则量化器输入为预测误差,而不是原始的频谱分量,进而得到更高的编码效率。

为了尽可能地减少存贮量,预测器的状态变量先量化再存储。

13.2 定义

predictor _ data _ present 一位,表示预测器是(1)否(0)用于当前帧(仅用于 ONLY _ LONG _ SEQUENCE, LONG _ START _ SEQUENCE 和 LONG _ STOP _ SEQUENCE,见 6.3,表 6.11)。

predictor _ reset 一位,表示当前帧是(1)否(0)需要预测器复位(只有当 **predictor _ data _ present** 标志被置位时才有效,见 6.3,表 6.11)。

predictor _ reset _ group _ number 5 位数,当预测器复位使能时,指明当前帧需要复位的复位组(仅当 **predictor _ reset** 标志被置位时才有效,见 6.3,表 6.11)。

prediction _ used 1 位,对使用了预测器的比例因子频带,表示预测器功能被打开(1)/关闭(0)。如果 **max _ sfb** 小于 PRED _ SFB _ MAX,则对大于或者等于 max _ sfb 的 i 值,predictor _ used[i]不传送,并被置为关闭状态(0)(仅当 **predictor _ data _ present** 标志被置位时才有效,见 6.3,表 6.11)。

下表列出了能够使用预测器功能的比例因子频带的上限:

f_s/Hz	Pred _ SFB _ MAX	预测器数目	使用预测的最高频率/Hz
96000	33	512	24000.00
88200	33	512	22050.00
64000	38	664	20750.00
48000	40	672	15750.00
44100	40	672	14470.31
32000	40	672	10500.00
24000	41	652	7640.63
22050	41	652	7019.82
16000	37	664	5187.50
12000	37	664	3890.63
11025	37	664	3574.51
8000	34	664	2593.75

这意味着当采样率为 48 kHz 时能够使用预测器的比例因子频带为 0 到 39。根据表 8.4，这 40 个比例因子频带包含 MDCT 的 0 到 671 的谱线，因此最多可有 672 个预测器。

13.3 解码过程

对每一个声道，由 PRED-SFB-MAX 规定频谱分量的上限，每一个频谱分量有一个预测器。根据传送来的辅助信息，预测器在 single _ channel _ element 或 channel _ pair _ element 上实现控制，控制过程分两步：首先是就整个一帧的预测，然后是有条件地用于单独的比例因子频带，见 13.3.1。每一预测器系数是由相应频谱分量的先前的重建值计算得到。对必要的预测器处理过程的描述见 13.3.2。在解码过程的开始，所有的预测都被初始化。预测器初始化和复位机制在 13.3.3 叙述。

13.3.1 预测器辅助信息

下述的内容只对 single _ channel _ element 或 channel _ pair _ element 有效，并且将用于这两个单元。在解码器中，对每一帧，预测器的辅助信息先从比特流中提取出来以用于控制后面的预测器工作。在 single _ channel _ element 的情况下，控制信息对该单元指定的声道的预测器有效。而对 channel _ pair _ element 的情况，则有两种可能：当 **common _ window**＝1 时，该单元指定的两个声道预测器组只有一套控制信息，当 **common _ window**＝0 时，则有两套控制信息，每一个声道各一套。

当窗口序列的类型为 ONLY _ LONG _ SEQUENCE，LONG _ START _ SEQUENCE 或 LONG _ STOP _ SEQUENCE 时 **predictor _ data _ present** 位被读出。若该位没有被置位(为 0)，则整个当前帧预测器被置为关闭，从而没有预测器辅助信息 。在这种情况下，存储在解码器中的每一个比例因子频带的 **predictor _ used** 位被置为 0。若 **predictor _ data _ present** 置为 1，则当前帧的预测功能被激活，**predictor-reset** 位被读出，它的值决定了当前帧是(1)不是(0)需要预测器复位。如果 **predictor _ reset** 被置位，那么下面的五位将被读出，它的值指定了当前帧中被复位的预测器的组别，详细信息见 13.3.3。如果 **predictor _ reset** 没有被置位，那么比特流中就不会加入这五位了，接下来是 **predictor _ used** 位从比特流中读出，它分别控制每个比例因子频带的预测功能的使用，即，对某一比例因子频带该位置位，那末这一比例因子频带的所有频谱分量的预测器被使能，而且预测残差将取代频谱分量的原始值被量化并传送，否则预测器使能无效，仅传输该比例因子频带的频谱分量的量化值。

13.3.2 预测器的处理

13.3.2.1 概述

下面的描述对单个预测器有效，也同样适用于任何一个预测器，这里使用的是二阶后向自适应格型预测器。图 13.1 表示了解码过程的预测器流图。原理上，利用预测器系数 $k_1(n)$ 和 $k_2(n)$，可以由存储在预测器寄存器单元中的前面的重建值 $x_{rec}(n-1)$ 和 $x_{rec}(n-2)$ 计算得到对频谱分量 $x(n)$ 当前值的一个估计 $x_{est}(n)$。然后这个估计值与传送过来的数据重建得到的预测误差 $e_q(n)$ 相加求得当前的谱分量 $x(n)$ 的重建值 $x_{rec}(n)$。图 13.2 表示了单独一个预测器的重建过程的框图。

由于采用了格型结构，预测器由两个所谓的基本单元级连而成。在每一个单元中，部分估计值 $x_{est,m}(n)$，$m=1、2$，计算如下：

$$x_{est,m}(n)=b\cdot k_m(n)\cdot r_{q,m-1}(n-1),$$

其中

$$r_{q,0}(n)=ax_{rec}(n),$$

$$r_{q,1}(n)=a(r_{q,0}(n-1)-b\cdot k_1(n)\cdot e_{q,0}(n));$$

以及

$$e_{q,m}(n)=e_{q,m-1}(n)-x_{est,m}(n);$$

因此，总的估计值：

$$x_{est}(n)=x_{est,1}(n)+x_{est,2}(n)$$

常数 a、$b(0<a、b\leqslant 1)$ 是衰减因子。包含在每一个信号路径中，保证了递归结构的稳定性。因此，通过衰减因子可以减少甚至消除由于传输误差或由于编码器和解码器的预测器系数精度不足引起的漂移而导致振荡。

对 $a=b=1$ 的平稳信号，第 m 个单元的预测器系数为

$$k_m=\frac{E[e_{q,m-1}(n)\cdot r_{q,m-1}(n-1)]}{(1/2)\cdot(E[e_{q,m-1}^2(n)]+E[r_{q,m-1}^2(n-1)])},m=1,2\text{ 和 }e_{q,0}(n)=r_{q,0}(n)=x_{rec}(n)$$

为了使系数自适应于当前信号特性，上式中的期望值是用过去一段有限长信号时间的平均估计值来取代。预测器必须针对准平稳信号的最优预测器的良好收敛性和信号变化时快速的自适应性之间取得折衷。这里的算法以迭代方法实现估计值的改进，即，一个采样值到另一个采样值，这样算法具有很大的优越性。这里采用了“最小均方”(LMS)逼近算法，预测器系数计算如下：

$$k_m(n+1)=\frac{COR_m(n)}{VAR_m(n)}$$

其中

$$COR_m(n)=\alpha\cdot COR_m(n-1)+r_{q,m-1}(n-1)\cdot e_{q,m-1}(n)$$

$$VAR_m(n)=\alpha\cdot VAR_m(n-1)+0.5\cdot(r_{q,m-1}^2(n-1)+e_{q,m-1}^2(n))$$

α 是自适应时间常数，决定了当前采样值对期望估计值的影响程度。α 的值选为：

$$\alpha=0.90625。$$

衰减因子 a 和 b 需要在高预测增益和短衰减时间之间寻找最优。a 和 b 值选为：

$$a=b=0.953125$$

无论预测是否有效，也无论全部还是特定比例因子的预测器有效，所有的预测器一直工作使系数总是适应于当前信号的统计特性。

如果 window _ sequence 的类型为 ONLY _ LONG _ SEQUENCE，LONG _ START _ SEQUENCE 和 LONG _ STOP _ SEQUENCE，那么量化的频谱分量的重建值，根据 **prediction _ used** 值的不同，计算也不同：

• 若该位被置位为 1，那么从传输数据中得到的量化预测误差与估计值 $x_{est}(n)$ 相加，估计值由量化频谱分量的重建值计算求得

$$x_{rec}(n)=x_{est}(n)+e_q(n)$$

• 若该位被置为 0，那么频谱分量的量化值可由传输数据中直接得到。

对于短块的情况，即窗口序列的类型为 EIGHT _ SHORT _ SEQUENCE 预测总是无效，所有比例因子频带的预测器被复位这相当于一次重新初始化，见 13.3.3。

对 single _ channel _ element，下列伪代码完成一帧的预测器处理（这里假定重建值 y _ rec(c)——它可以是重建的量化预测误差也可以是重建的频谱系数量化值——已经由前面的处理过程提供）。

```
if(ONLY _ LONG _ SEQUENCE||LONG _ START _ SEQUENCE||LONG _ STOP _ SEQUENCE)
```

```
    for(sfb=0;sfb<PRED_SFB_MAX;sfb++){
        fc=swb_offset_long_window[fs_index][sfb];
        lc=swb_offset_long_window[fs_index][sfb+1];
        for(c=fc;c<lc;c++){
            x_est[c]=predict( );
            if (predictor_data_present&&prediction_used[sfb])
                x_rec[c]=x_est[c]+y_rec[c];
            else
                x_rec[c]=y_rec[c];
        }
    }
}
else {
  reset_all_predictors( );
    }
```

对 **common _ window**=1 的 channel _ pair _ element 唯一不同的是内循环中 x _ est 和 x _ rec 是为 channel _ pair _ element 的两个声道同时计算的；对于 **common _ window**=0 的 channel _ pair _ element，每一个声道分别具有使用了该声道预测辅助信息的预测器。

13.3.2.2 预测器计算中的量化

一个给定的预测器有 6 个预测器状态变量 r_0，r_1，COR_1，COR_2，VAR_1 和 VAR_2。这些变量将以截尾的 IEEE 浮点数形式存储(即 16 位浮点存储字)。

预测值 x_{est} 在用于任何计算前，将是舍入为 16 位浮点数(即舍入为 7 位的尾数)，伪 C 函数 flt-round-inf()实现其舍入算法。注意从复杂性方面考虑，采用舍入为最接近的无限数，而不是舍入为最接近的偶数。

表达式(b/VAR_1)(b/VAR_2)舍入为 16 位浮点数表示，(即，舍入为 7 位的尾数)，这只需两次查表就可以得到上述的比值。产生此表的 C 代码程序是伪 C 函数 make _ inv _ table( )。

预测算法所有浮点计算中的中间结果均以单精度浮点数表示，使用下述的舍入算法。

在预测工具中用于全部数字计算的 IEEE 浮点运算单元有如下几个选项：

- 舍入成最接近的偶数值——舍入成最接近的可表示值；被舍入的数离两个可表示最接近的数的距离一样时，舍入成的数的最低为 0(偶数)。
- 溢出处理——当数值大于可表示数的最大值时，则将此数置为无穷。
- 下溢出处理——支持向下渐近溢出；对幅度小于可表示的最小数置为 0。

13.3.2.3 舍入的快速算法

```
/* this does not conform to IEEE conventions of round to
*nearest, even, but it is fast
*/
static void
flt_round_inf(float *pt)
{
    int flg;
    ulong tmp ;
    float *pt=(float *)&tmp;   /* note: this presumes 32bit ulong */
    *pt=*pf;
```

```
    flg=tmp&(ulong)0x00008000;
    tmp&=(ulong)0xffff0000;
    *pf=*pt;
    /*round 1/2 lsb toward infinity*/
    if(flg) {
        tmp &= (ulong)0xff800000;       /*extract exponent and sign*/
        tmp |= (ulong)0x00010000;       /*insert 1 lsb*/
        *pf += *pt;                     /*add 1 lsb and elided one*/
        tmp &= (ulong)0xff800000;       /*extract exponent and sign*/
        *pf-= *pt;                      /*subtract elided one*/
    }
}
```

13.3.2.4 产生舍入的 **b/Var**

```
    static float mnt_table[128];
    static float exp_table[256];

    /*function flt_round_even() only works for arguments in the range
     *    1.0<*pf<2.0-2∧-24
     */
    static void
    flt_round_even(float *pf)
    {
    int exp;
    double mnt;
    float offset;
    mnt = frexp((double)*pf, &exp);
    offset  = (float)ldexp(1.0,exp+15);
    *pf += offset; / WARNING: This shifts out LSB's. Do not remove this pair of operations!
*/
    * pf -=offset;
}
static void
make_inv_tables(void)
{
    int i;
    ulong tmp1,tmp;
    float *pf=(float *)&tmp;
    float ftmp;

    *pf=1.0;
    tmp1=tmp;                          /*float  1.0*/
    /*mantissa  table*/
    for(i=0;i<128;i++) {
```

```
        tmp=tmp1+(i<<16);               /*float 1.m,7 msb only*/
        ftmp=b/*pf;                     /*predictor constant b as in 8.3.2*/
        flt_round_even(&ftmp);          /*round to 16 bits*/
        mnt_table[i]=ftmp;
    }

    /*exponent table */
    for(i=0;i<256;i++)  {
        tmp=i<<23;                      /*float 1.0*2∧exp*/
        if ( *pf>1.0 ){
          ftmp=1.0/*pf;
          }
          else {
            ftmp =0;
          }
          exp_table[i]=ftmp;
    }
}
```

13.3.3 预测器复位

预测器初始化是指预测器的状态变量将被设置如下：$r_0=r_1=0$，$COR_1=COR_2=0$，$VAR_1=VAR_2=1$，当解码过程一开始，所有的预测器都将被初始化。

编码器运行一套循环复位机制并给解码器发信息。每隔一段特定的时间所有的预测器以交错的方式重新初始化。一方面，编码器和解码器的预测器的再同步方式增加了预测器的稳定性，另一方面它还允许在比特流中定义入口点。

所有的预测器被分成30组，称为复位组，如下表。

复位组序号	预测器复位组
1	P0，P30，P60，P90...
2	P1，P31，P61，P91...
3	P2，P32，P62，P92...
...	
30	P29，P59，P89，P119...

P_i 是下标为 i 的频谱分量对应的预测器。

Predictor_reset 位决定当前帧是否需要复位，当此位被置位，那么由 **predictor_reset_group_member** 来指定当前帧被复位的预测器组的序号，所有属于这一复位组中的预测器则以上述的方式初始化，这一初始化需要在当前帧正常的预测处理结束后进行。注意 **predictor_reset_group_member** 的值没有0或31。

一个典型的复位周期开始于组号1，并且以为1单位增加组号，直到组号为30，再从组号1重新开始。总有可能发生这样的情况，由于比特流中节目的切换、删减以及粘贴，复位组号将不连续。在这种情况下，解码器工作有3种可能的方式：

• 忽略不连续性，并且进行正常的处理过程。由于编码器和解码器的预测器之间的不匹配(漂移)，这可能会产生一个短暂的听觉失真。在一个完整的复位周期(复位组 n，$n+1$，......，30，1，2，......，$n-1$)结束后，预测器将重新同步。由于衰减因子 a 和 b，还可能消除产生的失真。

• 检测不连续性，进行正常的处理过程，但输出端关闭，直到一个完整的复位周期结束，所有的预测器再重新同步。

• 复位全部预测器。

当 **predictor _ data _ present** 标识出预测已被打开时，编码器需要至少每 8 帧一次指示一组预测器复位。复位的次序不需要按组号上升排列，但每一组都需要在最大复位间隔：8×30＝240 帧里完成复位。比特流语法允许编码器在每帧都标记一组复位预测器，这样最小的复位间隔为 1×30＝30 帧。

对 single _ channel _ element 或 **common _ window**＝0 的 channel _ pair _ element，仅对属于该单元的声道的预测器组进行复位，而对 **common _ window**＝1 的 channel _ pair _ element，对属于该单元的两个声道的两个预测器组都进行复位。

对短块的情况（即窗口序列的类型为：EIGHT _ SHORT _ SEQUENCE）全部比例因子频带的全部预测器都进行复位。

13.4 图

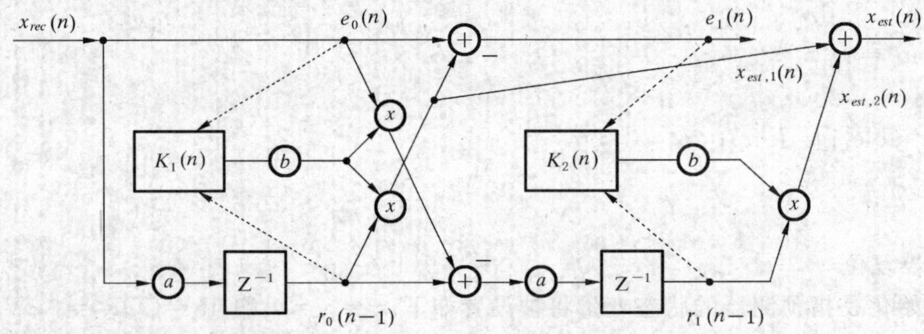

虚线表示自适应预测器系数的信号流。

图 13.1 解码器中一个频谱分量的声道预测器的内部流图

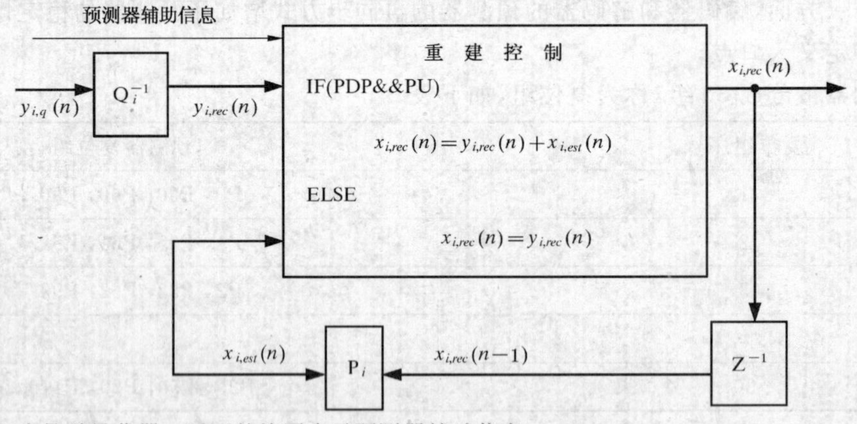

P_i 是预测器，Q_i^{-1} 是逆量化器。下面的缩写表示预测器辅助信息：

PDP—predictor _ data _ present，PU—prediction _ used

图 13.2 一个频谱分量的解码器预测单元的框图

14 时域噪声整形(TNS)

14.1 模块描述

时域噪声整形用于控制每个变换窗口内的量化噪声的时域形状。通过对每一个声道的部分频谱数据做滤波处理实现。

注意这个模块包括某些与框架有关的参数。

14.2 定义

n _ filt[w] 窗口 w 的噪声整形滤波器的数目（见 6.3，表 6.15）。

coef _ res[w]	表示窗口 w 的传输滤波器系数的分辨率，在 3 位(0)和 4 位(1)之间切换。
length[w][filt]	在窗口 w 中使用一个滤波器的区域长度(以比例因子频带为单位)(见 6.3，表 6.15)。
order[w][filt]	窗口 w 的噪声整形滤波器的阶次(见 6.3，表 6.15)。
direction[w][filt]	1 位，表示滤波器是以上升(0)还是下降(1)的方向(见 6.3，表 6.15)。
coef-compress[w][filt]	1 位，表示窗口 w 的噪声整形滤波器 filt 的系数的最高有效位在传输中是(1)否(0)被忽略(见 6.3，表 6.15)。
coef[w][filt][i]	窗口 w 的噪声整形滤波器的系数(见 6.3，表 6.15)。
spec[w][k]	正在被处理的声道中窗口 w 的频谱数组。

注意：后续比特流字段的大小将按照每个变换窗口的尺寸大小切换，这种切换取决于 window _ sequence。

名称	128 根谱线的窗	其它窗的大小
“n _ filt”	1	2
“length”	4	6
“order”	3	5

14.3 解码过程

时域噪声整形的解码是对选择的频谱系数区域作全极点滤波，这一过程对当前帧的各窗口是分别进行的(见函数 tns _ decode _ frame)。

每个窗口的噪声整形滤波器的数目用“n _ filt”表示。频谱系数的目标区域以比例因子频带为单位从顶部频带向下递减至“length”频带(或者前一个噪声频带的底部)。

首先是传来的滤波器系数必须被解码，即转换成带符号数，逆量化，转换成 LPC 系数，如函数 tns _ decode _ coef 所述。

然后对声道的频谱系数的目标频率区域用全极点滤波器滤波(见函数 tns _ ar _ filter())，“direction”用来决定滤波器在系数上滑动的方向(0=向上，1=向下)。

常量 TNS _ MAX _ BANDS 定义了应用噪声整形的比例因子频带的最大数目。最大可能的滤波器阶次由常量 TNS _ MAX _ ORDER 定义。这两个常量都是与框架有关的参数。

如下的伪代码完成一个声道的解码处理过程。

```
/ * TNS decoding for one channel and frame * /
tns _ decode _ frame( )
{
    for (w=0;w<num _ windows;w++) {

        bottom=num _ swb;
        for (f=0;f<n _ filt[w];f++) {

            top=bottom;
            bottom=max(top-length[w][f], 0);
            tns _ order=min(order[w][f], TNS _ MAX _ ORDER);
            if (! tns _ order) continue;

                tns _ decode _ coef(tns _ order, coef _ res[w]+3, coef _ compress[w][f],
                                   coef[w][f], lpc[ ]);
```

```
            start=swb _ offset[min(bottom, TNS _ MAX _ BANDS, max _ sfb)];
            end=swb _ offset[min(top, TNS _ MAX _ BANDS, max _ sfb)];
            if((size=end-start)<=0) continue;

            if (direction[w][f])  {
                inc=-1;  start=end-1;
            } else {
                inc=1;
            }
        tns _ ar _ filter(&spec[w][start],size,inc,lpc[],tns _ order);
      }
    }
}
/* Decoder transmitted coefficients for one TNS filter */
tns _ decode _ coef(order,coef _ res _ bits,coef _ compress,coef[],a[])
{
    /* Some internal tables */
    sgn _ mask[]={0x2,0x4,0x8};
    neg _ mask[]={~0x3,~0x7,~0xf};
                                         /* size used for transmission */
    coef _ res2=coef _ res _ bits-coef _ compress;
    s _ mask=sgn _ mask[coef _ res2-2];          /* mask for sign bit */
    n _ mask=neg _ mask[coef _ res2-2];          /* mask for padding neg. values */

    /* Conversion to signed integer */
    for(i=0;i<order;i++)
    tmp[i]=(coef[i]&s _ mask) ? (coef[i] | n _ mask):coef[i];

    /* Inverse quantization */
    iqfac=((1<<(coef _ res _ bits-1))-0.5)/(π/2.0);
    iqfac _ m=((1<<(coef _ res _ bits-1))+0.5)/(π/2.0);
    for(i=0;i<order;i++) {
      tmp2[i]=sin(tmp[i]/((tmp[i])=0) ? iqfac : iqfac _ m));
    }

    /* Conversion to LPC coefficients */
      a[0]=1;
      for(m=1;m<=order;m++)  {
        for (i=1; i<m ; i++) { /* loop only while i < m */
         b[i]=a[i]+tmp2[m-1]*a[m-i];
        }
        for (i=1; i<m ; i++) { /* loop only while i < m */
```

```
    a[i]=b[i];
    }
    a[m]=tmp2[m-1];  /*changed */
  }


tns_ar_filter(spectrum[ ], size, inc, lpc[ ], order)
  {
  — Simple all-pole filter of order "order" defined by
  y(n)=x(n)-lpc[1]*y(n-1)-…-lpc[order]*y(n-order)
  — The state variables of the filter are initialized to zero every time
  — The output data is written over the input data("in-place operation")
  — An input vector of "size" samples is processed and the index increment to the next data sample
    is given by "inc"
  }
```

请注意这里的伪代码使用了类似C语言的风格对数组和矢量进行解释，即，如果coef[w][filt][i]代表所有窗口和滤波器的系数，那么coef[w][filt]就是一个指针，指向一个特定窗口和滤波器的系数。同样，标识符coef在函数tns_decode_coef( )里用作正式的参数。

15 滤波器组和块切换

15.1 模块描述

以时域-频域表示的信号序列通过滤波器组转换为时域信号序列。这个模块包括改进的离散余弦反变换(IMDCT)，加窗和重叠相加功能。为了使滤波器的时域/频域分辨率适应输入信号的特性，相应地采用了块切换模块，N 表示窗的长度，这里的 N 是窗口序列(window_sequence)的函数，见8.3.3。对每个声道，经过离散余弦反变换，将 $N/2$ 个时域-频域值 $X_{i,k}$ 转换为 N 个时域值 $x_{i,n}$。每个声道在加窗之后，块的前一半 $Z_{i,n}$ 值与上一块后一半加窗后的 $Z_{(i-1),n}$ 值相加，从而得到每个声道重建后的输出信号采样值 $out_{i,n}$。

15.2 定义

滤波器组的一些语法单元在原始数据流中作了详细说明，用于 **single_channel_element**(见6.3，表6.9)，**channel_pair_element**(见6.3，表6.9)和 **coulpling_channel**(见6.3，表6.18)，这些包括了窗口序列 **window_sequence** 和窗口形状 **window_shape** 的控制信息。

window_sequence　　两位，表示所使用窗口序列的类型(即块的大小)(见6.3，表6.11)

window_shape　　一位，表示所选择的窗函数类型(见6.3，表6.11)

表8.3说明了窗口序列 **window_sequence** 的类型(ONLY_LONG_SEQUENCE，LONG_START_SEQUENCE，EIGHT_SHORT_SEQUENCE，LONG_STOP_SEQUENCE)。

15.3 解码过程

15.3.1 IMDCT

IMDCT的解析表达式为：

$$x_{i,n} = \frac{2}{N}\sum_{k=0}^{\frac{N}{2}-1} spec[i][k]\cos\left(\frac{2\pi}{N}(n+n_0)\left(k+\frac{1}{2}\right)\right) \qquad 0 \leqslant n < N$$

其中：

n=样本序号

i=窗序号

k=频谱系数序号

N=取决于窗口序列的窗长度

$n_0=(N/2+1)/2$

反变换中合成窗的长度 N 是关于 **window _ sequence** 语法单元的函数,定义如下:

$$N=\begin{cases}2048 & \text{ONLY\_LONG\_SEQUENCE} & (0x0)\\ 2048 & \text{LONG\_START\_SEQUENCE} & (0x1)\\ 256 & \text{EIGHT\_SHORT\_SEQUENCE} & (0x2),(8\text{次})\\ 2048 & \text{LONG\_STOP\_SEQUENCE} & (0x3)\end{cases}$$

有意义的块的转换如下:

从 ONLY _ LONG _ SEQUENCE 到 {ONLY _ LONG _ SEQUENCE; LONG _ START _ SEQUENCE}

从 LONG _ START _ SEQUENCE 到 {EIGHT _ SHORT _ SEQUENCE; LONG _ STOP _ SEQUENCE}

从 LONG _ STOP _ SEQUENCE 到 {ONLY _ LONG _ SEQUENCE; LONG _ START _ SEQUENCE}

从 EIGHT _ SHORT _ SEQUENCE 到 {EIGHT _ SHORT _ SEQUENCE; LONG _ STOP _ SEQUENCE}

除了以上的块转换之外,以下的转换也是可能的

从 ONLY _ LONG _ SEQUENCE 到 {EIGHT _ SHORT _ SEQUENCE; LONG _ STOP _ SEQUENCE}

从 LONG _ START _ SEQUENCE 到 {ONLY _ LONG _ SEQUENCE; LONG _ START _ SEQUENCE}

从 LONG _ STOP _ SEQUENCE 到 {EIGHT _ SHORT _ SEQUENCE; LONG _ STOP _ SEQUENCE}

从 EIGHT _ SHORT _ SEQUENCE 到 {ONLY _ LONG _ SEQUENCE; LONG _ START _ SEQUENCE}

这些都使得块的转换变得较为平滑。

15.3.2 加窗和块切换

由于窗口序列 **window _ sequence** 和窗口形状 **window _ shape** 单元的不同,使得采用的变换窗函数也各异。以下所说明的窗口函数提供了所有可能的窗口序列形式。

若 **window _ shape**==1,由 Kaiser _ Bessel derived(KBD)窗给出窗函数的系数:

$$W_{KBD\_LEFT,N}(n)=\sqrt{\frac{\sum_{p=0}^{n}[W'(n,\alpha)]}{\sum_{p=0}^{N/2}[W'(p,\alpha)]}}\qquad 0\leqslant n<\frac{N}{2}$$

$$W_{KBD\_RIGHT,N}(n)=\sqrt{\frac{\sum_{p=0}^{N-n-1}[W'(n,\alpha)]}{\sum_{p=0}^{N/2}[W'(p,\alpha)]}}\qquad \frac{N}{2}\leqslant n<N$$

其中 W' 是 Kaiser _ Bessel 核窗口函数,见参考文献[3],定义为

$$W'(n,\alpha)=\frac{I_0\left[\pi\alpha\sqrt{1.0-\left(\frac{n-N/4}{N/4}\right)^2}\right]}{I_0[\pi\alpha]}\qquad 0\leqslant n\leqslant\frac{N}{2}$$

$$I_0(x) = \sum_{k=0}^{\infty}\left[\frac{\left(\frac{x}{2}\right)^k}{k!}\right]^2$$

α=核窗因子，$\alpha=\begin{cases}4 & N=2048\\ 6 & N=256\end{cases}$

若 **window _ shape** =0，则采用正弦窗，定义如下：

$$W_{SIN\_LEFT,N}(n) = \sin\left(\frac{\pi}{N}\left(n+\frac{1}{2}\right)\right) \qquad 0 \leqslant n < \frac{N}{2}$$

$$W_{SIN\_RIGHT,N}(n) = \sin\left(\frac{\pi}{N}\left(n+\frac{1}{2}\right)\right) \qquad \frac{N}{2} \leqslant n < N$$

对于KBD或正弦窗，窗的长度 N 可以是2048或256，在本节的(a)～(d)部分将解释如何得到可能的窗口序列。以下描述的4种窗口序列 window _ sequences 均为2048点的采样序列。

对所有的窗口序列 window _ sequences，第一个窗的是左半部分的窗形状是由前一块的窗形状 window _ shape 决定的，这可以由下面的公式说明：

$$W_{LEFT,N}(n) = \begin{cases} W_{KBD\_LEFT,N}(n), window\_shape\_previous\_block = 1 \\ W_{SIN\_LEFT,N}(n), window\_shape\_previous\_block = 0 \end{cases}$$

其中 *window _ shape _ previous _ block* 是第($i-1$)块的窗形状 **window _ shape**。

对于需解码的比特流的第一块窗函数的左半和右半的 **window _ shape** 是相同的。

a) **ONLY _ LONG _ SEQUENCE**：

window _ sequence = = ONLY _ LONG _ SEQUENCE 表示一个长窗 LONG _ WINDOW(见表8.3)，总的窗长为2048。

对 **window _ shape** = =1，ONLY _ LONG _ SEQUENCE 的窗为：

$$W(n) = \begin{cases} W_{LEFT,2048}(n), 0 \leqslant n < 1024 \\ W_{KBD\_RIGHT,2048}(n), 1024 \leqslant n < 2048 \end{cases}$$

若 **window _ shape** = =0，则 ONLY _ LONG _ SEQUENCE 的窗为：

$$W(n) = \begin{cases} W_{LEFT,2048}(n), 0 \leqslant n < 1024 \\ W_{KBD\_RIGHT,2048}(n), 1024 \leqslant n < 2048 \end{cases}$$

加窗后的时域样点值为：

$$z_{i,n} = w(n) \cdot x_{i,n}$$

b) **LONG _ START _ SEQUENCE**：

LONG _ START _ SEQUENCE 是从长序列 ONLY _ LONG _ SEQUENCE 到八短序列 EIGHT _ SHORT _ SEQUENCE 之间的块变换中，为了得到准确的混叠相加所必须具有的。

如果 **window _ shape** = =1，则 LONG _ START _ SEQUENCE 为：

$$W(n) = \begin{cases} W_{LEFT,2048}(n), & 0 \leqslant n < 1024 \\ 1.0, & 1024 \leqslant n < 1472 \\ W_{KBD\_RIGHT,256}(n+128-1472) & 1472 \leqslant n < 1600 \\ 0.0, & 1600 \leqslant n < 2048 \end{cases}$$

如果 **window _ shape** = =0，则 LONG _ START _ SEQUENCE 为：

$$W(n)=\begin{cases}W_{LEFT,2048}(n), & 0\leqslant n<1024\\ 1.0, & 1024\leqslant n<1472\\ W_{SIN\_RIGHT,256}(n+128-1472) & 1472\leqslant n<1600\\ 0.0, & 1600\leqslant n<2048\end{cases}$$

加窗后的时域样点值可以用 a)中的公式计算。

c）**EIGHT _ SHORT**

Window _ sequence = = EIGHT _ SHORT 时，窗序列是由 8 个互相混叠相加的短窗 SHORT _ window 组成(见表 8.3)，每个短窗的长度为 256。8 个短窗，包括前后的零值，总长为 2048。8 个短块的样点值先分别进行加窗。短块的索引为 $j=0,\cdots\cdots,7$。

前一块的窗形状 **window _ shape** 只对 8 个短块中的第一个($W_0(n)$)产生影响。

如果 **window _ shape = =**1，则窗函数为

$$W_0(n)=\begin{cases}W_{LEFT,256}(n), & 0\leqslant n<128\\ W_{KBD\_RIGHT,256}(n), & 128\leqslant n<256\end{cases}$$

$$W_{1-7}(n)=\begin{cases}W_{KBD\_LEFT,256}(n), & 0\leqslant n<128\\ W_{KBD\_RIGHT,256}(n), & 128\leqslant n<256\end{cases}$$

否则，若 **window _ shape = =**0，窗函数为

$$W_0(n)=\begin{cases}W_{LEFT,256}(n), & 0\leqslant n<128\\ W_{SIN\_RIGHT,256}(n), & 128\leqslant n<256\end{cases}$$

$$W_{1-7}(n)=\begin{cases}W_{SIN\_LEFT,256}(n), & 0\leqslant n<128\\ W_{SIN\_RIGHT,256}(n), & 128\leqslant n<256\end{cases}$$

一个 EIGHT _ SHORT 序列先被分成 8 个互相混叠相加的区域，然后分别与相应的窗函数相乘得到 $Z_{i,n}$：

$$Z_{i,n}=\begin{cases}0, & 0\leqslant n<448\\ x_{i,n-448}\cdot W_0(n-448), & 448\leqslant n<576\\ x_{i,n-448}\cdot W_0(n-448)+x_{i,n-576}\cdot W_1(n-576), & 576\leqslant n<704\\ x_{i,n-576}\cdot W_1(n-576)+x_{i,n-704}\cdot W_2(n-704), & 704\leqslant n<832\\ x_{i,n-704}\cdot W_2(n-704)+x_{i,n-832}\cdot W_3(n-832), & 832\leqslant n<960\\ x_{i,n-832}\cdot W_3(n-832)+x_{i,n-960}\cdot W_4(n-960), & 960\leqslant n<1088\\ x_{i,n-960}\cdot W_4(n-960)+x_{i,n-1088}\cdot W_5(n-1088), & 1088\leqslant n<1216\\ x_{i,n-1088}\cdot W_5(n-1088)+x_{i,n-1216}\cdot W_6(n-1216), & 1216\leqslant n<1344\\ x_{i,n-1216}\cdot W_6(n-1216)+x_{i,n-1344}\cdot W_7(n-1344), & 1344\leqslant n<1472\\ x_{i,n-1344}\cdot W_7(n-1344) & 1472\leqslant n<1600\\ 0, & 1600\leqslant n<2048\end{cases}$$

d）**LONG _ STOP _ SEQUENCE**

从 EIGHT _ SHORT _ SEQUENCE 转换到 ONLY _ LONG _ SEQUENCE 需要用到这一窗序列。若 **window _ shape = =**1，那么 LONG _ STOP _ SEQUENCE 的公式如下：

$$W(n)=\begin{cases}0.0, & 0\leqslant n<448\\ W_{LEFT,256}(n-448), & 448\leqslant n<576\\ 1.0, & 576\leqslant n<1024\\ W_{KBD\_RIGHT,2048}(n), & 1024\leqslant n<2048\end{cases}$$

若 **window _ shape** = =0,则 LONG _ START _ SEQUENCE 为:

$$W(n)=\begin{cases}0.0, & 0\leqslant n<448\\ W_{LEFT,256}(n-448), & 448\leqslant n<576\\ 1.0, & 576\leqslant n<1024\\ W_{SIN\_RIGHT,2048}(n), & 1024\leqslant n<2048\end{cases}$$

加窗后的时域样点值可以用a)中的公式计算。

15.3.3 与上一块的窗口序列进行重叠相加

除了短序列 EIGHT _ SHORT 之间的重叠相加之外,每个窗口序列 **window _ sequence** 的前一半序列(左半序列)是与上一块窗口序列的后一半序列(右半序列)进行重叠相加,从而得到最后的时域输出结果 $Out_{i,n}$,数学表达式如下,它适用所有 4 种窗口序列。

$$Out_{i,n}=Z_{i,n}+Z_{i-1,n+N/2}\qquad 0\leqslant n<N/2,\qquad N=2048$$

16 增益控制

16.1 模块描述

增益控制模块由若干个增益补偿器,重叠相加级和一个 IPQF(逆多相正交滤波器)级组成,这个模块得到由 IMDCT 提供的不重叠的信号序列,窗口序列 window _ sequence 及增益控制数据 gain _ control _ data,产生 PCM 输出数据,增益控制模块的示意图见图 16.1。

由于 PQF 滤波器组的特性,每个偶序号 PQF 频带中的 MDCT 系数的次序必须颠倒,这是通过颠倒 MDCT 系数的频谱次序来完成的,也就是高频 MDCT 的系数与低频 MDCT 系数进行交换。

若采用增益控制模块,滤波器组的结构也要作如下的调整。对于八短序列 EIGHT _ SHORT _ SEQUENCE 的窗口序列,IMDCT 的系数为 32 个而不是 128 个,要计算 8 次 IMDCT 的系数。对于其他的窗口序列 window _ sequence,IMDCT 的系数是 256 个,而不是 1024 个,只计算一次 IMDCT 的系数。在所有的情况下,每一帧的滤波器的输出是不重叠的 2048 点的序列,这些值作为被 16.3.3 定义的 $U_{W,B}(j)$送入到增益控制模块中。

IPQF 由四个统一的频带段组成,产生解码后的时域输出信号,在编码器中由 PQF 产生的重叠分量被 IPQF 抵消。

除了最低的频段,其余频段的增益值是独立控制的,增益控制步长为 2 ∧ *n*,*n* 为整数。

增益控制模块输出时域信号序列 $AS(n)$,定义见 16.3.4。

16.2 定义

gain control data 辅助信息给出了在增益变换中增益的幅度及增益的位置。

IPQF band IPQF 每个分开的频段。

adjust _ num 3 位字段,给出了每个 IPQF 频段中需要进行增益变化的数目。最大的增益变化值为 7 个(见 6.3, 表 6.23)。

max _ band 两位字段,如果频带中的信号增益已得到控制,它指出这些 IPQF 频带的数目。该值的含义如下:(见 6.3, 表 6.23)。

0:没有频带激活了增益控制。

1:在第 2 个 IPQF 频带中的信号增益得到了控制。

2: 在第 2、3 个 IPQF 频带中的信号增益得到了控制。

3:在第 2、3、4 个 IPQF 频带中的信号增益得到了控制。

alevcode 4 位字段,给出了增益变化时增益值(见 6.3,表 6.23)。

aloccode 2、4 或 5 位字段,给出了增益调节的位置,数据的长度取决于窗口序列的类型(见 6.3,表 6.23)。

16.3 解码过程

解码需以下 4 个过程：

(1) 增益控制数据解码。

(2) 增益控制函数设置。

(3) 增益控制加窗和重叠相加。

(4) 综合滤波。

16.3.1 增益控制数据解码

增益控制数据重建如下：

(1) $NAD_{W,B}=$ **adjust _ num**$[B][W]$

(2) $ALOC_{W,B}(m)=AdjLoc(\textbf{aloccode}[B][W][m-1]),\quad 1\leqslant m\leqslant NAD_{W,B}$

$ALEV_{W,B}(m)=2^{AdjLev(\textbf{alevcode}[B][W][m-1])}\quad 1\leqslant m\leqslant NAD_{W,B}$

(3) $ALOC_{W,B}(0)=0$

$$ALEV_{W,B}(0)=\begin{cases}1, & NAD_{W,B}=0\\ ALEV_{W,B}(1), & otherwise\end{cases}$$

(4) $ALEV_{W,B}(NAD_{W,B}+1)=1$

$$ALOC_{W,B}(NAD_{W,B}+1)=\begin{cases}256, W=0 & \text{ONLY \_ LONG \_ SEQUENCE}\\ \left.\begin{matrix}112, W=0\\ 32, W=1\end{matrix}\right\} & \text{LONG \_ START \_ SEQUENCE}\\ 32, 0\leqslant W\leqslant 7 & \text{EIGHT \_ SHORT \_ SEQUENCE}\\ \left.\begin{matrix}112, W=0\\ 256, W=1\end{matrix}\right\} & \text{LONG \_ STOP \_ SEQUENCE}\end{cases}$$

其中：

$NAD_{W,B}$：　增益控制信息数目,整数。

$ALOC_{W,B}(m)$：　增益控制位置,整数。

$ALEV_{W,B}(m)$：　增益控制电平,实整数。

B：　频段标识,取值 1 到 3 的整数。

W：　窗口标识,取值 0 到 7 的整数。

m：　一整数。

alocode$[B][W][m]$必须设置,以便使$\{ALOC_{W,B}(m)\}$满足下面的条件

$$ALOC_{W,B}(m_1)<ALOC_{W,B}(m_2),\quad 1\leqslant m_1\leqslant m_2\leqslant NAD_{W,B}+1$$

在 LONG _ START _ SEQUENCE 和 LONG _ STOP _ SEQUENCE 的情况下,**alocode**$[B][0][m]$取值 14、15 是非法的。$AdjLoc(\ )$在表 16.1 定义过,$AdjLev(\ )$在表 16.2 定义过。

16.3.2 增益控制函数设置

增益控制函数通过以下的方程得到：

(1) $M_{W,B,j}=Max\{m:ALOC_{W,B}(m)\leqslant j\}$

$0\leqslant j\leqslant 255,\quad W==0\quad$ ONLY _ LONG _ SEQUENCE

$\left.\begin{matrix}0\leqslant j\leqslant 111, & W==0\\ 0\leqslant j\leqslant 31, & W==1\end{matrix}\right\}\quad$ LONG _ START _ SEQUENCE

$0\leqslant j\leqslant 31,\quad 0\leqslant W\leqslant 7\quad$ EIGHT _ SHORT _ SEQUENCE

$$\left.\begin{array}{ll} 0 \leqslant j \leqslant 111, & W == 0 \\ 0 \leqslant j \leqslant 255, & W == 1 \end{array}\right\} \quad \text{LONG\_STOP\_SEQUENCE}$$

(2) $$FMD_{W,B}(j)=\begin{cases} Inter\begin{bmatrix} ALEV_{W,B}(M_{W,B,j}) \\ ALEV_{W,B}(M_{W,B,j}+1) \\ j-ALOC_{W,B}(M_{W,B,j}) \end{bmatrix}, ALOC_{W,B}(M_{W,B,j}) \leqslant j \leqslant ALOC_{W,B}(M_{W,B,j})+7 \\ ALEV_{W,B}(M_{W,B,j}+1), \text{otherwise} \end{cases}$$

(3)

如果是 ONLY_LONG_SEQUENCE

$$GMF_{0,B}(j)=\begin{cases} ALEV_{0,B}(0) \times PFMD_B(j) & 0 \leqslant j \leqslant 255 \\ FMD_{0,B}(j-256) & 256 \leqslant j \leqslant 511 \end{cases}$$

$$PFMD_B(j)=FMD_{0,B}(j) \qquad 0 \leqslant j \leqslant 255$$

如果是 LONG_START_SEQUENCE

$$GMF_{0,B}(j)=\begin{cases} ALEV_{0,B}(0) \times ALEV_{1,B}(0) \times PFMD_B(j), & 0 \leqslant j \leqslant 255 \\ ALEV_{1,B}(0) \times FMD_{0,B}(j-256), & 256 \leqslant j \leqslant 367 \\ FMD_{1,B}(j-368), & 368 \leqslant j \leqslant 399 \\ 1, & 400 \leqslant j \leqslant 511 \end{cases}$$

$$PFMD_B(j)=FMD_{1,B}(j) \qquad 0 \leqslant j \leqslant 31$$

如果是 EIGHT_SHORT_SEQUENCE

$$GMF_{W,B}(j)=\begin{cases} ALEV_{W,B}(0) \times PFMD_B(j), & W=0, 0 \leqslant j \leqslant 31 \\ ALEV_{W,B}(0) \times FMD_{W-1,B}(j), & 1 \leqslant W \leqslant 7, 0 \leqslant j \leqslant 31 \\ FMD_{W,B}(j-32); & 0 \leqslant W \leqslant 7, 32 \leqslant j \leqslant 63 \end{cases}$$

$$PFMD_B(j)=FMD_{7,B}(j) \qquad 0 \leqslant j \leqslant 31$$

如果是 LONG_STOP_SEQUENCE

$$GMF_{0,B}(j)=\begin{cases} 1, & 0 \leqslant j \leqslant 111 \\ ALEV_{0,B}(0) \times ALEV_{1,B}(0) \times PEMD_B(j-112), & 112 \leqslant j \leqslant 143 \\ ALEV_{1,B}(0) \times FMD_{0,B}(j-144), & 144 \leqslant j \leqslant 255 \\ FMD_{1,B}(j-256), & 256 \leqslant j \leqslant 511 \end{cases}$$

$$PFMD_B(j)=FMD_{1,B}(j) \qquad 0 \leqslant j \leqslant 255$$

(4)

$$AD_{W,B}(j)=\frac{1}{GMF_{W,B}(j)},$$

$0 \leqslant j \leqslant 511$	$W=0$	ONLY_LONG_SEQUENCE
$0 \leqslant j \leqslant 511$	$W=0$	LONG_START_SEQUENCE
$0 \leqslant j \leqslant 63$	$0 \leqslant W \leqslant 7$	EIGHT_SHORT_SEQUENCE
$0 \leqslant j \leqslant 511$	$W==0$	LONG_STOP_SEQUENCE

其中：

$FMD_{W,B}(j)$：　小块调节函数，实数。

$PFMD_B(j)$：　前一帧的小块调节函数，实数。

$GMF_{W,B}(j)$：　增益调节函数，实数。

$AD_{W,B}(j)$：　增益控制函数，实数。

$ALOC_{W,B}(j)$：　16.3.1 所定义的增益控制的位置，整数。

$ALEV_{W,B}(j)$：　16.3.1 所定义的增益控制的电平，实整数。

B：　频带标识，取值从 1 到 3 的整数。

W：　窗口标识，取值从 0 到 7 的整数。

$M_{W,B,j}$：　整数

m：　整数

函数定义

$$Inter(a,b,j) = 2^{\frac{(8-j)\log_2(a) + j\log_2(b)}{8}}$$

注：$PFMD_B(j)$必须初始化为 1.0

16.3.3　增益控制加窗和重叠

通过下面所介绍的过程(1)及(2)，将得到频带的样本数据。

(1) 增益控制加窗

若 $B=0$

$T_{W,B}(j)=U_{W,B}(j)$

$0 \leqslant j \leqslant 511$	$W=0$	ONLY_LONG_SEQUENCE
$0 \leqslant j \leqslant 511$	$W=0$	LONG_START_SEQUENCE
$0 \leqslant j \leqslant 63$	$0 \leqslant W \leqslant 7$	EIGHT_SHORT_SEQUENCE
$0 \leqslant j \leqslant 511$	$W=0$	LONG_STOP_SEQUENCE

否则

$T_{W,B}(j)=AD_{W,B}(j) * U_{W,B}(j)$

$0 \leqslant j \leqslant 511$,	$W=0$	ONLY_LONG_SEQUENCE
$0 \leqslant j \leqslant 511$,	$W=0$	LONG_START_SEQUENCE
$0 \leqslant j \leqslant 63$,	$0 \leqslant W \leqslant 7$	EIGHT_SHORT_SEQUENCE
$0 \leqslant j \leqslant 511$,	$W=0$	LONG_STOP_SEQUENCE

(2) 重叠

ONLY_LONG_SEQUENCE

$V_B(j)=PT_B(j)+T_{0,B}(j)$,　　$0 \leqslant j \leqslant 255$

$PT_B(j)=T_{0,B}(j+256)$,　　$0 \leqslant j \leqslant 255$

LONG_START_SEQUENCE

$V_B(j)=PT_B(j)+T_{0,B}(j)$,　　$0 \leqslant j \leqslant 255$

$V_B(j+256)=T_{0,B}(j+256)$,　　$0 \leqslant j \leqslant 111$

$PT_B(j)=T_{0,B}(j+368)$,　　$0 \leqslant j \leqslant 31$

EIGHT_SHORT_SEQUENCE

$V_B(j)=PT_B(j)+T_{W,B}(j)$,　　$W=0, 0 \leqslant j \leqslant 31$

$V_B(32W+j)=T_{W-1,B}(j+32)+T_{W,B}(j)$,　　$1 \leqslant W \leqslant 7, 0 \leqslant j \leqslant 31$

$PT_B(j)=T_{W,B}(j+32)$,　　$W=7, 0 \leqslant j \leqslant 31$

LONG_STOP_SEQUENCE

$V_B(j)=PT_B(j)+T_{0,B}(j+112)$,　　$0 \leqslant j \leqslant 31$

$V_B(j+32)=T_{0,B}(j+144)$,　　$0 \leqslant j \leqslant 111$

$PT_B(j)=T_{0,B}(j+256)$,　　$0 \leqslant j \leqslant 255$

其中：

$U_{W,B}(j)$: 频带谱数据,实数。

$T_{W,B}(j)$: 增益控制块的样本数据,实数。

$PT_B(j)$: 前一帧的增益控制块的样本数据,实数。

$V_B(j)$: 频带的样本数据,实数。

$AD_{W,B}(j)$: 16.3.2 中所定义的增益控制函数,实数。

B: 频带标识,取值从 0 到 3 的整数。

W: 窗口标识,取值从 0 到 7 的整数。

j: 整数。

注:$PT_B(j)$必须初始为 0.0。

16.3.4 综合滤波

通过以下方程,将得到音频样本信号:

(1)

$$\widetilde{V}_B = \begin{cases} V_B(k), j = 4k, \\ 0, \text{else} \end{cases} \qquad 0 \leqslant B \leqslant 3$$

(2)

$$Q_B(j) = Q(j) \times \cos\left(\frac{(2B+1)(2j-3)\pi}{16}\right), 0 \leqslant j \leqslant 95, 0 \leqslant B \leqslant 3$$

(3)

$$AS(n) = \sum_{B=0}^{3} \sum_{j=0}^{95} Q_B(j) \widetilde{V}_B(n-j)$$

其中:

$AS(n)$: 音频样本数据。

$V_B(n)$: 16.3.3 中所定义的各频带中的样本数据,实数。

$\widetilde{V}_B(j)$: 插值后的各频带样本数据,实数。

$Q_B(j)$: 综合滤波系数,实数。

$Q(j)$: 下面给出的原型样本系数,实数。

B: 频带标识,取值从 0 到 3 的整数。

W: 窗口标识,取值从 0 到 7 的整数。

n: 整数

j: 整数

k: 整数

$Q(0)$ 到 $Q(47)$的值显示于表 16.3。$Q(48)$到 $Q(95)$的值用下面的公式获得。

$$Q(j) = Q(95-j), \quad 48 \leqslant j \leqslant 95$$

16.4 框图

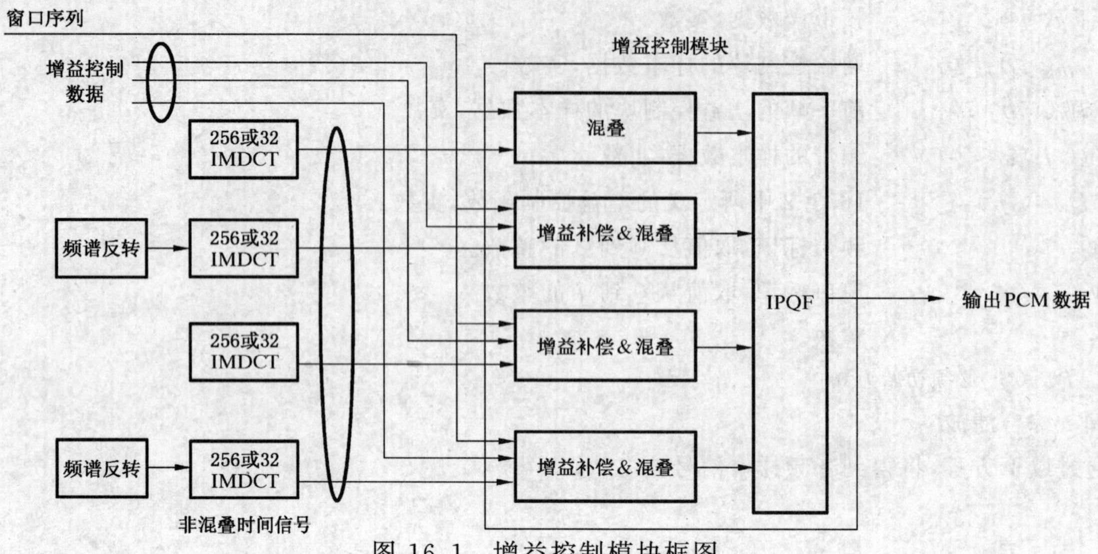

图 16.1　增益控制模块框图

16.5　表格

表 16.1　*AdjLoc*(　)

AC	*AdjLoc*(*AC*)	*AC*	*AdjLoc*(*AC*)
0	0	16	128
1	8	17	136
2	16	18	144
3	24	19	152
4	32	20	160
5	40	21	168
6	48	22	176
7	56	23	184
8	64	24	192
9	72	25	200
10	80	26	208
11	88	27	216
12	96	28	224
13	104	29	232
14	112	30	240
15	120	31	248

表 16.2　*AdjLev*(　)

AV	*AdjLev*(*AV*)	*AV*	*AdjLev*(*AV*)
0	−4	8	4
1	−3	9	5
2	−2	10	6
3	−1	11	7
4	0	12	8
5	1	13	9
6	2	14	10
7	3	15	11

表 16.3 Q( )

j	$Q(j)$	j	$Q(j)$
0	9.765529100757551 2E−05	24	−2.265685874149944 7E−02
1	1.380958937903856 7E−04	25	−6.803111385896335 4E−03
2	9.840074925662353 4E−05	26	1.508540094828074 4E−02
3	−8.667154478233572 3E−05	27	3.975099338827273 9E−02
4	−4.621799891192134 6E−04	28	6.244536362943674 3E−02
5	−1.021181409515817 4E−03	29	7.762232774872132 6E−02
6	−1.677214934001066 8E−03	30	7.996833849613292 6E−02
7	−2.253333895141108 1E−03	31	6.561549306847558 3E−02
8	−2.498788834321396 7E−03	32	3.331365830088269 0E−02
9	−2.139081596676188 2E−03	33	−1.469156305819020 6E−02
10	−9.559539745459777 2E−04	34	−7.230789047533414 7E−02
11	1.117211153011894 3E−03	35	−1.299322254170387 5E−01
12	3.909130912734858 4E−03	36	−1.755164102904053 2E−01
13	6.963570342011867 3E−03	37	−1.962654395767052 8E−01
14	9.559544215947833 9E−03	38	−1.807333067021502 9E−01
15	1.081576654002136 0E−02	39	−1.209765313603573 8E−01
16	9.877051499171530 0E−03	40	−1.437737075854903 5E−02
17	6.156256729132735 7E−03	41	1.352273074286030 3E−01
18	−4.179394606362971 0E−04	42	3.173785269930163 3E−01
19	−9.212874309770764 0E−03	43	5.159002179848223 3E−01
20	−1.883077587336902 0E−02	44	7.108002037976137 7E−01
21	−2.722649845770182 3E−02	45	8.809063248844479 8E−01
22	−3.202284085758890 6E−02	46	1.006832164115008 9E+00
23	−3.099633252775460 9E−02	47	1.073791494773609 6E+00

附　录　A
（标准的附录）
霍夫曼码书表

表 A1　比例系数霍夫曼码书

索引	长度	码字（十六进制）	索引	长度	码字（十六进制）
0	18	3ffe8	27	16	fff3
1	18	3ffe6	28	16	fff4
2	18	3ffe7	29	16	fff1
3	18	3ffe5	30	15	7ff6
4	19	7fff5	31	15	7ff7
5	19	7fff1	32	14	3ff9
6	19	7ffed	33	14	3ff5
7	19	7fff6	34	14	3ff7
8	19	7ffee	35	14	3ff3
9	19	7ffef	36	14	3ff6
10	19	7fff0	37	14	3ff2
11	19	7fffc	38	13	1ff7
12	19	7fffd	39	13	1ff5
13	19	7ffff	40	12	ff9
14	19	7fffe	41	12	ff7
15	19	7fff7	42	12	ff6
16	19	7fff8	43	11	7f9
17	19	7fffb	44	12	ff4
18	19	7fff9	45	11	7f8
19	18	3ffe4	46	10	3f9
20	19	7fffa	47	10	3f7
21	18	3ffe3	48	10	3f5
22	17	1ffef	49	9	1f8
23	17	1fff0	50	9	1f7
24	16	fff5	51	8	fa
25	17	1ffee	52	8	f8
26	16	fff2	53	8	f6

表 A1(完)

索引	长度	码字（十六进制）	索引	长度	码字（十六进制）
54	7	79	88	16	fff6
55	6	3a	89	15	7ff5
56	6	38	90	18	3ffe2
57	5	1a	91	19	7ffd9
58	4	b	92	19	7ffda
59	3	4	93	19	7ffdb
60	1	0	94	19	7ffdc
61	4	a	95	19	7ffdd
62	4	c	96	19	7ffde
63	5	1b	97	19	7ffd8
64	6	39	98	19	7ffd2
65	6	3b	99	19	7ffd3
66	7	78	100	19	7ffd4
67	7	7a	101	19	7ffd5
68	8	f7	102	19	7ffd6
69	8	f9	103	19	7fff2
70	9	1f6	104	19	7ffdf
71	9	1f9	105	19	7ffe7
72	10	3f4	106	19	7ffe8
73	10	3f6	107	19	7ffe9
74	10	3f8	108	19	7ffea
75	11	7f5	109	19	7ffeb
76	11	7f4	110	19	7ffe6
77	11	7f6	111	19	7ffe0
78	11	7f7	112	19	7ffe1
79	12	ff5	113	19	7ffe2
80	12	ff8	114	19	7ffe3
81	13	1ff4	115	19	7ffe4
82	13	1ff6	116	19	7ffe5
83	13	1ff8	117	19	7ffd7
84	14	3ff8	118	19	7ffec
85	14	3ff4	119	19	7fff4
86	16	fff0	120	19	7fff3
87	15	7ff4			

表 A2 频谱霍夫曼码书 1

索引	长度	码字（十六进制）	索引	长度	码字（十六进制）
0	11	7f8	41	5	14
1	9	1f1	42	7	65
2	11	7fd	43	5	16
3	10	3f5	44	7	6d
4	7	68	45	9	1e9
5	10	3f0	46	7	63
6	11	7f7	47	9	1e4
7	9	1ec	48	7	6b
8	11	7f5	49	5	13
9	10	3f1	50	7	71
10	7	72	51	9	1e3
11	10	3f4	52	7	70
12	7	74	53	9	1f3
13	5	11	54	11	7fe
14	7	76	55	9	1e7
15	9	1eb	56	11	7f3
16	7	6c	57	9	1ef
17	10	3f6	58	7	60
18	11	7fc	59	9	1ee
19	9	1e1	60	11	7f0
20	11	7f1	61	9	1e2
21	9	1f0	62	11	7fa
22	7	61	63	10	3f3
23	9	1f6	64	7	6a
24	11	7f2	65	9	1e8
25	9	1ea	66	7	75
26	11	7fb	67	5	10
27	9	1f2	68	7	73
28	7	69	69	9	1f4
29	9	1ed	70	7	6e
30	7	77	71	10	3f7
31	5	17	72	11	7f6
32	7	6f	73	9	1e0
33	9	1e6	74	11	7f9
34	7	64	75	10	3f2
35	9	1e5	76	7	66
36	7	67	77	9	1f5
37	5	15	78	11	7ff
38	7	62	79	9	1f7
39	5	12	80	11	7f4
40	1	0			

表 A3 频谱霍夫曼码书 2

索引	长度	码字 （十六进制）	索引	长度	码字 （十六进制）
0	9	1f3	41	5	7
1	7	6f	42	6	1d
2	9	1fd	43	5	b
3	8	eb	44	6	30
4	6	23	45	8	ef
5	8	ea	46	6	1c
6	9	1f7	47	7	64
7	8	e8	48	6	1e
8	9	1fa	49	5	c
9	8	f2	50	6	29
10	6	2d	51	8	f3
11	7	70	52	6	2f
12	6	20	53	8	f0
13	5	6	54	9	1fc
14	6	2b	55	7	71
15	7	6e	56	9	1f2
16	6	28	57	8	f4
17	8	e9	58	6	21
18	9	1f9	59	8	e6
19	7	66	60	8	f7
20	8	f8	61	7	68
21	8	e7	62	9	1f8
22	6	1b	63	8	ee
23	8	f1	64	6	22
24	9	1f4	65	7	65
25	7	6b	66	6	31
26	9	1f5	67	4	2
27	8	ec	68	6	26
28	6	2a	69	8	ed
29	7	6c	70	6	25
30	6	2c	71	7	6a
31	5	a	72	9	1fb
32	6	27	73	7	72
33	7	67	74	9	1fe
34	6	1a	75	7	69
35	8	f5	76	6	2e
36	6	24	77	8	f6
37	5	8	78	9	1ff
38	6	1f	79	7	6d
39	5	9	80	9	1f6
40	3	0			

表 A4　频谱霍夫曼码书 3

索引	长度	码字 （十六进制）	索引	长度	码字 （十六进制）
0	1	0	41	10	3ef
1	4	9	42	9	1f3
2	8	ef	43	9	1f4
3	4	b	44	11	7f6
4	5	19	45	9	1e8
5	8	f0	46	10	3ea
6	9	1eb	47	13	1ffc
7	9	1e6	48	8	f2
8	10	3f2	49	9	1f1
9	4	a	50	12	ffb
10	6	35	51	10	3f5
11	9	1ef	52	11	7f3
12	6	34	53	12	ffc
13	6	37	54	8	ee
14	9	1e9	55	10	3f7
15	9	1ed	56	15	7ffe
16	9	1e7	57	9	1f0
17	10	3f3	58	11	7f5
18	9	1ee	59	15	7ffd
19	10	3ed	60	13	1ffb
20	13	1ffa	61	14	3ffa
21	9	1ec	62	16	ffff
22	9	1f2	63	8	f1
23	11	7f9	64	10	3f0
24	11	7f8	65	14	3ffc
25	10	3f8	66	9	1ea
26	12	ff8	67	10	3ee
27	4	8	68	14	3ffb
28	6	38	69	12	ff6
29	10	3f6	70	12	ffa
30	6	36	71	15	7ffc
31	7	75	72	11	7f2
32	10	3f1	73	12	ff5
33	10	3eb	74	16	fffe
34	10	3ec	75	10	3f4
35	12	ff4	76	11	7f7
36	5	18	77	15	7ffb
37	7	76	78	12	ff7
38	11	7f4	79	12	ff9
39	6	39	80	15	7ffa
40	7	74			

表 A5　频谱霍夫曼码书 4

索引	长度	码字（十六进制）	索引	长度	码字（十六进制）
0	4	7	41	7	6b
1	5	16	42	8	e3
2	8	f6	43	7	69
3	5	18	44	9	1f3
4	4	8	45	8	eb
5	8	ef	46	8	e6
6	9	1ef	47	10	3f6
7	8	f3	48	7	6e
8	11	7f8	49	7	6a
9	5	19	50	9	1f4
10	5	17	51	10	3ec
11	8	ed	52	9	1f0
12	5	15	53	10	3f9
13	4	1	54	8	f5
14	8	e2	55	8	ec
15	8	f0	56	11	7fb
16	7	70	57	8	ea
17	10	3f0	58	7	6f
18	9	1ee	59	10	3f7
19	8	f1	60	11	7f9
20	11	7fa	61	10	3f3
21	8	ee	62	12	fff
22	8	e4	63	8	e9
23	10	3f2	64	7	6d
24	11	7f6	65	10	3f8
25	10	3ef	66	7	6c
26	11	7fd	67	7	68
27	4	5	68	9	1f5
28	5	14	69	10	3ee
29	8	f2	70	9	1f2
30	4	9	71	11	7f4
31	4	4	72	11	7f7
32	8	e5	73	10	3f1
33	8	f4	74	12	ffe
34	8	e8	75	10	3ed
35	10	3f4	76	9	1f1
36	4	6	77	11	7f5
37	4	2	78	11	7fe
38	8	e7	79	10	3f5
39	4	3	80	11	7fc
40	4	0			

表 A6　频谱霍夫曼码书 5

索引	长度	码字（十六进制）	索引	长度	码字（十六进制）
0	13	1fff	41	4	a
1	12	ff7	42	7	71
2	11	7f4	43	8	f3
3	11	7e8	44	11	7e9
4	10	3f1	45	11	7ef
5	11	7ee	46	9	1ee
6	11	7f9	47	8	ef
7	12	ff8	48	5	18
8	13	1ffd	49	4	9
9	12	ffd	50	5	1b
10	11	7f1	51	8	eb
11	10	3e8	52	9	1e9
12	9	1e8	53	11	7ec
13	8	f0	54	11	7f6
14	9	1ec	55	10	3eb
15	10	3ee	56	9	1f3
16	11	7f2	57	8	ed
17	12	ffa	58	7	72
18	12	ff4	59	8	e9
19	10	3ef	60	9	1f1
20	9	1f2	61	10	3ed
21	8	e8	62	11	7f7
22	7	70	63	12	ff6
23	8	ec	64	11	7f0
24	9	1f0	65	10	3e9
25	10	3ea	66	9	1ed
26	11	7f3	67	8	f1
27	11	7eb	68	9	1ea
28	9	1eb	69	10	3ec
29	8	ea	70	11	7f8
30	5	1a	71	12	ff9
31	4	8	72	13	1ffc
32	5	19	73	12	ffc
33	8	ee	74	12	ff5
34	9	1ef	75	11	7ea
35	11	7ed	76	10	3f3
36	10	3f0	77	10	3f2
37	8	f2	78	11	7f5
38	7	73	79	12	ffb
39	4	b	80	13	1ffe
40	1	0			

表 A7　频谱霍夫曼码书 6

索引	长度	码字（十六进制）	索引	长度	码字（十六进制）
0	11	7fe	41	4	3
1	10	3fd	42	6	2f
2	9	1f1	43	7	73
3	9	1eb	44	9	1fa
4	9	1f4	45	9	1e7
5	9	1ea	46	7	6e
6	9	1f0	47	6	2b
7	10	3fc	48	4	7
8	11	7fd	49	4	1
9	10	3f6	50	4	5
10	9	1e5	51	6	2c
11	8	ea	52	7	6d
12	7	6c	53	9	1ec
13	7	71	54	9	1f9
14	7	68	55	8	ee
15	8	f0	56	6	30
16	9	1e6	57	6	24
17	10	3f7	58	6	2a
18	9	1f3	59	6	25
19	8	ef	60	6	33
20	6	32	61	8	ec
21	6	27	62	9	1f2
22	6	28	63	10	3f8
23	6	26	64	9	1e4
24	6	31	65	8	ed
25	8	eb	66	7	6a
26	9	1f7	67	7	70
27	9	1e8	68	7	69
28	7	6f	69	7	74
29	6	2e	70	8	f1
30	4	8	71	10	3fa
31	4	4	72	11	7ff
32	4	6	73	10	3f9
33	6	29	74	9	1f6
34	7	6b	75	9	1ed
35	9	1ee	76	9	1f8
36	9	1ef	77	9	1e9
37	7	72	78	9	1f5
38	6	2d	79	10	3fb
39	4	2	80	11	7fc
40	4	0			

表 A8 频谱霍夫曼码书 7

索引	长度	码字 (十六进制)	索引	长度	码字 (十六进制)
0	1	0	32	8	f3
1	3	5	33	8	ed
2	6	37	34	9	1e8
3	7	74	35	9	1ef
4	8	f2	36	10	3ef
5	9	1eb	37	10	3f1
6	10	3ed	38	10	3f9
7	11	7f7	39	11	7fb
8	3	4	40	9	1ed
9	4	c	41	8	ef
10	6	35	42	9	1ea
11	7	71	43	9	1f2
12	8	ec	44	10	3f3
13	8	ee	45	10	3f8
14	9	1ee	46	11	7f9
15	9	1f5	47	11	7fc
16	6	36	48	10	3ee
17	6	34	49	9	1ec
18	7	72	50	9	1f4
19	8	ea	51	10	3f4
20	8	f1	52	10	3f7
21	9	1e9	53	11	7f8
22	9	1f3	54	12	ffd
23	10	3f5	55	12	ffe
24	7	73	56	11	7f6
25	7	70	57	10	3f0
26	8	eb	58	10	3f2
27	8	f0	59	10	3f6
28	9	1f1	60	11	7fa
29	9	1f0	61	11	7fd
30	10	3ec	62	12	ffc
31	10	3fa	63	12	fff

表 A9 频谱霍夫曼码书 8

索引	长度	码字（十六进制）	索引	长度	码字（十六进制）
0	5	e	32	7	71
1	4	5	33	6	2b
2	5	10	34	6	2d
3	6	30	35	6	31
4	7	6f	36	7	6d
5	8	f1	37	7	70
6	9	1fa	38	8	f2
7	10	3fe	39	9	1f9
8	4	3	40	8	ef
9	3	0	41	7	68
10	4	4	42	6	33
11	5	12	43	7	6b
12	6	2c	44	7	6e
13	7	6a	45	8	ee
14	7	75	46	8	f9
15	8	f8	47	10	3fc
16	5	f	48	9	1f8
17	4	2	49	7	74
18	4	6	50	7	73
19	5	14	51	8	ed
20	6	2e	52	8	f0
21	7	69	53	8	f6
22	7	72	54	9	1f6
23	8	f5	55	9	1fd
24	6	2f	56	10	3fd
25	5	11	57	8	f3
26	5	13	58	8	f4
27	6	2a	59	8	f7
28	6	32	60	9	1f7
29	7	6c	61	9	1fb
30	8	ec	62	9	1fc
31	8	fa	63	10	3ff

表 A10　频谱霍夫曼码书 9

索引	长度	码字（十六进制）	索引	长度	码字（十六进制）
0	1	0	34	10	3db
1	3	5	35	11	7d0
2	6	37	36	12	fc7
3	8	e7	37	12	fd4
4	9	1de	38	12	fe4
5	10	3ce	39	8	e6
6	10	3d9	40	7	70
7	11	7c8	41	8	e9
8	11	7cd	42	9	1dd
9	12	fc8	43	9	1e3
10	12	fdd	44	10	3d2
11	13	1fe4	45	10	3dc
12	13	1fec	46	11	7cc
13	3	4	47	11	7ca
14	4	c	48	11	7de
15	6	35	49	12	fd8
16	7	72	50	12	fea
17	8	ea	51	13	1fdb
18	8	ed	52	9	1df
19	9	1e2	53	8	eb
20	10	3d1	54	9	1dc
21	10	3d3	55	9	1e6
22	10	3e0	56	10	3d5
23	11	7d8	57	10	3de
24	12	fcf	58	11	7cb
25	12	fd5	59	11	7dd
26	6	36	60	11	7dc
27	6	34	61	12	fcd
28	7	71	62	12	fe2
29	8	e8	63	12	fe7
30	8	ec	64	13	1fe1
31	9	1e1	65	10	3d0
32	10	3cf	66	9	1e0
33	10	3dd	67	9	1e4

表 A10(续)

索引	长度	码字 (十六进制)	索引	长度	码字 (十六进制)
68	10	3d6	102	13	1ff1
69	11	7c5	103	13	1ff6
70	11	7d1	104	11	7d2
71	11	7db	105	10	3d4
72	12	fd2	106	10	3da
73	11	7e0	107	11	7c7
74	12	fd9	108	11	7d7
75	12	feb	109	11	7e2
76	13	1fe3	110	12	fce
77	13	1fe9	111	12	fdb
78	11	7c4	112	13	1fd8
79	9	1e5	113	13	1fee
80	10	3d7	114	14	3ff0
81	11	7c6	115	13	1ff4
82	11	7cf	116	14	3ff2
83	11	7da	117	11	7e1
84	12	fcb	118	10	3df
85	12	fda	119	11	7c9
86	12	fe3	120	11	7d6
87	12	fe9	121	12	fca
88	13	1fe6	122	12	fd0
89	13	1ff3	123	12	fe5
90	13	1ff7	124	12	fe6
91	11	7d3	125	13	1feb
92	10	3d8	126	13	1fef
93	10	3e1	127	14	3ff3
94	11	7d4	128	14	3ff4
95	11	7d9	129	14	3ff5
96	12	fd3	130	12	fe0
97	12	fde	131	11	7ce
98	13	1fdd	132	11	7d5
99	13	1fd9	133	12	fc6
100	13	1fe2	134	12	fd1
101	13	1fea	135	12	fe1

表 A10(完)

索引	长度	码字 (十六进制)	索引	长度	码字 (十六进制)
136	13	1fe0	153	14	3ffb
137	13	1fe8	154	15	7ffd
138	13	1ff0	155	15	7ffe
139	14	3ff1	156	13	1fe7
140	14	3ff8	157	12	fcc
141	14	3ff6	158	12	fd6
142	15	7ffc	159	12	fdf
143	12	fe8	160	13	1fde
144	11	7df	161	13	1fda
145	12	fc9	162	13	1fe5
146	12	fd7	163	13	1ff2
147	12	fdc	164	14	3ffa
148	13	1fdc	165	14	3ff7
149	13	1fdf	166	14	3ffc
150	13	1fed	167	14	3ffd
151	13	1ff5	168	15	7fff
152	14	3ff9			

表 A11 频谱霍夫曼码书 10

索引	长度	码字 (十六进制)	索引	长度	码字 (十六进制)
0	6	22	15	4	1
1	5	8	16	5	9
2	6	1d	17	6	20
3	6	26	18	7	54
4	7	5f	19	7	60
5	8	d3	20	8	d5
6	9	1cf	21	8	dc
7	10	3d0	22	9	1d4
8	10	3d7	23	10	3cd
9	10	3ed	24	10	3de
10	11	7f0	25	11	7e7
11	11	7f6	26	6	1c
12	12	ffd	27	4	2
13	5	7	28	5	6
14	4	0	29	5	c

表 A11(续)

索引	长度	码字 (十六进制)	索引	长度	码字 (十六进制)
30	6	1e	64	10	3ee
31	6	28	65	8	d1
32	7	5b	66	7	55
33	8	cd	67	6	29
34	8	d9	68	7	56
35	9	1ce	69	7	58
36	9	1dc	70	7	62
37	10	3d9	71	8	ce
38	10	3f1	72	8	e0
39	6	25	73	8	e2
40	5	b	74	9	1da
41	5	a	75	10	3d4
42	5	d	76	10	3e3
43	6	24	77	11	7eb
44	7	57	78	9	1c9
45	7	61	79	7	5e
46	8	cc	80	7	5a
47	8	dd	81	7	5c
48	9	1cc	82	7	63
49	9	1de	83	8	ca
50	10	3d3	84	8	da
51	10	3e7	85	9	1c7
52	7	5d	86	9	1ca
53	6	21	87	9	1e0
54	6	1f	88	10	3db
55	6	23	89	10	3e8
56	6	27	90	11	7ec
57	7	59	91	9	1e3
58	7	64	92	8	d2
59	8	d8	93	8	cb
60	8	df	94	8	d0
61	9	1d2	95	8	d7
62	9	1e2	96	8	db
63	10	3dd	97	9	1c6

表 A11(完)

索引	长度	码字（十六进制）	索引	长度	码字（十六进制）
98	9	1d5	134	9	1db
99	9	1d8	135	10	3d2
100	10	3ca	136	10	3cc
101	10	3da	137	10	3dc
102	11	7ea	138	10	3ea
103	11	7f1	139	11	7ed
104	9	1e1	140	11	7f3
105	8	d4	141	11	7f9
106	8	cf	142	12	ff9
107	8	d6	143	11	7f2
108	8	de	144	10	3ce
109	8	e1	145	9	1e4
110	9	1d0	146	10	3cb
111	9	1d6	147	10	3d8
112	10	3d1	148	10	3d6
113	10	3d5	149	10	3e2
114	10	3f2	150	10	3e5
115	11	7ee	151	11	7e8
116	11	7fb	152	11	7f4
117	10	3e9	153	11	7f5
118	9	1cd	154	11	7f7
119	9	1c8	155	12	ffb
120	9	1cb	156	11	7fa
121	9	1d1	157	10	3ec
122	9	1d7	158	10	3df
123	9	1df	159	10	3e1
124	10	3cf	160	10	3e4
125	10	3e0	161	10	3e6
126	10	3ef	162	10	3f0
127	11	7e6	163	11	7e9
128	11	7f8	164	11	7ef
129	12	ffa	165	12	ff8
130	10	3eb	166	12	ffe
131	9	1dd	167	12	ffc
132	9	1d3	168	12	fff
133	9	1d9			

表 A12　频谱霍夫曼码书 11

索引	长度	码字（十六进制）	索引	长度	码字（十六进制）
0	4	0	34	6	17
1	5	6	35	5	7
2	6	19	36	5	9
3	7	3d	37	6	18
4	8	9c	38	7	39
5	8	c6	39	7	40
6	9	1a7	40	8	8e
7	10	390	41	8	a3
8	10	3c2	42	8	b8
9	10	3df	43	9	199
10	11	7e6	44	9	1ac
11	11	7f3	45	9	1c1
12	12	ffb	46	10	3b1
13	11	7ec	47	10	396
14	12	ffa	48	10	3be
15	12	ffe	49	10	3ca
16	10	38e	50	8	9d
17	5	5	51	7	3c
18	4	1	52	6	15
19	5	8	53	6	16
20	6	14	54	6	1a
21	7	37	55	7	3b
22	7	42	56	7	44
23	8	92	57	8	91
24	8	af	58	8	a5
25	9	191	59	8	be
26	9	1a5	60	9	196
27	9	1b5	61	9	1ae
28	10	39e	62	9	1b9
29	10	3c0	63	10	3a1
30	10	3a2	64	10	391
31	10	3cd	65	10	3a5
32	11	7d6	66	10	3d5
33	8	ae	67	8	94

表 A12(续)

索引	长度	码字 (十六进制)	索引	长度	码字 (十六进制)
68	8	9a	102	9	1a0
69	7	36	103	8	8f
70	7	38	104	8	8d
71	7	3a	105	8	90
72	7	41	106	8	98
73	8	8c	107	8	a6
74	8	9b	108	8	b6
75	8	b0	109	8	c4
76	8	c3	110	9	19f
77	9	19e	111	9	1af
78	9	1ab	112	9	1bf
79	9	1bc	113	10	399
80	10	39f	114	10	3bf
81	10	38f	115	10	3b4
82	10	3a9	116	10	3c9
83	10	3cf	117	10	3e7
84	8	93	118	8	a8
85	8	bf	119	9	1b6
86	7	3e	120	8	ab
87	7	3f	121	8	a4
88	7	43	122	8	aa
89	7	45	123	8	b2
90	8	9e	124	8	c2
91	8	a7	125	8	c5
92	8	b9	126	9	198
93	9	194	127	9	1a4
94	9	1a2	128	9	1b8
95	9	1ba	129	10	38c
96	9	1c3	130	10	3a4
97	10	3a6	131	10	3c4
98	10	3a7	132	10	3c6
99	10	3bb	133	10	3dd
100	10	3d4	134	10	3e8
101	8	9f	135	8	ad

表 A12(续)

索引	长度	码字（十六进制）	索引	长度	码字（十六进制）
136	10	3af	170	11	7e3
137	9	192	171	9	1bb
138	8	bd	172	9	1a8
139	8	bc	173	9	1a6
140	9	18e	174	9	1b0
141	9	197	175	9	1b2
142	9	19a	176	9	1b7
143	9	1a3	177	10	39b
144	9	1b1	178	10	39a
145	10	38d	179	10	3ba
146	10	398	180	10	3b5
147	10	3b7	181	10	3d6
148	10	3d3	182	11	7d7
149	10	3d1	183	10	3e4
150	10	3db	184	11	7d8
151	11	7dd	185	11	7ea
152	8	b4	186	8	ba
153	10	3de	187	11	7e8
154	9	1a9	188	10	3a0
155	9	19b	189	9	1bd
156	9	19c	190	9	1b4
157	9	1a1	191	10	38a
158	9	1aa	192	9	1c4
159	9	1ad	193	10	392
160	9	1b3	194	10	3aa
161	10	38b	195	10	3b0
162	10	3b2	196	10	3bc
163	10	3b8	197	10	3d7
164	10	3ce	198	11	7d4
165	10	3e1	199	11	7dc
166	10	3e0	200	11	7db
167	11	7d2	201	11	7d5
168	11	7e5	202	11	7f0
169	8	b7	203	8	c1

表 A12(续)

索引	长度	码字 (十六进制)	索引	长度	码字 (十六进制)
204	11	7fb	234	11	7eb
205	10	3c8	235	11	7f4
206	10	3a3	236	11	7fa
207	10	395	237	9	195
208	10	39d	238	11	7f8
209	10	3ac	239	10	3bd
210	10	3ae	240	10	39c
211	10	3c5	241	10	3ab
212	10	3d8	242	10	3a8
213	10	3e2	243	10	3b3
214	10	3e6	244	10	3b9
215	11	7e4	245	10	3d0
216	11	7e7	246	10	3e3
217	11	7e0	247	10	3e5
218	11	7e9	248	11	7e2
219	11	7f7	249	11	7de
220	9	190	250	11	7ed
221	11	7f2	251	11	7f1
222	10	393	252	11	7f9
223	9	1be	253	11	7fc
224	9	1c0	254	9	193
225	10	394	255	12	ffd
226	10	397	256	10	3dc
227	10	3ad	257	10	3b6
228	10	3c3	258	10	3c7
229	10	3c1	259	10	3cc
230	10	3d2	260	10	3cb
231	11	7da	261	10	3d9
232	11	7d9	262	10	3da
233	11	7df	263	11	7d3

表 A12(完)

索引	长度	码字（十六进制）	索引	长度	码字（十六进制）
264	11	7e1	277	8	95
265	11	7ee	278	8	99
266	11	7ef	279	8	a0
267	11	7f5	280	8	a2
268	11	7f6	281	8	ac
269	12	ffc	282	8	a9
270	12	fff	283	8	b1
271	9	19d	284	8	b3
272	9	1c2	285	8	bb
273	8	b5	286	8	c0
274	8	a1	287	9	18f
275	8	96	288	5	4
276	8	97			

表 A13　SSR 框架 EIGHT _ SHORT _ SEQUENCE 的 Kaiser—Bessel 窗

i	$w(i)$	i	$w(i)$
0	0.0000875914060105	16	0.7446454751465113
1	0.0009321760265333	17	0.8121892962974020
2	0.0032114611466596	18	0.8683559394406505
3	0.0081009893216786	19	0.9125649996381605
4	0.0171240286619181	20	0.9453396205809574
5	0.0320720743527833	21	0.9680864942677585
6	0.0548307856028528	22	0.9827581789763112
7	0.0871361822564870	23	0.9914756203467121
8	0.1302923415174603	24	0.9961964092194694
9	0.1848955425508276	25	0.9984956609571091
10	0.2506163195331889	26	0.9994855586984285
11	0.3260874142923209	27	0.9998533730714648
12	0.4089316830907141	28	0.9999671864476404
13	0.4959414909423747	29	0.9999948432453556
14	0.5833939894958904	30	0.9999995655238333
15	0.6674601983218376	31	0.9999999961638728

表 A14 SSR 框架其它窗口序列的 Kaiser-Bessel 窗

i	w(i)	i	w(i)
0	0.0005851230124487	47	0.0911667569410503
1	0.0009642149851497	48	0.0954787380973307
2	0.0013558207534965	49	0.0999129187977865
3	0.0017771849644394	50	0.1044697814663005
4	0.0022352533849672	51	0.1091497100326053
5	0.0027342299070304	52	0.1139529881122542
6	0.0032773001022195	53	0.1188797973021148
7	0.0038671998069216	54	0.1239302155951605
8	0.0045064443384152	55	0.1291042159181728
9	0.0051974336885144	56	0.1344016647957880
10	0.0059425050016407	57	0.1398223211441467
11	0.0067439602523141	58	0.1453658351972151
12	0.0076040812644888	59	0.1510317475686540
13	0.0085251378135895	60	0.1568194884519144
14	0.0095093917383048	61	0.1627283769610327
15	0.0105590986429280	62	0.1687576206143887
16	0.0116765080854300	63	0.1749063149634756
17	0.0128638627792770	64	0.1811734433685097
18	0.0141233971318631	65	0.1875578769224857
19	0.0154573353235409	66	0.1940583745250518
20	0.0168678890600951	67	0.2006735831073503
21	0.0183572550877256	68	0.2074020380087318
22	0.0199276125319803	69	0.2142421635060113
23	0.0215811201042484	70	0.2211922734956977
24	0.0233199132076965	71	0.2282505723293797
25	0.0251461009666641	72	0.2354151558022098
26	0.0270617631981826	73	0.2426840122941792
27	0.0290689473405856	74	0.2500550240636293
28	0.0311696653515848	75	0.2575259686921987
29	0.0333658905863535	76	0.2650945206801527
30	0.0356595546648444	77	0.2727582531907993
31	0.0380525443366107	78	0.2883610572460804
32	0.0405466983507029	79	0.2805146399424422
33	0.0431438043376910	80	0.2962947861868143
34	0.0458455957104702	81	0.3043130149466800
35	0.0486537485902075	82	0.3124128412663888
36	0.0515698787635492	83	0.3205912750432127
37	0.0545955386770205	84	0.3288452410620226
38	0.0577322144743916	85	0.3371715818562547
39	0.0609813230826460	86	0.3455670606953511
40	0.0643442093520723	87	0.3540283646950029
41	0.0678221432558827	88	0.3625521080463003
42	0.0714163171546603	89	0.3711348353596863
43	0.0751278431308314	90	0.3797730251194006
44	0.0789577503982528	91	0.3884630932439016
45	0.0829069827918993	92	0.3972013967475546
46	0.0869763963425241	93	0.4059842374986933

表 A14(续)

i	$w(i)$	i	$w(i)$
94	0.4148078660689724	141	0.8046173857073919
95	0.4236684856687616	142	0.8110450872887550
96	0.4325622561631607	143	0.8173544143867162
97	0.4414852981630577	144	0.8235441764639875
98	0.4504336971855032	145	0.8296133044858474
99	0.4594035078775303	146	0.8355608512093652
100	0.4683907582974173	147	0.8413859912867303
101	0.4773914542472655	148	0.8470880211822968
102	0.4864015836506502	149	0.8526663589032990
103	0.4954171209689973	150	0.8581205435445334
104	0.5044340316502417	151	0.8634502346476508
105	0.5134482766032377	152	0.8686552113760616
106	0.5224558166913167	153	0.8737353715068081
107	0.5314526172383208	154	0.8786907302411250
108	0.5404346525403849	155	0.8835214188357692
109	0.5493979103766972	156	0.8882276830575707
110	0.5583383965124314	157	0.8928098814640207
111	0.5672521391870222	158	0.8972684835130879
112	0.5761351935809411	159	0.9016040675058185
113	0.5849836462541291	160	0.9058173183656508
114	0.5937936195492526	161	0.9099090252587376
115	0.6025612759529649	162	0.9138800790599416
116	0.6112828224083939	163	0.9177314696695282
117	0.6199545145721097	164	0.9214642831859411
118	0.6285726610088878	165	0.9250796989403991
119	0.6371336273176413	166	0.9285789863994010
120	0.6456338401819751	167	0.9319635019415643
121	0.6540697913388968	168	0.9352346855155568
122	0.6624380414593221	169	0.9383940571861993
123	0.6707352239341151	170	0.9414432135761304
124	0.6789580485595255	171	0.9443838242107182
125	0.6871033051160131	172	0.9472176277741918
126	0.6951678668345944	173	0.9499464282852282
127	0.7031486937449871	174	0.9525720912004834
128	0.7110428359000029	175	0.9550965394547873
129	0.7188474364707993	176	0.9575217494469370
130	0.7265597347077880	177	0.9598497469802043
131	0.7341770687621900	178	0.9620826031668507
132	0.7416968783634273	179	0.9642224303060783
133	0.7491167073477523	180	0.9662713777449607
134	0.7564342060337386	181	0.9682316277319895
135	0.7636471334404891	182	0.9701053912729269
136	0.7707533593446514	183	0.9718949039986892
137	0.7777508661725849	184	0.9736024220549734
138	0.7846377507242818	185	0.9752302180233160
139	0.7914122257259034	186	0.9767805768831932
140	0.7980726212080798	187	0.9782557920246753

表 A14(完)

i	$w(i)$	i	$w(i)$
188	0.9796581613210076	222	0.9990688725744943
189	0.9809899832703159	223	0.9991776444921379
190	0.9822535532154261	224	0.9992757396582338
191	0.9834511596505429	225	0.9993639958299003
192	0.9845850806232530	226	0.9994432036616085
193	0.9856575802399989	227	0.9995141079353859
194	0.9866709052828243	228	0.9995774088586188
195	0.9876272819448033	229	0.9996337634216871
196	0.9885289126911557	230	0.9996837868076957
197	0.9893779732525968	231	0.9997280538466377
198	0.9901766097569984	232	0.9997671005064359
199	0.9909269360049311	233	0.9998014254134544
200	0.9916310308941294	234	0.9998314913952471
201	0.9922909359973702	235	0.9998577270385304
202	0.9929086532976777	236	0.9998805282555989
203	0.9934861430841844	237	0.9999002598526793
204	0.9940253220113651	238	0.9999172570940037
205	0.9945280613237534	239	0.9999318272557038
206	0.9949961852476154	240	0.9999442511639580
207	0.9954314695504363	241	0.9999547847121726
208	0.9958356402684387	242	0.9999636603523446
209	0.9962103726017252	243	0.9999710885561258
210	0.9965572899760172	244	0.9999772592414866
211	0.9968779632693499	245	0.9999823431612708
212	0.9971739102014799	246	0.9999864932503106
213	0.9974465948831872	247	0.9999898459281599
214	0.9976974275220812	248	0.9999925223548691
215	0.9979277642809907	249	0.9999946296375997
216	0.9981389072844972	250	0.9999962619864214
217	0.9983321047686901	251	0.9999975018180320
218	0.9985085513687731	252	0.9999984208055542
219	0.9986693885387259	253	0.9999990808746198
220	0.9988157050968516	254	0.9999995351446231
221	0.9989485378906924	255	0.9999998288155155

附 录 B
(提示的附录)
MSDL 和 编码器

B0 关于未使用的码书

本标准的正文部分指出,AAC 解码器没有使用第 12 和 13 本码书。然而,解码器可能在需要时使用这些码书来扩展功能,从而与其它 MPEG 标准(例如 ISO/IEC 14496-3)兼容。这个标准正是使用这两本码书来表示用扩展编码方案进行编码。

例如,6.3 节中的表 6.14 应改为:

语法	比特数	助记符
scale _ factor _ data( )		
{		
noise _ pcm _ flag=1		
for (g=0;g<num _ window _ groups;g++) {		
for (sfb=0;sfb<max _ sfb;sfb++) {		
if (sfb _ cb[g][sfb]! =ZERO _ HCB) {		
if (is _ intensity(g,sfb))		
hcod _ sf[dpcm _ is _ position[g][sfb]]	1..19	**bslbf**
else if (sfb _ cb[g][sfb]==13)		
if (noise _ pcm _ flag) {		
noise _ pcm _ flag=0		
dpcm _ noise _ nrg[g][sfb]	9	**uimsbf**
}else		
hcod _ sb[dpcm _ noise _ nrf[g][sfb]]	1..19	**bslbf**
else		
hcod _ sf[dpcm _ sf[g][sfb]]	1..19	**bslbf**
}		
}		
}		
}		

B1 MSDL 比特流描述

```
class adif _ sequence {
    adif _ header Adif _ Header;
    byte _ alignment();
    raw _ data _ stream Data _ Stream;
};

class adif _ header {
    bit(32) adif _ id;
    bit(1) copyright _ id _ present;
    if (copyright _ id _ present) bit(72) copyright _ id;
    bit(1) original _ copy;
    uint(1) home;
    bit(1) bitstream _ type;
    uint(23) bitrate;
    uint(4) num _ program _ config _ elements;
    repeat (num _ program _ config _ elements+1) {
        if (bitstream _ type==0) uint(20) adif _ buffer _ fullness;
        program _ config _ element ProgramConfigElement;
```

```
    }
};

aligned(8) class adts_sequence {
        while (SYNCWORD) adts_frame AdtsFrame;
};

aligned(8) class adts_frame {
        adts_fixed_header AdtsFixedHeader;
        adts_variable_header AdtsVariableHeader;
        if (protection_bit==0) uint(16) crc_check;
        byte_alignment();
        repeat(AdtsHeader.number_of_raw_data_blocks_in_frame+1)  {
                raw_data_block RawDataBlock;
                byte_alignment();
        }
};

aligned(8) class adts_fixed_header: bit(12)=SYNCWORD {
        bit(1) ID;
        uint(2) layer;
        bit(1) protection_absent;
        uint(2) profile;
        uint(4) sampling_frequency_index;
        bit(1) private_bit;
        uint(3) channel_configuration;
        bit(1) original_copy;
        uint(1) home;
};

aligned(8) class adts_variable_header {
        bit(1) copyright_identification_bit;
        bit(1) copyright_identification_start;
        uint(13) frame_length;
        bit(11) adts_buffer_fullness;
        uint(2) number_of_raw_data_blocks_in_frame;
};

class raw_data_stream {
        while (1) {
                        raw_data_block();
                        byte_alignment();
                }
```

```
};

class raw_data_block {
        repeat { syntactic_element SyntacticElement;} until ([ID_END]);
};

class single_channel_element is syntactic_element: bit(3) ID_SCE=0 {
        bit(4) element_instance_tag;
        individual_channel_stream(false) IndividualChannelStream;
};

class channel_pair_element is syntactic_element: bit(3) ID_CPE=1 {
        int ws= -1;
        bit(4) element_instance_tag;
        bit(1) common_window ;
        if (common_window ) {
                ics_info ICSInfo;
                bit(2) ms_mask_present;
                if (ms_mask_present = = 1) {
                        repeat(ICSInfo.num_window_groups) {
                                bit(1) ms_used[max_sfb];
                        }
                }
                ws = ICSInfo.window_sequence;
        }
        individual_channel_stream(common_window,ws) IndividualChannelStream0;
        individual_channel_stream(common_window,ws) IndividualChannelStream1;
};

class ics_info {
        bit(1) ics_reserved_bit;
        uint(2) window_sequence;
        bit(1) window_shape;
        if (window_sequence = = EIGHT_SHORT_SEQUENCE) {
                uint(4) max_sfb;
                bit(7) ScalefactorGrouping;
        } else {
                uint(6) max_sfb;
                bit(1) predictor_data_present;
                if(predictor_data_present){
                        bit(1)pridictor_reset;
                        if(predictor_reset) uint(5) predictor_reset_group_number;
                }
```

```
            bit(1) prediction_used[min(max_sfb,PRED_SFB_MAX)];
      }
};

class individual_channel_stream( bit common_window,
                                 int common_window_sequence ) {
      int window_sequence = common_window_sequence;
      int(8) global_gain;
      if( ! common_window ) {
            ics_info ICSInfo;
            window_sequence = ICSInfo.window_sequence;
            int sfb_cb[num_window_groups]
                          [ICSInfo.max_sfb]-1];
                          //this defines an array that is not taken from the
                          //bitstream
            repeat(g:num_window_groups)
            rle(sfb_cb,[g][ICSInfo.max_sfb]-1);
            //this function fills the sfb_cb table
            //from what is read in the bitstream
      } else {
            int sfb_cb[num_window_groups]
                  [ICSInfo.max_sfb]-1];
            repeat(g:num_window_groups)
                  rle(sfb_cb,[g]ICSInfo.max_sfb)-1);
      }
      scalefactor_data(sfb_cb,ICSInfo.max_sfb,global_gain) ScaleFactorData;
      bit(1) pulse_data_present;
      if (pulse_data_present) pulse_data PulseData;
      bit(1) tns_data_present;
      if (tns_data_present) tns_data(window_sequence) TNSData;
      bit(1) gain_control_data_present;
      if(gain_control_data_presentflag) gain_control_data GainControlData;
      spectral_data SpectralData;

};

class scalefactor_data(int sfb_cb[ ][ ],int sfb_cb_length,int global_gain ) {
    repeat(g:num_window_groups)
        repeat(nonzero(sfb_cb[g],max_sfb)) {
              vlc(hcod_sf_vlc) hcod_sf;
                        //same as before, reordering is not done in MSDL-S
                        //so we only pull the requested number of values from
                        //the bitstream instead of trying to put them in their
```

```
                    //definitive place.
        }
};

map nfilt_bits_for_window_type(window)  {
    //defined in TNS tool description
}
map tns_length_bits_for_window_type(window) {
    //defined in TNS tool description
}
map tns_order_bits_for_window_type(window) {
    //defined in TNS tool description
}
class tns_data(int window_sequence) {
    int w,filt,coef_bits;
    for (w=0;w<num_windows[window_sequence];w++) {
        uint(nfilt_bits_for_window_type[w]) n_filt;
        if (n_filt! =0)bit(1) coef_res;
        if (coef_res[w]==1) coef_bits=4;
        else coef_bits=3;
        repeat(n_filt) {
                uint(tns_length_bits_for_window_type[w]) length;
                uint(tns_order_bits_for_window_type[w]) order;
                if (order! =0) {
                        bit(1) direction;
                        bit(1) coef_compress;
                        uint(coef_bits) coef[order];
                }
        }
    }
};

class spectral_data {
    repeat (g : num_window_groups)
        repeat (i : num_sec[g]) {
            if (sect_cb[g][i] ! = ZERO_HCB&&
            sect_cb[g][i] ! = INTENSITY_HCB&&
            sect_cb[g][i] ! = INTENSITY_HCB2) {
                vlc(hcod_vlc[sfb_cb[g][i]] sval;
                //same as before, no reordering
    }
  }
};
```

```
class pulse _ data   {
      uint(2) number _ pulse;
      uint(6) pulse _ start _ sfb;
      repeat(numberpulse+1) {
            uint(5) pulse _ offset;
            uint(4) pulse _ amp;
      }
};

class coupling _ channel _ element is syntactic _ element:bit(3) ID _ CCE = 2 {
    uint(4) element _ instance _ tag;
    uint(1) ind _ sw _ cce _ flag;
    uint(3) number _ of _ coupled _ element;
    int num _ gain _ element _ lists = number _ of _ coupled _ elements+1;
    repeat(number _ of _ coupled _ elements+1) {
      bit(1) cc _ target _ is _ cpe;
      uint(4) cc _ target;
      if(cc _ target _ is _ cpe)   {
            bit(1) cc _ l;
            bit(1) cc _ r;
            if (cc _ l&&cc _ r) num _ gain _ element _ lists += 1;
      }
    }
    bit(1) cc _ domain;
    bit(1) gain _ element _ sign;
    uint(2) gain _ element _ scale;
    individual _ channel _ stream(0) channelStream;
    repeat(num _ gain _ element _ lists) {
            if(ind _ sw _ cce _ flag ) cge=1
            else {
                    bit(1) common _ gain _ element _ present;
                    cge=common _ gain _ element _ present
            }
            if(cge) vlc(hcod _ sf _ vlc) hcod _ sf;
            else {
                    repeat(nonzero(sfb _ cb,max _ sfb)) {
                            vlc(hcld _ sf _ vlc) hcod _ sf;
                                    //same as before, reordering is not done in MSDL-S
                                    //so we only pull the requested number of values from
                                    //the bitstream instead of trying to put them in their
                                    //definitive place.
                    }
```

```
        }
    }
};

class lfe_channel_element is syntactic_element :bit(3) ID_FXE=3 {
        uint(4) element_instance_tag;
        individual_channel_stream(0) ChannelStream;
};

class data_stream_element is syntactic_element:bit(3) ID_DSE=4 {
      bit(4) element_instance_tag;
      bit(1) data_byte_align_flag;
      uint(8) cnt;
      if (cnt = = 255) {
              uint(8) esc_l_cnt;
              cnt += esc_l_cnt;
      }
      if (data_byte_align_flag) byte_alignment( );
      repeat(cnt ) uint(8) data_stream_byte[element_instance_tag];
};

class program_config_element : bit(3) ID_PCE=5 {
      bit(4) element_instance_tag;
      bit(2) profile;
      uint(4) num_front_channel_elements;
      uint(4) num_side_channel_elements;
      uint(4) num_back_channel_elements;
      uint(2) num_lfe_channel_elements;
      uint(3) num_assoc_data_elements;
      uint(4) num_valid_cce_elements;
      bit mono_mixdown_present;
      if(mono_mixdown_present) uint(4),mono_mixdown_element_number;
      bit stereo_mixdown_present;
      if(stereo_mixdown_present) uint(4),stereo_mixdown_element_number;
      bit matrix_mixdown_idx_present;
      if (matrix_mixdown_idx_present) {
              uint(2) matrix_mixdown_idx;
              bit(1) pseudo_surround_enable;
      }
      repeat(num_front_channel_elements) {
              bit(1) front_element_is_cpe;
              bit(4) front_element_tag_select;
      }
```

```
    repeat(num_side_channel_elements) {
            bit(1) side_element_is_cpe;
            bit(4) side_element_tag_select;
    }
    repeat(num_back_channel_elements) {
            bit(1) back_element_is_cpe;
            bit(4) back_element_tag_select;
    }
    uint(4) lfe_element_tag_select[num_lfe_channel_elements];
    uint(4) assoc_data_element_tag_select[num_assoc_data_elements];
    repeat(num_valid_cce_elements) {
            bit(1) cc_element_is_ind_sw;
            bit(4) cce_element_tag_select;
    }
    byte_alignment();
    uint(8) comment_field_bytes;
    uint(8) comment_field_data[comment_field_bytes];
};

class fill_element is syntactic_element;bit(3) ID_FIL=6 {
    uint(4) cnt;
    if (cnt == 15) {
            uint(8) esc_cnt;
            cnt += esc_cnt;
    }
    uint(8) fill_byte[cnt];
};

class gain_control_data {
            //nested repeats achieve an arrangement of the data with the inner
            //repeat doing the same as the last index of a C table
            //so in this element, we describe three arrays,adjust_num,alevcode,and aloccode
            //all repeated access fill subsequent elements of the table
            //the inner loop being equivalent to the last index of a C table
    int wd;
    uint(2) maxBand;
    if (window_sequence == ONLY_LONG_SEQUENCE) {
            repeat(maxBand) {
                    uint(3) adjust_num;
                    repeat(adjust_num) {
                            uint(4) alevcode;
                            uint(5) aloccode;
                    }}
```

```
} else if(window_sequence == LONG_START_SEQUENCE) {
        repeat(maxBand) {
            for(wd=0;wd<2;wd++) {
                uint(3) adjust_num;
                repeat(adjust_num) {
                        uint(4) alevcode;
                        if(wd==0) uint(4) aloccode;
                        else uint(2) aloccode;
                }}}
} else if(window_sequence == EIGHT_SHORT_SEQUENCE) {
    repeat(maxBand) {
        repeat(8) {
            uint(3) adjust_num;
            repeat(adjust_num) {
                    uint(4) alevcode;
                    uint(2) aloccode;
            }}}
} else if(window_sequence == LONG_STOP_SEQUENCE) {
    repeat(maxBand) {
        for(wd=0;wd<2;wd++) {
            uint(3) adjust_num;
            repeat(adjust_num) {
                    uint(4) alevcode;
                    if (wd == 0) uint(4) aloccode;
                    else uint(5) aloccode;
        }}}}};
```

B2 编码

B2.1 心理声学模型

B2.1.1 概述

本附录介绍了 AAC 编码的一般心理声学模型。心理声学模型计算出被信号能量所掩蔽的最大失真能量。这一能量称作阈值。阈值的产生过程需要三个输入，它们是：

1. 阈值计算过程中的移位长度称作 *iblen*，*iblen* 在任何阈值计算过程的特定应用中必须保持为常数。由于计算两个不同移位长度的阈值是必要的，则需要两个计算过程，每个过程按固定的移位长度进行。对于长 FFT *iblen* =1024，短 FFT *iblen* =128。

2. 对于每一个 FFT 类型，信号最新的 *iblen* 样值，通过调整其延迟（在滤波器组中或是在心理声学计算中）使得心理声学计算窗口位于编码时/频变换的时间窗口的中心。

3. 采样频率。这里提供了几组标准采样频率的表格。采样率同 *iblen* 一样，在一个阈值计算过程中必须保持为常数。

心理模型的输出为：

1. 一组信号掩蔽比和阈值，它们如何与编码相适应将在下面描述。

2. 用于 MDCT 的延迟的时域数据（PCM 样本）。

3. MDCT 的块类型(长块、起始块、停止块、短块)。

4. 对编码中应使用的比特数以及可用于编码的平均比特的估计。

PCM 样本的延迟是必要的,因为一旦切换判定算法发现有冲击信号,则实际帧必须使用*短块*,在这种情况下,在*短块*之前的*长块*必须切换到*起始块*类型。在最初运行模型之前,用于保存先前 FFT 源数据窗的数组和用于保存 $r(w)$和 $f(w)$的数组应归零以便提供一个已知的起始点。

B2.1.2 符号注释

在阈值计算过程中有三个索引被处处用到,它们是:

w—表示计算按照 FFT 谱线域的频率索引。索引 0 相当于直流,索引 1023 相当于 Nyquist 频率点上的谱线。

b—表示计算按照阈值计算分区域索引。若计算包括一个在阈值计算分区域中的卷积或求和,则 bb 将用来表示和变量。分区计数从 0 开始。

n—表示计算按照比例因子频带域索引。索引 0 相当于比例因子频带的最低频带。

B2.1.3 "扩展函数"

以下是关于扩展函数的几点描述,扩展函数用以下方法计算:

$$\begin{aligned}&if\ j \geqslant i\\&\quad tmpx = 3.0(j - i)\\&else\\&\quad tmpx = 1.5(j - i)\end{aligned}$$

这里 i 是被扩展信号的巴克值,j 是被扩展频带的巴克值。$tmpx$ 是一个临时变量。

$$tmpz = 8 * minimum((tmpx - 0.5)^2 - 2(tmpx - 0.5), 0)$$

这里 $tmpz$ 是临时变量,$minimum(a, b)$是在 a,b 中取最负值的函数。

$$tmpy = 15.811\,389 + 7.5(tmpx + 0.474) - 17.5(1.0 + (tmpx + 0.474)^2)^{0.5}$$

这里 $tmpy$ 是另一个临时变量。

$$if(tmpy < -100)\text{then}\{sprdngf(i,j) = 0\}\text{else}\{sprdngf(i,j) = 10 \wedge ((tmpz + tmpy)/10)\}$$

B2.1.4 阈值的计算步骤

以下是用于编码中对于长 FFT 和短 FFT 计算 $SMR(n)$ 和 $xmin(n)$ 的必要步骤:

1. 重新构造 $2 * iblen$ 个输入信号的样本值。

在每次调用阈值产生器时可以获得新的 $iblen$ 样本值。阈值产生器必须存储 $2 * iblen - iblen$ 个样本值,并把这些样本值串联,精确地重构输入信号的 $2 * iblen$ 个连续样本值 $s(i)$,这里 i 代表当前输入信号的索引,$0 <= i < 2 * iblen$。

2. 计算输入信号的复频谱。

首先,用汉宁窗给 $s(i)$加窗,即

$$sw(i) = s(i) * (0.5 - 0.5 * \cos((pi * (i + 0.5))/iblen))$$

第二,计算 $sw(i)$的一个标准正向 FFT。

第三,计算变换的极坐标表示。$r(w)$和 $f(w)$分别代表被变换的 $sw(i)$的幅度和相位部分。

3. 计算预测的 $r(w)$和 $f(w)$。

预测幅度 r_pred(w)和预测相位 f_pred(w),是从前两个阈值计算块的 $r(w)$和 $f(w)$中计算得出:

$$r\_pred(w) = 2.0 * r(t - 1) - r(t - 2)$$

$$f\_pred(w) = 2.0 * f(t - 1) - f(t - 2)$$

这里 t 代表当前块号,$t-1$ 表示前一个数据块号,$t-2$ 用来索引再前一个阈值计算块的数据。

4.计算不可预测性度量 $c(w)$:

$c(w)=\{[(r(w)*\cos(f(w))-r\_pred(w)*\cos(f\_pred(w)))\wedge 2$
$+(r(w)*\sin(f(w))-r\_pred(w)*\sin(f\_pred(w)))\wedge 2]\wedge 0.5\}/$
$[r(w)+abs(r\_pred(w))]$

这个公式对每一个短块使用短FFT。对于长块开头6个谱线的不可预测性度量是从长FFT计算得到的,对于其它的谱线使用所有短块中的最小不可预测性。若要求减少计算量,则频谱高端部分的不可预测性可以设置为0.4。

5.在阈值计算分区,计算能量和不可预测性。

每一分区的能量,$e(b)$,为:

```
do for each partition b:
    e(b)=0
    do from lower index to upper index w of partition b
        e(b)=e(b)+r(w)∧2
end do
```

($e(b)$用于M/S模式(见附录B的B2.6.1"联合编码"): $e(b)$等于Xengy,其中'X'=[R,L,M,S])。

加权不可预测性,$c(b)$,为:

```
do for each partition b:
    c(b)=0
    do from lower index to upper index w of partition b
        c(b)=c(b)+r(w)∧2*c(w)
        end do
end do
```

阈值计算分区提供的分辨率约为一根FFT谱线或1/3临界频带中的较宽者,在低频,一根FFT的单谱线将构成一个计算分区。在高频,多根谱线将被合并成一个计算分区。在表B2.1.1到表B2.1.12中为三种采样频率中的每一种提供了一组分区值。这些表中的单元将用于阈值计算过程。每个表中的几个单元为:

(1) 计算分区索引,b。

(2) 分区中最低的谱线,$w\_low(b)$。

(3) 分区中最高的谱线,$w\_high(b)$。

(4) 分区的中间巴克值,$bval(b)$。

(5) 安静时的阈值,$qsthr(b)$。

最大的b值,$bmax$,为每个采样频率中最大的索引值。

6.将分区能量和不可预测性与扩展函数作卷积:

```
for each partition b:
    ecb(b)=0
    do for each partition bb:
        ecb(b)=ecb(b)+e(bb)*sprdngf(bval(bb),bval(b))
    end do
end do

do for each partition b:
        ct(b)=0
        do for each partition bb:
```

```
            ct(b)=ct(b)+c(bb)*sprdngf(bval(bb),bval(b))
        end do
    end do
```

由于 $ct(b)$ 被信号能量加权，所以必须重新规范成 $cb(b)$。

$cb(b)=ct(b)/ecb(b)$

同时，由于扩展函数的非规范性，$ecb(b)$ 应重新规范化并计算规范化的能量 $en(b)$。

$en(b)=ecb(b)*rnorm(b)$

这个规范化系数，$rnorm(b)$，为：

```
do for each partition b
        tmp(b)=0
        do for each partition bb
            tmp(b)=tmp(b)+sprdngf(bval(bb),bval(b))
        end do
        rnorm(b)=1/tmp(b)
end do
```

7. 从 $cb(b)$ 转换到音调性索引 $tb(b)$。

$tb(b)=-0.299-0.43\text{loge}(cb(b))$

每个 $tb(b)$ 限制在 $0<tb(b)<1$ 之间。

8. 计算每一分区所需的 SNR。

对于所有的 b，$NMT(b)=6$ dB。$NMT(b)$ 是该分区中噪声掩蔽音调的值(单位 dB)。对于所有的 b，$TMN(b)=18$ dB。$TMN(b)$ 是该分区中音调掩蔽噪声的值(单位 dB)。所需的信噪比 $SNR(b)$ 为：

$SNR(b)=tb(b)*TMN(b)+(1-tb(b))*NMT(b)$

9. 计算功率比。

功率比 $bc(b)$ 为：

$bc(b)=10\wedge(-SNR(b)/10)$

10. 计算实际的能量阈值 $nb(b)$。

$nb(b)=en(b)*bc(b)$

nb(b)也用于 M/S 模式（见附录 B 的 B2.6.1“联合编码”）：nb(b)等于 Xthr，其中 'X'=[R，L，M，S]）。

11. 预回声控制和安静阈值。

为了避免预回声计算了长 FFT 和短 FFT 的预回声控制，这里也考虑了安静阈值：

$nb\_l(b)$ 是上一块的分区 b 的阈值，$qsthr(b)$ 是安静时的阈值。$qsthr(b)$ 的 dB 值可见表 B.2.1.1 到 B.2.1.12。这些表与在 FFT 中用于阈值计算的一个 $\pm1/2lsb$ 正弦波的等级有关。考虑到 FFT 的归一化，dB 值必须转换到能量域，实际为

$nb(b)=\max(qsthr(b),\min(nb(b),nb\_l(b)*rpelev))$

对于短块 $rpelev$ 设置为‘1’，长块设置为‘2’。

12. 对每一种块类型，PE 是用比值 $e(b)/nb(b)$ 来计算的，这里 $nb(b)$ 是每一个阈值分区的阈值，$e(b)$ 是每一个阈值分区的能量。

```
        PE=0
        do for threshold partitionb
            PE=PE-(w_high(b)-w_low(b))*log10(nb(b)/(e(b)+1))
        end do
```

13. 究竟在编码中使用长块或是短块类型由下面的伪代码决定：

```
if PE for long block is greater than switch _ pe then
    coding _ block _ type=short _ block _ type
else
    coding _ block _ type=long _ block _ type
end if
if(coding _ block _ type==short _ block _ type)and
        (last _ coding _ block _ type==long _ type)then
    last _ coding _ block _ type=start _ type
else
    last _ coding _ block _ type=short _ type
```

最后的四行是必要的，因为在 AAC 中没有组合的 stop/start 块类型。switch _ pe 是一个依赖于 AAC 实现的常量。

14. 计算信号掩蔽比，*SMR*(*n*)和编码阈值 *xmin*(*n*)。

表 8.4 到 8.16 说明了：

(1) 编码分区索引 *swb*，称为比例因子频带。

(2) 比例因子频带 mdct 谱线的偏移 *swb _ offset _ long/short _ window*。

定义以下变量：

```
n=swb
w _ low(n)=swb _ offset _ long/short _ window(n)
w _ high(n)=swb _ offset _ long/short _ window(n+1)-1
```

比例因子频带的 FFT 能量，*epart*(*n*)为：

```
do for each scalefactor band n
    epart(n)=0
    do for w=lower index w _ low(n)to n=upper index w _ high(n)
      epart(n)=epart(n)+r(w)∧2
    end do
end do
```

频谱中一根谱线的阈值计算：

```
do for each threshold partition b
      thr(all line _ indices in this partition b
            =thr(w _ low(b),……,w _ high(b))
                =nb(b)/(w _ high(b)+1-w _ low(b))
end do
```

FFT 等级上的比例因子频带的噪声电平，*npart*(*n*)计算为：

```
do for each scalefactor band n
        npart(n)=minimum(thr(w _ low(n)),……,thr(w _ high(n)))
            *(w _ high(n)+1-w _ low(n))
end do
```

在此情形下，式中的 minimum(*a*,……,*z*)是一个返回参数 *a*……*z* 的最小正值的函数。

送到量化模块的比值，*SMR*(*n*)计算如下：

SMR(*n*)=*epart*(*n*)/*npart*(*n*)

为了计算编码阈值 *xmin*(*n*)，要计算出每个比例因子频带的 MDCT 能量：

```
do for all scalefactor bands n
```

codec _ e(n)=0

do for lower index i to higher index i of this scalefactor band

codec _ e(n)=codec _ e(n)+(mdct _ line(i))∧2

end do

end do

接着 $xmin(n)$，关于 MDCT 电平的最大允许失真能量，可以由下面公式算出：

$xmin(n)=npart(n)*codec\_e(n)/epart(n)$

15. 由心理听觉熵(PE)计算比特分配。

$bit\_allocation=pew1*PE+pew2*sqrt(PE)$;

对于长块，常量定义如下：

$pew1=0.3, pew2=6.0$

对于短块，8 个短块的 PE 值累加起来，常量定义如下：

$pew1-0.6, pew2=24$

接着 $bit\_allocation$ 限制在 $0<bit\_allocation<3000$ 之间，且

$more\_bits$ 计算如下：

$more\_bits=bit\_allocation-(average\_bits\_side\_info\_bits)$

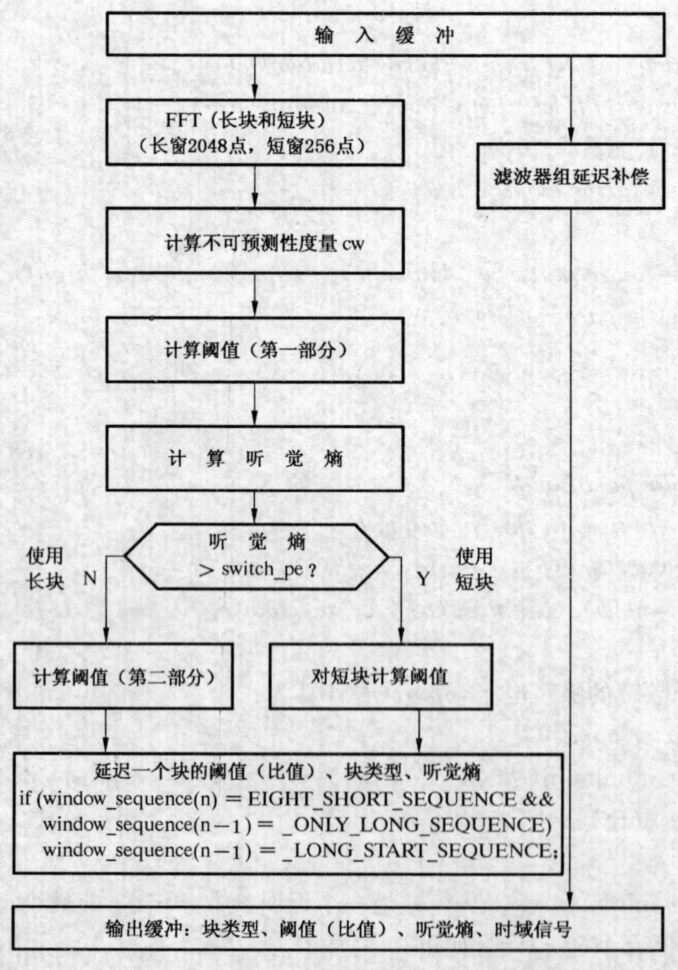

图 B2.1.1　心理声学模型框图

表 B2.1.1.a　8 kHz 长 FFT 的心理声学参数

索引	w_low	w_high	width	bval	qsthr
0	0	8	9	0.18	46.82
1	9	17	9	0.53	46.82
2	18	26	9	0.89	46.82
3	27	35	9	1.24	41.82
4	36	44	9	1.59	41.82
5	45	53	9	1.94	41.82
6	54	62	9	2.29	38.82
7	63	71	9	2.63	38.82
8	72	80	9	2.98	38.82
9	81	89	9	3.31	33.82
10	90	98	9	3.65	33.82
11	99	108	10	3.99	34.28
12	109	118	10	4.35	32.28
13	119	128	10	4.71	32.28
14	129	138	10	5.05	32.28
15	139	148	10	5.39	32.28
16	149	159	11	5.74	32.69
17	160	170	11	6.10	32.69
18	171	181	11	6.45	32.69
19	182	192	11	6.79	32.69
20	193	204	12	7.13	33.07
21	205	216	12	7.48	33.07
22	217	228	12	7.82	33.07
23	229	241	13	8.17	33.42
24	242	254	13	8.51	33.42
25	255	268	14	8.85	33.74
26	269	282	14	9.20	33.74
27	283	297	15	9.54	34.04
28	298	312	15	9.88	34.04
29	313	328	16	10.22	34.32
30	329	345	17	10.56	34.58
31	346	363	18	10.91	34.83
32	364	381	18	11.25	34.83
33	382	400	19	11.58	35.06
34	401	420	20	11.91	35.29

表 B2.1.1.a(完)

索引	w _ low	w _ high	width	bval	qsthr
35	421	441	21	12.24	35.50
36	442	464	23	12.58	35.89
37	465	488	24	12.92	36.08
38	489	514	26	13.26	36.43
39	515	541	27	13.59	36.59
40	542	570	29	13.93	36.90
41	571	601	31	14.26	37.19
42	602	634	33	14.60	37.46
43	635	670	36	14.93	37.84
44	671	708	38	15.27	38.07
45	709	749	41	15.60	38.40
46	750	793	44	15.93	38.71
47	794	841	48	16.26	39.09
48	842	893	52	16.60	39.44
49	894	949	56	16.93	39.76
50	950	1009	60	17.26	40.06
51	1010	1023	14	17.47	33.74

表 B2.1.1.b 8 kHz 短 FFT 的心理声学参数

索引	w _ low	w _ high	width	bval	qsthr
0	0	1	2	0.32	30.29
1	2	3	2	0.95	30.29
2	4	5	2	1.57	25.29
3	6	7	2	2.19	22.29
4	8	9	2	2.80	22.29
5	10	11	2	3.40	17.29
6	12	13	2	3.99	17.29
7	14	15	2	4.56	15.29
8	16	17	2	5.12	15.29
9	18	19	2	5.66	15.29
10	20	21	2	6.18	15.29
11	22	23	2	6.68	15.29
12	24	25	2	7.16	15.29
13	26	27	2	7.63	15.29
14	28	29	2	8.07	15.29

表 B2.1.1.b(完)

索引	w _ low	w _ high	width	bval	qsthr
15	30	31	2	8.50	15.29
16	32	33	2	8.90	15.29
17	34	35	2	9.29	15.29
18	36	37	2	9.67	15.29
19	38	39	2	10.03	15.29
20	40	41	2	10.37	15.29
21	42	44	3	10.77	17.05
22	45	47	3	11.23	17.05
23	48	50	3	11.66	17.05
24	51	53	3	12.06	17.05
25	54	56	3	12.44	17.05
26	57	59	3	12.79	17.05
27	60	63	4	13.18	18.30
28	64	67	4	13.59	18.30
29	68	71	4	13.97	18.30
30	72	75	4	14.32	18.30
31	76	80	5	14.69	19.27
32	81	85	5	15.07	19.27
33	86	90	5	15.42	19.27
34	91	96	6	15.77	20.06
35	97	102	6	16.13	20.06
36	103	109	7	16.49	20.73
37	110	116	7	16.85	20.73
38	117	124	8	17.20	21.31
39	125	127	3	17.44	17.05

表 B2.1.2.a　11.025 kHz 长 FFT 的心理声学参数

索引	w _ low	w _ high	width	bval	qsthr
0	0	6	7	0.19	45.73
1	7	13	7	0.57	45.73
2	14	20	7	0.95	45.73
3	21	27	7	1.33	40.73
4	28	34	7	1.71	40.73
5	35	41	7	2.08	37.73
6	42	48	7	2.45	37.73

表 B2.1.2.a(续)

索引	w_low	w_high	width	bval	qsthr
7	49	55	7	2.82	37.73
8	56	62	7	3.18	32.73
9	63	69	7	3.54	32.73
10	70	76	7	3.89	32.73
11	77	83	7	4.24	30.73
12	84	90	7	4.59	30.73
13	91	97	7	4.92	30.73
14	98	105	8	5.28	31.31
15	106	113	8	5.65	31.31
16	114	121	8	6.01	31.31
17	122	129	8	6.36	31.31
18	130	137	8	6.70	31.31
19	138	146	9	7.06	31.82
20	147	155	9	7.42	31.82
21	156	164	9	7.77	31.82
22	165	173	9	8.11	31.82
23	174	183	10	8.46	32.28
24	184	193	10	8.82	32.28
25	194	203	10	9.16	32.28
26	204	214	11	9.50	32.69
27	215	225	11	9.85	32.69
28	226	237	12	10.19	33.07
29	238	249	12	10.54	33.07
30	250	262	13	10.88	33.42
31	263	275	13	11.22	33.42
32	276	289	14	11.56	33.74
33	290	304	15	11.90	34.04
34	305	320	16	12.24	34.32
35	321	337	17	12.59	34.58
36	338	355	18	12.94	34.83
37	356	374	19	13.28	35.06
38	375	394	20	13.62	35.29
39	395	415	21	13.96	35.50
40	416	438	23	14.29	35.89
41	439	462	24	14.63	36.08

表 B2.1.2.a(完)

索引	w _ low	w _ high	width	bval	qsthr
42	463	488	26	14.96	36.43
43	489	516	28	15.29	36.75
44	517	546	30	15.63	37.05
45	547	579	33	15.96	37.46
46	580	614	35	16.30	37.72
47	615	652	38	16.63	38.07
48	653	693	41	16.97	38.40
49	694	737	44	17.30	38.71
50	738	785	48	17.64	39.09
51	786	836	51	17.97	39.35
52	837	891	55	18.30	39.68
53	892	950	59	18.64	39.98
54	951	1014	64	18.97	40.34
55	1015	1023	9	19.16	31.82

表 B2.1.2.b 11.025 kHz 短 FFT 的心理声学参数

索引	w _ low	w _ high	width	bval	qsthr
0	0	0	1	0.00	27.28
1	1	1	1	0.44	27.28
2	2	2	1	0.87	27.28
3	3	3	1	1.30	22.28
4	4	4	1	1.73	22.28
5	5	5	1	2.16	19.28
6	6	6	1	2.58	19.28
7	7	7	1	3.00	14.28
8	8	8	1	3.41	14.28
9	9	9	1	3.82	14.28
10	10	10	1	4.22	12.28
11	11	11	1	4.61	12.28
12	12	12	1	4.99	12.28
13	13	13	1	5.37	12.28
14	14	14	1	5.74	12.28
15	15	15	1	6.10	12.28
16	16	16	1	6.45	12.28
17	17	17	1	6.79	12.28

表 B2.1.2.b(完)

索引	w _ low	w _ high	width	bval	qsthr
18	18	19	2	7.44	15.29
19	20	21	2	8.05	15.29
20	22	23	2	8.64	15.29
21	24	25	2	9.19	15.29
22	26	27	2	9.70	15.29
23	28	29	2	10.19	15.29
24	30	31	2	10.65	15.29
25	32	33	2	11.08	15.29
26	34	35	2	11.48	15.29
27	36	37	2	11.86	15.29
28	38	39	2	12.22	15.29
29	40	42	3	12.64	17.05
30	43	45	3	13.10	17.05
31	46	48	3	13.53	17.05
32	49	51	3	13.93	17.05
33	52	54	3	14.30	17.05
34	55	58	4	14.69	18.30
35	59	62	4	15.11	18.30
36	63	66	4	15.49	18.30
37	67	70	4	15.84	18.30
38	71	75	5	16.21	19.27
39	76	80	5	16.58	19.27
40	81	85	5	16.92	19.27
41	86	91	6	17.27	20.06
42	92	97	6	17.62	20.06
43	98	104	7	17.97	20.73
44	105	111	7	18.32	20.73
45	112	119	8	18.67	21.31
46	120	127	8	19.02	21.31

表 B2.1.3.a 12 kHz 长 FFT 的心理声学参数

索引	w _ low	w _ high	width	bval	qsthr
0	0	5	6	0.18	45.06
1	6	11	6	0.53	45.06
2	12	17	6	0.89	45.06

表 B2.1.3.a(续)

索引	w _ low	w _ high	width	bval	qsthr
3	18	23	6	1.24	40.06
4	24	29	6	1.59	40.06
5	30	35	6	1.94	40.06
6	36	41	6	2.29	37.06
7	42	47	6	2.63	37.06
8	48	53	6	2.98	37.06
9	54	59	6	3.31	32.06
10	60	65	6	3.65	32.06
11	66	72	7	4.00	30.73
12	73	79	7	4.38	30.73
13	80	86	7	4.75	30.73
14	87	93	7	5.11	30.73
15	94	100	7	5.47	30.73
16	101	107	7	5.82	30.73
17	108	114	7	6.15	30.73
18	115	122	8	6.51	31.31
19	123	130	8	6.88	31.31
20	131	138	8	7.24	31.31
21	139	146	8	7.58	31.31
22	147	154	8	7.92	31.31
23	155	163	9	8.27	31.82
24	164	172	9	8.62	31.82
25	173	181	9	8.96	31.82
26	182	191	10	9.31	32.28
27	192	201	10	9.66	32.28
28	202	212	11	10.01	32.69
29	213	223	11	10.36	32.69
30	224	235	12	10.71	33.07
31	236	247	12	11.06	33.07
32	248	260	13	11.41	33.42
33	261	273	13	11.75	33.42
34	274	287	14	12.09	33.74
35	288	302	15	12.43	34.04
36	303	318	16	12.77	34.32
37	319	335	17	13.11	34.58

表 B2.1.3.a(完)

索引	w_low	w_high	width	bval	qsthr
38	336	353	18	13.46	34.83
39	354	372	19	13.80	35.06
40	373	392	20	14.13	35.29
41	393	414	22	14.47	35.70
42	415	437	23	14.81	35.89
43	438	462	25	15.14	36.26
44	463	489	27	15.48	36.59
45	490	518	29	15.81	36.90
46	519	549	31	16.15	37.19
47	550	583	34	16.48	37.59
48	584	619	36	16.82	37.84
49	620	658	39	17.15	38.19
50	659	700	42	17.48	38.51
51	701	745	45	17.81	38.81
52	746	794	49	18.14	39.18
53	795	847	53	18.48	39.52
54	848	904	57	18.81	39.83
55	905	965	61	19.15	40.13
56	966	1023	58	19.47	39.91

表 B2.1.3.b　12 kHz 短 FFT 的心理声学参数

索引	w_low	w_high	width	bval	qsthr
0	0	0	1	0.00	27.28
1	1	1	1	0.47	27.28
2	2	2	1	0.95	27.28
3	3	3	1	1.42	22.28
4	4	4	1	1.88	22.28
5	5	5	1	2.35	19.28
6	6	6	1	2.81	19.28
7	7	7	1	3.26	14.28
8	8	8	1	3.70	14.28
9	9	9	1	4.14	12.28
10	10	10	1	4.57	12.28
11	11	11	1	4.98	12.28
12	12	12	1	5.39	12.28

表 B2.1.3.b(完)

索引	w _ low	w _ high	width	bval	qsthr
13	13	13	1	5.79	12.28
14	14	14	1	6.18	12.28
15	15	15	1	6.56	12.28
16	16	16	1	6.93	12.28
17	17	17	1	7.28	12.28
18	18	18	1	7.63	12.28
19	19	20	2	8.28	15.29
20	21	22	2	8.90	15.29
21	23	24	2	9.48	15.29
22	25	26	2	10.02	15.29
23	27	28	2	10.53	15.29
24	29	30	2	11.00	15.29
25	31	32	2	11.45	15.29
26	33	34	2	11.86	15.29
27	35	36	2	12.25	15.29
28	37	38	2	12.62	15.29
29	39	40	2	12.96	15.29
30	41	43	3	13.36	17.05
31	44	46	3	13.80	17.05
32	47	49	3	14.21	17.05
33	50	52	3	14.59	17.05
34	53	55	3	14.94	17.05
35	56	59	4	15.32	18.30
36	60	63	4	15.71	18.30
37	64	67	4	16.08	18.30
38	68	72	5	16.45	19.27
39	73	77	5	16.83	19.27
40	78	82	5	17.19	19.27
41	83	88	6	17.54	20.06
42	89	94	6	17.90	20.06
43	95	101	7	18.26	20.73
44	102	108	7	18.62	20.73
45	109	116	8	18.97	21.31
46	117	124	8	19.32	21.31
47	125	127	3	19.55	17.05

表 B2.1.4.a　16 kHz 长 FFT 的心理声学参数

索引	w _ low	w _ high	width	bval	qsthr
0	0	4	5	0.20	43.30
1	5	9	5	0.59	43.10
2	10	14	5	0.99	38.30
3	15	19	5	1.38	38.10
4	20	24	5	1.77	38.00
5	25	29	5	2.16	35.10
6	30	34	5	2.54	35.30
7	35	39	5	2.92	30.00
8	40	44	5	3.29	30.00
9	45	49	5	3.66	28.30
10	50	54	5	4.03	28.30
11	55	59	5	4.39	28.30
12	60	64	5	4.74	28.30
13	65	69	5	5.09	28.30
14	70	74	5	5.43	28.30
15	75	80	6	5.79	28.30
16	81	86	6	6.18	28.30
17	87	92	6	6.56	28.00
18	93	98	6	6.92	29.27
19	99	104	6	7.28	29.27
20	105	110	6	7.63	29.27
21	111	116	6	7.96	29.27
22	117	123	7	8.31	29.27
23	124	130	7	8.68	29.06
24	131	137	7	9.03	30.06
25	138	144	7	9.37	30.06
26	145	152	8	9.71	30.06
27	153	160	8	10.07	30.73
28	161	168	8	10.41	30.73
29	169	177	9	10.75	30.73
30	178	186	9	11.10	31.31
31	187	196	10	11.45	31.31
32	197	206	10	11.80	31.82
33	207	217	11	12.14	31.82
34	218	228	11	12.48	32.28

表 B2.1.4.a(完)

索引	w _ low	w _ high	width	bval	qsthr
35	229	240	12	12.82	32.28
36	241	253	13	13.16	32.69
37	254	267	14	13.51	32.69
38	268	282	15	13.86	33.07
39	283	298	16	14.21	33.46
40	299	315	17	14.56	33.82
41	316	333	18	14.90	34.12
42	334	352	19	15.24	34.42
43	353	373	21	15.58	34.68
44	374	395	22	15.91	35.15
45	396	419	24	16.25	35.32
46	420	445	26	16.58	35.73
47	446	473	28	16.92	35.91
48	474	503	30	17.25	36.42
49	504	536	33	17.59	36.75
50	537	571	35	17.93	37.11
51	572	609	38	18.26	37.34
52	610	650	41	18.60	37.63
53	651	694	44	18.94	38.12
54	695	741	47	19.27	38.17
55	742	791	50	19.60	41.52
56	792	845	54	19.94	41.84
57	846	903	58	20.27	42.13
58	904	965	62	20.61	44.41
59	966	1023	58	20.92	44.87

表 B2.1.4.b　16 kHz 短 FFT 的心理声学参数

索引	w _ low	w _ high	width	bval	qsthr
0	0	0	1	0.00	27.28
1	1	1	1	0.63	27.28
2	2	2	1	1.26	22.28
3	3	3	1	1.88	22.28
4	4	4	1	2.50	19.28
5	5	5	1	3.11	14.28
6	6	6	1	3.70	14.28

表 B2.1.4.b(续)

索引	w _ low	w _ high	width	bval	qsthr
7	7	7	1	4.28	12.28
8	8	8	1	4.85	12.28
9	9	9	1	5.39	12.28
10	10	10	1	5.92	12.28
11	11	11	1	6.43	12.28
12	12	12	1	6.93	12.28
13	13	13	1	7.40	12.28
14	14	14	1	7.85	12.28
15	15	15	1	8.29	12.28
16	16	16	1	8.70	12.28
17	17	17	1	9.10	12.28
18	18	18	1	9.49	12.28
19	19	19	1	9.85	12.28
20	20	20	1	10.20	12.28
21	21	22	2	10.85	15.29
22	23	24	2	11.44	15.29
23	25	26	2	11.99	15.29
24	27	28	2	12.50	15.29
25	29	30	2	12.96	15.29
26	31	32	2	13.39	15.29
27	33	34	2	13.78	15.29
28	35	36	2	14.15	15.29
29	37	39	3	14.57	17.05
30	40	42	3	15.03	17.05
31	43	45	3	15.45	17.05
32	46	48	3	15.84	17.05
33	49	51	3	16.19	17.05
34	52	55	4	16.57	18.30
35	56	59	4	16.97	18.30
36	60	63	4	17.33	18.30
37	64	68	5	17.71	19.27
38	69	73	5	18.09	19.27
39	74	78	5	18.44	19.27
40	79	84	6	18.80	20.06
41	85	90	6	19.17	20.06

表 B2.1.4.b(完)

索引	w _ low	w _ high	width	bval	qsthr
42	91	97	7	19.53	20.73
43	98	104	7	19.89	20.73
44	105	112	8	20.25	24.31
45	113	120	8	20.61	24.31
46	121	127	7	20.92	23.73

表 B2.1.5.a　22.05 kHz 长 FFT 的心理声学参数

索引	w _ low	w _ high	width	bval	qsthr
0	0	3	4	0.22	43.30
1	4	7	4	0.65	43.30
2	8	11	4	1.09	38.30
3	12	15	4	1.52	38.30
4	16	19	4	1.95	38.30
5	20	23	4	2.37	35.30
6	24	27	4	2.79	35.30
7	28	31	4	3.21	30.30
8	32	35	4	3.62	30.30
9	36	39	4	4.02	28.30
10	40	43	4	4.41	28.30
11	44	47	4	4.80	28.30
12	48	51	4	5.18	28.30
13	52	55	4	5.55	28.30
14	56	59	4	5.92	28.30
15	60	63	4	6.27	28.30
16	64	67	4	6.62	28.30
17	68	71	4	6.95	28.30
18	72	76	5	7.32	29.27
19	77	81	5	7.71	29.27
20	82	86	5	8.10	29.27
21	87	91	5	8.46	29.27
22	92	96	5	8.82	29.27
23	97	101	5	9.16	29.27
24	102	107	6	9.52	30.06
25	108	113	6	9.89	30.06
26	114	119	6	10.25	30.06

表 B2.1.5.a(完)

索引	w _ low	w _ high	width	bval	qsthr
27	120	125	6	10.59	30.06
28	126	132	7	10.95	30.73
29	133	139	7	11.31	30.73
30	140	146	7	11.65	30.73
31	147	154	8	12.00	31.31
32	155	162	8	12.35	31.31
33	163	171	9	12.70	31.82
34	172	180	9	13.05	31.82
35	181	190	10	13.40	32.28
36	191	200	10	13.74	32.28
37	201	211	11	14.07	32.69
38	212	223	12	14.41	33.07
39	224	236	13	14.76	33.42
40	237	250	14	15.11	33.74
41	251	265	15	15.46	34.04
42	266	281	16	15.80	34.32
43	282	298	17	16.14	34.58
44	299	317	19	16.48	35.06
45	318	337	20	16.82	35.29
46	338	359	22	17.16	35.70
47	360	382	23	17.50	35.89
48	383	407	25	17.84	36.26
49	408	434	27	18.17	36.59
50	435	463	29	18.51	36.90
51	464	494	31	18.84	37.19
52	495	527	33	19.17	37.46
53	528	563	36	19.51	37.84
54	564	601	38	19.84	38.07
55	602	642	41	20.17	41.40
56	643	686	44	20.50	41.71
57	687	733	47	20.84	42.00
58	734	784	51	21.17	44.35
59	785	839	55	21.50	44.68
60	840	898	59	21.84	44.98
61	899	962	64	22.17	50.34
62	963	1023	61	22.48	50.13

表 B2.1.5.b　22.05 kHz 短 FFT 的心理声学参数

索引	w_low	w_high	width	bval	qsthr
0	0	0	1	0.00	27.28
1	1	1	1	0.87	27.28
2	2	2	1	1.73	22.28
3	3	3	1	2.58	19.28
4	4	4	1	3.41	14.28
5	5	5	1	4.22	12.28
6	6	6	1	4.99	12.28
7	7	7	1	5.74	12.28
8	8	8	1	6.45	12.28
9	9	9	1	7.12	12.28
10	10	10	1	7.75	12.28
11	11	11	1	8.36	12.28
12	12	12	1	8.92	12.28
13	13	13	1	9.45	12.28
14	14	14	1	9.96	12.28
15	15	15	1	10.43	12.28
16	16	16	1	10.87	12.28
17	17	17	1	11.29	12.28
18	18	18	1	11.68	12.28
19	19	19	1	12.05	12.28
20	20	21	2	12.71	15.29
21	22	23	2	13.32	15.29
22	24	25	2	13.86	15.29
23	26	27	2	14.35	15.29
24	28	29	2	14.80	15.29
25	30	31	2	15.21	15.29
26	32	33	2	15.58	15.29
27	34	35	2	15.93	15.29
28	36	38	3	16.32	17.05
29	39	41	3	16.75	17.05
30	42	44	3	17.15	17.05

表 B2.1.5.b(完)

索引	w_low	w_high	width	bval	qsthr
31	45	47	3	17.51	17.05
32	48	51	4	17.89	18.30
33	52	55	4	18.30	18.30
34	56	59	4	18.67	18.30
35	60	63	4	19.02	18.30
36	64	68	5	19.37	19.27
37	69	73	5	19.74	19.27
38	74	78	5	20.09	22.27
39	79	84	6	20.44	23.06
40	85	90	6	20.79	23.06
41	91	97	7	21.15	25.73
42	98	104	7	21.50	25.73
43	105	112	8	21.85	26.31
44	113	120	8	22.20	31.31
45	121	127	7	22.49	30.73

表 B2.1.6.a 24 kHz 长 FFT 的心理声学参数

索引	w_low	w_high	width	bval	qsthr
0	0	2	3	0.18	42.05
1	3	5	3	0.53	42.05
2	6	8	3	0.89	42.05
3	9	11	3	1.24	37.05
4	12	14	3	1.59	37.05
5	15	17	3	1.94	37.05
6	18	20	3	2.29	34.05
7	21	23	3	2.63	34.05
8	24	26	3	2.98	34.05
9	27	29	3	3.31	29.05
10	30	32	3	3.65	29.05
11	33	36	4	4.03	28.30
12	37	40	4	4.46	28.30
13	41	44	4	4.88	28.30
14	45	48	4	5.29	28.30
15	49	52	4	5.69	28.30
16	53	56	4	6.08	28.30

表 B2.1.6.a(续)

索引	w_low	w_high	width	bval	qsthr
17	57	60	4	6.46	28.30
18	61	64	4	6.83	28.30
19	65	68	4	7.19	28.30
20	69	72	4	7.54	28.30
21	73	76	4	7.88	28.30
22	77	81	5	8.25	29.27
23	82	86	5	8.64	29.27
24	87	91	5	9.02	29.27
25	92	96	5	9.38	29.27
26	97	101	5	9.73	29.27
27	102	107	6	10.09	30.06
28	108	113	6	10.47	30.06
29	114	119	6	10.83	30.06
30	120	125	6	11.18	30.06
31	126	132	7	11.53	30.73
32	133	139	7	11.89	30.73
33	140	146	7	12.23	30.73
34	147	154	8	12.57	31.31
35	155	162	8	12.92	31.31
36	163	171	9	13.26	31.82
37	172	180	9	13.61	31.82
38	181	190	10	13.95	32.28
39	191	201	11	14.29	32.69
40	202	213	12	14.65	33.07
41	214	225	12	15.00	33.07
42	226	238	13	15.33	33.42
43	239	252	14	15.66	33.74
44	253	267	15	16.00	34.04
45	268	284	17	16.34	34.58
46	285	302	18	16.69	34.83
47	303	321	19	17.02	35.06
48	322	342	21	17.36	35.50
49	343	364	22	17.70	35.70
50	365	388	24	18.03	36.08
51	389	414	26	18.37	36.43

表 B2.1.6.a(完)

索引	w _ low	w _ high	width	bval	qsthr
52	415	442	28	18.70	36.75
53	443	472	30	19.04	37.05
54	473	504	32	19.38	37.33
55	505	538	34	19.71	37.59
56	539	575	37	20.04	40.96
57	576	614	39	20.38	41.19
58	615	656	42	20.71	41.51
59	657	701	45	21.04	43.81
60	702	750	49	21.37	44.18
61	751	803	53	21.70	44.52
62	804	860	57	22.04	49.83
63	861	922	62	22.37	50.20
64	923	989	67	22.70	50.54
65	990	1023	34	22.95	47.59

表 B2.1.6.b　24 kHz 短 FFT 的心理声学参数

索引	w _ low	w _ high	width	bval	qsthr
0	0	0	1	0.00	27.28
1	1	1	1	0.95	27.28
2	2	2	1	1.88	22.28
3	3	3	1	2.81	19.28
4	4	4	1	3.70	14.28
5	5	5	1	4.57	12.28
6	6	6	1	5.39	12.28
7	7	7	1	6.18	12.28
8	8	8	1	6.93	12.28
9	9	9	1	7.63	12.28
10	10	10	1	8.29	12.28
11	11	11	1	8.91	12.28
12	12	12	1	9.49	12.28
13	13	13	1	10.03	12.28
14	14	14	1	10.53	12.28
15	15	15	1	11.01	12.28
16	16	16	1	11.45	12.28
17	17	17	1	11.87	12.28

表 B2.1.6.b(完)

索引	w _ low	w _ high	width	bval	qsthr
18	18	18	1	12.26	12.28
19	19	19	1	12.62	12.28
20	20	21	2	13.28	15.29
21	22	23	2	13.87	15.29
22	24	25	2	14.40	15.29
23	26	27	2	14.88	15.29
24	28	29	2	15.32	15.29
25	30	31	2	15.71	15.29
26	32	33	2	16.08	15.29
27	34	36	3	16.49	17.05
28	37	39	3	16.94	17.05
29	40	42	3	17.35	17.05
30	43	45	3	17.73	17.05
31	46	48	3	18.07	17.05
32	49	52	4	18.44	18.30
33	53	56	4	18.83	18.30
34	57	60	4	19.20	18.30
35	61	65	5	19.57	19.27
36	66	70	5	19.96	19.27
37	71	75	5	20.31	22.27
38	76	81	6	20.67	23.06
39	82	87	6	21.04	25.06
40	88	94	7	21.41	25.73
41	95	101	7	21.77	25.73
42	102	109	8	22.13	31.31
43	110	117	8	22.48	31.31
44	118	126	9	22.82	31.82
45	127	127	1	23.01	32.28

表 B2.1.7.a　32 kHz 长 FFT 的心理声学参数

索引	w _ low	w _ high	width	bval	qsthr
0	0	2	3	0.24	42.05
1	3	5	3	0.71	42.05
2	6	8	3	1.18	37.05
3	9	11	3	1.65	37.05

表 B2.1.7.a(续)

索引	w _ low	w _ high	width	bval	qsthr
4	12	14	3	2.12	34.05
5	15	17	3	2.58	34.05
6	18	20	3	3.03	29.05
7	21	23	3	3.48	29.05
8	24	26	3	3.92	29.05
9	27	29	3	4.35	27.05
10	30	32	3	4.77	27.05
11	33	35	3	5.19	27.05
12	36	38	3	5.59	27.05
13	39	41	3	5.99	27.05
14	42	44	3	6.37	27.05
15	45	47	3	6.74	27.05
16	48	50	3	7.10	27.05
17	51	53	3	7.45	27.05
18	54	56	3	7.80	27.05
19	57	60	4	8.18	28.30
20	61	64	4	8.60	28.30
21	65	68	4	9.00	28.30
22	69	72	4	9.39	28.30
23	73	76	4	9.76	28.30
24	77	80	4	10.11	28.30
25	81	84	4	10.45	28.30
26	85	89	5	10.81	29.27
27	90	94	5	11.19	29.27
28	95	99	5	11.55	29.27
29	100	104	5	11.90	29.27
30	105	110	6	12.25	30.06
31	111	116	6	12.62	30.06
32	117	122	6	12.96	30.06
33	123	129	7	13.31	30.73
34	130	136	7	13.66	30.73
35	137	144	8	14.01	31.31
36	145	152	8	14.36	31.31
37	153	161	9	14.71	31.82
38	162	171	10	15.07	32.28

表 B2.1.7.a(完)

索引	w_low	w_high	width	bval	qsthr
39	172	181	10	15.42	32.28
40	182	192	11	15.76	32.69
41	193	204	12	16.10	33.07
42	205	217	13	16.45	33.42
43	218	231	14	16.80	33.74
44	232	246	15	17.14	34.04
45	247	262	16	17.48	34.32
46	263	279	17	17.82	34.58
47	280	298	19	18.15	35.06
48	299	318	20	18.49	35.29
49	319	340	22	18.84	35.70
50	341	363	23	19.17	35.89
51	364	388	25	19.51	36.26
52	389	415	27	19.85	36.59
53	416	444	29	20.19	39.90
54	445	475	31	20.53	40.19
55	476	508	33	20.87	40.46
56	509	543	35	21.20	42.72
57	544	581	38	21.53	43.07
58	582	622	41	21.86	43.40
59	623	667	45	22.20	48.81
60	668	715	48	22.53	49.09
61	716	768	53	22.86	49.52
62	769	826	58	23.20	59.91
63	827	890	64	23.53	60.34
64	891	961	71	23.86	60.79
65	962	1023	62	24.00	65.89

表 B2.1.7.b　32 kHz 短 FFT 的心理声学参数

索引	w_low	w_high	width	bval	qsthr
0	0	0	1	0.00	27.28
1	1	1	1	1.26	22.28
2	2	2	1	2.50	19.28
3	3	3	1	3.70	14.28
4	4	4	1	4.85	12.28

表 B2.1.7.b(续)

索引	w _ low	w _ high	width	bval	qsthr
5	5	5	1	5.92	12.28
6	6	6	1	6.93	12.28
7	7	7	1	7.85	12.28
8	8	8	1	8.70	12.28
9	9	9	1	9.49	12.28
10	10	10	1	10.20	12.28
11	11	11	1	10.85	12.28
12	12	12	1	11.45	12.28
13	13	13	1	12.00	12.28
14	14	14	1	12.50	12.28
15	15	15	1	12.96	12.28
16	16	16	1	13.39	12.28
17	17	17	1	13.78	12.28
18	18	18	1	14.15	12.28
19	19	20	2	14.80	15.29
20	21	22	2	15.38	15.29
21	23	24	2	15.89	15.29
22	25	26	2	16.36	15.29
23	27	28	2	16.77	15.29
24	29	30	2	17.15	15.29
25	31	32	2	17.50	15.29
26	33	35	3	17.90	17.05
27	36	38	3	18.34	17.05
28	39	41	3	18.74	17.05
29	42	44	3	19.11	17.05
30	45	48	4	19.50	18.30
31	49	52	4	19.92	18.30
32	53	56	4	20.30	21.30
33	57	60	4	20.65	21.30
34	61	65	5	21.02	24.27
35	66	70	5	21.40	24.27
36	71	75	5	21.75	24.27
37	76	81	6	22.10	30.06
38	82	87	6	22.45	30.06
39	88	94	7	22.80	30.73

表 B2.1.7.b(完)

索引	w _ low	w _ high	width	bval	qsthr
40	95	102	8	23.16	41.31
41	103	110	8	23.51	41.31
42	111	119	9	23.85	41.82
43	120	127	8	24.00	60.47

表 B2.1.8.a　44.1 kHz 长 FFT 的心理声学参数

索引	w _ low	w _ high	width	bval	qsthr
0	0	1	2	0.22	40.29
1	2	3	2	0.65	40.29
2	4	5	2	1.09	35.29
3	6	7	2	1.52	35.29
4	8	9	2	1.95	35.29
5	10	11	2	2.37	32.29
6	12	13	2	2.79	32.29
7	14	15	2	3.21	27.29
8	16	17	2	3.62	27.29
9	18	19	2	4.02	25.29
10	20	21	2	4.41	25.29
11	22	23	2	4.80	25.29
12	24	25	2	5.18	25.29
13	26	27	2	5.55	25.29
14	28	29	2	5.92	25.29
15	30	31	2	6.27	25.29
16	32	33	2	6.62	25.29
17	34	35	2	6.95	25.29
18	36	38	3	7.36	27.05
19	39	41	3	7.83	27.05
20	42	44	3	8.28	27.05
21	45	47	3	8.71	27.05
22	48	50	3	9.12	27.05
23	51	53	3	9.52	27.05
24	54	56	3	9.89	27.05
25	57	59	3	10.25	27.05
26	60	62	3	10.59	27.05
27	63	66	4	10.97	28.30

表 B2.1.8.a(续)

索引	w _ low	w _ high	width	bval	qsthr
28	67	70	4	11.38	28.30
29	71	74	4	11.77	28.30
30	75	78	4	12.13	28.30
31	79	82	4	12.48	28.30
32	83	87	5	12.84	29.27
33	88	92	5	13.22	29.27
34	93	97	5	13.57	29.27
35	98	103	6	13.93	30.06
36	104	109	6	14.30	30.06
37	110	116	7	14.67	30.73
38	117	123	7	15.03	30.73
39	124	131	8	15.40	31.31
40	132	139	8	15.76	31.31
41	140	148	9	16.11	31.82
42	149	157	9	16.45	31.82
43	158	167	10	16.79	32.28
44	168	178	11	17.13	32.69
45	179	190	12	17.48	33.07
46	191	203	13	17.83	33.42
47	204	217	14	18.18	33.74
48	218	232	15	18.52	34.04
49	233	248	16	18.87	34.32
50	249	265	17	19.21	34.58
51	266	283	18	19.54	34.83
52	284	303	20	19.88	35.29
53	304	324	21	20.22	38.50
54	325	347	23	20.56	38.89
55	348	371	24	20.90	39.08
56	372	397	26	21.24	41.43
57	398	425	28	21.57	41.75
58	426	455	30	21.91	42.05
59	456	488	33	22.24	47.46
60	489	524	36	22.58	47.84
61	525	563	39	22.91	48.19
62	564	606	43	23.25	58.61

表 B2.1.8.a(完)

索引	w_low	w_high	width	bval	qsthr
63	607	653	47	23.58	59.00
64	654	706	53	23.91	59.52
65	707	765	59	24.00	69.98
66	766	832	67	24.00	70.54
67	833	908	76	24.00	71.08
68	909	996	88	24.00	71.72
69	997	1023	27	24.00	72.09

表 B2.1.8.b　44.1 kHz 短 FFT 的心理声学参数

索引	w_low	w_high	width	bval	qsthr
0	0	0	1	0.00	27.28
1	1	1	1	1.73	22.28
2	2	2	1	3.41	14.28
3	3	3	1	4.99	12.28
4	4	4	1	6.45	12.28
5	5	5	1	7.75	12.28
6	6	6	1	8.92	12.28
7	7	7	1	9.96	12.28
8	8	8	1	10.87	12.28
9	9	9	1	11.68	12.28
10	10	10	1	12.39	12.28
11	11	11	1	13.03	12.28
12	12	12	1	13.61	12.28
13	13	13	1	14.12	12.28
14	14	14	1	14.59	12.28
15	15	15	1	15.01	12.28
16	16	16	1	15.40	12.28
17	17	17	1	15.76	12.28
18	18	19	2	16.39	15.29
19	20	21	2	16.95	15.29
20	22	23	2	17.45	15.29
21	24	25	2	17.89	15.29
22	26	27	2	18.30	15.29
23	28	29	2	18.67	15.29
24	30	31	2	19.02	15.29

表 B2.1.8.b(完)

索引	w_low	w_high	width	bval	qsthr
25	32	34	3	19.41	17.05
26	35	37	3	19.85	17.05
27	38	40	3	20.25	20.05
28	41	43	3	20.62	20.05
29	44	47	4	21.01	23.30
30	48	51	4	21.43	23.30
31	52	55	4	21.81	23.30
32	56	59	4	22.15	28.30
33	60	64	5	22.51	29.27
34	65	69	5	22.87	29.27
35	70	75	6	23.23	40.06
36	76	81	6	23.59	40.06
37	82	88	7	23.93	40.73
38	89	96	8	24.00	51.31
39	97	105	9	24.00	51.82
40	106	115	10	24.00	52.28
41	116	127	12	24.00	53.07

表 B2.1.9.a　48 kHz 长 FFT 的心理声学参数

索引	w_low	w_high	width	bval	qsthr
0	0	1	2	0.24	40.29
1	2	3	2	0.71	40.29
2	4	5	2	1.18	35.29
3	6	7	2	1.65	35.29
4	8	9	2	2.12	32.29
5	10	11	2	2.58	32.29
6	12	13	2	3.03	27.29
7	14	15	2	3.48	27.29
8	16	17	2	3.92	27.29
9	18	19	2	4.35	25.29
10	20	21	2	4.77	25.29
11	22	23	2	5.19	25.29
12	24	25	2	5.59	25.29
13	26	27	2	5.99	25.29
14	28	29	2	6.37	25.29

表 B2.1.9.a(续)

索引	w_low	w_high	width	bval	qsthr
15	30	31	2	6.74	25.29
16	32	33	2	7.10	25.29
17	34	35	2	7.45	25.29
18	36	37	2	7.80	25.29
19	38	40	3	8.20	27.05
20	41	43	3	8.68	27.05
21	44	46	3	9.13	27.05
22	47	49	3	9.55	27.05
23	50	52	3	9.96	27.05
24	53	55	3	10.35	27.05
25	56	58	3	10.71	27.05
26	59	61	3	11.06	27.05
27	62	65	4	11.45	28.30
28	66	69	4	11.86	28.30
29	70	73	4	12.25	28.30
30	74	77	4	12.62	28.30
31	78	81	4	12.96	28.30
32	82	86	5	13.32	29.27
33	87	91	5	13.70	29.27
34	92	96	5	14.05	29.27
35	97	102	6	14.41	30.06
36	103	108	6	14.77	30.06
37	109	115	7	15.13	30.73
38	116	122	7	15.49	30.73
39	123	130	8	15.85	31.31
40	131	138	8	16.20	31.31
41	139	147	9	16.55	31.82
42	148	157	10	16.91	32.28
43	158	167	10	17.25	32.28
44	168	178	11	17.59	32.69
45	179	190	12	17.93	33.07
46	191	203	13	18.28	33.42
47	204	217	14	18.62	33.74
48	218	232	15	18.96	34.04
49	233	248	16	19.30	34.32

表 B2.1.9.a(完)

索引	w _ low	w _ high	width	bval	qsthr
50	249	265	17	19.64	34.58
51	266	283	18	19.97	34.83
52	284	303	20	20.31	38.29
53	304	324	21	20.65	38.50
54	325	347	23	20.99	38.89
55	348	371	24	21.33	41.08
56	372	397	26	21.66	41.43
57	398	425	28	21.99	41.75
58	426	456	31	22.32	47.19
59	457	490	34	22.66	47.59
60	491	527	37	23.00	47.96
61	528	567	40	23.33	58.30
62	568	612	45	23.67	58.81
63	613	662	50	24.00	69.27
64	663	718	56	24.00	69.76
65	719	781	63	24.00	70.27
66	782	853	72	24.00	70.85
67	854	937	84	24.00	71.52
68	938	1023	86	24.00	70.20

表 B2.1.9.b　48 kHz 短 FFT 的心理声学参数

索引	w _ low	w _ high	width	bval	qsthr
0	0	0	1	0.00	27.28
1	1	1	1	1.88	22.28
2	2	2	1	3.70	14.28
3	3	3	1	5.39	12.28
4	4	4	1	6.93	12.28
5	5	5	1	8.29	12.28
6	6	6	1	9.49	12.28
7	7	7	1	10.53	12.28
8	8	8	1	11.45	12.28
9	9	9	1	12.26	12.28
10	10	10	1	12.96	12.28
11	11	11	1	13.59	12.28
12	12	12	1	14.15	12.28

表 B2.1.9.b(完)

索引	w _ low	w _ high	width	bval	qsthr
13	13	13	1	14.65	12.28
14	14	14	1	15.11	12.28
15	15	15	1	15.52	12.28
16	16	16	1	15.90	12.28
17	17	18	2	16.56	15.29
18	19	20	2	17.15	15.29
19	21	22	2	17.66	15.29
20	23	24	2	18.13	15.29
21	25	26	2	18.54	15.29
22	27	28	2	18.93	15.29
23	29	30	2	19.28	15.29
24	31	33	3	19.69	17.05
25	34	36	3	20.14	20.05
26	37	39	3	20.54	20.05
27	40	42	3	20.92	20.05
28	43	45	3	21.27	22.05
29	46	49	4	21.64	23.30
30	50	53	4	22.03	28.30
31	54	57	4	22.39	28.30
32	58	62	5	22.76	29.27
33	63	67	5	23.13	39.27
34	68	73	6	23.49	40.06
35	74	79	6	23.85	40.06
36	80	86	7	24.00	50.73
37	87	94	8	24.00	51.31
38	95	103	9	24.00	51.82
39	104	113	10	24.00	52.28
40	114	125	12	24.00	53.07
41	126	127	1	24.00	53.07

表 B2.1.10.a　64 kHz 长 FFT 的心理声学参数

索引	w _ low	w _ high	width	bval	qsthr
0	0	1	2	0.32	40.29
1	2	3	2	0.95	40.29
2	4	5	2	1.57	35.29

表 B2.1.10.a(续)

索引	w_low	w_high	width	bval	qsthr
3	6	7	2	2.19	32.29
4	8	9	2	2.80	32.29
5	10	11	2	3.40	27.29
6	12	13	2	3.99	27.29
7	14	15	2	4.56	25.29
8	16	17	2	5.12	25.29
9	18	19	2	5.66	25.29
10	20	21	2	6.18	25.29
11	22	23	2	6.68	25.29
12	24	25	2	7.16	25.29
13	26	27	2	7.63	25.29
14	28	29	2	8.07	25.29
15	30	31	2	8.50	25.29
16	32	33	2	8.90	25.29
17	34	35	2	9.29	25.29
18	36	37	2	9.67	25.29
19	38	39	2	10.03	25.29
20	40	41	2	10.37	25.29
21	42	44	3	10.77	27.05
22	45	47	3	11.23	27.05
23	48	50	3	11.66	27.05
24	51	53	3	12.06	27.05
25	54	56	3	12.44	27.05
26	57	59	3	12.79	27.05
27	60	63	4	13.18	28.30
28	64	67	4	13.59	28.30
29	68	71	4	13.97	28.30
30	72	75	4	14.32	28.30
31	76	80	5	14.69	29.27
32	81	85	5	15.07	29.27
33	86	90	5	15.42	29.27
34	91	96	6	15.77	30.06
35	97	102	6	16.13	30.06
36	103	109	7	16.49	30.73
37	110	116	7	16.85	30.73

表 B2.1.10.a(完)

索引	w _ low	w _ high	width	bval	qsthr
38	117	124	8	17.20	31.31
39	125	132	8	17.54	31.31
40	133	141	9	17.88	31.82
41	142	151	10	18.23	32.28
42	152	161	10	18.58	32.28
43	162	172	11	18.91	32.69
44	173	184	12	19.25	33.07
45	185	197	13	19.60	33.42
46	198	211	14	19.94	33.74
47	212	226	15	20.29	37.04
48	227	242	16	20.63	37.32
49	243	259	17	20.97	37.58
50	260	277	18	21.31	39.83
51	278	297	20	21.64	40.29
52	298	318	21	21.98	40.50
53	319	341	23	22.31	45.89
54	342	366	25	22.65	46.26
55	367	394	28	22.98	46.75
56	395	424	30	23.32	57.05
57	425	458	34	23.66	57.59
58	459	495	37	23.99	57.96
59	496	537	42	24.00	68.51
60	538	584	47	24.00	69.00
61	585	638	54	24.00	69.60
62	639	701	63	24.00	70.27
63	702	774	73	24.00	70.91
64	775	861	87	24.00	71.67
65	862	966	105	24.00	72.49
66	967	1023	57	24.00	69.83

表 B2.1.10.b　64 kHz 短 FFT 的心理声学参数

索引	w _ low	w _ high	width	bval	qsthr
0	0	0	1	0.00	27.28
1	1	1	1	2.50	19.28
2	2	2	1	4.85	12.28

表 B2.1.10.b(完)

索引	w_low	w_high	width	bval	qsthr
3	3	3	1	6.93	12.28
4	4	4	1	8.70	12.28
5	5	5	1	10.20	12.28
6	6	6	1	11.45	12.28
7	7	7	1	12.50	12.28
8	8	8	1	13.39	12.28
9	9	9	1	14.15	12.28
10	10	10	1	14.81	12.28
11	11	11	1	15.39	12.28
12	12	12	1	15.90	12.28
13	13	13	1	16.36	12.28
14	14	14	1	16.78	12.28
15	15	15	1	17.16	12.28
16	16	17	2	17.82	15.29
17	18	19	2	18.40	15.29
18	20	21	2	18.92	15.29
19	22	23	2	19.39	15.29
20	24	25	2	19.82	15.29
21	26	27	2	20.21	18.29
22	28	29	2	20.57	18.29
23	30	32	3	20.98	20.05
24	33	35	3	21.43	22.05
25	36	38	3	21.84	22.05
26	39	41	3	22.22	27.05
27	42	45	4	22.61	28.30
28	46	49	4	23.02	38.30
29	50	53	4	23.39	38.30
30	54	58	5	23.75	39.27
31	59	63	5	24.00	49.27
32	64	69	6	24.00	50.06
33	70	76	7	24.00	50.73
34	77	84	8	24.00	51.31
35	85	93	9	24.00	51.82
36	94	104	11	24.00	52.69
37	105	117	13	24.00	53.42
38	118	127	10	24.00	52.28

表 B2.1.11.a　88.2 kHz 长 FFT 的心理声学参数

索引	w _low	w _high	width	bval	qsthr
0	0	0	1	0.00	37.28
1	1	1	1	0.44	37.28
2	2	2	1	0.87	37.28
3	3	3	1	1.30	32.28
4	4	4	1	1.73	32.28
5	5	5	1	2.16	29.28
6	6	6	1	2.58	29.28
7	7	7	1	3.00	24.28
8	8	8	1	3.41	24.28
9	9	9	1	3.82	24.28
10	10	10	1	4.22	22.28
11	11	11	1	4.61	22.28
12	12	12	1	4.99	22.28
13	13	13	1	5.37	22.28
14	14	14	1	5.74	22.28
15	15	15	1	6.10	22.28
16	16	16	1	6.45	22.28
17	17	17	1	6.79	22.28
18	18	19	2	7.44	25.29
19	20	21	2	8.05	25.29
20	22	23	2	8.64	25.29
21	24	25	2	9.19	25.29
22	26	27	2	9.70	25.29
23	28	29	2	10.19	25.29
24	30	31	2	10.65	25.29
25	32	33	2	11.08	25.29
26	34	35	2	11.48	25.29
27	36	37	2	11.86	25.29
28	38	39	2	12.22	25.29
29	40	42	3	12.64	27.05
30	43	45	3	13.10	27.05

表 B2.1.11.a(续)

索引	w _ low	w _ high	width	bval	qsthr
31	46	48	3	13.53	27.05
32	49	51	3	13.93	27.05
33	52	54	3	14.30	27.05
34	55	58	4	14.69	28.30
35	59	62	4	15.11	28.30
36	63	66	4	15.49	28.30
37	67	70	4	15.84	28.30
38	71	75	5	16.21	29.27
39	76	80	5	16.58	29.27
40	81	85	5	16.92	29.27
41	86	91	6	17.27	30.06
42	92	97	6	17.62	30.06
43	98	104	7	17.97	30.73
44	105	111	7	18.32	30.73
45	112	119	8	18.67	31.31
46	120	127	8	19.02	31.31
47	128	136	9	19.35	31.82
48	137	146	10	19.71	32.28
49	147	156	10	20.05	35.28
50	157	167	11	20.39	35.69
51	168	179	12	20.73	36.07
52	180	192	13	21.08	38.42
53	193	206	14	21.43	38.74
54	207	221	15	21.77	39.04
55	222	237	16	22.11	44.32
56	238	255	18	22.45	44.83
57	256	274	19	22.80	45.06
58	275	295	21	23.13	55.50
59	296	318	23	23.47	55.89
60	319	344	26	23.81	56.43
61	345	373	29	24.00	66.90
62	374	405	32	24.00	67.33
63	406	442	37	24.00	67.96
64	443	484	42	24.00	68.51
65	485	533	49	24.00	69.18

表 B2.1.11.a(完)

索引	w _ low	w _ high	width	bval	qsthr
66	534	591	58	24.00	69.91
67	592	660	69	24.00	70.66
68	661	745	85	24.00	71.57
69	746	851	106	24.00	72.53
70	852	988	137	24.00	73.64
71	989	1023	35	24.00	67.72

表 B2.1.11.b　88.2 kHz 短 FFT 的心理声学参数

索引	w _ low	w _ high	width	bval	qsthr
0	0	0	1	0.00	27.28
1	1	1	1	3.41	14.28
2	2	2	1	6.45	12.28
3	3	3	1	8.92	12.28
4	4	4	1	10.87	12.28
5	5	5	1	12.39	12.28
6	6	6	1	13.61	12.28
7	7	7	1	14.59	12.28
8	8	8	1	15.40	12.28
9	9	9	1	16.09	12.28
10	10	10	1	16.69	12.28
11	11	11	1	17.21	12.28
12	12	12	1	17.68	12.28
13	13	13	1	18.11	12.28
14	14	14	1	18.49	12.28
15	15	15	1	18.85	12.28
16	16	17	2	19.48	15.29
17	18	19	2	20.05	18.29
18	20	21	2	20.55	18.29
19	22	23	2	21.01	20.29
20	24	25	2	21.43	20.29
21	26	27	2	21.81	20.29
22	28	29	2	22.15	25.29
23	30	32	3	22.55	27.05
24	33	35	3	22.98	27.05
25	36	38	3	23.36	37.05

表 B2.1.11.b(完)

索引	w_low	w_high	width	bval	qsthr
26	39	42	4	23.75	38.30
27	43	46	4	24.00	48.30
28	47	51	5	24.00	49.27
29	52	56	5	24.00	49.27
30	57	62	6	24.00	50.06
31	63	69	7	24.00	50.73
32	70	77	8	24.00	51.31
33	78	87	10	24.00	52.28
34	88	99	12	24.00	53.07
35	100	115	16	24.00	54.32
36	116	127	12	24.00	53.07

表 B2.1.12.a 96 kHz 长 FFT 的心理声学参数

索引	w_low	w_high	width	bval	qsthr
0	0	0	1	0.00	37.28
1	1	1	1	0.47	37.28
2	2	2	1	0.95	37.28
3	3	3	1	1.42	32.28
4	4	4	1	1.88	32.28
5	5	5	1	2.35	29.28
6	6	6	1	2.81	29.28
7	7	7	1	3.26	24.28
8	8	8	1	3.70	24.28
9	9	9	1	4.14	22.28
10	10	10	1	4.57	22.28
11	11	11	1	4.98	22.28
12	12	12	1	5.39	22.28
13	13	13	1	5.79	22.28
14	14	14	1	6.18	22.28
15	15	15	1	6.56	22.28
16	16	16	1	6.93	22.28
17	17	17	1	7.28	22.28
18	18	18	1	7.63	22.28
19	19	20	2	8.28	25.29
20	21	22	2	8.90	25.29

表 B2.1.12.a(续)

索引	w _ low	w _ high	width	bval	qsthr
21	23	24	2	9.48	25.29
22	25	26	2	10.02	25.29
23	27	28	2	10.53	25.29
24	29	30	2	11.00	25.29
25	31	32	2	11.45	25.29
26	33	34	2	11.86	25.29
27	35	36	2	12.25	25.29
28	37	38	2	12.62	25.29
29	39	40	2	12.96	25.29
30	41	43	3	13.36	27.05
31	44	46	3	13.80	27.05
32	47	49	3	14.21	27.05
33	50	52	3	14.59	27.05
34	53	55	3	14.94	27.05
35	56	59	4	15.32	28.30
36	60	63	4	15.71	28.30
37	64	67	4	16.08	28.30
38	68	72	5	16.45	29.27
39	73	77	5	16.83	29.27
40	78	82	5	17.19	29.27
41	83	88	6	17.54	30.06
42	89	94	6	17.90	30.06
43	95	101	7	18.26	30.73
44	102	108	7	18.62	30.73
45	109	116	8	18.97	31.31
46	117	124	8	19.32	31.31
47	125	133	9	19.67	31.82
48	134	143	10	20.03	35.28
49	144	153	10	20.38	35.28
50	154	164	11	20.72	35.69
51	165	176	12	21.07	38.07
52	177	189	13	21.42	38.42
53	190	203	14	21.77	38.74
54	204	218	15	22.12	44.04
55	219	234	16	22.46	44.32

表 B2.1.12.a(完)

索引	w _ low	w _ high	width	bval	qsthr
56	235	252	18	22.80	44.83
57	253	271	19	23.14	55.06
58	272	292	21	23.47	55.50
59	293	316	24	23.81	56.08
60	317	342	26	24.00	66.43
61	343	372	30	24.00	67.05
62	373	406	34	24.00	67.59
63	407	445	39	24.00	68.19
64	446	490	45	24.00	68.81
65	491	543	53	24.00	69.52
66	544	607	64	24.00	70.34
67	608	685	78	24.00	71.20
68	686	783	98	24.00	72.19
69	784	910	127	24.00	73.31
70	911	1023	113	24.00	72.81

表 B2.1.12.b　96 kHz 短 FFT 的心理声学参数

索引	w _ low	w _ high	width	bval	qsthr
0	0	0	1	0.00	27.28
1	1	1	1	3.70	14.28
2	2	2	1	6.93	12.28
3	3	3	1	9.49	12.28
4	4	4	1	11.45	12.28
5	5	5	1	12.96	12.28
6	6	6	1	14.15	12.28
7	7	7	1	15.11	12.28
8	8	8	1	15.90	12.28
9	9	9	1	16.57	12.28
10	10	10	1	17.16	12.28
11	11	11	1	17.67	12.28
12	12	12	1	18.13	12.28
13	13	13	1	18.55	12.28
14	14	14	1	18.93	12.28
15	15	16	2	19.60	15.29
16	17	18	2	20.20	18.29

表 B2.1.12.b(完)

索引	w _ low	w _ high	width	bval	qsthr
17	19	20	2	20.73	18.29
18	21	22	2	21.21	20.29
19	23	24	2	21.64	20.29
20	25	26	2	22.03	25.29
21	27	28	2	22.39	25.29
22	29	31	3	22.79	27.05
23	32	34	3	23.23	37.05
24	35	37	3	23.62	37.05
25	38	41	4	24.00	48.30
26	42	45	4	24.00	48.30
27	46	50	5	24.00	49.27
28	51	55	5	24.00	49.27
29	56	61	6	24.00	50.06
30	62	68	7	24.00	50.73
31	69	77	9	24.00	51.82
32	78	88	11	24.00	52.69
33	89	102	14	24.00	53.74
34	103	120	18	24.00	54.83
35	121	127	7	24.00	50.73

B2.2 增益控制

B2.2.1 编码处理

增益控制模块由 PQF(多相正交滤波器组)、增益检测器和增益调节器组成。这一模块的输入是时域信号和窗序列(**window _ sequence**),输出是增益控制数据 gain _ control _ data 和增益受控信号,增益受控信号的长度和 MDCT 的窗口长度相等。框图如图 B.2.2.1 所示。

由于 PQF 的特殊性质,每一偶序数的 PQF 子带的 MDCT 输出系数必须做反转处理。反转处理就是反转 MDCT 系数的频谱顺序,即交换高频段的 MDCT 系数和低频段的 MDCT 系数。

如果使用了增益控制模块,那么滤波器组模块的结构要做如下的改变:当 window _ sequence 值为短窗(EIGHT _ SHORT _ SEQUENCE)时,MDCT 的输出系数的个数为 32,而不是 128,而且要同时做 8 个 MDCT。若是其他窗口序列 window _ sequence 值,MDCT 的系数个数为 256,而不是 1024,并只需做一个 MDCT。对所有的窗口类型,在所有情形下,输入滤波器组模块的每一帧都是 2048 个增益受控信号值,因为输入样点已经做了混叠相加处理。

B2.2.1.1 PQF

PQF 把输入信号分成 4 个等宽频带,每个频带的 PQF 系数为

$$h_i(n) = \frac{1}{4}\cos\left[\frac{(2i+1)(2n+5)\pi}{16}\right]Q(n), 0 \leqslant n \leqslant 95, 0 \leqslant i \leqslant 3$$

其中

$$Q(n)=Q(95-n),48\leqslant n\leqslant 95$$

$Q(n)$系数和解码器的是一样的。

B2.2.1.2 增益检测器

增益检测器产生符合比特流语法的增益控制数据。这些数据包含了这样的信息:增益调节的数目,增益调节位置索引和增益调节电平索引。值得注意的是,输出增益控制数据作用于前一帧的输入时间信号,因此增益检测器有一帧的延迟。

增益调节位置的检测处于MDCT窗数据的第二部分和窗口类型为LONG _ START _ SEQENCE和LONG _ STOP _ SEQUENCE的窗数据的非混叠部分。所以这些区域的数目,对ONLY _ LONG _ SEQUENCE,为1;对LONG _ START _ SEQUENCE和LONG _ STOP _ SEQUENCE,为2;而对EIGHT _ SHORT _ SEQUENCE,为8。

每个区域的样本点又被分成多个子区,每个子区有8个样本点。选择子区中的某个数值(如峰值),计算每个子区和最后一个子区的数值的比值。若计算出来的比值大于或小于2^n,其中n为介于-4和11之间的整数,则这个子区的位置就被检测为信号增益改变的位置。检测出的增益改变点的数目是一个正数。而e^r(r为比值)就是增益数据。当采样率为48 kHz时,增益控制的时间分辨率约为0.7 ms。

B2.2.1.3 增益调节器

每个PQF频带各有一个增益调节器,分别对相应的子带信号做增益控制。解码器中的互补的增益控制可以减少预回声的影响并且重建原始信号。从增益和增益调节位置可以计算出增益控制的窗口函数,这个函数在解码过程中定义为增益调节函数(GMF)。对信号应用增益调节函数,就可以得到增益受控信号。

B2.2.2 框图

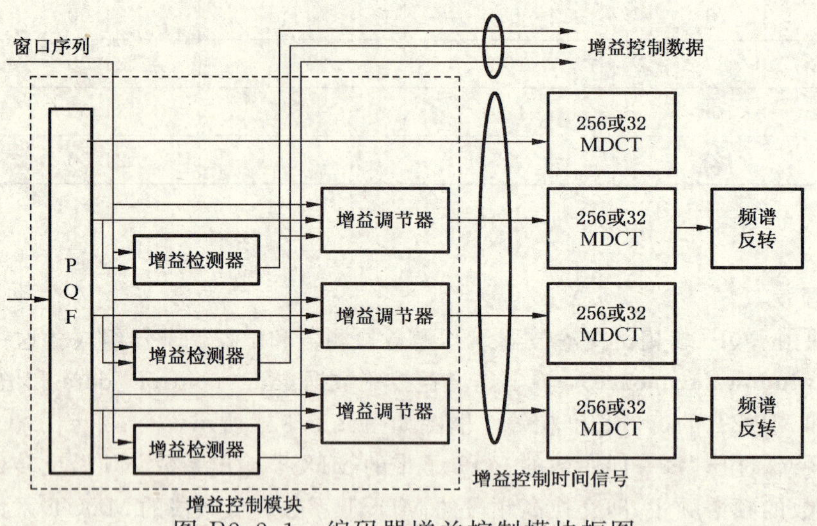

图 B2.2.1 编码器增益控制模块框图

B2.3 滤波器组和块切换

音频编码中的一个基本组成部分是把时域信号转换成时频域表示。这个转换是由改进余弦正变换(MDCT)来完成的。

B2.3.1 编码处理

编码器中滤波器组取出合适的时间样点块,乘以合适的窗函数,然后做MDCT。每一块输入样点分别和前一块和后一块的样点有50%的混叠。变换输入的块长度为2048或256。由于窗函数对滤波器组的频率响应有重要的影响,所以设计窗函数的形状可选择,以最佳地适应输入信号的性质。编码器和解码器中的窗口形状同时变化,使得对各种不同性质的输入信号,滤波器组能够有效地分离出频谱分量。

B2.3.1.1 加窗和块切换

滤波器组的时频分辨率自适应于输入信号的特性,它体现在MDCT变换的长度的自适应调整,即

做 2048 点或 256 点 MDCT。如果启用了块切换模块，就产生了如下的窗形状切换，

$$\text{从 } ONLY\_LONG\_SEQUENCE \text{ 到}\begin{cases} ONLY\_LONG\_SEQUENCE \\ LONG\_START\_SEQUENCE \end{cases}$$

$$\text{从 } LONG\_START\_SEQUENCE \text{ 到}\begin{cases} EIGHT\_SHORT\_SEQUENCE \\ LONG\_STOP\_SEQUENCE \end{cases}$$

$$\text{从 } LONG\_STOP\_SEQUENCE \text{ 到}\begin{cases} ONLY\_LONG\_SEQUENCE \\ LONG\_START\_SEQUENCE \end{cases}$$

$$\text{从 } EIGHT\_SHORT\_SEQUENCE \text{ 到}\begin{cases} EIGHT\_SHORT\_SEQUENCE \\ LONG\_STOP\_SEQUENCE \end{cases}$$

编码器一帧一帧地确定窗口形状。由于窗函数的前一半被强制地采用由前一帧决定的窗口形状，由当前帧决定的窗口形状只适用于窗函数的后一半。图 B2.3.1 说明了从 KBD 窗到正弦窗以及从正弦窗到 KBD 窗的过渡过程(D-E-F)。窗形状选择器生成的窗形状的游程通常比图中所示的要长。

要进行加窗的 2048 点时域信号值 $x'_{i,n}$ 的前 1024 点是前一个窗序列的值，而后 1024 点是当前块的。下面的公式表示这一组合机制：

$$x'_{i,n} = \begin{cases} x_{(i-1),(n+1024)}, & 0 \leqslant n < 1024 \\ x_{i,n}, & 1024 \leqslant n < 2048 \end{cases}$$

其中 i 是块索引，n 是块中的样本索引。当窗口形状已经确定，**window _ shap** 语法单元就被初始化。和已经确定的窗序列 **window _ sequence** 一起，就得到了全部的加窗信息。

所有的窗序列 **window _ sequences** 都可以利用以下窗函数的半个部分组合起来。

若 **window _ shap** ＝ ＝1，Keiser-Bessel 生成窗的系数定义如下：

$$W_{KBD\_LEFT,N}(n) = \sqrt{\frac{\sum_{p=0}^{n}[W'(n,\alpha)]}{\sum_{p=0}^{N/2}[W'(p,\alpha)]}} \qquad 0 \leqslant n < \frac{N}{2}$$

$$W_{KBD\_PIGHT,N}(n) = \sqrt{\frac{\sum_{p=0}^{N-n}[W'(n,\alpha)]}{\sum_{p=0}^{N/2}[W'(p,\alpha)]}} \qquad \frac{N}{2} \leqslant n < N$$

其中 W' 是 Kaiser _ bessel 核窗函数，见参考文献[3]，定义为：

$$W'(n) = \frac{I_0\left[\pi\alpha\sqrt{1.0 - \left(\frac{n - N/4}{N/4}\right)^2}\right]}{I_0[\pi\alpha]} \qquad 0 \leqslant n \leqslant \frac{N}{2}$$

$$I_0[x] = \sum_{k=0}^{\infty}\left[\frac{\left(\frac{x}{2}\right)^k}{k!}\right]^2$$

α＝核窗因子，$\alpha = \begin{cases} 4 & N = 2048 \\ 6 & N = 256 \end{cases}$

若 **window _ shap** ＝ ＝0，则采用正弦窗，定义如下：

$$W_{SIN\_LEFT,N}(n) = \sin\left(\frac{\pi}{N}\left(n + \frac{1}{2}\right)\right) \qquad 0 \leqslant n < \frac{N}{2}$$

$$W_{SIN\_RIGHT,N}(n)=\sin\left(\frac{\pi}{N}\left(n+\frac{1}{2}\right)\right)\qquad \frac{N}{2}\leqslant n<N$$

对 KBD 窗和正弦窗，窗长度可以是 2048 或 256，这一节的 a)～d)说明了如何获得 4 种可能的窗序列，下面的 4 种窗序列的总长度都是 2048。

对所有的窗序列 **window _ sequence**，第一个窗的左半部分的窗形状是由前一块的窗形状 **window _ shape** 决定的，这可以由下面的公式说明：

$$W_{LEFT,N}(n)=\begin{cases}W_{KBD\_LEFT,N}(n), & window\_shape\_previous\_block=1\\ W_{SIN\_LEFT,N}(n), & window\_shape\_previous\_block=0\end{cases}$$

其中 $window\_shape\_previous\_block$ 是第$(i-1)$块的窗形状 **window _ shape**。

对编码的第一块，左半部分和右半部分的窗形状 **window _ shape** 是相同的。

a) **ONLY _ LONG _ SEQUENCE**：

window _ sequence ＝＝ ONLY _ LONG _ SEQUENCE 表示一个长窗 LONG _ WINDOW(见表 8.3)，总的窗长为 2048。

对 **window _ shape** ＝＝1，ONLY _ LONG _ SEQUENCE 的窗为：

$$W(n)=\begin{cases}W_{LEFT,2048}(n), & 0\leqslant n<1024\\ W_{KBD\_RIGHT,2048}(n), & 1024\leqslant n<2048\end{cases}$$

若 **window _ shape** ＝＝0，则 ONLY _ LONG _ SEQUENCE 的窗为：

$$W(n)=\begin{cases}W_{LEFT,2048}(n), & 0\leqslant n<1024\\ W_{SIN\_RIGHT,2048}(n), & 1024\leqslant n<2048\end{cases}$$

加窗后的时域样点值为

$$z_{i,n}=w(n)\cdot x'_{i,n}$$

b) **LONG _ START _ SEQUENCE**：

LONG _ START _ SEQUENCE 是从长序列 ONLY _ LONG _ SEQUENCE 到八短序列 EIGHT _ SHORT _ SEQUENCE 之间的块变换中，为了得到准确的混叠相加所必须具有的。

如果 **window _ shape** ＝＝1，则 LONG _ START _ SEQUENCE 为：

$$W(n)=\begin{cases}W_{LEFT,2048}(n), & 0\leqslant n<1024\\ 1.0, & 1024\leqslant n<1472\\ W_{KBD\_RIGHT,256}(n+128-1472) & 1472\leqslant n<1600\\ 0.0, & 1600\leqslant n<2048\end{cases}$$

如果 **window _ shape** ＝＝0，则 LONG _ START _ SEQUENCE 为：

$$W(n)=\begin{cases}W_{LEFT,2048}(n), & 0\leqslant n<1024\\ 1.0, & 1024\leqslant n<1472\\ W_{SIN\_RIGHT,256}(n+128-1472) & 1472\leqslant n<1600\\ 0.0, & 1600\leqslant n<2048\end{cases}$$

加窗后的时域样点值可以用 a)中的公式计算。

c) **EIGHT _ SHORT**

window _ sequence ＝＝ EIGHT _ SHORT 时，窗序列是由 8 个互相混叠的短窗 SHORT _ WINDOW 组成(见表 8.3)，每个短窗的长度为 256(总长为 2048)。8 个短块的样点值先分别进行加窗。短块的索引为 $j=0,\cdots\cdots,7$。

前一块的窗形状 **window _ shape** 只对八个短块中的第一个$(W_0(n))$产生影响。

如果 **window _ shape** ＝＝1，则窗函数为：

$$W_0(n)=\begin{cases}W_{LEFT,256}(n), & 0\leqslant n<128\\ W_{KBD\_RIGHT,256}(n), & 128\leqslant n<256\end{cases}$$

$$W_{1-7}(n)=\begin{cases}W_{KBD\_LEFT,256}(n), & 0\leqslant n<128\\ W_{KBD\_RIGHT,256}(n), & 128\leqslant n<256\end{cases}$$

否则，若 **window _ shape = =0**，窗函数为：

$$W_0(n)=\begin{cases}W_{LEFT,256}(n), & 0\leqslant n<128\\ W_{SIN\_RIGHT,256}(n), & 128\leqslant n<256\end{cases}$$

$$W_{1-7}(n)=\begin{cases}W_{SIN\_LEFT,256}(n), & 0\leqslant n<128\\ W_{SIN\_RIGHT,256}(n), & 128\leqslant n<256\end{cases}$$

一个 EIGHT _ SHORT 序列 $x'_{i,n}$先被分成 8 个互相混叠的区域，然后分别与相应的窗函数相乘。

$$z_{i,n}=\begin{cases}x'_{i,n+448}\cdot W_0(n), & 0\leqslant n<256\\ x'_{i,n+576}\cdot W_1(n-256), & 256\leqslant n<512\\ x'_{i,n+704}\cdot W_2(n-512), & 512\leqslant n<768\\ x'_{i,n+832}\cdot W_3(n-768), & 768\leqslant n<1024\\ x'_{i,n+960}\cdot W_4(n-1024), & 1024\leqslant n<1280\\ x'_{i,n+1088}\cdot W_5(n-1280), & 1280\leqslant n<1536\\ x'_{i,n+1216}\cdot W_6(n-1536), & 1536\leqslant n<1792\\ x'_{i,n+1344}\cdot W_7(n-1792), & 1792\leqslant n<2048\end{cases}$$

d) **LONG _ STOP _ SEQUENCE**

从 EIGHT _ SHORT _ SEQUENCE 转换到 ONLY _ LONG _ SEQUENCE 需要用到这一窗序列。

若 **window _ shape = =1**，那么 LONG _ STOP _ SEQUENCE 的公式如下：

$$W(n)=\begin{cases}0.0 & 0\leqslant n<448\\ W_{LEFT,256}(n-448), & 448\leqslant n<576\\ 1.0 & 576\leqslant n<1024\\ W_{KBD\_RIGHT,2048}(n), & 1024\leqslant n<2048\end{cases}$$

若 **window _ shape = =0**，则 LONG _ STOP _ SEQUENCE 为：

$$W(n)=\begin{cases}0.0 & 0\leqslant n<448\\ W_{LEFT,256}(n-448), & 448\leqslant n<576\\ 1.0 & 576\leqslant n<1024\\ W_{SIN\_RIGHT,2048}(n), & 1024\leqslant n<2048\end{cases}$$

加窗后的时域样点值可以用 a)中的公式计算。

B2.3.1.2 MDCT

频谱系数 $X_{i,k}$定义为

$$X_{i,k}=2\cdot\sum_{N=0}^{N-1}z_{i,n}\cos\left(\frac{2\pi}{N}(n+n_0)\left(k+\frac{1}{2}\right)\right)\qquad 0\leqslant k<N/2$$

式中：

$z_{i,n}$=加窗后的输入序列；

n= 样本索引；

k = 频谱系数索引；

i = 块索引；

N = 一个变换窗的长度，变换窗由窗序列 window _ sequence 决定；

$n_0=(N/2+1)/2$。

MDCT 的变换长度是语法单元窗序列 **window _ sequence** 的函数，定义为：

$$N=\begin{cases}2048, & ONLY\_LONG\_SEQUENCE(0\times 0)\\ 2048, & LONG\_START\_SEQUENCE(0\times 1)\\ 256, & EIGHT\_SHORT\_SEQUENCE(0\times 2)(8times)\\ 2048, & LONG\_STOP\_SEQUENCE(0\times 3)\end{cases}$$

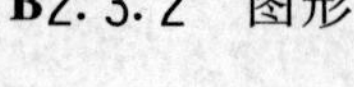

B2.3.2 图形

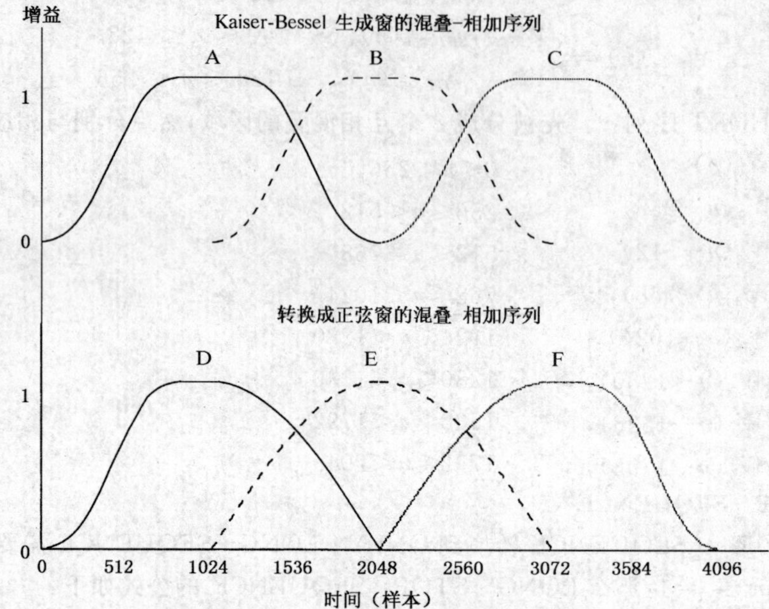

图 B2.3.1　窗口形状的自适应过程举例

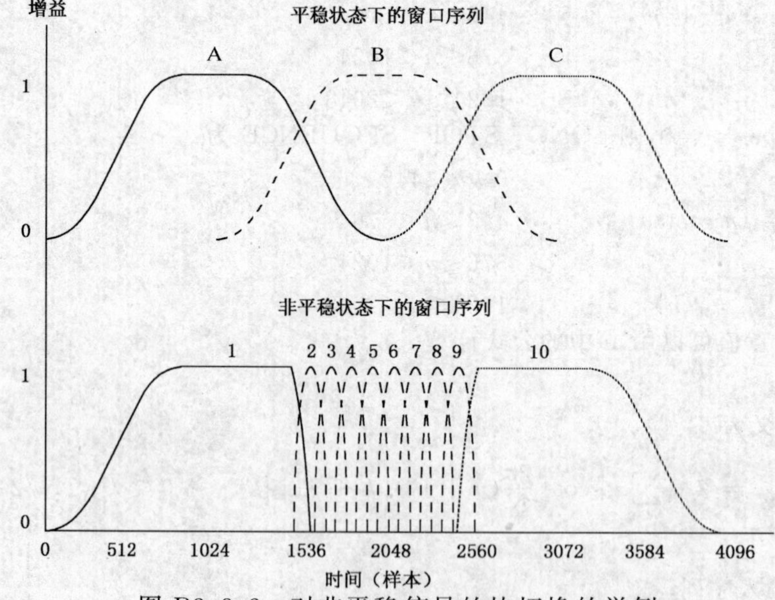

图 B2.3.2　对非平稳信号的块切换的举例

B2.4　预测

B2.4.1　样模块说明

由于在编码器和解码器中的预测器是相同的，因此在 13 章中对解码器中的预测器的说明和定义在这里同样有效。

使用预测可以进一步减少冗余，而且对那些或多或少具有平稳特性的信号（在规定比特率下这类信号占主导地位），预测特别有效。

每个声道利用一个声道内（或单声道）预测器实现预测，这些预测器利用相继各帧频谱分量之间的相关性减少冗余。由于 EIGHT _ SHORT _ SEQUENCE 的窗序列表示当前信号是剧烈变化的，即非平稳信号，所以预测仅对 ONLY _ LONG _ SEQUENCE，LONG _ START _ SEQUENCE 和 LONG _ STOP _ SEQUENCE 有效。

对每个声道而言，预测器用于滤波器组谱分解所产生的谱分量上。对每一个 PRED _ SFB _ MAX 指定了上限的频谱分量都存在一个相应的预测器，这些预测器形成了一个预测器组。每个预测器充分利用了相继各帧的频谱分量之间的自相关。

由于整个编码系统使用了分辨率高的滤波器组，所以采用后向自适应预测，以获得高的编码效率。在编码器和解码器中，预测器系数由前几帧的量化的频谱分量计算得到。在这种情况下，预测器系数的传输不需要额外的辅助信息，而在前向自适应预测中，这些信息是必不可少的。每个频谱分量使用一个二阶后向自适应格型预测器，因此每个预测器工作时需要前两帧的频谱分量值。利用一种基于 LMS 的自适应算法，预测器的参数逐帧地自适应于当前信号的统计特性。如果预测功能被激活，则量化器输入的是预测误差，而不是原始的频谱分量，进而得到更高的编码效率。

B2.4.2 编码器处理

只要是低于由 PRED _ SFB _ MAX 规定的上限，每个声道的每个频谱分量就对应有一个预测器。下面的说明对一个单独的预测器有效，而且也适用于预测器组中的每一个预测器。如上所述，编码器和解码器中的预测器是相同的。因此编码器中的预测器结构亦如图 13.1 所示。当前频谱分量 $x(n)$ 的估计值 $x_{est}(n)$、预测器系数的计算和自适应过程和 8.3.2 中对解码器中的预测器的描述是基本一样的。

和解码器中预测器比较，编码中的唯一不同之处是对误差的计算，输入量化器的是

$$e(n) = x(n) - x_{est}(n)$$

在这种情况下，被传送的是量化的预测误差，而不是频谱分量的量化值。

B2.4.2.1 预测器控制

为了保证预测能够产生编码增益，有必要采用一个恰当的预测器控制，而且需要传送少量的预测器控制信息给解码器。为了进行预测器控制，预测器按比例因子频带分组。

下面说明的预测对一个单声道单元 single _ channel _ element 或一个声道对单元 channel _ pair _ element 有效，并且对 每一个这样的单元都要做预测处理。对 single _ channel _ element 中的一个声道，或 channel _ pair _ element 中的两个声道，预测器只对 ONLY _ LONG _ SEQUENCE，LONG _ START _ SEQUENCE 和 LONG _ STOP _ SEQUENCE 有效，因此如下的处理也只对这些窗序列有效。

每一帧的预测器控制信息都将作为辅助信息传送。通过两个步骤决定每帧的预测器控制信息。首先，检测每个比例因子频带的预测是否产生编码增益，如果产生了，那么这一比例因子频带预测使用 **prediction _ used** 位置 1。当所有的不高于 PRED _ SGB _ MAX 的比例因子频带都检测过了，则可以决定当前帧的预测所产生的增益是否至少可以补偿预测器辅助信息所需要的附加位。如果可以补偿，则预测器数据存在 **predictor _ data _ present** 位置 1，全部的辅助信息(包括预测器复位信息，见下面说明)被传送，预测误差值输入量化器。否则 **predictor _ data _ present** 位被置为 0，**prediction _ used** 位也置 0 而且不传送。在这种情况下，输入量化器的是频谱分量值。图 B2.4.1 表示了一个比例因子频带的预测单元的框图。如上所述的，首先对一个比例因子频带内的所有预测器做预测控制，然后再对全部的比例因子频带做预测控制。

对 single _ channel _ element 或 **common _ window** =0 的 channel _ pair _ element，预测控制信息被计算，而且对相关声道的预测器组有效。对 channel _ pair _ element，若 **common _ window** =1，那么控制信息是就两个声道一起计算的。在这种情况下，控制信息对两个声道的预测器组都有效。

B2.4.2.2 预测器复位

在编码一开始，所有的预测器都被复位，即每个预测器的状态变量被置为：

$$r_0 = r_1 = 0, COR_1 = COR_2 = 0, VAR_1 = VAR_2 = 1$$

编码器采用了一种循环复位机制，即在交错编组的方式下，每隔一定时间所有的预测器都要进行复位。一方面通过编码器和解码器中的预测器同步复位而增加了稳定性，另一方面它还允许在比特流中定义了入口点。

全部的预测器被分成30组，称为复位组，如下表表示：

复位组序号	预测器复位组
1	$p_0, p_{30}, p_{60}, p_{90}, \cdots$
2	$p_1, p_{31}, p_{61}, p_{91}, \cdots$
3	$p_2, p_{32}, p_{62}, p_{92}, \cdots$
…	
30	$p_{29}, p_{59}, p_{89}, p_{119}, \cdots$

p_i 是对应于第 i 个频谱系数的预测器。

编码器要求每8帧要复位一组预测器，那么最少在8×30=240帧的时间间隔里全部的预测器都进行了复位。建议以升序对复位组进行复位，但并不强求规定。比特流语法支持更短的复位间隔，例如可以每4帧复位一组，全部的预测器就可以在4×30=120帧完成复位。

典型的复位周期从第1组开始，然后每次复位组号增1，直到30，然后再从第1组开始复位。但是总会出现复位组号不连续的情况，如比特流中进行节目切换时，或增加、减少方案时。在这种情况下，解码器的工作有3种可能性：

- 忽略不连续性，并且进行正常的处理过程。由于编码器和解码器的预测器之间的不匹配(漂移)，这可能会产生一个短暂的听觉失真。在一个完整的复位周期(复位组 n，$n-1$……30，1，2……，$n-1$)结束后，预测器将重新同步。由于衰减因子 a 和 b，还可能消除产生的失真。
- 检测不连续性，进行正常的处理过程，但输出端关闭，直到一个完整的复位周期结束，所有的预测器再重新同步。
- 复位全部预测器。

复位机制是由 **pred _ reset** 位控制的，一旦预测数据存在 **predictor _ data _ present** 位置为1，**pred _ reset** 位就被传送。**pred _ reset _ group _ number** 说明了哪一组要进行复位，若 **pred _ reset** =1，它也要被传送。如果当前帧中要复位一组预测器，那么 **pred _ reset** 位就被置为1，被复位的预测器组号编码成一个5位的二进制数并传送出去，该数存放于 **pred _ reset _ group _ number** 中。在量化值被重建后(见下面说明)，对如上所述的指定的复位组的全部预测器进行初始化复位。

如果当前帧没有一个组被复位，则 **pred _ reset** 位置为0。

对 single _ channel _ element 或 channel _ pair _ element，如果 **common _ window**=0，复位施加于相关声道的每个预测器组，而且控制信息分别说明每一个单独的声道。对 channel _ pair _ element，若 **common _ window** =1，复位施加于两个声道的两个预测器组，而且控制信息对两个声道同时进行说明。

就短块而言，即类型为 EIGHT _ SHORT _ SEQUENCE 的 window _ sequence，预测始终无效，也就是所有的比例因子频带的预测器同时复位，相当于重新做一次如上所述的初始化。

B2.4.2.3 重建量化的频谱分量

由于重建的量化频谱分量也作为输入信号输入到预测器，所以在编码器中也要对它进行计算。见标准中的图13.2和图B.2.4.1。**prediction _ used** 位决定要重建的是量化频谱分量还是量化预测误差。所以有必要做如下的两个步骤：

- 若 **prediction _ used** 位被置为1，那么从传送数据重建的量化值是预测误差，它将与预测器中的估计值相加，从而得到重建的量化频谱值。

$$x_{rec}(n) = x_{est}(n) + e_q(n)$$

- 若 **prediction _ used** 位被置为0，那么直接可以从传送数据得到重建的量化频谱值。

B2.4.3 框图

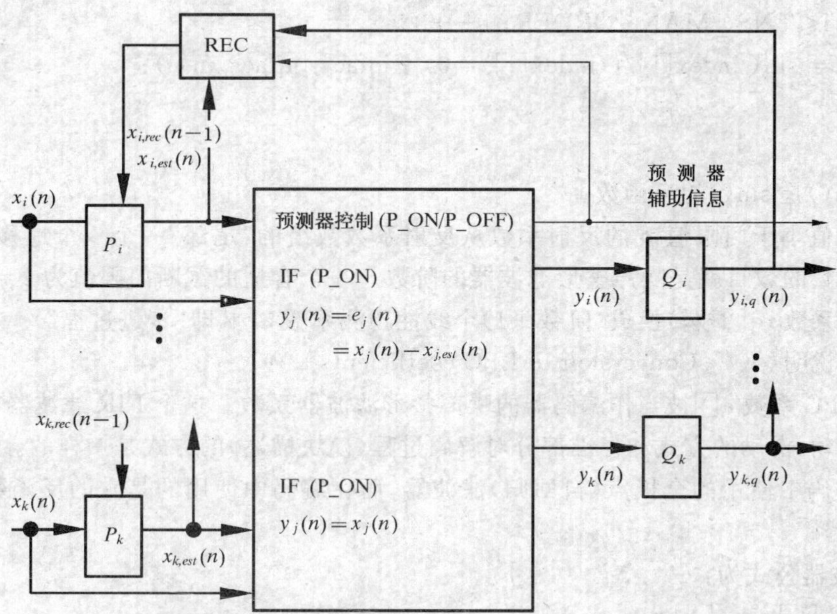

图 B2.4.1 一个比例系数频带的预测单元框图(所示仅为预测器 P_i 的完整处理过程

Q—量化器;REC—最后量化值的重建。(注意:预测器控制对一个比例系数频带所有的预测器 $P_i,\cdots,P_j,\cdots,P_k$ 都有效,并且在其之后对所有的比例系数频带有一个第二步控制)

B2.5 时域噪声整形(**TNS**)

时域噪声整形用于控制每个变换窗的量化噪声的时间形状。这是通过对每个声道的部分频谱数据进行滤波来实现的。

TNS 编码是建立在窗口基础上的,下面的步骤描述了编码器是如何对一个窗的频谱数据进行时域噪声整形的。

- 首先确定 TNS 模块的目标频率范围。一种合适的选择是从 1.5 kHz 到某一个上限频率对应的比例因子频带,在这个频率范围内采用一个滤波器。注意这一参量(TNS _ MAX _ BANDS)取决于所选用的框架和采样率(框架和采样率在标准部分有说明)。
- 然后,对选定的目标频率范围内的 MDCT 频谱系数进行线性预测编码(LPC)计算。为了得到更好的稳定性,这一处理过程可以排除低于 2.5 kHz 的频谱系数。LPC 可以使用语音处理中的标准算法,如著名的 Levison-Durbin 算法。做这个处理的目的是为了得到噪声整形滤波器的最大允许阶数(TNS _ MAX _ ORDER)。注意这个数值取决于所选用的框架,标准部分对框架有说明。
- LPC 计算的结果是得到了预测增益 g_p 和 TNS _ MAX _ ORDER 反射系数 r[](即所谓的 PARCOR 系数)。
- 如果预测增益不超过指定的门限值 t,那么不使用时域噪声整形。在这种情况下,tns _ data _ present 位被置为 0,而且结束 TNS 处理。一个合适的门限值为 $t=1.4$。
- 如果预测增益 g_p 超过了门限 t,则使用时域噪声整形。
- 下一步是利用 coef _ res 量化反射系数,coef _ res 的一种合适的选择是 4 位。下面的伪代码说明了怎样把反射系数 r[]先转换成索引值 index[],再从索引值转换成量化的反射系数 rq[]。

```
iqfac = ((1<<(coef_res-1))-0.5)/(π/2.0);
iqfac_m = ((1<<(coef_res-1))+0.5)/(π/2.0);
/* Reflection coefficient quantization */
for (i=0; i<TNS_MAX_ORDER; i++){
    index[i] = NINT(arcsin(r[i]) * ((r[i]>=0) ? iqfac : iqfac_m));
}
```

```
/ * Inverse quantization * /
for (i=0; i<TNS _ MAX _ ORDER; i++){
    rq[i] = sin( index[i]/((index[i])=0) ? iqfac : iqfac _ m) );
}
```

其中　arcsin()是 sin()的反函数。

- 把所有绝对值小于门限值 p 的反射系数从反射系数数组的"尾部"一个一个地移走，则留在数组中的反射系数的数目就是噪声整形滤波器的阶数。一个合适的截断门限值为 $p=0.1$。
- 剩下的反射系数 rq[]被转换成(阶数+1)个线性预测系数 a[](即"步进过程")。在标准部分对这一过程做了说明(见/ * Conversion to LPC coefficients * /)。
- 计算出的 LPC 系数 a[]被当作编码器的噪声整形滤波器系数。这个 FIR 滤波器在指定的目标频率范围内滑动，滑动的方式和标准部分对解码过程(模块描述)的方式是一样的。而编码与解码中不同的是解码中使用的全极点(自回归)滤波器，而在编码中使用的是它的反函数，全零点(滑动平均)滤波器。

解码中的滤波器公式为：

$$y[n] = x[n] - a[1] * y[n-1] - \ldots - a[\mathrm{order}] * y[\mathrm{n-order}]$$

取反函数得到编码中的滤波器组公式：

$$y[n] = x[n] + a[1] * x[n-1] + \ldots + a[\mathrm{order}] * x[\mathrm{n-order}]$$

在缺省的方式下一般采用向上的滤波方向。

- 最后，传送时域噪声整形的辅助信息：

比特流单元	算法的变量或数值
n filt	1
coef _ res	coef _ res－3
coef _ compress	0
length	处理的比例因子频带的个数
direction	0(向上)
order	噪声整形滤波器的阶数
coef[]	index[]

如果反射系数使用的比特数都不超出允许位数的一半，那么可以选择使用 coeff _ compress 位，这样可节约 1 比特/反射系数。特别地，当每个量化的反射系数的最高两位是"00"或"11"，coeff _ compress 的值可设为 1，传送量化的反射系数大小亦降低 1。

B2.6 联合编码

B2.6.1 M/S 立体声

对左声道和右声道的系数是按左+右(L/R)方式还是按中间/旁边(M/S)方式编码，这是由当前数据块中所有的频谱系数进行无噪编码后得到的无噪编码频带来决定的。对每个无噪编码频带，进行如下的选择：

1　对每一个无噪编码频带，不仅要计算 L 和 R 声道的原始阈值，还要计算 M=(L+R)/2 和 S=(L−R)/2 声道的原始阈值。对 M 和 S 声道的原始阈值，并没有利用音调性来计算，而是在每一个阈值计算频带中，使用了从对 L 和 R 声道的计算中得到的更具音调性的数值。接着进行 M 和 S 声道的心理学模型的计算。M 和 S 声道的心理学模型的计算要使用 M 和 S 声道的能量及每一个阈值计算频带的 L 和 R 声道中的 $c(w)$值中的最小值。实际上提供给声像控制过程的数值与心理学模型计算中的 en(b)(扩展的归一化能量)和 nb(b)(原始阈值)是一样的。

2 M、S、L、R 声道的原始阈值和扩展能量都要用于“声像控制过程”，所产生的自适应调整的阈值将在心理学模型的进一步计算中作为 cb(n)在第 11 步中插入。

3 最后，所有 M、S、L、R 声道中的合适的频谱值实现自适应于码段并受其限制，即用于计算得到和经过量化的阈值去量化 L、R 、M、S 声道的实际频谱值。

4 计算 M/S 编码和 L/S 编码需要的比特数。

5 在每一个给定的无噪编码频带，使用最少比特数原则，并且根据这个原则取定立体声掩蔽值。

定义：

Mthr， Sthr， Rthr，Lthr：	原始阈值(nb(b)，在心理学模型计算的第 10 步得到)。
Mengy， Sengy，Rengy，Sengy：	扩展能量(en(b)，在心理学模型计算的第 6 步得到)。
Mfthr， Sfthr， Rfthr，Lfthr：	最后的输出阈值(仍用 nb(b)表示，在心理学模型计算的第 11 步得到)。
bmax(b)	BMLD 限制门限，可按下式计算

$$bmax(b)=10^{-3\left[0.5+0.5\cdot\cos\left(\pi\frac{\min(bval(b),15.5)}{15.5}\right)\right]}$$

无噪编码频带的声像控制过程如下：

```
t=Mthr/Shtr
if (t>1)
   t= 1/t
Rfthr = max(Rthr * t, min(Rthr, bmax) * Rengy)
Lfthr = max(Lthr * t, min(Lthr, bmax) * Lengy)
t=min(Lthr, Rthr)
Mfthr = min(t,max(Mthr, min(Sengy * bmax, Sthr))
Sfthr = min(t, max(Sthr, min(Mengy * bmax, Mthr))
```

B2.6.2 强度立体声编码

强度立体声编码用于发现声道对中两声道之间高频分量的不相关分量。下面的过程描述了一种可能的实现方法，当然在定义的比特流语法的范围内，也可以使用另外几种不同的实现方法。

编码是在一个窗口组的基础上进行。下面的步骤描述了对一个窗口组的频谱数据进行强度立体声编码的过程：

- 一个合适的方法是从一个较低的频率边界 f_0 开始，对连续的比例因子频带进行强度立体声编码。一个适合于大部分信号的平均值是 $f_0=6$ kHz。
- 对每一个比例因子频带，求左声道，右声道与和声道的能量都是计算频谱系数的平方和，分别是得到 $E_l[sfb]$，$E_r[sfb]$，$E_s[sfb]$，如果窗口组是由几个窗口组成的，那么它的能量是这几个窗口的能量之和。
- 对每一个比例因子频带，对应的强度立体声位置可按下式计算

$$is\_position[sfb]=NINT\left(2\cdot\log_2\left(\frac{E_l[sfb]}{E_r[sfb]}\right)\right)$$

- 接着计算每一个比例因子频带的强度信号频谱系数 $spec_i[i]$，就是先把左、右声道的频谱样点值($spec_l[i]$和 $spec_r[i]$)加起来，再对相加结果做尺度变换，计算如下：

$$spec_i[i]=(spec_l[i]+spec_r[i])\cdot\sqrt{\frac{E_l[sfb]}{E_s[sfb]}}$$

- 强度信号频谱分量将取代左声道的频谱系数，而右声道的频谱系数全部置 0。

然后，就可以对两个声道的频谱数据进行正常的量化编码。但是对右声道，以强度立体声编码的比

例因子频带的预测器状态要强制置为“关闭”。这些预测器的刷新要利用量化频谱系数的解码值。在标准部分中的强度立体声解码的模块说明中对这一过程做了描述。

最后，在传送之前，对所有强度立体声编码的比例因子频带，Huffman 码书的 INTENSITY _ HCB (15)被置入分区信息中。

B2.7 量化

B2.7.1 介绍

AAC 量化模块分为三个层次。顶层称为“循环框架程序”。“循环框架程序”调用一个称为“外层迭代循环”的子程序，再由它调用一个称为“内层迭代循环”的子过程。每个层次均给出了相应的流图。

循环模块根据要求采用迭代过程来量化输入的频谱数据矢量。内循环量化输入矢量，增加量化器的步长，直到输出的矢量能够满足编码要求的比特数编码。内循环完成之后，外循环检验每个比例因子频带的失真。如果超过允许值，就放大比例因子频带并且再次调用内循环。

AAC 循环模块的输入是：

1. 频谱值的幅度矢量 mdct _ line(0..1023)。
2. xmin(sb)(见 B.2.1.4“阈值计算中的步长”，第 12 步)
3. mean _ bits(对比特流编码时平均可用比特数)。
4. more _ bits，平均位数之外的位数，由心理声学模型计算感知熵(PE)时得出。
5. 比例因子频带的个数和宽度(见本标准的表 8.4～表 8.16)。
6. 对于短块分组，必须交叉频谱系数，使得不同块的但属于相同比例因子频带中的谱线组成一个(较大的)比例因子频带，从而在量化时共享比例因子(有关分组详见标准部分的 3.3.4。

AAC 循环模块的输出是：

1. 量化值矢量 x _ quant(0..1023)。
2. 每个比例因子频带的比例因子。
3. common _ scalefac(所有比例因子频带的量化器步长信息)。
4. 可用的剩余比特数。

B2.7.2 准备步骤

B2.7.2.1 全部迭代变量复位

1. 计算 global _ gain 的初值，使得所有 MDCT 系数能够在比特流中编码：$start\_common\_scalefac = ceiling(16/3 * log_2((max\_mdct\_line \wedge (3/4))/MAX\_QUANT))$

   max _ mdct _ line 是 MDCT 系数的最大绝对值。ceiling()是正无穷方向舍入最近整数的函数。MAX _ QUANT 是可以编码入比特流的最大量化值，为 8191。在迭代过程中，common _ scalefac 不可以小于 start _ common _ scalefac。
2. 比例因子均置为 0。

B2.7.3 比特存储池控制

如果对一帧数据编码的比特数低于 average _ bits，就把比特保留在比特存储池中。

$$average\_bits = bit\_rate * 1024/sampling\_rate$$

比特存储池最大可保存的位数称为“maxinum _ bitreservoir _ size”。3.2.2 节描述了它的计算方法。如果比特存储池满，未用比特只能编码为填充比特。

每帧可用的最大位数是 mean _ bits 与比特存储池保存位数的和。

每帧编码应用的比特数取决于 more _ bits 的值和最大可用位数，前者由心理声学模型计算得出。控制比特存储池的最简单的方法就是：

if more _ bits 〉0 ;

availabe _ bits = average _ bits + min (more _ bits, bitres _ bits) if more _ bits < 0 :

availabe _ bits = average _ bits + max (more _ bits, bitres _ bits − maximum _ bitreservoir _ size)

B2.7.4 MDCT 系数的量化

编码器的量化公式与解码器的反量化公式是互逆的(可参见解码器描述部分):

*x _ quant = int ((abs(mdct _ line) * (2 ∧ (1/4 * (sf _ decoder − SF _ OFFSET)))) ∧ (3/4) + MAGIC _ NUMBER)*

MAGIC _ NUMBER 定义为 0.4054,SF _ OFFSET 定义为 100,mdct _ line 是 MDCT 计算出的某个频谱值,这些值也叫作"系数"。

为了在迭代循环里使用,比例因子"sf _ decoder"分成两个变量:

sf _ decoder = common _ scalefac − scalefactor + SF _ OFFSET

据此,失真控制循环利用的关系式是:

*x _ quant = int([abs(mdct _ line) * (2 ∧ (1/4 * (scalefactor − common _ scalefac)))] ∧ (3/4) + MAGIC _ NUMBER)*

比例因子的符号所起的作用如下:一个正向的改变增加了 x _ quant 的幅值,同时减少畸变并增加所使用的比特数。

mdct _ line 的符号分开保存,在计算位数和比特流编码时再加上去。

B2.7.4.1 外层迭代循环(失真控制循环)

外层迭代循环控制在内层迭代循环中频谱线量化时产生的量化噪声。在量化之前,将比例因子频带内的谱线乘以实际的比例因子,完成所谓的噪声着色。下面的伪代码阐明了这个乘法过程:

```
do for each scalefactor band sb:
    do from lower index to upper index i of scalefactor band
            mdct _ scaled (i) = abs (mdct _ line(i)) ∧ (3/4) * 2 ∧ (3/16 * (scalefactor(sb)))
    end do
end do
```

B2.7.4.2 调用内层迭代循环

每一次外层迭代循环(失真控制循环)均要调用内层迭代循环(速率控制循环)。参数是:频域谱线的数值和相应比例因子频带里所用的比例因子(mdct _ scaled (0 .. 1023))、common _ scalefac 的初始值、速率控制循环的可用比特数。输出结果是:实际使用的比特数和量化好的频谱线,以及一个新的 common _ scalefac。

MDCT 系数量化的公式为:

*x _ quant (i) = int ((mdct _ scaled (i) * 2 ∧ (− 3/16 * common _ scalefac)) + MAGIC _ NUMBER)*

对量化值和辅助信息(例如比例因子等)编码所需的比特数是根据比特流的语法格式计算得出的,参见[A 2.8 无噪声编码]。

B2.7.4.3 对超出掩蔽阈值的比例因子频带进行放大

比例因子频带的失真(error _ energy(sb))计算如下:

```
do for each scalefactor band sb:
        error _ energy(sb) = 0
        do from lower index to upper index i of scalefactor band
```

```
    error _ energy(sb) = error _ energy(sb)+(abs(mdct _ line(i))
      -(x _ quant(i)∧(4/3)*2∧(-1/4*(scalefactor(sb)-common _ scalefac)))) ∧ 2
  end do
end do
```

如果比例因子频带的失真超过允许值(xmin(sb)),该频带中所有的频谱值根据B.2.7.4.1("外层迭代循环")的式子进行放大,新的比例因子按如下伪代码计算:

```
do for each scalefactor band sb
    if ( error _ energy(sb)〉xmin(sb)) then
      scalefactor(sb)= scalefactor(sb)+1
    end if
end do
```

B2.7.4.4 循环过程的终止条件

一般情况下,如果没有比例因子频带超过允许失真,即可终止循环。然而这个条件并非总能满足,这时就利用其它的条件终止循环。如果:

• 所有能量超过xmin(sb)的比例因子频带都进行了放大,或

• 两个相邻的比例因子相差超过了60。

循环终止,恢复保存的scalefactor(sb),得到有效输出。当实时地实现时,处理时间不够是终止的第三条件。

B2.7.4.5 内层迭代循环(速率控制循环)

通过调用下面的函数,内层迭代循环计算频域数据(mdct _ scaled)的实际量化值,该公式来自于B2.7.4.2("调用内层迭代循环"):

```
quantize _ spectrum ( x _ quant[], mdct _ scaled[] , common _ scalefac):
  do for all MDCT coefficients i :
    x _ quant (i) = int ((mdct _ scaled(i) * 2 ∧ (-3/16 * common _ scalefac)) +MAGIC _
NUMBER)
  end do
```

再调用函数bit _ count (),根据标准部分的第一节"语法",计算出对一帧比特流编码所需的位数。

内层迭代循环可用逐次逼近实现:

```
inner _ loop():
        if ( outer _ loop _ count ==0 )
            common _ scalefac = start _ common _ scalefac
            quantizer _ change = 32
        else
            quantizer _ change =1
        end if
        do
          quantize _ spectrum()
          counted _ bits = bit _ count()
          if ( counted _ bits 〉available _ bits) then
              common _ scalefac= common _ scalefac+quantizer _ change
          else
              common _ scalefac= common _ scalefac-quantizer _ change
          end if
          quantizer _ change=int(quantizer _ change/2)
          if ( quantizer _ change ==0)&&(counted _ bits〉availabe _ bits)
```

```
            quantizer _ change = 1
        end if
    while ( quantizer _ change ! =0 )
```

根据 2.7.2.1 计算所选择出的 *start _ common _ scalefac*，在通过了第一次的内层循环后，所需要的位数总是大于可用位数，因此 *common _ scalefac* 总是按 *quantizer _ change* 增加。

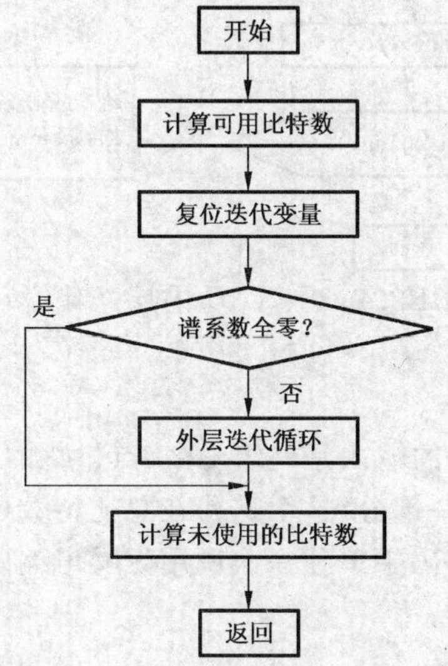

图 B2.7.1　AAC 的迭代循环

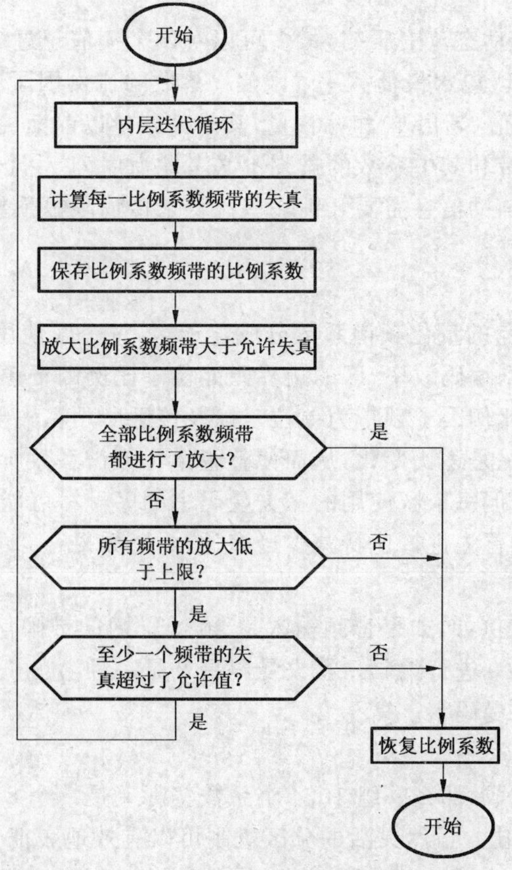

图 B2.7.2　AAC 的外层迭代循环

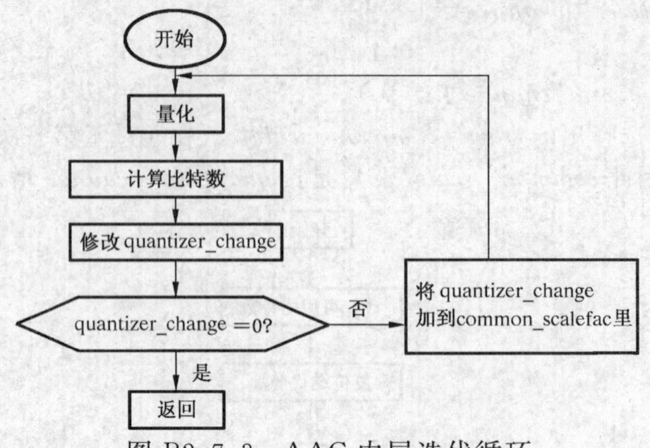

图 B2.7.3 AAC 内层迭代循环

B2.8 无噪声编码

B2.8.1 概述

AAC 编码器中,无噪声编码模块的输入是一组 1024 点量化的频谱系数。由于在量化器的内循环中执行,无噪声编码成为了内层迭代的一部分,这个迭代在总比特数(其中无噪声编码占了绝大部分)不超出分配比特数时收敛。本节将讨论编码中单独一次调用无噪声编码模块的过程。

无噪声编码分为以下几个步骤:

- 频谱限幅。
- 初始时最大分区数目的霍夫曼编码。
- 合并分区以争取最小比特数。

B2.8.2 频谱限幅

首先对频谱进行无噪声的动态范围压缩。最多可以对四个模值超过 1 的系数进行编码,并且在量化系数的数组中保留符号位±1。包含最低频率“限幅”系数的比例因子频带的索引出现在传送比特流中。“限幅”后的系数编码为模值(超出 1)和偏移量,其中偏移量以前面提到的比例因子频带为基准。因此对于长块而言,比例因子频带和其中系数的排列不必考虑窗序列。一个频谱限幅的策略就是将高频中幅度大于 1 的分量限幅。因为辅助信息需要开销一些比特来传输限幅系数,因此只有在能够纯粹减少比特数时才使用无噪声压缩。

B2.8.3 分区

无噪声编码把一组 1024 点的量化频谱系数分成若干区,每个区使用一本霍夫曼码书(霍夫曼编码的方法将在后面阐述)。考虑到编码效率,区的边界只能位于比例因子频带的边界上。这样对每个频谱区都必须传送该区的长度(以比例因子频带为单位),以及该区所用霍夫曼码书的序号。

分区是动态的,典型的情况是逐块变化,从而使整组量化频谱系数所需的比特数最少。使用贪婪合并算法,开始的分区尽可能多,但每个区使用的霍夫曼码书的序号尽可能小。如果区的合并可以减少总的比特数,则进行分区的合并。首先进行比特减少最多的合并。如果合并的分区使用不同的霍夫曼码书,则采用序号较高的码书。

分区里的系数经常为零。例如,如果音频输入是 20 kHz 内的带限信号或者更低,则最高的系数为零。这种分区使用霍夫曼码书 0 进行编码。霍夫曼码书 0 是一种溢出机制,它表示所有的系数均为零,并且不需要为这种区传输霍夫曼码字。

B2.8.4 分组和交叉

如果窗序列由 8 个短窗组成,那么一组 1024 个系数实际上是一个 8×128 的频率系数矩阵,表征了 8 个短窗期间信号的时—频演化。虽然灵活的分区机制可以有效地表征 8 个零区,但*分组*和*交叉*能够得到更高的编码效率。如前所述,把与相邻短窗相关的系数进行分组,那么所有比例因子频带中的系数只要在同一个组内就可以共享比例因子。而且,同组内的系数通过互换比例因子频带和窗口顺序来进行交叉编组。需仔细说明的是，假设交叉前一组1024个系数c由如下标志表示：

$$c[g][w][b][k]$$

式中：g为组索引；

w为组内窗索引；

b为窗内比例因子频带索引；

k为比例因子频带内的系数索引。

而且最右边的索引变化最快。交叉后，系数表示如下：

$$c[g][b][w][k]$$

由于在每个组内都限制了带宽，这样就有一个优点，即可以把全部为零的区合并在一起。

B2.8.5 比例因子

频谱编码时，每个比例因子频带使用一个量化器。每个量化器的步长由一组比例因子和一个全局增益决定，其中全局增益对所有的比例因子进行归一化。为了提高压缩比，编码中不传输系数值全为零的比例因子频带的比例因子。全局增益和比例因子都以1.5dB的步长进行量化。全局增益用一个8位无符号整数编码，而比例因子与其前一个比例因子(对第一个比例因子，则与全局增益)进行差分编码，然后进行霍夫曼编码。全局增益的动态范围足以表示一个24位PCM音源的所有值。

B2.8.6 霍夫曼编码

霍夫曼编码用于表示n重组量化系数。其霍夫曼码来自于11本码书中的一本。n重组谱系数从低到高排列，个数为一对或四个频谱系数。每本霍夫曼码书所能表示的量化系数的最大值，以及不同码书中一个n重组的系数个数见表B.2.8.1。每个最大绝对值有两本码书，每本码书反映了一个截然不同的概率分布函数。选择其中最合适的一本码书用来进行编码。为了节省码书的存储量(批量生产解码器时，这是一个值得考虑的重要因素)，大多数码书用无符号值表示。利用这些码书，对系数的模值进行霍夫曼编码，而非零系数的符号位附在码字上。

两本码书——码书0和11需要引起特别的注意。如前所述，码书0说明了一个区内所有的系数均为零。码书11说明量化系数的绝对值大于或等于16。如果一个或两个系数的模大于或等于16，那么采用一种特殊的溢出编码机制来表示这些值。系数的模限制在16之内，对应的2重组进行霍夫曼编码。如果需要，则把符号位添加到码字中去。对于模大于或等于16的系数，也要添加一个溢出代码，如下所示：

溢出代码 ＝〈溢出前缀〉〈溢出分隔符〉〈溢出字〉

其中　〈溢出前缀〉　是一个N位均为1的二进制序列

〈溢出分隔符〉是二进制0

〈溢出字〉　是N＋4位无符号整数，最高位在最前面

N是一个恰好足够大的值，使得量化系数的模等于

$$2^{N+4}+\text{〈溢出字〉}$$

表B2.8.1　霍夫曼码书

码书序号	n重组	最大绝对值	带符号值
0		0	
1	4	1	是
2	4	1	是
3	4	2	否
4	4	2	否
5	2	4	是
6	2	4	是

表 B2.8.1(完)

码书序号	n 重组	最大绝对值	带符号值
7	2	7	否
8	2	7	否
9	2	12	否
10	2	12	否
11	2	16(溢出)	否

B2.9 AAC 动态范围控制的特点

为了处理具有不同峰值、均值以及动态范围的信号源，使得用户所感受的变化最小，有必要控制重放电平，使得无论节目最初如何制作，在重放时能将例如对话电平或音乐的平均电平设置成为用户可控的。此外，并非所有的用户都能在良好的(低噪音)环境中收听节目，而他们调节音量的大小也没有限制。例如汽车的环境噪音就很高，因此听众更可能会将原先重放电平的范围降低下来。基于以上两个原因，AAC 规范中给出了动态范围控制。实现时，需要将用于设置和控制节目动态范围的数据附加在比特率降低了的音频数据上。确定这个控制，必须对应一个参考电平和重要的节目单元，例如对话节目。

动态范围控制的特点如下：

1. 动态范围控制是完全可选的。因此，如果不希望使用 DRC，只要语法正确，复杂度不会改变。
2. 信号源的完整动态范围、动态范围控制中的辅助数据与比特率降低的音频数据一齐转送。
3. 动态范围控制数据可以发送到每个帧里，这样设置重放增益中的等待时间可降至最低。
4. 发送动态范围控制数据时使用 AAC 的“fill_element”的特性。
5. *参考电平* 定义为 Full-scale。
6. 传送*节目参考电平* 用来允许不同信源的重放电平之间的电平均等，并且提供动态范围控制应用参考。信号源的这一特点与节目响度的主观感受最为重要，例如对话节目的内容，或是音乐节目的平均电平。
7. *节目参考电平* 代表为了取得重放电平的均等，将使用一个相对于用户硬件中的*参考电平* 固定的电平重新制作节目。据此，节目的安静部分需要提高电平，节目的高音部分需要降低电平。
8. 相对于*参考电平*，*节目参考电平* 限定在 0～31.75 dB。
9. *节目参考电平* 使用一个 7 位的字段，步长为 0.25 dB。
10. 动态范围控制规定在±31.75dB 之内。
11. 动态范围控制同时用一个 8 位的字段(1 位代表符号，7 位代表幅度)，步长为 0.25dB。
12. 既可以将一个音频通道的所有频谱系数作为单独的整体使用动态范围控制，也可将系数分成频带，每个频带分别用独立的动态范围控制数据来控制。
13. 既可以将(一个立体声或多通道的比特流)所有通道作为单独的整体使用动态范围控制，也可以将通道分组分别用独立的动态范围控制数据来控制。
14. 如果一组期望的动态范围控制数据丢失，应使用最后接收的有效值。
15. 并非随时发送动态范围控制数据的全部单元。例如，*节目参考电平* 平均 200 ms 才发送一次。
16. 在需要时，由传输层提供错误检测/保护。
17. 在比特流中，用户应能够改变动态范围控制的数量，从而适用于信号的电平。

附　录　C[1)]

（提示的附录）

专利所有者

专利所有者清单

用户必须注意到，符合 ISO/IEC 13818-7 中规定的一些处理，可能会使用到已获得专利保护的发明。

ISO/IEC 13818-7 的出版，并未涉及与这项声称或任何与此相关的专利权的有效性。但是，在本附录中列出的每个公司，都与信息技术任务署（ITTF）签订了声明，表示在他们坚持合理及公正的条款和条件的前提下，愿意向期望获得许可的申请者授予许可。

与该版权有关的信息可以从下列机构获得。

下表归纳了已接收的正式专利声明，并且指出了该声明对 MPEG2 标准各个部分的适用性。与公司名称同行的三个 N 表示该公司并未指定声明针对 MPEG2 标准的第 1、第 2、第 3 部分。这个清单列出了所有提交了非正式声明的机构。如果没有标出“X”，就表示仍未收到该机构的正式声明。

Company	ISO/IEC 13818-2	ISO/IEC 13818-3	ISO/IEC 13818-1	ISO/IEC 13818-7
AT&T	X	X	X	X
BBC Research Department	X			
Belgian Science Policy Office	N	N	N	
Bellcore	X			
BOSCH	X	X	X	X
CCETT				
Columbia University in the City of New York	N	N	N	
Compression Labs, Incorporated	N	N	N	
CSELT	X			
David Sarnoff Research Center	X	X	X	
Deutsche Thomson-Brandt GmbH	N	N	N	
Dolby Laboratories, Inc				X
France Telecom CNET	N	N	N	
Fraunhofer Gesellschaft	N	N	N	X
FUJITSU LIMITED	X			
GC Technology Corporation	N	N	N	
GCL				X
General-Instruments	N	N	N	
Goldstar Co. Ltd.	N	N	N	
Hitachi. Ltd.	N	N	N	
International Business Machines Corporation	X	X	X	
IRT		X		
KDD Co., Ltd.	X			
Lucent Technologies				X
Massachusetts Institute of Technology	X	X	X	

1）本附录介绍了本标准等同采用的国际标准 ISO/IEC 13818-7 中有关专利的问题。

表(完)

Company	ISO/IEC 13818-2	ISO/IEC 13818-3	ISO/IEC 13818-1	ISO/IEC 13818-7
Matsushita Electric Industrial Co. ,Ltd.	N	N	N	
Mitsubishi Elecreic Corporation	N	N	N	
National Transcommunicatrions Ltd.	N	N	N	
NEC Corporation	N	N	N	
Nippon Hoso Kyokai	X			
Nippon Telegraph and Telephone Corporation	N	N	N	
Nokia Corporation	X			
Norwegian Telecom	X			
OKI Electric Industry Co. , Ltd.	N	N	N	
Philips Electronics N. V.	N	N	N	X
QUALCOMM Incorporated	X			
Royal PTT Nederland N. V. , PTT Research(NL)				
Samsung Electronics Co. , Ltd.	X	X	X	
Scientific-Atlanta,Inc.	X	X	X	
SHARP Corporation	N	N	N	
Siements AG	N	N	N	
Sony Corporation	N	N	N	X
Texas Instruments Incorporated	N	N	N	
Thomson Consumer Electronics	N	N	N	
Thomson Multimedia				X
Toshiba Corporation	X			
TV/COM International	X	X	X	
Victor Company of Japan. Limited	X	X	X	

附　录　D
(提示的附录)
参考文献

[1]《ISO/IEC MPEG2 先进音频编码》
音频工程师协会期刊,Vol. 45,no. 10. pp. 789-814,1997. 10
M. bosi,K. Brandenburg. ,S. qunackenbrsh,L. Fielder,L. Alagiri,H. Fuchs,M. Dietz,Herre,G. David son,Yoilawa

[2]《用于广播发射和初级分发的数字音频比特率压缩系统的基本质量要求》
ITU-R 文件 TG10-2/3-E,1991. 10. 28

[3]《关于离散傅立叶变换的谐波分析的窗口应用》
IEEE 会刊,Vol. 66. pp. 51-83,1975. 1,F. J. HARRIS

前　言

本标准的第4、5、7章为强制性条款，其余为推荐性条款。

随着我国经济建设的发展、市场的需要，遇水膨胀橡胶已广泛应用于各种隧道、顶管、人防等地下工程、基础工程接缝的防水密封，用于船舶、机车等工业设备的防水密封。但是遇水膨胀橡胶产品没有现行的行业标准及国家标准。

本标准根据我国遇水膨胀橡胶的生产情况和实际施工使用要求及相关的国外资料制定，从而对该产品的检验和质量控制提供了技术指标依据。

本标准为《高分子防水材料》标准的第3部分，第1部分为片材，第2部分为止水带。

本标准的附录A、附录B、附录C都是标准的附录。

本标准由国家石油和化学工业局提出。

本标准由全国橡标委橡胶杂品分技术委员会归口。

本标准由北京市橡胶制品设计研究院负责起草；上海隧桥特种橡胶厂、衡水宝力工程橡胶有限公司、上海彭浦橡胶制品总厂、中国水利水电科学研究院结构材料研究所、上海长宁橡胶制品厂、衡水黄河工程橡塑有限公司、衡水桥闸工程橡胶有限公司、上海工程橡胶厂、河北省衡水桥梁工程橡胶厂、衡水百威橡胶厂、上海紫江集团公司、常州华安建材有限公司、石家庄耀峰橡塑厂、北京化学工业集团橡胶塑料制品厂等单位参加起草。

本标准主要起草人：刘冰、劳复兴、陈广进、郝巨涛、丁金新、蒋兆芬、崔云。

中华人民共和国国家标准

高分子防水材料
第3部分 遇水膨胀橡胶

GB/T 18173.3—2002

Polymer water-proof materials—
Part 3: Hydrophilic expasion rubber

1 范围

本标准规定了高分子防水材料——遇水膨胀橡胶的分类、产品标记、技术要求、试验方法、检验规则、标志、包装、运输与贮存。

本标准适用于以水溶性聚氨酯预聚体、丙烯酸钠高分子吸水性树脂等吸水性材料与天然橡胶、氯丁橡胶等合成橡胶制得的遇水膨胀性防水橡胶。主要用于各种隧道、顶管、人防等地下工程、基础工程的接缝、防水密封和船舶、机车等工业设备的防水密封。

2 引用标准

下列标准所包含的条文,通过在本标准中引用而构成为本标准的条文。本标准出版时,所示版本均为有效。所有标准都会被修订,使用本标准的各方应探讨使用下列标准最新版本的可能性。

GB/T 528—1998 硫化橡胶或热塑性橡胶拉伸应力应变性能的测定(eqv ISO 37:1994)

GB/T 531—1999 橡胶袖珍硬度计压入硬度试验方法(idt ISO 7619:1986)

GB/T 1690—1992 硫化橡胶耐液体试验方法(neq ISO 1817:1985)

GB 2941—1991 橡胶试样环境调节和试验的标准温度、湿度及时间(eqv ISO 471:1983,eqv ISO 1826:1981)

GB/T 9865.1—1996 硫化橡胶或热塑性橡胶样品和试样的制备 第一部分:物理试验(idt ISO 4661-1:1993)

3 定义、分类与产品标记

3.1 定义

体积膨胀倍率是浸泡后的试样质量与浸泡前的试样质量的比率。

3.2 分类

3.2.1 产品按工艺可分为制品型(PZ)和腻子型(PN)。

3.2.2 产品按其在静态蒸馏水中的体积膨胀倍率(%)可分别分为制品型:≥150%~<250%,≥250%~<400%,≥400%~<600%,≥600%等几类;腻子型:≥150%,≥220%,≥300%等几类。

3.3 产品标记

3.3.1 产品应按下列顺序标记:类型、体积膨胀倍率、规格(宽度×厚度);复合型膨胀橡胶止水带因其主体为“止水带”,故其标记方法应在遵守GB/T 18173.2《高分子防水材料 第2部分 止水带》的前提下,同时按上述遇水膨胀橡胶的标记方法标记。

3.3.2 标记示例

中华人民共和国国家质量监督检验检疫总局2002-01-14批准 2002-08-01实施

宽度为 30 mm、厚度为 20 mm 的制品型膨胀橡胶，体积膨胀倍率≥400%，标记为：

PZ-400 型 30 mm×20 mm

长轴 30 mm、短轴 20 mm 的椭圆形膨胀橡胶，体积膨胀倍率≥250%，标记为：

PZ-250 型 R15 mm×R10 mm

复合型膨胀橡胶

宽度为 200 mm，厚度为 6 mm 施工缝(S)用止水带，复合两条体积膨胀倍率为≥400%的制品型膨胀橡胶，标记为：

S-200 mm×6 mm/PZ-400×2 型

4 技术要求

4.1 制品型尺寸公差

膨胀橡胶的断面结构示意图如图 1 所示；制品型尺寸公差应符合表 1 规定。

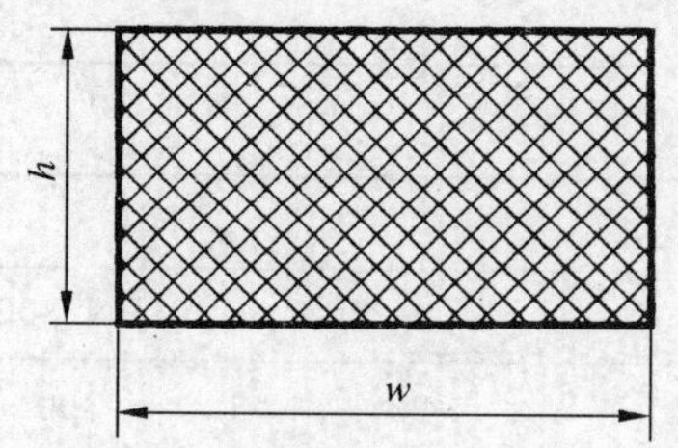

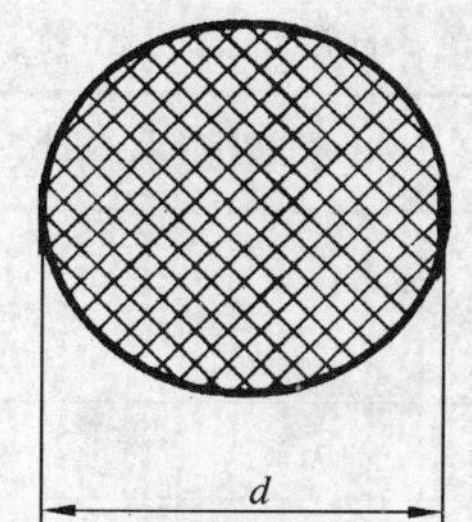

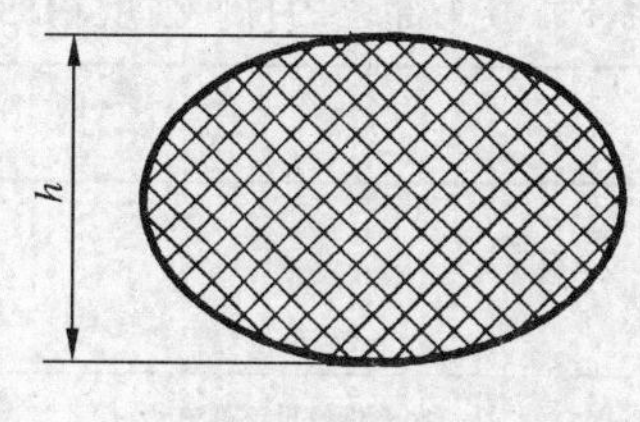

图 1 断面结构示意图

表 1 尺寸公差

mm

项目	厚度/h			直径/d			椭圆(以短径 h 为主)			宽度/w		
	≤10	>10～30	>30	≤30	>30～60	>60	<20	20～30	>30	≤50	>50～100	>100
极限偏差	±1.0	+1.5 −1.0	+2 −1	±1	±1.5	±2	±1	±1.5	±2	+2 −1	+3 −1	+4 −1
注：其他规格及异形制品尺寸公差由供需双方商定，异形制品的厚度为其最大工作面厚度。												

4.2 制品型外观质量

4.2.1 膨胀橡胶表面不允许有开裂、缺胶等影响使用的缺陷。

4.2.2 每 m 膨胀橡胶表面不允许有深度大于 2 mm、面积大于 16 mm^2 的凹痕、气泡、杂质、明疤等缺陷超过 4 处。

4.2.3 有特殊要求者，由供需双方商定。

4.3 物理性能

膨胀橡胶的物理性能如表 2 及表 3 所示，如有体积膨胀倍率大于 600%要求者，由供需双方商定。

表 2 制品型膨胀橡胶胶料物理性能

序号	项目		指标			
			PZ-150	PZ-250	PZ-400	PZ-600
1	硬度(邵尔 A)/度		42±7		45±7	48±7
2	拉伸强度/MPa	≥	3.5		3	
3	扯断伸长率/%	≥	450		350	

表 2(完)

序 号	项　　目			指　　标			
				PZ-150	PZ-250	PZ-400	PZ-600
4	体积膨胀倍率/%		≥	150	250	400	600
5	反复浸水试验	拉伸强度/MPa	≥	3		2	
		扯断伸长率/%	≥	350		250	
		体积膨胀倍率/%	≥	150	250	300	500
6	低温弯折(−20℃×2 h)			无裂纹			

注

1　硬度为推荐项目。

2　成品切片测试应达到本标准的 80%。

3　接头部位的拉伸强度指标不得低于表 2 标准性能的 50%。

表 3　腻子型膨胀橡胶物理性能

序 号	项　　目		指　　标		
			PN-150	PN-220	PN-300
1	体积膨胀倍率[1)]/%	≥	150	220	300
2	高温流淌性(80℃×5 h)		无流淌	无流淌	无流淌
3	低温试验(−20℃×2 h)		无脆裂	无脆裂	无脆裂

1) 检验结果应注明试验方法。

5　试验方法

5.1　规格尺寸用精确为 0.1 mm 的量具测量，取任意三点进行测量，均应符合表 1 的规定。

5.2　外观质量用目测及量具检查。

5.3　物理性能的测定

5.3.1　样品的制备：制品型试样应采用与制品相当的硫化条件，沿压延方向制取标准试样，成品测试从经规格尺寸检验合格的制品上裁取试验所需的足够长度，按 GB/T 9865.1 的规定制备试样，经(70±2)℃恒温 3 小时后，在标准状态下停放 4 h，按表 2 的要求进行试验；腻子型试样直接取自产品，按试验方法规定尺寸制备。

5.3.2　硬度试验按 GB/T 531 的规定进行。

5.3.3　拉伸强度，扯断伸长率试验按 GB/T 528 的规定进行，用Ⅱ型试样。

5.3.4　体积膨胀倍率按附录 A(标准的附录)的规定执行；浸泡后不能用称量法检测的试样，按附录 B(标准的附录)的规定执行。

5.3.5　反复浸水试验：将试样在常温(23±5)℃蒸馏水中浸泡 16 h，取出后在 70℃下烘干 8 h，再放到水中浸泡 16 h，再烘干 8 h…；如此反复浸水、烘干 4 个循环周期之后，测其硬度、拉伸强度和伸长率，并按 5.3.4 规定测试体积膨胀倍率。

5.3.6　低温弯折试验：将试样裁成 20 mm×100 mm×2 mm 的长方体，按附录 C(标准的附录)的规定进行试验。

5.3.7　高温流淌性：将三个 20 mm×20 mm×4 mm 的试样分别置于 75°倾角的带凹槽木架上，使试样厚度的 2 mm 在槽内，2 mm 在槽外；一并放入(80±2)℃的干燥箱内，5 h 后取出，观察试样有无明显流淌，以不超过凹槽边线 1 mm 为无流淌。

5.3.8 腻子型试样的低温试验：将 50 mm×100 mm×2 mm 的试样在(−20±2)℃低温箱中停放2 h，取出后立即在 ϕ10 mm 的棒上缠绕 1 圈，观察其是否脆裂。

6 检验规则

6.1 检验分类

6.1.1 出厂检验

6.1.1.1 组批与抽样

以每月同标记的膨胀橡胶产量为一批，每批抽取两根进行外观质量检验，并在每根产品的任意 1 m 处随机取三点进行规格尺寸检验(腻子型除外)；在上述检验合格的样品中随机抽取足够的试样，进行物理性能检验。

6.1.1.2 检验项目

按 6.1.1.1 的规定对膨胀橡胶的尺寸公差、外观质量、拉伸强度、扯断伸长率、体积膨胀倍率进行出厂检验。

6.1.2 型式检验

本标准所列的全部技术指标项目为型式检验项目，通常在下列情况之一时应进行型式检验：

a) 新产品的试制定型鉴定；

b) 产品的结构、设计、工艺、材料、生产设备、管理等方面有重大改变；

c) 转产、转厂、停产后复产；

d) 合同规定；

e) 出厂检验结果与上次型式检验有较大差异；

f) 国家质量监督检验机构提出进行该项试验的要求。

在正常情况下，全部项目每半年进行一次检验。

6.2 判定规则

尺寸公差、外观质量及物理性能各项指标全部符合技术要求，则为合格品，若有一项指标不符合技术要求，应另取双倍试样进行该项复试，复试结果如仍不合格，则该批产品为不合格。

7 标志、包装、运输、贮存

7.1 膨胀橡胶必须用塑料袋密封包装，为防止塑料袋损坏，再用编制袋或纸箱包装。

7.2 每一包装应有合格证，并注明产品名称、产品标记、商标、制造厂名、厂址、生产日期、产品标准编号等。

7.3 膨胀橡胶在运输与贮存时，必须注意勿使包装损坏，放置于通风、干燥处，并须避免阳光直射，禁止与水、酸、碱、油类及有机溶剂等接触，且远离热源；应保存于室内，并不得重压。

7.4 在遵守 7.3 规定的条件下，自生产日期起一年内产品性能应符合本标准的规定。逾期的产品经检验符合本标准第 4 条的规定，仍可继续使用。

附　录　A
（标准的附录）
体积膨胀倍率试验方法Ⅰ

A1　试验准备

A1.1　试验室温度应符合 GB 2941—1991 的规定。
A1.2　试验仪器为 0.001 g 精度的天平。
A1.3　将试样制成长、宽各为(20.0±0.2)mm，厚为(2.0±0.2)mm，数量为 3 个。用成品制做试样时，应尽可能去掉表层。

A2　试验步骤

A2.1　将制做好的试样先用 0.001 g 精度的天平称出在空气中的质量，然后再称出试样悬挂在蒸馏水中的质量。
A2.2　将试样浸泡在(23±5)℃的 300 mL 蒸馏水中，试验过程中，应避免试样重叠及水分的挥发。
A2.3　试样浸泡 72 h 后，先用 0.001 g 精度的天平称出其在蒸馏水中的质量，然后用滤纸轻轻吸干试样表面的水分，称出试样在空气中的质量。

A3　计算公式

$$\Delta V = \frac{m_3 - m_4 + m_5}{m_1 - m_2 + m_5} \times 100\% \qquad \cdots\cdots\cdots\cdots(A1)$$

式中：ΔV——体积膨胀倍率，%；
m_1——浸泡前试样在空气中的质量，g；
m_2——浸泡前试样在蒸馏水中的质量，g；
m_3——浸泡后试样在空气中的质量，g；
m_4——浸泡后试样在蒸馏水中的质量，g；
m_5——坠子在蒸馏水中的质量，g(如无坠子用发丝等特轻细丝悬挂可忽略不计)。

A4　计算方法

体积膨胀倍率取三个试样的平均值。

附　录　B
（标准的附录）
体积膨胀倍率试验方法Ⅱ

B1　试验准备

B1.1　试验室温度应符合 GB 2941—1991 的规定。
B1.2　试验仪器为 0.001 g 精度的天平和 50 mL 的量筒。
B1.3　取试样质量为 2.5 g，制成直径约为 12 mm，高度约为 12 mm 的圆柱体，数量为 3 个。

B2 试验步骤

B2.1 将制做好的试样先用 0.001 g 精度的天平称出其在空气中的质量，然后再称出试样悬挂在蒸馏水中的质量(必须用发丝等特轻细丝悬挂试样)。

B2.2 先在量筒中注入 20 mL 左右的(23±5)℃的蒸馏水，放入试样后，加蒸馏水至 50 mL。然后，在 B1.1 的条件下放置 120 h(试样表面和蒸馏水必须充分接触)。

B2.3 读出量筒中试样占水体积的 mL 数(即试样的高度)，把 mL 数换算为 g(水的体积是 1 mL 时，质量为 1 g)。

B3 计算公式

$$\Delta V = \frac{m_3}{m_1 - m_2} \times 100\% \quad \cdots\cdots\cdots\cdots (B1)$$

式中：ΔV——体积膨胀倍率，%；

m_1——浸泡前试样在空气中的质量，g；

m_2——浸泡前试样在蒸馏水中的质量，g；

m_3——试样占水体积的 mL 数，换算为质量，g。

B4 计算方法

体积膨胀倍率取三个试样的平均值。

附　录　C

(标准的附录)

低温弯折试验

C1 试验仪器

低温弯折仪应由低温箱和弯折板两部分组成。低温箱应能在 0～－40℃之间自动调节，误差为±2℃，且能使试样在被操作过程中保持恒定温度；弯折板由金属平板、转轴和调距螺丝组成，平板间距可任意调节。示意图如图 C1。

C2 试验条件

试样的停放时间和试验温度应按下列要求：

C2.1 从试样制备到试验，时间为 24 h。

C2.2 试验室温度控制在(23±2)℃范围内。

C3 试验程序

C3.1 将按 5.3.6 制备的试样弯曲 180°，使试样边缘重合、齐平，并用定位夹或 10 mm 宽的胶布将边缘固定以保证其在试验中不发生错位；并将弯折板的两平板间距调到试样厚度的三倍。

C3.2 将弯折板上平板打开，把厚度相同的两块试样平放在底板上，重合的一边朝向转轴，且距转轴 20 mm；在规定温度下保持 2 h，之后迅速压下上平板，达到所调间距位置，保持 1 s 后将试样取出。待恢复到室温后观察试样弯折处是否断裂，或用放大镜观察试样弯折处受拉面有无裂纹。

C4 判定

用8倍放大镜观察试样表面，以两个试样均无裂纹为合格。

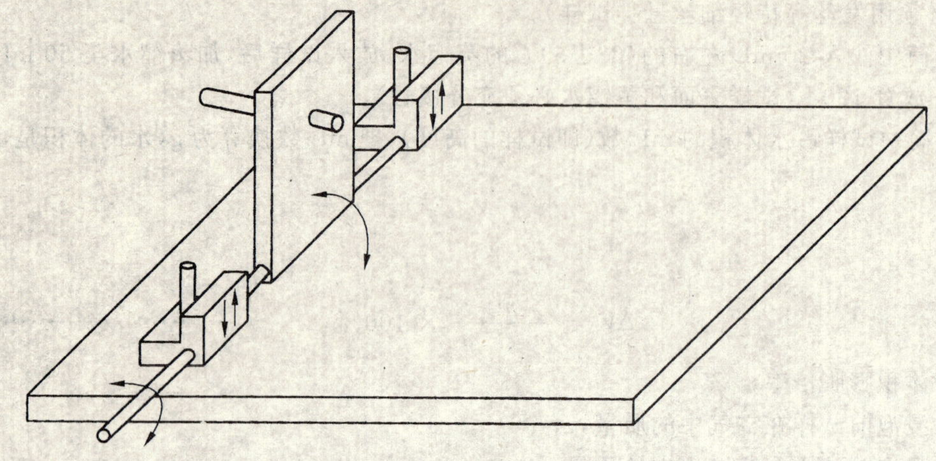

图C1 弯折板示意图

ICS 13.040.50
Z 64

中华人民共和国国家标准

GB 18176—2002
代替 GB 18176—2000

轻便摩托车排气污染物排放限值及测量方法（工况法）

Limits and measurement methods for exhaust emissions from mopeds under running mode

2002-11-18 发布　　　　2003-01-01 实施

国家环境保护总局
国家质量监督检验检疫总局　发布

前言

为贯彻《中华人民共和国环境保护法》和《中华人民共和国大气污染防治法》,控制轻便摩托车排气污染物排放对环境的污染,改善环境空气质量,特制定本标准。

本标准试验方法及限值等同采用欧盟(EU)1997 年发布的 97/24/EC 中的第五章附录 1《由轻便摩托车产生的气体污染物的测量规范》中适用于轻便摩托车工况法的部分内容,在控制力度上达到了欧洲 90 年代末的水平。

本标准规定了轻便摩托车排气污染物的排放限值及测量方法,并对轻便摩托车排放的污染控制装置提出耐久性要求。

自本标准实施之日起,GB 18176—2000《轻便摩托车排气污染物限值及测试方法》废止。

本标准的附录 A、附录 B、附录 C 都是标准的附录。

本标准由国家环境保护总局科技标准司提出。

本标准主要起草单位:天津摩托车技术中心、国家摩托车质量监督检验中心。

本标准由国家环境保护总局于 2002 年 6 月 14 日批准。

本标准由国家环境保护总局负责解释。

轻便摩托车排气污染物
排放限值及测量方法
（工况法）

1 范围

本标准规定了轻便摩托车排气污染物排放中一氧化碳（CO）、碳氢化合物（HC）和氮氧化物（NO_x）的排放限值及测量方法。

本标准适用于整车整备质量小于400 kg、发动机排量不超过50 mL、最大设计车速不超过50 km/h的装有火花点火式发动机的两轮或三轮轻便摩托车。

2 引用标准

下列标准所包含的条文，通过在本标准中引用而构成为本标准的条文。本标准出版时，所示版本均为有效。所有标准都会被修订，使用本标准的各方应探讨使用下列标准最新版本的可能性。

GB 17930—1999 车用无铅汽油

GB/T 5359.5—1996 摩托车和轻便摩托车术语 两轮车质量

GB/T 5359.6—1996 摩托车和轻便摩托车术语 三轮车质量

GB/T 4570—1995 摩托车和轻便摩托车耐久性试验方法

GB/T 5374—1995 摩托车和轻便摩托车可靠性试验方法

3 定义

本标准采用下列定义：

3.1 基准质量

指轻便摩托车的整车整备质量（按GB/T 5359.5、GB/T 5359.6）再加75 kg驾驶员质量。

3.2 排气污染物

指轻便摩托车排气管排出的一氧化碳（CO）、碳氢化合物（HC）和用二氧化氮当量表示的氮氧化物（NO_x）。

3.3 稀释排气

指轻便摩托车排气用周围空气稀释后的均匀混合气。

3.4 污染控制装置

指轻便摩托车上控制或者限制排气排放的装置。

3.5 发动机曲轴箱

指发动机的内部或外部空间，该空间通过内部或外部的通道与油底壳相连，气体或蒸汽可以通过该通道逸出。

4 试验分类

按试验性质分为型式核准试验和生产一致性检查试验。

4.1 型式核准试验时，生产企业应提交一辆该车型的代表车辆，进行第5条规定的试验。

4.2 生产一致性检查试验时，从已通过本标准型式核准试验合格的成批生产的车辆中任意抽取一辆，进行第6条规定的试验。

5 型式核准试验

5.1 概述

影响排气污染物排放的零部件，其设计、制造和装配应能保证轻便摩托车在正常使用条件下，即使受到振动，仍符合本标准的要求。

5.2 试验说明

5.2.1 轻便摩托车应进行下述试验

5.2.1.1 此方法用于检验轻便摩托车工况法排气污染物的排放量。

5.2.1.1.1 轻便摩托车应置于装有功率吸收装置和惯量模拟装置的测功机上。一次试验持续448 s，由四个连续运行的循环组成。每个循环由七个阶段(怠速、加速、等速和减速等)组成。试验期间应用空气稀释排气，并使混合气的容积流量保持恒定。

在试验过程中，连续的混合气取样气流被送入取样袋，以便依次确定一氧化碳(CO)、未燃碳氢化合物(HC)和氮氧化物(NO_x)的浓度(取试验平均值)，并确定其总容积。

试验结束时，应用转鼓上转数计的累计转数确定轻便摩托车实际行驶的距离。

5.2.1.1.2 试验应按本标准附录C规定的方法进行，并用规定的方法收集和分析各种气体。

5.2.1.1.3 除下述5.2.1.1.4规定外，试验应进行三次。每次试验所得到的一氧化碳、碳氢化合物和氮氧化物的测量值应低于表1中的限值。

表1 轻便摩托车排气污染物的排放限值及执行日期

排气污染物	限值/(g/km)			
	第一阶段		第二阶段	
	两轮轻便摩托车	三轮轻便摩托车	两轮轻便摩托车	三轮轻便摩托车
CO	6	12	1	3.5
HC＋NO_x	3	6	1.2	1.2
注1：第一阶段型式核准试验自2003年1月1日起执行，生产一致性检查试验自2004年1月1日起执行。 注2：第二阶段型式核准试验自2005年1月1日起执行，生产一致性检查试验自2006年1月1日起执行。				

对于上述污染物的每一种，当三次测量结果的算术平均值低于规定限值时，则三次测量结果中允许有一次超过相应的规定限值，但不得超过限值的110%，对于一种以上的污染物超过规定限值的情况，不管是发生在同一次试验中，还是发生在不同次的试验中都是允许的。

5.2.1.1.4 在以下特定的条件下，5.2.1.1.3规定的试验次数可减少。对5.2.1.1.3提到的每种污染物，V_1为第一次测量结果，V_2为第二次测量结果，L为表1中规定的每种污染物的限值

5.2.1.1.4.1 如果每种污染物均满足$V_1 \leqslant 0.70\ L$时，则只需进行一次试验。

5.2.1.1.4.2 如果有一种或一种以上的污染物的$V_1 > 0.70\ L$，而每种污染物均满足$V_1 \leqslant 0.85\ L$，则要进行第二次试验，如果每种污染物的$V_2 < L$且$V_1 + V_2 < 1.70\ L$时，则只需进行两次试验。

5.2.1.2 污染控制装置耐久性要求

第一阶段对装有污染控制装置的轻便摩托车，其污染控制装置的耐久性里程要求为6 000 km。耐久性行驶的试验条件、里程分配、行驶试验方法按GB/T 5347的规定。

第二阶段对装有污染控制装置的轻便摩托车，其污染控制装置的耐久性里程要求为10 000 km。耐久性行驶的试验条件、里程分配、行驶试验方法按GB/T 4570的规定。

5.2.2 发动机的曲轴箱通风系统不允许有任何气体泄漏入大气。

6 生产一致性检查试验

6.1 对已通过本标准型式核准试验而获准生产的成批轻便摩托车，凡影响发动机排气污染物排放的零部件均应与进行型式核准试验时轻便摩托车的零部件一致。

6.2 为验证 6.1 规定的一致性，应从成批生产的产品中抽取样车。

6.3 通常，应以型式核准试验的轻便摩托车的试验结果报告及附录 A 所规定的项目为基础，检查样车的一致性，必要时，样车应全部或部分进行 5.2 所规定的试验。

6.3.1 为检查试验轻便摩托车的一致性，应采用以下程序：

从批量产品中抽取一辆样车进行 5.2.1.1 所述的试验。

排放限值见 5.2.1.1.3 中表 1 规定。

6.3.2 若从批量产品中抽取的样车不能满足上述 6.3.1 的要求，生产企业可要求从该批产品中另抽取若干辆样车，包含最初抽取的样车进行测量。生产企业应决定样品的数目 n。对于每种排气污染物，确定其样车测量结果的算术平均值 $\bar{x}$ 和标准偏差 s，若满足下面条件，则认为该批产品符合一致性要求。

$$\bar{x} + ks \leqslant L \qquad \cdots\cdots(1)$$

$$s = \sqrt{\frac{1}{n-1}\sum_{i=1}^{n}(x_i - \bar{x})^2} \qquad \cdots\cdots(2)$$

式中：

L——6.3.1 中给定的各种排气污染物排放的限值；

k——随 n 而变化的统计系数，其数值见表 2；

x_i——n 辆样车中第 i 辆样车的测量结果。

表 2

n	2	3	4	5	6	7	8	9	10
k	0.973	0.613	0.489	0.421	0.376	0.342	0.317	0.296	0.279
n	11	12	13	14	15	16	17	18	19
k	0.265	0.253	0.242	0.233	0.224	0.216	0.210	0.203	0.198

若 $n \geqslant 20$，则

$$k = \frac{0.860}{\sqrt{n}} \qquad \cdots\cdots(3)$$

7 试验方法

轻便摩托车工况法排气污染物排放的检验方法，见附录 C。

8 核准扩展

8.1 基准质量不同的车型

一种车型的核准可以扩展到仅在基准质量上与核准车型不同的其他车型，需要核准扩展的车型仅限于其基准质量所对应的当量惯量为通过核准车型的当量惯量及相邻的较高或较低的当量惯量。

8.2 总传动比不同的车型

通过核准的车型在下列条件下可以扩展到与核准车型仅总传动比不同的其他车型。

8.2.1 对试验中使用的各种传动比均需确定其比例：

$$E = \frac{V_{a2} - V_{a1}}{V_{a1}} \qquad \cdots\cdots(4)$$

式中：

V_{a1}、V_{a2}——分别为核准车型和要求核准扩展车型发动机转速为 1 000 r/min 时所对应的车速。

8.2.2 若各传动比均满足 $E \leqslant 8\%$，则核准可以扩展而无需重复试验。

8.2.3 若至少有一个传动比 $E > 8\%$，且每一个传动比均满足 $E \leqslant 13\%$，试验需重复进行。

8.3 基准质量和总传动比均不同的车型

如果满足 8.1 和 8.2 的全部条件，一种车型的核准可以扩展到在基准质量和总传动比方面与核准车型不同的其他车型。

8.4 三轮车辆

一种两轮车型的核准可以扩展到采用相同发动机、相同排气系统、相同传动装置或仅总传动比不同的三轮车型。

8.5 当一种车型按 8.1～8.4 方法通过核准后，该核准不得再扩展到其他车型。

附　录　A
（标准的附录）
发动机的主要特性和与试验有关的资料

A1　发动机

A1.1　生产企业________________

A1.2　型号________________

A1.3　冲程数：四冲程或二冲程[1)]________________

A1.4　气缸数及排列型式________________

A1.5　缸径________________mm

A1.6　行程________________mm

A1.7　气缸工作容积________________cm^3

A1.8　压缩比________________

A1.9　燃烧室和活塞（包括活塞环）的图纸

A1.10　冷却系统________________

A1.11　有无增压器及增压系统的说明________________

A1.12　曲轴箱气体再循环装置（说明及简图）________________

A1.13　空气滤清器：图纸或生产企业及型号________________

A1.14　润滑系统（二冲程发动机：分离润滑或混合润滑）________________

A2　污染控制装置

A2.1　催化转化器：有/无[1)]________________

A2.1.1　催化转化器和催化单元的数目________________

A2.1.2　催化转化器的尺寸及形状（体积，……）________________

A2.1.3　催化反应的类型（氧化型，三元型，……）________________

A2.1.4　贵金属的总含量和比例________________

A2.1.5　载体（结构和材料）________________

A2.1.6　孔密度________________

A2.1.7　催化转化器封装型式________________

A2.1.8　催化转化器的位置（在排气系统中的位置与参照距离）________________

A2.2　空气喷射装置：有/无[1)]________________

A2.3　废气再循环装置（EGR）：有/无[1)]________________

A3　进气和燃油供给

A3.1　进气系统和附件（进气消声器、加热装置、附加进气口等）的说明和图示________________

A3.2　燃料供给

A3.2.1　使用化油器[1)]________________数目________________

A3.2.1.1　生产企业________________

A3.2.1.2　型号________________

A3.2.1.3　调整[2)]

A3.2.1.3.1 量孔________
A3.2.1.3.2 喉管________
A3.2.1.3.3 浮子室油面高度________ } 或 { 对应于不同空气流量的供油曲线[1)2)]
A3.2.1.3.4 浮子质量________
A3.2.1.3.5 浮子针阀________

A3.2.1.4 手动或自动阻风门[1)]________闭合度调整[2)]________

A3.2.1.5 供油泵

压力[2)]________或特性曲线[2)]________

A3.2.2 使用喷射器[1)]________

A3.2.2.1 泵

A3.2.2.1.1 生产企业________

A3.2.2.1.2 型号________

A3.2.2.1.3 油泵排量________ mm^3/行程(泵速________ r/min)[1)2)]或特性曲线[1)2)]

A3.2.2.2 喷射器

A3.2.2.2.1 生产企业________

A3.2.2.2.2 型号________

A3.2.2.2.3 校正________ Pa[1)2)]或特性曲线[1)2)]

A4 气门正时

A4.1 机械操纵的气门正时

A4.1.1 气门最大升程和相对上、下止点的气门开启角和关闭角________

A4.1.2 基准间隙及或调整间隙[1)]________

A4.2 进排气口的说明

A4.2.1 活塞在上止点时曲轴箱的空间容积________

A4.2.2 若为笛簧阀,需有其技术说明(附尺寸图)________

A4.2.3 进气口、扫气口和排气口及其相应的气门相位图的技术说明(附尺寸图)________

A5 点火系统

A5.1 分电器

A5.1.1 生产企业________

A5.1.2 型号________

A5.1.3 点火提前曲线[2)]________

A5.1.4 点火正时[2)]________

A5.1.5 断电器触点间隙[2)]________

A6 排气系统

技术说明和简图________

A7 试验条件的附加说明

A7.1 润滑油

A7.1.1 生产企业________

A7.1.2 型号________

（若为混合润滑，需说明混合油中润滑油所占比例）

A7.2 火花塞

A7.2.1 生产企业____________________

A7.2.2 型号____________________

A7.2.3 火花塞调整间隙____________________

A7.3 点火线圈

A7.3.1 生产企业____________________

A7.3.2 型号____________________

A7.4 点火器

A7.4.1 生产企业____________________

A7.4.2 型号____________________

A7.5 发动机怠速时，排气中一氧化碳的容积含量（生产企业标准）____________________%

A8 发动机性能

A8.1 最低稳定转速____________________r/min[2)]

A8.2 发动机在最大功率时的转速____________________r/min[2)]

A8.3 最大功率____________________kW

A8.4 发动机在最大扭矩时的转速____________________r/min[2)]

A8.5 最大扭矩____________________N·m

1）划掉不适用者。

2）注明公差。

附 录 B
（标准的附录）
试验结果报告

B1 产品名称和商标____________________

B2 车辆型号____________________

B3 生产企业的名称和地址____________________

B4 如有生产企业代理人，其名称和地址____________________

B5 整车整备质量____________________kg

B5.1 基准质量____________________kg

B6 最大总质量____________________kg

B7 变速器

B7.1 手动/自动[1)]

B7.2 挡位数____________________

B7.3 变速器速比[2)] 一挡速比____________________

二挡速比____________________

三挡速比____________________

末级传动比____________________

轮胎：规格____________________

动态滚动周长____________________

B7.4 按本标准附录 C 中 3.1.5 条的性能检查____________________

B8 燃油____________________

B9 提交试验车辆的日期____________________

B10 负责进行试验的检验机构____________________

B11 检验机构签发报告的日期____________________

B12 检验机构签发报告的编号____________________

B13 试验结果

CO：____________________g/km

$HC+NO_x$：____________________g/km

B14 试验地点____________________

B15 试验日期____________________

B16 签署____________________

B17 本试验报告应附有下列文件：

一份填写完整的本标准附录 A 及相关图纸和简图；

一张发动机照片。

1）划掉不适用者。

2）如车辆装有自动变速器，则给出所有主要的技术参数。

附 录 C
（标准的附录）
工况法排气污染物的检验方法

C1 概述

本附录介绍了 5.2.1.1 规定的试验程序。

C2 底盘测功机上的运行循环

C2.1 循环说明

在底盘测功机上进行的运行循环如表 C1 及附件 CA 所示：

表 C1 底盘测功机上的运行循环

序号	运转状态	加速度/(m/s^2)	速度/(km/h)	运转时间/s	总时间/s
1	怠速	—	—	8	8
2	加速	节气门全开	0～最大	57	—
3	等速	节气门全开	最大		—
4	减速	－0.56	最大～20		65
5	等速	—	20	36	101
6	减速	－0.93	20～0	6	107
7	怠速	—	—	5	112

C2.2 进行循环的一般条件

必要时，应进行预试验循环，以便确定如何最好地操纵加速油门、变速杆和制动器。

C2.3 变速器的使用

必要时，应按生产企业规定的方法使用变速器。若没有使用说明，应采用以下原则：

C2.3.1 手动变速器

如有可能，在 20 km/h 等速时，发动机转速应在其最大功率对应转速的 50%～90%。当有两个以上挡位满足要求时，应采用较高挡位进行轻便摩托车试验。

在加速时，应使用能给出最大加速度的挡位进行轻便摩托车试验。当发动机转速为其最大功率对应转速的 110%时，应提高一挡。减速时，在发动机怠速运转不平稳之前，或者当发动机转速降为其最大功率对应转速的 30%时，应降低一挡。减速过程中不应换至最低挡。

C2.3.2 自动变速器和扭矩转换器。

应使用"公路"位置。

C2.4 偏差

C2.4.1 循环中的所有工况，均允许车速有±1 km/h 的偏差。工况改变时允许速度超差，但在任何情况下超过偏差的时间不能超过 0.5 s。如果不使用制动器，轻便摩托车减速过程比规定的时间短，则应采用本附录 C6.2.6.3 的规定。

C2.4.2 时间允许偏差±0.5 s。

C2.4.3 车速和时间的复合偏差如附件 CA 所示。

C3 车辆和燃料

C3.1 试验轻便摩托车

C3.1.1 轻便摩托车应处于良好的机械状况，试验前应按生产企业给出的规范进行走合，未给出规范的至少行驶 250 km。

C3.1.2　排气装置不能有任何泄漏，以免减少所收集的发动机排出的气体量。

C3.1.3　检查进气系统的密封性，以保证混合气不受意外进气的影响。

C3.1.4　发动机和轻便摩托车操纵装置应按生产企业的规定进行调整。这项要求也用于怠速(转速和排气中一氧化碳含量)、自动阻风门和排气净化系统的调整。

C3.1.5　检验机构要检查轻便摩托车能否正常行驶，特别是发动机能否在冷态和热态时起动、以及发动机的怠速平稳性。

C3.2　燃料

试验时，应使用 GB 17930 规定的研究法辛烷值 95 号车用无铅汽油的规定。润滑油的等级和数量应符合生产企业的规定。

C4　试验设备

C4.1　底盘测功机

底盘测功机的主要特性如下：

功率吸收曲线方程：从 12 km/h 的初速度起，底盘测功机应以±15%的准确度再现轻便摩托车在水平道路上、风速尽可能接近 0 m/s 行驶时发动机发出的功率。否则，功率吸收装置和测功机的内部摩擦所吸收的功率(P_A)为：

当 $0<v\leqslant 12$ km/h 时：

$$0 \leqslant P_A < Kv_{12}^3 + 5\%Kv_{12}^3 + 5\%P_{v50} \quad \cdots\cdots(C1)$$

当 $v>12$ km/h 时：

$$P_A = Kv^3 \pm 5\%Kv^3 \pm 5\%P_{v50} \quad \cdots\cdots(C2)$$

不得为负值(校验方法见附件 CC)。

式中：

K——底盘测功机特性值；

v——车速，km/h；

P_{v50}——车速为 50 km/h 时吸收的功率 kW。

基本惯量：100 kg；

附加惯量：从 10 kg 到 10 kg 的整数倍，也可采用等效的电惯量模拟；

转鼓直径应不小于 400 mm；

转鼓上应装有可回零的转速计以测量实际行驶的距离。

C4.2　气体收集装置

气体收集装置如下所述(见附件 CB)：

C4.2.1　该装置用于采集试验期间产生的全部排气，并能在轻便摩托车排气口处保持大气压力。

C4.2.2　排气收集装置与排气取样系统之间的连接管。

该连接管和收集装置应用不影响收集气体成分并能承受其温度的不锈钢或其他材料制成。

C4.2.3　稀释排气的抽取设备应有足够容积的恒定流量以保证全部排气被吸入。

C4.2.4　装在气体收集装置外部的取样探头，通过泵、滤清器、流量计，在整个试验过程中以恒定流量对稀释空气进行取样。

C4.2.5　处于稀释排气管路中的取样探头，必要时通过滤清器、流量计和泵，在整个试验过程中以固定流量对稀释排气进行取样。在这两个取样装置中，最低取样流量应为 150 L/h。

C4.2.6　在整个试验过程中，上述取样系统中的三通阀把取样气流直接引到它们各自的取样袋或排向大气。

C4.2.7　用于收集稀释空气和稀释排气混合气的气密取样袋应具有足够的容积，以使取样气流不受阻止，且取样袋不能改变有关气体污染物的性质。取样袋应有一自动的闭合装置，便于快速而紧密地在试验后与取样系统或与分析系统相连。

C4.2.8 应提供确定试验期间通过取样系统的稀释气体总容积的方法。

C4.3 分析设备

C4.3.1 取样探头应设置在通向取样袋的取样管或取样袋的排空管内。取样探头应采用对气体成分没有影响的不锈钢或其他材料制成。取样探头和通向分析仪的连接管应处于环境温度下。

C4.3.2 应具备以下类型的分析仪

不分光红外线吸收型分析仪：用于一氧化碳测量；

氢火焰离子化型分析仪：用于碳氢化合物测量；

化学发光型分析仪：用于氮氧化物测量。

C4.4 仪器和测量准确度

C4.4.1 由于测功机在单独的试验中校验（本附录 C5.1），因此没必要标明其准确度。包括转鼓和功率吸收装置旋转部件在内的旋转质量的总惯量（本附录 C4.1），其测量准确度为±5 kg。

C4.4.2 轻便摩托车的行驶距离通过转鼓的转动来测量，其测量准确度为±10 m。

C4.4.3 车速通过转鼓的转动速度来测量，在车速超过 10 km/h 以上时，其测量准确度为±1 km/h。

C4.4.4 环境温度的测量准确度为±2℃。

C4.4.5 大气压力的测量准确度为±0.2 kPa。

C4.4.6 空气相对湿度的测量准确度为±5%。

C4.4.7 在不考虑标准气体准确度的条件下，要求测量的各种污染物成分的测量准确度应为±3%。分析系统的总响应时间应少于 1 min。

C4.4.8 标准气体的浓度与其标称值的误差不超过±2%。一氧化碳和氮氧化物的稀释剂为氮气，碳氢化合物（丙烷）的稀释剂为空气。

C4.4.9 冷却风速的测量准确度为±5 km/h。

C4.4.10 运行循环和收集气体的持续时间误差为±1 s。该时间的测量准确度为±0.1 s。

C4.4.11 稀释气体总容积的测量准确度为±3%。

C4.4.12 总流量和取样流量应稳定在±5%以内。

C5 试验准备

C5.1 测功机调整

应调整功率吸收装置以保证油门全开时轻便摩托车在测功机上的速度等于其在道路上可能达到的最大速度（±1 km/h 的偏差）。该道路上可能达到的最大速度与生产企业标定的最大速度之差不大于±2 km/h。当轻便摩托车装有最大车速调整装置时，应考虑该装置的影响。

C5.2 轻便摩托车当量惯量的调整

按表 C2 给出的限值调整飞轮，以得到代表轻便摩托车基准质量对应的旋转质量的总惯量。

表 C2

车辆基准质量 R/kg	当量惯量/kg
$R \leqslant 105$	100
$105 < R \leqslant 115$	110
$115 < R \leqslant 125$	120
$125 < R \leqslant 135$	130
$135 < R \leqslant 145$	140
$145 < R \leqslant 165$	150
$165 < R \leqslant 185$	170

表 C2(续)

车辆基准质量 R/kg	当量惯量/kg
185<R≤205	190
205<R≤225	210
225<R≤245	230
245<R≤270	260
270<R≤300	280
300<R≤330	310
330<R≤360	340
360<R≤395	380
395<R≤435	410
435<R≤475	—

C5.3 轻便摩托车的冷却

C5.3.1 在整个试验过程中,辅助冷却风机应位于轻便摩托车前方,以便冷却风直接吹向发动机。气流速度应为(25±5) km/h,风机出口截面积至少为 0.20 m²,并在前轮前方 30～45 cm 与轻便摩托车纵轴垂直。用于测量空气线速度的装置应位于气流中部且距空气出口 20 cm。在整个风机出口面上,空气线速度应尽可能接近常数。

C5.3.2 轻便摩托车也可用以下方式冷却。可变速气流吹过轻便摩托车,风机的速度范围应在 10～50 km/h 之间调整,风机出口处空气的线速度应在相应转鼓速度±5 km/h 以内。当转鼓等效速度低于 10 km/h时,空气速度可以为零。风机出口截面积至少为 0.20 m²,并且风机出口的底部应距离地面 15～20 cm,风机出口应在前轮前方 30～45 cm 与轻便摩托车纵轴垂直。

C5.4 轻便摩托车调整

C5.4.1 轮胎压力应为生产企业推荐的正常道路使用压力。若转鼓直径小于 500 mm 时,则轮胎压力可增加 30%～50%。

C5.4.2 驱动轮载荷:驱动轮上的载荷与轻便摩托车在正常道路使用状态下乘坐一名(75±5) kg 的驾驶员时的载荷相差±3 kg 以内。

C5.4.3 在第一个测量循环开始之前,轻便摩托车应连续运行 4 个 112 s 的循环,以便预热发动机。

C5.5 背压检查

C5.5.1 在预试验中,应检查取样装置的背压,以保证该压力与大气压力相差±0.75 kPa。

C5.6 分析设备的校正

C5.6.1 分析仪器的校正

按仪器要求调整指示压力,通过装在各气瓶上的流量计或压力表将一定量气体注入分析仪器。调整仪器使其指示值稳定,且与标准气瓶上的标称值一致。从最高浓度的标准气开始对仪器进行校正,作出所用的各种标准气浓度下分析仪器的偏差曲线。

C5.6.2 仪器的总响应时间

将最高浓度的标准气引入取样探头末端,检查与最大偏差相应的指示值是否在 1 min 内达到,如果达不到,则应从一端到另一端检查分析回路是否泄漏。

C6 测量程序

C6.1 进行循环的规定条件

C6.1.1 在整个试验期间,底盘测功机所处的实验室室内温度应在 20～30℃之间。

C6.1.2 试验时轻便摩托车应尽可能水平放置,以避免燃油和机油的不正常供给。

C6.1.3 试验期间应绘制车速-时间曲线,以便判断循环运行的准确性。

C6.2 起动发动机

C6.2.1 在仪器设备进行了采集、稀释、分析和测量气体的预操作后(见C7.1),按生产企业的说明,利用阻风门、起动阀等装置起动发动机。

C6.2.2 第一个测量循环开始,收集样气及通过吸气泵测量流量同步进行。

C6.2.3 怠速

C6.2.3.1 手(脚)动变速器

为使加速能按正常循环进行,轻便摩托车应在怠速后、加速前5 s内脱开离合器,置于一挡。

C6.2.3.2 自动变速器和扭矩转换器

试验开始时,轻便摩托车若有“市区”和“公路”两个选择时,应选择“公路”位置。

C6.2.4 加速

在每一个怠速工况结束时,应全开油门进行加速阶段,必要时使用变速器以尽可能快地达到最大速度。

C6.2.5 等速

最大等速阶段应保持油门全开,直到减速工况开始。在20 km/h的等速阶段,油门位置尽可能保持固定。

C6.2.6 减速

C6.2.6.1 油门完全关闭,若有手动变速器,应保持离合器结合。在车速为10 km/h时,不操作变速杆,使发动机离合器手动脱开。

C6.2.6.2 若减速过程比规定的相应时间长,则应使用轻便摩托车制动器,以便循环按规定进行。

C6.2.6.3 若减速过程比规定的相应时间短,则应进行一段等速或怠速运行,并入其后的等速或怠速运行来恢复理论循环定时。此时,C2.4.3的规定不予采用。

C6.2.6.4 在第二个减速阶段结束时,此时转鼓上的轻便摩托车已停止,若有手动变速器,变速器应置于空挡,离合器保持接合。

C7 取样和分析程序

C7.1 取样

C7.1.1 如C6.2.2所示,取样应在试验循环开始时进行。

C7.1.2 取样完成以后,取样袋应尽快密封。

C7.1.3 最后一个循环的终了,稀释排气和稀释空气取样系统应关闭,发动机产生的气体随即排入大气。

C7.2 分析

C7.2.1 每个取样袋中的气体应尽可能立即进行分析,在任何情况下不得超过取样袋充气完成后20 min。

C7.2.2 如果取样探头不是永久地安装在取样袋上,应避免安装探头过程中空气进入取样袋和在取出探头过程中气体从袋中泄漏。

C7.2.3 分析仪应在与取样袋连接后1 min内显示稳定值。

C7.2.4 在稀释排气取样系统和稀释空气收集袋中的HC、CO和NO_x的浓度将由测量仪器的读数或运用合适校正曲线的记录来确定。

C7.2.5 废气分析中各种气体污染物的浓度应在测量装置稳定后读出。

C8 气体污染物排放量的确定

C8.1 试验中轻便摩托车排出的一氧化碳的质量应由下式计算:

$$m_{CO} = \frac{1}{S} \times V \times d_{CO} \times \frac{c_{CO}}{10^6} \qquad \cdots\cdots\cdots\cdots (C3)$$

式中：

m_{CO}——试验中排出的一氧化碳的质量，g/km；

S——实际行驶的距离，km，它可由转数计累计转数与转鼓周长的乘积得到；

d_{CO}——一氧化碳在温度为 273 K、大气压力为 101.33 kPa 时的密度，$d_{CO}=1.25\ kg/m^3$；

c_{CO}——稀释排气中一氧化碳的容积浓度，10^{-6}，考虑到稀释空气中的污染物，进行如下校正：

$$c_{CO}=e_{CO}-d_{CO}\left(1-\frac{1}{DF}\right) \quad\cdots\cdots\cdots\cdots\cdots\cdots\cdots\cdots\cdots\cdots(C4)$$

式中：

e_{CO}——收集在 S_a 袋内稀释排气样气中的一氧化碳容积浓度，10^{-6}；

d_{CO}——收集在 S_b 袋内稀释空气样气中的一氧化碳容积浓度，10^{-6}；

DF——下述 C8.4 条规定的系数；

V——温度为 273 K 和大气压力为 101.33 kPa 基准条件下稀释排气的总容积，m^3/每次试验。

当使用定容泵取样和容积测量系统时：

$$V=V_0\times N\frac{(P_a-P_i)\times 273}{101.33\times(T_p+273)} \quad\cdots\cdots\cdots\cdots\cdots\cdots\cdots\cdots\cdots\cdots(C5)$$

式中：

V_0——泵 P_1 一转所排出气体的容积，m^3/r。该容积是 P_1 泵进出口截面积差的函数；

N——四个循环中泵 P_1 的转数；

P_a——大气压力，kPa；

P_i——4 个试验循环中 P_1 泵进口截面处的真空度，kPa；

T_p——在 P_1 泵进口截面处测得的 4 个试验循环中稀释排气的平均温度，℃。

当使用临界流量文氏管气体取样和容积测量系统时，应连续记录表示容积流量的参数，并计算出测量期间的总容积。

C8.2 试验中轻便摩托车排出的碳氢化合物的质量应由下式计算：

$$m_{HC}=\frac{1}{S}\times V\times d_{HC}\times\frac{c_{HC}}{10^6} \quad\cdots\cdots\cdots\cdots\cdots\cdots\cdots\cdots\cdots\cdots(C6)$$

式中：

m_{HC}——试验中排出的碳氢化合物质量，g/km；

S——上述 C8.1 中规定的距离，km；

V——总容积(见 C8.1)；

d_{HC}——碳氢化合物在温度为 273 K 和大气压力为 101.33 kPa 时的密度，$d_{HC}=0.619\ kg/m^3$(这里取平均碳氢比为 1∶1.85)；

c_{HC}——稀释排气中的碳当量的容积浓度(如丙烷的浓度乘以 3)，10^{-6}，考虑到稀释空气中的污染物，进行如下校正：

$$c_{HC}=e_{HC}-d_{HC}\left(1-\frac{1}{DF}\right) \quad\cdots\cdots\cdots\cdots\cdots\cdots\cdots\cdots\cdots\cdots(C7)$$

式中：

e_{HC}——收集在 S_a 袋内稀释排气样气中的碳氢化合物容积浓度，10^{-6}；

d_{HC}——收集在 S_b 袋内稀释空气样气中的碳氢化合物容积浓度，10^{-6}；

DF——下述 C8.4 规定的系数。

C8.3 试验中轻便摩托车排出的氮氧化物的质量应用下式计算：

$$m_{NO_x}=\frac{1}{S}\times V\times d_{NO_2}\times\frac{c_{NO_x}\cdot K_h}{10^6} \quad\cdots\cdots\cdots\cdots\cdots\cdots\cdots\cdots\cdots\cdots(C8)$$

式中：

m_{NO_x}——试验中排出的氮氧化物的质量，g/km；

S——上述 C8.1 规定的距离，km；

V——总容积（见 C8.1）；

d_{NO_2}——排气中氮氧化物的密度，用 NO_2 当量表示，在温度为 273 K 和大气压力为 101.33 kPa 时为 2.05 kg/m³；

c_{NO_x}——稀释排气中的氮氧化物容积浓度，10^{-6}，考虑到稀释空气中的污染物，进行如下校正：

$$c_{NO_x} = e_{NO_x} - d_{NO_x}\left(1 - \frac{1}{DF}\right) \quad \cdots\cdots (C9)$$

式中：

e_{NO_x}——收集在 S_a 袋内稀释排气样气中的氮氧化合物容积浓度，10^{-6}；

d_{NO_x}——收集在 S_b 袋内稀释空气样气中的氮氧化合物容积浓度，10^{-6}；

DF——下述 C8.4 规定的系数；

K_h——湿度校正系数；

$$K_h = \frac{1}{1 - 0.0329(H - 10.7)} \quad \cdots\cdots (C10)$$

式中：

H——绝对湿度，H（H_2O/干空气）＝g/kg；

$$H = \frac{6.2111 \times U \cdot P_d}{P_a - P_d \frac{U}{100}} \quad \cdots\cdots (C11)$$

式中：

U——相对湿度，%；

P_d——在试验湿度下水的饱和蒸汽压力，kPa；

P_a——大气压力，kPa。

C8.4 DF 是由下式表示的系数：

$$DF = \frac{14.5}{c_{CO_2} + 0.5c_{CO} + c_{HC}} \quad \cdots\cdots (C12)$$

式中：

c_{CO}、c_{CO_2} 和 c_{HC} 是在 S_a 袋内稀释排气样气中一氧化碳、二氧化碳和碳氢化合物的容积浓度，%。

附 件 CA
工况法试验的运行循环

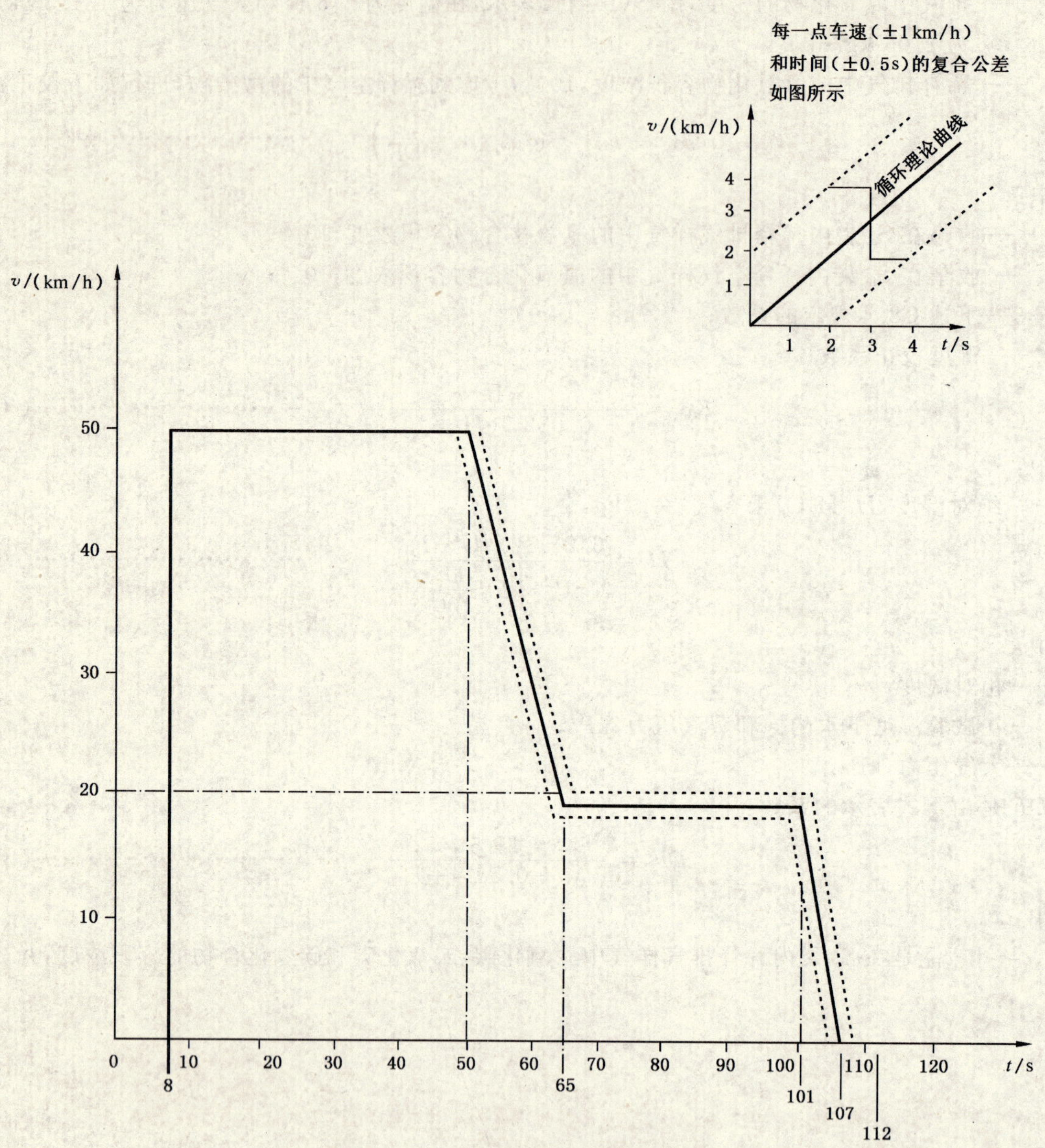

图 CA1 工况法试验的运行循环

附 件 CB
气体收集装置示例

示例 1

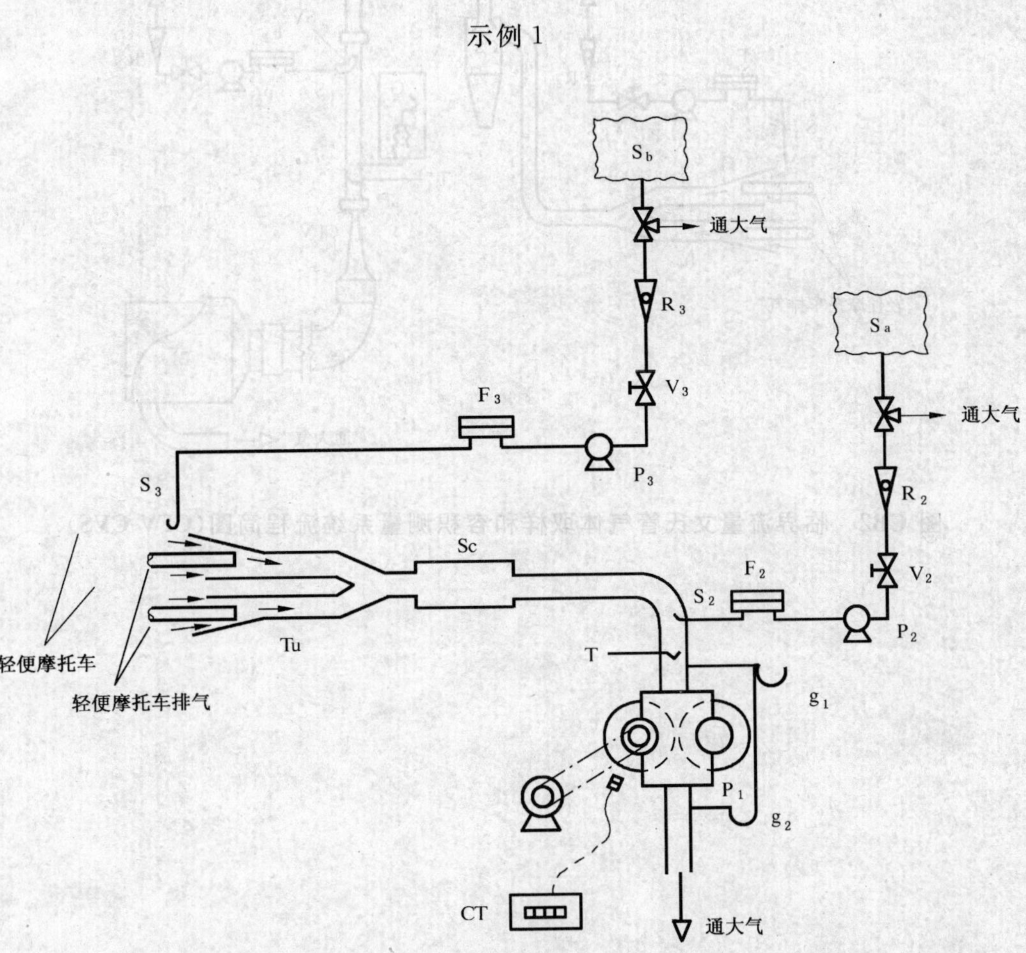

图 CB1 定容泵气体取样和容积测量系统流程简图(PDP-CVS)

示例 2

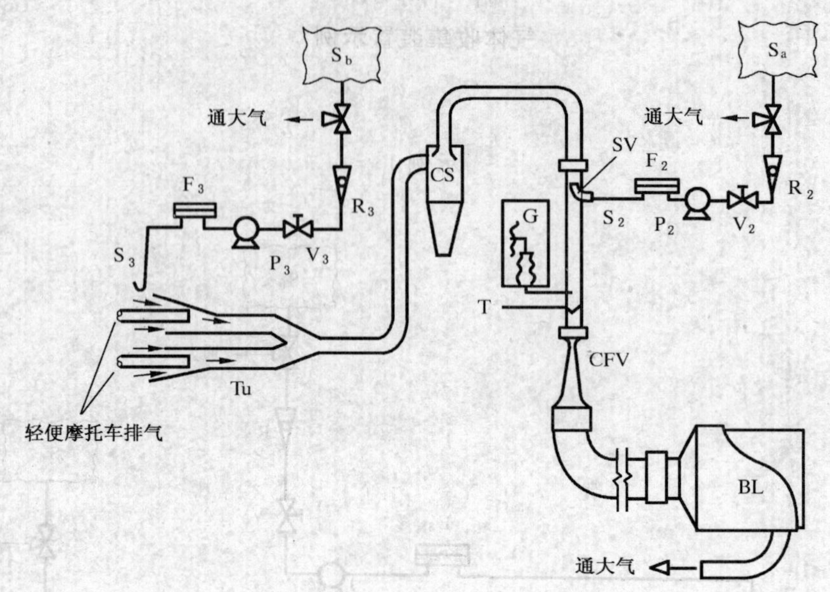

图 CB2　临界流量文氏管气体取样和容积测量系统流程简图(CFV-CVS)

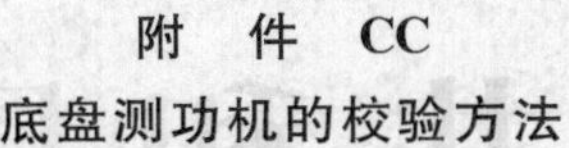

附 件 CC
底盘测功机的校验方法

CC1 范围

本附件叙述了检验底盘测功机吸收功率曲线与本附录中 C4.1 要求的吸收曲线一致性的方法。测量的吸收功率包括摩擦吸收的功率和功率吸收装置吸收的功率,未考虑轮胎与转鼓之间的摩擦损失。

CC2 原理

本方法通过测量转鼓的减速时间来计算吸收功率。系统的动能被功率吸收装置和测功机的摩擦所消耗。本方法忽略了由轻便摩托车质量而引起的转鼓内部摩擦的变化。

CC3 试验程序

CC3.1 底盘测功机加上与试验轻便摩托车质量相应的惯量模拟系统。

CC3.2 根据本附录中 C5.1 规定的方法调整功率吸收装置。

CC3.3 使转鼓运转至 $v+10$ km/h 的速度。

CC3.4 脱开转鼓驱动系统,使转鼓自由减速。

CC3.5 记录转鼓从 $v+0.1v$ 减速到 $v-0.1v$ 所用的时间。

CC3.6 用下式计算吸收功率:

$$P_A = 0.2 \times \frac{mv^2}{t} \times 10^{-3}$$

式中:

P_A——测功机吸收的功率,kW;

m——当量惯量,kg;

v——CC3.3 规定的试验速度,m/s;

t——转鼓从 $v+0.1v$ 减速到 $v-0.1v$ 所用的时间,s。

CC3.7 在 10~50 km/h 的范围内,以 10 km/h 为间隔,重复上述 CC3.3~CC3.6 所述的过程。

CC3.8 画出吸收功率与车速之间的关系曲线。

CC3.9 检查该曲线是否在 C4.1 给出的偏差范围内。

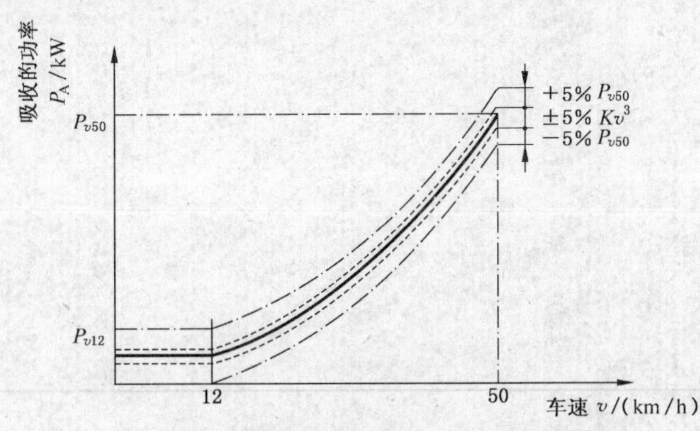

图 CC1 吸收功率与车速之间的关系曲线

ICS 13.110
J 09

中华人民共和国国家标准

GB 18209.3—2002/IEC 61310-3:1999

机械安全 指示、标志和操作 第3部分:操作件的位置和操作的要求

Safety of machinery—Indication, marking and actuation—Part 3: Requirements for the location and operation of actuators

(IEC 61310-3:1999,IDT)

2002-10-01 发布　　2003-10-01 实施

中华人民共和国
国家质量监督检验检疫总局 发布

前言

本部分的第4章、第5章为强制性条款，其余为推荐性条款。

本部分等同采用国际标准IEC 61310-3:1999《机械安全　指示、标志和操作　第3部分:操作件的位置和操作的要求》，技术内容与该国际标准等同，编写规则基本一致。

GB 18209在《机械安全　指示、标志和操作》总标题下，包括以下三个部分:

——第1部分:关于视觉、听觉和触觉信号的要求(GB 18209.1—2000);

——第2部分:标志要求(GB 18209.2—2000);

——第3部分:操作件的位置和操作的要求(GB 18209.3—2002)。

本部分的附录A和附录B是资料性附录。

本部分由中国机械工业联合会提出。

本部分由全国工业机械电气系统标准化技术委员会归口。

本部分起草单位:北京机床研究所。

本部分主要起草人:孙涓、黄麟、黄祖广。

IEC 前言

1）IEC（国际电工委员会）是由各国家电工委员会（IEC 国家委员会）组成的世界标准化组织。IEC 的宗旨是促进电气和电子领域有关标准化所有问题的国际合作。为此目的和其他活动的需要，IEC 出版国际标准。标准的制定委托给技术委员会，任何 IEC 国家委员会如对所涉及题目感兴趣均可参加其制定工作。与 IEC 有联系的国际、政府和非政府组织也可参加标准的制定工作。IEC 和国际标准化组织（ISO）按照两个组织商定的条件密切合作。

2）IEC 关于技术问题的决议或协议，是由特别关心这些问题的所有国家委员会代表出席的技术委员会所制定，对所述问题尽可能表达国际的一致意见。

3）文件以推荐的方式供国际使用，以标准、技术报告或指南的形式出版，并在这种意义上为各国家委员会所接受。

4）为了促进国际统一，IEC 国家委员会有责任将 IEC 国际标准最大限度地应用于他们的国家和地区标准。IEC 标准与其相应的国家或地区标准间的任何差异均应在国家标准或地区标准中明确指出。

5）IEC 对任何声称符合 IEC 标准的设备不提供表示批准的标志方法，也不对其负责。

6）值得注意的是在本国际标准中可能有些元件受专利权条件限制。IEC 将不负责确认任何或所有这类的专利。

国际标准 IEC 601310-3 是由 IEC/TC 44：机械安全—电工技术委员会制定的。来源于 CENELEC（欧洲电工标准化委员会）44X 技术委员会发起并与 CEN（欧洲标准化委员会）114 技术委员会合作制定的文件 PrEN50099-3。

本部分可以作为，例如 ISO 和 IEC 技术委员会指定机械产品系列标准或专用产品标准的引用标准使用。对于没有产品系列标准或专用产品标准的机械，机械供应商也可以采用本部分的技术要求。凡有产品系列标准或专用产品标准的，则优先采用。

本部分正文基于如下文件：

FDIS	表决报告
44/246/FDIS	44/249/RVD

有关本部分获准的全部信息可从上表所示的表决报告中查出。

IEC 61310 冠总标题“机械安全—指示、标志和操作”，在总标题下由如下部分组成：

——第 1 部分：关于视觉、听觉和触觉信号的要求；

——第 2 部分：标志要求；

——第 3 部分：操作件位置和操作的要求。

附录 A 和附录 B 仅作为信息提供。

机械安全　指示、标志和操作
第3部分:操作件的位置
和操作的要求

1　范围

本部分规定了在人机接口用手或人体的其他部分操纵的操作件的有关安全要求。

本部分规定一般要求如下:

——操作件运动的一般方位;

——一个操作件相对其他操作件的布置;

——作用与其最终效应之间的相关性。

本部分以IEC 60447为基础,但也适用于非电工技术工艺,如机械和流体动力系统。

本部分适用于单个操作件和构成组件部分的操作件组。

2　规范性引用文件

下列文件中的条款通过GB 18209的本部分的引用而成为本部分的条款。凡是注日期的引用文件,其随后所有的修改单(不包括勘误的内容)或修订版均不适用于本部分,然而,鼓励根据本部分达成协议的各方研究是否可使用这些文件的最新版本。凡是不注日期的引用文件,其最新版本适用于本部分。

GB/T 5226.1　机械安全　机械电气设备　第1部分:通用技术条件(GB 5226.1—2002,IEC 60204-1:2000,IDT)

GB/T 15706.1—1995　机械安全　基本概念与设计通则　第1部分:基本术语、方法学(eqv ISO/TR 12100-1:1992)

GB/T 15706.2—1995　机械安全　基本概念与设计通则　第2部分:技术原则与规范(eqv ISO/TR 12100-2:1992)

GB 18209.1—2000　机械安全　指示、标志和操作　第1部分:关于视觉、听觉和触觉信号的要求(idt IEC 61310-1:1995)

GB 18209.2—2000　机械安全　指示、标志和操作　第2部分:标志要求(idt IEC 61310-2:1995)

IEC 60073:1996　人机接口、标志和指示的基本安全通则　指示器和操作件的编码原则

IEC 60447:1993　人机接口(MMI)　操作原则

EN 894-2:1997　机械安全　显示器和操作件设计的人类工效学要求　第2部分:显示器

3　定义

除GB 18209.1—2000和GB 18209.2—2000采用的定义外,本部分还适用如下定义。

3.1

作用　action

人身体的一部分(例如:指、手、脚)为操纵操作件所需的运动。

3.2

最终效应　final effect

操作者在进行操作时所要求达到的预期结果。

4　一般要求

应在机械设计的早期阶段就应考虑本部分，并应在机械装配的全过程以明确方式加以应用。应对机械的预期应用的场合和因机械几何走向以及操作者的位置、技能、姿态和观察方向（见GB 18209.1—2000中4.2.2）所受到的限制加以考虑。参见GB/T 14777。

操作件应是：

——可明确识别的（见GB 18209.1—2000和IEC 60073）；

——适当地做了标志的（见GB 18209.2—2000）；

——设计保证安全和适时的操作的（见IEC 60447）；

——按照有关的人类工效学原则选择和设计（见EN 894-2）；

——设计和选择能承受预期的环境和使用条件；

——设计能够避免使用中可预知的磨损和破裂的。

操作件的布置应使：

——它们在危险区外，那些必须安置在危险区内的操作件例如急停、示教吊挂装置等例外。（见GB/T 15706.2—1995中3.7.8）；

——操作不能引起附加的危险；

——操作者能够判明最终效应已经实现（直接或通过反馈/应答装置）；

——根据第5章，操作件的作用与其最终效应是一致的（更详细的信息见IEC 60447）；

——避免面板的镜像对称布置。

无论在什么情况下，起动操作件的位置应使操作者在操纵时能够看到控制元件（见GB/T 15706.2—1995中3.7.8）。

注：对于机械或过程要起动时，注意听觉和/或视觉警告信号，见GB/T 15706.1—1995中3.6.7。

停止操作件应放在靠近每个起动操作件的地方。起动/停止功能通过保持运转操作装置来执行的场合。若松手时由于保持运转操作件失灵无法传递停止指令可能会引起危险时，应配置单独的停止操作件（见GB/T 15706.2—1995中的3.7.8）。

操作件应根据它们是控制一个过程，一台机械或一套设备的操作关系或功能关系来进行逻辑组合（参见IEC 60447）。

操作时，操作件不应导致设备出现不确定的或危险的状态。

操作件的意外操作可能导致危险情况应尽量避免。必要时，应采用下列一种或多种结构措施：

——凹进或覆盖的操作件；

——增加操作件的操纵力；

——使用锁紧装置；

——操作件置于不可能被偶然碰撞的地方；

——使用一组需要按顺序作用的操作件；

——使用双手控制装置（参见ISO 13851）；

——使用使能器件。

作用是间接引发（例如采用键盘）时，应清晰显示要进行的操作并应给操作者明确的操作确认（视觉和听觉的反馈）（参见GB/T 15706.2—1995中的3.6.6）。

涉及高要求的安全功能时，操作者的视觉完全被占用或能见条件度受限制的情况下，操作件的位置应容易通过触觉来辩认（关于触摸的具体要求参见GB 18209.1—2000）。

5 动作和效应

注:关于附加信息参见 EN 894-2。

5.1 原则

对于一台给预期用户的机械,施加在操作件的作用和最终效应之间的相关性是明显的。这种相关性基于作用和最终效应分为两类。

中间结果导致最终效应在本部分中不做考虑。

注:作为例子,对于一个可变速驱动装置,最终效应引起的是运转速度,它由作用引起,而不是数据处理单元的输出指令引起,也不是磁场调整器的变化而引起。

5.2 最终效应

由作用引起的最终效应通常能够分成两类相对的效应。

对于不能根据增加/减少的效应来划分的最终效应,例如试验、帮助、使能器件等,这些操作件的布置建议应仍然遵循第 4 章所给出的一般要求。

表 1(由 IEC 60447:1993 的表 A.2 得出)所示不同类型的效应可分为两组。

表 1 最终效应的分类

效应的性质	引起的最终效应	
	1类	2类
物理量的变化(电压、电流、功率、速度、频率、温度、光强度、压力、流量、力、声级等)	增值的	减值的
条件的改变	投入运行 起动 加速 接通 引燃 开通阀 填满	退出运行 停止 减速 断开 熄灭 闭合阀 排空
受控物体运动相对于 ——它的基本轴 ——操作者	向上 向右 向前(离开操作者)	向下 向左 向后(朝向操作者)

5.3 作用

作用(见表 2 和附录 A)还可基于以下两点分成两类:

——一个操作件具有两个操作方向时的运动方向,那么作用是人体某部分的相关运动;

——只有单一操作方向(如上升)的一组操作件只产生一个最终效应,任一给定操作件在组中有固定位置。那么此作用是人体一部分朝向给定操作件的运动。

按操作的性质分成 1 类和 2 类(见表 2)是基于:

——作用的方向;

——作用施加点。

表 2(与 IEC 60447:1993 中的表 A.1 等同)表示一个作用如何按操作件的不同类型和布置分类,附录 A(与 IEC 60447:1993 的附录 B 等同)给出单一功能操作件的例子。

表 2 作用的分类

<table>
<tr><th colspan="2" rowspan="2">操作件的种类</th><th colspan="2" rowspan="2">作用的性质</th><th colspan="2">操作方向</th></tr>
<tr><th>1 类</th><th>2 类</th></tr>
<tr><td colspan="2">手轮、手柄、旋钮</td><td colspan="2">转动</td><td>顺时针 ⌒→</td><td>逆时针 ←⌒</td></tr>
<tr><td colspan="2" rowspan="3">基本是线性运动的把手、操纵杆、推拉式按钮等[a]</td><td colspan="2">垂直运动</td><td>向上 ↑</td><td>向下 ↓</td></tr>
<tr><td rowspan="2">水平运动</td><td>右—左</td><td>向右 →</td><td>向左 ←</td></tr>
<tr><td>前—后[b]</td><td>离开操作者 ⊗</td><td>朝向操作者 ⊙</td></tr>
<tr><th colspan="2" rowspan="2">操作件组的种类</th><th colspan="2" rowspan="2">作用的性质</th><th colspan="2">操作点</th></tr>
<tr><th>组 1</th><th>组 2</th></tr>
<tr><td rowspan="2">具有相反效应的一组把手、按钮、拉杆、拉线等</td><td>一个在另一个的上面</td><td colspan="2" rowspan="2">按、拉等</td><td> 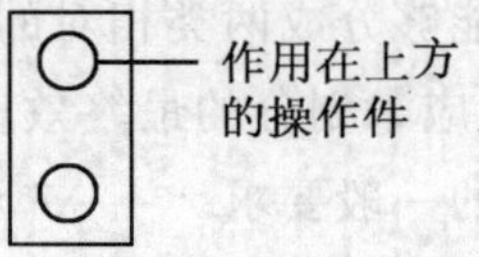作用在上方的操作件</td><td> 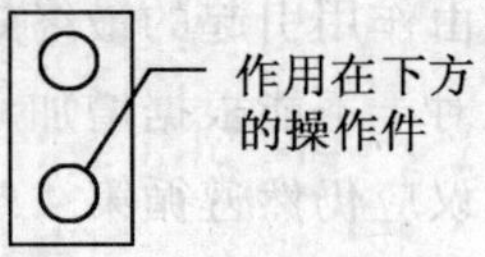作用在下方的操作件</td></tr>
<tr><td>一个在另一个的旁边</td><td> 作用在右方的操作件</td><td> 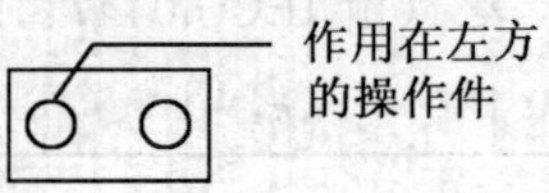作用在左方的操作件</td></tr>
<tr><th colspan="2">操作件的种类</th><th colspan="2">作用的性质</th><th colspan="2">操作的分类</th></tr>
<tr><td colspan="2">带有 XY-VDU 的 VDT 控制器</td><td colspan="2">(按键)的移动和运动</td><td colspan="2" rowspan="3">操作的方向和施加点:
不分类</td></tr>
<tr><td colspan="2">键盘</td><td colspan="2">键的类型</td></tr>
<tr><td colspan="2">敏感(表面)区域</td><td colspan="2">触摸</td></tr>
<tr><td colspan="6">a 附加信息参见 IEC 60447。
b 就应用范围而言,表 2 中给出的规定适用于其他操作件组。</td></tr>
</table>

5.4 作用和最终效应之间的相关性

1 类操作应导致 1 类最终效应。

2 类操作应导致 2 类最终效应。

例如:

a) 手轮的顺时针旋转导致速度增加;

b) 操纵杆向左移动导致物体向左运动;

c) 操纵柄的运动是在与受控物体的预期运动相同的方向上。

在操作者与机械的相对位置会改变(特别在活动机械和/或遥控便携操作件组的情况下)时,机械运动的方向可能变得不明确,那么应在机械的活动部分上或其附近贴上与操作件上或附近的符号和/或颜色相应的适当标志。

因特殊理由(参见注 1 和注 2),已形成的习惯做法不符合上述原则时,则:

——人体部分的移动方向和引致的最终效应应在操作件上或其附近给出;

——为使这种做法符合(标准)的要求,应当通过改变所用的操作件的种类(例如由操纵杆改为按钮)来实现。如操作件的类型不适合改变时,操作者应进行专门训练。

注 1:这样的特殊理由可能包括这些情况:已经存在来自于用户的对这种式样的特殊操作件应当继续有效的非常确实的期望。特殊理由也包含这些情况:在操纵与最终效应之间技术上难以保持相关性。例如,流体控制阀通常是顺时针旋转使流量减少。

注 2:操作件的特殊种类和特殊用途的技术要求见 IEC 60447 例如:

——用控制杆升高和降低;

——推拉式按钮；

——脚操纵操作件。

5.5 停止

许多类型的操作件，有专门的位置留给停止效应。此位置应如下设置：

a) 对于从停止持续操纵一个线性运动或角度运动的操作件，停止位置应在运动的最左端、最下端，或逆时针的终点。

b) 对于从停止持续操纵两个相反的线性运动或角度运动的操作件，停止位置应放在动程的中间。

一组操作件，组中每个操作件给定一个最终效应且具有相同的操作方向，停止器件应放在该操作件组的左端、下端。

一组操作件引发相反效应时，停止操作件应放在该组操作件的中间。

注：紧急停止操作件的要求见 GB/T 5226.1，IEC 60947-5-5 和 GB 16754—1997。

附 录 A
（资料性附录）
单一功能操作件的典型示例

A.1 操作件的类型

A.1.1 概述

表 A.1 所示是操作件的典型示例，在每个图中的箭头表示导致的最终效应的作用的分类（参照表 2）。

操作方向是按人站在操作位置面朝操作件来理解确定的。表中各图的操作位置由图号的位置指示。

A.1.2 旋转

如果旋转手柄配有角度指示器，则其运动总是看作旋转运动（见表 A.1 的图 15）。

从三个基本坐标轴的一个轴向另一个轴运动，如表 A.1 的图 13 所示的旋转运动。

A.1.3 线性运动

近乎平行于基本轴的运动，即在另一个轴的两端均等同分布的运动，在总的允许角度运动不超过 120°时，被认为是一个线性运动（见表 A.1 的图 22，23，24，32，33，34，42，43 和 44）。

角度位移较小（见表 A.1 的图 21，31，41 和 51），或只有旋转操作件外圆小部分可接近时，例如有一部在外壳内的手轮或搁在槽里的旋钮（见表 A.1 的图 25 和 35），这个操作件被视为具有线性运动。

表 A.1 一些种类的操作件运动方向示例

操作者被视为是在图号的位置。每个图中，箭头相应于 1 类操作。

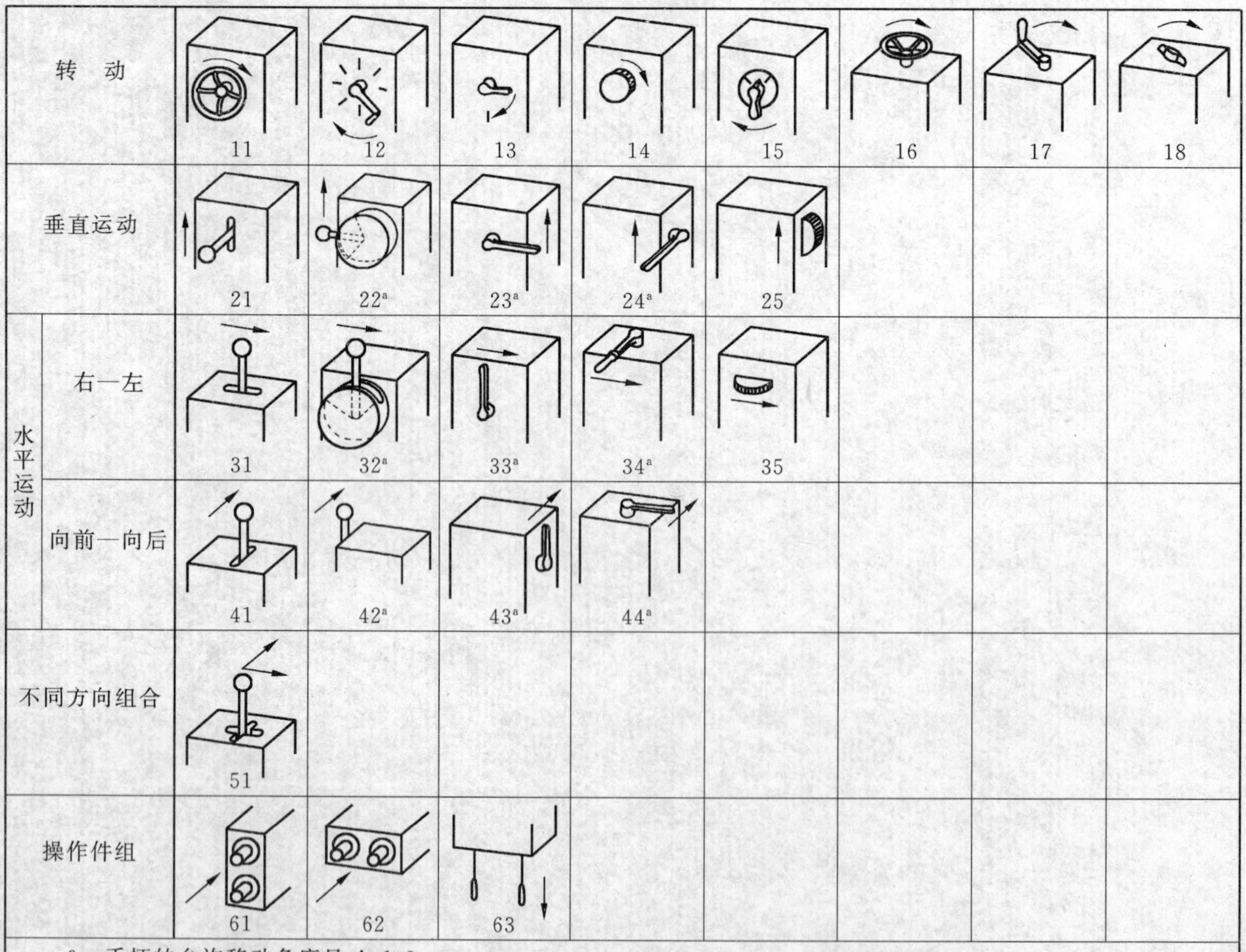

转动		11	12	13	14	15	16	17	18
垂直运动		21	22[a]	23[a]	24[a]	25			
水平运动	右一左	31	32[a]	33[a]	34[a]	35			
	向前一向后	41	42[a]	43[a]	44[a]				
不同方向组合		51							
操作件组		61	62	63					

a 手柄的允许移动角度见 A.1.3。

附 录 B
(资料性附录)
参 考 文 献

GB/T 14777—1993 几何定向及运动方向(neq ISO 1503:1977)

GB 16754—1997 机械安全 急停 设计原则(eqv ISO/IEC 13850:1995)

IEC 60947-5-5:1997 低压开关设备和控制设备 第5部分:控制电路装置和开关元件 带有机械锁紧功能的电子急停装置

ISO 13851 机械安全 双手控制装置 功能特征和设计原则

前　言

本标准等同采用 IEC 61557-2:1997《交流 1 000 V 和直流 1 500 V 以下低压配电系统电气安全　防护检测的试验、测量或监控设备　第 2 部分:绝缘电阻》(第一版)。

《交流 1 000 V 和直流 1 500 V 以下低压配电系统电气安全　防护检测的试验、测量或监控设备》由下列各部分组成:

——第 1 部分:通用要求

——第 2 部分:绝缘电阻

——第 3 部分:环路阻抗

——第 4 部分:接地电阻和等电位接地电阻

——第 5 部分:对地电阻

——第 6 部分:在 TT 和 TN 系统中的残留电流装置(RCD)

——第 7 部分:相序

——第 8 部分:IT 系统中绝缘监控装置

本标准为此系列标准的第 2 部分,其他各部分的制定工作将陆续完成。本标准应与第 1 部分一起使用。

本标准在技术内容上与 IEC 61557-2:1997 完全相同,在结构上保留了 IEC 61557-2:1997 的前言,编写格式上符合 GB/T 1.1—1993 的要求。

本标准由中国机械工业联合会提出。

本标准由全国电工仪器仪表标准化技术委员会归口。

本标准起草单位:上海英孚特电子有限公司、哈尔滨电工仪表研究所。

本标准主要起草人:薛德晋、袁慧昉。

IEC 前言

1） IEC(国际电工委员会)是一个由所有国家电工委员会(IEC 国家委员会)组成的世界范围的标准化组织,IEC 的目的是推动在电工和电子领域内所有涉及标准化方面的国际合作。为此目的以及其他活动,IEC 出版了各种国际标准。标准起草委托各技术委员会,任何对项目有兴趣的 IEC 国家委员会都可以参加起草工作。与 IEC 有联系的国际的、政府的和非政府的组织也可参与起草。IEC 和国际标准化组织(ISO)根据两个组织之间商定的条件进行紧密合作。

2） IEC 关于技术问题的正式决议或协议,是由对该问题特别关心的各国家委员会的代表参加的技术委员会制定的,因而尽可能地表达了国际上对该问题的一致意见。

3） 产生的文件以标准、技术报告或导则的形式出版,以推荐的形式供国际上使用,并且正是在此意义上被各国家委员会所采用。

4） 为了促进国际统一,各 IEC 国家委员会承担在各自国家和地区标准中尽最大可能采用 IEC 标准的责任。IEC 标准与相应的国家或地区标准之间的任何差异均应在国家或地区标准中明确指出。

5） IEC 不提供认可程序的标志,也不对任何声称符合它的标准之一的设备负责。

6） 提请注意本国际标准的某些部分可能涉及专利权,IEC 对于任何的或所有的这样的专利权不承担鉴别的责任。

国际标准 IEC 61557-2 由 IEC 85 技术委员会:《电磁量测量设备》委员会起草完成。

本标准的文本基于下列文件:

最终国际标准草案(FDIS)	表决报告(RVD)
85/90/FDIS	85/124/RVD

有关本标准投票的全部资料可查阅上表中的表决报告。

本标准 IEC 61557-2 应和第 1 部分 IEC 61557-1 一起使用。

中华人民共和国国家标准

交流 1 000 V 和直流 1 500 V 以下低压配电系统电气安全 防护检测的试验、测量或监控设备 第 2 部分：绝缘电阻

GB/T 18216.2—2002
idt IEC 61557-2:1997

Electrical safety in low voltage distribution systems up to 1 000 V a.c. and 1 500 V d.c. —Equipment for testing, measuring or monitoring of protective measuring— Part 2: Insulation resistance

1 范围

本标准规定的要求适用于测量非激励状态的设备和安装的绝缘电阻的设备。

2 引用标准

下列标准所包含的条文，通过在本标准中引用而构成为本标准的条文。本标准出版时，所示版本均为有效。所有标准都会被修订，使用本标准的各方应探讨使用下列标准最新版本的可能性。IEC 和 ISO 成员都保留现行有效标准的记录。

GB 4793.1—1995 测量、控制和试验室用电气设备的安全要求 第 1 部分：通用要求 (idt IEC 61010-1:1990)

GB/T 18216.1—2000 交流 1 000 V 和直流 1 500 V 以下低压配电系统电气安全 防护检测的试验、测量或监控设备 第 1 部分：通用要求(idt IEC 61557-1:1997)

3 定义

GB/T 18216.1 的定义和以下定义适用于本标准。

3.1 标称输出电压(U_N) nominal output voltage

以标称电流加载测量设备时，测量设备端子之间的最小电压输出。

4 要求

下列要求以及 GB/T 18216.1 的要求适用于本标准。

4.1 输出电压应为直流电压；当一个被测绝缘电阻与一个 5 μF 电容并联时，输出电压可能出现交流电压分量，在一个量值为 $U_N\times(1\ 000\ \Omega/V)$ 的电阻两端的标称输出电压的指示值与相应的标志值之差不应大于 10%。

4.2 开路电压应不超过标称输出电压的 1.5 倍。

4.3 标称电流至少应为 1 mA。

4.4 测量电流的峰值不应超过 15 mA，任何出现的交流分量不应超过 1.5 mA 峰值。

中华人民共和国国家质量监督检验检疫总局 2002-11-25 批准 2003-05-01 实施

4.5 在标志的或声明的测量范围内的最大工作误差百分数不应超过以被测量值作为基准值的±30%，按表1确定。

表1 工作误差计算

基本误差或影响量	参比条件或规定工作范围	符号	要求或试验根据的相关部分	试验形式
基本误差	参比条件	A	本标准的6.1	R
位置	参比位置±90°	E_1	GB/T 18216.1—2000 的4.2	R
供电电压	由制造厂规定的极限	E_2	GB/T 18216.1—2000 的4.2、4.3	R
温度	0℃和35℃	E_3	GB/T 18216.1—2000 的4.2	T
工作误差	$B=\pm(\lvert A\rvert+1.15\sqrt{E_1^2+E_2^2+E_3^2})$		本标准的4.5	R
A=基本误差 E_n=改变量 R=常规试验 T=型式试验	$B[\%]=\pm\frac{B}{基准值}\times100\%$			

工作误差适用于按GB/T 18216.1规定的额定工作条件。

4.6 当测量设备的测量端子上偶然施加一个持续时间为10 s，外部直流电压或交流电压的均方根值(r.m.s)量值达120%(以下)的最高标称输出电压，测量设备不应被损坏，使用者也不应受到危险。

5 标志和使用说明

5.1 标志

在测量设备上除了有GB/T 18216.1规定的标志外，还应提供以下标志。

5.1.1 标称输出电压。

5.1.2 标称电流。

5.1.3 按4.5规定的测量范围。

5.2 使用说明

除了GB/T 18216.1规定的操作说明外，还应有以下信息。

5.2.1 一个警告性说明，指出测量应该仅仅施加在未受激励的安装或设备的部件上。

5.2.2 当用手摇发电机供电时，应该有正确的操作说明。

5.2.3 以电池组或蓄电池组供电的设备应该根据6.7的规定，说明可能的测量次数。

6 试验

除了GB/T 18216.1给出的试验外，还应施行下列试验。

6.1 应该根据表1的规定确定工作误差，在此过程中应该在以下参比条件下确定基本误差：

——供电电压的标称值；

——由手摇发电机供电时，在标称的每分钟转速下；

——参比温度23℃±2℃；

——按制造厂规定的参比位置。

这样评判的工作误差不应超过4.5规定的限值。

6.2 应检查开路电压符合4.2的规定(常规试验)。

6.3 通过一个阻值为$U_N\times(1\ 000\ \Omega/V)$的试验电阻测试标称电流，应检验符合4.3的要求(常规试验)。

6.4　应检验被试的测量电流符合4.4的要求(常规试验)。

注：当在直流上叠加一个交流电压时，必须使用测量电流峰值的设备。

6.5　当并联一个5 μF±0.5 μF的电容进行试验时，指示值应该稳定并且变化不大于10%。在此条件下，该测量设备通过一个纯电阻(无电感和电容)加载，以此方法产生标称电压和标称电流(型式试验)。

6.6　根据4.6应该进行允许的过负载试验。为此目的，一个顺序改变极性的直流电压和一个交流电压依次施加到测量端子之间，在此期间接通和断开设备，周期为10 s，电压量值为1.2倍的标称输出电压值。经此试验后，该测量设备应无损坏(型式试验)。

6.7　应确定可能进行的测量的次数。通过测量，直至设备达到由电池确定的电压范围的极限为止的次数。在此过程中，应通过一个U_N×(1 000 Ω/V)的试验电阻对设备加载，每次新的加载，在加载5 s和间断约25 s的周期之间交替进行(型式试验)。

6.8　本章中的试验符合性应进行记录。

前　言

本标准等同采用国际标准 ISO/IEC FDIS 10118-2:2000《信息技术　安全技术　散列函数　第 2 部分:采用 n 位块密码的散列函数》。

本标准的附录 A、附录 B 和附录 C 均为提示的附录。

本标准由中华人民共和国信息产业部提出。

本标准由中国电子技术标准化研究所归口。

本标准起草单位:中国电子技术标准化研究所。

本标准主要起草人:徐冬梅、张展新。

ISO/IEC 前言

ISO(标准化组织)和IEC(国际电工委员会)是世界性的标准化机构。国家成员体(都是ISO或IEC的成员国)通过国际组织建立的各个技术委员会参与制定针对特定技术领域的标准。ISO和IEC的各技术委员会在共同感兴趣的领域内进行合作。与ISO和IEC有联系的其他官方和非官方国际组织也可参与标准的制定工作。

对于信息技术领域,ISO和IEC建立了一个联合技术委员会,即ISO/IEC JTC1。由联合技术委员会提出的标准草案需分发给国家成员体进行表决。发布一项标准,至少需要75%的参与表决的国家成员体投票赞成。

国际标准ISO/IEC FDIS 10118-2是由ISO/IEC JTC1"信息技术"联合技术委员会的SC 27"IT安全技术"分委会制定的。

ISO/IEC 10118在总标题"信息技术　安全技术　散列函数"下包含以下几个部分:

——第1部分:概述

——第2部分:采用n位块密码的散列函数

——第3部分:专用散列函数

——第4部分:采用模运算的散列函数

本标准的附录A和附录B均为提示的附录。

中华人民共和国国家标准

信息技术　安全技术　散列函数
第2部分:采用n位块密码的散列函数

GB/T 18238.2—2002
idt ISO/IEC FDIS 10118-2:2000

Information technology—Security techniques—Hash-functions—Part 2:Hash-functions using an n-bit block cipher

1　范围

本标准规定了采用n位块密码算法的散列函数,这些函数适合于已实现这样一个算法的环境。

本标准规定了四种散列函数。第一种提供了长度小于或者等于n的散列代码,其中n是采用算法的块长度。第二种提供了长度小于或者等于$2n$的散列代码。第三种提供了长度等于$2n$的散列代码。第四种提供了长度等于$3n$的散列代码。本标准规定的全部四种散列函数符合ISO/IEC 10118-1中规定的通用模型。

2　引用标准

下列标准所包含的条文,通过在本标准中引用而构成为本标准的条文。本标准出版时,所示版本均为有效。所有标准都会被修订,使用本标准的各方应探讨使用下列标准最新版本的可能性。

GB/T 1988—1998　信息技术　信息交换用七位编码字符集(eqv ISO 646:1991)

GB/T 17964—2000　信息技术　安全技术　n位块密码算法的操作方式(idt ISO/IEC 10116:1997)

ISO/IEC 10118-1:2000　信息技术　安全技术　散列函数　第1部分:概述

3　定义

本标准采用ISO/IEC 10118-1中给出的定义以及下列定义:

3.1　n位块密码　n-bit block cipher

明文块和密文块的长度均为n位的块密码。(见GB/T 17964)

4　符号和缩略语

本标准采用ISO/IEC 10118-1中给出的符号和缩略语以及下列符号和缩略语:

e	n位块加密算法(见GB/T 17964)。
K	算法e的密钥(见GB/T 17964)。
$e_K(P)$	对明文块P采用算法e和密钥K(见GB/T 17964)的密码操作。
u或者u'	把一个n位块转换为算法e的密钥的变换。
B^L	当n是偶数时,构成块B的最左边的$n/2$位的串。当n是奇数时,构成块B的最左边的$(n+1)/2$位的串。

中华人民共和国国家质量监督检验检疫总局2002-07-18批准　　2002-12-01实施

B^R	当 n 是偶数时，构成块 B 的最右边的 $n/2$ 位的串。当 n 是奇数时，构成块 B 的最右边的 $(n-1)/2$ 位的串。
B^x	当 B 是 n 个 m 位块的串时，B^x 表示 B 的第 x 个 m 位块。
B^{x-y}	当 B 是 n 个 m 位块的串时，B^{x-y} 表示 B 的第 x 个到第 y 个 m 位块。

5 通用模型的使用

下面四章中规定的散列函数提供了长度为 L_H 的散列代码 H。散列函数符合 ISO/IEC 10118-1 中规定的通用模型。对于下列四种散列函数中的每一种，因此它只需规定：

——参数 L_1、L_2；

——填充法；

——初始化值 IV；

——循环函数 ϕ；

——输出变换 T

使用通用模型定义的散列函数的用法也需要选择参数 L_H。

6 散列函数 1

6.1 参数选择

本章中规定的散列函数的参数 L_1、L_2 和 L_H 应满足 $L_1=L_2=n$，并且 L_H 小于或等于 n。

6.2 填充法

同该散列函数一起使用的填充法的选择超出本标准的范围。填充法举例如 ISO/IEC 10118-1 的附录 A 中所示。

6.3 初始化值

同该散列函数一起使用的 IV 的选择超出本标准的范围。IV 的值应由散列函数用户协商确定。

6.4 循环函数

循环函数 ϕ 把所填充的(长 $L_1=n$ 位)数据块 D_i 与(长 $L_2=n$ 位) H_{i-1} 组合起来，以产生 H_i，其中 H_{i-1} 是循环函数的前一步输出。作为循环函数的一部分，有必要选择函数 u，该函数把 n 位块变换成与块密码算法 e 一起使用的密钥。与该散列函数一起使用的函数 u 的选择超出本标准范围(指南见附录 A)。

循环函数本身定义如下：

$$\phi(D_j,H_{j-1})=e_{K_j}(D_j)\oplus D_j$$

其中 $K_j=u(H_{j-1})$。循环函数如图 1 所示。

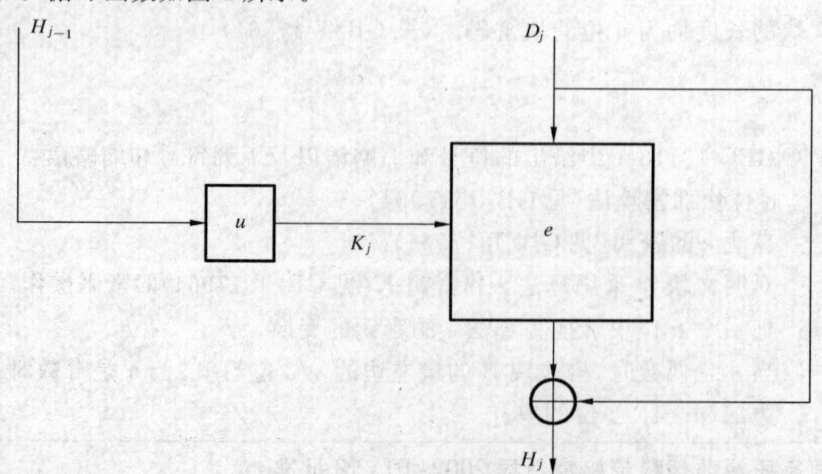

图 1 散列函数 1 的循环函数

6.5 输出变换

输出变换 T 是简单截短，即通过取最终输出块 H_q 的左边 L_H 位得到散列代码 H。

7 散列函数 2

7.1 参数选择

本章中规定的散列函数的参数 L_1、L_2 和 L_H 应满足 $L_1=n$，$L_2=2n$，且 L_H 小于或等于 $2n$。

7.2 填充法

同该散列函数一起使用的填充法的选择超出本标准的范围。填充法举例如 ISO/IEC 10118-1 的附录 A 中所示。

7.3 初始化值

同该散列函数一起使用的 IV(长度为 $2n$)的选择超出本标准的范围。IV 的值应由散列函数用户协商确定。然而，应这样选择 IV 以使 $u(IV^L)$ 和 $u'(IV^R)$ 是不同的。

7.4 循环函数

循环函数 ϕ 把所填充的(长 $L_1=n$ 位)数据块 D_i 与(长 $L_2=n$ 位)H_{i-1} 组合起来，以产生 H_i，其中 H_{i-1} 是循环函数的前一步输出。作为循环函数的一部分，有必要选择两种变换 u 和 u'。这两种变换用于把输出块变换成算法 e 的两个合适的 L_K 位密钥。u 和 u' 的规定超出本标准范围，然而，应当考虑到 u 和 u' 的选择对于散列函数的安全是重要的(见附录 A)。

设 H_0^L 和 H_0^R 分别等于 IV^L 和 IV^R。输出块以下列方式迭代计算，对 j 从 1 到 q 做：

$$\phi(D_j,H_{j-1}) = H_j$$

$$K_j^L = u(H_{j-1}^L) \text{ 和 } K_j^R = u'(H_{j-1}^R)$$

$$B_j = e_{K_j^L}(D_j) \oplus D_j \text{ 和 } B'_j = e_{K_j^R}(D_j) \oplus D_j$$

$$H_j^L = B_j^L \parallel B'^R_j \text{ 和 } H_j^R = B'^L_j \parallel B_j^R$$

循环函数如图 2 所示。

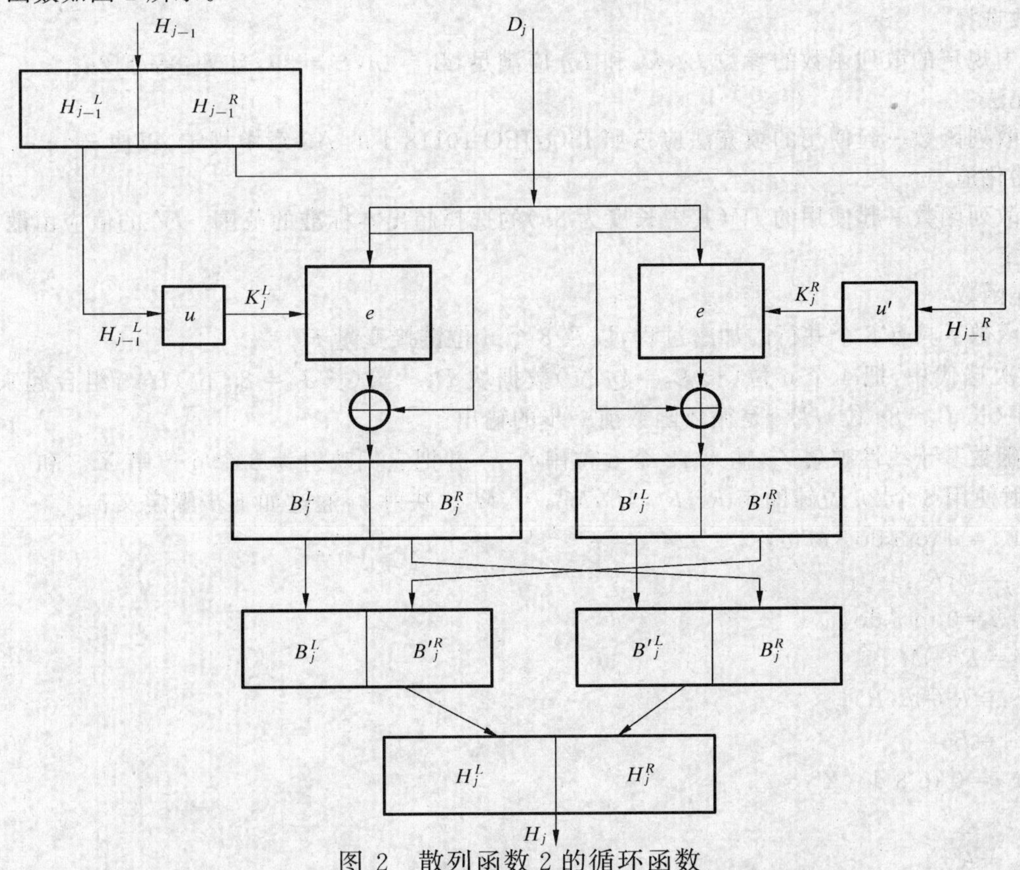

图 2 散列函数 2 的循环函数

7.5 输出变换

如果 L_H 是偶数，那么散列代码是 H_q^L 最左边 $L_H/2$ 位和 H_q^R 最左边 $L_H/2$ 位的串联。如果 L_H 是奇数，那么散列代码是 H_q^L 最左边 $(L_H+1)/2$ 位和 H_q^R 最左边 $(L_H-1)/2$ 位的串联。

8 散列函数 3

本章规定的散列函数提供了长度为 L_H 的散列代码，其中对偶数值 n 来说，L_H 等于 $2n$。

8.1 概述

以下是规定散列函数 3 所要求的某些特定的定义。

变换 u：

定义从密文空间到密钥空间的 r 个映射：$u_1,u_2,\cdots\cdots,u_r$，使得

对于任何 $i,j\in\{1,2,\cdots,r\}$，$j\neq i$，对于 C 的全部值都有 $u_i(C)\neq u_j(C)$。

这可通过固定特定的密钥位得到：例如，如果 $r=8$，我们可把 3 个密钥位固定到值 000,001,…,111 上。例如，为避免与弱密钥或块密码的补码特性相关的问题，可以对映射 u_i 施加附加的条件。

定义 r 个函数 f_i 如下：

$$f_i(X,Y)=e_{ui(X)}(Y)\oplus Y,1\leqslant i\leqslant r$$

线性映射 β：

定义线性映射 β，输入一个 $2n$ 位串 $X=x_0\parallel x_1\parallel x_2\parallel x_3$，它把该串映射为 $2n$ 位串 $Y=y_0\parallel y_1\parallel y_2\parallel y_3$，如下述：

$y_0:=x_0\oplus x_3$

$y_1:=x_0\oplus x_1\oplus x_3$

$y_2:=x_1\oplus x_2$

$y_3:=x_2\oplus x_3$

这里 x_i 和 y_i 是 $n/2$ 位串。

8.2 参数选择

本章中规定的散列函数的参数 L_1、L_2 和 L_H 应满足，$L_1=4n$，$L_2=8n$，且 L_H 等于 $2n$。

8.3 填充法

同该散列函数一起使用的填充法应按照 ISO/IEC 10118-1 的 A3 章中规定，以使 $r=n$。

8.4 初始化值

同该散列函数一起使用的 IV（其中长度为 $8n$）的选择超出本标准的范围。IV 的值应由散列函数用户协商确定。

8.5 循环函数

循环函数 ϕ 具有 8 个并行的加密过程，以及 8 个 n 位链接变量 H_j^{1-8}。

在每次迭代中，把 4 个 n 位（长 $L_1=4n$ 位）数据块 D_j^{1-4} 与（长 $L_2=8n$ 位）H_{j-1}^{1-8} 组合起来，以产生 H_j^{1-8}，其中（长 $L_2=8n$ 位）H_{j-1}^{1-8} 是循环函数前一步的输出。

循环函数基于线性映射 γ_1，输入 12 个 n 位串 l^{1-12}，并把它们映射为 8 个 n 位串 X^{1-8} 和 8 个 n 位串 Y^{1-8}。映射使用 8 个 $2n$ 位辅助串 $R^0,R^1,M^0,M^1,\cdots,M^5$。映射 γ_1 通过如下步骤定义：

a) for $i=0$ to 5 do $\{M^{iL}:=l^{2i+1};M^{iR}:=l^{2i+2};\}$

   $R^0:=0;R^1:=0;$

b) for $i=0$ to 5 do{

   $B:=R^1\oplus M^i;$

   $R^1:=R^0\oplus\beta(B);$

   $R^0:=B;\}$

c) for $i=0$ to 8 do$\{X^i:=l^i;\}$

   $Y^1:=R^{0L};$

   $Y^2:=R^{0R};$

$Y^3 := R^{1L}$;

$Y^4 := R^{1R}$;

for $i=1$ to 4 do $\{Y^{4+i} := l^{8+i};\}$

循环函数具有下列形式($1 \leqslant j \leqslant q$):

$(X_j^{1-8}, Y_j^{1-8}) := \gamma_1(H_{j-1}^{1-8}, D_j^{1-4})$;

for $i=1$ to 8 do$\{H_j^i := f_i(X_j^i, Y_j^i);\}$

循环函数如图 3a 所示,线性映射 γ_1 如图 3b 所示。

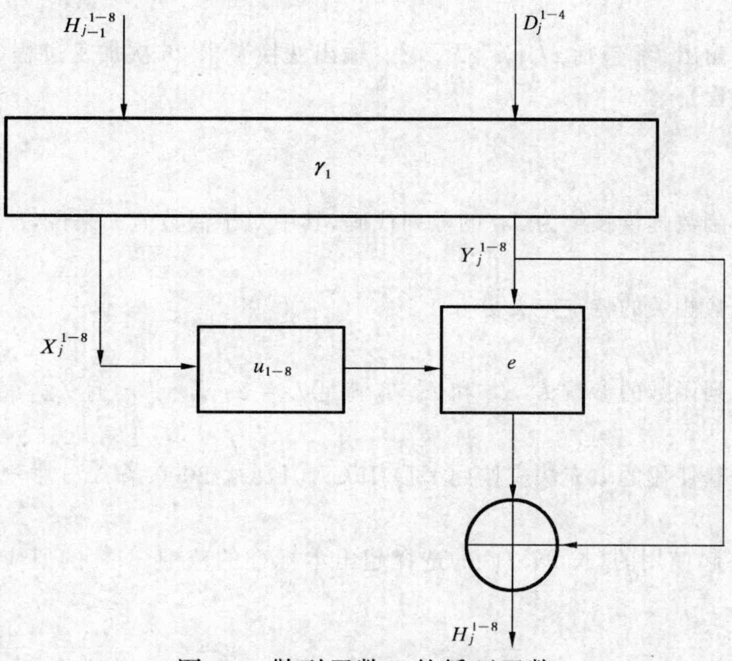

图 3a 散列函数 3 的循环函数

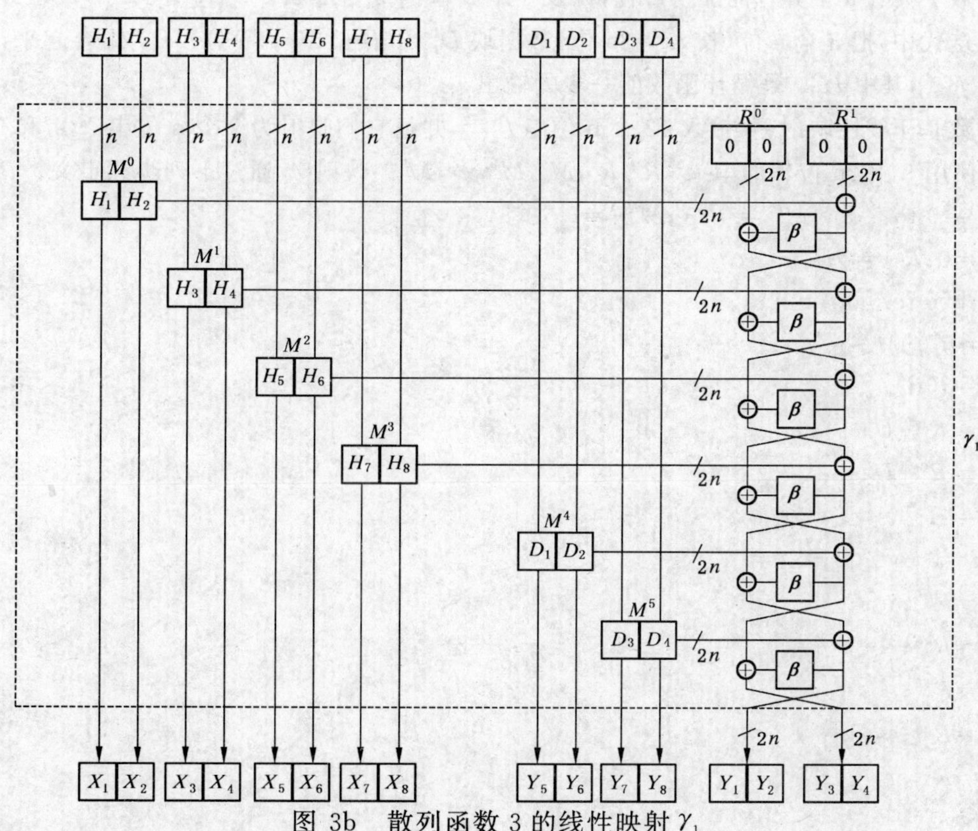

图 3b 散列函数 3 的线性映射 γ_1

8.6 输出变换

在处理所填充的消息后，链接变量具有值 H_q^{1-8}。执行 4 次附加的循环函数的迭代，其消息输入分别是：

$D_{q+1}^{1-4} = H_q^{1-4}$

$D_{q+2}^{1-4} = H_q^{5-8}$

$D_{q+3}^{1-4} = H_q^{1-4}$

$D_{q+4}^{1-4} = H_q^{5-8}$

这样散列函数的输出 L_H 包括 $H_{q+4}{}^1 \| H_{q+4}{}^2$。输出变换要求 26 次加密过程（在最后一次迭代中仅需要执行两次加密过程）。

9 散列函数 4

本章规定的散列函数提供长度为 L_H 的散列代码，其中对于偶数值 n 来说，L_H 等于 $3n$。

9.1 概述

关于与该散列函数相关的特定定义见 8.1。

9.2 参数选择

本章中规定的散列函数的参数 L_1、L_2 和 L_H 应满足 $L_1=3n$，$L_2=9n$，且 L_H 等于 $3n$。

9.3 填充法

同该散列函数一起使用的填充法应按照 ISO/IEC 10118-1:2000 条 A.3 中规定的，以使 $r=n$。

9.4 初始化值

同该散列函数一起使用的(长 $9n$)IV 的选择超出本标准的范围。IV 的值应由散列函数用户协商确定。

9.5 循环函数

循环函数 ϕ 具有 9 个并行的加密过程，以及 9 个 n 位链接变量 H_j^{1-9}。

在每次迭代中，把 3 个 n 位(长 $L_1=3$n 位)数据块 D_j^{1-3} 与(长 $L_2=9$n 位)H_{j-1}^{1-9}组合起来，以产生(长 $L_2=9$n 位)H_j^{1-9}，其中 H_{j-1}^{1-9}是循环函数前一步的输出。

循环函数基于线性映射 γ_2，输入 12 个 n 位串 l^{1-12}，并把它们映射为 9 个 n 位串 X^{1-9}和 9 个 n 位串 Y^{1-9}。映射使用 9 个 2n 位辅助串 $R^0, R^1, R^2, M^0, M^1, \cdots, M^5$。映射 γ_2 通过下列步骤定义：

a) for $i=0$ to 5 do $\{M^{iL}:=l^{2i+1}; M^{iR}:=l^{2i+2};\}$

$R^0:=0; R^1:=0; R^2:=0;$

b) for $i=0$ to 5 do{

$B:=R^2 \oplus M^i;$

$U:=\beta(B);$

$R^2:=R^1 \oplus U;$

$R^1:=R^0 \oplus U;$

$R^0:=B;\}$

c) for $i=0$ to 9 do$\{X^i:=l^i;\}$

$Y^1:=R^{0L};$

$Y^2:=R^{0R};$

$Y^3:=R^{1L};$

$Y^4:=R^{1R};$

$Y^5:=R^{2L};$

$Y^6:=R^{2R};$

for $i=1$ to 3 do $\{Y^{6+i}:=l^{9+i};\}$

循环函数具有下列形式($1\leqslant j\leqslant q$)：

$(X_j^{1-9}, Y_j^{1-9}):=\gamma_2(H_{j-1}^{1-9}, D_j^{1-3})$；

for $i=1$ to 9 do$\{H_j^i:=f_i(X_j^i, Y_j^i);\}$

循环函数如图 4a 所示，线性映射 γ_2 如图 4b 所示。

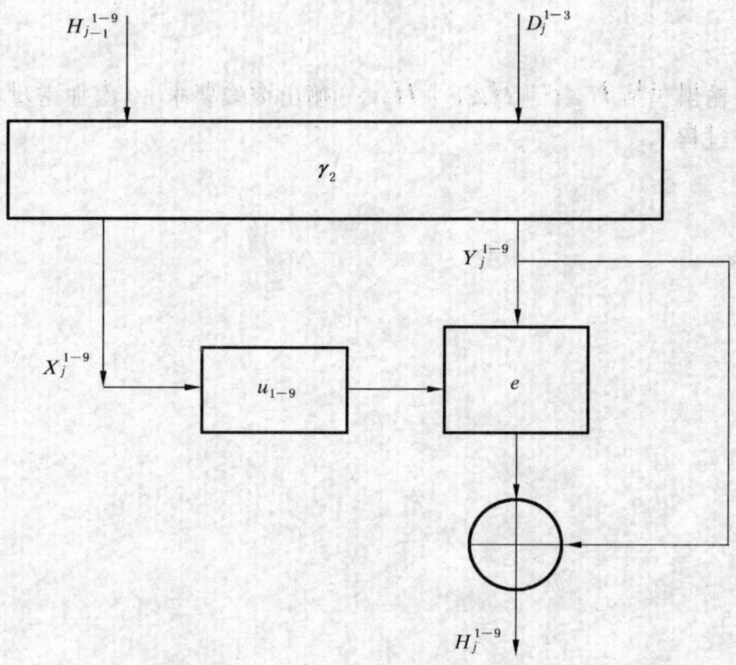

图 4a　散列函数 4 的循环函数

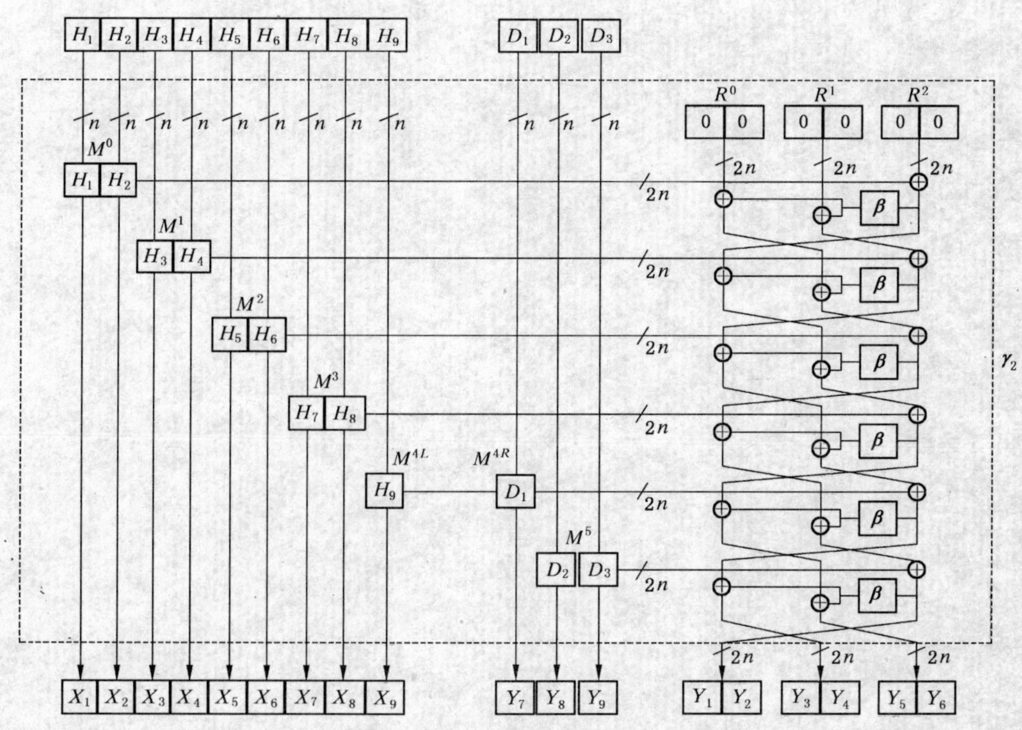

图 4b　散列函数 4 的线性映射 γ_2

9.6 输出变换

在处理所填充的消息后，链接变量具有值 H_q^{1-9}。执行 4 次附加的循环函数的迭代，其消息输入分别是：

$D_{q+1}^{1-3} = H_q^{1-3}$

$D_{q+2}^{1-3} = H_q^{4-6}$

$D_{q+3}^{1-3} = H_q^{7-9}$

$D_{q+4}^{1-2} = H_q^{1-3}$

这样散列函数的输出包括 $H_{q+4}{}^1 \parallel H_{q+4}{}^2 \parallel H_{q+4}{}^3$。输出变换要求 30 次加密过程（在最后一次迭代中仅需要执行 3 次加密过程）。

附 录 A
（提示的附录）
数据加密算法的使用

A1 概述

本附录提供了数据加密算法(DEA)(ANSI X3.92)与本标准中规定的散列操作一起使用的方法。DEA 名称为数据加密标准(DES)。

位的编号如附录 C 的[2]中 ANSI X3.92 所示。

这些方法在附录 C 的[3]中作了描述,DEA 的参数是 $n=64$ 及 $L_K=64$。

A2 散列函数 1

见第 6 章。

IV 应等于“5252525252525252”(用十六进制记法表示)。

变换 u 应按照如下选择。令 $X=x_1x_2\cdots x_{64}$是 64 位串 X 的二进制分解,则 $Y=u(X)$是让位 x_2 和位 x_3 的值分别为 1、0,并且以位 x_8',x_{16}',x_{24}',x_{32}',x_{40}',x_{48}',x_{56}',x_{64}'分别取代位 x_8,x_{16},x_{24},x_{32},x_{40},x_{48},x_{56},x_{64}以后得到的字符串,其中 x_{8i}'表示 X 中紧挨 x_{8i}'的前 7 位即 x_{8i-7},x_{8i-6},x_{8i-5},x_{8i-4},x_{8i-3},x_{8i-2},x_{8i-1}的奇偶校验位。结果是:$Y=x_1'10x_4x_5x_6x_7x_8'x_9x_{10}\cdots x_{63}x_{64}'$。固定 X 中的位 2 和位 3 的理由在与 IBM MDC-2 的算法相关的附录 C 的[7]中描述;然而,相同的理由也适用于此散列函数。

注:认为找出循环函数和散列函数的碰撞要求 2^{27}次 DES 加密过程。

A3 散列函数 2

见第 7 章。

IV^L 应等于“5252525252525252”(用十六进制记法表示)。

IV^R 应等于“2525252525252525”(用十六进制记法表示)。

变换 u 应与 A2 章中的相同,变换 u'应按照如下选择。令 $X=x_1x_2\cdots x_{64}$是 64 位字符串 X 的二进制分解,则 $Y=u'(X)$是在分别让位 x_2 和位 x_3 的值为 0、1,并且以 x_8',x_{16}',x_{24}',x_{32}',x_{40}',x_{48}',x_{56}',x_{64}'分别取代位 x_8,x_{16},x_{24},x_{32},x_{40},x_{48},x_{56},x_{64}以后得到的串,其中 x_{8i}'表示 X 中紧挨 x_{8i}'的前 7 位即:x_{8i-7},x_{8i-6},x_{8i-5},x_{8i-4},x_{8i-3},x_{8i-2},x_{8i-1}的奇偶校验位。结果是:$Y=x_1'01x_4x_5x_6x_7x_8'x_9x_{10}\cdots x_{63}x_{64}'$。固定 X 中的位 2 和位 3 的理由在与 IBM MDC-2 的算法相关的附录 C 的[7]中描述;然而,相同的理由也适用于该散列函数。

注:认为找出循环函数和散列函数的碰撞要求 2^{55}个 DES 加密过程。

A4 散列函数 3

见第 8 章。

IV^1,IV^2,…,IV^8 应等于“5252525252525252”(用十六进制记法表示)。

变换 u_1,u_2,…,u_8 应按照如下选择。令 $X=x_1x_2\cdots x_{64}$是 64 位串 X 的二进制分解,则 $Y=u_i(X)$是在分别让位 x_1,x_2,…,x_5 的值为表 A1 中给出的值,并且以 x_8',x_{16}',x_{24}',x_{32}',x_{40}',x_{48}',x_{56}',x_{64}'分别取代位 x_8,x_{16},x_{24},x_{32},x_{40},x_{48},x_{56},x_{64}以后得到的串,其中 x_{8i}'表示 X 中紧挨 x_{8i}'的前 7 位即 x_{8i-7},x_{8i-6},x_{8i-5},x_{8i-4},x_{8i-3},x_{8i-2},x_{8i-1}的奇偶校验位。

表 A1　散列函数 3:8 个子函数中密钥位 1、2、3、4 和 5 的值

子函数 i	子函数 i
1	00101
2	01001
3	10001
4	00110
5	01010
6	10010
7	01100
8	10100

注：认为找出循环函数和散列函数的碰撞要求 2^{51}次 DES 加密过程。

A5　散列函数 4

见第 9 章。

$IV^1, IV^2, \cdots, IV^9$ 应等于“5252525252525252”(用十六进制记法表示)。

变换 $u_1, u_2, \cdots, u_9$ 应按照如下选择。令 $X-x_1x_2\cdots x_{64}$ 是 64 位字符串 X 的二进制分解，则 $Y=u_i(X)$ 是在分别让位 $x_1, x_2, \cdots, x_5$ 的值为表 A2 中给出的值，并且以 $x_8', x_{16}', x_{24}', x_{32}', x_{40}', x_{48}', x_{56}', x_{64}'$分别取代位 $x_8, x_{16}, x_{24}, x_{32}, x_{40}, x_{48}, x_{56}, x_{64}$以后得到的串，其中 x_{8i}'表示 X 中紧挨 x_{8i}'的前 7 位即 $x_{8i-7}, x_{8i-6}, x_{8i-5}, x_{8i-4}, x_{8i-3}, x_{8i-2}, x_{8i-1}$的奇偶校验位。

表 A2　散列函数 4:9 个子函数中密钥位 1、2、3、4 和 5 的值

子函数 i	子函数 i
1	00101
2	01001
3	10001
4	00110
5	01010
6	10010
7	01100
8	10100
9	11000

注：认为找出循环函数和散列函数的碰撞要求 2^{76}次 DES 加密过程。

A6　动机

如果 DEA 用于散列构建中，它具有某些不期望的特性。首先，有 4 个弱密钥，其中加密函数等于解密函数。另外，这 4 个弱密钥中，有 2^{32}个不动点，即，对其加密为自身明文本值。其次，有 16 对半弱密钥，其中由某一个密钥所诱导出的加密函数等于另一个密钥的解密函数。DES 也具有补码特性：如果明文和密钥两者都取补码，那么密文也取补码。

对于散列函数 1 和 2，如上所述固定密钥的 2 个位的值，是避免弱密钥和半弱密钥的充分必要条件。散列函数 1 需要 1 个固定的值，散列函数 2 需要 2 个固定值。这些值必须具有下列特性：

——全部值必须是不同的。

——这些值中任何一个值都不允许使用弱密钥和半弱密钥。

对于散列函数 3 和 4,如上所述固定密钥的 5 个位的值,是避免弱密钥、半弱密钥和补码特性的充分必要条件。

散列函数 3 要求 8 个固定值,散列函数 4 要求 9 个固定值。这些值必须具有下列特性:

——全部值必须是不同的。

——这些值中任何一个值都不允许能使用弱密钥和半弱密钥。

——这些值中没有一个值是另一个值的补码值。

满足上述条件的事实可从下列观察中推出。考虑密钥的 5 个位:1、2、3、4 和 5,对于 DEA 的全部弱密钥和半弱密钥,这 5 位取下列值中的一个:00000,11111,00011,或者 11100。

附 录 B
(提示的附录)
实 例

B1 概述

本附录给出使用本标准附录 A 中规定的前两个散列函数的散列代码的计算的举例,以及 ISO/IEC 10118-1 的附录 B 中规定的填充法的举例。

对于"Now _ is _ the _ time _ for _ all _"来说,数据串是附录C 的[8]中所描述的 7 位 GB 1988 代码(无奇偶校验),其中"_"表示空白,用十六进制记法表示:

'4E6F77206973207468652074696D6520666F7220616C6C20'

B2 散列函数 1

见 A2。

填充法 1

j	D_j	H_{j-1}	H_j
1	4E6F772069732074	5252525252525252	858A260F7391482D
2	68652074696D6520	858A260f7391482D	BDE06E66A0454081
3	666F7220616C6C20	BDE06E66A0454081	FF87B67E29BB87B1

填充法 2

j	D_j	H_{j-1}	H_j
1	4E6F772069732074	5252525252525252	858A260F7391482D
2	68652074696D6520	858A260F7391482D	BDE06E66A0454081
3	666F7220616C6C20	BDE06E66A0454081	FF87B67E29BB87B1
4	8000000000000000	FF87B67E29BB87B1	D992E6CBDFD9BA81

B3 散列函数 2

见 A3。

填充法 1

j	D_j	${H_{j-1}}^L$	${H_{j-1}}^R$
1	4E6F772069732074	5252525252525252	2525252525252525

2	68652074696D6520	858A260FFD4873A8	49771DD37391482D
3	666F7220616C6C20	B002740352F7CF4F	CFE8087E1B93CCB2

j	H_j^L	H_j^R
1	858A260FFD4873A8	49771DD37391482D
2	B002740352F7CF4F	CFE8087E1B93CCB2
3	42E50CD224BACEBA	760BDD2BD409281A

填充法 2

j	D_j	H_{j-1}^L	H_{j-1}^R
1	4E6F772069732074	5252525252525252	858A260F7391482D
2	68652074696D6520	858A260F7391482D	BDE06E66A0454081
3	666F7220616C6C20	B002740352F7CF4F	CFE8087E1B93CCB2
4	8000000000000000	42E50CD224BACEBA	760BDD2BD409281A

j	H_j^L	H_j^R
1	858A260FFD4873A8	49771DD37391482D
2	B002740352F7CF4F	CFE8087E1B93CCB2
3	42E50CD224BACEBA	760BDD2BD409281A
4	2E4679B5ADD9CA75	35D87AFEAB33BEE2

B4 散列函数 3

见 A4。

填充法 3

M_1^{1-4}	H_0^{1-8}	H_1^{1-8}
4e6f772069732074	5252525252525250	3817bdae19b2225a
68652074696d6520	5252525252525250	e3d076623583d877
666f7220616c6c20	5252525252525250	49b40c792ef3a4c4
8000000000000000	5252525252525250	8a719789bd78110d
	5252525252525250	858a260f7391482d
	5252525252525250	24663b3c87d579f5
	5252525252525250	ae090bece542b395
	5252525252525250	828147754817b9d3

M_2^{1-4}	H_1^{1-8}	H_2^{1-8}
0000000000000000	3817bdae19b2225a	e707467a1f5346a0
0000000000000000	e3d076623583d877	bb5ee05a7169849b
0000000000000000	49b40c792ef3a4c4	1f8bf96576f3af2c
00000000000000c0	8a719789bd78110d	4c0f7b482d1315f2
	858a260f7391482d	d1f9b69c6e3ada6a
	24663b3c87d579f5	bd47cdf126206f86
	ae090bece542b395	91a3a27d96a760b4
	828147754817b9d3	52f0a65fa311abd9

M_3^{1-4}	H_2^{1-8}	H_3^{1-8}
e707467a1f5346a0	e707467a1f5346a0	1b1cb5b24f14bd5e
bb5ee05a7169849b	bb5ee05a7169849b	77c4fea88f17c659
1f8bf96576f3af2c	1f8bf96576f3af2c	84d0ab573184e7b8

4c0f7b482d1315f2	4c0f7b482d1315f2	04ad6d640ef3dd41
	d1f9b69c6e3ada6a	8c382ad7b2608680
	bd47cdf126206f86	440e7d6734aba3ad
	91a3a27d96a760b4	6c79fd354cebf488
	52f0a65fa311abd9	933baecdaefe96dd
M_4^{1-4}	H_3^{1-8}	H_4^{1-8}
d1f9b69c6e3ada6a	1b1cb5b24f14bd5e	14103e8e1371d79c
bd47cdf126206f86	77c4fea88f17c659	039d8adbc72e1b75
91a3a27d96a760b4	84d0ab573184e7b8	485480d68b15a8c1
52f0a65fa311abd9	04ad6d640ef3dd41	76ad4f338fa4626d
8c382ad7b2608680	c53cad3191b7294e	
440e7d6734aba3ad	fc1ab80fce4920f3	
6c79fd354cebf488	861f2b7c4a224f6e	
933baecdaefe96dd	4b96399b28f000d4	
M_5^{1-4}	H_4^{1-8}	H_5^{1-8}
e707467a1f5346a0	14103e8e1371d79c	fb6810eb1a7f3c8b
bb5ee05a7169849b	039d8adbc72e1b75	720441fd4d9c653c
1f8bf96576f3af2c	485480d68b15a8c1	815b516b2e25abd9
4c0f7b482d1315f2	76ad4f338fa4626d	1433b28ec0dfe04b
c53cad3191b7294e	f38221f40dc72976	
fc1ab80fce4920f34	561afdfc9279fa2	
861f2b7c4a224f6e	432023481ffa3998	
4b96399b28f000d4	c0579150f5b09d73	
M_6^{1-4}	H_5^{1-8}	H_6^{1-8}
d1f9b69c6e3ada6a	fb6810eb1a7f3c8b	701e6b65f31a6ddb
bd47cdf126206f86	720441fd4d9c653c	23d7d4c6c8d66715
91a3a27d96a760b4	815b516b2e25abd9	af57c481a50ad950
52f0a65fa311abd9	1433b28ec0dfe04b	aa692ba1d340203a
f38221f40dc72976	c42f680e5ce50575	
4561afdfc9279fa2	a1f7db3639418d8d	
432023481ffa3998	457804332a268880	
c0579150f5b09d73	a8f6d4077398b932	

B5 散列函数 4

见 A5。

填充法 3

M_1^{1-3}	H_0^{1-9}	H_1^{1-9}
4e6f772069732074	5252525252525250	4c94cc79cae77819
68652074696d6520	5252525252525250	d29e99f5c68a6233
666f7220616c6c20	5252525252525250	4e887bd627992f6f
	5252525252525250	f49f29f403beb556
	5252525252525250	0d864de5c09ca081
	5252525252525250	8af58cd7aac38005

	5252525252525250	8cb3928bd36dc983
	5252525252525250	4d263c662e075af8
	5252525252525250	58fc2852cd3b3012
M_2^{1-3}	H_1^{1-9}	H_2^{1-9}
8000000000000000	4c94cc79cae77819	414cf3eb381277c7
0000000000000000	d29e99f5c68a6233	bd58a6176226bcc9
00000000000000c0	4e887bd627992f6f	0f7050105fcbc9d6
	f49f29f403beb556	85c8c35886441428
	0d864de5c09ca081	4ae14549dc5ba435
	8af58cd7aac38005	add8eadcf2b954c1
	8cb3928bd36dc983	968e8c4604d7d06e
	4d263c662e075af8	e1a291fa48ebf45a
	58fc2852cd3b3012	b2dd1fe8fdb34712
M_3^{1-3}	H_2^{1-9}	H_3^{1-9}
414cf3eb381277c7	414cf3eb381277c7	b76c32c73212fb32
bd58a6176226bcc9	bd58a6176226bcc9	54885ed14ffd1c1b
0f7050105fcbc9d6	0f7050105fcbc9d6	3e0a181f8f239845
	85c8c35886441428	8a3e93dd54caff45
	4ae14549dc5ba435	027fc8d2823deade
	add8eadcf2b954c1	2ba78ba7bc398e5e
	968e8c4604d7d06e	fadffa8c7d70d4e2
	e1a291fa48ebf45a	8ceaef44bbc1ab78
	b2dd1fe8fdb34712	aa5985d2bcac5f5b
M_4^{1-3}	H_3^{1-9}	H_4^{1-9}
85c8c35886441428	b76c32c73212fb32	4c0997a2ad69abf5
4ae14549dc5ba435	54885ed14ffd1c1b	b27994d84743a3c8
add8eadcf2b954c1	3e0a181f8f239845	5e0347b82ba1a6af
	8a3e93dd54caff45	db895422b6aa9d00
	027fc8d2823dead	e26a0a405cf180c8
	2ba78ba7bc398e5e	4c7aa1e6d50e03b9
	fadffa8c7d70d4e2	838ca9bf32f46e93
	8ceaef44bbc1ab78	c86773b042a59790
	aa5985d2bcac5f5b	56043d88183ec785
M_5^{1-3}	H_4^{1-9}	H_5^{1-9}
968e8c4604d7d06e	4c0997a2ad69abf5	b96a4f306ec9ca2a
e1a291fa48ebf45a	b27994d84743a3c8	1d35c007225c43f4
b2dd1fe8fdb34712	5e0347b82ba1a6af	6dfa8d6f7371a3a5
	db895422b6aa9d00	9d9e3f4a956b638e
	e26a0a405cf180c8	80eea45b14fe4d68
	4c7aa1e6d50e03b9	ea8e1ca53f197d7e
	838ca9bf32f46e93	dac6e66cd9e7100a
	c86773b042a59790	031598c70f3294b5
	56043d88183ec785	452fcbff98fe864b

M_6^{1-3}	H_5^{1-9}	H_6^{1-9}
414cf3eb381277c7	b96a4f306ec9ca2a	a53c5ffcd01d3b29
bd58a6176226bcc9	1d35c007225c43f4	7155c6869a8a1b28
0f7050105fcbc9d6	6dfa8d6f7371a3a5	16dd5634f47109b4
	9d9e3f4a956b638e	07aaf79ab9dbe8fd
	80eea45b14fe4d68	64bc2dc5b6be379b
	ea8e1ca53f197d7e	3d67e08e82e336fc
	dac6e66cd9e7100a	255ba6b94074363f
	031598c70f3294b5	fea159a050fdeb4d
	452fcbff98fe864b	7253b8ff11830261

附 录 C
（提示的附录）
参 考 文 献

[1] ISO/IEC 9979:1999 信息技术 安全技术 加密算法的登记规程

[2] ANSI X3.92:1981 数据加密算法

[3] S. M. MATYAS. 带控制矢量的密钥处理(Key Processing with Control Vectors)。*J. of Cryptology*, Vol. 2, 1991, pp. 113-136.

[4] L. R. KNUDSEN, B. PRENEEL. 基于块密码和四进制代码的散列函数(Hash-functions based on block ciphers and quaternary codes)。*Advances in Cryptology*, Proc. AsiaCrypt'96, LNCS 1163. K. Kim, T. Matsumoto, Eds., Springer-Verlag, 1996, pp. 77-90.

[5] L. R. KNUDSEN, B. PRENEEL. 基于代码的快速、安全的散列(Fast and secure hashing based on codes)。*Advances in Cryptology*, Proc. Crypto'97, LNCS 1294. B. Kaliski, Ed., Springer-Verlag, 1997, pp. 485-498.

[6] US patent 4,908,861，使用基于公开单向加密函数更正检测代码的数据鉴别(*Data Authentication Using Modification Detection Codes based on A Public One way Encryption Function*)。Issued March 13, 1990.

[7] Don Coppersmith, Stephen M. Matyas, Mohammed Peyravian. MDC-2 算法中位固定的基本原理(*Rationale for Bit Fixing in the MDC-2 Algorithm*)。IBM T. J. Watson Research Center, Yorktown Heights, N. Y., 10598. Research Report RC21471, May 7 1999.

[8] GB/T 1988—1998 信息技术 信息交换用七位编码字符集(eqv ISO 646:1991)。

前 言

本标准等同采用国际标准ISO/IEC 10118-3:1998《信息技术 安全技术 散列函数 第3部分:专用散列函数》。

本标准附录A、附录B、附录C均为提示的附录。

本标准由中华人民共和国信息产业部提出。

本标准由中国电子技术标准化研究所归口。

本标准起草单位:中国电子技术标准化研究所。

本标准主要起草人:徐冬梅、张展新。

ISO/IEC 前言

ISO(标准化组织)和IEC(国际电工委员会)是世界性的标准化机构。国家成员体(都是ISO或IEC的成员国)通过国际组织建立的各个技术委员会参与制定针对特定技术领域的标准。ISO和IEC的各技术委员会在共同感兴趣的领域内进行合作。与ISO和IEC有联系的其他官方和非官方国际组织也可参与标准的制定工作。

对于信息技术领域,ISO和IEC建立了一个联合技术委员会,即ISO/IEC JTC1。由联合技术委员会提出的标准草案需分发给国家成员体进行表决。发布一项标准,至少需要75%的参与表决的国家成员体投票赞成。

国际标准ISO/IEC 10118-3是由ISO/IEC JTC1“信息技术”联合技术委员会的SC27“信息技术 安全技术”分委员会制定的。

ISO/IEC 10118在总标题“信息技术 安全技术 散列函数”下包含以下几个部分:

——第1部分:概述

——第2部分:采用n位块密码的散列函数

——第3部分:专用散列函数

——第4部分:采用模运算的散列函数

可能还会有后续部分。

本标准的附录A、附录B和附录C均为提示的附录。

中华人民共和国国家标准

信息技术　安全技术　散列函数
第3部分：专用散列函数

GB/T 18238.3—2002
idt ISO/IEC 10118-3:1998

Information technology—Security techniques—Hash-functions—Part 3: Dedicated hash-functions

1　范围

本标准规定了专用散列函数，即专门设计的散列函数。本标准的散列函数基于循环函数的迭代使用。本标准规定了三种不同的循环函数，从而产生了不同的专用散列函数。第一种和第三种提供了长度达160位的散列码，第二种提供了长度达128位的散列码。

2　引用标准

下列标准所包含的条文，通过在本标准中引用而构成为本标准的条文。本标准出版时，所示版本均为有效。所有标准都会被修订，使用本标准的各方应探讨使用下列标准最新版本的可能性。

GB/T 1988—1998　信息技术　信息交换用七位编码字符集(eqv ISO 646:1991)

GB/T 18238.1—2000　信息技术　安全技术　散列函数　第1部分：概述(idt ISO/IEC 10118-1:1994)

3　定义

GB/T 18238.1中给出的定义以及下列定义适用于本标准：

3.1　块　block

长度为 L_1 的位串，即送往循环函数的第一个输入的长度。

3.2　散列函数标识符　hash-function identifier

标识特定散列函数的字节。

3.3　循环函数　round-function

把长度为 L_1 和 L_2 的两个二进制串变换成长度为 L_2 的一个二进制串的函数 $\phi(.\ ,.)$。它作为散列函数的一部分迭代使用，其中它把长度为 L_1 的数据串与前一步输出的长度为 L_2 的数据串组合起来。

3.4　字　word

一个32位的串。

4　符号和记法

本标准采用GB/T 18238.1中定义的符号和记法。

D	输入到散列函数的数据串。
H	散列码。
IV	初始化值。

中华人民共和国国家质量监督检验检疫总局 2002-07-18 批准　　2002-12-01 实施

L_X	位串 X 的长度(按位表示)。
$X\oplus Y$	位串 X 和 Y 的异或。

下列符号和记法适用于本标准：

a_i,a'_i	用于规定循环函数的索引序列。
B_i	字节。
C_i,C'_i	循环函数中使用的常数字。
D_i	填充处理后从数据串导出的块。
f_i,g_i	采用三个字作为输入并产生单个字作为输出,用于规定循环函数的函数。
H_i	在散列操作中用于存储中间结果的长 L_2 位的串。
L_1	送往循环函数 ϕ 的两个输入串中的第一个输入串的长度(按位表示)
L_2	送往循环函数 ϕ 的两个输入串中的第二个输入串的长度(按位表示),循环函数的输出串的长度(按位表示),以及 IV 的长度(按位表示)。
q	填充和分离过程后数据串中的块数。
$S^n()$	"循环左移" n 位操作,即,如果 A 是一个字并且 n 是一个非负整数,那么 S^n(A)表示将字 A 经过 n 次左循环移位而得到的字。
t_i,t'_i	用于规定循环函数的移位值。
W,X_i,X'_i,Y_i,Z_i	用来存储中间计算结果的字。
ϕ	一个循环函数,即,如果 X、Y 是长度分别为 L_1 和 L_2 的位串,那么 $\phi(X,Y)$ 是通过把 ϕ 应用于 X、Y 所得到的串。
$\wedge$	位串的逐位逻辑"与"操作,即,如果 A、B 是字,那么 $A\wedge B$ 是等于 A 和 B 逐位逻辑"与"得到的字。
$\vee$	位串的逐位逻辑"或"操作,即,如果 A、B 是字,那么 $A\vee B$ 是等于 A 和 B 逐位逻辑"或"得到的字。
$\neg$	位字符串的逐位逻辑非操作,即如果 A 是字,那么 $\neg A$ 是 A 逐位逻辑"非"得到的字
$\uplus$	模 2^{32} 加法操作,即,如果 A、B 是字,那么 $A\uplus B$ 是通过把 A 和 B 视为整数的二进制表示并计算它们的模 2^{32} 和而得到的字,其中结果被限制在 0 和 $2^{32}-1$ 之间,包括 0 和 $2^{32}-1$。
:=	表示在循环函数过程描述中所使用的"置等于"操作的符号,其中它表示符号左边的字应与符号右边表达的值相等。

5 要求

想要使用本标准中的散列函数的用户应选择：

- 以下规定的专用散列函数之一；以及
- 散列码 H 的长度 L_H。

注

1 定义了第一种和第二种专用散列函数以利于"小结尾"计算机软件的实现,也就是字中最低访问字节被解释为最低有效位；相反,第三种循环函数的定义便于"大结尾"计算机软件的实现,就是字的最低访问字节被解释为最高有效位。然而,通过适当地调整定义,任何循环函数都能够在"小结尾"计算机或者在"大结尾"计算机上实现。本文定义的全部散列函数把一个位串作为输入并且给出一个输出位串；这不依赖于每个散列函数内所使用的内部字节排序约定。

2 L_H 的选择影响散列函数的安全性。在进行 $2^{L_H/2}$ 散列码计算时被认为在计算上是不可行的环境中本标准所规定的全部散列函数被认为是无碰撞散列函数。

6 专用散列函数模型

6.1 概述

本标准中规定的散列函数要求使用循环函数 ϕ。后续各章规定了三种可替换函数 ϕ。

本标准中规定的散列函数提供长度为 L_H 的散列码，其中对于所使用的循环函数 ϕ 来说，L_H 的值小于或者等于 L_2。

在本标准散列函数的规范中，假设输入到散列函数的填充数据串是以字节序列形式表示的。如果所填充的数据串以 $8n$ 位序列形式，$x_0, x_1, \ldots, x_{8n-1}$ 表示，那么它将以以下的方式被解释为 n 字节的序列，$B_0, B_1, \ldots, B_{n-1}$。每组 8 个连续位被认为是一个字节，每组第一个位是该字节的最高有效位。因此，对任何 $i(0 \leqslant i < n)$：

$$B_i = 2^7 x_{8i} + 2^6 x_{8i+1} + \ldots + x_{8i+7}$$

对于本标准规定的三种专用散列函数中的每一种均定义了标识符。在第 7、8 和 9 章中规定的专用散列函数的散列函数标识符分别等于 31、32 和 33(十六进制)。34 到 3F(十六进制)之间的值保留作为以后的散列函数标识符使用。

6.2 散列操作

设 ϕ 为循环函数，IV 是长度为 L_2 的初始化值。对于本标准规定的散列函数，对给定的循环函数 ϕ，IV 的值应是固定的。

数据 D 的散列码 H 按照以下四步计算。

6.2.1 第 1 步(填充)

填充数据串 D 是以确保其长度是 L_1 的倍数。本标准后续各章中规定了填充法的特定实例。

6.2.2 第 2 步(分离)

数据串 D 的填充版被分离成 L_1 位的块 $D_1, D_2, \ldots\ldots, D_q$，其中 D_1 表示 D 填充后的第 1 个 L_1 位，D_2 表示第 2 个 L_1 位，依次类推。填充和分离过程如图 1 所示。

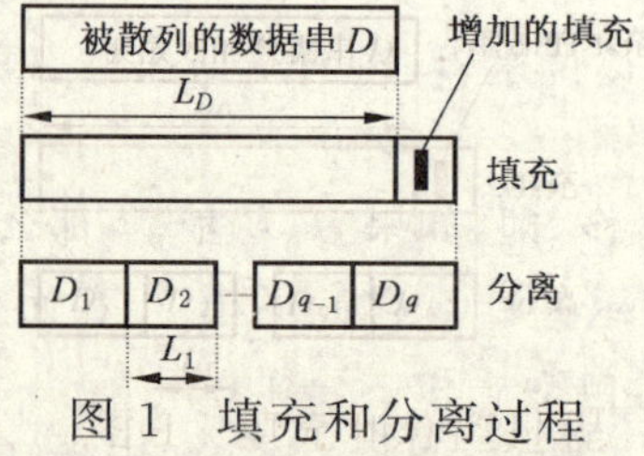

图 1 填充和分离过程

6.2.3 第 3 步(迭代)

设 $D_1, D_2, \ldots D_q$ 经填充和分离后，成为长度是 L_1 位的数据块。设 H_0 为与 IV 相等的位串。L_2 位串 $H_1, H_2, \ldots, H_q$ 用以下方法迭代计算：

对于 i 从 1 到 q：

$$H_i = \phi(D_i, H_{i-1})$$

迭代过程如图 2 所示。

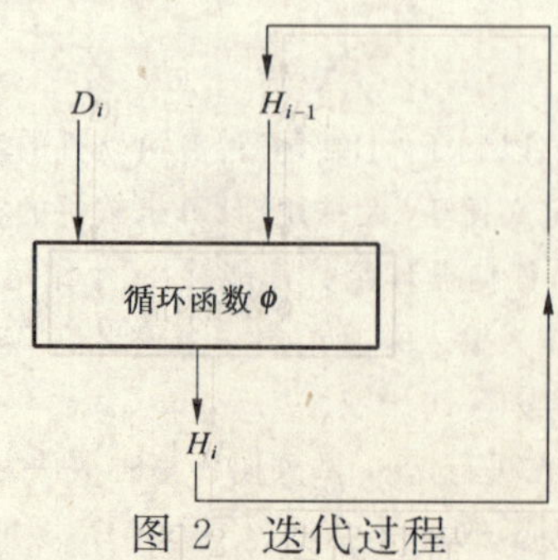

图 2 迭代过程

6.2.4 第4步(截短)

通过取最后长度为 L_2 位的输出串 H_q 的最左边的 L_H 位而导出散列码 H。

7 专用散列函数1

注:本章包含循环函数的描述、初始化值以及附录C中[3]的RIPEMD-160填充法。

7.1 概述

本章规定了填充法、初始化值和循环函数,用于本标准描述的一般模型。这里规定的填充法、初始化值和循环函数,当用于上述一般模型时,要同时定义专用散列函数1。该专用散列函数可用于包含至多 2^{64-1} 位的所有数据串 D。

用于专用散列函数1的ISO/IEC散列函数标识符等于31(16进制)。

7.2 参数、函数和常数

7.2.1 参数

该散列函数中,$L_1=512$,$L_2=160$。

7.2.2 字节排序约定

在第7章循环函数描述中,假定输入到循环函数中的块以字序列形式表示,每个512位的块由16个字组成。一个64个字节序列,$B_0,B_1,\ldots B_{63}$,应按照下列方法解释为16个字的序列,$Z_0,Z_1,\ldots,Z_{15}$。每组4个连续字节作为一个字,字的第1个字节是该字的最低有效字节。因此

$$Z_i = 2^{24}B_{4i+3} + 2^{16}B_{4i+2} + 2^{8}B_{4i+1} + B_{4i}(0 \leqslant i \leqslant 15)$$

把散列码从字序列转换到字节序列,应遵照相反的转换过程。

注:这里规定的字节排序与9.2.2中规定的字节排序不同。

7.2.3 函数

为便于软件实现,根据字操作来描述循环函数 ϕ。在本循环函数中使用一序列函数:$g_0,g_1,\ldots\ldots$,g_{79},其中函数 $g_i(0\leqslant i\leqslant 79)$,以三个字 X_0、X_1 和 X_2 作为输入,并产生单个字作为输出。

函数 g_i 定义如下:

$g_i(X_0,X_1,X_2)=X_0\oplus X_1\oplus X_2(0\leqslant i\leqslant 15)$;

$g_i(X_0,X_1,X_2)=(X_0\wedge X_1)\vee(\neg X_0\wedge X_2)\ (16\leqslant i\leqslant 31)$;

$g_i(X_0,X_1,X_2)=(X_0\vee\neg X_1)\oplus X_2)\ (32\leqslant i\leqslant 47)$;

$g_i(X_0,X_1,X_2)=(X_0\wedge X_2)\vee(X_1\wedge\neg X_2)\ (48\leqslant i\leqslant 63)$;

$g_i(X_0,X_1,X_2)=X_0\oplus(X_1\vee\neg X_2)\ (64\leqslant i\leqslant 79)$

7.2.4 常数

本循环函数中使用两个常数字序列 $C_0,C_1,\ldots,C_{79}$ 和 $C'_0,C'_1,\ldots,C'_{79}$。用十六进制表示(其中最高有效位对应于最左边的位)定义如下:

$C_i=$ 00000000 $(0\leqslant i\leqslant 15)$;

$C_i=$ 5A827999 $(16\leqslant i\leqslant 31)$;

$C_i=$ 6ED9EBA1 $(32\leqslant i\leqslant 47)$;

$C_i=$ 8F1BBCDC $(48\leqslant i\leqslant 63)$;

$C_i=$ A953FD4E $(64\leqslant i\leqslant 79)$;

$C'_i=$ 50A28BE6 $(0\leqslant i\leqslant 15)$;

$C'_i=$ 5C4DD124 $(16\leqslant i\leqslant 31)$;

$C'_i=$ 6D703EF3 $(32\leqslant i\leqslant 47)$;

$C'_i=$ 7A6D76E9 $(48\leqslant i\leqslant 63)$;

$C'_i=$ 00000000 $(64\leqslant i\leqslant 79)$。

本循环函数中使用了 80 个移位值组成的两个序列，其中每个移位值在 5 和 15 之间，用($t_0,t_1,...,t_{79}$)和($t'_0,t'_1,...,t'_{79}$)表示这两个序列。循环函数还使用 80 个索引组成的两个序列，其中每个序列中的每个值在 0 和 15 之间，用($a_0,a_1,...,a_{79}$)和($a'_0,a'_1,...,a'_{79}$)表示这两个序列。所有四个序列在下表中定义：

i	0	1	2	3	4	5	6	7
t_i	11	14	15	12	5	8	7	9
t'_i	8	9	9	11	13	15	15	5
a_i	0	1	2	3	4	5	6	7
a'_i	5	14	7	0	9	2	11	4

i	8	9	10	11	12	13	14	15
t_i	11	13	14	15	6	7	9	8
t'_i	7	7	8	11	14	14	12	6
a_i	8	9	10	11	12	13	14	15
a'_i	13	6	15	8	1	10	3	12

i	16	17	18	19	20	21	22	23
t_i	7	6	8	13	11	9	7	15
t'_i	9	13	15	7	12	8	9	11
a_i	7	4	13	1	10	6	15	3
a'_i	6	11	3	7	0	13	5	10

i	24	25	26	27	28	29	30	31
t_i	7	12	15	9	11	7	13	12
t'_i	7	7	12	7	6	15	13	11
a_i	12	0	9	5	2	14	11	8
a'_i	14	15	8	12	4	9	1	2

i	32	33	34	35	36	37	38	39
t_i	11	13	6	7	14	9	13	15
t'_i	9	7	15	11	8	6	6	14
a_i	3	10	14	4	9	15	8	1
a'_i	15	5	1	3	7	14	6	9

i	40	41	42	43	44	45	46	47
t_i	14	8	13	6	5	12	7	5
t'_i	12	13	5	14	13	13	7	5
a_i	2	7	0	6	13	11	5	12
a'_i	11	8	12	2	10	0	4	13

i	48	49	50	51	52	53	54	55
t_i	11	12	14	15	14	15	9	8
t'_i	15	5	8	11	14	14	6	14
a_i	1	9	11	10	0	8	12	4
a'_i	8	6	4	1	3	11	15	0

i	56	57	58	59	60	61	62	63
t_i	9	14	5	6	8	6	5	12
t'_i	6	9	12	9	12	5	15	8
a_i	13	3	7	15	14	5	6	2
a'_i	5	12	2	13	9	7	10	14

i	64	65	66	67	68	69	70	71
t_i	9	15	5	11	6	8	13	12
t'_i	8	5	12	9	12	5	14	6
a_i	4	0	5	9	7	12	2	10
a'_i	12	15	10	4	1	5	8	7

i	72	73	74	75	76	77	78	79
t_i	5	12	13	14	11	8	5	6
t'_i	8	13	6	5	15	13	11	11
a_i	14	1	3	8	11	6	15	13
a'_i	6	2	13	14	0	3	9	11

7.2.5 初始化值

对于该循环函数来说，初始化值 IV 应该总是下列 160 位的串，在这里表示为十六进制的 5 个字 Y_0、Y_1、Y_2、Y_3 和 Y_4 的序列，其中 Y_0 表示 160 位中最左边的 32 位。

Y_0= 67452301

Y_1= EFCDAB89

Y_2= 98BADCFE

Y_3= 10325476

Y_4= C3D2E1F0

7.3 填充法

需要填充数据串 D，使它具有 512 的整数倍位数。填充过程操作如下：

a) D 连接上 单个“1”。

b) 上一步所得的结果再连接上 0～511 个“0”位，以使结果串的(按位)长度与 448 模 512 同余。更确切地说，如果 D 的原始长度为 L_D，并设 r 为 L_D 除以 512 的余数，那么要连接的“0”的数目等于447－r(当 $r \leqslant 447$)或 959－ r(当 $r > 447$)。这样所得到的位串长度将比 512 位的整数倍少 64 位。

c) 把以 64 位二进制表示的 L_D 分成两个 32 位串，一个表示 L_D 的“最高有效串”，另一个表示“最低有效串”。把这两个 32 位的串(“最低有效串”在前)与前一步得到的字串相连接。

在以下对循环函数的描述中，每个 512 位数据块 $D_i(1 \leqslant i \leqslant q)$ 视作为一个 16 个字的序列，Z_0，Z_1，…，Z_{15}，其中 Z_0 对应 D_i 最左边的 32 位。

7.4 循环函数的描述

循环函数 ϕ 操作如下。注意，在以下的描述中，使用符号 W、X_0、X_1、X_2、X_3、X_4、X'_0、X'_1、X'_2、X'_3、X'_4来表示 11 个不同的字，这些字包含计算中要求的值。

a）假定 ϕ 的 512 位（第一次）输入包含在 $Z_0, Z_1, \cdots, Z_{15}$ 中，其中 Z_0 是 512 位的最左边 32 位，同样假定 ϕ 的 160 位第二次输入包含在 5 个字 Y_0、Y_1、Y_2、Y_3 和 Y_4 中。

b）置　$X_0 := Y_0$　$X_1 := Y_1$　$X_2 := Y_2$　$X_3 := Y_3$　$X_4 := Y_4$

c）置　$X'_0 := Y_0$　$X'_1 := Y_1$　$X'_2 := Y_2$　$X'_3 := Y_3$　$X'_4 := Y_4$

d）按照规定的次序执行以下四步，$i := 0$ 到 79：

（1）$W := S^{t_i}(X_0 \uplus g_i(X_1, X_2, X_3) \uplus Z_{ai} \uplus C_i) \uplus X_4$

（2）$X_0 := X_4$　$X_4 := X_3$　$X_3 := S^{10}(X_2)$　$X_2 := X_1$　$X_1 := W$

（3）$W := S^{t'_i}(X'_0 \uplus g_{79-i}(X'_1, X'_2, X'_3) \uplus Z_{a'_i} \uplus C'_i) \uplus X'_4$

（4）$X'_0 := X'_4$　$X'_4 := X'_3$　$X'_3 := S^{10}(X'_2)$　$X'_2 := X'_1$　$X'_1 := W$

e）设

$W := Y_0$

$Y_0 := Y_1 \uplus X_2 \uplus X'_3$

$Y_1 := Y_2 \uplus X_3 \uplus X'_4$

$Y_2 := Y_3 \uplus X_4 \uplus X'_0$

$Y_3 := Y_4 \uplus X_0 \uplus X'_1$

$Y_4 := W \uplus X_1 \uplus X'_2$

f）5 个字 Y_0、Y_1、Y_2、Y_3、Y_4 表示循环函数 ϕ 的输出。循环函数最终迭代后，通过使用 7.2.2 中规定的相反的转换过程，5 个字 Y_0、Y_1、Y_2、Y_3、Y_4 应转换成一个 20 个字节的序列，其中由 Y_0 产生前 4 个字节，Y_1 产生下 4 个字节，依次类推。这样，首（最左边的）字节对应于 Y_0 的最低有效字节，第 20 个（最右边的）字节对应于 Y_4 的最高有效字节。通过使用 6.1 中规定的相反的转换过程，这 20 个字节应转换成 160 个位的串，即首（最左边的）位对应于首（最左边的）字节的最高有效位，第 160（最右边的）位对应于第 20 个（最右边的）字节的最低有效位。

8 专用散列函数 2

本散列函数应仅用于当散列码包含小于或等于 128 位时就认为足够安全的应用中。

注：本章包含循环函数的描述、初始化值以及附录 C 中[3]的 RIPEMD-128 的填充法。

8.1 概述

本章规定了填充法、初始化值和循环函数，它们用于本标准描述的一般模型。这里规定的填充法、初始化值和循环函数，当它们用于上述一般模型时，要同时定义专用散列函数 2。该专用散列函数可适用于包含最多 $2^{64}-1$ 位的全部数据串 D。

用于专用散列函数 2 的 ISO/IEC 散列函数标识符等于 32（16 进制）。

8.2 参数、函数和常数

8.2.1 参数

本散列函数中，$L_1 = 512$，$L_2 = 128$。

8.2.2 字节排序约定

本散列函数的字节排序约定与第 7 章散列函数的约定相同。

8.2.3 函数

为便于软件实现，根据字操作来描述循环函数 ϕ。在本循环函数中使用一序列函数：$g_0, g_1, \ldots\ldots, g_{63}$，其中每个函数 $g_i(0 \leqslant i \leqslant 63)$，以三个字 X_0、X_1 和 X_2 作为输入，并产生单个字作为输出。

函数 g_i 与 7.2.3 中前 64 个函数的定义相同。

8.2.4 常数

本循环函数使用了两个常数字序列 $C_0, C_1, ..., C_{63}$ 和 $C'_0, C'_1, \cdots, C'_{63}$。用十六进制表示(其中最高有效位对应于最左边的位)它们定义如下:

C_i = 00000000 ($0 \leqslant i \leqslant 15$);

C_i = 5A827999 ($16 \leqslant i \leqslant 31$);

C_i = 6ED9EBA1 ($32 \leqslant i \leqslant 47$);

C_i = 8F1BBCDC ($48 \leqslant i \leqslant 63$);

C'_i = 50A28BE6 ($0 \leqslant i \leqslant 15$);

C'_i = 5C4DD124 ($16 \leqslant i \leqslant 31$);

C'_i = 6D703EF3 ($32 \leqslant i \leqslant 47$);

C'_i = 00000000 ($48 \leqslant i \leqslant 63$);

本循环函数也使用了两个 64 个移位值序列,其中每个移位值在 5 和 15 之间,用($t_0, t_1, ..., t_{63}$)和($t'_0, t'_1, ..., t'_{63}$)表示这些序列,它们的定义与 7.2.4 中相应序列的前 64 个值相同。

最后,本循环函数还使用两个 64 个索引序列,其中每个序列中的每个值在 0 和 15 之间,用($a_0, a_1, ..., a_{63}$)和($a'_0, a'_1, ..., a'_{63}$)表示这些序列,它们的定义与 7.2.4 中相应序列的前 64 个值相同。

8.2.5 初始化值

对于本循环函数来说,初始化值 IV 应总是下列 128 位的字符串,在这里表示为十六进制的 4 个字序列 Y_0、Y_1、Y_2 和 Y_3,其中 Y_0 表示 128 位中的最左边 32 位。

Y_0 = 67452301

Y_1 = EFCDAB89

Y_2 = 98BADCFE

Y_3 = 10325476

8.3 填充法

本散列函数使用的填充法与 7.3 中定义的填充法相同。

8.4 循环函数的描述

循环函数 ϕ 操作如下。注意,在以下的描述中,使用符号 W、X_0、X_1、X_2、X_3、X'_0、X'_1、X'_2、X'_3 来表示 9 个不同的字,这些字包含计算中要求的值。

a) 假定 ϕ 的 512 位第一次输入到中包含在 $Z_0, Z_1, ..., Z_{15}$ 中,其中 Z_0 是 512 位的最左边 32 位,同样假定第二次输入到 ϕ 中的 128 位包含在 4 个字 Y_0、Y_1、Y_2 和 Y_3 中。

b) 置 $X_0 := Y_0 \quad X_1 := Y_1 \quad X_2 := Y_2 \quad X_3 := Y_3$

c) 置 $X'_0 := Y_0 \quad X'_1 := Y_1 \quad X'_2 := Y_2 \quad X'_3 := Y_3$

d) 按照规定的次序执行以下四步,$i := 0$ 到 63:

(1) $W := S^{t_i}(X_0 \uplus g_i(X_1, X_2, X_3) \uplus Z_{a_i} \uplus C_i)$

(2) $X_0 := X_3 \quad X_3 := X_2 \quad X_2 := X_1 \quad X_1 := W$

(3) $W := S^{t'_i}(X'_0 \uplus g_{63-i}(X'_1, X'_2, X'_3) \uplus Z_{a'_i} \uplus C'_i)$

(4) $X'_0 := X'_3 \quad X'_3 := X'_2 \quad X'_2 := X'_1 \quad X'_1 := W$

e) 置

$W := Y_0$

$Y_0 := Y_1 \uplus X_2 \uplus X'_3$

$Y_1 := Y_2 \uplus X_3 \uplus X'_0$

$Y_2 := Y_3 \uplus X_0 \uplus X'_1$

$Y_3 := W \uplus X_1 \uplus X'_2$

f) 4 个字 Y_0、Y_1、Y_2、Y_3 表示循环函数 ϕ 的输出。循环结束后，通过使用 7.2.2 中规定的相反的转换过程，4 个字 Y_0、Y_1、Y_2、Y_3 应转换成一个 16 个字节的序列，其中 Y_0 应产生得到前四个字节，Y_1 应产生下面 4 个字节，依次类推。这样首(最左边的)字节对应于 Y_0 的最低有效字节，第 16 个(最右边的)字节对应于 Y_4 的最高有效字节。通过使用 6.1 中规定的相反的转换过程，这 16 个字节应转换成 128 个位的串，即首(最左边的)位对应于首(最左边的)字节的最高有效位，第 128(最右边的)位对应于第 16 个(最右边的)字节的最低有效位。

9 专用散列函数 3

注：本章包含循环函数的描述、初始化值以及 SHA-1 的填充法。

9.1 概述

本条规定了填充法、初始化值和循环函数，用于本标准描述的一般模型。这里规定的填充法、初始化值和循环函数，当它们用于上述一般模型时，要同时定义专用散列函数 3。该专用散列函数可适用于包含最多 $2^{64}-1$ 位的全部数据串 D。

用于专用散列函数 3 的 ISO/IEC 散列函数标识符等于 33(16 进制)。

9.2 参数、函数和常数

9.2.1 参数

该散列函数中，$L_1=512$，$L_2=160$。

9.2.2 字节排序约定

在第 9 章循环函数的描述中，假定输入到循环函数的块以字序列形式表示，每个 512 位的块由 16 个这样的字组成。一个 64 个字节序列：$B_0, B_1, ..., B_{63}$，应按照下列方法，被解释为 16 个字序列：Z_0，$Z_1, ..., Z_{15}$。每组 4 个连续字节作为一个字，字的第 2 个字节是该字的最高有效字节。因此

$$Z_i=2^{24}\ B_{4i}+2^{16}\ B_{4i+1}+2^{8}\ B_{4i+2}+\ B_{4i+3}(0\leqslant i\leqslant 15)$$

把散列码从字序列转换到字节序列，应遵照相反的转换过程。

注：这里规定的字节次序与 7.2.2 中规定的字节次序不同。

9.2.3 函数

为便于软件实现，根据字操作来描述循环函数 ϕ。在循环函数中使用一序列函数：$f_0, f_1, ..., f_{63}$，其中每个函数 $f_i(0\leqslant i\leqslant 79)$，以三个字 X_0、X_1 和 X_2 作为输入，产生单个字作为输出。

函数 f_i 定义如下：

$f_i(X_0,X_1,X_2)=(X_0\wedge X_1)\vee(\neg X_0\wedge X_2)\ (0\leqslant i\leqslant 19)$；

$f_i(X_0,X_1,X_2)=X_0\oplus X_1\oplus X_2(20\leqslant i\leqslant 39)$；

$f_i(X_0,X_1,X_2)=(X_0\wedge X_1)\vee(X_0\wedge X_2)\vee(X_1\wedge X_2)\ (40\leqslant i\leqslant 59)$；

$f_i(X_0,X_1,X_2)=X_0\oplus X_1\oplus X_2(60\leqslant i\leqslant 79)$；

9.2.4 常数

该循环函数使用常数字序列 $C'_0, C'_1, ..., C'_{79}$。用十六进制表示(其中最高有效位对应于最左边的位)定义如下：

$C'_i=$ 5A827999 $(0\leqslant i\leqslant 19)$；

$C'_i=$ 6ED9EBA1 $(20\leqslant i\leqslant 39)$；

$C'_i=$ 8F1BBCDC $(40\leqslant i\leqslant 59)$；

$C'_i=$ CA62C1D6 $(60\leqslant i\leqslant 79)$。

9.2.5 初始化值

对于该循环函数来说，初始化值 IV 应总是 160 位的字符串，在这里表示为十六进制的 5 个字 Y_0、Y_1、Y_2、Y_3 和 Y_4，其中 Y_0 表示 160 位中最左边的 32 位。

$Y_0=$ 67452301

Y_1= EFCDAB89

Y_2= 98BADCFE

Y_3= 10325476

Y_4= C3D2E1F0

9.3 填充法

需要填充数据串 D，使它具有 512 整数倍位数。填充过程操作如下：

a) D 连接上单个"1"。

b) 上一步所得的结果再连接上 0～511 个"0"位，以使结果串的(按位)长度与 448 模 512 同余。更确切地说，如果 D 的原始长度为 L_D，并设 r 为 L_D 除以 512 的余数，那么要连接的"0"的数目等于 $447-r$(当 $r \leqslant 447$)或 $959-r$(当 $r > 447$)。这样所得到的位串长度比 512 位的整数倍少 64 位。

c) 连接上一步结果串与 64 位二进制表示的 L_D，最高位在前。

在以下对循环函数的描述中，每个 512 位数据块 $D_i(1 \leqslant i \leqslant q)$ 作为一个 16 个字序列：Z_0、Z_1、……Z_{15}，其中 Z_0 对应于 D_i 最左边的 32 位。

9.4 循环函数的描述

循环函数 ϕ 操作如下。注意，在以下的描述中，使用符号 $W, X_0, X_1, X_2, X_3, X_4, Z_0, Z_1, ..., Z_{79}$ 来表示 86 个不同的字，这些字包含计算中要求的值。

a) 假定 ϕ 的 512 位(第一次)输入包含在 $Z_0, Z_1, ..., Z_{15}$ 中，其中 Z_0 是 512 位的最左边 32 位，同样假定 ϕ 的 160 位(第二次)输入包含在 5 个字 Y_0、Y_1、Y_2、Y_3 和 Y_4 中。

b) 对于 $i=16$～79 置

$$Z_i := S^1(Z_{i-3} \oplus Z_{i-8} \oplus Z_{i-14} \oplus Z_{i-16})$$

c) 置 $X_0 := Y_0$　$X_1 := Y_1$　$X_2 := Y_2$　$X_3 := Y_3$　$X_4 := Y_4$

d) 执行以下两步，$i := 0$～79：

(1) $W := S^5(X_0) \uplus f_i(X_1, X_2, X_3) \uplus X_4 \uplus Z_i \uplus C'_i$

(2) $X_4 := X_3$　$X_3 := X_2$　$X_2 := S^{30}(X_1)$　$X_1 := X_0$　$X_0 := W$

e) 置

$Y_0 := Y_0 \uplus X_0$

$Y_1 := Y_1 \uplus X_1$

$Y_2 := Y_2 \uplus X_2$

$Y_3 := Y_3 \uplus X_3$

$Y_4 := Y_4 \uplus X_4$

f) 5 个字 Y_0、Y_1、Y_2、Y_3、Y_4 表示循环函数 ϕ 的输出。循环结束后，通过使用 9.2.2 中规定的相反的转换过程，5 个字 Y_0、Y_1、Y_2、Y_3、Y_4 应转换成一个 20 个字节的序列，其中 Y_0 应产生前 4 个字节，Y_1 应产生下面 4 个字节，依次类推。这样首(最左边的)字节对应于 Y_0 的最高有效字节，第 20 个(最右边的)字节对应于 Y_4 的最低有效字节。通过使用 6.1 中规定的相反的转换过程，这 20 个字节应转换成 160 个位的串，即首(最左边的)位对应于首(最左边的)字节的最高有效位，第 160(最右边的)位对应于第 20 个(最右边的)字节的最低有效位。

附 录 A
（提示的附录）
实 例

A1 概述

本附录给出了专用散列函数1、2和3的计算实例。对于每个散列函数都给出了散列码计算的九个例子。而且每个散列函数的例3和例8还给出了散列函数操作过程中得到的中间值。

A2 专用散列函数1

本附录引用GB 1988编码的数据串。

注：附录C中的[3]含有专用散列函数1的伪码描述。

A2.1 例1

本例中数据串为空串，即零长度串。

散列码是下列160位串：

9C 11 85 A5 C5 E9 FC 54 61 28 08 97 7E E8 F5 48 B2 25 8D 31

A2.2 例2

本例中数据串由单个字节串组成，即字母“a”的GB 1988编码版本。散列码是下列160位串：

0B DC 9D 2D 25 6B 3E E9 DA AE 34 7B E6 F4 DC 83 5A 46 7F FE

A2.3 例3

本例中数据串由“abc”GB 1988编码版本的3字节串组成。它等同于位串：“01100001 01100010 01100011”。

经过填充过程后，由该数据串推导出的单个16字的块如下：

80636261 00000000 00000000 00000000 00000000 00000000 00000000 00000000
00000000 00000000 00000000 00000000 00000000 00000000 00000018 00000000

下列是变量X_0、X_1、X_2、X_3、X_4、X'_0、X'_1、X'_2、X'_3、X'_4的连续值(用16进制表示)：

67452301，EFCDAB89，98BADCFE，10325476，C3D2E1F0，67452301，EFCDAB89，98BADCFE，10325476，C3D2E1F0

C3D2E1F0，3115FC67，EFCDAB89，EB73FA62，10325476，C3D2E1F0，DDD63FB8，EFCDAB89，EB73FA62，10325476

10325476，B41192D5，3115FC67，36AE27BF，EB73FA62，10325476，322E7AE3，DDD63FB8，36AE27BF，EB73FA62

EB73FA62，3A35DC50，B41192D5，57F19CC4，36AE27BF，EB73FA62，883EE903，322E7AE3，58FEE377，36AE27BF

36AE27BF，D3786413，3A35DC50，464B56D0，57F19CC4，36AE27BF，92B2B79B，883EE903，B9EB8CC8，58FEE377

57F19CC4，0E946720，D3786413，D77140E8，464B56D0，58FEE377，F9091FF2，92B2B79B，FBA40E20，B9EB8CC8

464B56D0，D52BF632，0E946720，E1904F4D，D77140E8，B9EB8CC8，E5B09992，F9091FF2，CADE6E4A，FBA40E20

D77140E8，150BD8A8，D52BF632，519C803A，E1904F4D，FBA40E20，8B2D9FB3，E5B09992，247FCBE4，CADE6E4A

E1904F4D， 3D6F601F， 150BD8A8， AFD8CB54， 519C803A， CADE6E4A， E755F422， 8B2D9FB3，C2664B96，247FCBE4

519C803A，B7B60384，3D6F601F，2F62A054，AFD8CB54，247FCBE4，5922D09E，E755F422，B67ECE2C，C2664B96

AFD8CB54， B85A0A3F， B7B60384， BD807CF5， 2F62A054， C2664B96， CF24E72C， 5922D09E，57D08B9D，B67ECE2C

2F62A054， 7F8B38E5， B85A0A3F， D80E12DE， BD807CF5， B67ECE2C， CA6A1C75， CF24E72C，8B427964，57D08B9D

BD807CF5， 9DACA495， 7F8B38E5， 6828FEE1， D80E12DE， 57D08B9D， 227F6D84， CA6A1C75，939CB33C，8B427964

D80E12DE，BC05F46F，9DACA495，2CE395FE，6828FEE1，8B427964，5D801685，227F6D84，A871D729，939CB33C

6828FEE1，1494F053，BC05F46F，B2925676，2CE395FE，939CB33C，B3C3F4D5，5D801685，FDB61089，A871D729

2CE395FE，85861D02，1494F053，17D1BEF0，B2925676，A871D729，3D16242D，B3C3F4D5，005A1576，FDB61089

B2925676，597BF629，85861D02，53C14C52，17D1BEF0，FDB61089，FF459078，3D16242D，0FD356CF，005A1576

17D1BEF0，6347EF78，597BF629，18740A16，53C14C52，005A1576，927E40A8，FF459078，5890B4F4，0FD356CF

53C14C52，45C8FA44，6347EF78，EFD8A565，18740A16，0FD356CF，ACBB994E，927E40A8，1641E3FD，5890B4F4

18740A16， AD2956AF， 45C8FA44， 1FBDE18D， EFD8A565， 5890B4F4， AD30AD24， ACBB994E，F902A249，1641E3FD

EFD8A565， 5EAF16B7， AD2956AF， 23E91117， 1FBDE18D， 1641E3FD， 6261732E， AD30AD24，EE653AB2，F902A249

1FBDE18D， 41730D4B， 5EAF16B7， A55ABEB4， 23E91117， F902A249， 45ED27AF， 6261732E，C2B492B4，EE653AB2

23E91117， FC0CCBD3， 41730D4B， BC5ADD7A， A55ABEB4， EE653AB2， 243C5668， 45ED27AF，85CCB989，C2B492B4

A55ABEB4， 042ECC93， FC0CCBD3， CC352D05， BC5ADD7A， C2B492B4， 82F89BD1， 243C5668，B49EBD17，85CCB989

BC5ADD7A， 4D4D4377， 042ECC93， 332F4FF0， CC352D05， 85CCB989， 5FC74686， 82F89BD1，F159A090，B49EBD17

CC352D05，5207002B，4D4D4377，BB324C10，332F4FF0，B49EBD17，B2720031，5FC74686，E26F460B，F159A090

332F4FF0，388278F5，5207002B，350DDD35，BB324C10，F159A090，58A100F8，B2720031，1D1A197F，E26F460B

BB324C10，62879D70，388278F5，1C00AD48，350DDD35，E26F460B，5992068B，58A100F8，C800C6C9，1D1A197F

350DDD35， A30A1FD9， 62879D70， 09E3D4E2， 1C00AD48， 1D1A197F， CC290DCA， 5992068B，8403E162，C800C6C9

1C00AD48， BDA2B31B， A30A1FD9， 1E75C18A， 09E3D4E2， C800C6C9， 863D625E，

CC290DCA，481A2D66，8403E162

09E3D4E2，F7211DEE，BDA2B31B，287F668C，1E75C18A，8403E162，6061B5A5，863D625E，A4372B30，481A2D66

1E75C18A，B6A665C6，F7211DEE，8ACC6EF6，287F668C，481A2D66，AA98ADB5，6061B5A5，F5897A18，A4372B30

287F668C，2D30FA02，B6A665C6，8477BBDC，8ACC6EF6，A4372B30，2999255A，AA98ADB5，86D69581，F5897A18

8ACC6EF6，C76D12F9，2D30FA02，99971ADA，8477BBDC，F5897A18，98237631，2999255A，62B6D6AA，86D69581

8477BBDC，516F84DF，C76D12F9，C3E808B4，99971ADA，86D69581，6C472A90，98237631，649568A6，62B6D6AA

99971ADA，F3FA5B05，516F84DF，B44BE71D，C3E808B4，62B6D6AA，2EAD5672，6C472A90，8DD8C660，649568A6

C3E808B4，D539625E，F3FA5B05，BE137D45，B44BE71D，649568A6，C5CB48BA，2EAD5672，1CAA41B1，8DD8C660

B44BE71D，D8500C99，D539625E，E96C17CF，BE137D45，8DD8C660，05286DFB，C5CB48BA，B559C8BA，1CAA41B1

BE137D45，7ECDE5B2，D8500C99，E5897B54，E96C17CF，1CAA41B1，88396DD2，05286DFB，2D22EB17，B559C8BA

E96C17CF，681D30B9，7ECDE5B2，40326761，E5897B54，B559C8BA，333F2212，88396DD2，A1B7EC14，2D22EB17

E5897B54，960F7BFD，681D30B9，3796C9FB，40326761，2D22EB17，C699295B，333F2212，E5B74A20，A1B7EC14

40326761，6770E498，960F7BFD，74C2E5A0，3796C9FB，A1B7EC14，BFD68874，C699295B，FC8848CC，E5B74A20

3796C9FB，75EB06C5，6770E498，3DEFF658，74C2E5A0，E5B74A20，BDDF3474，BFD68874，64A56F1A，FC8848CC

74C2E5A0，14FA827A，75EB06C5，C392619D，3DEFF658，FC8848CC，8CBC87E9，BDDF3474，5A21D2FF，64A56F1A

3DEFF658，804B0068，14FA827A，AC1B15D7，C392619D，64A56F1A，CDDA6EBF，8CBC87E9，7CD1D2F7，5A21D2FF

C392619D，475BA81B，804B0068，EA09E853，AC1B15D7，5A21D2FF，656C7DA3，CDDA6EBF，F21FA632，7CD1D2F7

AC1B15D7，D26BC25D，475BA81B，2C01A201，EA09E853，7CD1D2F7，76D66CA3，656C7DA3，69BAFF37，F21FA632

EA09E853，DBC5A2CB，D26BC25D，6EA06D1D，2C01A201，F21FA632，C9B17F72，76D66CA3，B1F68D95，69BAFF37

2C01A201，77367F5E，DBC5A2CB，AF097749，6EA06D1D，69BAFF37，65A60151，C9B17F72，59B28DDB，B1F68D95

6EA06D1D，8155A6B4，77367F5E，168B2F6F，AF097749，B1F68D95，33F3AC81，65A60151，C5FDCB26，59B28DDB

AF097749，C90C4D38，8155A6B4，D9FD79DC，168B2F6F，59B28DDB，9BFB827D，33F3AC81，98054596，C5FDCB26

168B2F6F， 9762713B， C90C4D38， 569AD205， D9FD79DC， C5FDCB26， DDC8130E， 9BFB827D，CEB204CF，98054596

D9FD79DC，7EBF9C32，9762713B，3134E324，569AD205，98054596，C24C2C79，DDC8130E， EE09F66F，CEB204CF

569AD205，20EFFA01，7EBF9C32，89C4EE5D，3134E324，CEB204CF，F255847E，C24C2C79， 204C3B77，EE09F66F

3134E324，75B7117F，20EFFA01，FE70C9FA，89C4EE5D，EE09F66F，DCD63949，F255847E， 30B1E709，204C3B77

89C4EE5D，A96BE4C7，75B7117F，BFE80483，FE70C9FA，204C3B77，5B99238D，DCD63949， 5611FBC9，30B1E709

FE70C9FA，5E3201FC，A96BE4C7，DC45FDD6，BFE80483，30B1E709，B43484F4，5B99238D， 58E52773，5611FBC9

BFE80483，2CF95A98，5E3201FC，AF931EA5，DC45FDD6，5611FBC9，52325A09，B43484F4， 648E356E，58E52773

DC45FDD6，1393F0C3，2CF95A98，C807F178，AF931EA5，58E52773，D015577D，52325A09， D213D2D0，648E356E

AF931EA5，BB49CCF7，1393F0C3，E56A60B3，C807F178，648E356E，BB9C87C4，D015577D， C9682548，D213D2D0

C807F178， 6A330EB4， BB49CCF7， 4FC30C4E， E56A60B3， D213D2D0， B1BB1A2E， BB9C87C4，555DF740，C9682548

E56A60B3， 14E58204， 6A330EB4， 2733DEED， 4FC30C4E， C9682548， AC77F96D， B1BB1A2E，721F12EE，555DF740

4FC30C4E， 79AAF53E， 14E58204， CC3AD1A8， 2733DEED， 555DF740， 1774D326， AC77F96D，EC68BAC6，721F12EE

2733DEED，210769B3，79AAF53E，96081053，CC3AD1A8，721F12EE，A625F112，1774D326， DFE5B6B1，EC68BAC6

CC3AD1A8， F44B53A7， 210769B3， ABD4F9E6， 96081053， EC68BAC6， 5DCA4D12， A625F112，D34C985D，DFE5B6B1

96081053， 7C1E3640， F44B53A7， 1DA6CC84， ABD4F9E6， DFE5B6B1， EBC4D9C6， 5DCA4D12，97C44A98，D34C985D

ABD4F9E6， 06B59EE8， 7C1E3640， 2D4E9FD1， 1DA6CC84， D34C985D， 095F37FD， EBC4D9C6，29344977，97C44A98

1DA6CC84， C422C3CD， 06B59EE8， 78D901F0， 2D4E9FD1， 97C44A98， 5BBEE487， 095F37FD，13671BAF，29344977

2D4E9FD1，AD864025，C422C3CD，D67BA01A，78D901F0，29344977，BF5B2529，5BBEE487， 7CDFF425，13671BAF

78D901F0，29A83BB5，AD864025，8B0F3710，D67BA01A，13671BAF，FB5747C5，BF5B2529， FB921D6E，7CDFF425

D67BA01A，626E3910，29A83BB5，190096B6，8B0F3710，7CDFF425，DD935A5F，FB5747C5， 6C94A6FD，FB921D6E

8B0F3710， A719D8BC， 626E3910， A0EED4A6， 190096B6， FB921D6E， 27754F3A， DD935A5F，5D1F17ED，6C94A6FD

190096B6， BA84C782， A719D8BC， B8E44189， A0EED4A6， 6C94A6FD， 4F5CA4A5，

27754F3A，4D697F76，5D1F17ED

A0EED4A6，9F6887A9，BA84C782，6762F29C，B8E44189，5D1F17ED，325AFE7E，4F5CA4A5，D53CE89D，4D697F76

B8E44189，3A88288C，9F6887A9，131E0AEA，6762F29C，4D697F76，86AFE021，325AFE7E，7292953D，D53CE89D

6762F29C，AB23F78F，3A88288C，A21EA67D，131E0AEA，D53CE89D，C97F9EA1，86AFE021，6BF9F8C9，7292953D

131E0AEA，7299044A，AB23F78F，20A230EA，A21EA67D，7292953D，9F60751C，C97F9EA1，BF80861A，6BF9F8C9

A21EA67D，6A3F10CF，7299044A，8FDE3EAC，20A230EA，6BF9F8C9，1E9CE713，9F60751C，FE7A8725，BF80861A

20A230EA，1A1B904D，6A3F10CF，641129CA，8FDE3EAC，BF80861A，C13F038A，1E9CE713，81D4727D，FE7A8725

8FDE3EAC，0B2CDC01，1A1B904D，FC433DA8，641129CA，FE7A8725，BF627814，C13F038A，739C4C7A，81D4727D

641129CA，D563BFDC，0B2CDC01，6E413468，FC433DA8，81D4727D，5FCCBADE，BF627814，FC0E2B04，739C4C7A

散列码是下列 160 位串：

8E B2 08 F7 E0 5D 98 7A 9B 04 4A 8E 98 C6 B0 87 F1 5A 0B FC

A2.4 例 4

本例中数据串是 14 字节串，由“message digest”的 GB 1988 编码版本组成。

散列码是下列 160 位串：

5D 06 89 EF 49 D2 FA E5 72 B8 81 B1 23 A8 5F FA 21 59 5F 36

A2.5 例 5

本例中数据串是 26 字节串，由“abcdefghijklmnopqrstuvwxyz”的 GB 1988 编码版本组成。

散列码是下列 160 位串：

F7 1C 27 10 9C 69 2C 1B 56 BB DC EB 5B 9D 28 65 B3 70 8D BC

A2.6 例 6

本例中数据串是 62 字节串，

散列码是下列 160 位串：

B0 E2 0B 6E 31 16 64 02 86 ED 3A 87 A5 71 30 79 B2 1F 51 89

A2.7 例 7

本例中数据串是 80 字节串，由 8 次重复“1234567890”的 GB 1988 编版版本组成。

散列码是下列 160 位串：

9B 75 2E 45 57 3D 4B 39 F4 DB D3 32 3C AB 82 BF 63 32 6B FB

A2.8 例 8

本例中数据串是 56 字节串，由“abcdbcdecdefdefgefghfghighijhijkijkljklmklmnl
mnomnopnopq”的 GB 1988 编码版本组成。

经过填充过程后，由数据串推导出来的两个 16 字的块如下：

64636261 65646362 66656463 67666564 68676665 69686766 6A696867 6B6A6968

6C6B6A69 6D6C6B6A 6E6D6C6B 6F6E6D6C 706F6E6D 71706F6E 00000080 00000000

00000000 00000000 00000000 00000000 00000000 00000000 00000000 00000000

00000000 00000000 00000000 00000000 00000000 00000000 000001C0 00000000

下列是变量 X_0、X_1、X_2、X_3、X_4、X'_0、X'_1、X'_2、X'_3、X'_4 的连续值(用16进制表示),它们在处理第1块过程中获得。

67452301, EFCDAB89, 98BADCFE, 10325476, C3D2E1F0, 67452301, EFCDAB89, 98BADCFE,10325476,C3D2E1F0

C3D2E1F0, 3115FB87, EFCDAB89, EB73FA62, 10325476, C3D2E1F0, 463DA521, EFCDAB89,EB73FA62,10325476

10325476,CC21EC2E,3115FB87,36AE27BF,EB73FA62,10325476,DB247A12,463DA521,36AE27BF,EB73FA62

EB73FA62, DFEB9B7A, CC21EC2E, 57EE1CC4, 36AE27BF, EB73FA62, 1D166A23, DB247A12,F6948518,36AE27BF

36AE27BF, 2363912E, DFEB9B7A, 87B0BB30, 57EE1CC4, 36AE27BF, CE7A12F6, 1D166A23,91E84B6C,F6948518

57EE1CC4, A1B60DC7, 2363912E, AE6DEB7F, 87B0BB30, F6948518, 57FF19DD, CE7A12F6,59A88C74,91E84B6C

87B0BB30, 96AC7C1E, A1B60DC7, 8E44B88D, AE6DEB7F, 91E84B6C, 01A9FEFA, 57FF19DD,E84BDB39,59A88C74

AE6DEB7F, 6AE46154, 96AC7C1E, D8371E86, 8E44B88D, 59A88C74, 5D9A609C, 01A9FEFA,FC67755F,E84BDB39

8E44B88D,3CF61F09,6AE46154,B1F07A5A,D8371E86,E84BDB39,030F7FE7,5D9A609C,A7FBE806,FC67755F

D8371E86,696F0D9A,3CF61F09,918551AB,B1F07A5A,FC67755F,7456C8E3,030F7FE7,69827176,A7FBE806

B1F07A5A,AB957B91,696F0D9A,D87C24F3,918551AB,A7FBE806,F64C4453,7456C8E3,3DFF9C0C,69827176

918551AB,9FF4A064,AB957B91,BC3669A5,D87C24F3,69827176,22A5FE6E,F64C4453,5B238DD1,3DFF9C0C

D87C24F3, 912FE998, 9FF4A064, 55EE46AE, BC3669A5, 3DFF9C0C, 8D7E53E4, 22A5FE6E,31114FD9,5B238DD1

BC3669A5,C45F164E,912FE998,D281927F,55EE46AE,5B238DD1,695B23B7,8D7E53E4,97F9B88A,31114FD9

55EE46AE,2211A508,C45F164E,BFA66244,D281927F,31114FD9,6FAA776F,695B23B7,F94F9235,97F9B88A

D281927F,80B1F3DE,2211A508,7C593B11,BFA66244,97F9B88A,4D94F720,6FAA776F,6C8EDDA5,F94F9235

BFA66244,3AA6A8F5,80B1F3DE,46942088,7C593B11,F94F9235,D81C6137,4D94F720,A9DDBDBE,6C8EDDA5

7C593B11, 9E4C4BF6, 3AA6A8F5, C7CF7A02, 46942088, 6C8EDDA5, B2ECCABD, D81C6137,53DC8136,A9DDBDBE

46942088, F929216E, 9E4C4BF6, 9AA3D4EA, C7CF7A02, A9DDBDBE, A96B1820, B2ECCABD,7184DF60,53DC8136

C7CF7A02, D9AEEFAF, F929216E, 312FDA79, 9AA3D4EA, 53DC8136, 5A5E09B3, A96B1820,B32AF6CB,7184DF60

9AA3D4EA，8BB34505，D9AEEFAF，A485BBE4，312FDA79，7184DF60，616711FA，5A5E09B3，AC6082A5，B32AF6CB

312FDA79，07067302，8BB34505，BBBEBF66，A485BBE4，B32AF6CB，F4F47116，616711FA，7826CD69，AC6082A5

A485BBE4，51997747，07067302，CD14162E，BBBEBF66，AC6082A5，FAE97297，F4F47116，9C47E985，7826CD69

BBBEBF66，C213132C，51997747，19CC081C，CD14162E，7826CD69，887E5A3F，FAE97297，D1C45BD3，9C47E985

CD14162E，29D001F0，C213132C，65DD1D46，19CC081C，9C47E985，187068EF，887E5A3F，A5CA5FEB，D1C45BD3

19CC081C，2B59B58A，29D001F0，4C4CB308，65DD1D46，D1C45BD3，56C66FD3，187068EF，F968FE21，A5CA5FEB

65DD1D46，C45681A6，2B59B58A，4007C0A7，4C4CB308，A5CA5FEB，D718432A，56C66FD3，C1A3BC61，F968FE21

4C4CB308，2E32CA16，C45681A6，66D628AD，4007C0A7，F968FE21，775BA27D，D718432A，19BF4D5B，C1A3BC61

4007C0A7，5C712D51，2E32CA16，5A069B11，66D628AD，C1A3BC61，6243D22F，775BA27D，610CAB5C，19BF4D5B

66D628AD，989BC126，5C712D51，CB2858B8，5A069B11，19BF4D5B，44DCD35A，6243D22F，6E89F5DD，610CAB5C

5A069B11，9EE4CA1F，989BC126，C4B54571，CB2858B8，610CAB5C，8FBE3F7E，44DCD35A，0F48BD89，6E89F5DD

CB2858B8，F417F849，9EE4CA1F，6F049A62，C4B54571，6E89F5DD，DA718428，8FBE3F7E，734D6913，0F48BD89

C4B54571，75239882，F417F849，93287E7B，6F049A62，0F48BD89，91573E0A，DA718428，F8FDFA3E，734D6913

6F049A62，3AC6B69F，75239882，5FE127D0，93287E7B，734D6913，2A5224A6，91573E0A，C610A369，F8FDFA3E

93287E7B，0B7C24AC，3AC6B69F，8E6209D4，5FE127D0，F8FDFA3E，8128FFB7，2A5224A6，5CF82A45，C610A369

5FE127D0，2854DCE0，0B7C24AC，1ADA7CEB，8E6209D4，C610A369，FF374DFD，8128FFB7，489298A9，5CF82A45

8E6209D4，267080E2，2854DCE0，F092B02D，1ADA7CEB，5CF82A45，C5E0CCD7，FF374DFD，A3FEDE04，489298A9

1ADA7CEB，7806D96F，267080E2，537380A1，F092B02D，489298A9，31860C44，C5E0CCD7，DD37F7FC，A3FEDE04

F092B02D，52638496，7806D96F，C2038899，537380A1，A3FEDE04，CEE7092B，31860C44，83335F17，DD37F7FC

537380A1，59FC5CDB，52638496，1B65BDE0，C2038899，DD37F7FC，46827AAE，CEE7092B，183110C6，83335F17

C2038899，8AE30FBE，59FC5CDB，8E125949，1B65BDE0，83335F17，A757A907，46827AAE，9C24AF3B，183110C6

1B65BDE0，4F4AEBED，8AE30FBE，F1736D67，8E125949，183110C6，E90F38FC，

A757A907，09EAB91A，9C24AF3B

8E125949，65BBCCCC，4F4AEBED，8C3EFA2B，F1736D67，9C24AF3B，EC65CB85，E90F38FC，5EA41E9D，09EAB91A

F1736D67，0B3B88C1，65BBCCCC，2BAFB53D，8C3EFA2B，09EAB91A，54B06FBD，EC65CB85，3CE3F3A4，5EA41E9D

8C3EFA2B，6DF30989，0B3B88C1，EF333196，2BAFB53D，5EA41E9D，D8D6F0E3，54B06FBD，972E17B1，3CE3F3A4

2BAFB53D，156421AC，6DF30989，EE23042C，EF333196，3CE3F3A4，B30DA892，D8D6F0E3，C1BEF552，972E17B1

EF333196，6F54F9CA，156421AC，CC2625B7，EE23042C，972E17B1，F526A85A，B30DA892，5BC38F63，C1BEF552

EE23042C，A5D28921，6F54F9CA，9086B055，CC2625B7，C1BEF552，5F5587DB，F526A85A，36A24ACC，5BC38F63

CC2625B7，2959D915，A5D28921，53E729BD，9086B055，5BC38F63，9FABAC24，5F5587DB，9AA16BD4，36A24ACC

9086B055，4EFF0384，2959D915，4A248697，53E729BD，36A24ACC，52E4FB9B，9FABAC24，561F6D7D，9AA16BD4

53E729BD，17292945，4EFF0384，676454A5，4A248697，9AA16BD4，E13C3BDA，52E4FB9B，AEB0927E，561F6D7D

4A248697，5FE71F22，17292945，FC0E113B，676454A5，561F6D7D，71244E49，E13C3BDA，93EE6D4B，AEB0927E

676454A5，DC06A80F，5FE71F22，A4A5145C，FC0E113B，AEB0927E，AA49234C，71244E49，F0EF6B84，93EE6D4B

FC0E113B，5BD21FC5，DC06A80F，9C7C897F，A4A5145C，93EE6D4B，42532D95，AA49234C，913925C4，F0EF6B84

A4A5145C，5587BC4F，5BD21FC5，1AA03F70，9C7C897F，F0EF6B84，CDA86FD0，42532D95，248D32A9，913925C4

9C7C897F，A1755F6B，5587BC4F，487F156F，1AA03F70，913925C4，69C12F76，CDA86FD0，4CB65509，248D32A9

1AA03F70，100A6B19，A1755F6B，1EF13D56，487F156F，248D32A9，44272219，69C12F76，A1BF4336，4CB65509

487F156F，AA2CFD07，100A6B19，D57DAE85，1EF13D56，4CB65509，CBD360C3，44272219，04BDD9A7，A1BF4336

1EF13D56，28246D22，AA2CFD07，29AC6440，D57DAE85，A1BF4336，27A64C2D，CBD360C3，9C886510，04BDD9A7

D57DAE85，4909C2BD，28246D22，B3F41EA8，29AC6440，04BDD9A7，CCB70B88，27A64C2D，4D830F2F，9C886510

29AC6440，9020271B，4909C2BD，91B488A0，B3F41EA8，9C886510，2020C0FC，CCB70B88，9930B49E，4D830F2F

B3F41EA8，A557D838，9020271B，270AF524，91B488A0，4D830F2F，7541E108，2020C0FC，DC2E2332，9930B49E

91B488A0，F879D1F8，A557D838，809C6E40，270AF524，9930B49E，0A66EBF9，7541E108，8303F080，DC2E2332

270AF524， 39BAC08A， F879D1F8， 5F60E295， 809C6E40， DC2E2332， A0AB24D8， 0A66EBF9，078421D5，8303F080

809C6E40，DF212B9C，39BAC08A，E747E3E1，5F60E295，8303F080，44C068DD，A0AB24D8， 9BAFE429，078421D5

5F60E295，46F2CD86，DF212B9C，EB0228E6，E747E3E1，078421D5，3F8B3B48，44C068DD， AC936282，9BAFE429

E747E3E1，A17766F4，46F2CD86，84AE737C，EB0228E6，9BAFE429，873A41C4，3F8B3B48， 01A37513，AC936282

EB0228E6，FC20AA01，A17766F4，CB36191B，84AE737C，AC936282，A2969EB4，873A41C4， 2CED20FE，01A37513

84AE737C， 93A30DD9， FC20AA01， DD9BD285， CB36191B， 01A37513， 7B345F4F， A2969EB4，E907121C，2CED20FE

CB36191B， 98554E1C， 93A30DD9， 82A807F0， DD9BD285， 2CED20FE， 07B2EA78， 7B345F4F，5A7AD28A，E907121C

DD9BD285，79D46BD1，98554E1C，8C37664E，82A807F0，E907121C，93451653，07B2EA78， D17D3DEC，5A7AD28A

82A807F0，5FBC55DB，79D46BD1，55387261，8C37664E，5A7AD28A，AA0DF949，93451653， CBA9E01E，D17D3DEC

8C37664E， DEF23A3B， 5FBC55DB， 51AF45E7， 55387261， D17D3DEC， 030FFB9A， AA0DF949，14594E4D，CBA9E01E

55387261， 287DB1EB， DEF23A3B， F1576D7E， 51AF45E7， CBA9E01E， 0D9CD217， 030FFB9A，37E526A8，14594E4D

51AF45E7， CF955B8E， 287DB1EB， C8E8EF7B， F1576D7E， 14594E4D， BECE1BBD， 0D9CD217，3FEE680C，37E526A8

F1576D7E， 83B6B7E8， CF955B8E， F6C7ACA1， C8E8EF7B， 37E526A8， D97CFEEC， BECE1BBD，73485C36，3FEE680C

C8E8EF7B， 7943C443， 83B6B7E8， 556E3B3E， F6C7ACA1， 3FEE680C， DBEA79F5， D97CFEEC，386EF6FB，73485C36

F6C7ACA1， F336AA45， 7943C443， DADFA20E， 556E3B3E， 73485C36， 91704BDB， DBEA79F5，F3FBB365，386EF6FB

556E3B3E， 2FF847D6， F336AA45， 0F110DE5， DADFA20E， 386EF6FB， 40CBA97D， 91704BDB，A9E7D76F，F3FBB365

DADFA20E， 33FE64C9， 2FF847D6， DAA917CC， 0F110DE5， F3FBB365， B0BD2456， 40CBA97D，C12F6E45，A9E7D76F

0F110DE5， 78378FE9， 33FE64C9， E11F58BF， DAA917CC， A9E7D76F， CA09D415， B0BD2456，2EA5F503，C12F6E45

下列是变量 X_0、X_1、X_2、X_3、X_4、X'_0、X'_1、X'_2、X'_3、X'_4 的连续值(用 16 进制表示)，它们在处理第 2 块过程中获得。

52720555，3B09A402，94C343B1，9CEDC3EA，9039D740，52720555，3B09A402，94C343B1， 9CEDC3EA，9039D740

9039D740，59874B6C，3B09A402，0D0EC653，9CEDC3EA，9039D740，7FA6C9AF，3B09A402， 0D0EC653，9CEDC3EA

9CEDC3EA， 1D0D43D8， 59874B6C， 269008EC， 0D0EC653， 9CEDC3EA， 149F92B4，

7FA6C9AF，269008EC，0D0EC653

0D0EC653，EF3045D6，1D0D43D8，1D2DB166，269008EC，0D0EC653，0E887E05，149F92B4，9B26BDFE，269008EC

269008EC，1E6BC8AD，EF3045D6，350F6074，1D2DB166，269008EC，6E8757AC，0E887E05，7E4AD052，9B26BDFE

1D2DB166，79CC70E3，1E6BC8AD，C1175BBC，350F6074，9B26BDFE，32C1290B，6E8757AC，21F8143A，7E4AD052

350F6074，13A4B937，79CC70E3，AF22B479，C1175BBC，7E4AD052，8EB02C5A，32C1290B，1D5EB1BA，21F8143A

C1175BBC，EE066CB9，13A4B937，31C38DE7，AF22B479，21F8143A，719EB9D9，8EB02C5A，04A42CCB，1D5EB1BA

AF22B479，A08AFF93，EE066CB9，92E4DC4E，31C38DE7，1D5EB1BA，3D5B8A9A，719EB9D9，C0B16A3A，04A42CCB

31C38DE7，89E27A43，A08AFF93，19B2E7B8，92E4DC4E，04A42CCB，47DEA0A3，3D5B8A9A，7AE765C6，C0B16A3A

92E4DC4E，50EEC8A1，89E27A43，2BFE4E82，19B2E7B8，C0B16A3A，A6AACEE1，47DEA0A3，6E2A68F5，7AE765C6

19B2E7B8，0FDE892D，50EEC8A1，89E90E27，2BFE4E82，7AE765C6，4456D048，A6AACEE1，7A828D1F，6E2A68F5

2BFE4E82，47B046C8，0FDE892D，BB228543，89E90E27，6E2A68F5，072D166E，4456D048，AB3B869A，7A828D1F

89E90E27，5C8F582E，47B046C8，7A24B43F，BB228543，7A828D1F，B37A11D1，072D166E，5B412111，AB3B869A

BB228543，3D7F05B8，5C8F582E，C11B211E，7A24B43F，AB3B869A，654CBE94，B37A11D1，B459B81C，5B412111

7A24B43F，962BCAF7，3D7F05B8，3D60B972，C11B211E，5B412111，6AFF9ABA，654CBE94，E84746CD，B459B81C

C11B211E，1A459D2E，962BCAF7，FC16E0F5，3D60B972，B459B81C，EE0E390E，6AFF9ABA，32FA5195，E84746CD

3D60B972，1622907A，1A459D2E，AF2BDE58，FC16E0F5，E84746CD，569023C2，EE0E390E，FE6AE9AB，32FA5195

FC16E0F5，B75B2E49，1622907A，1674B869，AF2BDE58，32FA5195，5C2944E8，569023C2，38E43BB8，FE6AE9AB

AF2BDE58，6F16D4C4，B75B2E49，8A41E858，1674B869，FE6AE9AB，103CE067，5C2944E8，408F095A，38E43BB8

1674B869，46FDEE89，6F16D4C4，6CB926DD，8A41E858，38E43BB8，AB641473，103CE067，A513A170，408F095A

8A41E858，E9F89F50，46FDEE89，5B5311BC，6CB926DD，408F095A，25643DBF，AB641473，F3819C40，A513A170

6CB926DD，EC9A614C，E9F89F50，F7BA251B，5B5311BC，A513A170，E60A5336，25643DBF，9051CEAD，F3819C40

5B5311BC，D525F69D，EC9A614C，E27D43A7，F7BA251B，F3819C40，FF4D318D，E60A5336，90F6FC95，9051CEAD

F7BA251B, EDFBF331, D525F69D, 698533B2, E27D43A7, 9051CEAD, 6D5A28DD, FF4D318D, 294CDB98, 90F6FC95

E27D43A7, 93C5E732, EDFBF331, 97DA7754, 698533B2, 90F6FC95, 855C140A, 6D5A28DD, 34C637FD, 294CDB98

698533B2, 24907FDF, 93C5E732, EFCCC7B7, 97DA7754, 294CDB98, 79C1BC35, 855C140A, 68A375B5, 34C637FD

97DA7754, E2193F3E, 24907FDF, 179CCA4F, EFCCC7B7, 34C637FD, B2D5EF34, 79C1BC35, 70502A15, 68A375B5

EFCCC7B7, D3AD6006, E2193F3E, 41FF7C92, 179CCA4F, 68A375B5, DB87209A, B2D5EF34, 06F0D5E7, 70502A15

179CCA4F, 6B8BFAB4, D3AD6006, 64FCFB88, 41FF7C92, 70502A15, 4DEC84F2, DB87209A, 57BCD2CB, 06F0D5E7

41FF7C92, 5052D6EF, 6B8BFAB4, B5801B4E, 64FCFB88, 06F0D5E7, D4F6A30D, 4DEC84F2, 1C826B6E, 57BCD2CB

64FCFB88, FF36EBC8, 5052D6EF, 2FEAD1AE, B5801B4E, 57BCD2CB, 0191C9F0, D4F6A30D, B213C937, 1C826B6E

B5801B4E, 5A010C53, FF36EBC8, 4B5BBD41, 2FEAD1AE, 1C826B6E, 20FBAB36, 0191C9F0, DA8C3753, B213C937

2FEAD1AE, 952BFB5D, 5A010C53, DBAF23FC, 4B5BBD41, B213C937, 7E796493, 20FBAB36, 4727C006, DA8C3753

4B5BBD41, FE05BEE3, 952BFB5D, 04314D68, DBAF23FC, DA8C3753, C9EABB3E, 7E796493, EEACD883, 4727C006

DBAF23FC, 2256AF69, FE05BEE3, AFED7654, 04314D68, 4727C006, B44977A5, C9EABB3E, E5924DF9, EEACD883

04314D68, 5285B0D3, 2256AF69, 16FB8FF8, AFED7654, EEACD883, 287580C6, B44977A5, AAECFB27, E5924DF9

AFED7654, 1DFB856C, 5285B0D3, 5ABDA489, 16FB8FF8, E5924DF9, 1E1DBD16, 287580C6, 25DE96D1, AAECFB27

16FB8FF8, 32974404, 1DFB856C, 16C34D4A, 5ABDA489, AAECFB27, FBEB21BA, 1E1DBD16, D60318A1, 25DE96D1

5ABDA489, 90AC71CE, 32974404, EE15B077, 16C34D4A, 25DE96D1, B74BF3E2, FBEB21BA, 76F45878, D60318A1

16C34D4A, 849CCC12, 90AC71CE, 5D1010CA, EE15B077, D60318A1, 755BEDDF, B74BF3E2, AC86EBEF, 76F45878

EE15B077, 340EBE92, 849CCC12, B1C73A42, 5D1010CA, 76F45878, 3CD099C6, 755BEDDF, 2FCF8ADD, AC86EBEF

5D1010CA, F531E5F5, 340EBE92, 73304A12, B1C73A42, AC86EBEF, A19BBAA2, 3CD099C6, 6FB77DD5, 2FCF8ADD

B1C73A42, 27528557, F531E5F5, 3AFA48D0, 73304A12, 2FCF8ADD, EFC554F1, A19BBAA2, 426718F3, 6FB77DD5

73304A12, E4AFA69F, 27528557, C797D7D4, 3AFA48D0, 6FB77DD5, F56F1485, EFC554F1, 6EEA8A86, 426718F3

3AFA48D0, E3462C93, E4AFA69F, 4A155C9D, C797D7D4, 426718F3, E0A1480A,

F56F1485，1553C7BF，6EEA8A86

C797D7D4， 3CF5CD85， E3462C93， BE9A7F92， 4A155C9D， 6EEA8A86， 9F80007D，E0A1480A，BC5217D5，1553C7BF

4A155C9D，B6C756F9，3CF5CD85，18B24F8D，BE9A7F92，1553C7BF，090898BE，9F80007D，85202B82，BC5217D5

BE9A7F92， CC2AB627， B6C756F9， D73614F3， 18B24F8D， BC5217D5， A0CD75A2，090898BE，0001F67E，85202B82

18B24F8D，E5471921，CC2AB627，1D5BE6DB，D73614F3，85202B82，95FE46E6，A0CD75A2，2262F824，0001F67E

D73614F3，E8FEFBC6，E5471921，AAD89F30，1D5BE6DB，0001F67E，4B55D832，95FE46E6，35D68A83，2262F824

1D5BE6DB，788FFBE7，E8FEFBC6，1C648795，AAD89F30，2262F824，681302D4，4B55D832，F91B9A57，35D68A83

AAD89F30， FA97F1BB， 788FFBE7， FBEF1BA3， 1C648795， 35D68A83， 860F8E32，681302D4，5760C92D，F91B9A57

1C648795， 2FE154B4， FA97F1BB， 3FEF9DE2， FBEF1BA3， F91B9A57， CA3DDAC0，860F8E32，4C0B51A0，5760C92D

FBEF1BA3， D884695B， 2FE154B4， 5FC6EFEA， 3FEF9DE2， 5760C92D， 7E790793，CA3DDAC0，3E38CA18，4C0B51A0

3FEF9DE2， A09357E9， D884695B， 8552D0BF， 5FC6EFEA， 4C0B51A0， 4E0DF927，7E790793，F76B0328，3E38CA18

5FC6EFEA，019B9791，A09357E9，11A56F62，8552D0BF，3E38CA18，311DFB90，4E0DF927，E41E4DF9，F76B0328

8552D0BF，70DB6FDF，019B9791，4D5FA682，11A56F62，F76B0328，24FA9DC7，311DFB90，37E49D38，E41E4DF9

11A56F62， 82F104B4， 70DB6FDF， 6E5E4406， 4D5FA682， E41E4DF9， CE45E142，24FA9DC7，77EE40C4，37E49D38

4D5FA682，BFAB29F8，82F104B4，6DBF7DC3，6E5E4406，37E49D38，9C4F267F，CE45E142，EA771C93，77EE40C4

6E5E4406，880198A9，BFAB29F8，C412D20B，6DBF7DC3，77EE40C4，06880805，9C4F267F，17850B39，EA771C93

6DBF7DC3，917C197C，880198A9，ACA7E2FE，C412D20B，EA771C93，7625BD09，06880805，3C99FE71，17850B39

C412D20B，03E7992A，917C197C，0662A620，ACA7E2FE，17850B39，8720C8E7，7625BD09，2020141A，3C99FE71

ACA7E2FE， 824CEF7A， 03E7992A， F065F245， 0662A620， 3C99FE71， CBB7DA7A，8720C8E7，96F425D8，2020141A

0662A620，AF16F218，824CEF7A，9E64A80F，F065F245，2020141A，88851068，CBB7DA7A，83239E1C，96F425D8

F065F245，EFC8943D，AF16F218，33BDEA09，9E64A80F，96F425D8，C85C4EB8，88851068，DF69EB2E，83239E1C

9E64A80F， C80FF53B， EFC8943D， 5BC862BC， 33BDEA09， 83239E1C， 57BF18E2，C85C4EB8，1441A222，DF69EB2E

33BDEA09， 28DF9E36， C80FF53B， 2250F7BF， 5BC862BC， DF69EB2E， 48932C1A，57BF18E2，713AE321，1441A222

5BC862BC，6E1D8950，28DF9E36，3FD4EF20，2250F7BF，1441A222，15C7B0BD，48932C1A，FC63895E，713AE321

2250F7BF， 21EEE621， 6E1D8950， 7E78D8A3， 3FD4EF20， 713AE321， FCBC9E78，15C7B0BD，4CB06922，FC63895E

3FD4EF20， 561379BA， 21EEE621， 762541B8， 7E78D8A3， FC63895E， DD28EA60，FCBC9E78，1EC2F457，4CB06922

7E78D8A3，4D0255C5，561379BA，BB988487，762541B8，4CB06922，CF1BB810，DD28EA60，F279E3F2，1EC2F457

762541B8，966845EC，4D0255C5，4DE6E958，BB988487，1EC2F457，5D899D62，CF1BB810，A3A98374，F279E3F2

BB988487，D922DEB8，966845EC，09571534，4DE6E958，F279E3F2，F1144141，5D899D62，6EE0433C，A3A98374

4DE6E958，B919B2A3，D922DEB8，A117B259，09571534，A3A98374，940BBA12，F1144141，26758976，6EE0433C

09571534，D3CF80F9，B919B2A3，8B7AE364，A117B259，6EE0433C，33DDA9B5，940BBA12，510507C4，26758976

A117B259， F548EA98， D3CF80F9， 66CA8EE4， 8B7AE364， 26758976， DCE0B562，33DDA9B5，2EE84A50，510507C4

8B7AE364， A1D3372D， F548EA98， 3E03E74F， 66CA8EE4， 510507C4， C103FBE9，DCE0B562，76A6D4CF，2EE84A50

66CA8EE4， 6578D66C， A1D3372D， 23AA63D5， 3E03E74F， 2EE84A50， 832961D9，C103FBE9，82D58B73，76A6D4CF

3E03E74F，57C29604，6578D66C，4CDCB687，23AA63D5，76A6D4CF，B183744E，832961D9，0FEFA704，82D58B73

23AA63D5，27F5E937，57C29604，E359B195，4CDCB687，82D58B73，E710A112，B183744E，A587660C，0FEFA704

散列码是下列 160 位串：

12 A0 53 38 4A 9C 0C 88 E4 05 A0 6C 27 DC F4 9A DA 62 EB 2B

A2.9 例 9

本例数据串是 1000000 字节串，由字母“a”重复 10^6 次的 GB 1988 编码版本组成。

散列码是下列 160 位串：

52 78 32 43 C1 69 7B DB E1 6D 37 F9 7F 68 F0 83 25 DC 15 28

A3 专用散列函数 2

散列函数 2。

A3.1 例 1

本例中数据串为空串，即零长度串。

散列码是下列 128 位串：

CD F2 62 13 A1 50 DC 3E CB 61 0F 18 F6 B3 8B 46

A3.2 例 2

本例中数据串由单个字节的数据串组成，即字母“a”的 GB 1988 编码版本。散列码是下列 128 位串：

86 BE 7A FA 33 9D 0F C7 CF C7 85 E7 2F 57 8D 33

A3.3 例 3

本例中数据串由"abc"的 GB 1988 编码版本的 3 字节串组成。它等同于位串:"01100001 01100010 01100011"。

经过填充过程后,由该数据串推导出的单个 16 字的块如下:

80636261 00000000 00000000 00000000 00000000 00000000 00000000 00000000

00000000 00000000 00000000 00000000 00000000 00000000 00000018 00000000

下列是变量 X_0、X_1、X_2、X_3、X'_0、X'_1、X'_2、X'_3 的连续值(用 16 进制表示):

67452301, EFCDAB89, 98BADCFE, 10325476, 67452301, EFCDAB89, 98BADCFE, 10325476
10325476, 6D431A77, EFCDAB89, 98BADCFE, 10325476, 70376F40, EFCDAB89, 98BADCFE
98BADCFE, B05D8A99, 6D431A77, EFCDAB89, 98BADCFE, 989F6BB0, 70376F40, EFCDAB89
EFCDAB89, 0C32E5C7, B05D8A99, 6D431A77, EFCDAB89, 39B14904, 989F6BB0, 70376F40
6D431A77, A20B2C0F, 0C32E5C7, B05D8A99, 70376F40, 671C03CC, 39B14904, 989F6BB0
B05D8A99, 74EBB911, A20B2C0F, 0C32E5C7, 989F6BB0, BFD55C42, 671C03CC, 39B14904
0C32E5C7, 2FFB728B, 74EBB911, A20B2C0F, 39B14904, A12F346F, BFD55C42, 671C03CC
A20B2C0F, A766AE02, 2FFB728B, 74EBB911, 671C03CC, 989C2210, A12F346F, BFD55C42
74EBB911, 03234F3D, A766AE02, 2FFB728B, BFD55C42, 0F95FBEA, 989C2210, A12F346F
2FFB728B, 52662805, 03234F3D, A766AE02, A12F346F, 068D5115, 0F95FBEA, 989C2210
A766AE02, E778A4C3, 52662805, 03234F3D, 989C2210, AFCD27FC, 068D5115, 0F95FBEA
03234F3D, 1C7F5769, E778A4C3, 52662805, 0F95FBEA, CBD1F3F8, AFCD27FC, 068D5115
52662805, 95765642, 1C7F5769, E778A4C3, 068D5115, CFFE405F, CBD1F3F8, AFCD27FC
E778A4C3, 35F37B70, 95765642, 1C7F5769, AFCD27FC, 2B55C9C3, CFFE405F, CBD1F3F8
1C7F5769, 398F8F52, 35F37B70, 95765642, CBD1F3F8, DD6A43FB, 2B55C9C3, CFFE405F
95765642, 13F3C36B, 398F8F52, 35F37B70, CFFE405F, 049B909E, DD6A43FB, 2B55C9C3
35F37B70, 058D8BB5, 13F3C36B, 398F8F52, 2B55C9C3, 3713BFFD, 049B909E, DD6A43FB
398F8F52, FCBE3664, 058D8BB5, 13F3C36B, DD6A43FB, 82ADDB53, 3713BFFD, 049B909E
13F3C36B, F7F306A6, FCBE3664, 058D8BB5, 049B909E, CC1D8105, 82ADDB53, 3713BFFD
058D8BB5, 34CC3963, F7F306A6, FCBE3664, 3713BFFD, BE09159A, CC1D8105, 82ADDB53
FCBE3664, 416E8BA0, 34CC3963, F7F306A6, 82ADDB53, 541AE568, BE09159A, CC1D8105
F7F306A6, EDE91870, 416E8BA0, 34CC3963, CC1D8105, 27D40F94, 541AE568, BE09159A
34CC3963, C352C547, EDE91870, 416E8BA0, BE09159A, 675C363A, 27D40F94, 541AE568
416E8BA0, 5D5EEE28, C352C547, EDE91870, 541AE568, 77F3A38B, 675C363A, 27D40F94
EDE91870, 6CC4BEF2, 5D5EEE28, C352C547, 27D40F94, 84D73C44, 77F3A38B, 675C363A
C352C547, E140970B, 6CC4BEF2, 5D5EEE28, 675C363A, D2958F37, 84D73C44, 77F3A38B
5D5EEE28, 79F631A9, E140970B, 6CC4BEF2, 77F3A38B, FC39C927, D2958F37, 84D73C44
6CC4BEF2, 038E0E91, 79F631A9, E140970B, 84D73C44, E3A5A4DE, FC39C927, D2958F37
E140970B, 1B942D52, 038E0E91, 79F631A9, D2958F37, 4BA3A889, E3A5A4DE, FC39C927
79F631A9, 496AECFD, 1B942D52, 038E0E91, FC39C927, A964BA74, 4BA3A889, E3A5A4DE
038E0E91, FE6CD56F, 496AECFD, 1B942D52, E3A5A4DE, 7AF9DBB0, A964BA74, 4BA3A889
1B942D52, 2E94F501, FE6CD56F, 496AECFD, 4BA3A889, 7DA68EA9, 7AF9DBB0, A964BA74
496AECFD, 584E8E58, 2E94F501, FE6CD56F, A964BA74, 9C7247E5, 7DA68EA9, 7AF9DBB0
FE6CD56F, 41A17EFA, 584E8E58, 2E94F501, 7AF9DBB0, 0130312B, 9C7247E5, 7DA68EA9
2E94F501, 8981C6CD, 41A17EFA, 584E8E58, 7DA68EA9, 90552232, 0130312B, 9C7247E5

584E8E58，400A93E1，8981C6CD，41A17EFA，9C7247E5，99C1FBA4，90552232，0130312B
41A17EFA，841F817F，400A93E1，8981C6CD，0130312B，9D481CD2，99C1FBA4，90552232
8981C6CD，659379BE，841F817F，400A93E1，90552232，F5AABE07，9D481CD2，99C1FBA4
400A93E1，AB3D9A70，659379BE，841F817F，99C1FBA4，C3AFB7E6，F5AABE07，9D481CD2
841F817F，D3D21DC8，AB3D9A70，659379BE，9D481CD2，473E2B79，C3AFB7E6，F5AABE07
659379BE，38C8D29D，D3D21DC8，AB3D9A70，F5AABE07，C4CAFF99，473E2B79，C3AFB7E6
AB3D9A70，738B9B0F，38C8D29D，D3D21DC8，C3AFB7E6，A2879AA4，C4CAFF99，473E2B79
D3D21DC8，8528B83E，738B9B0F，38C8D29D，473E2B79，56565EDB，A2879AA4，C4CAFF99
38C8D29D，7345AF18，8528B83E，738B9B0F，C4CAFF99，E7A4BD86，56565EDB，A2879AA4
738B9B0F，FFCCC52B，7345AF18，8528B83E，A2879AA4，974B9E10，E7A4BD86，56565EDB
8528B83E，A77E902B，FFCCC52B，7345AF18，56565EDB，96CC5AE1，974B9E10，E7A4BD86
7345AF18，CB9C6C83，A77E902B，FFCCC52B，E7A4BD86，57E6A772，96CC5AE1，974B9E10
FFCCC52B，38A2DA83，CB9C6C83，A77E902B，974B9E10，F10B6CF5，57E6A772，96CC5AE1
A77E902B，487F9401，38A2DA83，CB9C6C83，96CC5AE1，90426E6B，F10B6CF5，57E6A772
CB9C6C83，C7184576，487F9401，38A2DA83，57E6A772，0066E6BE，90426E6B，F10B6CF5
38A2DA83，56D619B1，C7184576，487F9401，F10B6CF5，22D17257，0066E6BE，90426E6B
487F9401，3A35A3C5，56D619B1，C7184576，90426E6B，016777A4，22D17257，0066E6BE
C7184576，B5517538，3A35A3C5，56D619B1，0066E6BE，9A8DC5A0，016777A4，22D17257
56D619B1，4609C4C2，B5517538，3A35A3C5，22D17257，A9C46E68，9A8DC5A0，016777A4
3A35A3C5，D5C2B699，4609C4C2，B5517538，016777A4，13B0D540，A9C46E68，9A8DC5A0
B5517538，342AF741，D5C2B699，4609C4C2，9A8DC5A0，983D8B08，13B0D540，A9C46E68
4609C4C2，38286DDA，342AF741，D5C2B699，A9C46E68，96084F4E，983D8B08，13B0D540
D5C2B699，9BCEEC0A，38286DDA，342AF741，13B0D540，D25FDBB1，96084F4E，983D8B08
342AF741，5803DF3A，9BCEEC0A，38286DDA，983D8B08，35EA6FE0，D25FDBB1，96084F4E
38286DDA，E1B026EB，5803DF3A，9BCEEC0A，96084F4E，B862709F，35EA6FE0，D25FDBB1
9BCEEC0A，31587C22，E1B026EB，5803DF3A，D25FDBB1，C02839EB，B862709F，35EA6FE0
5803DF3A，9B25E1DC，31587C22，E1B026EB，35EA6FE0，00245200，C02839EB，B862709F
E1B026EB，2205379E，9B25E1DC，31587C22，B862709F，CB116A95，00245200，C02839EB
31587C22，5E3334A3，2205379E，9B25E1DC，C02839EB，B90EE1BF，CB116A95，00245200
9B25E1DC，56F80FA9，5E3334A3，2205379E，00245200，64132D32，B90EE1BF，CB116A95

散列码是下列 128 位串：

C1 4A 12 19 9C 66 E4 BA 84 63 6B 0F 69 14 4C 77

A3.4　例 4

本例中数据串是 14 字节串，由“message digest”GB 1988 编码版本组成。

散列码是下列 128 位串：

9E 32 7B 3D 6E 52 30 62 AF C1 13 2D 7D F9 D1 B8

A3.5　例 5

本例中数据串是 26 字节串，由“abcdefghijklmnopqrstuvwxyz”GB 1988 编码版本组成。

散列码是以下 128 位串：

FD 2A A6 07 F7 1D C8 F5 10 71 49 22 B3 71 83 4E

A3.6　例 6

本例中数据串是 62 字节串，由“ABCDEFGHIJKLMNOPQRSTUVWXY Zabcdefghijklmnopqrstuvwxyz0123456789”的 GB 1988 编码版本组成。

散列码是下列 128 位串：

B0 E2 0B 6E 31 16 64 02 86 ED 3A 87 A5 71 30 79 B2 1F 51 89

A3.7 例 7

本例中数据串是 80 字节串，由 8 次重复“1234567890”的 GB1988 编码版本组成。

散列码是下列 160 位串：

D1 E9 59 EB 17 9C 91 1F AE A4 62 4C 60 C5 C7 02

A3.8 例 8

本例中数据串是 56 字节串，由“abcdbcdecdefdefgefghfghighijhijkijkljklmklmnlmnomnopnopq”的 GB 1988 编码版本组成。

经过填充过程后，由数据串推导出来的两个 16 字的块如下：

64636261 65646362 66656463 67666564 68676665 69686766 6A696867 6B6A6968
6C6B6A69 6D6C6B6A 6E6D6C6B 6F6E6D6C 706F6E6D 71706F6E 00000080 00000000

00000000 00000000 00000000 00000000 00000000 00000000 00000000 00000000
00000000 00000000 00000000 00000000 00000000 00000000 000001C0 00000000

下列是变量 X_0、X_1、X_2、X_3、X'_0、X'_1、X'_2、X'_3 的连续值(用 16 进制表示)，它们在处理第 1 块过程中获得。

67452301，EFCDAB89，98BADCFE，10325476，67452301，EFCDAB89，98BADCFE，10325476
10325476，6D431997，EFCDAB89，98BADCFE，10325476，D89ED5A9，EFCDAB89，98BADCFE
98BADCFE，C9AE23F2，6D431997，EFCDAB89，98BADCFE，69B10AC1，D89ED5A9，EFCDAB89
EFCDAB89，69A6A520，C9AE23F2，6D431997，EFCDAB89，B661DB9C，69B10AC1，D89ED5A9
6D431997，FB032247，69A6A520，C9AE23F2，D89ED5A9，ABACC2AF，B661DB9C，69B10AC1
C9AE23F2，16C49226，FB032247，69A6A520，69B10AC1，D412CAD1，ABACC2AF，B661DB9C
69A6A520，77A099B7，16C49226，FB032247，B661DB9C，E2DEDF22，D412CAD1，ABACC2AF
FB032247，3B9BAEB7，77A099B7，16C49226，ABACC2AF，CFB03688，E2DEDF22，D412CAD1
16C49226，DA61AB82，3B9BAEB7，77A099B7，D412CAD1，72599389，CFB03688，E2DEDF22
77A099B7，54C888CC，DA61AB82，3B9BAEB7，E2DEDF22，CF3CD682，72599389，CFB03688
3B9BAEB7，F2635347，54C888CC，DA61AB82，CFB03688，B235784E，CF3CD682，72599389
DA61AB82，E2CAC9B4，F2635347，54C888CC，72599389，881678DF，B235784E，CF3CD682
54C888CC，9596C718，E2CAC9B4，F2635347，CF3CD682，E815373B，881678DF，B235784E
F2635347，9DD54912，9596C718，E2CAC9B4，B235784E，BD994B56，E815373B，881678DF
E2CAC9B4，2E8539A7，9DD54912，9596C718，881678DF，B0055655，BD994B56，E815373B
9596C718，2303C213，2E8539A7，9DD54912，E815373B，CC87EF5A，B0055655，BD994B56
9DD54912，EA79BE25，2303C213，2E8539A7，BD994B56，6B24384D，CC87EF5A，B0055655
2E8539A7，23D7CB45，EA79BE25，2303C213，B0055655，93E7329F，6B24384D，CC87EF5A
2303C213，F028EF04，23D7CB45，EA79BE25，CC87EF5A，35B95AE7，93E7329F，6B24384D
EA79BE25，48863F19，F028EF04，23D7CB45，6B24384D，06C6536D，35B95AE7，93E7329F
23D7CB45，514C81B6，48863F19，F028EF04，93E7329F，FF1C5DC7，06C6536D，35B95AE7
F028EF04，6102CE67，514C81B6，48863F19，35B95AE7，D0D541F1，FF1C5DC7，06C6536D
48863F19，330485FD，6102CE67，514C81B6，06C6536D，A94C0DD9，D0D541F1，FF1C5DC7
514C81B6，289E8C82，330485FD，6102CE67，FF1C5DC7，DEDC1E39，A94C0DD9，D0D541F1
6102CE67，13CC3A1D，289E8C82，330485FD，D0D541F1，12D926C0，DEDC1E39，A94C0DD9

330485FD, 40A226A6, 13CC3A1D, 289E8C82, A94C0DD9, ED7EDA63, 12D926C0, DEDC1E39
289E8C82, 70BFB1A8, 40A226A6, 13CC3A1D, DEDC1E39, 9E52219C, ED7EDA63, 12D926C0
13CC3A1D, CE1D1A37, 70BFB1A8, 40A226A6, 12D926C0, F5D22339, 9E52219C, ED7EDA63
40A226A6, EC9F7830, CE1D1A37, 70BFB1A8, ED7EDA63, 0BC5B4FC, F5D22339, 9E52219C
70BFB1A8, 3CF2D6EE, EC9F7830, CE1D1A37, 9E52219C, FCFBD391, 0BC5B4FC, F5D22339
CE1D1A37, F0C1F95C, 3CF2D6EE, EC9F7830, F5D22339, 2B6A389B, FCFBD391, 0BC5B4FC
EC9F7830, 9A351A9D, F0C1F95C, 3CF2D6EE, 0BC5B4FC, FBF85B05, 2B6A389B, FCFBD391
3CF2D6EE, 138B0685, 9A351A9D, F0C1F95C, FCFBD391, F7BBBE8B, FBF85B05, 2B6A389B
F0C1F95C, EA3574D1, 138B0685, 9A351A9D, 2B6A389B, C8592ACC, F7BBBE8B, FBF85B05
9A351A9D, 4719C849, EA3574D1, 138B0685, FBF85B05, FE2D3EFA, C8592ACC, F7BBBE8B
138B0685, 57F52A13, 4719C849, EA3574D1, F7BBBE8B, 5411CC34, FE2D3EFA, C8592ACC
EA3574D1, 4751F880, 57F52A13, 4719C849, C8592ACC, DC8ED546, 5411CC34, FE2D3EFA
4719C849, 80605BAF, 4751F880, 57F52A13, FE2D3EFA, 55C1E317, DC8ED546, 5411CC34
57F52A13, 1E53AD4A, 80605BAF, 4751F880, 5411CC34, 0B92E4F0, 55C1E317, DC8ED546
4751F880, 1ABEED79, 1E53AD4A, 80605BAF, DC8ED546, 5E192900, 0B92E4F0, 55C1E317
80605BAF, 75EACBB7, 1ABEED79, 1E53AD4A, 55C1E317, 186EB0CF, 5E192900, 0B92E4F0
1E53AD4A, 08AC1056, 75EACBB7, 1ABEED79, 0B92E4F0, 8F3A64E3, 186EB0CF, 5E192900
1ABEED79, 9BDB7A88, 08AC1056, 75EACBB7, 5E192900, 3701E7B3, 8F3A64E3, 186EB0CF
75EACBB7, ADF32F05, 9BDB7A88, 08AC1056, 186EB0CF, 6CE969E9, 3701E7B3, 8F3A64E3
08AC1056, 2277B80D, ADF32F05, 9BDB7A88, 8F3A64E3, EE7224D5, 6CE969E9, 3701E7B3
9BDB7A88, 535DBB9A, 2277B80D, ADF32F05, 3701E7B3, 3E849D0F, EE7224D5, 6CE969E9
ADF32F05, 2A494EC5, 535DBB9A, 2277B80D, 6CE969E9, DDBD8EE7, 3E849D0F, EE7224D5
2277B80D, 693C7A09, 2A494EC5, 535DBB9A, EE7224D5, C3DDAC40, DDBD8EE7, 3E849D0F
535DBB9A, 148A5796, 693C7A09, 2A494EC5, 3E849D0F, 5E0E10B9, C3DDAC40, DDBD8EE7
2A494EC5, D2932448, 148A5796, 693C7A09, DDBD8EE7, 1CCB75AF, 5E0E10B9, C3DDAC40
693C7A09, 39CA97B6, D2932448, 148A5796, C3DDAC40, 27F81499, 1CCB75AF, 5E0E10B9
148A5796, 770BCE98, 39CA97B6, D2932448, 5E0E10B9, 82843491, 27F81499, 1CCB75AF
D2932448, 8C4DC6AF, 770BCE98, 39CA97B6, 1CCB75AF, 4E4E13E9, 82843491, 27F81499
39CA97B6, 048CC517, 8C4DC6AF, 770BCE98, 27F81499, 03BD1BD9, 4E4E13E9, 82843491
770BCE98, 419960CF, 048CC517, 8C4DC6AF, 82843491, 6FA999B7, 03BD1BD9, 4E4E13E9
8C4DC6AF, 407700EE, 419960CF, 048CC517, 4E4E13E9, 37B18629, 6FA999B7, 03BD1BD9
048CC517, E60ABEC4, 407700EE, 419960CF, 03BD1BD9, 9EA44395, 37B18629, 6FA999B7
419960CF, 0E248A8B, E60ABEC4, 407700EE, 6FA999B7, F877D28C, 9EA44395, 37B18629
407700EE, 10667792, 0E248A8B, E60ABEC4, 37B18629, F63EA862, F877D28C, 9EA44395
E60ABEC4, 646BB7A8, 10667792, 0E248A8B, 9EA44395, 424072F0, F63EA862, F877D28C
0E248A8B, 625CCE22, 646BB7A8, 10667792, F877D28C, 3B7642B8, 424072F0, F63EA862
10667792, 8E0E1101, 625CCE22, 646BB7A8, F63EA862, CD620F4E, 3B7642B8, 424072F0
646BB7A8, C23D3583, 8E0E1101, 625CCE22, 424072F0, BFAA1A02, CD620F4E, 3B7642B8
625CCE22, 81DE3DC5, C23D3583, 8E0E1101, 3B7642B8, 1BA7FD36, BFAA1A02, CD620F4E
8E0E1101, D24E4181, 81DE3DC5, C23D3583, CD620F4E, E62BB2A4, 1BA7FD36, BFAA1A02

下列是变量 X_0、X_1、X_2、X_3、X'_0、X'_1、X'_2、X'_3 的连续值(用 16 进制表示)，它们在处理第 2 块过程中获得。

31560350, 285A21CF, 846C181B, 553B61B8, 31560350, 285A21CF, 846C181B, 553B61B8

553B61B8，1ADDE153，285A21CF，846C181B，553B61B8，56C8C102，285A21CF，846C181B
846C181B，CE8FC309，1ADDE153，285A21CF，846C181B，702249A4，56C8C102，285A21CF
285A21CF，0DD8403A，CE8FC309，1ADDE153，285A21CF，22CB0A97，702249A4，56C8C102
1ADDE153，4842F01E，0DD8403A，CE8FC309，56C8C102，35B2DCDF，22CB0A97，702249A4
CE8FC309，BE6A9014，4842F01E，0DD8403A，702249A4，D2EFFB4A，35B2DCDF，22CB0A97
0DD8403A，7FE339CA，BE6A9014，4842F01E，22CB0A97，59EA6C60，D2EFFB4A，35B2DCDF
4842F01E，D1CCFD4B，7FE339CA，BE6A9014，35B2DCDF，82DEA3AE，59EA6C60，D2EFFB4A
BE6A9014，108966B1，D1CCFD4B，7FE339CA，D2EFFB4A，4481FDE2，82DEA3AE，59EA6C60
7FE339CA，899223E8，108966B1，D1CCFD4B，59EA6C60，13BB8F73，4481FDE2，82DEA3AE
D1CCFD4B，5E3B9917，899223E8，108966B1，82DEA3AE，946BD478，13BB8F73，4481FDE2
108966B1，7666663B，5E3B9917，899223E8，4481FDE2，BD0605EA，946BD478，13BB8F73
899223E8，A1BAD92C，7666663B，5E3B9917，13BB8F73，36F99153，BD0605EA，946BD478
5E3B9917，DE527A04，A1BAD92C，7666663B，946BD478，EB4AE872，36F99153，BD0605EA
7666663B，E52F1533，DE527A04，A1BAD92C，BD0605EA，7C346442，EB4AE872，36F99153
A1BAD92C，5C3C2C22，E52F1533，DE527A04，36F99153，AFA320AD，7C346442，EB4AE872
DE527A04，FC1C4108，5C3C2C22，E52F1533，EB4AE872，B4905651，AFA320AD，7C346442
E52F1533，0A03E84B，FC1C4108，5C3C2C22，7C346442，02E94FA1，B4905651，AFA320AD
5C3C2C22，FB74BD26，0A03E84B，FC1C4108，AFA320AD，E08D1799，02E94FA1，B4905651
FC1C4108，C78DC5C4，FB74BD26，0A03E84B，B4905651，69AFAA80，E08D1799，02E94FA1
0A03E84B，ACF60434，C78DC5C4，FB74BD26，02E94FA1，FA665E46，69AFAA80，E08D1799
FB74BD26，58F751E0，ACF60434，C78DC5C4，E08D1799，269AB7E3，FA665E46，69AFAA80
C78DC5C4，EB75C7CB，58F751E0，ACF60434，69AFAA80，0F06388B，269AB7E3，FA665E46
ACF60434，83C0A8B7，EB75C7CB，58F751E0，FA665E46，FD44FBD5，0F06388B，269AB7E3
58F751E0，27C87178，83C0A8B7，EB75C7CB，269AB7E3，DBBC0190，FD44FBD5，0F06388B
EB75C7CB，B7B9163F，27C87178，83C0A8B7，0F06388B，D0E3FC2B，DBBC0190，FD44FBD5
83C0A8B7，0FA1C6DC，B7B9163F，27C87178，FD44FBD5，7D87B4BA，D0E3FC2B，DBBC0190
27C87178，2CC60316，0FA1C6DC，B7B9163F，DBBC0190，68367FDB，7D87B4BA，D0E3FC2B
B7B9163F，08029C44，2CC60316，0FA1C6DC，D0E3FC2B，53AB5439，68367FDB，7D87B4BA
0FA1C6DC，F693A10E，08029C44，2CC60316，7D87B4BA，E78B75B5，53AB5439，68367FDB
2CC60316，356224B9，F693A10E，08029C44，68367FDB，830530DF，E78B75B5，53AB5439
08029C44，669F7869，356224B9，F693A10E，53AB5439，67FCB1AC，830530DF，E78B75B5
F693A10E，7B70C168，669F7869，356224B9，E78B75B5，757BB243，67FCB1AC，830530DF
356224B9，037FB19C，7B70C168，669F7869，830530DF，F0CA8878，757BB243，67FCB1AC
669F7869，9B0A10B3，037FB19C，7B70C168，67FCB1AC，FA10CB33，F0CA8878，757BB243
7B70C168，9D015956，9B0A10B3，037FB19C，757BB243，5487E56C，FA10CB33，F0CA8878
037FB19C，6A7DE5F4，9D015956，9B0A10B3，F0CA8878，A5D33699，5487E56C，FA10CB33
9B0A10B3，E522D913，6A7DE5F4，9D015956，FA10CB33，BEB495BC，A5D33699，5487E56C
9D015956，0EFD42E5，E522D913，6A7DE5F4，5487E56C，05202F93，BEB495BC，A5D33699
6A7DE5F4，7902100B，0EFD42E5，E522D913，A5D33699，BACE7DD9，05202F93，BEB495BC
E522D913，1ACEFABC，7902100B，0EFD42E5，BEB495BC，08D045DD，BACE7DD9，05202F93
0EFD42E5，E07378FF，1ACEFABC，7902100B，05202F93，5448A3A0，08D045DD，BACE7DD9
7902100B，489C7A1A，E07378FF，1ACEFABC，BACE7DD9，D98BE3AA，5448A3A0，08D045DD
1ACEFABC，C02A45A5，489C7A1A，E07378FF，08D045DD，12EC982F，D98BE3AA，5448A3A0

E07378FF，3068DDE8，C02A45A5，489C7A1A，5448A3A0，4A1EB2B2，12EC982F，D98BE3AA
489C7A1A，D5DD5018，3068DDE8，C02A45A5，D98BE3AA，D677AAA8，4A1EB2B2，12EC982F
C02A45A5，B9D75D76，D5DD5018，3068DDE8，12EC982F，5AA89133，D677AAA8，4A1EB2B2
3068DDE8，51A9B2DD，B9D75D76，D5DD5018，4A1EB2B2，49BCE169，5AA89133，D677AAA8
D5DD5018，36F589C4，51A9B2DD，B9D75D76，D677AAA8，CF4FA8D2，49BCE169，5AA89133
B9D75D76，B5C60EAF，36F589C4，51A9B2DD，5AA89133，C1985969，CF4FA8D2，49BCE169
51A9B2DD，725DF80C，B5C60EAF，36F589C4，49BCE169，427440B4，C1985969，CF4FA8D2
36F589C4，3F7A2507，725DF80C，B5C60EAF，CF4FA8D2，60927896，427440B4，C1985969
B5C60EAF，9D539EB6，3F7A2507，725DF80C，C1985969，7050ED96，60927896，427440B4
725DF80C，5A249895，9D539EB6，3F7A2507，427440B4，CBC74513，7050ED96，60927896
3F7A2507，A7CECDCD，5A249895，9D539EB6，60927896，8431C75E，CBC74513，7050ED96
9D539EB6，F8DCD12B，A7CECDCD，5A249895，7050ED96，0E3A1C68，8431C75E，CBC74513
5A249895，3E30DB2A，F8DCD12B，A7CECDCD，CBC74513，62EEEC87，0E3A1C68，8431C75E
A7CECDCD，A25D36CE，3E30DB2A，F8DCD12B，8431C75E，2B1F312D，62EEEC87，0E3A1C68
F8DCD12B，A92CF759，A25D36CE，3E30DB2A，0E3A1C68，FB124197，2B1F312D，62EEEC87
3E30DB2A，0CD0BA66，A92CF759，A25D36CE，62EEEC87，DB8A5C11，FB124197，2B1F312D
A25D36CE，AF62D775，0CD0BA66，A92CF759，2B1F312D，EC3264DC，DB8A5C11，FB124197
A92CF759，69D4E1DF，AF62D775，0CD0BA66，FB124197，9AA87F7C，EC3264DC，DB8A5C11
0CD0BA66，0EE66339，69D4E1DF，AF62D775，DB8A5C11，04512915，9AA87F7C，EC3264DC
AF62D775，5C5B5FBD，0EE66339，69D4E1DF，EC3264DC，C763272A，04512915，9AA87F7C
69D4E1DF，0D80E8CF，5C5B5FBD，0EE66339，9AA87F7C，CCD7DF45，C763272A，04512915

散列码是下列 128 位串：

A1 AA 06 89 D0 FA FA 2D DC 22 E8 8B 49 13 3A 06

A3.9 例 9

本例数据串是 1000000 字节串，由字母“a”的重复 10^6 次的 GB1988 编码版本组成。

散列码是下列 128 位串：

4A 7F 57 23 F9 54 EB A1 21 6C 9D 8F 63 20 43 1F

A4 专用散列函数 3

散列函数 3。

A4.1 例 1

本例中数据串为空串，即零长度串。

散列码是下列 160 位串：

DA 39 A3 EE 5E 6B 4B 0D 32 55 BF EF 95 60 18 90 AF D8 07 09

A4.2 例 2

本例中数据串含有单个字节串，即字母“a”的 GB 1988 编码版本。散列码是下列 160 位串：

86 F7 E4 37 FA A5 A7 FC E1 5D 1D DC B9 EA EA EA 37 76 67 B8

A4.3 例 3

本例中数据串是含有“abc”的 GB 1988 编码的 3 字节串。它等同于位串：“01100001 01100010 01100011”。

经过填充过程后，由此数据串推导出的单个 16 字的块如下：

61626380 00000000 00000000 00000000 00000000 00000000 00000000 00000000
00000000 00000000 00000000 00000000 00000000 00000000 00000000 00000018

下列是变量 X_0、X_1、X_2、X_3、X_4 的连续值(用 16 进制表示)：

0116FC33，67452301，7BF36AE2，98BADCFE，10325476
8990536D，0116FC33，59D148C0，7BF36AE2，98BADCFE
A1390F08，8990536D，C045BF0C，59D148C0，7BF36AE2
CDD8E11B，A1390F08，626414DB，C045BF0C，59D148C0
CFD499DE，CDD8E11B，284E43C2，626414DB，C045BF0C
3FC7CA40，CFD499DE，F3763846，284E43C2，626414DB
993E30C1，3FC7CA40，B3F52677，F3763846，284E43C2
9E8C07D4，993E30C1，0FF1F290，B3F52677，F3763846
4B6AE328，9E8C07D4，664F8C30，0FF1F290，B3F52677
8351F929，4B6AE328，27A301F5，664F8C30，0FF1F290
FBDA9E89，8351F929，12DAB8CA，27A301F5，664F8C30
63188FE4，FBDA9E89，60D47E4A，12DAB8CA，27A301F5
4607B664，63188FE4，7EF6A7A2，60D47E4A，12DAB8CA
9128F695，4607B664，18C623F9，7EF6A7A2，60D47E4A
196BEE77，9128F695，1181ED99，18C623F9，7EF6A7A2
20BDD62F，196BEE77，644A3DA5，1181ED99，18C623F9
4E925823，20BDD62F，C65AFB9D，644A3DA5，1181ED99
82AA6728，4E925823，C82F758B，C65AFB9D，644A3DA5
DC64901D，82AA6728，D3A49608，C82F758B，C65AFB9D
FD9E1D7D，DC64901D，20AA99CA，D3A49608，C82F758B
1A37B0CA，FD9E1D7D，77192407，20AA99CA，D3A49608
33A23BFC，1A37B0CA，7F67875F，77192407，20AA99CA
21283486，33A23BFC，868DEC32，7F67875F，77192407
D541F12D，21283486，0CE88EFF，868DEC32，7F67875F
C7567DC6，D541F12D，884A0D21，0CE88EFF，868DEC32
48413BA4，C7567DC6，75507C4B，884A0D21，0CE88EFF
BE35FBD5，48413BA4，B1D59F71，75507C4B，884A0D21
4AA84D97，BE35FBD5，12104EE9，B1D59F71，75507C4B
8370B52E，4AA84D97，6F8D7EF5，12104EE9，B1D59F71
C5FBAF5D，8370B52E，D2AA1365，6F8D7EF5，12104EE9
1267B407，C5FBAF5D，A0DC2D4B，D2AA1365，6F8D7EF5
3B845D33，1267B407，717EEBD7，A0DC2D4B，D2AA1365
046FAA0A，3B845D33，C499ED01，717EEBD7，A0DC2D4B
2C0EBC11，046FAA0A，CEE1174C，C499ED01，717EEBD7
21796AD4，2C0EBC11，811BEA82，CEE1174C，C499ED01
DCBBB0CB，21796AD4，4B03AF04，811BEA82，CEE1174C
0F511FD8，DCBBB0CB，085E5AB5，4B03AF04，811BEA82
DC63973F，0F511FD8，F72EEC32，085E5AB5，4B03AF04
4C986405，DC63973F，03D447F6，F72EEC32，085E5AB5
32DE1CBA，4C986405，F718E5CF，03D447F6，F72EEC32
FC87DEDF，32DE1CBA，53261901，F718E5CF，03D447F6
970A0D5C，FC87DEDF，8CB7872E，53261901，F718E5CF

7F193DC5，970A0D5C，FF21F7B7，8CB7872E，53261901
EE1B1AAF，7F193DC5，25C28357，FF21F7B7，8CB7872E
40F28E09，EE1B1AAF，5FC64F71，25C28357，FF21F7B7
1C51E1F2，40F28E09，FB86C6AB，5FC64F71，25C28357
A01B846C，1C51E1F2，503CA382，FB86C6AB，5FC64F71
BEAD02CA，A01B846C，8714787C，503CA382，FB86C6AB
BAF39337，BEAD02CA，2806E11B，8714787C，503CA382
120731C5，BAF39337，AFAB40B2，2806E11B，8714787C
641DB2CE，120731C5，EEBCE4CD，AFAB40B2，2806E11B
3847AD66，641DB2CE，4481CC71，EEBCE4CD，AFAB40B2
E490436D，3847AD66，99076CB3，4481CC71，EEBCE4CD
27E9F1D8，E490436D，8E11EB59，99076CB3，4481CC71
7B71F76D，27E9F1D8，792410DB，8E11EB59，99076CB3
5E6456AF，7B71F76D，09FA7C76，792410DB，8E11EB59
C846093F，5E6456AF，5EDC7DDB，09FA7C76，792410DB
D262FF50，C846093F，D79915AB，5EDC7DDB，09FA7C76
09D785FD，D262FF50，F211824F，D79915AB，5EDC7DDB
3F52DE5A，09D785FD，3498BFD4，F211824F，D79915AB
D756C147，3F52DE5A，4275E17F，3498BFD4，F211824F
548C9CB2，D756C147，8FD4B796，4275E17F，3498BFD4
B66C020B，548C9CB2，F5D5B051，8FD4B796，4275E17F
6B61C9E1，B66C020B，9523272C，F5D5B051，8FD4B796
19DFA7AC，6B61C9E1，ED9B0082，9523272C，F5D5B051
101655F9，19DFA7AC，5AD87278，ED9B0082，9523272C
0C3DF2B4，101655F9，0677E9EB，5AD87278，ED9B0082
78DD4D2B，0C3DF2B4，4405957E，0677E9EB，5AD87278
497093C0，78DD4D2B，030F7CAD，4405957E，0677E9EB
3F2588C2，497093C0，DE37534A，030F7CAD，4405957E
C199F8C7，3F2588C2，125C24F0，DE37534A，030F7CAD
39859DE7，C199F8C7，8FC96230，125C24F0，DE37534A
EDB42DE4，39859DE7，F0667E31，8FC96230，125C24F0
11793F6F，EDB42DE4，CE616779，F0667E31，8FC96230
5EE76897，11793F6F，3B6D0B79，CE616779，F0667E31
63F7DAB7，5EE76897，C45E4FDB，3B6D0B79，CE616779
A079B7D9，63F7DAB7，D7B9DA25，C45E4FDB，3B6D0B79
860D21CC，A079B7D9，D8FDF6AD，D7B9DA25，C45E4FDB
5738D5E1，860D21CC，681E6DF6，D8FDF6AD，D7B9DA25
42541B35，5738D5E1，21834873，681E6DF6，D8FDF6AD

散列码是下列 160 位串：

8E B2 08 F7 E0 5D 98 7A 9B 04 4A 8E 98 C6 B0 87 F1 5A 0B FC

A4.4 例 4

本例中数据串是 14 字节串，由“message digest”的 GB 1988 编码版本组成。

散列码是下列160位串：

C1 22 52 CE DA 8B E8 99 4D 5F A0 29 0A 47 23 1C 1D 16 AA E3

A4.5 例5

本例中数据串是26字节串，由“abcdefghijklmnopqrstuvwxyz ”的GB 1988编码版本组成。

散列码是下列160位串：

32 D1 0C 7B 8C F9 65 70 CA 04 CE 37 F2 A1 9D 84 24 0D 3A 89

A4.6 例6

本例中数据串是62字节串，由“ABCDEFGHIJKLMNOPQRSTUVWXYZabcdefghijklmnopqrstuvwxyz0123456789”的GB 1988编码版本组成。

散列码是下列160位串：

76 1C 45 7B F7 3B 14 D2 7E 9E 92 65 C4 6F 4B 4D DA 11 F9 40

A4.7 例7

本例中数据串是80字节串，由“1234567890”的GB 1988编码版本组成。

散列码是下列160位串：

50 AB F5 70 6A 15 09 90 A0 8B 2C 5E A4 0F A0 E5 85 55 47 32

A4.8 例8

本例中数据串是56字节串，由“abcdbcdecdefdefgefghfghighijhijkijkljklmklmnlmnomnopnopq”的GB 1988编码版本组成。

经过填充过程后，由数据串推导出来的两个16字的块如下：

61626364 62636465 63646566 64656667 65666768 66676869 6768696A 68696A6B
696A6B6C 6A6B6C6D 6B6C6D6E 6C6D6E6F 6D6E6F70 6E6F7071 80000000 00000000

00000000 00000000 00000000 00000000 00000000 00000000 00000000 00000000
00000000 00000000 00000000 00000000 00000000 00000000 00000000 000001C0

下列是变量X_0、X_1、X_2、X_3、X_4的连续值(用16进制表示)，它们在处理第1块过程中获得。

0116FC17，67452301，7BF36AE2，98BADCFE，10325476
EBF3B452，0116FC17，59D148C0，7BF36AE2，98BADCFE
5109913A，EBF3B452，C045BF05，59D148C0，7BF36AE2
2C4F6EAC，5109913A，BAFCED14，C045BF05，59D148C0
33F4AE5B，2C4F6EAC，9442644E，BAFCED14，C045BF05
96B85189，33F4AE5B，0B13DBAB，9442644E，BAFCED14
DB04CB58，96B85189，CCFD2B96，0B13DBAB，9442644E
45833F0F，DB04CB58，65AE1462，CCFD2B96，0B13DBAB
C565C35E，45833F0F，36C132D6，65AE1462，CCFD2B96
6350AFDA，C565C35E，D160CFC3，36C132D6，65AE1462
8993EA77，6350AFDA，B15970D7，D160CFC3，36C132D6
E19ECAA2，8993EA77，98D42BF6，B15970D7，D160CFC3
8603481E，E19ECAA2，E264FA9D，98D42BF6，B15970D7
32F94A85，8603481E，B867B2A8，E264FA9D，98D42BF6
B2E7A8BE，32F94A85，A180D207，B867B2A8，E264FA9D
42637E39，B2E7A8BE，4CBE52A1，A180D207，B867B2A8
6B068048，42637E39，ACB9EA2F，4CBE52A1，A180D207
426B9C35，6B068048，5098DF8E，ACB9EA2F，4CBE52A1

944B1BD1，426B9C35，1AC1A012，5098DF8E，ACB9EA2F
6C445652，944B1BD1，509AE70D，1AC1A012，5098DF8E
95836DA5，6C445652，6512C6F4，509AE70D，1AC1A012
09511177，95836DA5，9B111594，6512C6F4，509AE70D
E2B92DC4，09511177，6560DB69，9B111594，6512C6F4
FD224575，E2B92DC4，C254445D，6560DB69，9B111594
EEB82D9A，FD224575，38AE4B71，C254445D，6560DB69
5A142C1A，EEB82D9A，7F48915D，38AE4B71，C254445D
2972F7C7，5A142C1A，BBAE0B66，7F48915D，38AE4B71
D526A644，2972F7C7，96850B06，BBAE0B66，7F48915D
E1122421，D526A644，CA5CBDF1，96850B06，BBAE0B66
05B457B2，E1122421，3549A991，CA5CBDF1，96850B06
A9C84BEC，05B457B2，78448908，3549A991，CA5CBDF1
52E31F60，A9C84BEC，816D15EC，78448908，3549A991
5AF3242C，52E31F60，2A7212FB，816D15EC，78448908
31C756A9，5AF3242C，14B8C7D8，2A7212FB，816D15EC
E9AC987C，31C756A9，16BCC90B，14B8C7D8，2A7212FB
AB7C32EE，E9AC987C，4C71D5AA，16BCC90B，14B8C7D8
5933FC99，AB7C32EE，3A6B261F，4C71D5AA，16BCC90B
43F87AE9，5933FC99，AADF0CBB，3A6B261F，4C71D5AA
24957F22，43F87AE9，564CFF26，AADF0CBB，3A6B261F
ADEB7478，24957F22，50FE1EBA，564CFF26，AADF0CBB
D70E5010，ADEB7478，89255FC8，50FE1EBA，564CFF26
79BCFB08，D70E5010，2B7ADD1E，89255FC8，50FE1EBA
F9BCB8DE，79BCFB08，35C39404，2B7ADD1E，89255FC8
633E9561，F9BCB8DE，1E6F3EC2，35C39404，2B7ADD1E
98C1EA64，633E9561，BE6F2E37，1E6F3EC2，35C39404
C6EA241E，98C1EA64，58CFA558，BE6F2E37，1E6F3EC2
A2AD4F02，C6EA241E，26307A99，58CFA558，BE6F2E37
C8A69090，A2AD4F02，B1BA8907，26307A99，58CFA558
88341600，C8A69090，A8AB53C0，B1BA8907，26307A99
7E846F58，88341600，3229A424，A8AB53C0，B1BA8907
86E358BA，7E846F58，220D0580，3229A424，A8AB53C0
8D2E76C8，86E358BA，1FA11BD6，220D0580，3229A424
CE892E10，8D2E76C8，A1B8D62E，1FA11BD6，220D0580
EDEA95B1，CE892E10，234B9DB2，A1B8D62E，1FA11BD6
36D1230A，EDEA95B1，33A24B84，234B9DB2，A1B8D62E
776C3910，36D1230A，7B7AA56C，33A24B84，234B9DB2
A681B723，776C3910，8DB448C2，7B7AA56C，33A24B84
AC0A794F，A681B723，1DDB0E44，8DB448C2，7B7AA56C
F03D3782，AC0A794F，E9A06DC8，1DDB0E44，8DB448C2
9EF775C3，F03D3782，EB029E53，E9A06DC8，1DDB0E44
36254B13，9EF775C3，BC0F4DE0，EB029E53，E9A06DC8

4080D4DC，36254B13，E7BDDD70，BC0F4DE0，EB029E53
2BFAF7A8，4080D4DC，CD8952C4，E7BDDD70，BC0F4DE0
513F9CA0，2BFAF7A8，10203537，CD8952C4，E7BDDD70
E5895C81，513F9CA0，0AFEBDEA，10203537，CD8952C4
1037D2D5，E5895C81，144FE728，0AFEBDEA，10203537
14A82DA9，1037D2D5，79625720，144FE728，0AFEBDEA
6D17C9FD，14A82DA9，440DF4B5，79625720，144FE728
2C7B07BD，6D17C9FD，452A0B6A，440DF4B5，79625720
FDF6EFFF，2C7B07BD，5B45F27F，452A0B6A，440DF4B5
112B96E3，FDF6EFFF，4B1EC1EF，5B45F27F，452A0B6A
84065712，112B96E3，FF7DBBFF，4B1EC1EF，5B45F27F
AB89FB71，84065712，C44AE5B8，FF7DBBFF，4B1EC1EF
C5210E35，AB89FB71，A10195C4，C44AE5B8，FF7DBBFF
352D9F4B，C5210E35，6AE27EDC，A10195C4，C44AE5B8
1A0E0E0A，352D9F4B，7148438D，6AE27EDC，A10195C4
D0D47349，1A0E0E0A，CD4B67D2，7148438D，6AE27EDC
AD38620D，D0D47349，86838382，CD4B67D2，7148438D
D3AD7C25，AD38620D，74351CD2，86838382，CD4B67D2
8CE34517，D3AD7C25，6B4E1883，74351CD2，86838382

下列是变量 X_0、X_1、X_2、X_3、X_4 的连续值(用 16 进制表示)，它们在处理第 2 块过程中获得。
2DF257E9，F4286818，B0DEC9EB，0408F581，84677148
4D3DC58F，2DF257E9，3D0A1A06，B0DEC9EB，0408F581
C352BB05，4D3DC58F，4B7C95FA，3D0A1A06，B0DEC9EB
EEF743C6，C352BB05，D34F7163，4B7C95FA，3D0A1A06
41E34277，EEF743C6，70D4AEC1，D34F7163，4B7C95FA
5443915C，41E34277，BBBDD0F1，70D4AEC1，D34F7163
E7FA0377，5443915C，D078D09D，BBBDD0F1，70D4AEC1
C6946813，E7FA0377，1510E457，D078D09D，BBBDD0F1
FDDE1DE1，C6946813，F9FE80DD，1510E457，D078D09D
B8538ACA，FDDE1DE1，F1A51A04，F9FE80DD，1510E457
6BA94F63，B8538ACA，7F778778，F1A51A04，F9FE80DD
43A2792F，6BA94F63，AE14E2B2，7F778778，F1A51A04
FECD7BBF，43A2792F，DAEA53D8，AE14E2B2，7F778778
A2604CA8，FECD7BBF，D0E89E4B，DAEA53D8，AE14E2B2
258B0BAA，A2604CA8，FFB35EEF，D0E89E4B，DAEA53D8
D9772360，258B0BAA，2898132A，FFB35EEF，D0E89E4B
5507DB6E，D9772360，8962C2EA，2898132A，FFB35EEF
A51B58BC，5507DB6E，365DC8D8，8962C2EA，2898132A
C2EB709F，A51B58BC，9541F6DB，365DC8D8，8962C2EA
D8992153，C2EB709F，2946D62F，9541F6DB，365DC8D8
37482F5F，D8992153，F0BADC27，2946D62F，9541F6DB
EE8700BD，37482F5F，F6264854，F0BADC27，2946D62F

9AD594B9, EE8700BD, CDD20BD7, F6264854, F0BADC27
8FBAA5B9, 9AD594B9, 7BA1C02F, CDD20BD7, F6264854
88FB5867, 8FBAA5B9, 66B5652E, 7BA1C02F, CDD20BD7
EEC50521, 88FB5867, 63EEA96E, 66B5652E, 7BA1C02F
50BCE434, EEC50521, E23ED619, 63EEA96E, 66B5652E
5C416DAF, 50BCE434, 7BB14148, E23ED619, 63EEA96E
2429BE5F, 5C416DAF, 142F390D, 7BB14148, E23ED619
0A2FB108, 2429BE5F, D7105B6B, 142F390D, 7BB14148
17986223, 0A2FB108, C90A6F97, D7105B6B, 142F390D
8A4AF384, 17986223, 028BEC42, C90A6F97, D7105B6B
6B629993, 8A4AF384, C5E61888, 028BEC42, C90A6F97
F15F04F3, 6B629993, 2292BCE1, C5E61888, 028BEC42
295CC25B, F15F04F3, DAD8A664, 2292BCE1, C5E61888
696DA404, 295CC25B, FC57C13C, DAD8A664, 2292BCE1
CEF5AE12, 696DA404, CA573096, FC57C13C, DAD8A664
87D5B80C, CEF5AE12, 1A5B6901, CA573096, FC57C13C
84E2A5F2, 87D5B80C, B3BD6B84, 1A5B6901, CA573096
03BB6310, 84E2A5F2, 21F56E03, B3BD6B84, 1A5B6901
C2D8F75F, 03BB6310, A138A97C, 21F56E03, B3BD6B84
BFB25768, C2D8F75F, 00EED8C4, A138A97C, 21F56E03
28589152, BFB25768, F0B63DD7, 00EED8C4, A138A97C
EC1D3D61, 28589152, 2FEC95DA, F0B63DD7, 00EED8C4
3CAED7AF, EC1D3D61, 8A162454, 2FEC95DA, F0B63DD7
C3D033EA, 3CAED7AF, 7B074F58, 8A162454, 2FEC95DA
7316056A, C3D033EA, CF2BB5EB, 7B074F58, 8A162454
46F93B68, 7316056A, B0F40CFA, CF2BB5EB, 7B074F58
DC8E7F26, 46F93B68, 9CC5815A, B0F40CFA, CF2BB5EB
850D411C, DC8E7F26, 11BE4EDA, 9CC5815A, B0F40CFA
7E4672C0, 850D411C, B7239FC9, 11BE4EDA, 9CC5815A
89FBD41D, 7E4672C0, 21435047, B7239FC9, 11BE4EDA
1797E228, 89FBD41D, 1F919CB0, 21435047, B7239FC9
431D65BC, 1797E228, 627EF507, 1F919CB0, 21435047
2BDBB8CB, 431D65BC, 05E5F88A, 627EF507, 1F919CB0
6DA72E7F, 2BDBB8CB, 10C7596F, 05E5F88A, 627EF507
A8495A9B, 6DA72E7F, CAF6EE32, 10C7596F, 05E5F88A
E785655A, A8495A9B, DB69CB9F, CAF6EE32, 10C7596F
5B086C42, E785655A, EA1256A6, DB69CB9F, CAF6EE32
A65818F7, 5B086C42, B9E15956, EA1256A6, DB69CB9F
7AAB101B, A65818F7, 96C21B10, B9E15956, EA1256A6
93614C9C, 7AAB101B, E996063D, 96C21B10, B9E15956
F66D9BF4, 93614C9C, DEAAC406, E996063D, 96C21B10
D504902B, F66D9BF4, 24D85327, DEAAC406, E996063D
60A9DA62, D504902B, 3D9B66FD, 24D85327, DEAAC406

8B687819，60A9DA62，F541240A，3D9B66FD，24D85327
083E90C3，8B687819，982A7698，F541240A，3D9B66FD
F6226BBF，083E90C3，62DA1E06，982A7698，F541240A
76C0563B，F6226BBF，C20FA430，62DA1E06，982A7698
989DD165，76C0563B，FD889AEF，C20FA430，62DA1E06
8B2C7573，989DD165，DDB0158E，FD889AEF，C20FA430
AE1B8E7B，8B2C7573，66277459，DDB0158E，FD889AEF
CA1840DE，AE1B8E7B，E2CB1D5C，66277459，DDB0158E
16F3BABB，CA1840DE，EB86E39E，E2CB1D5C，66277459
D28D83AD，16F3BABB，B2861037，EB86E39E，E2CB1D5C
6BC02DFE，D28D83AD，C5BCEEAE，B2861037，EB86E39E
D3A6E275，6BC02DFE，74A360EB，C5BCEEAE，B2861037
DA955482，D3A6E275，9AF00B7F，74A360EB，C5BCEEAE
58C0AAC0，DA955482，74E9B89D，9AF00B7F，74A360EB
906FD62C，58C0AAC0，B6A55520，74E9B89D，9AF00B7F

散列码是下列 160 位串：

84 98 3E 44 1C 3B D2 6E BA AE 4A A1 F9 51 29 E5 E5 46 70 F1

A4.9 例 9

本例数据串是 1000000 字节串，由字母“a”的重复 10^6 次的 GB 1988 编码版本组成。

散列码是下列 160 位串：

34 AA 97 3C D4 C4 DA A4 F6 1E EB 2B DB AD 27 31 65 34 01 6F

附 录 B
（提示的附录）
形 式 规 范

B0 引言

下列各条是用称为 Z 的规范语言表示的专用散列函数 1、2 和 3 的完整规范。Z 的记法是指附录 C [1]中描述的记法。

Z 保留了在本标准正文中使用的命名、结构等中的大部分。

Z 完全按 Z 写成，包括注释部分。注释针对本标准正文文本中的各部分，而 Z 是由此推导出的。

Z 把消息建模成自然数 0 和 1 的序列（串）。

B1 专用散列函数 1 规范

#3 定义

#3.2 循环函数

$Bit == \{0,1\}$

$String == \text{seq}Bit$

| $L_1 : N$
| $L_2 : N;$

$String\_L_1 == \{s : String \mid \# s = L_1\}$

$String\_L_2 == \{s: String \mid \# s = L_2\}$

$O: String\_L_1 \times String\_L_2 \rightarrow String\_L_2$

#3.3 字

$Word == \{w: String \mid \# w = 32\}$

$Word\_capacity == 2 \uparrow 32$

$Word\_capacity\_m\_1 == (2 \uparrow 32) - 1$

$IWord == 0..Word\_capacity\_m\_1$

#4 符号和记法

S^n()只需按照 Z 中定义 S^n(关系迭代)的方式定义 S

$S: Word \rightarrow Word$

$\forall A: Word \cdot$

(let $I == W\_to\_I(A) \cdot$

(let $Shift\_I == (I * 2) + (I \text{ div } (2 \uparrow 31)) \text{mod} (2 \uparrow 32) \cdot$

$S(A) = I\_to\_W(Shift\_I)))$

∧∨⊕只定义需要定义的那些字

$BO == Bit \times Bit \rightarrow Bit$

$LO: Word \times Word \times BO \rightarrow Word$

$\forall p, q: Word: bo: BO \cdot$

$LO(p, q, bo) = \{n: 1..\# p \cdot n \mapsto bo(p(n), q(n))\}$

xor, _or_, _and_: BO

---

0 xor 1=1

0 xor 0=0

1 xor 0=1

1 xor 1=0

0 or 1=1

0 or 0=0

1 or 0=1

1 or 1=1

0 and 1=0

0 and 0=0

1 and 0=0

1 and 1=1

XOR, _OR_, _AND_: $Word \times Word \rightarrow Word$

$\forall A, B: Word \cdot$

A XOR $B = LO(A, B, (\_ \text{xor} \_)) \wedge$
A OR $B = LO(A, B, (\_ \text{or} \_)) \wedge$
A AND $B = LO(A, B, (\_ \text{and} \_))$

¬

NOT : $Word \rightarrow Word$

$\forall A : Word \cdot$
NOT $A = A$ XOR $\{n : 1 .. \# A \cdot n \mapsto 1\}$

田

$_$田$_ : Word \times Word \rightarrow Word$

$\forall A, B : Word \cdot$
A 田 $B = I\_to\_W((W\_to\_I(A) + W\_to\_I(B)) \bmod Word\_capacity)$

#5 要求

#6 专用散列函数模型

#6.1 概述

$L_H : \mathbb{N}_1$

$L_H \leqslant L_2$

$Byte == \{b : String \mid \# b = 8\}$

$I\ Byte == 0 .. 255$

$B\_to\_I : Byte \rightarrow I\ Byte$

$\forall x : Byte \cdot B\_to\_I(x) =$
$x(1) \times 2 \uparrow 7 + x(2) \times 2 \uparrow 6 + x(3) \times 2 \uparrow 5 + x(4) \times 2 \uparrow 4 +$
$x(5) \times 2 \uparrow 3 + x(6) \times 2 \uparrow 2 + x(7) \times 2 + x(8)$

#6.2 散列操作

$IV : String\_L_2$

$Maximum\_Length\_of\_String : \mathbb{N}$

$hash : String \nrightarrow String\_L_H$

$\forall D : String \mid \# D \leqslant Maximum\_Lcngth\_of\_String \cdot$
$hash(D) =$
(let $PD == pad(D) \cdot$
(let $SD == split(PD) \cdot$
(let $H_q == iterate(SD, IV) \cdot$
$truncate(H_q))))$

#6.2.1 第1步(填充)

$StringMultiple\_L_1 == \{s : String \mid \# s \bmod L_1 = 0\}$

$pad: String \to StringMultiple\_L_1$

#6.2.2 第2步(分离)

$StringBlocks == \text{seq}\ String\_L_1$

$split: StringMultiple\_L_1 \to StringBlocks$

$split =$

$\{sml1: StringMultiple\_L_1; Sb: StringBlocks \mid sml1 = \frown/sb \bullet sml1 \mapsto sb\}$

#6.2.3 第3步(迭代)

$iterate: StringBlocks \times String\_L_2 \to String\_L_2$

$\forall sb: StringBlocks; H_{i-1}: String\_L_2 \mid \#sb \geqslant 1 \bullet$

$iterate(sb, H_{i-1}) =$

$(\text{let } D_i == sb(1) \bullet$

$(\text{let } H_i == \phi(D_i, H_{i-1}) \bullet$

$\text{if } \#sb = 1$

$\text{then } H_i$

$\text{else } iterate\ (tail\ sb, H_i)))$

#6.2.4 第4步(截短)

$String\_L_H == \{s: String \mid \#s = L_H\}$

$truncate: String\_L_2 \to String\_L_H$

$\forall sy: String\_L_2 \bullet$

$truncate(sy) = (1..L_H) \upharpoonleft sy$

#7 专用散列函数1

#7.1 概述

$Maximum\_Length\_of\_String = (2 \uparrow 64) - 1$

#7.2 参数、函数和常数

#7.2.1 参数

$L_1 = 512$

$L_2 = 160$

$L_H = 160$

#7.2.2 字节排序约定

$W\_to\_I: Word \to IWord$

$\forall w: Word \bullet$

$W\_to\_I(w) =$

$(\text{let } B_0 == B\_to\_I((1..8) \upharpoonleft w) \bullet$

$(\text{let } B_1 == B\_to\_I((9..16) \upharpoonleft w) \bullet$

$(\text{let } B_2 == B\_to\_I((17..24) \upharpoonleft w) \bullet$

$(\text{let } B_3 == B\_to\_I((25..32) \upharpoonleft w) \bullet$

$B_3 * 2 \uparrow 24 + B_2 * 2 \uparrow 16 + B_1 * 2 \uparrow 8 + B_0))))$

$I\_to\_W: IWord \to Word$

$I\_to\_W = W\_to\_I^{\sim}$

#7.2.3 函数

$Indexed\_g == \{g: \mathrm{seq}(Word \times Word \times Word \rightarrow Word) \mid \# g = 80\}$

$g: Indexed\_g$

$\forall X_0, X_1, X_2: Word \bullet$

$(\forall i: 1..16 \bullet$

$g(i)(X_0, X_1, X_2) = X_0 \text{ XOR } X_1 \text{ XOR } X_2) \wedge$

$(\forall i: 17..32 \bullet$

$g(i)(X_0, X_1, X_2) = (X_0 \text{ AND } X_1) \text{ OR } (\text{NOT } X_0 \text{ AND } X_2)) \wedge$

$(\forall i: 33..48 \bullet$

$g(i)(X_0, X_1, X_2) = (X_0 \text{ OR NOT } X_1) \text{ XOR } X_2 \wedge$

$(\forall i: 49..64 \bullet$

$g(i)(X_0, X_1, X_2) = (X_0 \text{ AND } X_2) \text{ OR } (X_1 \text{ AND NOT } X_2)) \wedge$

$(\forall i: 65..80 \bullet$

$g(i)(X_0, X_1, X_2) = X_0 \text{ XOR } (X_1 \text{ OR NOT } X_2))$

#7.2.4 常数

$x00000000 == 0$

$x5A827999 == 1518500249$

$x6ED9EBA1 == 1859775393$

$x8F1BBCDC == 2400959708$

$xA953FD4E == 2840853838$

$x50A28BE6 == 1352829926$

$x5C4DD124 == 1548603684$

$x6D703EF3 == 1836072691$

$x7A6D76E9 == 2053994217$

$Constands == \{c: StringWord \mid \# c = 80\}$

$C, C': Constants$

$(\forall i: 1..16 \bullet$

$C(i) = I\_to\_W(x00000000)) \wedge$

$(\forall i: 17..32 \bullet$

$C(i) = I\_to\_W(x5A827999)) \wedge$

$(\forall i: 33..48 \bullet$

$C(i) = I\_to\_W(x6ED9EBA1)) \wedge$

$(\forall i: 49..64 \bullet$

$C(i) = I\_to\_W(x8F1BBCDC)) \wedge$

$(\forall i: 65..80 \bullet$

$C'(i) = I\_to\_W(xA953FD4E)) \wedge$

$(\forall i:1..16 \bullet$
$C'(i)=I\_to\_W(x50A28BE6)) \wedge$
$(\forall i:17..32 \bullet$
$C'(i)=I\_to\_W(x5C4DD124)) \wedge$
$(\forall i:33..48 \bullet$
$C'(i)=I\_to\_W(x6D703EF3)) \wedge$
$(\forall i:49..64 \bullet$
$C'(i)=I\_to\_W(x7A6D76E9)) \wedge$
$(\forall i:65..80 \bullet$
$C'(i)=I\_to\_W(x00000000))$

$t==$
<11,14,15,12,5,8,7,9,11,13,14,15,6,7,9,8,
7,6,8,13,11,9,7,15,7,12,15,9,11,7,13,12,
11,13,6,7,14,9,13,15,14,8,13,6,5,12,7,5,
11,12,14,15,14,15,9,8,9,14,5,6,8,6,5,12,
9,15,5,11,6,8,13,12,5,12,13,14,11,8,5,6>

$t'==$
<8,9,9,11,13,15,15,5,7,7,8,11,14,14,12,6,
9,13,15,7,12,8,9,11,7,7,12,7,6,15,13,11,
9,7,15,11,8,6,6,14,12,13,5,14,13,13,7,5
15,5,8,11,14,14,6,14,6,9,12,9,12,5,15,8,
8,5,12,9,12,5,14,6,8,13,6,5,15,13,11,11>

注意用 Z 表示以 1 开始的序列中 a 和 a' 的值比常规文本中的值大 1。

$a==$
<1,2,3,4,5,6,7,8,9,10,11,12,13,14,15,16,
8,5,14,2,11,7,16,4,13,1,10,6,3,15,12,9,
4,11,15,5,10,16,9,2,3,8,1,7,14,12,6,13,
2,10,12,11,1,9,13,5,14,4,8,16,15,6,7,3,
5,1,6,10,8,13,3,11,15,2,4,9,12,7,16,14>

$a'==$
<6,15,8,1,10,3,12,5,14,7,16,9,2,11,4,13,
7,12,4,8,1,14,6,11,15,16,9,13,5,10,2,3,
16,6,2,4,8,15,7,10,12,9,13,3,11,1,5,14,
9,7,5,2,4,12,16,1,6,13,3,14,10,8,11,15,
13,16,11,5,2,6,9,8,7,3,14,15,1,4,10,12>

#7.2.5 初始化值

$x67452301==1732584193$

$Y_0==I\_to\_W(x67452301)$

$xEFCDAB89==4023233417$

$Y_1 == I\_to\_W(xEFCDAB89)$

$x98BADCFE == 2562383102$

$Y_2 == I\_to\_W(x98BADCFE)$

$x10325476 == 271733878$

$Y_3 == I\_to\_W(x10325476)$

$xC3D2E1F0 == 3285377520$

$Y_4 == I\_to\_W(xC3D2E1F0)$

$IV = Y_0 \frown Y_1 \frown Y_2 \frown Y_3 \frown Y_4$

#7.3 填充法

$\forall D{:}String \bullet$

$pad(D) =$

(let $L_D == \# D \bullet$

(let $Zeros == \{n{:}1..((447 - L_D) \bmod 512) \bullet n \mapsto 0\} \bullet$

(let $Length\_D\_LSH == I\_to\_W(L_D \bmod (2 \uparrow 32)) \bullet$

(let $Length\_D\_MSH == I\_to\_W(L_D \operatorname{div} (2 \uparrow 32)) \bullet$

$D \frown \langle 1 \rangle \frown Zeros \frown Length\_D\_LSH \frown Length\_D\_MSH))))$

#7.4 循环函数的描述

$StringWord == \mathrm{seq}\ Word$

$Split\_String\_to\_StringWord{:}String \rightarrowtail StringWord$

$Split\_String\_to\_StringWord =$

$\{s{:}String; sw{:}StringWord \mid s = \frown/sw \bullet s \mapsto sw\}$

$L80{:}StringWord \times StringWord \times$

$Indexed\_g \times \mathrm{seq}\ \mathbb{N} \times \mathrm{seq}\ \mathbb{N} \times$

$Constants \times 1..80 \rightarrow StringWord$

$\forall Z, X{:}StringWord; g{:}Indexed\_g; t, a{:}\mathrm{seq}\ \mathbb{N};$

$C{:}Constants; i{:}1..80 \mid \# Z = 16 \land \# X = 5 \bullet$

$L80(Z, X, g, t, a, C, i) =$

(let $X0 == X(1); X1 == X(2); X2 == X(3); X3 == X(4); X4 == (X)5 \bullet$

(let $W == S^{t(i)}(X_0 \boxplus g(i)(X1, X2, X3) \boxplus Z(a(i)) \boxplus C(i)) \boxplus X4 \bullet$

(let $Y == \langle X4, W, X1, S^{10}(X2), X3 \rangle \bullet$

if $(i = 80)$

then Y

else $L80(Z, Y, g, t, a, C, i+1))))$

$\forall sx{:}String\_L_i; sy{:}String\_L_2 \bullet$

$\phi(sx, sy) =$

(let $Z == Split\_String\_to\_StringWord(sx) \bullet$

(let $Y == Split\_String\_to\_StringWord(sy) \bullet$

(let $X == L80(Z, Y, g, t, a, C, 1) \bullet$

(let $X' == L80(Z, Y, revg, t', a', C', 1)$ •
(let $Y0 == Y(2)$ 田 $X(3)$ 田 $X'(4)$ •
(let $Y1 == Y(3)$ 田 $X(4)$ 田 $X'(5)$ •
(let $Y2 == Y(4)$ 田 $X(5)$ 田 $X'(1)$ •
(let $Y3 == Y(5)$ 田 $X(1)$ 田 $X'(2)$ •
(let $Y4 == Y(1)$ 田 $X(2)$ 田 $X'(3)$ •
$Y0 \frown Y1 \frown Y2 \frown Y3 \frown Y4$))))))))

B1.1 辅助函数

$\_\uparrow\_ : \mathbb{N} \times \mathbb{N} \to \mathbb{N}$

$\forall p : \mathbb{N}$ •
$p \uparrow 0 = 1 \wedge$
$(\forall n : \mathbb{N}_1 \cdot p \uparrow n = p * (p \uparrow (n-1)))$

B2 专用散列函数 2 规范

重复#3、#4、#5、#6 各部分以及附录 B1 的 B1.1。

#8 专用散列函数 2

#8.1 概述

$Maximum\_Length\_of\_String = (2 \uparrow 64) - 1$

#8.2 参数、函数和常数

#8.2.1 参数

$L_1 = 512$

$L_2 = 128$

$L_H = 128$

#8.2.2 字节排序约定

重复附录 B1 的#7.2.2

#8.2.3 函数

重复附录 B1 的#7.2.3

$g2 == (1..64) \upharpoonleft g$

#8.2.4 Constants

$x00000000 == 0$

$x5A827999 == 1518500249$

$x6ED9EBA1 == 1859775393$

$x8F1BBCDC == 2400959708$

$x50A28BE6 == 1352829926$

$x5C4DD124 == 1548603684$

$x6D703EF3 == 1836072691$

$Constants == \{c : StringWord \mid \# c = 64\}$

$C, C' : Constants$

$(\forall i : 1..16$ •

$C(i)=I\_to\_W(x00000000))\wedge$
$(\forall i:17..32 \bullet$
$C(i)=I\_to\_W(x5A827999))\wedge$
$(\forall i:33..48 \bullet$
$C(i)=I\_to\_W(x6ED9EBA1))\wedge$
$(\forall i:49..64 \bullet$
$C(i)=I\_to\_W(x8F1BBCDC))\wedge$

$(\forall i:1..16 \bullet$
$C'(i)=I\_to\_W(x50A28BE6))\wedge$
$(\forall i:17..32 \bullet$
$C'(i)=I\_to\_W(x5C4DD124))\wedge$
$(\forall i:33..48 \bullet$
$C'(i)=I\_to\_W(x6D703EF3))\wedge$
$(\forall i:49..64 \bullet$
$C'(i)=I\_to\_W(x00000000))$

重复附录 B1 的#7.2.4 中的 a、a'、t、t' 中。

$t2==(1..64)\upharpoonleft t$

$t2'==(1..64)\upharpoonleft t'$

$a2==(1..64)\upharpoonleft a$

$a2'==(1..64)\upharpoonleft a'$

#8.2.5 初始化值

$x67452301==1732584193$

$Y_0==I\_to\_W(x67452301)$

$xEFCDAB89==4023233417$

$Y_1==I\_to\_W(xEFCDAB89)$

$x98BADCFE==2562383102$

$Y_2==I\_to\_W(x98BADCFE)$

$x10325476==271733878$

$Y_3==I\_to\_W(x10325476)$

$IV=Y_0\frown Y_1\frown Y_2\frown Y_3$

#8.3 填充法

重复附录 B1 的#7.3

#8.4 循环函数的描述

重复附录 B1 的#7.4 中 *StringWord* 和 *Split_String_to_StringWord* 定义。

$L64:StringWord\times StringWord\times$
$Indexed\_g\times \text{seq}\ \mathbb{N}\times \text{seq}\ \mathbb{N}\times$
$Constants\times 1..64\rightarrow StringWord$

$\forall Z,X:StringWord;g:Indexed\_g;t,a:\text{seq}\ \mathbb{N};$

```
C:Constants;i:1..64 | #Z=16 ∧ #X=5 •
L64(Z,X,g,t,a,C,i)=
  (let X0==X(1);X1==X(2);X2==X(3);X3==X(4) •
  (let W==S^{t(i)}(X0 ⊞ g(i)(X1,X2,X3) ⊞ Z(a(i)) ⊞ C(i)) •
  (let Y==<X3,W,X1,X2> •
     if (i=64)
     then Y
     else L64(Z,Y,g,t,a,C,i+1))))
```

```
∀ sx:String_L1;sy:String_L2 •
  φ(sx,sy)=
    (let Z==Split_String_to_StringWord(sx) •
    (let Y==Split_String_to_StringWord(sy) •
    (let X==L64(Z,Y,g2,t2,a2,C,1) •
    (let X'==L64(Z,Y,rev g2,t2',a2',C',1) •
    (let Y0==Y(2) ⊞ X(3) ⊞ X'(4) •
    (let Y1==Y(3) ⊞ X(4) ⊞ X'(1) •
    (let Y2==Y(4) ⊞ X(1) ⊞ X'(2) •
    (let Y3==Y(1) ⊞ X(2) ⊞ X'(3) •
      Y0⌒Y1⌒Y2⌒Y3))))))))
```

B3 专用散列函数3规范

重复#3、#4、#5、#6各部分以及附录B1的B1.1。

#9 专用散列函数3

#9.1 概述

$Maximum\_Length\_of\_String=(2\uparrow 64)-1$

#9.2 参数、函数和常数

#9.2.1 参数

$L_1=512$

$L_2=160$

$L_H=160$

#9.2.2 字节排序约定

```
W_to_I:Word→IWord
─────────────────
∀ w:Word • W_to_I(w)=
  (let B0==B_to_I((1..8)↿w) •
  (let B1==B_to_I((9..16)↿w) •
  (let B2==B_to_I((17..24)↿w) •
  (let B3==B_to_I((25..32)↿w) •
  B3+B2*2↑8+B1*2↑16+B0*2↑24
```

```
I_to_W:IWord→Word
```

$I\_to\_W = W\_to\_I^{\sim}$

#9.2.3 函数

$Indexed\_f == \{f: \mathrm{seq}(Word \times Word \times Word \rightarrow Word) \mid \# f = 80\}$

$f: Indexed\_f$

$\forall X_0, X_1, X_2: Word \bullet$

$(\forall i: 1..20 \bullet$

$f(i)(X_0, X_1, X_2) = (X_0 \text{ AND } X_1) \text{OR } (\text{NOT } X_0 \text{ AND } X_2)) \land$

$(\forall i: 21..40 \bullet$

$f(i)(X_0, X_1, X_2) = X_0 \text{ XOR } X_1 \text{ XOR } X_2) \land$

$(\forall i: 41..60 \bullet$

$f(i)(X_0, X_1, X_2) = (X_0 \text{ AND } X_1) \text{OR } (X_0 \text{ AND } X_2) \text{OR } (X_1 \text{ AND } X_2)) \land$

$(\forall i: 61..80 \bullet$

$f(i)(X_0, X_1, X_2) = X_0 \text{ XOR } X_1 \text{ XOR } X_2)$

#9.2.4 常数

$x5A827999 == 1518500249$

$x6ED9EBA1 == 1859775393$

$x8F1BBCDC == 2400959708$

$xCA62C1D6 == 3395469782$

$Constants == \{c: StringWord \mid \# c = 80\}$

$C: Constants$

$(\forall i: 1..20 \bullet$

$C(i) = I\_to\_W(x5A827999)) \land$

$(\forall i: 21..40 \bullet$

$C(i) = I\_to\_W(x6ED9EBA1)) \land$

$(\forall i: 41..60 \bullet$

$C(i) = I\_to\_W(x8FABBCDC)) \land$

$(\forall i: 61..80 \bullet$

$C(i) = I\_to\_W(xCA62C1D6))$

#9.2.5 初始化值

$x67452301 == 1732584193$

$Y_0 == I\_to\_W(x67452301)$

$xEFCDAB89 == 4023233417$

$Y_1 == I\_to\_W(xEFCDAB89)$

$x98BADCFE == 2562383102$

$Y_2 == I\_to\_W(x98BADCFE)$

$x10325476 == 271733878$

$Y_3 == I\_to\_W(x10325476)$

$xC3D2E1F0 == 3285377520$

$Y_4 == I\_to\_W(xC3D2E1F0)$

$IV = Y_0 \frown Y_1 \frown Y_2 \frown Y_3 \frown Y_4$

#9.3 填充法

$\forall D: String \bullet$

$pad(D) =$

$(\text{let } L_D == \# D \bullet$

$(\text{let } Zeros == \{n: 1..((447 - L_D) \bmod 512) \bullet n \mapsto 0\} \bullet$

$(\text{let } Length\_D\_MSH == I\_to\_W(L_D \text{ div } (2 \uparrow 32)) \bullet$

$(\text{let } Length\_D\_LSH == I\_to\_W(L_D \bmod (2 \uparrow 32)) \bullet$

$D \frown \langle 1 \rangle \frown Zeros \frown Length\_D\_MSH \frown Length\_D\_LSH))))$

#9.4 循环函数的描述

$StringWord == \text{seq } Word$

$Split\_String\_to\_StringWord: String \rightarrowtail StringWrod$

$Strlit\_String\_to\_StringWord =$

$\{s: String; sw: StringWord \mid s = \frown/sw \bullet s \mapsto sw\}$

$L80: StringWord \times StringWord \times 1..80 \rightarrowtail StringWord$

$\forall X.Z: StringWord; i: 1..80 \mid \# X = 5 \wedge \# Z = 80 \bullet$

$L80(X, Z, i) =$

$(\text{let } W == S^5(X(1)) \boxplus f(i)(X(2), X(3), X(4) \boxplus X(5) \boxplus Z(i) \boxplus C(i) \bullet$

$(\text{let } X0 == W \bullet$

$(\text{let } X1 == X(1) \bullet$

$(\text{let } X2 == S^{30}(X(2)) \bullet$

$(\text{let } X3 == X(3) \bullet$

$(\text{let } X4 == X(4) \bullet$

$(\text{let } Y == \langle X0, X1, X2, X3, X4 \rangle \bullet$

$if (i = 80)$

$\text{then } Y$

$\text{else } L80(Y, Z, i+1))))))))$

$XOR\_Z: StringWord \rightarrowtail StringWord$

$\forall Z1\_16: StringWord \mid \# Z1\_16 = 16 \bullet$

$(\forall i: 1..16 \bullet$

$XOR\_Z(Z1\_16)(i) = Z1\_16(i)) \wedge$

$(\forall i: 17..80 \bullet$

$XOR\_Z(Z1\_16)(i) = S^1(XOR\_Z(Z1\_16)(i-3) \text{ XOR}$

$XOR\_Z(Z1\_16)(i-8) \text{ XOR}$

$XOR\_Z(Z1\_16)(i-14) \text{ XOR}$

$XOR\_Z(Z1\_16)(i-16)))$

$\forall sm: String\_L_1; sn: String\_L_2 \bullet$

$\phi(sm, sn) =$

(let $Z1\_16 == Split\_String\_to\_StringWord(sm)$ •

(let $Y == Split\_String\_to\_StringWord(sn)$ •

(let $Z == XOR\_Z(Z1\_16)$ •

(let $X == L80(Y, Z, 1)$ •

(let $Y0 == Y(1)$ 田 $X(1)$ •

(let $Y1 == Y(2)$ 田 $X(2)$ •

(let $Y2 == Y(3)$ 田 $X(3)$ •

(let $Y3 == Y(4)$ 田 $X(4)$ •

(let $Y4 == Y(5)$ 田 $X(5)$ •

$Y0 \frown Y1 \frown Y2 \frown Y3 \frown Y4$)))))))))

附 录 C

（提示的附录）

参 考 文 献

[1] J. M. Spivey，Z 记法——参考手册，Prentice-Hall，1992（第 2 版）

[2] 美国商业部/标准和技术国家研究所. 安全散列标准. 联邦信息处理标准出版物（FIPS PUB）180-1，1995 年 4 月 17 日

[3] A. Bosselaers，H. Dobbertin 和 B. Preneel. 新的加密散列函数 RIPEMD-160. Dr. Dobbs，（1997 年 1 月）Vol. 22 No. 1 p24-28。

ICS 77.140.20
H 40

中华人民共和国国家标准

GB/T 18254—2002
代替 GB/T 18254—2000

高碳铬轴承钢

High-carbon chromium bearing steel

2002-03-10 发布　　2002-07-01 实施

中华人民共和国
国家质量监督检验检疫总局　发布

前　言

本标准是对GB/T 18254—2000《高碳铬轴承钢》的修订。

与GB/T 18254—2000相比，本标准主要技术内容改变如下：

——增加了对连铸钢的规定；

——按GB/T 1.1—2000《标准化工作导则　第1部分：标准的结构和编写规则》标准重新编写。

本标准附录A是规范性附录。

本标准由国家冶金工业局提出。

本标准由全国钢标准化技术委员会归口。

本标准负责起草单位：宝钢集团上海五钢有限公司、洛阳轴承研究所、冶金工业信息标准研究院、钢铁研究总院。

本标准主要起草人：沈建铝、雷建中、栾燕、魏果能、王莘田。

本标准参加起草单位：大冶特殊钢集团有限公司、北满特殊钢股份有限公司、西宁特殊钢集团有限责任公司、大连钢铁集团有限责任公司。

本标准参加起草人：李　铮、王红军、刘克林、真　娟、梅亚莉。

本标准于2000年11月首次发布。

高碳铬轴承钢

1 范围

本标准规定了高碳铬轴承钢的订货内容、尺寸、外形、技术要求、试验方法、检验规则、包装、标志及质量证明书。

本标准适用于制作轴承套圈和滚动体用高碳铬轴承钢热轧或锻制圆钢、盘条、冷拉(轧)圆钢(直条或盘状)和钢管。连铸钢不推荐做钢球用钢。

经供需双方协商,也可供应其他品种、规格的钢材、钢坯,具体要求应在合同中注明。

2 规范性引用文件

下列文件中的条款通过本标准的引用而成为本标准的条款。凡是注日期的引用文件,其随后所有的修改单(不包括勘误的内容)或修订版均不适用于本标准,然而,鼓励根据本标准达成协议的各方研究是否可使用这些文件的最新版本。凡是不注日期的引用文件,其最新版本适用于本标准。

GB/T 222 钢的化学分析用试样取样法及成品化学成分允许偏差

GB/T 223.3 钢铁及合金化学分析方法 二安替比林甲烷磷钼酸重量法测定磷量

GB/T 223.5 钢铁及合金化学分析方法 还原型硅钼酸盐光度法测定酸溶硅含量

GB/T 223.10 钢铁及合金化学分析方法 铜铁试剂分离-铬天青S光度法测定铝量

GB/T 223.11 钢铁及合金化学分析方法 过硫酸铵氧化容量法测定铬量

GB/T 223.18 钢铁及合金化学分析方法 硫代硫酸钠分离-碘量法测定铜量

GB/T 223.19 钢铁及合金化学分析方法 新亚铜灵-三氯甲烷萃取光度法测定铜量

GB/T 223.23 钢铁及合金化学分析方法 丁二酮肟分光光度法测定镍量

GB/T 223.24 钢铁及合金化学分析方法 萃取分离-丁二酮肟分光光度法测定镍量

GB/T 223.26 钢铁及合金化学分析方法 硫氰酸盐直接光度法测定钼量

GB/T 223.27 钢铁及合金化学分析方法 硫氰酸盐-乙酸丁酯萃取分光光度法测定钼量

GB/T 223.29 钢铁及合金化学分析方法 载体沉淀-二甲酚橙光度法测定铅量

GB/T 223.31 钢铁及合金化学分析方法 蒸馏分离-钼蓝分光光度法测定砷量

GB/T 223.47 钢铁及合金化学分析方法 载体沉淀-钼蓝光度法测定锑量

GB/T 223.50 钢铁及合金化学分析方法 苯基莹光酮-溴化十六烷基三甲基胺直接光度法测定锡量

GB/T 223.53 钢铁及合金化学分析方法 火焰原子吸收分光光度法测定铜量

GB/T 223.54 钢铁及合金化学分析方法 火焰原子吸收分光光度法测定镍量(eqv ISO/DIS 4940)

GB/T 223.58 钢铁及合金化学分析方法 亚砷酸钠-亚硝酸钠滴定法测定锰量

GB/T 223.59 钢铁及合金化学分析方法 锑磷钼蓝光度法测定磷量

GB/T 223.60 钢铁及合金化学分析方法 高氯酸脱水重量法测定硅含量

GB/T 223.61 钢铁及合金化学分析方法 磷钼酸铵容量法测定磷量

GB/T 223.62 钢铁及合金化学分析方法 乙酸丁酯萃取光度法测定磷量

GB/T 223.63 钢铁及合金化学分析方法 高碘酸钠(钾)光度法测定锰量(neq ISO R 629)

GB/T 223.64 钢铁及合金化学分析方法 火焰原子吸收光谱法测定锰量
GB/T 223.67 钢铁及合金化学分析方法 还原蒸馏-次甲基蓝光度法测定硫量
GB/T 223.71 钢铁及合金化学分析方法 管式炉内燃烧后重量法测定碳含量
GB/T 223.72 钢铁及合金化学分析方法 氧化铝色层分离-硫酸钡重量法测定硫量
GB/T 223.74 钢铁及合金化学分析方法 非化合碳含量的测定
GB/T 224 钢的脱碳层深度测定法(eqv ISO 3887)
GB/T 231 金属布氏硬度试验 第1部分:试验方法(eqv ISO 6508.1)
GB/T 233 金属材料 顶锻试验方法
GB/T 702 热轧圆钢和方钢尺寸、外形、重量及允许偏差
GB/T 905 冷拉圆钢、方钢、六角钢尺寸、外形、重量及允许偏差
GB/T 908 锻制圆钢和方钢尺寸、外形、重量及允许偏差
GB/T 1814 钢材断口检验法
GB/T 2101 型钢验收、包装、标志及质量证明书的一般规定
GB/T 2102 钢管的验收、包装、标志和质量证明书
GB/T 4336 碳素钢和中低合金钢的光电发射光谱分析方法
GB/T 11261 高碳铬轴承钢化学分析方法 脉冲加热惰性气熔融红外线吸收法测定氧量
GB/T 14981 热轧盘条尺寸、外形、重量及允许偏差

3 订货内容

按照本标准订货的合同应包含下列技术内容:

a) 产品名称(或品名);
b) 牌号;
c) 标准号;
d) 规格;
e) 重量和/或数量;
f) 浇铸方法(未注明时按模注);
g) 加工用途;
h) 交货状态;
i) 应由供需双方协商,并在合同中注明的项目或指标(如未注明时则由供方选择);
j) 需方提出的其他特殊要求,如:特殊规格要求、特殊表面质量要求等内容。

4 尺寸、外形

4.1 尺寸

4.1.1 钢材的尺寸及其允许偏差

4.1.1.1 热轧圆钢的尺寸及其允许偏差应符合GB/T 702—1986第2组的规定。经供需双方协商并在合同中注明,亦可按第1组规定交货。

4.1.1.2 锻制圆钢的尺寸及其允许偏差应符合GB/T 908—1987第1组的规定。

4.1.1.3 盘条的尺寸及其允许偏差应符合GB/T 14981—1994中B级精度的规定。经供需双方协商并在合同中注明,也可按C级精度规定交货。

4.1.1.4 冷拉圆钢(直条或盘状)的尺寸及其允许偏差应符合GB/T 905—1994中h11级的规定。经供需双方协商并在合同中注明,亦可按其他级别规定交货。

4.1.1.5 钢管外径、壁厚及其允许偏差应符合表1的规定。

表 1 钢管外径、壁厚及其允许偏差

单位为 mm

<table>
<tr><th colspan="2">钢管种类
及生产方法</th><th colspan="2">钢管尺寸</th><th>尺寸范围</th><th>允许偏差</th></tr>
<tr><td rowspan="5">热轧钢管</td><td rowspan="2">阿塞尔法轧制
＋剥皮</td><td colspan="2">外径</td><td>55～148
>148～170</td><td>±0.15
±0.20</td></tr>
<tr><td colspan="2">壁厚</td><td>4～8
>8～34</td><td>＋20%
＋15%</td></tr>
<tr><td rowspan="3">阿塞尔法
热轧管</td><td colspan="2">外径</td><td>60～75
>75～100
>100～170</td><td>±0.35
±0.50
±0.50%</td></tr>
<tr><td rowspan="2">壁厚</td><td>外径<80</td><td><8</td><td>＋12%</td></tr>
<tr><td>外径≥80</td><td>≥8</td><td>＋10%</td></tr>
<tr><td colspan="2" rowspan="4">冷拉(轧)钢管</td><td colspan="2" rowspan="3">外径</td><td rowspan="2">≤65</td><td>＋0.20</td></tr>
<tr><td>−0.10</td></tr>
<tr><td>>65</td><td>±0.20</td></tr>
<tr><td colspan="2">壁厚</td><td>3～4
>4～12</td><td>＋12%
＋10%</td></tr>
<tr><td colspan="2">用其他方法生产的钢管</td><td colspan="4">供需双方协议,并在合同中注明</td></tr>
</table>

4.1.2 **钢材长度和盘重**

4.1.2.1 **钢材长度**

热轧圆钢的交货长度为 3 000 mm～7 000 mm。

锻制圆钢的交货长度为 2 000 mm～4 000 mm。

冷拉(轧)圆钢的交货长度为 3 000 mm～6 000 mm。

钢管的交货长度为 3 000 mm～5 000 mm。

经双方协商并在合同中注明,钢材交货长度范围允许变动。

钢材应在规定长度范围内以齐尺长度交货,每捆中最长与最短钢材的长度差应不大于 1 000 mm。

按定尺或倍尺交货的钢材,其长度允许偏差应不超过＋50 mm。

4.1.2.2 **盘重**

盘条的盘重应不小于 500 kg。

4.2 **外形**

4.2.1 **圆钢的不圆度**

热轧圆钢的不圆度应符合 GB/T 702 的相应规定。

锻制圆钢的不圆度应符合 GB/T 908 的相应规定。

冷拉(轧)圆钢的不圆度应符合 GB/T 905 的相应规定。

盘条的不圆度应符合 GB/T 14981—1994 中 B 级精度的规定。经供需双方协商并在合同中注明,也可按 C 级精度规定交货。

4.2.2 **弯曲度**

钢材的弯曲度应符合表 2 的规定。经供需双方协商,并在合同中注明,可提供弯曲度要求更严的钢材。

表 2 钢材弯曲度

<table>
<tr><th colspan="2">钢材种类</th><th>弯曲度/(mm·m) 不大于</th><th>总弯曲度/mm 不大于</th></tr>
<tr><td colspan="2">热轧圆钢</td><td>4</td><td>0.4%×钢材长度</td></tr>
<tr><td colspan="2">热轧退火圆钢</td><td>3</td><td>0.3%×钢材长度</td></tr>
<tr><td colspan="2">热锻圆钢</td><td>5</td><td>0.5%×钢材长度</td></tr>
<tr><td rowspan="2">冷拉圆钢</td><td>直径≤25 mm</td><td>2</td><td>0.2%×钢材长度</td></tr>
<tr><td>直径>25 mm</td><td>1.5</td><td>0.15%×钢材长度</td></tr>
<tr><td rowspan="2">钢管</td><td>壁厚≤15 mm</td><td>1</td><td rowspan="2">4</td></tr>
<tr><td>壁厚>15 mm</td><td>1.5</td></tr>
</table>

4.2.3 **扭转**

钢材不得有显著扭转。

4.2.4 **端头形状**

钢材端头应锯切或剪切整齐，不得有马蹄形、飞边、毛刺及影响使用的切斜和压扁。钢材一般不允许气割。在个别情况下(主要指取样时)允许每批中不多于 6 支钢材的一端用气割。

钢管端头应切成直角。经供需双方协商，可于一端外径倒角处理，具体要求在合同中注明。

5 技术要求

5.1 牌号和化学成分

5.1.1 钢的牌号及化学成分(熔炼分析)应符合表 3 的规定。

5.1.2 根据需方要求，并在合同中注明，供方应分析 Sn、As、Ti、Sb、Pb、Al 等残余元素，具体指标由供需双方协商确定。

5.1.3 轴承钢管用钢的残余铜质量分数(熔炼分析)应不大于 0.20%。

5.1.4 盘条用钢的硫质量分数(熔炼分析)应不大于 0.020%。

5.1.5 成品钢材化学成分允许偏差　钢坯或钢材的化学成分允许偏差应符合表 4 的规定。仅当需方有要求时，生产厂才做成品钢材分析。需方可按炉批对钢坯或钢材进行成品分析。

5.1.6 火花法检验　钢材应逐支用火花法或看谱镜检验。

5.2 冶炼方法

钢应采用真空脱气处理。

5.3 交货状态

5.3.1 钢材按以下几种交货状态提供，具体的交货状态应在合同中注明。

5.3.1.1 热轧和热锻不退火圆钢(简称:热轧、热锻) ………… WHR

5.3.1.2 热轧和热锻软化退火圆钢(简称:热轧软退、热锻软退) ………… WHSTAR

5.3.1.3 热轧球化退火圆钢(简称:热轧球退) ………… WHTGR

5.3.1.4 热轧球化退火剥皮圆钢(简称:热轧球剥) ………… WHTGSFR

5.3.1.5 热轧和热锻软化退火剥皮圆钢(简称:热轧(锻)软剥) ………… WHSTASFR

5.3.1.6 冷拉(轧)圆钢 ………… WCR

5.3.1.7 冷拉(轧)磨光圆钢 ………… WCSPR

5.3.1.8 热轧钢管 ………… WHT

5.3.1.9 热轧退火剥皮钢管 ………… WHTASFT

5.3.1.10 冷拉(轧)钢管 ………… WCT

5.3.1.11 经供需双方协商(并在合同上注明)，也可以其他状态的冷拉钢材交货，如:"退火+磷化+微

拔”、“退火＋微拔”等 ……………………………………………………………… TASTPWCD、TAWCD

表 3　牌号和化学成分

%

统一数字代号	牌号	C	Si	Mn	Cr	Mo	P	S	Ni	Cu	Ni＋Cu	O 模注钢	O 连铸钢
							不大于						
B00040	GCr4	0.95～1.05	0.15～0.30	0.15～0.30	0.35～0.50	≤0.08	0.025	0.020	0.25	0.20		15×10^{-6}	12×10^{-6}
B00150	GCr15	0.95～1.05	0.15～0.35	0.25～0.45	1.40～1.65	≤0.10	0.025	0.025	0.30	0.25	0.50	15×10^{-6}	12×10^{-6}
B01150	GCr15SiMn	0.95～1.05	0.45～0.75	0.95～1.25	1.40～1.65	≤0.10	0.025	0.025	0.30	0.25	0.50	15×10^{-6}	12×10^{-6}
B03150	GCr15SiMo	0.95～1.05	0.65～0.85	0.20～0.40	1.40～1.70	0.30～0.40	0.027	0.020	0.30	0.25		15×10^{-6}	12×10^{-6}
B02180	GCr18Mo	0.95～1.05	0.20～0.40	0.25～0.40	1.65～1.95	0.15～0.25	0.025	0.020	0.25	0.25		15×10^{-6}	12×10^{-6}

表 4　成品化学成分允许偏差

%

元素	C	Si	Mn	Cr	P	S	Ni	Cu	Mo
允许偏差	±0.03	±0.02	±0.03	±0.05	＋0.005	＋0.005	＋0.03	＋0.02	≤0.10时，＋0.01 ＞0.10时，±0.02

5.3.1.12　盘条(热轧或球化退火)………………………………………………………………… WHWY

5.3.2　钢材按以下几种加工用途交货，具体的用途应在合同上注明。

热压力加工用钢(简称：热压加)

冷压力加工用钢(简称：冷压加)

切削加工用钢(简称：切削)

经供需双方协商并在合同中注明，也可以其他加工用途要求交货。

5.4　钢材硬度

5.4.1　球化或软化退火钢材硬度应符合表 5 规定。

表 5　退火钢材硬度

牌号	布氏硬度 HBW
GCr4	179～207
GCr15	179～207
GCr15SiMn	179～217
GCr15SiMo	179～217
GCr18Mo	179～207

5.4.2　供热压力加工用热轧不退火材，需方有硬度要求时，其布氏硬度值应不小于 302 HBW。

5.4.3　当需方要求以“退火＋鳞化＋微拔”或“退火＋微拔”交货的冷拉钢（直条或盘状），其布氏硬度值应不大于 229 HBW。

5.4.4　经供需双方协商，并在合同上注明，钢材的硬度可另行规定。

5.5　顶锻

5.5.1　供镦锻和冲压用的热轧、锻制不退火钢及冷拉钢须进行顶锻试验。

a）直径不大于 60 mm 的热轧和锻制钢进行热顶锻试验；

b）直径不大于 30 mm 的冷拉钢进行冷顶锻试验。

顶锻后试样侧面以目视观察不得有裂纹、扯破、折叠或气泡。

5.5.2　供方若能保证时，可不进行顶锻试验。

5.6　低倍组织和断口

5.6.1　低倍组织

钢应进行低倍组织检查。经酸浸的试样应无缩孔、裂纹、皮下气泡、过烧、白点及有害夹杂物。低倍组织中的中心疏松、一般疏松和偏析按附录 A 第 1、2 和 3 级别图评定，其合格级别应符合表 6 规定。

生产厂应制定出能确保钢材低倍组织检验合格的钢坯检验和判定制度，在未确定之前，低倍检验、判定和验收以钢材为准。

表 6　低倍组织合格级别　　级

低倍组织类型	评级图	合格级别　不大于	
		模注钢	连铸钢
中心疏松	第 1 级别图	1.0	1.5
一般疏松	第 2 级别图	1.0	1.0
偏析	第 3 级别图	1.0	1.0

5.6.2　断口

5.6.2.1　退火断口

直径不大于 30 mm 的热轧球化和软化退火钢材及冷拉钢材应进行退火断口检验。退火断口必须晶粒细致、无缩孔、裂纹和过热现象。

供方若能保证退火断口合格，可不进行检验。

5.6.2.2　淬火断口

根据需方要求，钢材应进行淬火断口检验。

淬火断口试样厚度为 10 mm。试样经正火、退火、淬火后试验，淬火试片硬度应不低于 HRC60。

用目视观察淬火断口表面，出现下列任何一种缺陷均应判不合格：

a）出现多于一处长度为 1.6 mm～3.2 mm 的非金属夹杂物。

b）出现一处长度大于 3.2 mm 的非金属夹杂物。

c）出现疏松、缩孔及内裂。

5.7 非金属夹杂物

5.7.1 轴承钢应具有高的纯洁度，即非金属夹杂含量应尽量少。具体要求见5.7.2。

5.7.2 生产厂应对每炉钢进行非金属夹杂物检验，按6.6.1规定取样、制样，按附录A第4级别图进行评级。检验结果，模注钢所有试样三分之二和每个钢锭至少有一个试样以及所有试样的平均值不应超过表7规定级别；连铸钢所有试样三分之二和所有试样的平均值不应超过表7规定级别。

表7 非金属夹杂物合格级别　　级

非金属夹杂物类型	合格级别 不大于	
	细系	粗系
A	2.5	1.5
B	2.0	1.0
C	0.5	0.5
D	1.0	1.0

5.8 显微孔隙

直径不大于60 mm的钢材不得有显微孔隙。直径大于60 mm的钢材，其显微孔隙不得超过附录A第5级别图的规定。

5.9 显微组织

5.9.1 球化退火钢材的显微组织应为细小、均匀、完全球化的珠光体组织。具体要求见5.9.2。

5.9.2 供切削加工和冷压力加工用的球化退火钢材的显微组织按附录A第6级别图评定。

直径不大于60 mm的球化退火圆钢、盘条、所有尺寸的钢管的球化退火显微组织合格级别为2～4级；直径大于60 mm的球化退火钢材的显微组织由供需双方协议。

软化退火钢材和供热压力加工用球化退火钢材不检查显微组织。

5.10 碳化物不均匀性

钢材不应有严重的碳化物偏析。具体要求见5.10.1、5.10.2、5.10.3的规定。

5.10.1 供切削加工和冷压力加工用球化退火钢材碳化物网状，按附录A第7级别图评定。

直径不大于60 mm的球化退火圆钢、盘条、所有尺寸的钢管的碳化物网状不得大于2.5级；直径大于60 mm～120 mm的球化退火材的碳化物网状不得大于3级；直径大于120 mm的球化退火材的碳化物网状由供需双方协议规定。

软化退火钢材和供热压力加工用球化退火钢材不检查碳化物网状。

5.10.2 钢材的碳化物带状按附录A第8级别图评定，其合格级别应符合表8的规定。

表8 碳化物带状合格级别　　级

规　　格/mm	合格级别 不大于
钢管、冷拉(轧)材、≤30热轧球化或软化退火材	2.0
＞30～60热轧球化或软化退火材	2.5
＞60热轧(锻)球化或软化退火材 ≤80热轧不退火材	3.0
＞80～150热轧(锻)不退火材	3.5

热轧不退火钢材的碳化物带状在退火状态的试样上按6.8.2、6.10处理后检查，其级别应符合表8规定。供方若能保证在退火状态试样上检查碳化物带状合格，可在不退火试样上检查。

5.10.3 钢材碳化物液析按附录A第9级别图评定，其合格级别按表9规定。

表 9 碳化物液析合格级别

级

规 格/mm	合格级别 不大于
钢管、冷拉材、≤30 热轧球化或软化退火材	0.5
>30～60 热轧球化或软化退火材	1.0
>60 热轧(锻)球化或软化退火材 ≤60 热轧不退火材	2.0
>60 热轧(锻)不退火材	2.5

5.11 **脱碳层**

5.11.1 热轧(锻)圆钢表面每边总脱碳层深度应符合表 10 规定。直径大于 150 mm 的圆钢的脱碳层检验由供需双方协商确定。

5.11.2 冷拉(轧)圆钢表面每边总脱碳层深度应不超过公称直径的 1%。

5.11.3 轴承钢管脱碳层规定如下。

5.11.3.1 冷拉(轧)钢管内表面和外表面每边总脱碳层深度不得大于 0.30 mm。

5.11.3.2 热轧钢管内表面和外表面每边总脱碳层深度不得大于 0.50 mm。

表 10 热轧(锻)圆钢表面每边总脱碳层深度

单位为 mm

热轧(锻)圆钢直径 *D*	每边总脱碳层深度 不大于
5.0～9.5	0.15
10～15	0.20
16～30	0.40
31～50	0.60
51～75	0.80
76～100	1.10
101～150	1.20

5.11.3.3 热轧剥皮钢管内表面和外表面每边总脱碳层深度分别不得大于 0.50 mm 和 0.20 mm。

5.11.4 经剥皮、磨光或车光的钢材，表面不得有脱碳。

5.12 **表面质量**

5.12.1 钢材应加工良好，表面不得有裂纹、折叠、拉裂、结疤和夹杂及其他对使用有害的缺陷。冷拉(轧)钢材表面还应洁净、无锈蚀。如有上述缺陷，供方必须清除，清除深度应符合 5.12.2、5.12.3、5.12.4 的规定。

5.12.2 压力加工用钢表面有害缺陷清除深度，从实际尺寸算起：

a) 直径不大于 80 mm 的圆钢，不得超过该尺寸公差之半；

b) 直径大于 80 mm 的圆钢不得超过该尺寸公差。

5.12.3 切削加工用钢表面有害缺陷清除深度，从公称尺寸算起：

a) 直径不大于 80 mm 的圆钢，不得超过该尺寸公差之半；

b) 直径大于 80 mm 的圆钢，不得超过尺寸公差。

深度不超过公差之半的表面缺陷可不清除。

5.12.4 钢管表面有害缺陷清除深度不得使钢管外径及壁厚小于允许的最小尺寸。

5.12.5 剥皮、磨光或经车光的钢材，表面不得有缺陷。

5.12.6 根据需方要求，经供需双方协商，也可对表面质量另行规定，但应在合同上注明。

6 试验方法

6.1 钢的表面质量检查

钢材表面质量用目视或探伤及其他有效方法检查。

6.2 尺寸、外形检查

钢材尺寸测量，采用能保证必要精确度的卡尺或样板进行。

6.3 化学成分分析

化学分析用试样按 GB/T 222 规定采取，化学分析方法按 GB/T 223 或 GB/T 4336 进行，仲裁时按 GB/T 223 规定的有关方法进行。

氧含量分析方法按 GB/T 11261 进行。氧含量在钢坯或钢材上测定。氧含量取样部位：直径不小于 20 mm，在半径二分之一处；直径小于 20 mm，在钢材中心处。氧含量试样必须充分去除脱碳层后检验。

钛含量分析方法由供需双方协商确定。

6.4 低倍组织和断口检验

6.4.1 生产厂对每炉钢从浇注开始、中间和最后一个锭盘的任意钢锭的头部和尾部各取 1 个，共 6 个试样检验低倍组织；若一炉钢只浇二个锭盘时，则从第一个锭盘中任取一支锭，从第二个锭盘中任取二支锭，共三支锭，从每支锭的头部和尾部各取 1 个；若一炉钢只浇一个锭盘时，则任取三个钢锭，在其头部和尾部各取 1 个试样。试样应从成材前的轧(锻)坯(材)相应部位切取。若在钢材上检验低倍组织，则从任意 6 根钢材的任意端各取 1 个试样进行检验。

6.4.2 淬火断口检验试样按 6.4.1 规定切取。

6.4.3 退火断口试样在不同根成品材的任意一端上切取。

6.4.4 低倍试验系将试样在温度为 65℃～80℃、50%(质量分数)盐酸(工业用)水溶液中浸蚀 25 min～40 min，以正确显示钢的低倍组织为准，用目视或不大于 10 倍放大镜观察。供方若能保证低倍组织合格，亦可采用其他方法检验。

6.5 脱碳层深度测量

钢材表面脱碳层深度测量按 GB/T 224—1987 的金相法进行。

冷拉钢材表面脱碳层深度亦可采用测定淬火试样硬度的方法。试样淬火制度同 6.10 规定。测定淬火硬度时，先清除表面，使之深度达到本标准的规定的允许脱碳层深度时，其表面硬度不得低于 HRC62。

6.6 非金属夹杂物检验

6.6.1 生产厂应对每炉钢从浇注开始、中间和最后一个锭盘的任意钢锭的头部和尾部各取 1 个，共 6 个试样检验非金属夹杂物；若一炉钢只浇二个锭盘时，则从第一个锭盘中任取一支锭，从第二个锭盘中任取二支锭，共三支锭的头部和尾部各取一个；若一炉钢只浇一个锭盘时，则任取三个钢锭，在其头部和尾部各取一个试样。试样应从直径或边长为 100 mm 的轧(锻)坯(材)上于中心到外表面中间部位切取。亦可在直径或边长为 80 mm～120 mm 轧(锻)坯(材)上相应部位切取。经供需双方协议，试样亦可在更大或更小的截面上切取。

连铸钢从任意 6 根钢材的任意端各取 1 个试样进行检验。

6.6.2 试样尺寸为 10 mm×20 mm，抛光面应与轧制方向平行，放大 100 倍观察。

6.7 显微组织检验

6.7.1 采用横向(垂直于轧制，锻制或延伸方向)试样

6.7.2 试样厚度 10 mm～15 mm，试样磨片尺寸为：

直径≤25 mm 时为全部横截面；

直径>25 mm～40 mm 钢材时为 1/2 横截面；

直径>40 mm～60 mm 钢材时为 1/4 横截面。

6.7.3 抛光面用2%硝酸酒精溶液浸蚀后，放大500倍观察。

6.8 碳化物不均匀性检验

6.8.1 碳化物网状在淬火后的横向试样上评定。试样抛光后用4%硝酸酒精溶液浸蚀后放大500倍评定。供方也可在纵向试样上评定碳化物网状，但以横向为准。

6.8.2 碳化物带状在淬火后的纵向试样上评定。试样抛光后深腐蚀，评定碳化物聚集程度、大小和形状，采用放大100倍和500倍结合评定。

6.8.3 碳化物液析在淬火后的纵向试样上评定。用4%硝酸酒精溶液浸蚀后放大100倍评定。

6.9 显微孔隙检验

显微孔隙在淬火后的纵向试样磨光面上放大100倍评定。

6.10 试样热处理制度

检验非金属夹杂物、碳化物网状、碳化物带状、碳化物液析、显微孔隙、淬火硬度和淬火断口的试样需按下列规程进行处理：

淬火加热温度：820℃～840℃（含钼钢为840℃～880℃）

淬火加热时间：按试样直径或厚度每1 mm保温1.5 min

冷却剂：油冷

回火温度：150℃左右

回火时间：1 h～2 h

6.11 硬度和顶锻试验方法

硬度、顶锻的试验方法按表11的规定。

6.12 评级原则

所有显微检验和宏观检验均在试样检验面上以最严重视场和区域作为评级依据。

7 检验规则

7.1 检查与验收

7.1.1 钢材的质量由供方质量部门进行出厂检验。需方有权在钢材上按本标准规定进行验收。

7.1.2 用户根据需要，可随时向钢厂派遣检验人员。钢厂应为用户检验人员的工作提供必要方便，以使其确认交货的钢材符合本标准的要求。用户检验人员不应无故影响钢厂的生产操作。

7.2 组批规则

钢材应按批进行检查和验收，每批应由同一炉（罐）号、同一牌号、同一品种、同一尺寸、同一轧制制度和同一热处理制度的钢材组成。

7.3 取样数量和取样部位

每批钢材各检验项目的取样数量和取样部位按表11规定。

7.4 复验和判定规则

所有检验项目进行中，任一检验项目不合格（白点、非金属夹杂物除外），可重新取样对不合格项目进行复验，取样数量与初验相同（氧含量除外）。复验合格则该批钢材判定合格；复验仍不合格，则该批钢材应判为不合格。

但氧含量不合格时，可在钢材（坯）上任意取3个试样进行复验，其检验结果的平均值必须不大于15×10^{-6}，其中，允许有一个试样大于15×10^{-6}，但不得大于20×10^{-6}。

若初验不合格的试样超过检验试样的一半时，说明该批钢质量较差，则不允许复验，以确保交货钢材的质量，但供方可以重新处理和组批，作为新的一批检查和验收。

表 11　检验项目取样数量、取样部位及检验方法明细表

序号	检验项目	取样数量	取样部位	检验方法的章条号或标准号
1	表面	逐支	整支钢材	6.1
2	尺寸			6.2
3	化学成分	1支	见6.3	6.3
4	氧含量			
5	低倍	6支	见6.4.1	6.4.4
6	淬火断口		见6.4.2	GB/T 1814
7	退火断口	≤30 mm冷拉材,6支 ≤30 mm热轧退火材,2支	见6.4.3	
8	非金属夹杂物	6支	见6.6.1	6.6
9	脱碳层	≤60 mm 5支 >60 mm 3支	任意不同支钢材的任意部位	6.5
10	显微组织			6.7
11	碳化物网状			6.8.1
12	碳化物带状			6.8.2
13	碳化物液析			6.8.3
14	显微孔隙			6.9
15	退火硬度			GB/T 231
16	顶锻	3支	任意支钢材任意部位	GB/T 233
17	火花法或看谱镜	100%	任意不同支钢材的任意部位	-

8　标志、包装和质量证明书

8.1　每捆或每根钢材应于端面或距端部100 mm～150 mm处用油漆涂上表12规定色条或挂带标牌或标签。

8.2　标志、包装和质量证明书按GB/T 2101、GB/T 2102规定。

表 12　各牌号的涂色规定

牌号	颜色
GCr4	绿色一条＋白色一条
GCr15	蓝色一条
GCr15SiMn	绿色一条＋蓝色一条
GCr15SiMo	白色一条＋黄色一条
GCr18Mo	绿色二条

附 录 A
（规范性附录）
高碳铬轴承钢标准图谱

A.1 第1级别图 中心疏松

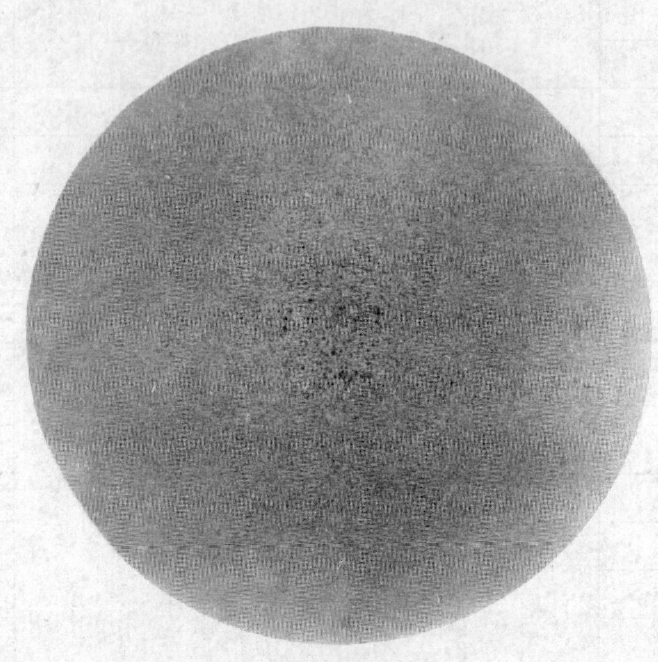

1级

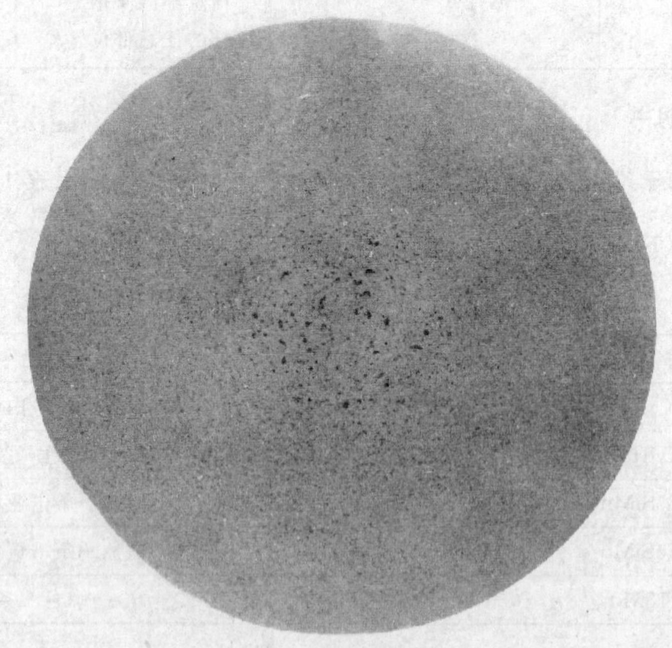

2级

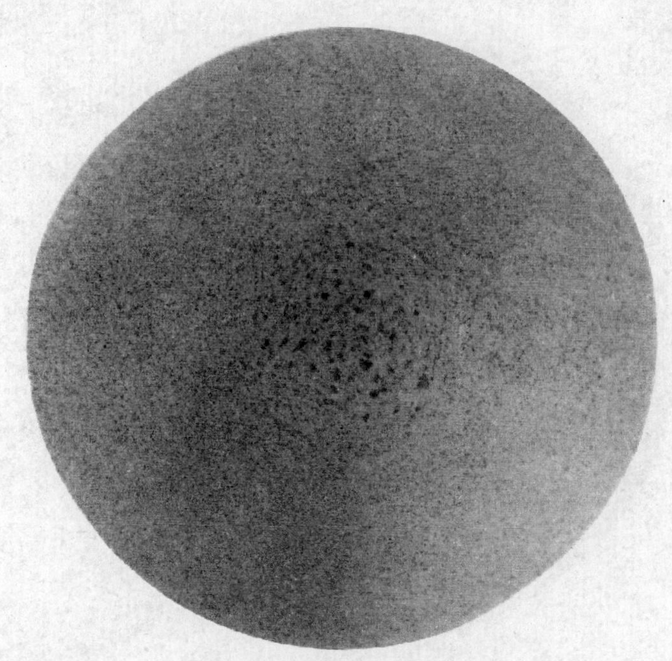

3 级

A.2 第 2 级别图 一般疏松

1 级

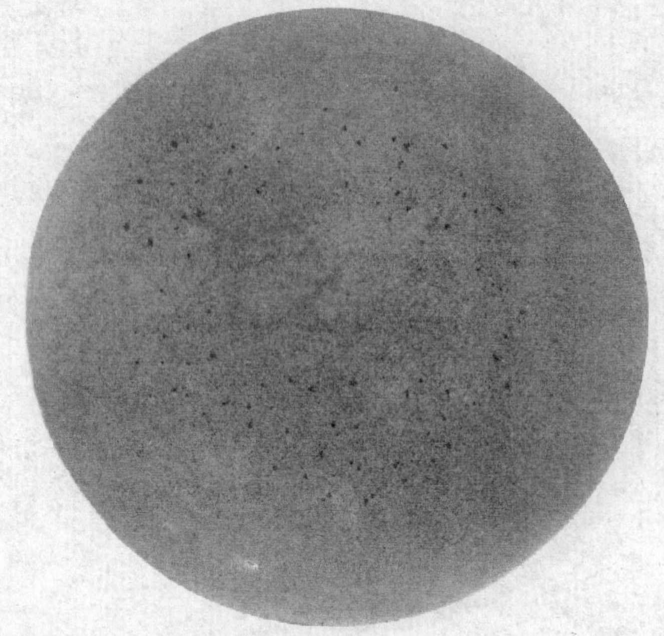

2 级

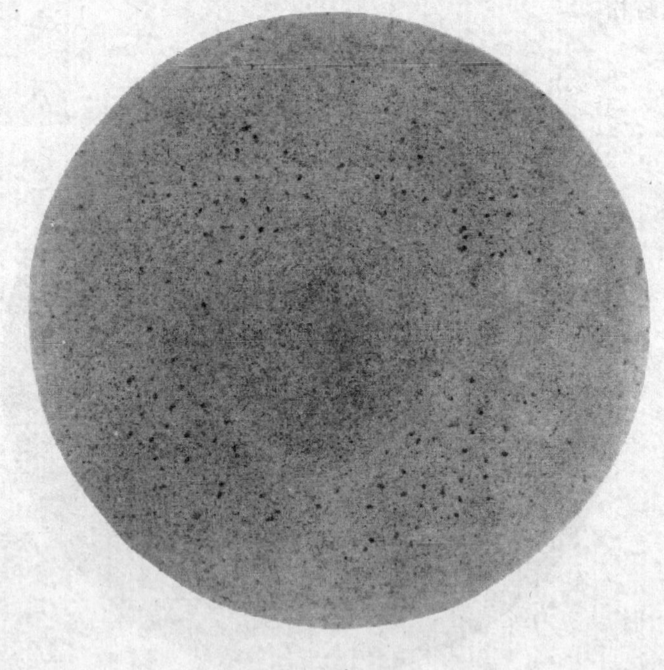

3 级

A.3 第3级别图 偏析

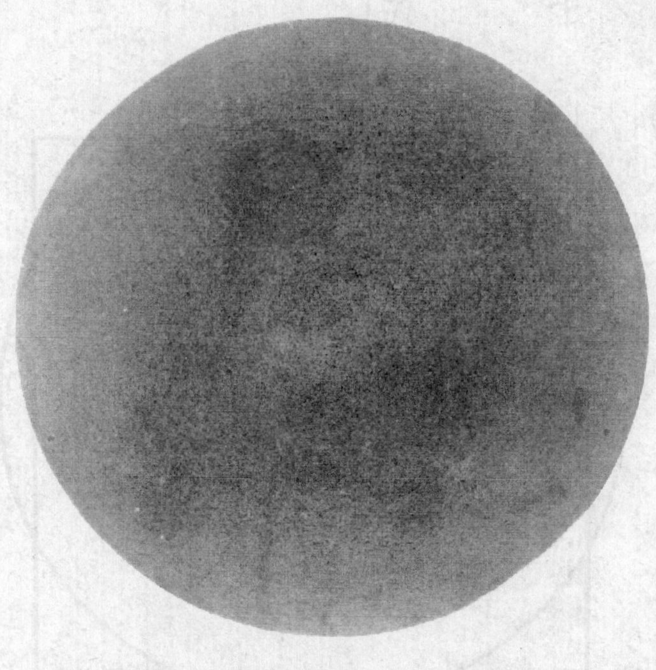

1级

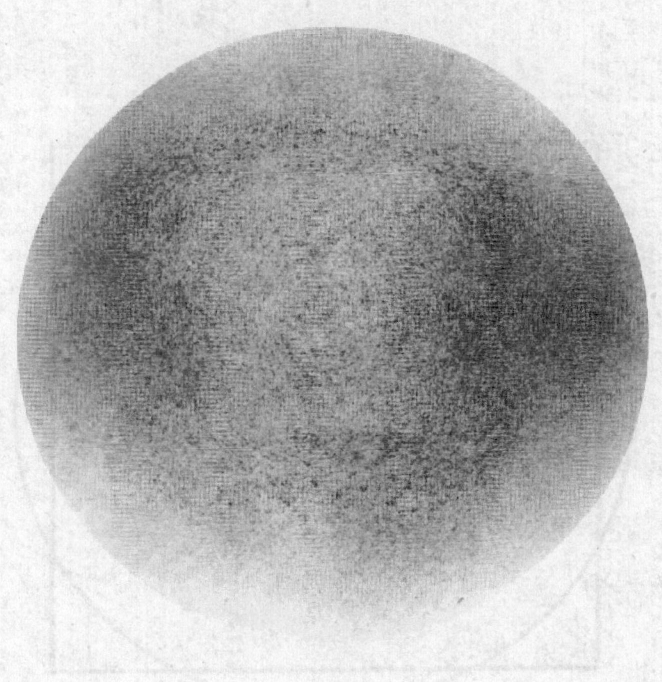

2级

A.4　第4级别图　非金属夹杂物

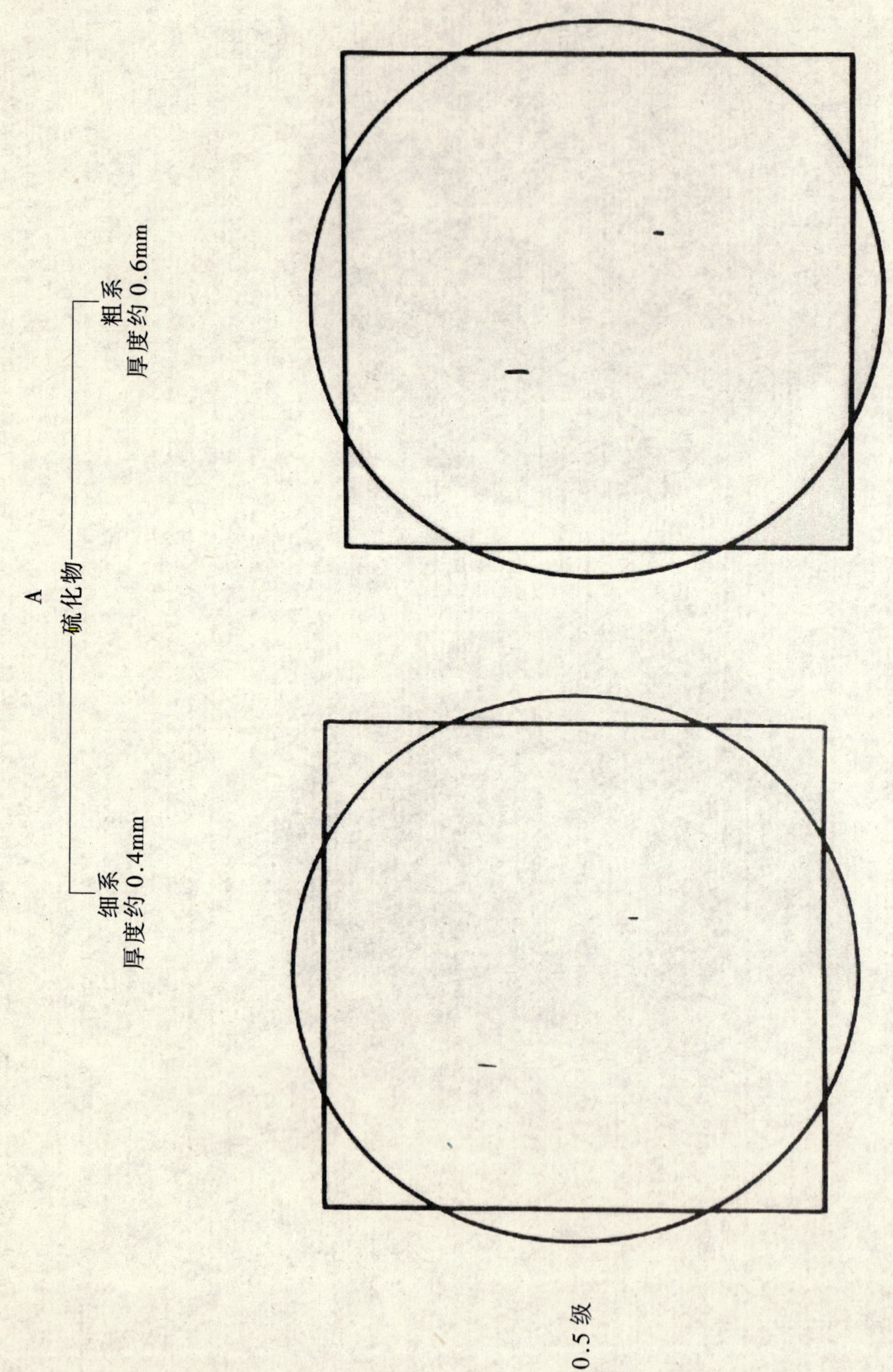

总长度3.8mm

0.5级

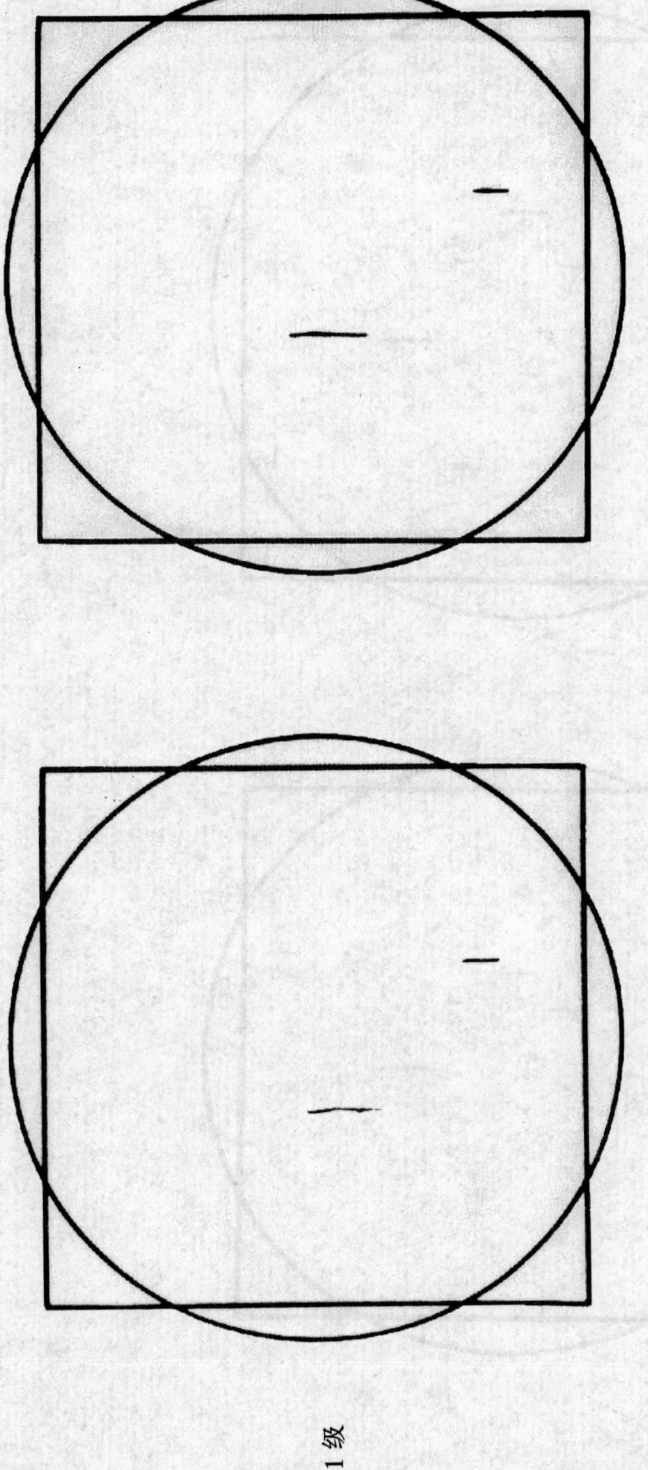

总长度 12.7mm

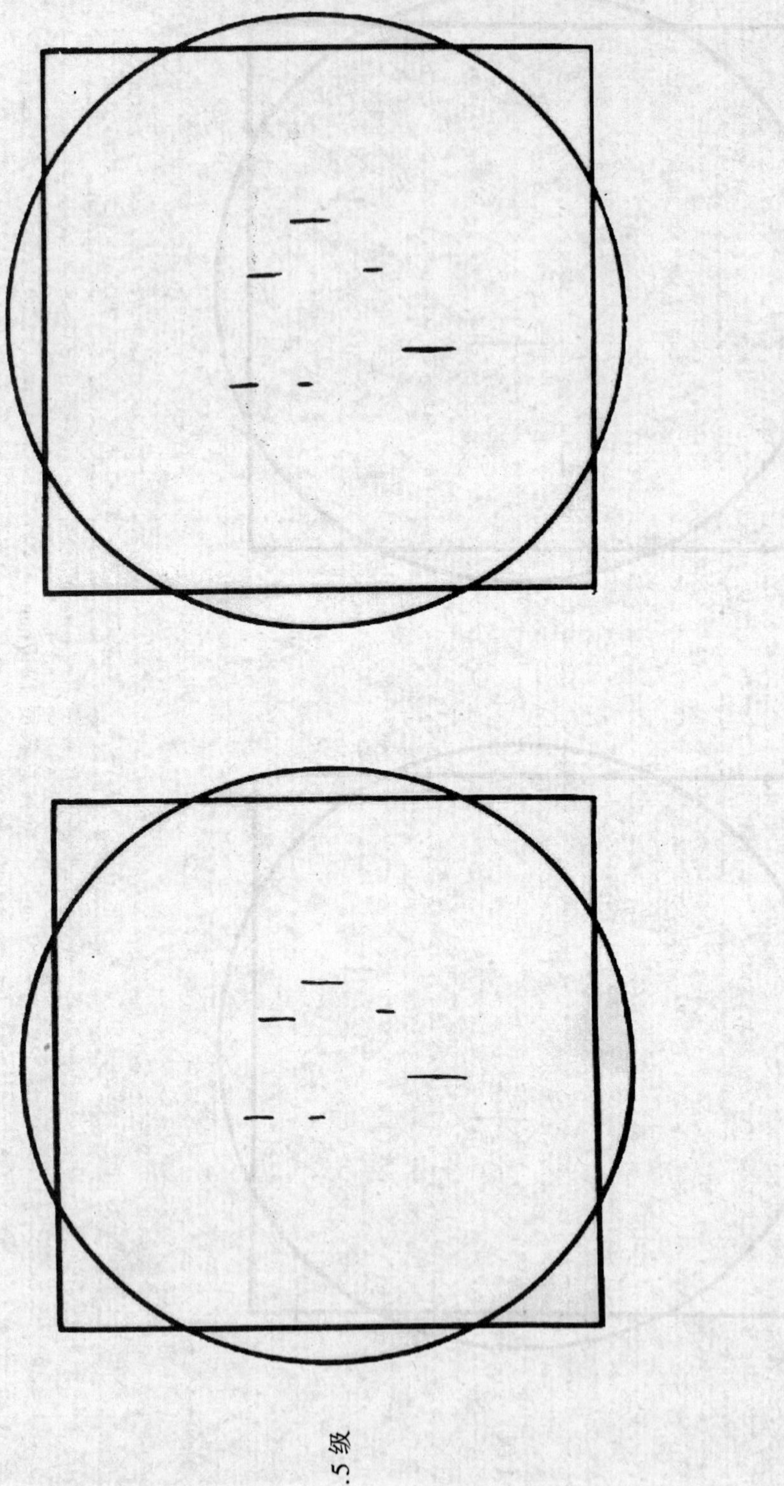

1.5级

总长度 25.4mm

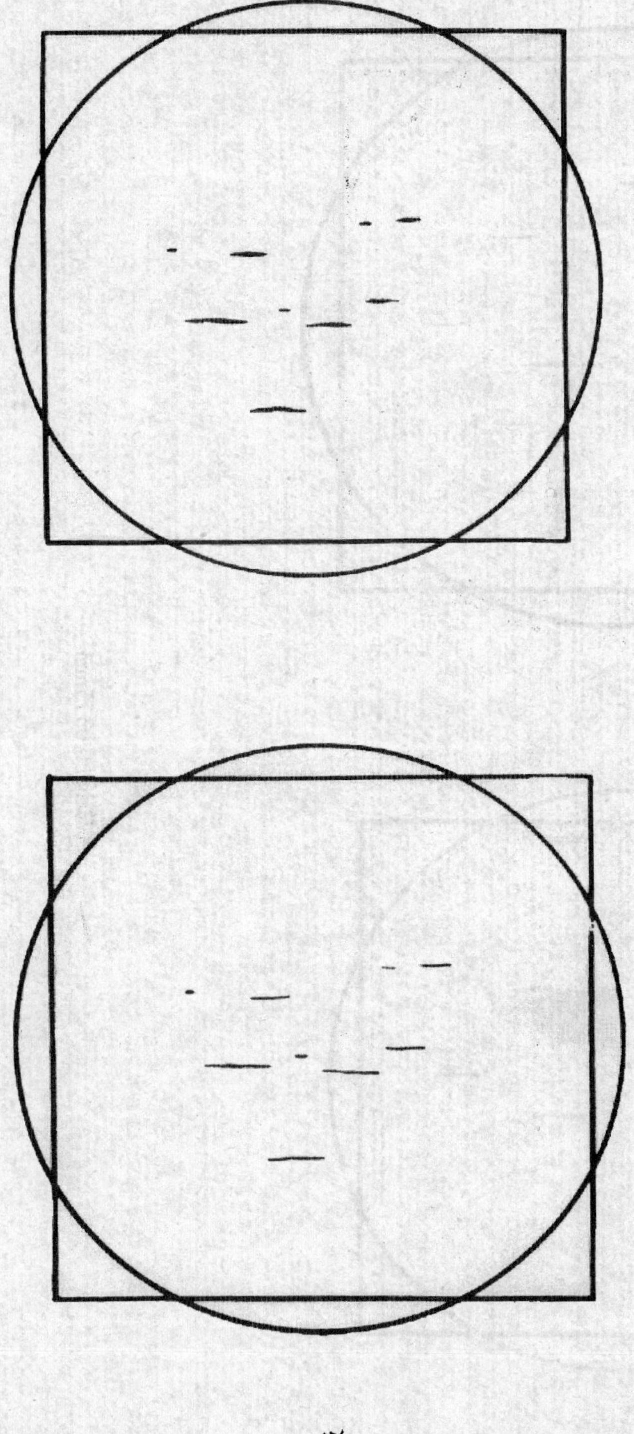

2级

总长度 43.2mm

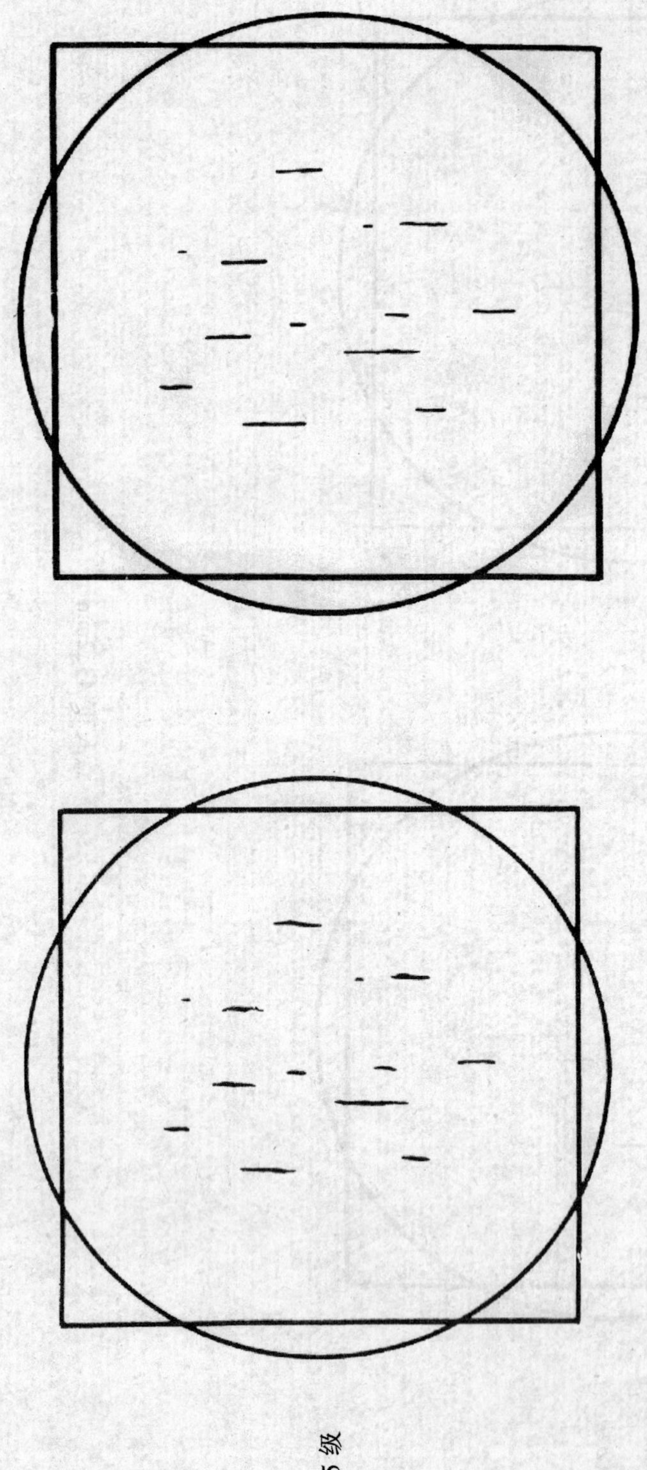

总长度 63.5mm

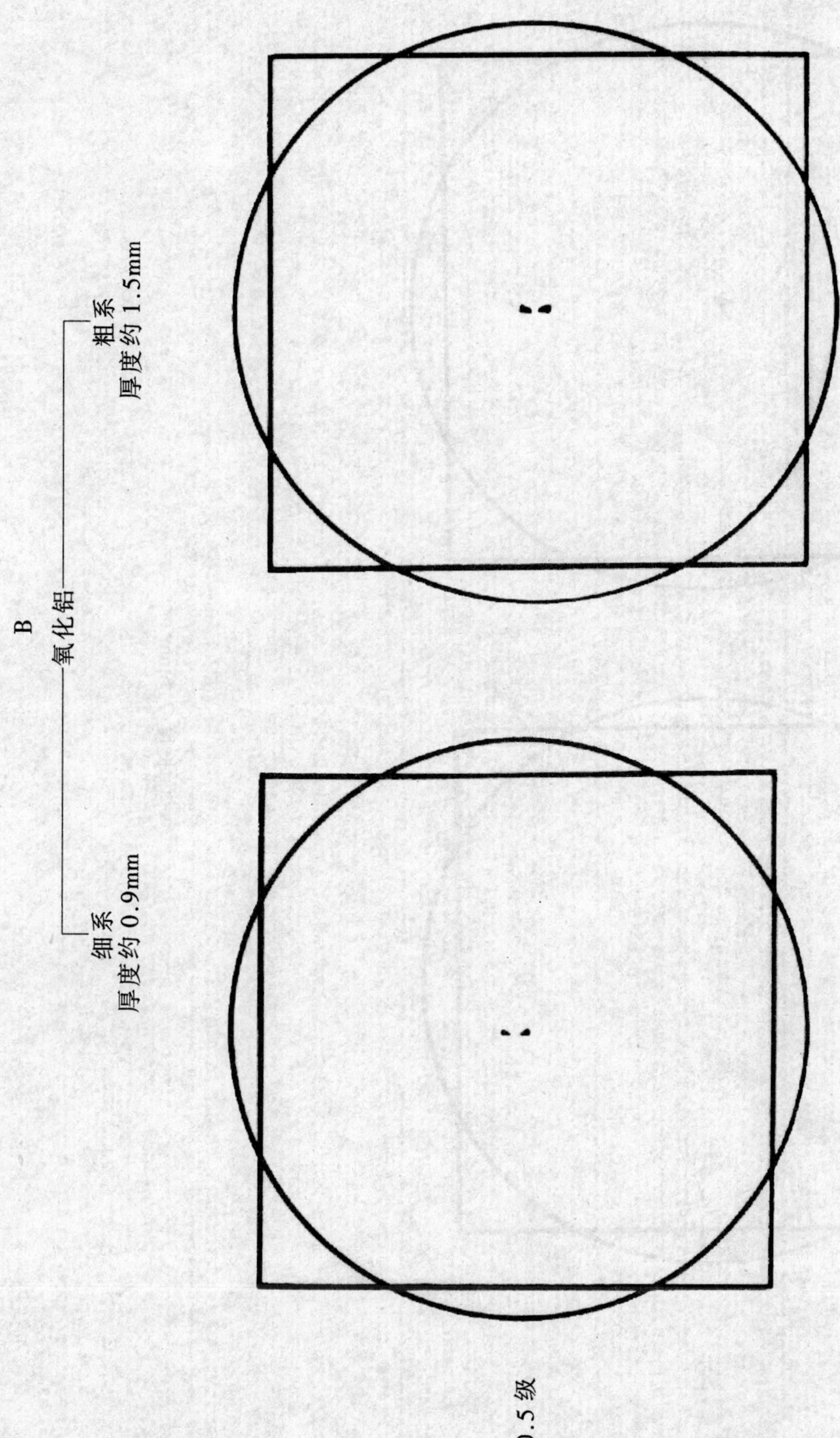
B
氧化铝
细系
厚度约 0.9mm
粗系
厚度约 1.5mm
总长度 3.8mm
0.5 级

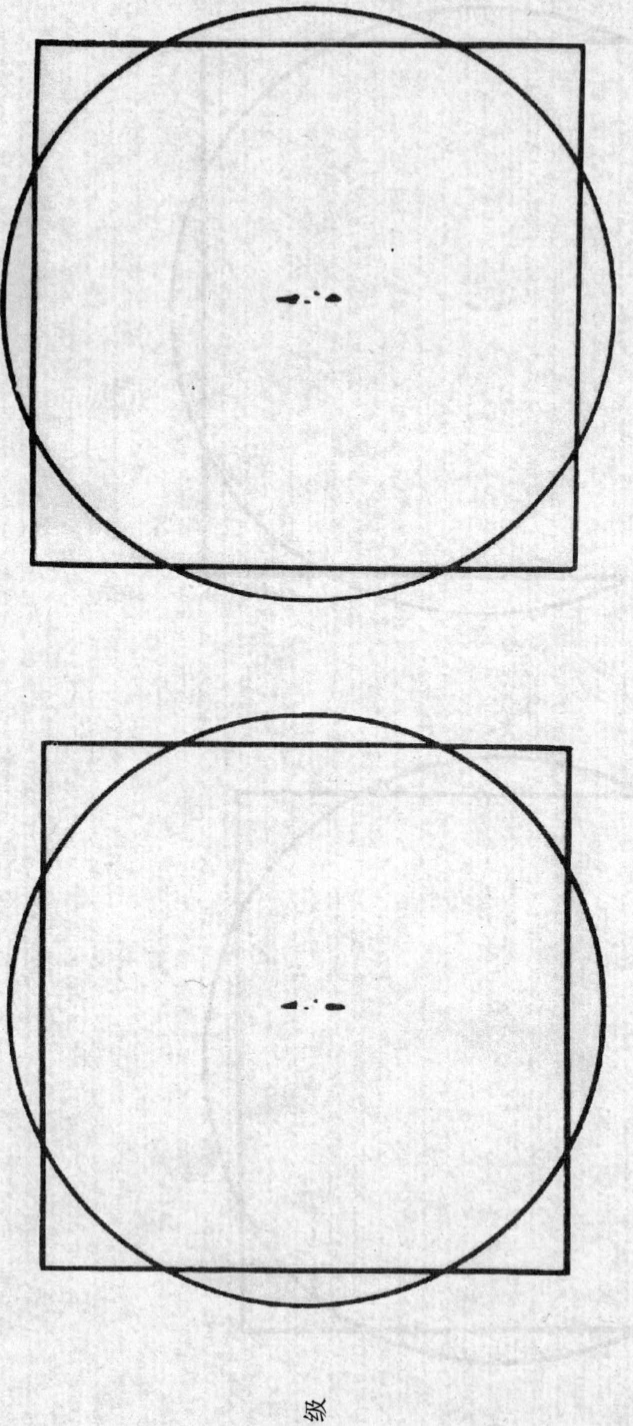

总长度 7.6mm

1级

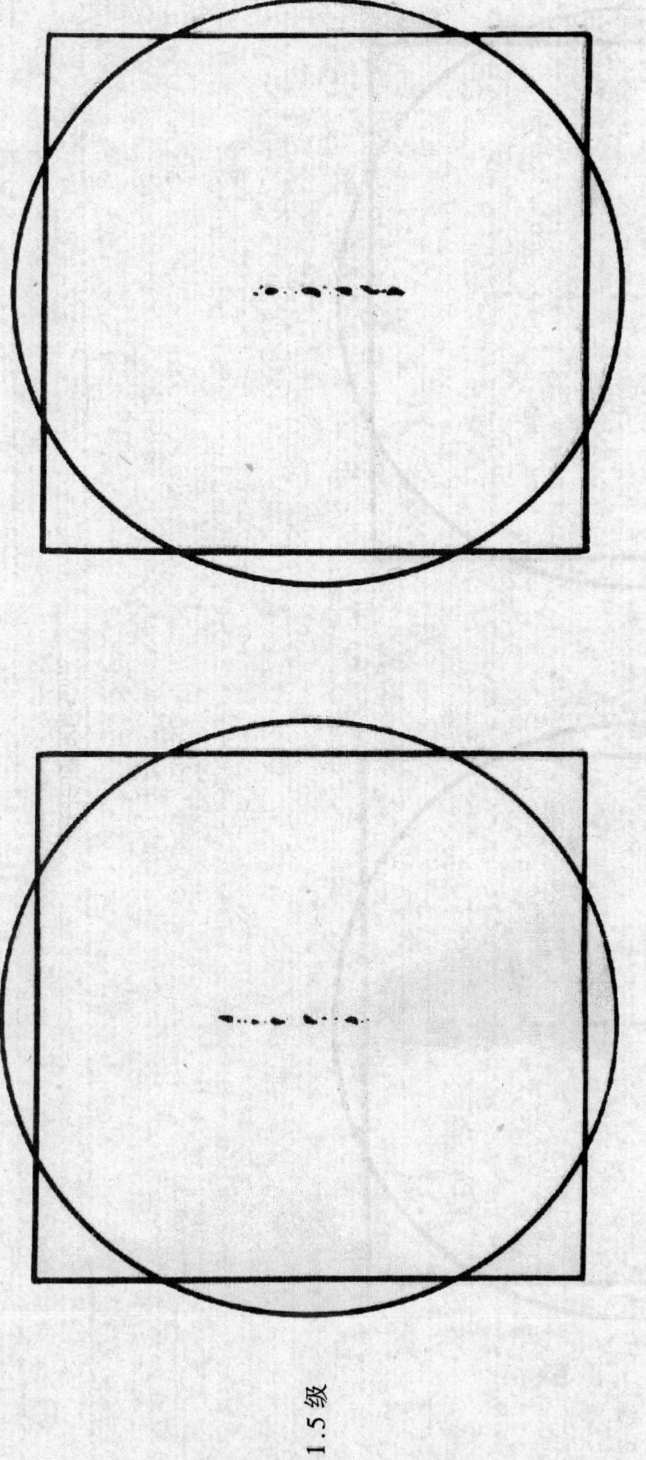

总长度 17.8mm

1.5级

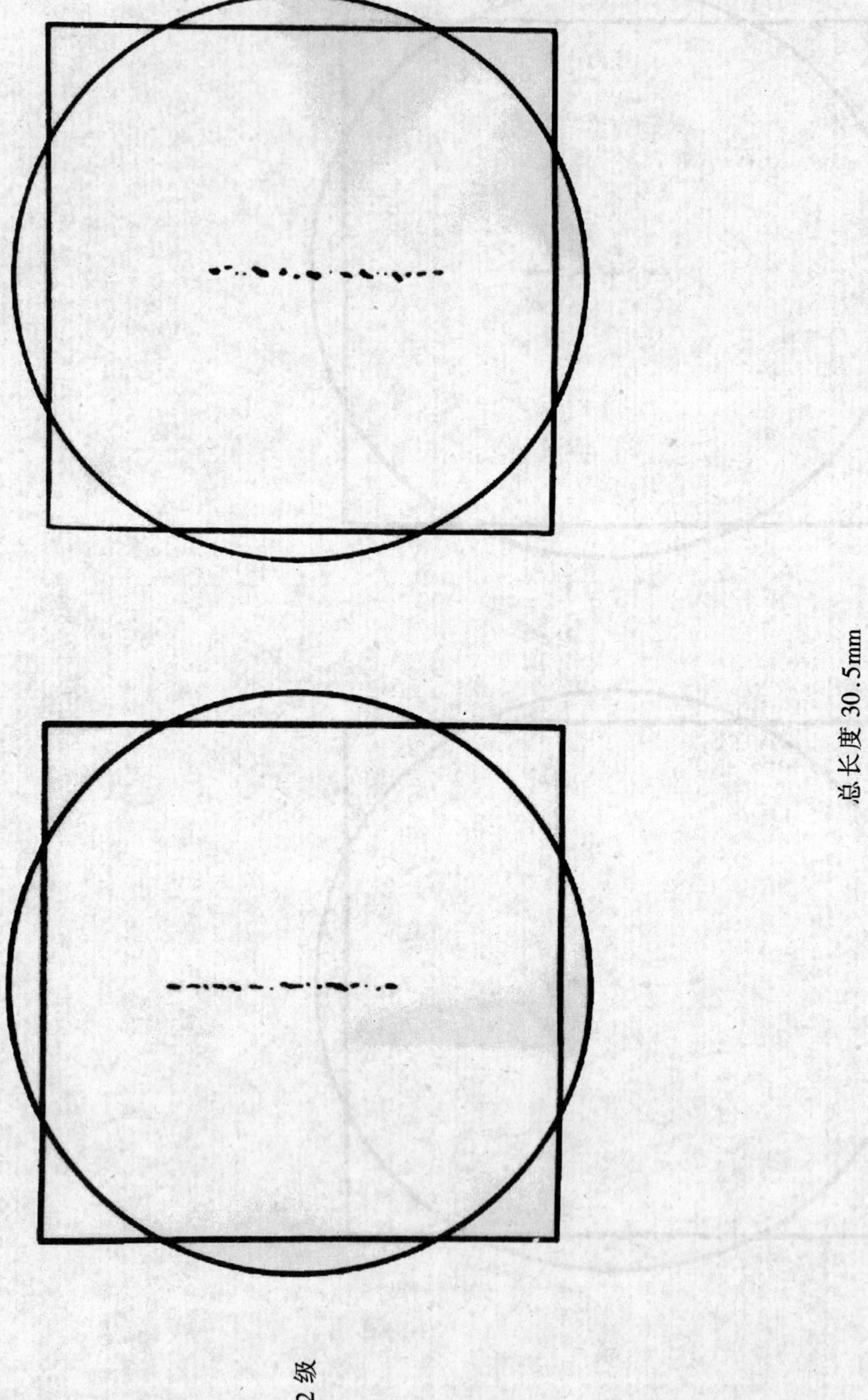

总长度30.5mm

2级

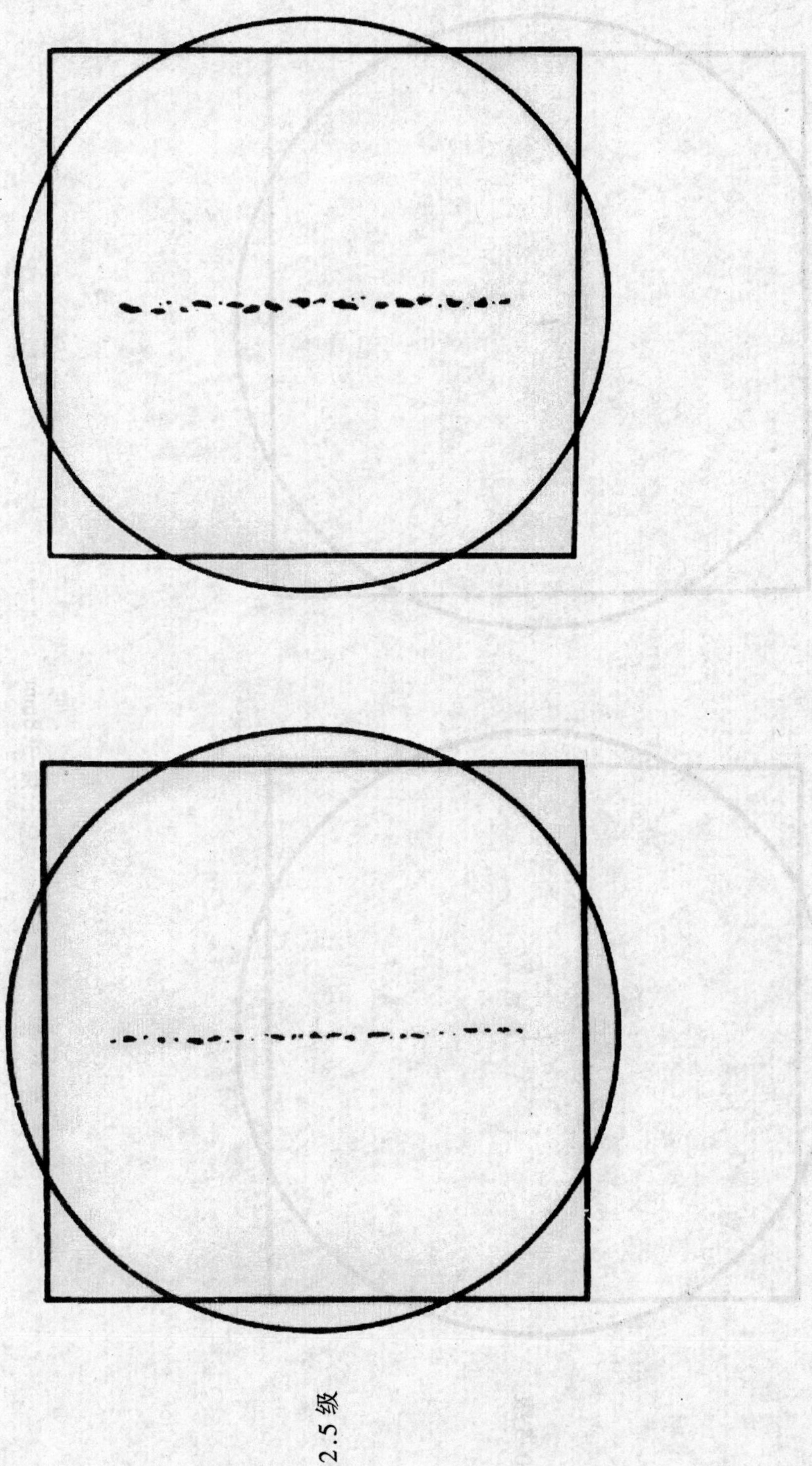

2.5级

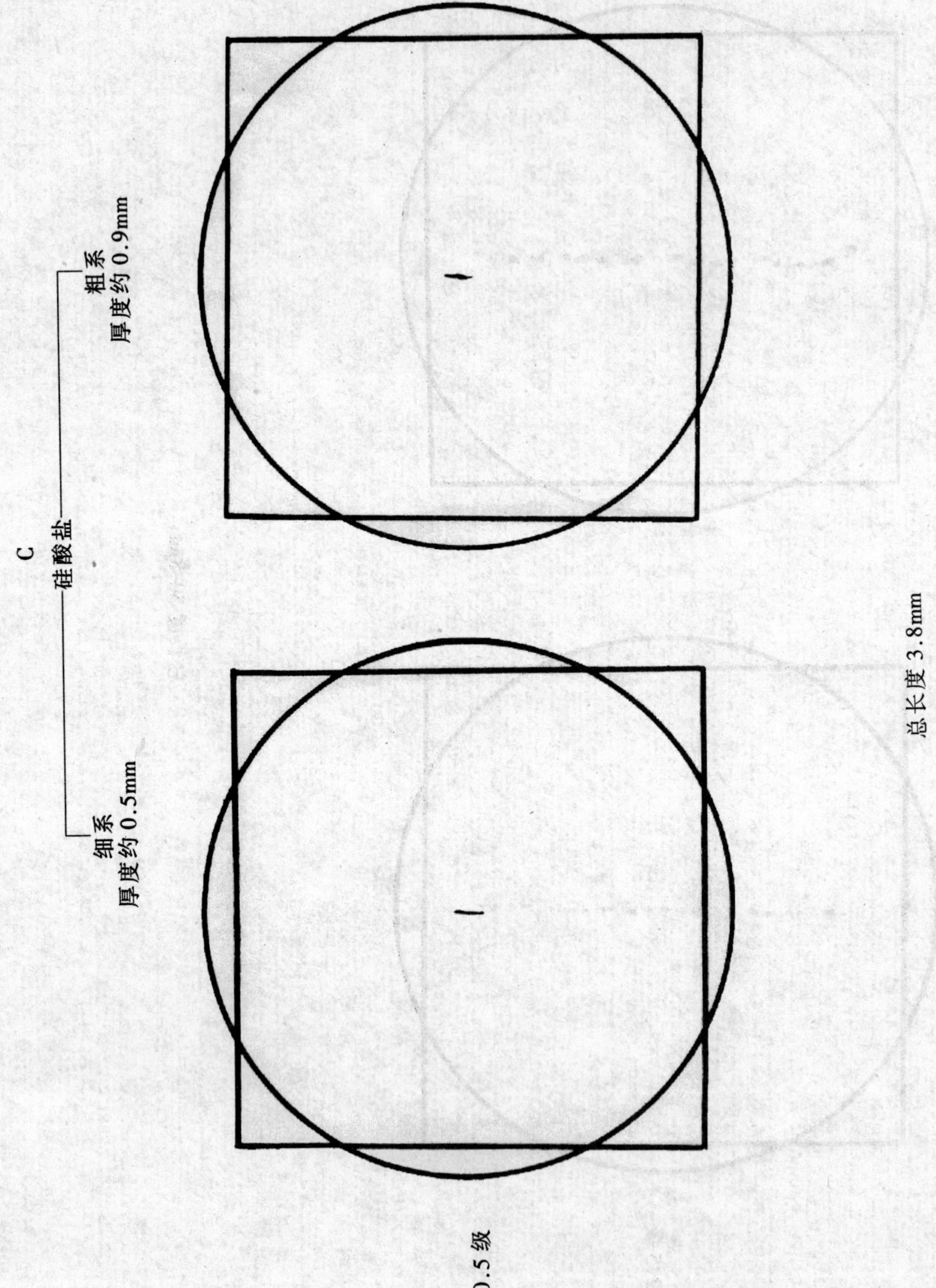
C
硅酸盐
细系
厚度约0.5mm
粗系
厚度约0.9mm
0.5级
总长度3.8mm

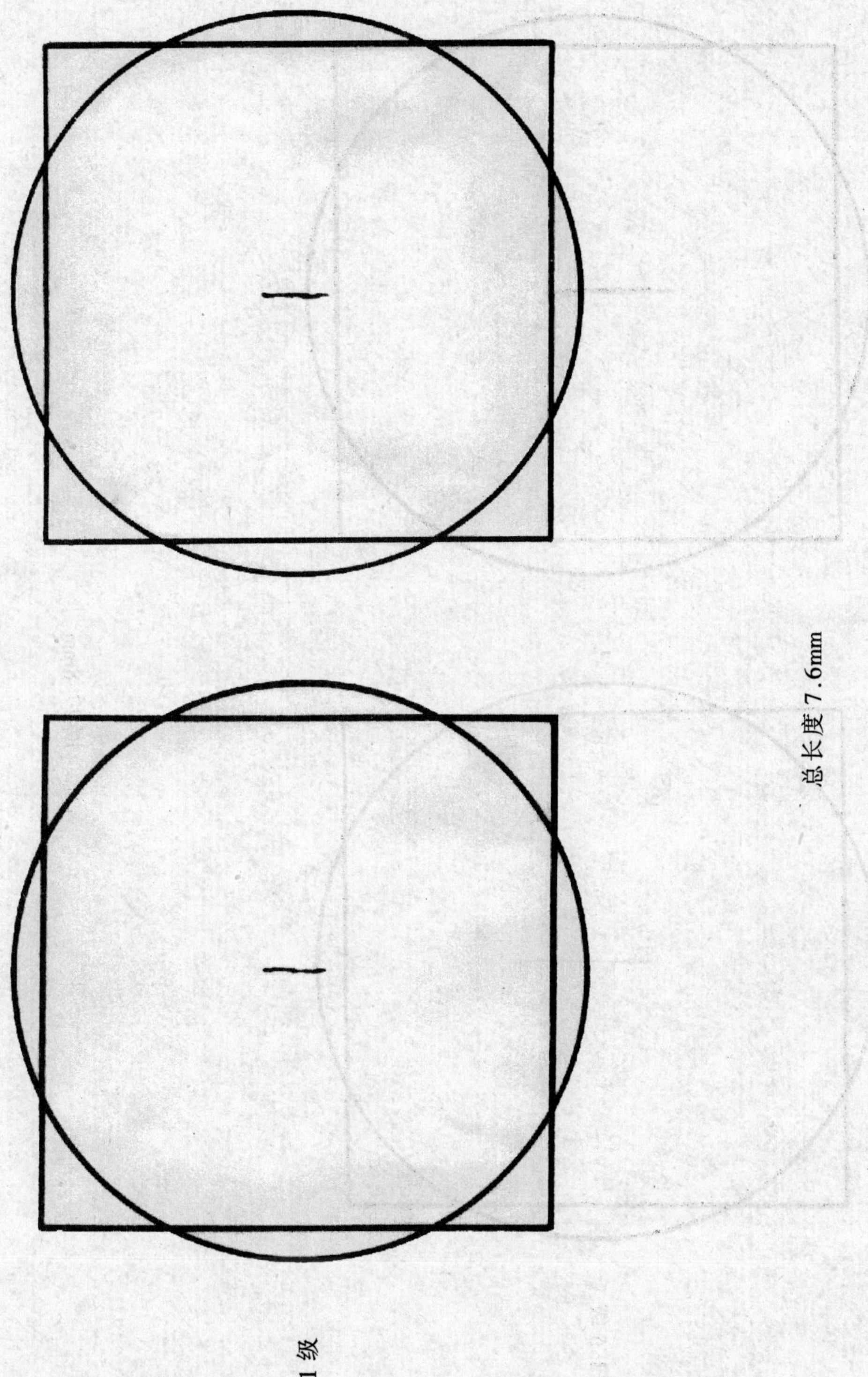

1级

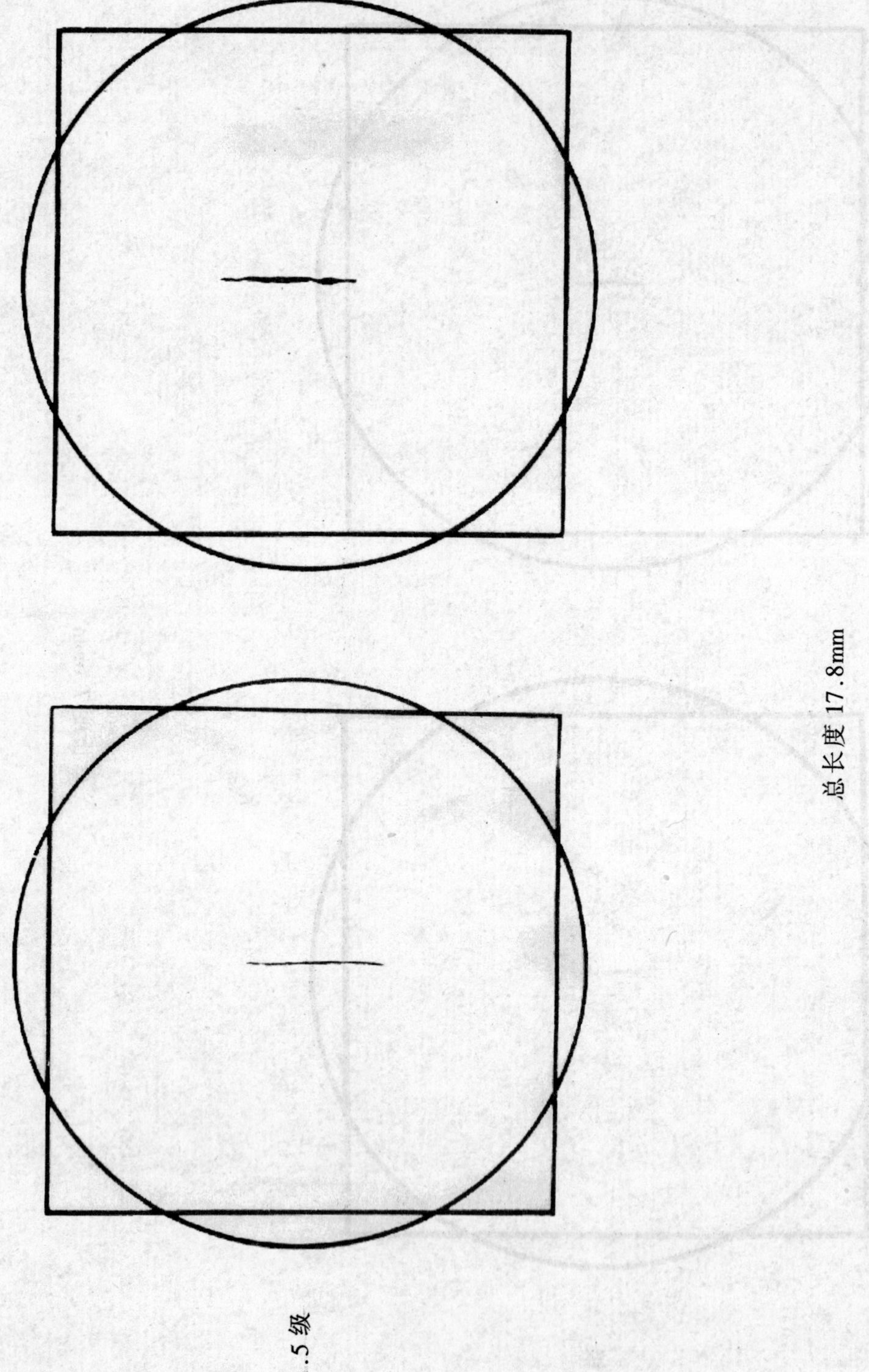
总长度 17.8mm
1.5级

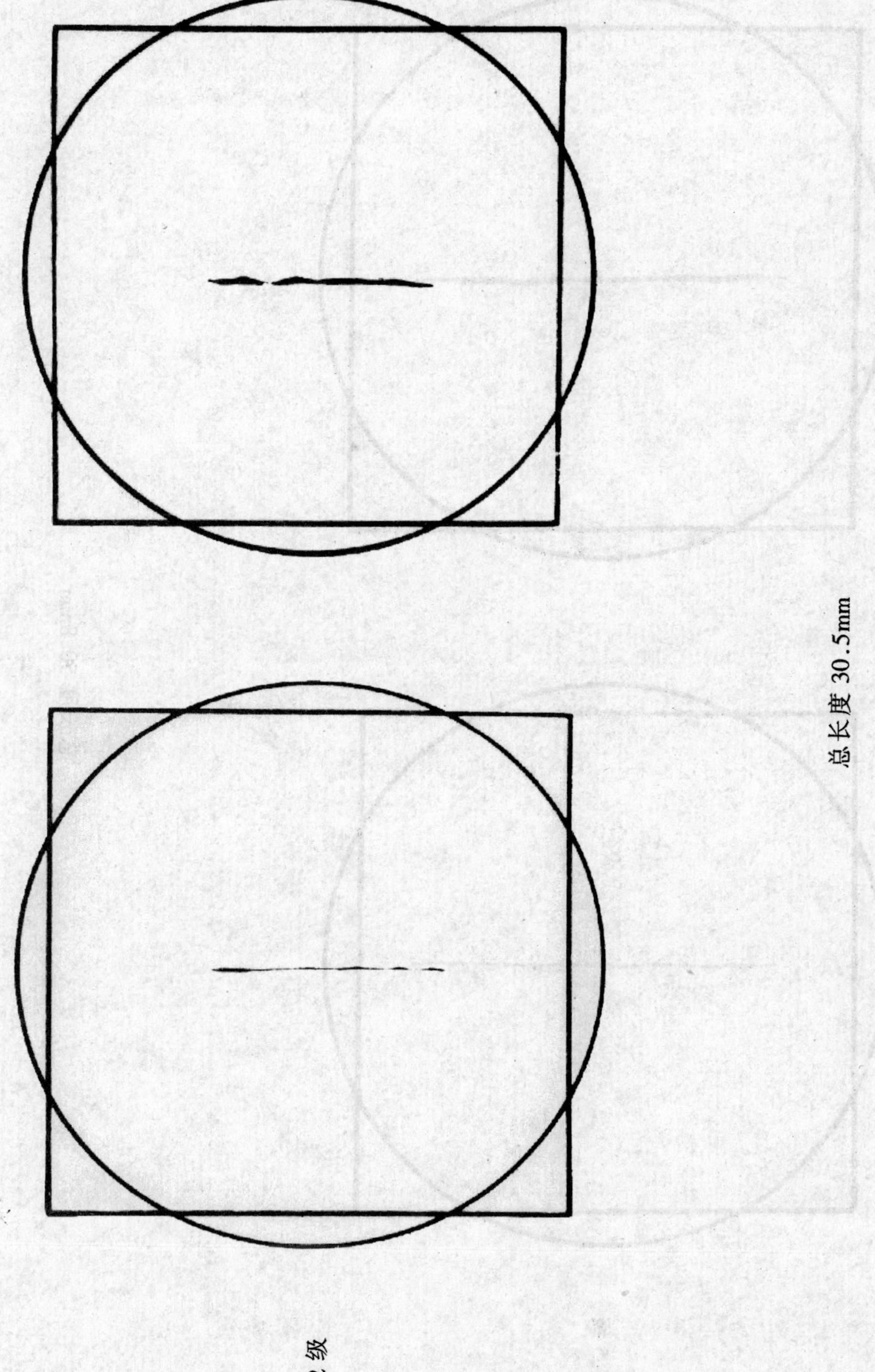

2 级

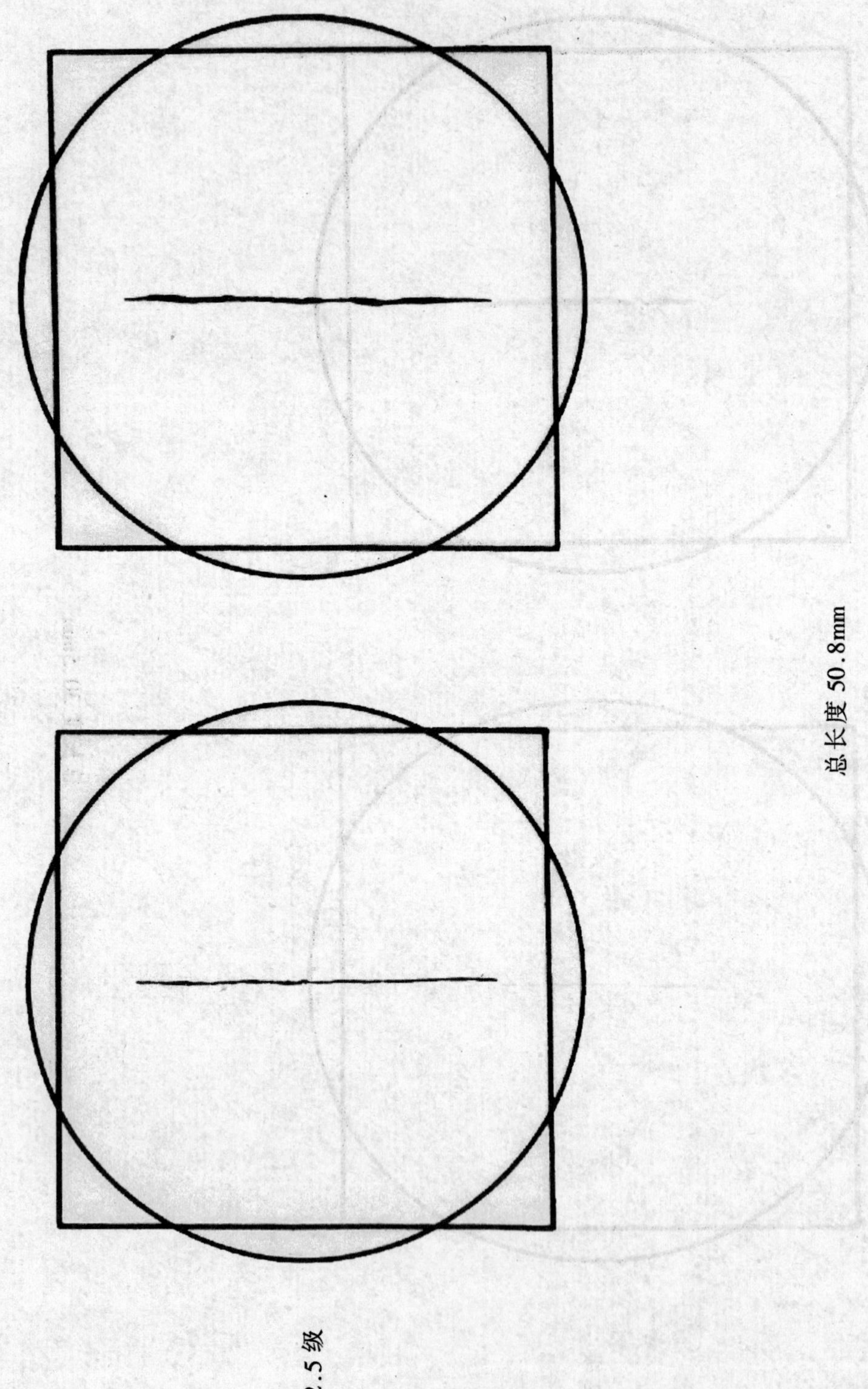
总长度 50.8mm
2.5 级

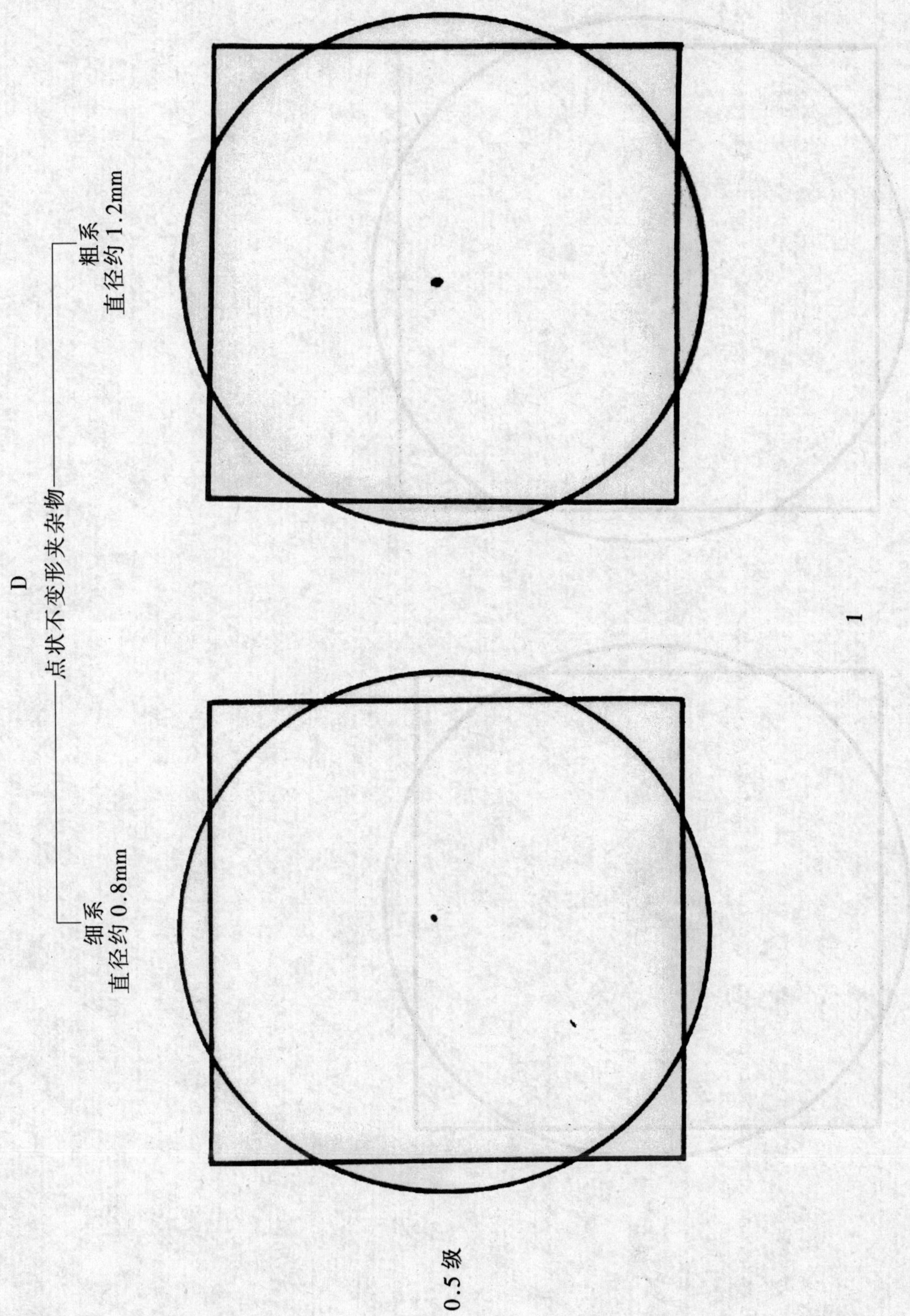
D
点状不变形夹杂物
细系
直径约 0.8mm
粗系
直径约 1.2mm
0.5级
1

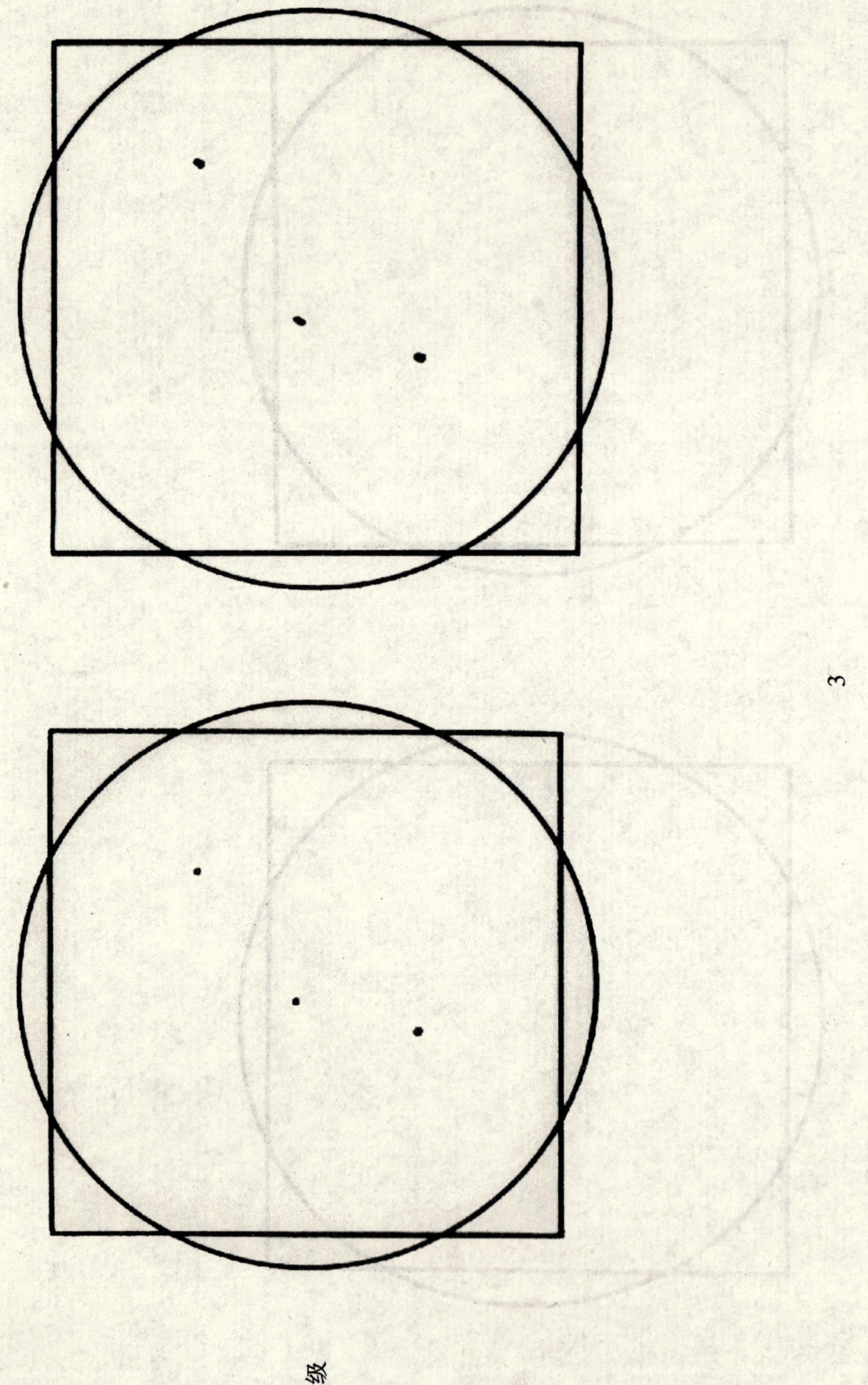

1级

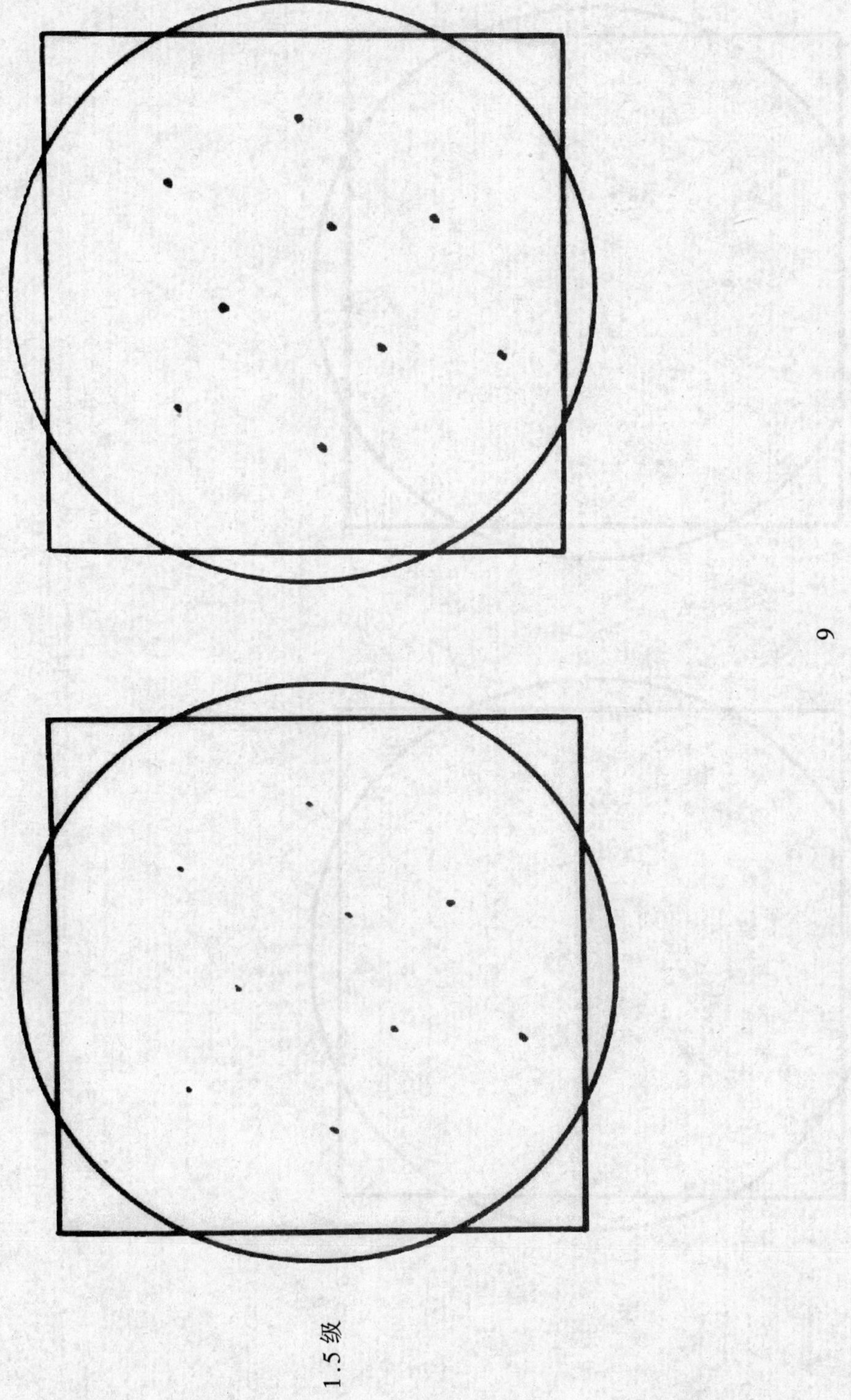
9
1.5级

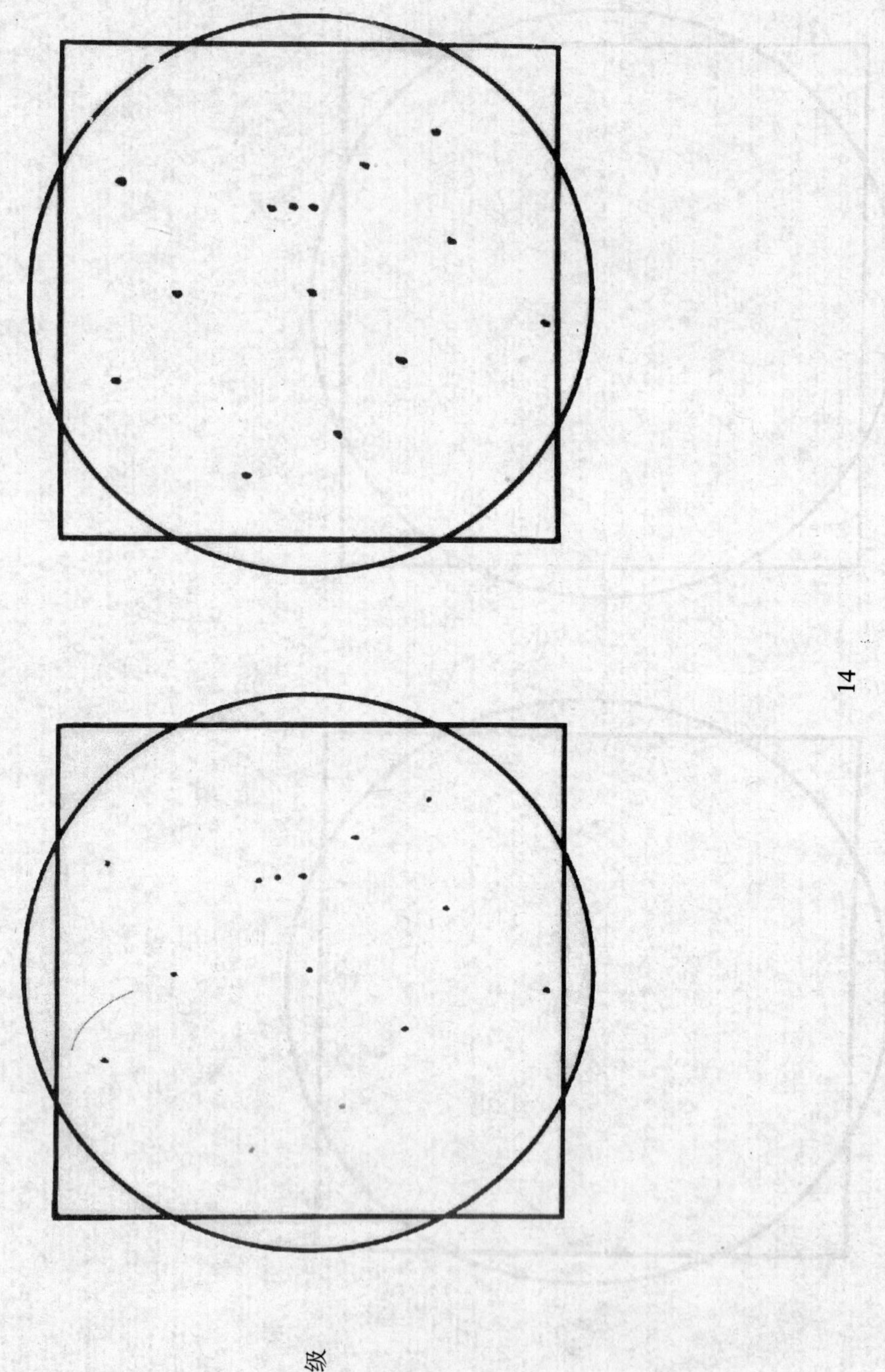

14

2级

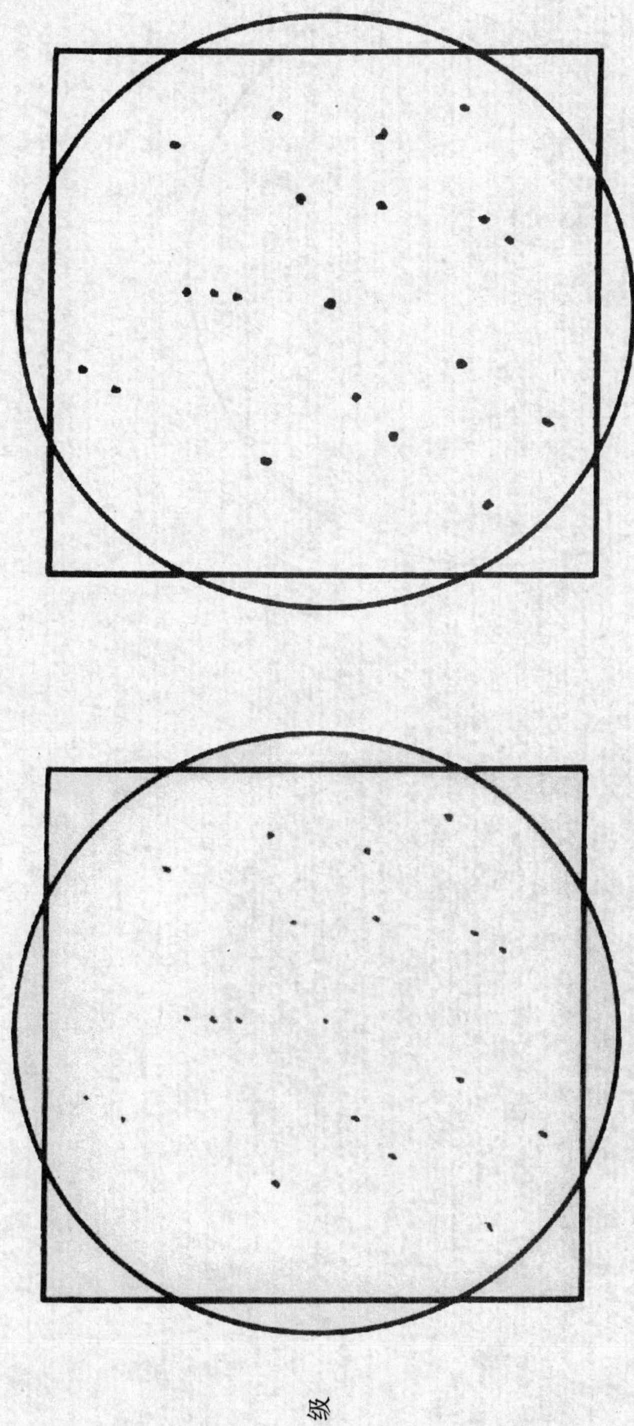

2.5级

20

A.5 第5级别图 显微孔隙

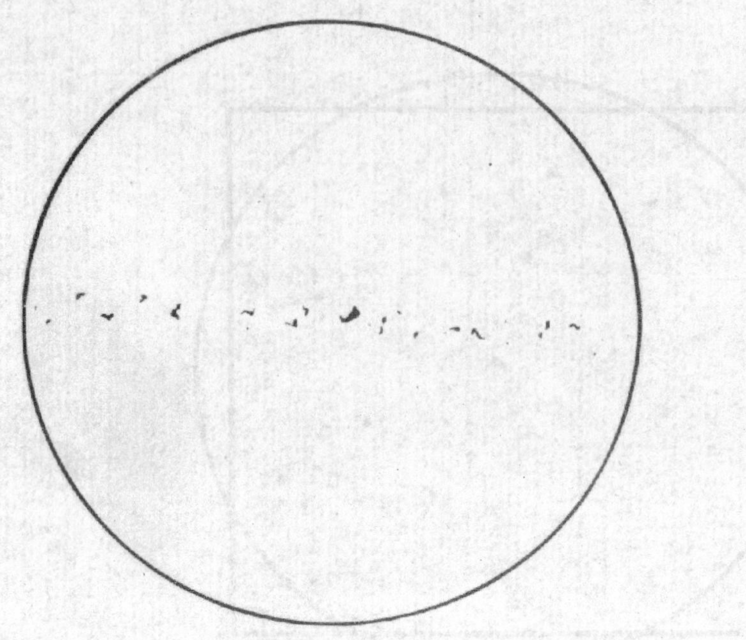

A.6 第6级别图 显微组织

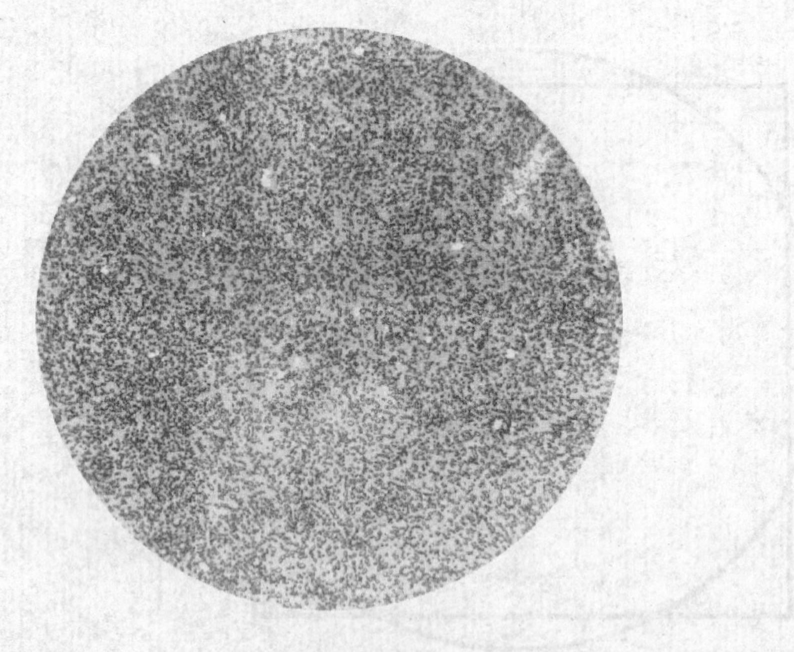

1级

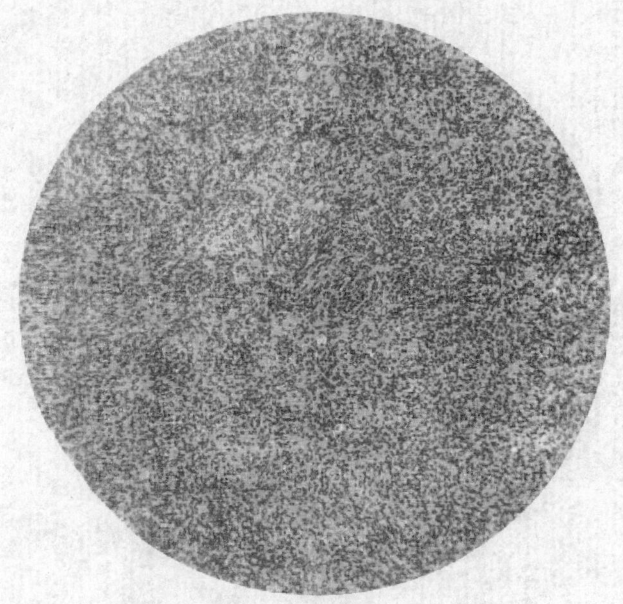

2 级

3 级

4 级

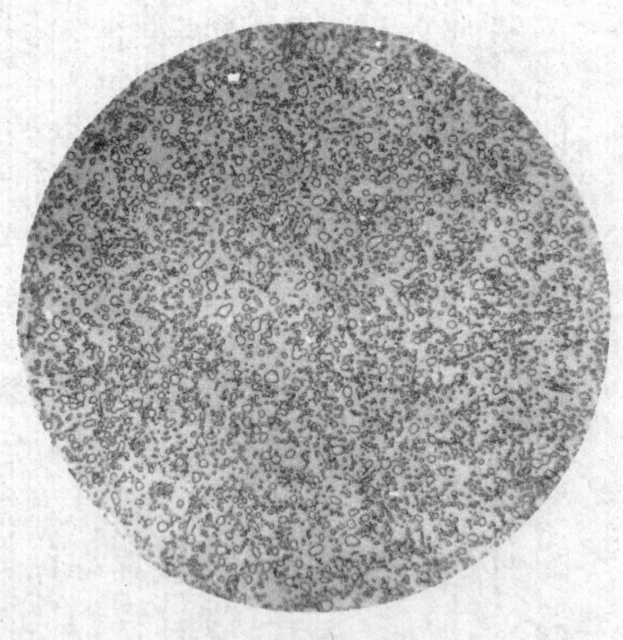

5 级

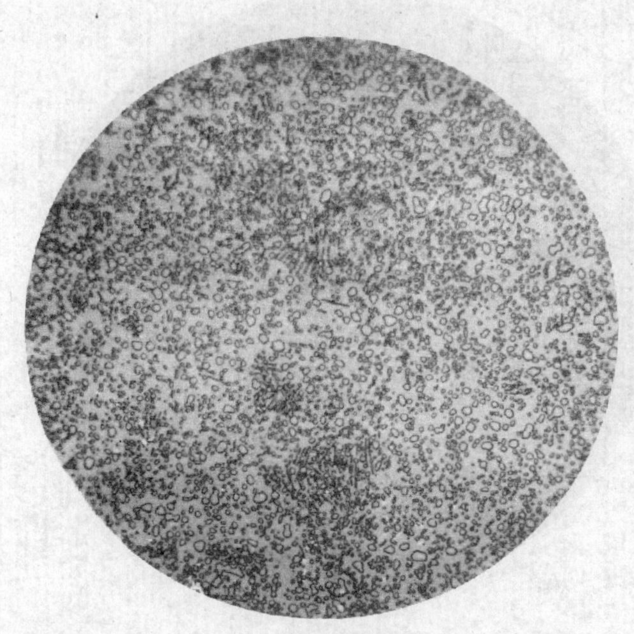

6 级

A.7 第 7 级别图　碳化物网状

1 级

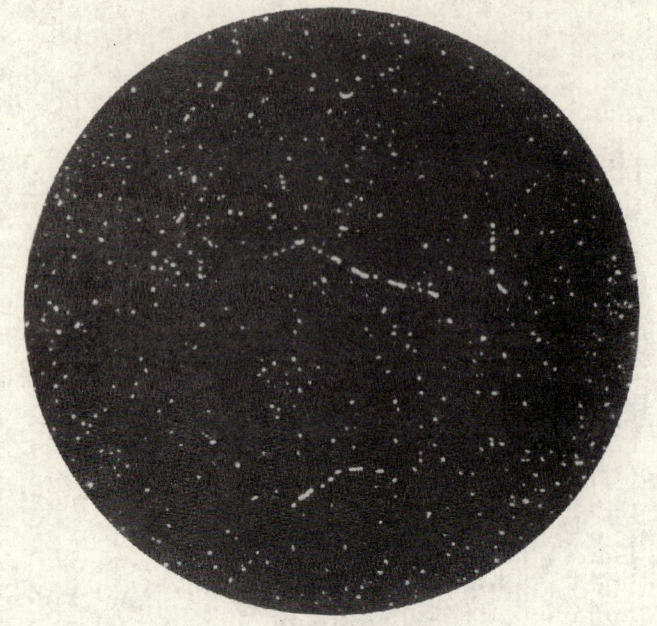

2级

3级

A.8 第8级别图 碳化物带状

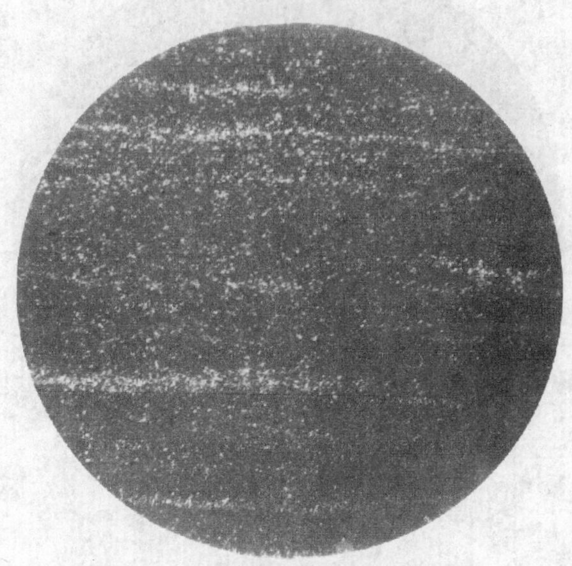

1级(100×)

1级(500×)

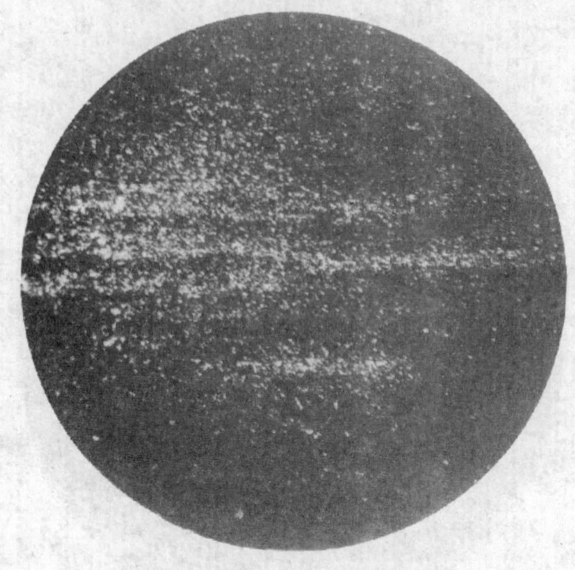

2 级(100×)

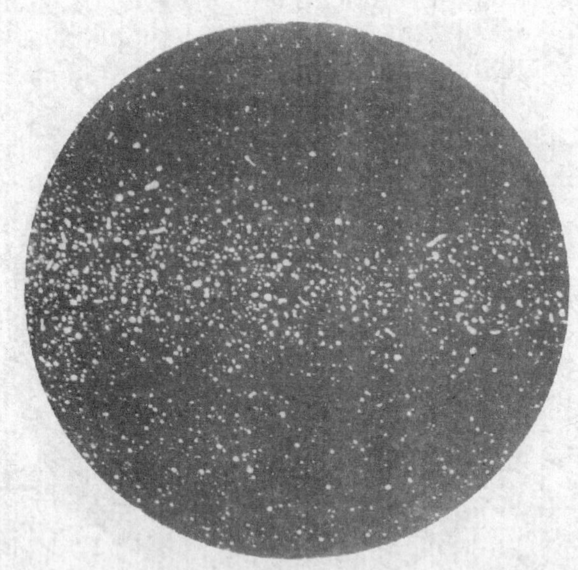

2 级(500×)

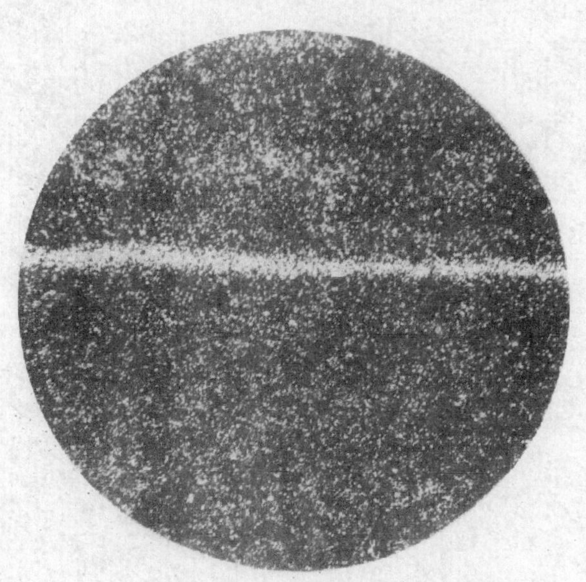

2.5级(100×)

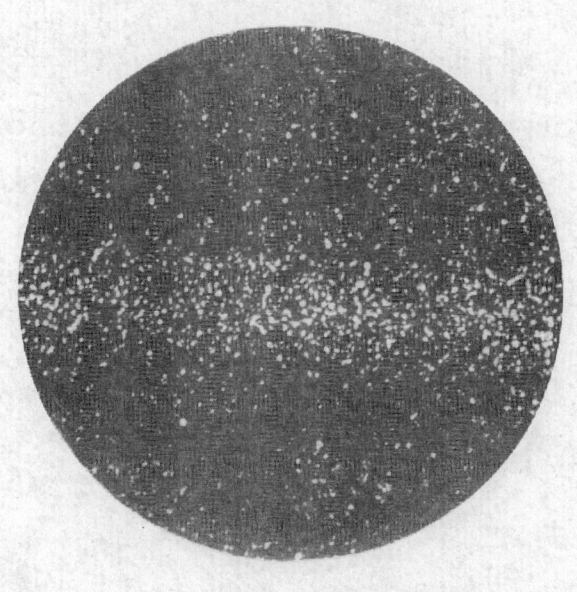

2.5级(500×)

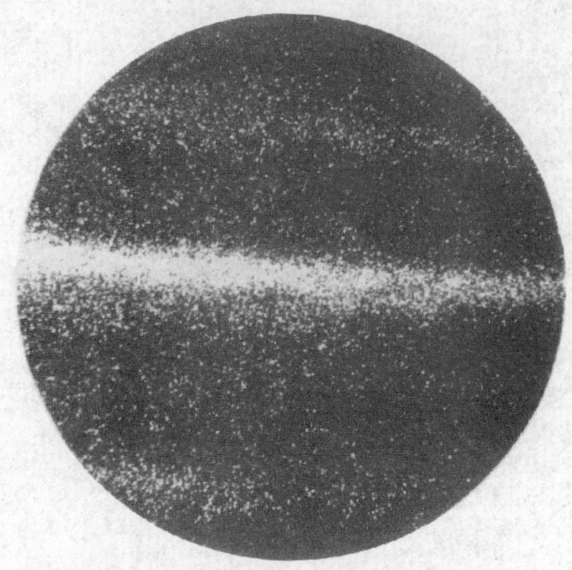

3 级(100×)

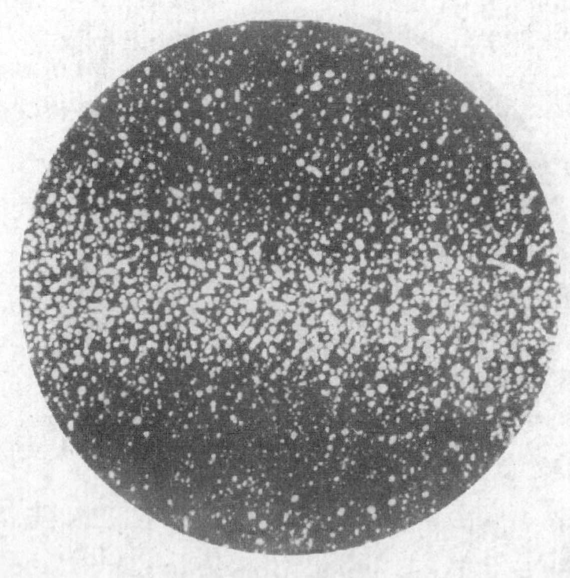

3 级(500×)

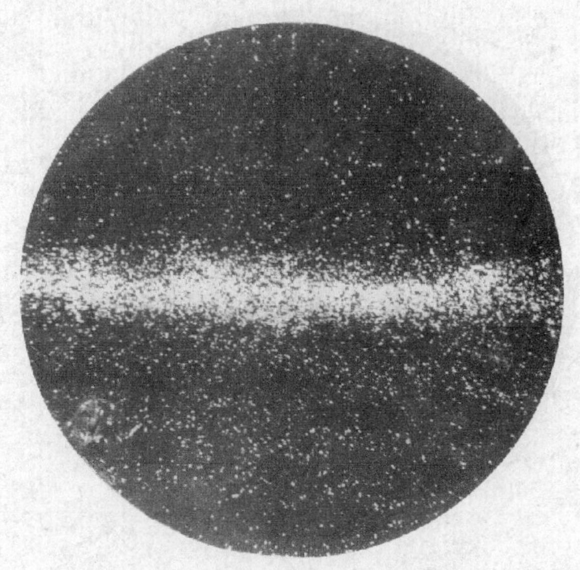

3.5 级(100×)

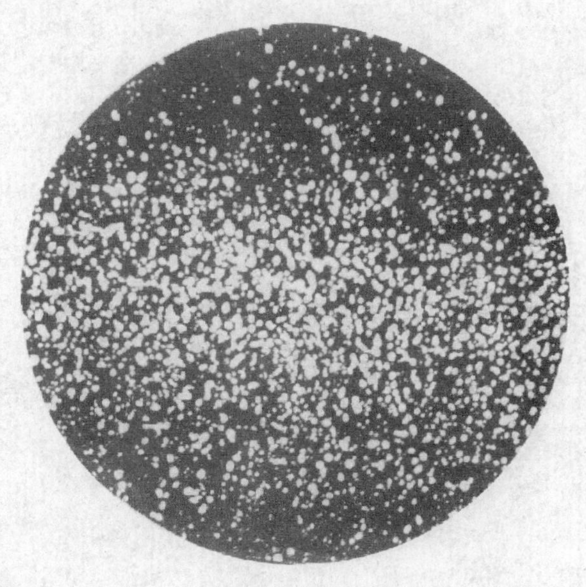

3.5 级(500×)

4 级(100×)

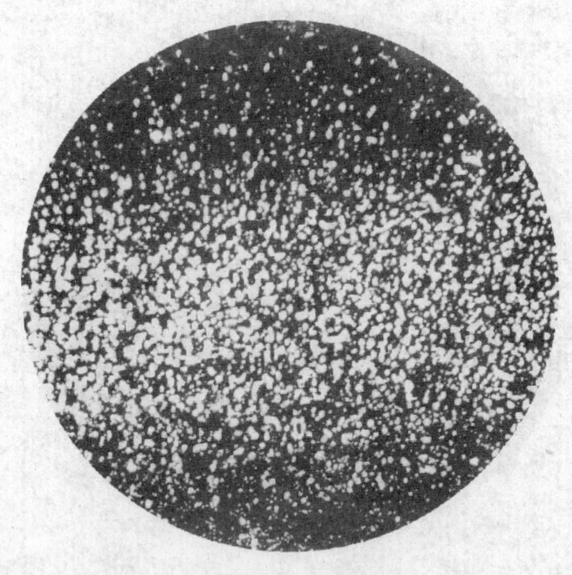

4 级(500×)

A.9 第9级别图 碳化物液析

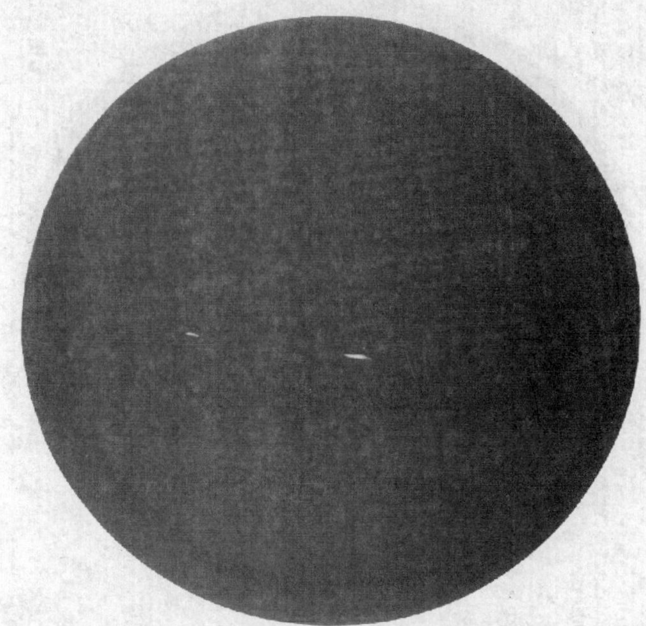

1级 条状

1级 链状

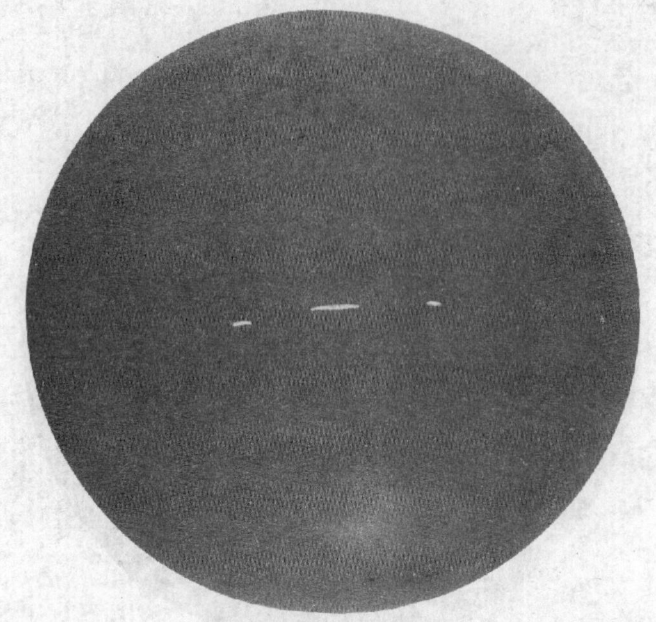

2 级　条状

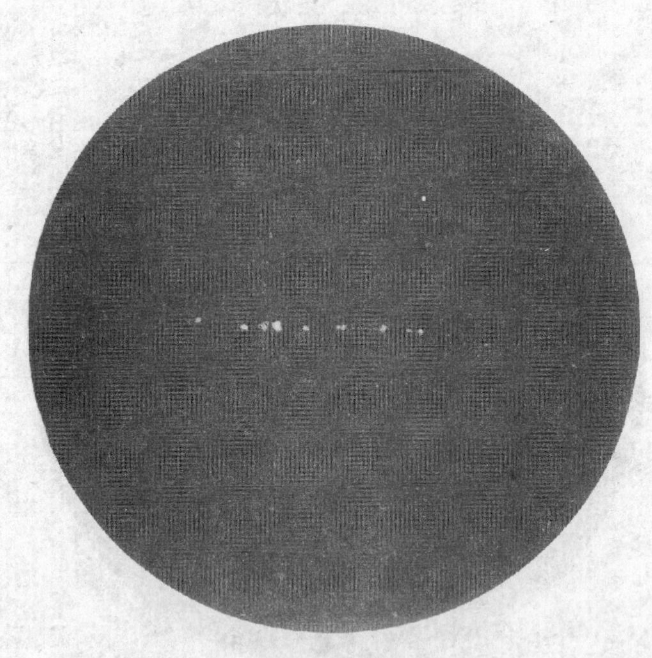

2 级　链状

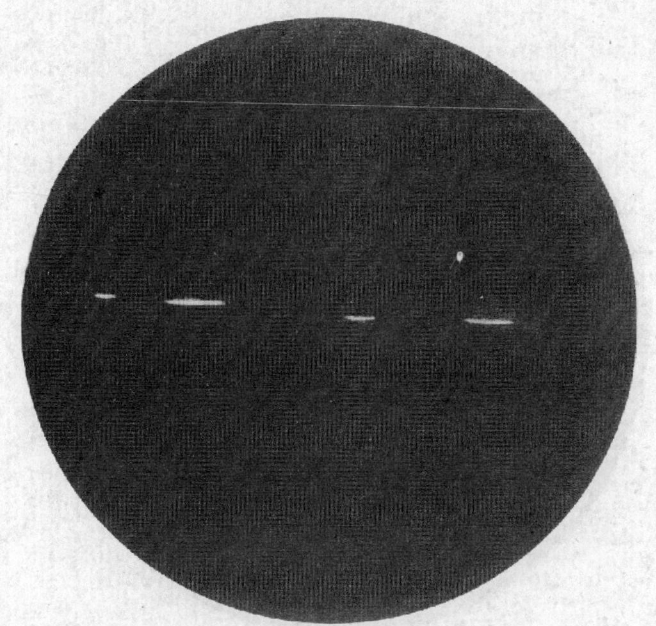

3 级　条状

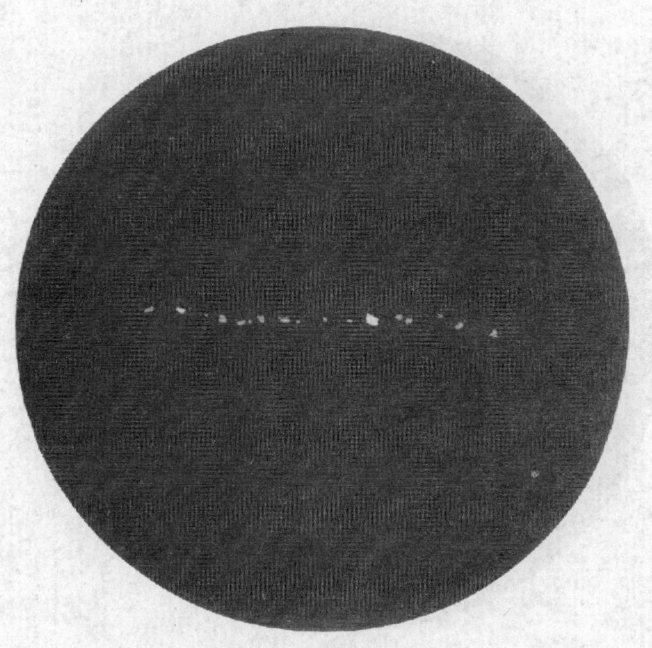

3 级　链状

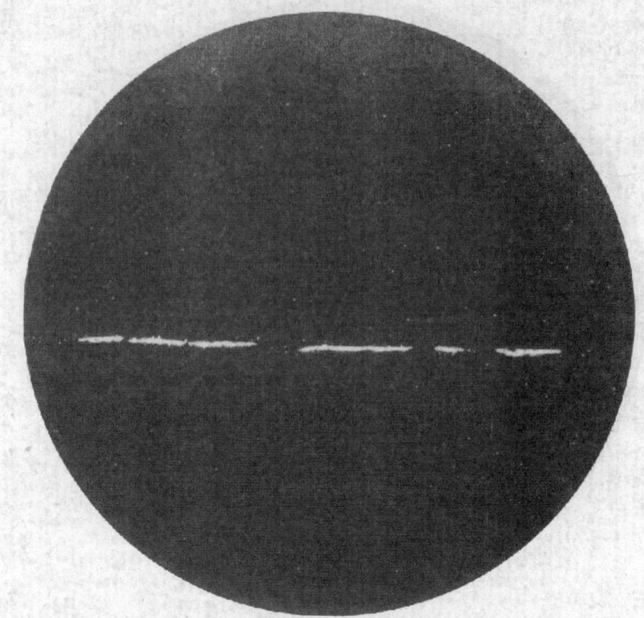

4级　条状

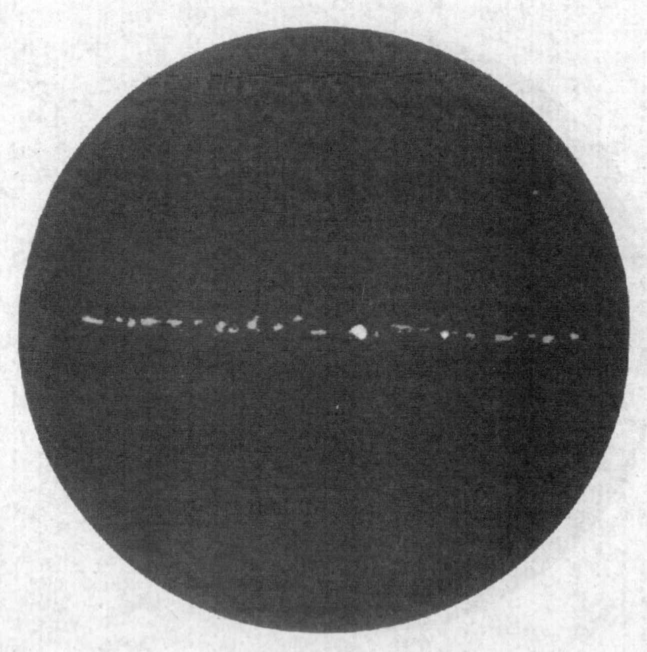

4级　链状

ICS 03.200
Y 55

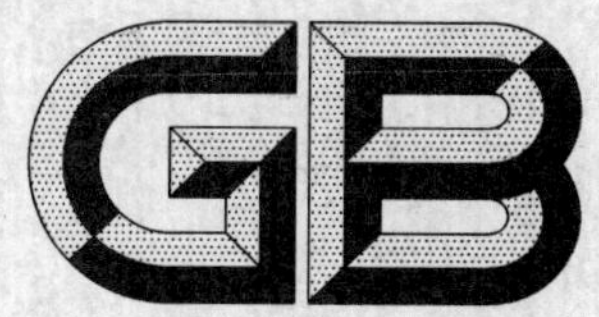

中华人民共和国国家标准

GB/T 18266.2—2002

体育场所等级的划分
第2部分:健身房星级的划分及评定

Ranking standard for sports facilities—
Part 2:Star-rating standard for gymnasium

2002-09-06 发布 2003-04-01 实施

中华人民共和国
国家质量监督检验检疫总局 发布

前　言

GB/T 18266《体育场所等级的划分》由若干部分组成，已颁布的有第1部分：保龄球馆星级的划分及评定，本部分是其中的第2部分。

GB/T 18266的本部分是在全面、深入研究国内外健身房状况的基础上，依据GB/T 19004.2—1994《质量管理和质量体系要素　第2部分：服务指南》(idt ISO 9004-2:1991)的要求，结合我国的具体情况制定的，是对我国国内健身房实行等级划分和规范化管理的技术依据。

制定GB/T 18266的本部分，目的在于通过对健身房的服务质量进行等级评定，确立健身房的服务形象，促进我国健身房服务质量的稳步提高。

本部分由国家体育总局提出。

本部分由国家体育总局经济司市场处归口并负责解释。

本部分负责起草单位：北京体育大学。

本部分参与起草单位：中国健美协会、中国健美操协会、北京市健美运动委员会。

本部分主要起草人：王荣辉、陈雪龄、刘大庆、张廷安、古桥、张莹、田里、田振华、相建华。

体育场所等级的划分
第2部分：健身房星级的划分及评定

1 范围

GB/T 18266的本部分规定了健身房的分等定级原则及评定方法。

本部分适用于各类开业一年以上健身中心、健身会、健身健美俱乐部、健身健美培训学校等健身房的等级划分及评定。

2 规范性引用文件

下列文件中的条款通过GB/T 18266的本部分的引用而成为本部分的条款。凡是注日期的引用文件，其随后所有的修改单(不包括勘误的内容)或修订版均不适用于本部分，然而，鼓励根据本部分达成协议的各方研究是否可使用这些文件的最新版本。凡是不注日期的引用文件，其最新版本适用于本部分。

GB 3096 城市区域环境噪声标准

GB 9668 体育馆卫生标准

GB/T 10001.1 标志用公共信息图形符号 第1部分：通用符号

GB 17498 健身器材的安全通用要求

3 术语、定义及代号

3.1 术语和定义

下列术语和定义适用于GB/T 18266的本部分。

3.1.1

健身房 gymnasium

设有集体健身场地、负重和有氧健身器械设备以及健身指导人员，并向消费者提供有偿健身健美服务的体育场所。

3.2 代号

星级用五角星表示，用一个五角星★表示一星级，两个五角星★★表示二星级，三个五角星★★★表示三星级，四个五角星★★★★表示四星级，五个五角星★★★★★表示五星级。

4 星级的划分和依据

4.1 健身房划分为五个星级，即五星级、四星级、三星级、二星级、一星级。最高星级为五星级，最低星级为一星级。星级越高，表示健身房的级别越高。GB/T 18266的本部分的标识按有关标识的标准执行。

4.2 星级的划分以健身房的清洁卫生、环境与安全救护、设备设施及维护保养、服务水平为依据，具体的评定办法按照国家体育行政主管部门颁布的设施设备评定标准、设施设备的维修保养评定标准、清洁卫生评定标准、服务质量评定标准、顾客意见评定标准等五项标准执行。

5 安全、卫生、环境和建筑的要求

健身房的建筑、附属设施和运行管理应符合国家颁布的有关消防、安全、卫生、环境保护等现行法规和标准的要求。

6 星级的划分条件

6.1 五星级

6.1.1 健身房设施设备基本条件

a) 健身房设施、设备布局合理,使用方便、安全;

b) 健身房内外装饰装潢工艺精细,风格突出;

c) 健身房内标志用公共信息符号应符合 GB/T 10001.1 的要求;

d) 健身房卫生应符合 GB 9668 的要求;

e) 健身房内外环境噪音应符合 GB 3096 的要求;

f) 有中央空调系统和通风排气系统,各区域温度适宜,通风良好,室内空气呈负压状态;

g) 有自备发电系统或两路供电系统;

h) 健身房光照明亮、柔和,其中练习区采用暖色光源;

i) 有计算机管理系统;

j) 有闭路电视、视频播放系统、背景音乐系统。

6.1.2 每周营业时间不少于 80 h。

6.1.3 接待区

a) 有接待处,并提供接待、问询、电脑结账等服务;

b) 有健身房简介、服务项目的宣传品、服务项目价目表、服务规范条例、宾客须知和意见箱;

c) 有健身教练简介、锻炼项目课程表;

d) 提供留言和馆内寻人服务;

e) 能提供个人健身预约指导服务;

f) 能提供会员定期健康检查服务;

g) 能够用流利的 2 种外语(英语为必备语种)进行接待服务;

h) 能够为残障人提供特殊服务;

i) 有客人休息区域,并配有茶几和座椅,舒适典雅;

j) 有电视机、报刊、杂志和健身运动资料;

k) 有水吧,供应饮料、食品等,且品种丰富;

l) 有健身运动用品商店;

m) 各种指示用和服务用文字用中、外文同时表示;

n) 公用电话不少于 2 部,并配有隔音罩;

o) 有数量与接待能力相适应的会员柜;

p) 摆放花木或盆景;

q) 配有挂钟;

r) 设有废物桶(箱)。

6.1.4 练习区域

a) 器械练习区域

1) 空间净高度不低于 2.8 m;

2) 场地的地面为地毯、塑胶材料或木质厚台,地面平坦、水平划一;

3) 有壁镜,镜面投影清晰,影像不变形;

4) 墙壁装饰壁画或图文并茂的挂图;

5) 有休息用有背座椅;

6) 配有饮水器(机),并供应饮用水;

7）废物桶不少于 2 个；

8）有挂钟；

9）健身器材

• 器材为正规厂家生产的合格产品，质量稳定，安全可靠，应符合 GB 17498 的要求；

• 能清楚区分出心肺功能练习区、力量器械练习区和自由重物练习区；

• 器材状态良好，完好率达 100%，而且整洁卫生，无污迹；

• 自由重物练习区至少有 20 副的固定哑铃和 12 副调节哑铃，以及数量与之相匹配的哑铃架；

• 至少有 4 副标准杠铃和 10 副小杠铃，以及数量与之相匹配的杠铃架；

• 至少有 4 台卧推架，3 台深蹲架；

• 颈肩部练习器不少于 4 种(台)；

• 背部练习器不少于 4 种(台)；

• 胸部练习器不少于 4 种(台)；

• 臂部练习器不少于 4 种(台)；

• 腹部练习器不少于 4 种(台)；

• 臀部练习器不少于 2 种(台)；

• 大腿练习器不少于 3 种(台)；

• 小腿练习器不少于 2 种(台)；

• 单站练习器占力量练习器总数的比例不少于 60%；

• 力量练习器间距不少于 1 m，且通道宽敞；

• 心肺练习器(跑步机、健身车、登山机、椭圆运动练习机、划船机等)不少于 35 台；

• 心肺练习器皆为电脑程控式；

• 心肺练习器皆能监控锻炼者心率的变化；

• 至少 80%的心肺练习器配有单独的音像设备及耳机；

10）在练习器的醒目处张贴有中、外文标注的器材名称、具体用途、使用说明或图示；

11）有至少 2 套公共音像设备；

12）营业时间同时有至少 3 名社会体育指导员在场服务。

b) 集体练习区域

1）空间净高度不低于 3.0 m；

2）有至少两个独立的集体练习区，且使用面积总和不少于 300 m^2；

3）集体练习区域必须与器械练习等其他区域分隔开，且隔音效果好；

4）地面材料为优质木地板或弹性较好的塑胶材料，且地面平坦，无裂缝，无破损；

5）有壁镜，镜面投影清晰，影像不变形；

6）照明良好，光线明亮，但不旋目；

7）配有高质量的专业音响，声音效果好，有无线麦克风；

8）软垫不少于 50 套；

9）辅助健身器材(如小哑铃、杠铃、踏板、拉力皮筋、健身球等)不少于 3 种；

10）配有饮水器(机)，并供应饮用水；

11）能开设至少 5 种不同内容针对不同水平群体的集体健身课程，且平均每天至少开设 5 节集体健身课。

6.1.5 体测、医务区

a) 有完整的身体形态、机能、素质测试系统，能准确地测定身体成分、心肺功能和肌肉力量；

b) 能为宾客进行全面的身体评价，并能制定完善的健身健美计划和营养计划；

c) 有医务室和专业医务人员，并备有常规急救药品和设备；

d） 有至少5台身体放松、按摩设备。

6.1.6 **更衣室**

a） 地面为防滑材料，有通风排气设备；

b） 更衣柜数量不少于300个；

c） 更衣柜结构牢固，安全美观，整洁卫生，内有衣架和搁板；

d） 有休息座椅（或条凳）、镜子。

6.1.7 **淋浴室**

a） 位置合理，男女分设；

b） 地面铺设防滑材料，有通风排气设备；

c） 喷头数量不少于20个；

d） 有洗手池和面镜；

e） 有洗浴用品搁物架（台）；

f） 营业时间内持续供应冷热水；

g） 有桑拿浴或蒸汽浴室。

6.1.8 **卫生间**

a） 有男女分设的间隔式卫生间；

b） 装修讲究，整洁卫生；

c） 配有低噪音、节水的恭桶和小便池；

d） 有洗手池、面镜、洗手液或香皂、擦手巾、卫生纸、自动干手器。

6.1.9 **公共区域**

a） 公共交通便利，交通工具出入方便，便于人员及车辆的疏散；

b） 有充足方便的停车条件。

6.1.10 **选择项目（共12项，至少具备6项）**

a） 50%心肺练习器配备的音像设备可以上网；

b） 有水中有氧练习区；

c） 有室内跑道；

d） 有健身车集体练习区（Spinning）；

e） 有休闲区域（茶室、会客室等）；

f） 有安全保卫监视系统（包括摄像头和监控室）；

g） 提供运动餐饮；

h） 有自助式健身查询系统；

i） 有冲浪浴或旋流浴；

j） 提供理疗服务；

k） 有美容、美发服务；

l） 获省级以上行政管理部门评定的综合性荣誉。

6.2 **四星级**

6.2.1 **健身房设施设备基本条件**

a） 健身房设施、设备布局合理，使用方便、安全；

b） 健身房内外装饰装潢工艺精细，风格突出；

c） 健身房内标志用公共信息符号应符合GB/T 10001.1的要求；

d） 健身房卫生应符合GB 9668的要求；

e） 健身房内外环境噪音应符合GB 3096的要求；

f） 有中央空调和通风排气系统，各区域温度适宜，通风良好，室内空气呈负压状态；

g） 有自备发电系统或两路供电系统；

h） 健身房光照明亮、柔和，其中练习区采用暖色光源；

i） 有计算机管理系统；

j） 有闭路电视、视频播放系统、背景音乐系统。

6.2.2 每周营业时间不少于 80 h。

6.2.3 接待区

a） 有接待处，并提供接待、问询、电脑结账等服务；

b） 有健身房简介、服务项目的宣传品、服务项目价目表、服务规范条例、宾客须知和意见箱；

c） 有健身教练简介、锻炼项目课程表；

d） 提供留言和馆内寻人服务；

e） 能够为残障人提供特殊服务；

f） 能用 1 种外语提供接待服务；

g） 有客人休息区域，并配有茶几和座椅，舒适典雅；

h） 有电视机和报刊、杂志和健身运动资料；

i） 有水吧，供应饮料、食品等，且品种丰富；

j） 有健身运动用品商店；

k） 各种指示用和服务用文字至少用中、英文同时表示；

l） 公用电话不少于 2 部，并配有隔音罩；

m） 有数量与接待能力相适应的会员柜；

n） 摆放花木或盆景；

o） 配有挂钟；

p） 设有废物桶（箱）。

6.2.4 练习区域

a） 器械练习区域

1）空间净高度不低于 2.8 m；

2）场地的地面为地毯、塑胶材料或木质厚台，地面平坦、水平划一；

3）有壁镜，镜面投影清晰、影像不变形；

4）墙壁装饰壁画或图文并茂的挂图；

5）有休息用有背座椅；

6）配有饮水器（机），并供应饮用水；

7）废物桶不少于 2 个；

8）有挂钟；

9）健身器材

- 器材为正规厂家生产的合格产品，质量稳定，安全可靠，应符合 GB 17498 的要求；
- 能清楚区分出心肺功能练习区、力量器械练习区和自由重物练习区；
- 器材状态良好，完好率达 90%，而且整洁卫生，无污迹；
- 在自由重物练习区至少有 20 副的固定哑铃和 10 副调节哑铃，以及数量与之相匹配的哑铃架；
- 至少有 3 副标准杠铃和 10 副小杠铃，以及数量与之相匹配的杠铃架；
- 至少有 3 台卧推架，2 台深蹲架；
- 颈肩部练习器不少于 3 种（台）；
- 背部练习器不少于 3 种（台）；
- 胸部练习器不少于 3 种（台）；

- 臂部练习器不少于3种(台);
- 腹部练习器不少于3种(台);
- 臀部练习器不少于2种(台);
- 大腿练习器不少于3种(台);
- 小腿练习器不少于2种(台);
- 单站练习器占力量练习器总数的比例不少于50%;
- 力量练习器间距不少于1 m,且通道宽敞;
- 心肺练习器(跑步机、健身车、登山机、椭圆运动练习机、划船机等)不少于24台;
- 心肺练习器皆为电脑程控式;
- 至少有50%的心肺练习器能监控锻炼者心率的变化;
- 至少有50%的心肺练习器配有单独的音像设备及耳机;

10) 在练习器的醒目处张贴有中、外文标注的器材名称、具体用途、使用说明或图示;

11) 有至少2套公共音像设备;

12) 营业时间同时有至少2名社会体育指导员在场服务。

b) 集体练习区域

1) 空间净高度不低于3.0 m;

2) 有至少两个各自独立的集体健身区,且使用面积总和不少于300 m^2;

3) 集体练习区域必须与器械练习等其他区域分隔开,且隔音效果好;

4) 地面材料为优质木地板或弹性较好的塑胶材料,且地面平坦,无裂缝,无破损;

5) 有壁镜,投影清晰,影像不变形;

6) 照明良好,光线明亮,但不旋目;

7) 配有高质量的专业音响,声音效果好,有无线麦克风;

8) 软垫不少于40套;

9) 辅助健身器材(如小哑铃、杠铃、踏板、拉力皮筋等)不少于3种;

10) 配有饮水器(机),并供应饮用水;

11) 能开设至少4种不同内容针对不同水平群体的集体健身课程,且平均每天至少开设4节集体健身课。

6.2.5 体测、医务区

a) 有身体形态、机能、素质测试设备,能较准确测量身体成分和肌肉力量;

b) 能为宾客进行身体评价,并能制定完善的健身健美计划;

c) 有医务室和专业医务人员,并备有常规急救药品和设备;

d) 有至少3台身体放松、按摩设备。

6.2.6 更衣室

a) 地面为防滑材料,有通风排气设备;

b) 更衣柜数量不少于250个;

c) 更衣柜结构牢固,安全美观,整洁卫生,内有衣架和搁板;

d) 有休息座椅(或条凳)、镜子。

6.2.7 淋浴室

a) 位置合理,男女分设;

b) 地面铺设防滑材料,有通风排气设备;

c) 喷头数量不少于20个;

d) 有洗手池和面镜;

e) 有洗浴用品搁物架(台);

f） 营业时间内持续供应冷热水；

g） 有桑拿浴或蒸汽浴室。

6.2.8 **卫生间**

a） 有男女分设的间隔式卫生间；

b） 装修讲究，整洁卫生；

c） 有低噪音恭桶和小便池；

d） 有洗手池、面镜、洗手液或香皂、擦手巾、卫生纸、自动干手器。

6.2.9 **公共区域**

a） 公共交通便利，交通工具出入方便，便于人员及车辆的疏散；

b） 充足方便的停车条件。

6.2.10 **选择项目（共15项，至少具备6项）**

a） 提供信用卡服务；

b） 能提供个人健身预约指导服务；

c） 心肺练习器配备的音像设备可以上网；

d） 有水中有氧练习区；

e） 有室内跑道；

f） 有健身车集体练习区（Spinning）；

g） 提供会员定期健康检查服务；

h） 有休闲区域（茶室、会客室等）；

i） 有安全保卫监视系统（包括摄像头和监控室）；

j） 有冲浪浴或旋流浴；

k） 提供运动餐饮；

l） 有自助式健身查询系统；

m） 提供理疗服务；

n） 有美容、美发服务；

o） 获省级以上行政管理部门评定的综合性荣誉。

6.3 **三星级**

6.3.1 **健身房设施设备基本条件**

a） 健身房设施、设备布局合理，使用方便、安全；

b） 健身房内外装饰装潢舒适明快，工艺良好；

c） 健身房内标志用公共信息符号应符合GB/T 10001.1的要求；

d） 健身房卫生应符合GB 9668的要求；

e） 健身房内外环境噪音应符合GB 3096的要求；

f） 有空调和通风排气装置，各区域温度适宜，通风良好；

g） 有自备发电系统或两路供电系统；

h） 健身房光照明亮、柔和，其中练习区采用暖色光源；

i） 有计算机管理系统；

j） 有闭路电视、视频播放系统、背景音乐系统。

6.3.2 **每周营业时间不少于70 h。**

6.3.3 **接待区**

a） 有接待处，并提供接待、问询、电脑结账等服务；

b） 有健身房简介、服务项目的宣传品、服务项目价目表、服务规范条例、宾客须知和意见箱；

c） 有健身教练简介、锻炼项目课程表；

d） 提供留言和馆内寻人服务；

e） 能够为残障人提供特殊服务；

f） 有客人休息区域，并配有茶几和座椅；

g） 有电视机和报刊、杂志和健身运动资料；

h） 有水吧，供应饮料、食品等；

i） 有健身运动用品商店；

j） 各种指示用和服务用文字至少用中、英文同时表示；

k） 公用电话不少于2部；

l） 有会员柜；

m） 摆放花木或盆景；

n） 配有挂钟；

o） 设有废物桶(箱)。

6.3.4 练习区域

a） 器械练习区域

1）空间净高度不低于2.8 m；

2）场地的地面为地毯、塑胶材料或木质厚台，地面平坦、水平划一；

3）有壁镜，镜面投影清晰、影像不变形；

4）墙壁装饰壁画或图文并茂的挂图；

5）有休息用有背座椅；

6）废物桶不少于2个；

7）有挂钟；

8）健身器材

• 器材为正规厂家生产的合格产品，质量稳定，安全可靠，应符合GB 17498的要求；

• 能清楚区分出心肺功能练习区、力量器械练习区和自由重物练习区；

• 器材状态良好，完好率达90%，而且整洁卫生，无污迹；

• 自由重物练习区有至少20副的固定哑铃和10副调节哑铃，以及数量与之相匹配的哑铃架；

• 至少有3副的标准杠铃和8副小杠铃，以及数量与之相匹配的杠铃架；

• 至少有2台卧推架，1台深蹲架；

• 肩部练习器不少于2种(台)；

• 背部练习器不少于2种(台)；

• 胸部练习器不少于2种(台)；

• 臂部练习器不少于2种(台)；

• 腹部练习器不少于2种(台)；

• 臀部练习器不少于1种(台)；

• 大腿练习器不少于2种(台)；

• 小腿练习器不少于1种(台)；

• 单站练习器占力量练习器总数的比例不少于40%；

• 力量练习器间距不少于1 m，且通道宽敞；

• 心肺练习器(跑步机、健身车、登山机、椭圆运动练习机、划船机等)不少于10台；

• 心肺练习器材皆为电脑程控式；

9）在器材的醒目处张贴有器材名称、具体用途、使用说明或图示；

10）有至少2套公共音像设备。

b） 集体练习区域

1）空间净高度不低于 3.0 m；

2）使用面积总和不少于 200 m^2；

3）集体练习区域必须与器械练习等其他区域分隔开，且隔音效果好；

4）地面材料为木地板，且地面平坦，无裂缝，弹性好；

5）有壁镜，投影清晰，影像不变形；

6）照明良好，光线明亮，但不旋目；

7）配有音响，声音效果好，有无线麦克风；

8）软垫不少于 30 套；

9）辅助健身器材（如小哑铃、杠铃、踏板、拉力皮筋等）不少于 3 种；

10）配有饮水器（机），并供应饮用水；

11）能开设至少 3 种不同内容针对不同水平群体的集体健身课程，且平均每天至少开设 4 节集体健身课。

6.3.5 体测、医务区

a） 有身体形态、机能、素质设备；

b） 能为宾客进行身体评价，并能制定健身健美计划；

c） 备有常规急救药品和设备。

6.3.6 更衣室

a） 地面为防滑材料，有通风排气设备；

b） 更衣柜数量不少于 200 个；

c） 更衣柜结构牢固，安全美观，整洁卫生，内有衣架和搁板；

d） 有休息座椅（或条凳）、镜子。

6.3.7 淋浴室

a） 位置合理，男女分设；

b） 地面铺设防滑材料，有通风排气设备；

c） 喷头数量不少于 10 个；

d） 有洗手池和面镜；

e） 有洗浴用品搁物架（台）；

f） 营业时间内持续供应冷热水。

6.3.8 卫生间

a） 有男女分设的间隔式卫生间；

b） 整洁卫生；

c） 有抽水恭桶和小便池；

d） 有洗手池、面镜、洗手液或香皂、擦手巾、卫生纸、自动干手器。

6.3.9 公共区域

a） 公共交通便利，交通工具出入方便，便于人员及车辆的疏散；

b） 有机动车泊位。

6.3.10 选择项目（共 17 项，至少具备 5 项）

a） 能用外语进行接待服务；

b） 提供信用卡服务；

c） 能提供个人健身预约指导服务；

d） 50％心肺练习器配备的显示器可以上网；

e） 有两个独立的集体健身区；

f） 有水中有氧练习区；

g） 有室内跑道；

h） 有健身车集体练习区(Spinning)；

i） 提供会员定期健康检查服务；

j） 有安全保卫监视系统(包括摄像头和监控室)；

k） 有桑拿浴或蒸汽浴；

l） 有冲浪浴或旋流浴；

m） 提供运动餐饮；

n） 有自助式健身查询系统；

o） 提供理疗服务；

p） 有美容、美发服务；

q） 获省级以上行政管理部门评定的综合性荣誉。

6.4 二星级

6.4.1 健身房设施设备基本条件

a） 健身房设施、设备布局合理，使用方便、安全；

b） 健身房内标志用公共信息符号应符合 GB/T 10001.1 的要求；

c） 健身房卫生应符合 GB 9668 的要求；

d） 健身房内外环境噪音应符合 GB 3096 的要求；

e） 有空调和通风排气装置，各区域通风良好；

f） 健身房光照明亮、柔和；

g） 有计算机管理系统；

h） 有视频播放系统、背景音乐系统；

i） 有身体形态，素质测试设备，并能制定健身健美计划。

6.4.2 每周营业时间不少于 40 h。

6.4.3 接待区

a） 有接待处，并提供接待、问询、电脑结账等服务；

b） 有健身房简介、服务项目价目表、服务规范条例、宾客须知和意见箱；

c） 有健身教练简介、锻炼项目课程表；

d） 提供留言和馆内寻人服务；

e） 有客人休息区域，并配有茶几和座椅；

f） 有电视机；

g） 有饮料、食品供应柜台；

h） 有公用电话；

i） 摆放花木或盆景；

j） 配有挂钟；

k） 设有废物桶(箱)。

6.4.4 练习区域

a） 空间净高度不低于 2.6 m；

b） 器械练习区域

1）场地的地面为地毯、塑胶材料或木质厚台，地面平坦、水平划一；

2）有壁镜，镜面投影清晰、影像不变形；

3）墙壁装饰壁画或图文并茂的挂图；

4）有休息用座椅；

5）有废物桶；

6）有挂钟；

7）健身器材

• 器材质量稳定，安全可靠，应符合 GB 17498 的要求；

• 器材状态良好，完好率达 90%，而且整洁卫生；

• 自由重物练习区有至少 20 副的固定哑铃和 10 副调节哑铃，以及数量与之相匹配的哑铃架；

• 至少有 2 副的标准杠铃和 5 副小杠铃，以及数量与之相匹配的杠铃架；

• 至少有 2 台卧推架，1 台深蹲架；

• 背部练习器不少于 2 种（台）；

• 胸部练习器不少于 2 种（台）；

• 臂部练习器不少于 2 种（台）；

• 腹部练习器不少于 2 种（台）；

• 大腿练习器不少于 2 种（台）；

• 小腿练习器不少于 1 种（台）；

• 力量练习器材间距不少于 1 m；

• 心肺练习器（跑步机、健身车、登山机、椭圆运动练习机、划船机等）不少于 5 台；

8）练习器的醒目处张贴有器材名称、具体用途、使用说明或图示；

9）有至少 2 套音像设备。

c） 集体练习区域

1）使用面积不少于 100 m^2；

2）集体练习区域必须与器械练习等其他区域分隔开；

3）地面材料为木地板或塑胶材料，且地面平坦，无裂缝；

4）有壁镜，投影清晰，影像不变形；

5）照明良好，光线明亮，但不旋目；

6）配有音响，声音效果好，有无线麦克风；

7）软垫不少于 20 套；

8）有辅助健身器材（如小哑铃、杠铃、踏板、拉力皮筋等）；

9）能开设至少 2 种不同内容的集体健身课程，每天至少开设 3 节集体健身课。

6.4.5 更衣室

a） 地面为防滑材料，有通风排气设备；

b） 更衣柜数量不少于 100 个；

c） 更衣柜结构牢固，安全美观，整洁卫生；

d） 有休息座椅（或条凳）、镜子。

6.4.6 淋浴室

a） 位置合理，男女分设；

b） 地面铺设防滑材料，有通风排气设备；

c） 喷头数量不少于 6 个；

d） 有洗手池和面镜；

e） 有洗浴用品搁物架（台）；

f） 营业时间内供应冷热水。

6.4.7 卫生间

a）有男女分设的间隔式卫生间；

b）有洗手池、面镜、洗手液或香皂、擦手巾、卫生纸、自动干手器。

6.4.8 公共区域

a) 交通工具出入方便,便于人员及车辆的疏散;

b) 有机动车泊位。

6.5 一星级

6.5.1 健身房设施设备基本条件

a) 健身房设施、设备布局合理,使用方便、安全;

b) 健身房内标志用公共信息符号应符合 GB/T 10001.1 的要求;

c) 健身房卫生应符合 GB 9668 要求;

d) 健身房内外环境噪音应符合 GB 3096 的要求;

e) 有通风排气装置,各区域通风良好;

f) 健身房光照明亮、柔和;

g) 有音响设备;

h) 有身体形态测试设备。

6.5.2 每周营业时间不少于 40 h。

6.5.3 接待区

a) 有接待处,并提供接待、问询、结账等服务;

b) 有服务项目价目表、服务规范条例、宾客须知和意见箱;

c) 有客人休息座椅;

d) 供应饮料等;

e) 有公用电话;

f) 配有挂钟;

g) 设有废物桶(箱)。

6.5.4 练习区域(根据经营重点不同,符合器械练习区域和集体练习区域两者之一要求即可)

a) 空间净高度不低于 2.6 m;

b) 器械练习区域

1) 场地的地面为地毯、塑胶材料或木质厚台,地面平坦;

2) 有壁镜,镜面投影清晰、影像不变形;

3) 有休息用座椅;

4) 有废物桶;

5) 有挂钟;

6) 健身器材

• 器材质量稳定,安全可靠,应符合 GB 17498 的要求;

• 器材状态良好,完好率达 90%,而且整洁卫生;

• 自由重物练习区有至少 20 副固定哑铃和 5 副调节哑铃;

• 至少有 2 副标准杠铃和 5 副小杠铃;

• 至少有 2 台卧推架,1 台深蹲架;

• 胸部练习器不少于 2 种(台);

• 臂部练习器不少于 2 种(台);

• 腹部练习器不少于 2 种(台);

• 大腿练习器不少于 1 种(台);

• 力量练习器材间距不少于 1 m;

• 心肺练习器(跑步机、健身车、登山机、椭圆运动练习机、划船机等)不少于 2 台;

7) 在器材的醒目处张贴有器材名称、具体用途、使用说明或图示。

c) 集体练习区域

1）使用面积总和不少于 100 m^2；

2）地面材料为木地板或地毯，且地面平坦，有一定弹性；

3）有壁镜，投影清晰，不变形；

4）照明良好，光线明亮，但不眩目；

5）配有音响设备；

6）有供 20 人同时上课使用的软垫；

7）能开设至少 2 种内容（如：有氧操、踏板操、形体操等）的集体健身课程。

6.5.5 更衣室、卫生间

a） 有男女分设的更衣室，更衣柜结构牢固，整洁卫生；

b） 有男女分设的淋浴区，整洁卫生；

c） 有男女分设的卫生间，整洁卫生。

7 服务质量要求

7.1 服务人员从业资格要求

7.1.1 健身房从业人员必须持证上岗。

7.1.2 不同星级健身房社会体育指导员配比：五星级配备的社会体育指导师（健身类或健美操类）人数不得少于挂牌上岗总人数的 50%（且不少于 4 人）；四星级配备的社会体育指导师（健身类或健美操类）人数不得少于挂牌上岗总人数的 30%（且不少于 2 人）；三星级配备高级社会体育指导员（健身类或健美操类）人数不得少于挂牌上岗总人数的 50%（且不少于 3 人）；二星级配备中级社会体育指导员（健身类或健美操类）人数不得少于挂牌上岗总人数的 50%（且不少于 2 人）。一星级的挂牌上岗指导员必须为初级以上（含初级）社会体育指导员（健身类或健美操类）。

7.2 服务基本原则

7.2.1 对宾客一视同仁。

7.2.2 对宾客礼貌、热情、友好。

7.2.3 对宾客诚实，公平交易。

7.2.4 尊重民族习俗。

7.2.5 遵守国家法律、法规，保护宾客合法权益。

7.3 服务基本要求

7.3.1 仪容仪表要求

a） 服务人员的仪容仪表端庄、大方、整洁。服务人员应佩戴工牌，符合上岗要求；

b） 服务人员应表情自然、和谐、亲切，提倡微笑服务。

7.3.2 举止姿态要求

举止文明，姿态端庄，主动服务，符合岗位规范。

7.3.3 语言要求

a） 语言要文明、礼貌、简明、清晰；

b） 提倡讲普通话；

c） 对客人提出的问题无法解决时，应予以耐心解释，不推诿和应付。

7.4 服务业务能力与技能要求

服务人员应具有相应的业务知识和技能，并能熟练运用。

7.5 服务质量保证体系

具备适应本健身房运行的、有效的整套管理制度和作业标准，有检查、督导及处理措施。

ICS 33.180.20
L 50

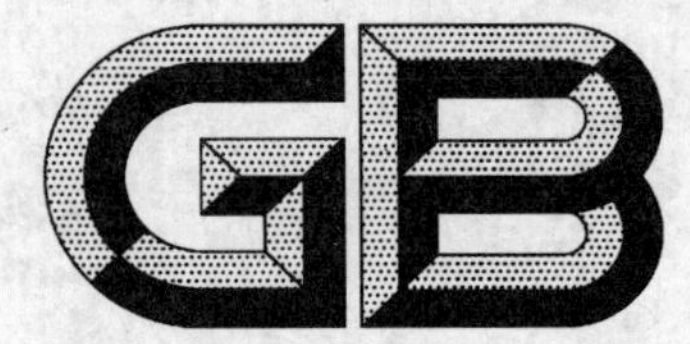

中华人民共和国国家标准

GB/T 18310.1—2002/IEC 61300-2-1:1995

纤维光学互连器件和无源器件 基本试验和测量程序 第2-1部分:试验 振动(正弦)

Fibre optic interconnecting devices and passive components—Basic test and measurement procedures—Part 2-1:Tests—Vibration (sinusoidal)

(IEC 61300-2-1:1995,IDT)

2002-12-04 发布　　　　2003-05-01 实施

中华人民共和国
国家质量监督检验检疫总局　发布

前　言

《纤维光学互连器件和无源器件　基本试验和测量程序》系列标准分为如下几部分：

——第1部分：总则和导则；

——第2部分：试验；

——第3部分：检查和测量。

本部分为GB/T 18310的第1部分，并隶属于GB/T 18309.1—2001/IEC 61300-1:1995《纤维光学互连器件和无源器件　基本试验和测量程序　第1部分：总则和导则》。

本部分等同采用IEC 61300-2-1:1995《纤维光学互连器件和无源器件　基本试验和测量程序　第2-1部分：试验　振动（正弦）》（英文版）。

为便于使用，对于IEC 61300-2-1:1995还做了下列编辑性修改：

a) “本标准”一词改为“本部分”；

b) 删除IEC 61300-2-1:1995的前言；

c) 按后续对IEC 61300-2-1:1995的修订文件86B/1745/FDIS:2002，进一步修改和完善了试验的严酷等级。

《纤维光学互连器件和无源器件　基本试验和测量程序》是系列国家标准，下面列出了这些国家标准的预计结构及其对应的IEC标准：

a) GB/T 18309.1—2001/IEC 61300-1:1995《纤维光学互连器件和无源器件　基本试验和测量程序　第1部分：总则和导则》。

b) GB/T 18310《纤维光学互连器件和无源器件　基本试验和测量程序　第2部分：试验》

——GB/T 18310.1—2002/IEC 61300-2-1:1995《纤维光学互连器件和无源器件　基本试验和测量程序　第2-1部分：试验　振动（正弦）》；

——GB/T 18310.2—2001/IEC 61300-2-2:1995《纤维光学互连器件和无源器件　基本试验和测量程序　第2-2部分：试验　配接耐久性》；

——GB/T 18310.3—2001/IEC 61300-2-3:1995《纤维光学互连器件和无源器件　基本试验和测量程序　第2-3部分：试验　静态剪切力》；

——GB/T 18310.4—2001/IEC 61300-2-4:1995《纤维光学互连器件和无源器件　基本试验和测量程序　第2-4部分：试验　光纤/光缆保持力》；

……。

c) GB/T 18311《纤维光学互连器件和无源器件　基本试验和测量程序　第3部分：检查和测量》

——GB/T 18311.1/IEC 61300-3-1:1995《纤维光学互连器件和无源器件　基本试验和测量程序　第3-1部分：检查和测量　外观检查》；

——GB/T 18311.2—2001/IEC 61300-3-2:1995《纤维光学互连器件和无源器件　基本试验和测量程序　第3-2部分：检查和测量　单模纤维光学器件偏振依赖性》；

——GB/T 18311.3—2001/IEC 61300-3-3:1997《纤维光学互连器件和无源器件　基本试验和测量程序　第3-3部分：检查和测量　监测衰减和回波损耗变化（多路）》；

——GB/T 18311.4/IEC 61300-3-4:2001《纤维光学互连器件和无源器件　基本试验和测量程序　第3-4部分：检查和测量　衰减》；

……。

本部分由中华人民共和国信息产业部提出。

本部分由中国电子技术标准化研究所(CESI)归口。

本部分起草单位:信息产业部电子第八研究所。

本部分主要起草人:王强、商海英、王毅。

纤维光学互连器件和无源器件
基本试验和测量程序
第2-1部分:试验 振动(正弦)

1 总则

1.1 范围和目的

本部分目的是评定现场使用期间可能遇到的振动在主要频率范围和振动幅值条件下对纤维光学器件的影响。现场使用遇到的多数振动不属于简谐振动,但基于这一类型的振动试验已很好地证明了模拟实际的现场使用。

1.2 概述

本程序按GB/T 2423.10—1995试验Fc进行。将样品安装于振动台上并产生正弦振动。样品在三个互相垂直的方向上依次振动,其中一个方向与光轴方向平行。振动幅值按恒定位移或恒定加速度来确定。GB/T 2423.10—1995 试验Fc结合不同方法构成了不同的程序。

1.3 规范性引用文件

下列文件中的条款通过GB/T 18310的本部分的引用而成为本部分的条款。凡是注日期的引用文件,其随后所有的修改单(不包括勘误的内容)或修订版均不适用于本部分,然而,鼓励根据本部分达成协议的各方研究是否可使用这些文件的最新版本。凡是不注日期的引用文件,其最新版本适用于本部分。

GB/T 2423.10—1995 电工电子产品环境试验 第2部分:试验方法 试验Fc和导则:振动(正弦)(idt IEC 68-2-6:1982)

2 装置

装置应符合GB/T 2423.10—1995试验Fc规定,并由以下单元组成。

2.1 振动台

产生正弦振动的振动台。

2.2 固定夹具

合适的样品固定夹具。被试器件(DUT)应以尽可能模拟正常安装的方式牢固安装在夹具上。在DUT的两端至少有20 cm长度的光纤或光缆,应无支撑且不受张力地固定在振动表面上。

2.3 附加测量设备

若在试验期间需对样品进行测量,则应在相关规范中规定附加测量设备和工作条件。

3 程序

按GB/T 2423.10—1995试验Fc进行试验。样品应在三个互相垂直的方向上依次振动,振动耐久试验用扫频法进行。

4 严酷等级

严酷等级由频率范围、振动幅值、扫频速率和扫频次数及每一轴线上耐久试验持续时间组成。试验的严酷等级应在相关规范中规定。

本程序可规定下列优先严酷等级(非强制性):

频率范围/Hz
10～55 10～150 10～500 10～2 000 10～5 000

振　动　幅　值
55 Hz 及其以下,0.75 mm 恒定位移;55 Hz 以上,196 m/s^2 恒定加速度

扫　频　次　数
12 15

扫频速率
1 oct/min

在每个规定方向每一轴线上持续时间
20 min 或 30 min

5 规定的细节

按适用情况,在相关规范中应规定下述细节:

——频率范围;

——振动幅值;

——扫频次数;

——每一轴线上持续时间;

——恒定速率下的频率变化;

——安装的方法和样品的定位方向;

——样品是否作光学监测;

——预处理程序;

——恢复程序;

——初始检查和测量以及性能要求;

——试验过程中的检查和测量以及性能要求;

——最后检查和测量以及性能要求;

——光学测量方法(若需要);

——附加设备和操作条件;

——相对于试验程序的差异;

——附加的"合格/不合格"判据。

ICS 33.180.20
L 50

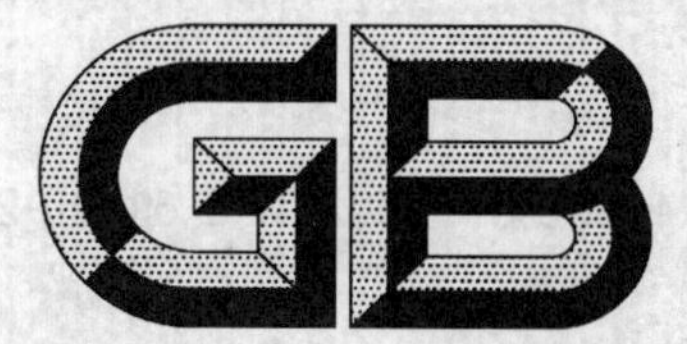

中华人民共和国国家标准

GB/T 18310.5—2002/IEC 61300-2-5:1995

纤维光学互连器件和无源器件 基本试验和测量程序 第2-5部分:试验 扭转/扭绞

Fibre optic interconnecting devices and passive components—Basic test and measurement procedures—Part 2-5:Tests—Torsion/twist

(IEC 61300-2-5:1995,IDT)

2002-12-04 发布　　　　2003-05-01 实施

中华人民共和国国家质量监督检验检疫总局 发布

前　言

《纤维光学互连器件和无源器件　基本试验和测量程序》系列标准分为如下几部分：

——第1部分：总则和导则；

——第2部分：试验；

——第3部分：检查和测量。

本部分为GB/T 18310的第5部分，并隶属于GB/T 18309.1—2001/IEC 61300-1:1995《纤维光学互连器件和无源器件　基本试验和测量程序　第1部分：总则和导则》。

本部分等同采用IEC 61300-2-5:1995《纤维光学互连器件和无源器件　基本试验和测量程序　第2-5部分：试验　扭转/扭绞》（英文版）。

为便于使用，对于IEC 61300-2-5:1995还做了下列编辑性修改：

a)　"本标准"一词改为"本部分"；

b)　删除IEC 61300-2-5:1995的前言。

《纤维光学互连器件和无源器件　基本试验和测量程序》是系列国家标准，下面列出了这些国家标准的预计结构及其对应的IEC标准：

a)　GB/T 18309.1—2001/IEC 61300-1:1995《纤维光学互连器件和无源器件　基本试验和测量程序　第1部分：总则和导则》。

b)　GB/T 18310《纤维光学互连器件和无源器件　基本试验和测量程序　第2部分：试验》

——GB/T 18310.1—2002/IEC 61300-2-1:1995《纤维光学互连器件和无源器件　基本试验和测量程序　第2-1部分：试验　振动（正弦）》；

——GB/T 18310.2—2001/IEC 61300-2-2:1995《纤维光学互连器件和无源器件　基本试验和测量程序　第2-2部分：试验　配接耐久性》；

——GB/T 18310.3—2001/IEC 61300-2-3:1995《纤维光学互连器件和无源器件　基本试验和测量程序　第2-3部分：试验　静态剪切力》；

——GB/T 18310.4—2001/IEC 61300-2-4:1995《纤维光学互连器件和无源器件　基本试验和测量程序　第2-4部分：试验　光纤/光缆保持力》；

……。

c)　GB/T 18311《纤维光学互连器件和无源器件　基本试验和测量程序　第3部分：检查和测量》

——GB/T 18311.1/IEC 61300-3-1:1995《纤维光学互连器件和无源器件　基本试验和测量程序　第3-1部分：检查和测量　外观检查》；

——GB/T 18311.2—2001/IEC 61300-3-2:1995《纤维光学互连器件和无源器件　基本试验和测量程序　第3-2部分：检查和测量　单模纤维光学器件偏振依赖性》；

——GB/T 18311.3—2001/IEC 61300-3-3:1997《纤维光学互连器件和无源器件　基本试验和测量程序　第3-3部分：检查和测量　监测衰减和回波损耗变化（多路）》；

——GB/T 18311.4/ IEC 61300-3-4:2001《纤维光学互连器件和无源器件　基本试验和测量程序　第3-4部分：检查和测量　衰减》；

……。

本部分由中华人民共和国信息产业部提出。

本部分由中国电子技术标准化研究所（CESI）归口。

本部分起草单位：信息产业部电子第八研究所。

本部分主要起草人：王强、商海英、王毅。

纤维光学互连器件和无源器件 基本试验和测量程序 第2-5部分:试验 扭转/扭绞

1 总则

1.1 范围和目的

本部分目的是评定在安装和正常使用中可能遇到的经受张力同时承受扭转负荷时,被试器件和光缆的连接能力。

1.2 概述

通过在规定的张力下,光缆与器件接口受到的扭转负荷或扭绞作用,来测定这种作用对器件的物理和光学特性的影响。

1.3 规范性引用文件

下列文件中的条款通过GB/T 18310的本部分的引用而成为本部分的条款。凡是注日期的引用文件,其随后所有的修改单(不包括勘误的内容)或修订版均不适用于本部分,然而,鼓励根据本部分达成协议的各方研究是否可使用这些文件的最新版本。凡是不注日期的引用文件,其最新版本适用于本部分。

GB/T 18309.1—2001 纤维光学互连器件和无源器件 基本试验和测量程序 第1部分:总则和导则(idt IEC 61300-1:1995)

GB/T 18311.3—2001 纤维光学互连器件和无源器件 基本试验和测量程序 第3-3部分:检查和测量 监测衰减和回波损耗变化(多路)(idt IEC 61300-3-3:1997)

IEC 61300-3-1 纤维光学互连器件和无源器件 基本试验和测量程序 第3-1部分:检查和测量 外观检查

2 装置

试验装置应能同时把张力和一个扭转负荷或扭绞作用力施加到光缆与器件接口上。图1所示为试验装置的基本部分。

2.1 固定夹具

牢固安装被试器件,被试器件的固定夹具在整个试验期间应保持同轴。该夹具允许被试器件连接到光源和用于监测衰减的探测器上。

2.2 光缆夹持装置

光缆夹持装置被用在扭转负荷施加点上。光缆夹持装置应能抓住和夹紧光缆,使其在施加负荷时不在夹具中转动或滑动。这种夹持装置不允许挤压光纤或导致的衰减变化超出规定。光缆夹持装置可由缠绕并夹紧若干圈光缆的一芯轴组成。

2.3 重物

采用重物或其他机械装置提供一个张力负荷施加到光缆夹持装置上。

2.4 扭转机和测量仪器

如果被试器件的尾缆是刚性的,并要求一个规定的扭矩代替旋转角度,则施加方式如下:应使用扭矩扳手(或等效工具),以及扭矩范围不超过所要求扭矩试验值的3倍的扭矩测量仪器来施加扭矩。希望但不要求有一个最大扭矩读数指示器。测量仪器的准确度应在所施加扭矩值的10%以内。

3 程序

3.1 样品制备

根据制造厂的要求或相关规范规定制备样品。

3.2 预处理

除非另有规定，应在 GB/T 18309.1—2001 规定的标准试验条件下对被试器件进行预处理 4 h。测量并记录器件的衰减。

3.3 被试器件固定

样品主体应牢固安装到已被夹紧在一个固定位置的夹板上(见图 1)。能施加负荷的夹持装置应以光纤或光缆不被挤压的方式夹紧光缆。除非另有规定，从应力消除机构端到光缆夹持装置顶部的距离应为 0.2 m(见图 1)。如果没有应力消除机构，以最靠近光缆夹持装置的样品端作为基准。

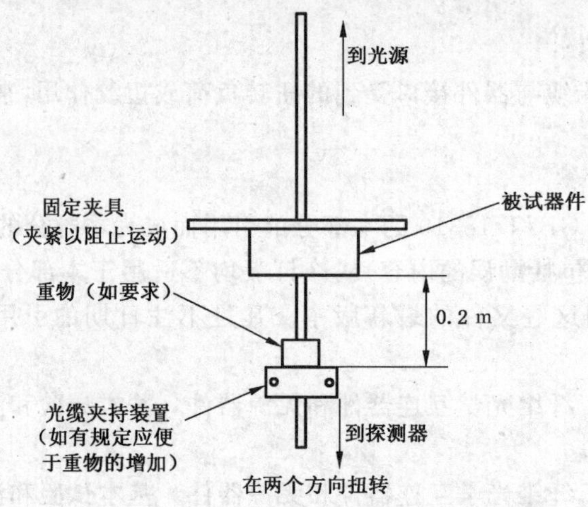

图 1 试验装置

3.4 测量衰减

重新测量衰减以确保这种安装和光缆的夹持对光缆衰减的影响不超过规定的可接受范围。

3.5 对光缆施加负荷

将表 1 推荐的或相关规范中规定的张力负荷逐渐施加在光缆夹持装置上，并注意避免对光缆的任何突然的急扭或应变。

表 1 张力负荷

标称光缆直径/mm	推荐负荷/kg	标称光缆直径/mm	推荐负荷/kg
≤2.5	1.5	13.1～18.0	5.5
2.6～4.0	2.5	18.1～24.0	6.5
4.1～6.0	4.0	24.1～30.0	7.0
6.1～9.0	4.5	≥30.1	7.5
9.1～13.0	5.0		
注：没有加强元件的较细光缆可以要求低于 1.5 kg 的负荷。			

3.6 测量衰减

施加负荷后，重新测量样品的衰减，记录这个数值并将其作为确定扭转运动效果的基准。

3.7 扭转光缆

给光缆夹持器件施加一个扭转运动，注意控制负荷的垂直和水平运动。一次扭转循环应包括一个方向的运动、相反方向的运动，以及返回原来位置。除非另有规定，一个试验循环应包括在一个方向扭转 90°,然后反方向扭转 180°,最后扭转回到起始位置。

在使用硬性光缆的场合,将用一个规定的扭矩值代替旋转角度。

除非另有规定,重复 10 次上述循环。当需要进行超过 10 次的循环时,除非另有规定,扭转速率为每分钟 30 次循环。

3.8 监测衰减

除非另有规定,试验期间样品的衰减应按 GB/T 18311.3—2001 规定进行监测。任何对 3.6 测量的器件衰减偏差将认为是由器件中的光缆/器件接口、光纤/光纤接口或光纤与光源/探测器接口引起的。

注:如果产生不允许的衰减变化,并且光缆自身可能有缺陷,可以采用一段光缆和两个光缆夹持装置以同样的方式进行一项确定光缆产生影响的控制试验。

3.9 最后测量和检查

在扭转试验结束后,除去所有固定夹具并做一个最终衰减测量以确保没有对被试器件产生永久性破坏。最终测量结果应在相关规范规定的范围之内。

除非另有规定,从固定夹具上取出器件并按照 IEC 61300-3-1 规定目力检查试样。检查验证下列情况:

——零件或附件是否破碎、松动或损坏;

——光缆护套、密封、应力消除机构或光纤是否断裂或损坏;

——零件是否移位、弯曲、破坏或碎裂;

——任何接口区域是否有擦伤。

4 严酷等级

试验严酷等级由施加的张力负荷、光缆旋转角度或施加于光缆的扭矩,以及旋转或施加扭矩的循环次数组成。

5 规定的细节

按适用情况,在相关规范中应规定下列细节:

——施加到光缆上的张力负荷;

——非 3.7 规定的扭转循环;

——非 10 次的循环次数;

——非 3.3 规定的光缆夹持的位置;

——样品是否作光学监测;

——预处理程序;

——恢复程序;

——初始检查和测量以及性能要求;

——试验过程中的检查和测量以及性能要求;

——最后检查和测量以及性能要求;

——光学测量方法(若需要);

——相对于试验程序的差异;

——附加的"合格/不合格"判据。

ICS 33.180.20
L 50

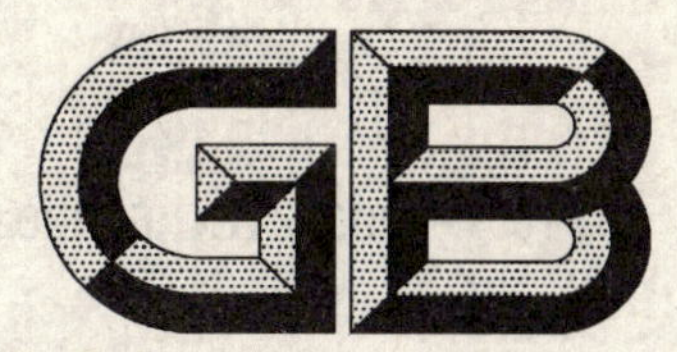

中华人民共和国国家标准

GB/T 18310.7—2002/IEC 61300-2-7:1995

纤维光学互连器件和无源器件 基本试验和测量程序 第2-7部分:试验 弯矩

Fibre optic interconnecting devices and passive components—Basic test and measurement procedures—Part 2-7: Tests—Bending moment

(IEC 61300-2-7:1995,IDT)

2002-12-04 发布　　2003-05-01 实施

中华人民共和国
国家质量监督检验检疫总局 发布

前　言

《纤维光学互连器件和无源器件　基本试验和测量程序》系列标准分为如下几部分：

——第1部分：总则和导则；

——第2部分：试验；

——第3部分：检查和测量。

本部分为GB/T 18310的第7部分，并隶属于GB/T 18309.1—2001/IEC 61300-1:1995《纤维光学互连器件和无源器件　基本试验和测量程序　第1部分：总则和导则》。

本部分等同采用IEC 61300-2-7:1995《纤维光学互连器件和无源器件　基本试验和测量程序　第2-7部分：试验　弯矩》(英文版)。

为便于使用，对于IEC 61300-2-7:1995还做了下列编辑性修改：

a) "本标准"一词改为"本部分"；

b) 删除IEC 61300-2-7:1995的前言。

《纤维光学互连器件和无源器件　基本试验和测量程序》是系列国家标准，下面列出了这些国家标准的预计结构及其对应的IEC标准：

a) GB/T 18309.1—2001/IEC 61300-1:1995《纤维光学互连器件和无源器件　基本试验和测量程序　第1部分：总则和导则》。

b) GB/T 18310《纤维光学互连器件和无源器件　基本试验和测量程序　第2部分：试验》

——GB/T 18310.1—2002/IEC 61300-2-1:1995《纤维光学互连器件和无源器件　基本试验和测量程序　第2-1部分：试验　振动(正弦)》；

——GB/T 18310.2—2001/IEC 61300-2-2:1995《纤维光学互连器件和无源器件　基本试验和测量程序　第2-2部分：试验　配接耐久性》；

——GB/T 18310.3—2001/IEC 61300-2-3:1995《纤维光学互连器件和无源器件　基本试验和测量程序　第2-3部分：试验　静态剪切力》；

——GB/T 18310.4—2001/IEC 61300-2-4:1995《纤维光学互连器件和无源器件　基本试验和测量程序　第2-4部分：试验　光纤/光缆保持力》；

……。

c) GB/T 18311《纤维光学互连器件和无源器件　基本试验和测量程序　第3部分：检查和测量》

——GB/T 18311.1/IEC 61300-3-1:1995《纤维光学互连器件和无源器件　基本试验和测量程序　第3-1部分：检查和测量　外观检查》；

——GB/T 18311.2—2001/IEC 61300-3-2:1995《纤维光学互连器件和无源器件　基本试验和测量程序　第3-2部分：检查和测量　单模纤维光学器件偏振依赖性》；

——GB/T 18311.3—2001/IEC 61300-3-3:1997《纤维光学互连器件和无源器件　基本试验和测量程序　第3-3部分：检查和测量　监测衰减和回波损耗变化(多路)》；

——GB/T 18311.4/IEC 61300-3-4:2001《纤维光学互连器件和无源器件　基本试验和测量程序　第3-4部分：检查和测量　衰减》；

……。

本部分由中华人民共和国信息产业部提出。

本部分由中国电子技术标准化研究所(CESI)归口。

本部分起草单位：信息产业部电子第八研究所(CESI)。

本部分主要起草人：王强、商海英、王毅。

纤维光学互连器件和无源器件
基本试验和测量程序
第2-7部分:试验　弯矩

1　总则

1.1　范围和目的

本部分目的是评定在正常使用期间整套光连接器或其他光器件组合的锁紧装置能承受弯矩的能力。

1.2　概述

弯矩平稳作用于连接器或其他器件组合使其沿纵轴弯曲。

2　装置

装置由下列单元组成。

2.1　以规定速率平稳地施加规定力的力发生器。

2.2　夹持装置。

2.3　扭矩扳手。

2.4　附加测量设备

若在试验期间需对样品进行操作,则应在相关规范中规定附加设备和工作条件。

3　程序

3.1　进行初始检查和测量。

3.2　恰当地配接整套连接器。

3.3　牢固夹紧连接器的一半或被试器件。

3.4　在规定的施加点上并以相关规范中规定的值将一个力平稳地施加到连接器的另一半上。

3.5　维持这个力至少10 s。

3.6　如果相关规范中要求,则应进行光学测量(即衰减、回波损耗),并记录测量结果。

3.7　最后检查和测量

除非另有规定,应按IEC 61300-3-1的要求检查器件或其部件。当相关规范中要求时,还应进行其他规定的检查和测量。

4　严酷等级

严酷等级由力的大小和距夹持点一定距离的施力点组成。试验的严酷等级应在相关规范中规定。

5　规定的细节

按适用情况,在相关规范中应规定下列细节:

——施加力的大小和速率;

——施加力的方向和作用点(距夹持点的规定距离);

——样品是否作光学监测;

——预处理程序;

——恢复程序;
——初始检查和测量以及性能要求;
——试验过程中的检查和测量以及性能要求;
——最后检查和测量以及性能要求;
——光学测量方法(若需要);
——相对于试验程序的差异;
——附加的“合格/不合格”判据。

ICS 33.180.20
L 50

中华人民共和国国家标准

GB/T 18310.12—2002/IEC 61300-2-12:1995

纤维光学互连器件和无源器件 基本试验和测量程序 第2-12部分:试验 撞击

Fibre optic interconnecting devices and passive components—Basic test and measurement procedures—Part 2-12: Tests—Impact

(IEC 61300-2-12:1995, IDT)

2002-12-04 发布　　2003-05-01 实施

中华人民共和国
国家质量监督检验检疫总局　发布

前 言

《纤维光学互连器件和无源器件　基本试验和测量程序》系列标准分为如下几部分：

——第1部分：总则和导则；

——第2部分：试验；

——第3部分：检查和测量。

本部分为GB/T 18310的第12部分，并隶属于GB/T 18309.1—2001/IEC 61300-1:1995《纤维光学互连器件和无源器件　基本试验和测量程序　第1部分：总则和导则》。

本部分等同采用IEC 61300-2-12:1995《纤维光学互连器件和无源器件　基本试验和测量程序　第2-12部分：试验　撞击》(英文版)。

为便于使用，对于IEC 61300-2-12:1995还做了下列编辑性修改：

a) “本标准”一词改为“本部分”；

b) 删除IEC 61300-2-12:1995的前言。

《纤维光学互连器件和无源器件　基本试验和测量程序》是系列国家标准，下面列出了这些国家标准的预计结构及其对应的IEC标准：

a) GB/T 18309.1—2001/IEC 61300-1:1995《纤维光学互连器件和无源器件　基本试验和测量程序　第1部分：总则和导则》。

b) GB/T 18310《纤维光学互连器件和无源器件　基本试验和测量程序　第2部分：试验》

——GB/T 18310.1—2002/IEC 61300-2-1:1995《纤维光学互连器件和无源器件　基本试验和测量程序　第2-1部分：试验　振动(正弦)》；

——GB/T 18310.2—2001/IEC 61300-2-2:1995《纤维光学互连器件和无源器件　基本试验和测量程序　第2-2部分：试验　配接耐久性》；

——GB/T 18310.3—2001/IEC 61300-2-3:1995《纤维光学互连器件和无源器件　基本试验和测量程序　第2-3部分：试验　静态剪切力》；

——GB/T 18310.4—2001/IEC 61300-2-4:1995《纤维光学互连器件和无源器件　基本试验和测量程序　第2-4部分：试验　光纤/光缆保持力》；

……。

c) GB/T 18311《纤维光学互连器件和无源器件　基本试验和测量程序　第3部分：检查和测量》

——GB/T 18311.1/IEC 61300-3-1:1995《纤维光学互连器件和无源器件　基本试验和测量程序　第3-1部分：检查和测量　外观检查》；

——GB/T 18311.2—2001/IEC 61300-3-2:1995《纤维光学互连器件和无源器件　基本试验和测量程序　第3-2部分：检查和测量　单模纤维光学器件偏振依赖性》；

——GB/T 18311.3—2001/IEC 61300-3-3:1997《纤维光学互连器件和无源器件　基本试验和测量程序　第3-3部分：检查和测量　监测衰减和回波损耗变化(多路)》；

——GB/T 18311.4/IEC 61300-3-4:2001《纤维光学互连器件和无源器件　基本试验和测量程序　第3-4部分：检查和测量　衰减》；

……。

本部分由中华人民共和国信息产业部提出。

本部分由中国电子技术标准化研究所(CESI)归口。

本部分起草单位：中国电子技术标准化研究所(CESI)。

本部分主要起草人：王毅、王强、王锐臻。

纤维光学互连器件和无源器件
基本试验和测量程序
第 2-12 部分:试验 撞击

1 总则

1.1 范围和目的

本部分目的是对纤维光学器件承受在使用过程可能遇到的撞击能力的评价。撞击可能是由刚性物体引起的局部撞击和一系列撞击,或器件正常跌落引起的撞击。

1.2 概述

本部分规定两种试验方法,即器件跌落和落锤跌落。方法 A 采用将带有一段光缆的样品自由摆落并撞击到一撞击面上,而方法 B 采用将具有半圆柱面的落锤落到被放置在一砧座上的样品上。

2 装置

装置由以下单元组成:

2.1 方法 A

2.1.1 固定夹具

固定夹具应能安装在任何合适的刚性垂直件上。固定夹具应提供一个旋转节,以使接有光缆的样品能从水平位置到垂直位置自由摆落。图 1 给出了适用装置的示例。

2.1.2 平板

撞击平板为尺寸至少是 300 mm×500 mm×25 mm 的钢板。

2.2 方法 B

2.2.1 砧座

规定硬度的砧座。

2.2.2 落锤

落锤的质量应可调节,其表面为洛氏硬度 Rb90 的半圆柱面。

2.2.3 落锤装置

使落锤升起和落下的装置,其示例见图 2。该装置采用绳索和滑轮将驱动曲柄与落锤相连所组成。

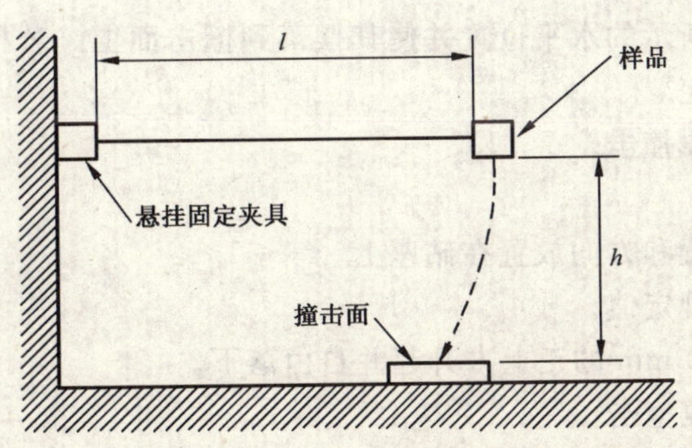

图 1 方法 A 装置

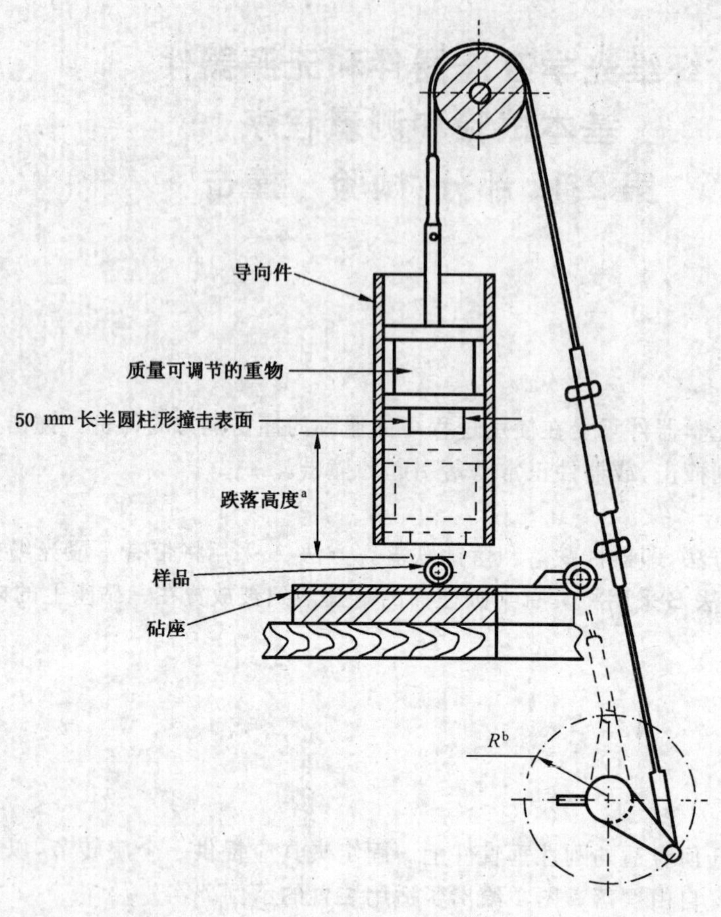

a 跌落高度优先值为 150 mm。

b R 不小于(1/2 跌落高度+10 mm)。

图 2 方法 B 装置

3 程序

3.1 方法 A

3.1.1 将光缆的固定夹具安装在离撞击面高度为 h 的位置,高度 h 应在详细规范规定。

3.1.2 将光缆连接至固定夹具上,使样品至固定夹具的距离 l 为 2 m,以使样品从水平位置到垂直位置能自由摆落。

3.1.3 将样品保持在图 1 所示的水平位置并使其摆落到撞击面上。若样品的姿态对撞击试验显得重要,应在详细规范中加以规定。

3.1.4 按规定循环次数反复撞击。

3.2 方法 B

3.2.1 将样品以规定的位置和方向放置在砧座上。

3.2.2 调节落锤质量达到规定值。

3.2.3 使落锤在离砧座 150 mm 的正上方升起并自由落下。

3.2.4 按规定循环次数反复撞击。

4 严酷等级

4.1 方法A

严酷等级由跌落次数和跌落高度的组合构成,详细规范中应规定严酷等级。

本程序可规定下列优先严酷等级(非强制性):

跌落次数
1
5
10
25
50

跌落高度/mm
500
750
1 000
1 500
1 750
2 000

4.2 方法B

严酷等级由落锤面半径、落锤质量和撞击次数的组合构成。详细规范中应规定严酷等级。

本程序可规定下列优先严酷等级(非强制性):

落锤面半径/mm
5
10
20

落锤质量/g
100
250
500
1 000

撞击次数
1
5
10

5 规定的细节

5.1 方法A

按适用情况,在详细规范中应规定下述细节:

——跌落次数;

——跌落高度;

——样品是否作光学监测;

——样品是否配接;

——预处理程序;

——恢复程序;

——初始检查和测量以及性能要求;

——试验过程中检查和测量以及性能要求;

——最终检查和测量以及性能要求;

——相对于试验程序的差异;

——附加的"合格/不合格"判据。

5.2 方法B

按适用情况,在详细规范中应规定下述细节:

——落锤表面半径;

——落锤质量;

——撞击次数;

——样品上的撞击点;

——样品的方向；
——砧座材料及其硬度；
——样品是否作光学监测；
——样品是否配接；
——预处理程序；
——恢复程序；
——初始检查和测量以及性能要求；
——试验过程中检查和测量以及性能要求；
——最终检查和测量以及性能要求；
——相对于试验程序的差异；
——附加的“合格/不合格”判据。

ICS 33.180.20
L 50

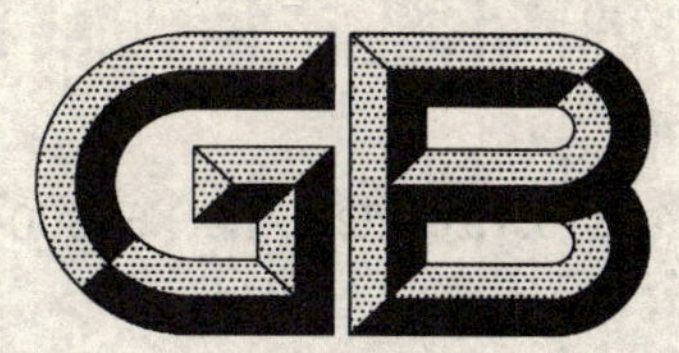

中华人民共和国国家标准

GB/T 18310.19—2002/IEC 61300-2-19:1995

纤维光学互连器件和无源器件 基本试验和测量程序 第2-19部分:试验 恒定湿热

Fibre optic interconnecting devices and passive components—Basic test and measurement procedures—Part 2-19:Tests—Damp heat (steady state)

(IEC 61300-2-19:1995,IDT)

2002-12-04 发布　　2003-05-01 实施

中华人民共和国
国家质量监督检验检疫总局　发布

前 言

《纤维光学互连器件和无源器件　基本试验和测量程序》系列标准分为如下几部分：

——第1部分：总则和导则；

——第2部分：试验；

——第3部分：检查和测量。

本部分为GB/T 18310的第19部分，并隶属于GB/T 18309.1—2001/IEC 61300-1:1995《纤维光学互连器件和无源器件　基本试验和测量程序　第1部分：总则和导则》。

本部分等同采用IEC 61300-2-19:1995《纤维光学互连器件和无源器件　基本试验和测量程序　第2-19部分：试验　恒定湿热》(英文版)。

为便于使用，对于IEC 61300-2-19:1995还做了下列编辑性修改：

a) “本标准”一词改为“本部分”；

b) 删除IEC 61300-2-19:1995的前言。

《纤维光学互连器件和无源器件　基本试验和测量程序》是系列国家标准，下面列出了这些国家标准的预计结构及其对应的IEC标准：

a) GB/T 18309.1—2001/IEC 61300-1:1995《纤维光学互连器件和无源器件　基本试验和测量程序　第1部分：总则和导则》。

b) GB/T 18310《纤维光学互连器件和无源器件　基本试验和测量程序　第2部分：试验》

——GB/T 18310.1—2002/IEC 61300-2-1:1995《纤维光学互连器件和无源器件　基本试验和测量程序　第2-1部分：试验　振动(正弦)》；

——GB/T 18310.2—2001/IEC 61300-2-2:1995《纤维光学互连器件和无源器件　基本试验和测量程序　第2-2部分：试验　配接耐久性》；

——GB/T 18310.3—2001/IEC 61300-2-3:1995《纤维光学互连器件和无源器件　基本试验和测量程序　第2-3部分：试验　静态剪切力》；

——GB/T 18310.4—2001/IEC 61300-2-4:1995《纤维光学互连器件和无源器件　基本试验和测量程序　第2-4部分：试验　光纤/光缆保持力》；

……。

c) GB/T 18311《纤维光学互连器件和无源器件　基本试验和测量程序　第3部分：检查和测量》

——GB/T 18311.1/IEC 61300-3-1:1995《纤维光学互连器件和无源器件　基本试验和测量程序　第3-1部分：检查和测量　外观检查》；

——GB/T 18311.2—2001/IEC 61300-3-2:1995《纤维光学互连器件和无源器件　基本试验和测量程序　第3-2部分：检查和测量　单模纤维光学器件偏振依赖性》；

——GB/T 18311.3—2001/IEC 61300-3-3:1997《纤维光学互连器件和无源器件　基本试验和测量程序　第3-3部分：检查和测量-监测衰减和回波损耗变化(多路)》；

——GB/T 18311.4/IEC 61300-3-4:2001《纤维光学互连器件和无源器件　基本试验和测量程序　第3-4部分：检查和测量　衰减》；

……。

本部分由中华人民共和国信息产业部提出。

本部分由中国电子技术标准化研究所(CESI)归口。

本部分起草单位：中国电子技术标准化研究所(CESI)。

本部分主要起草人：王毅、王强、王锐臻。

纤维光学互连器件和无源器件
基本试验和测量程序　第 2-19 部分:试验　恒定湿热

1 总则

1.1 范围和目的

本部分目的是确定纤维光学器件耐实际使用、储存和/或运输中可能遇到的高温和高湿环境的适应性。该程序主要用于观察在给定的恒定温度期间高湿度的影响效应。吸湿可能导致纤维光学器件出现膨胀使功能劣化,引起机械强度下降和其他重要机械性能变化,同时光学性能也可能降低。虽然该程序不一定能模拟热带环境试验,但可用于确定绝缘材料或涂覆材料吸潮性能。

1.2 概述

本程序按 IEC 60068-2-3:1969 试验 Ca 进行。按照详细规范,将样品放置在试验箱中,在保持规定温度和相对湿度的湿热环境下达到规定的持续时间。

1.3 规范性引用文件

下列文件中的条款通过 GB/T 18310 的本部分的引用而成为本部分的条款。凡是注日期的引用文件,其随后所有的修改单(不包括勘误的内容)或修订版均不适用于本部分,然而,鼓励根据本部分达成协议的各方研究是否可使用这些文件的最新版本。凡是不注日期的引用文件,其最新版本适用于本部分。

IEC 60068-2-3:1969　环境试验　第 2 部分:各种试验　试验 Ca:恒定湿热

2 装置

2.1 试验箱

装置包括符合 IEC 60068-2-3:1969 试验 Ca 规定的环境试验箱。试验箱应能容纳样品并在条件试验期间易于测量。试验箱也应具有将规定温度和湿度维持在规定容差范围内的能力。气流的强制循环可使试验环境保持均匀一致。试验箱和相关附件的结构设计和排列应避免冷凝液滴落到样品上。

2.2 水汽

利用蒸汽、蒸馏水、软化水或去离子水来获得规定的湿度。试验装置不应导致使锈蚀污染物附着于样品上。

2.3 其他装置

可能需要附加装置来进行详细规范中规定的检查和测量。

3 程序

本程序按 IEC 60068-2-3:1969 试验 Ca 进行。

3.1 预处理

若规定,样品应按详细规范要求进行预处理。

3.2 初始检查和测量

按详细规范要求对样品进行初始检查和测量。

3.3 条件处理

3.3.1　使试验箱和样品在标准大气条件下保持稳定,将样品包括连接到外部设备上的连接线(当需要时)以正常的工作状态放置在试验箱内。

3.3.2 将试验箱温度和湿度调整到规定严酷等级。以最长 5 min 为间隔，其平均温度变化率不应超过 1℃/min。使样品在规定温度下达到稳定，并在规定温度和湿度下持续规定时间。

3.3.3 试验完成时，样品仍在试验箱内，使试验箱温度逐渐下降达到标准大气条件。以最长 5 min 为间隔，其平均温度变化率不应超过 1℃/min。详细规范可能规定条件试验期间的测量，若需要，详细规范应规定测量项目并规定何时测量。进行测量期间，样品不能从试验箱中取出。

3.4 恢复

允许样品在标准大气条件下恢复 1 h 以上。详细规范可规定恢复期间的测量。若需要，详细规范应规定测量项目并规定何时测量。

3.5 最终检查和测量

按详细规范要求进行最终检查和测量。

4 严酷等级

严酷等级由温度、湿度和暴露时间构成。详细规范应规定严酷等级。

本程序可规定下列优先严酷等级(非强制性)：

暴露时间/d
4
10
21
56

5 规定的细节

按适用情况，在详细规范中应规定下列细节：

——暴露时间；

——去除表面潮气可能采取的特殊措施；

——样品是否作光学监测；

——样品是否配接；

——预处理程序；

——恢复程序；

——初始检查和测量以及性能要求；

——试验过程中检查和测量以及性能要求；

——最终检查和测量以及性能要求；

——相对于试验程序的差异；

——附加的“合格/不合格”判据。

ICS 33.180.20
L 50

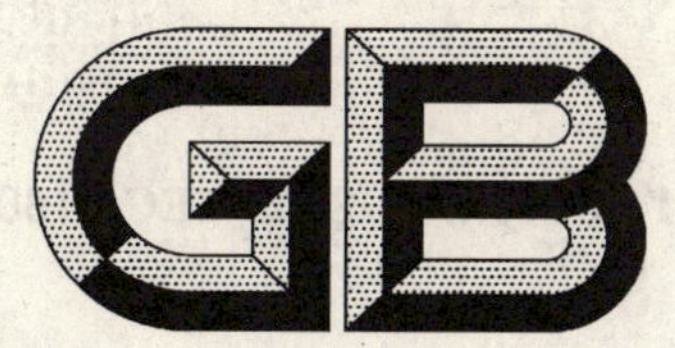

中华人民共和国国家标准

GB/T 18310.21—2002/IEC 61300-2-21:1995

纤维光学互连器件和无源器件 基本试验和测量程序 第2-21部分:试验 温度—湿度组合循环试验

Fibre optic interconnecting devices and passive components—Basic test and measurement procedures—Part 2-21:Tests—Composite temperature-humidity cyclic test

(IEC 61300-2-21:1995,IDT)

2002-12-04 发布　　2003-05-01 实施

中华人民共和国
国家质量监督检验检疫总局　发布

前言

《纤维光学互连器件和无源器件　基本试验和测量程序》系列标准分为如下几部分：

——第1部分：总则和导则；

——第2部分：试验；

——第3部分：检查和测量。

本部分为GB/T 18310的第21部分，并隶属于GB/T 18309.1—2001/IEC 61300-1:1995《纤维光学互连器件和无源器件　基本试验和测量程序　第1部分：总则和导则》。

本部分等同采用IEC 61300-2-21:1995《纤维光学互连器件和无源器件　基本试验和测量程序　第2-21部分：试验　温度——湿度组合循环试验》(英文版)。

为便于使用，对于IEC 61300-2-21:1995还做了下列编辑性修改：

a) “本标准”一词改为“本部分”；

b) 删除IEC 61300-2-21:1995的前言。

《纤维光学互连器件和无源器件　基本试验和测量程序》是系列国家标准，下面列出了这些国家标准的预计结构及其对应的IEC标准：

a) GB/T 18309.1—2001/IEC 61300-1:1995《纤维光学互连器件和无源器件　基本试验和测量程序　第1部分：总则和导则》。

b) GB/T 18310《纤维光学互连器件和无源器件　基本试验和测量程序　第2部分：试验》

——GB/T 18310.1—2002/IEC 61300-2-1:1995《纤维光学互连器件和无源器件　基本试验和测量程序　第2-1部分：试验　振动(正弦)》；

——GB/T 18310.2—2001/IEC 61300-2-2:1995《纤维光学互连器件和无源器件　基本试验和测量程序　第2-2部分：试验　配接耐久性》；

——GB/T 18310.3—2001/IEC 61300-2-3:1995《纤维光学互连器件和无源器件　基本试验和测量程序　第2-3部分：试验　静态剪切力》；

——GB/T 18310.4—2001/IEC 61300-2-4:1995《纤维光学互连器件和无源器件　基本试验和测量程序　第2-4部分：试验　光纤/光缆保持力》；

……。

c) GB/T 18311《纤维光学互连器件和无源器件　基本试验和测量程序　第3部分：检查和测量》

——GB/T 18311.1/IEC 61300-3-1:1995《纤维光学互连器件和无源器件　基本试验和测量程序　第3-1部分：检查和测量　外观检查》；

——GB/T 18311.2—2001/IEC 61300-3-2:1995《纤维光学互连器件和无源器件　基本试验和测量程序　第3-2部分：检查和测量　单模纤维光学器件偏振依赖性》；

——GB/T 18311.3—2001/IEC 61300-3-3:1997《纤维光学互连器件和无源器件　基本试验和测量程序　第3-3部分：检查和测量　监测衰减和回波损耗变化(多路)》；

——GB/T 18311.4/IEC 61300-3-4:2001《纤维光学互连器件和无源器件　基本试验和测量程序　第3-4部分：检查和测量　衰减》；

……。

本部分由中华人民共和国信息产业部提出。

本部分由中国电子技术标准化研究所(CESI)归口。

本部分起草单位：中国电子技术标准化研究所(CESI)。

本部分主要起草人：王毅、王强、王锐臻。

纤维光学互连器件和无源器件
基本试验和测量程序
第2-21部分:试验　温度—湿度组合循环试验

1　总则

1.1　范围和目的

本部分的目的是以加速方式来确定纤维光学器件在高温、潮湿和低温条件下抗性能退化的能力。

本程序旨在揭示与吸潮相对应的“呼吸”所引起样品的缺陷。本程序包括裂纹和龟裂处吸收的水的冰冻效应及冷凝,而冷凝程度将与样品体积和热容量密切相关。

本程序与其他循环湿热试验不同表现在增加了下述严酷程度:

a)　在给定时间内,存在着较多次的温度变化或“呼吸”作用;

b)　较大的循环温度范围;

c)　较大的温度变化速率;

d)　包括多次0℃以下的温度变化。

这一类型试验对于由各种不同材料制成的纤维光学器件特别是器件含有玻璃粘接时尤为重要。

1.2　概述

本程序按GB/T 2423.34—1986试验Z/AD进行。样品放置于湿热箱内并经受10个温度—湿度循环,其中每个温度—湿度循环历时24 h。在前9个循环的任意5个循环期间,样品经受湿热分循环后,应经受低温试验。

1.3　规范性引用文件

下列文件中的条款通过GB/T 18310的本部分的引用而成为本部分的条款。凡是注日期的引用文件,其随后所有的修改单(不包括勘误的内容)或修订版均不适用于本部分,然而,鼓励根据本部分达成协议的各方研究是否可使用这些文件的最新版本。凡是不注日期的引用文件,其最新版本适用于本部分。

GB/T 2423.34—1986　电工电子产品基本环境试验规程　试验Z/AD:温度/湿度组合循环试验方法(idt IEC 60068-2-38:1974)

2　装置

装置包括符合GB/T 2423.34—1986规定的适用环境试验箱。

注:本程序可在满足GB/T 2423.34—1986要求的同一试验箱内进行(一箱法)或在两个分开的试验箱内进行(两箱法)。

3　程序

本程序按GB/T 2423.34—1986进行。

4　严酷等级

严酷等级由相对湿度和持续时间,低温和暴露时间,循环次数和低温循环次数的组合构成。

GB/T 2423.34—1986试验Z/AD规定了用详细温度/湿度循环描述的完整24 h循环、低温分循环以及在最后循环中没有低温暴露的24 h循环。

5 规定的细节

按适用情况，在详细规范中应规定下述细节：

——样品是否作光学监测；

——样品是否配接；

——预处理程序；

——恢复程序；

——初始检查和测量以及性能要求；

——试验过程中检查和测量以及性能要求；

——最终检查和测量以及性能要求；

——相对于试验程序的差异；

——严酷等级；

——附加的“合格/不合格”判据。

ICS 13.040.50
Z 64

中华人民共和国国家标准

GB 18322—2002
代替 GB 18322—2001

农用运输车自由加速烟度排放限值及测量方法

Limits and measurement methods for smoke at free acceleration from agricultural vehicles

2002-01-04 发布　　2002-07-01 实施

国家环境保护总局
国家质量监督检验检疫总局　发布

前　言

为贯彻《中华人民共和国环境保护法》和《中华人民共和国大气污染防治法》，防治农用运输车排放对环境的污染，改善环境空气质量，制定本标准。

本标准规定了两个实施阶段的型式认证、生产一致性检查和三个实施阶段的在用车检查试验的排放限值及其测量方法。

自本标准发布之日起，下列标准废止：

GB 18322—2001《农用运输车自由加速烟度限值》。

本标准的附录 A、附录 B 和附录 C 都是标准的附录。

本标准由国家环境保护总局科技标准司提出。

本标准由北京市汽车研究所、中国农机研究院起草。

本标准由国家环境保护总局于 2001 年 11 月 22 日批准。

本标准由国家环境保护总局负责解释。

农用运输车自由加速烟度排放限值及测量方法

1 范围

本标准规定了农用运输车在自由加速工况下烟度排放限值和测量方法。

本标准适用于农用运输车。

2 引用标准

下列标准所包含的条文，通过在本标准中引用而构成为本标准的条文。本标准出版时，所示版本均为有效。所有标准都会被修订，使用本标准的各方应探讨使用下列标准最新版本的可能性。

GB 9804—1988 烟度卡标准

GB 252—2000 轻柴油

3 定义

本标准采用下列定义。

3.1 农用运输车

以柴油机为动力装置，中小吨位、中低速度，从事道路运输的机动车辆，包括三轮农用运输车和四轮农用运输车等，但不包括轮式拖拉机车组、手扶拖拉机车组和手扶变型运输机。

其中三轮农用运输车指最大设计车速不大于 50 km/h，最大设计总质量不大于 2 000 kg，长不大于 4.6 m、宽不大于 1.6 m 和高不大于 2 m 的三个车轮的农用运输车。四轮农用运输车指最大设计车速不大于 70 km/h，最大设计总质量不大于 4 500 kg，长小于 6 m、宽不大于 2 m 和高不大于 2.5 m 的四个车轮的农用运输车。

3.2 自由加速工况

柴油发动机于怠速工况（发动机运转，离合器处于接合位置，油门踏板与手油门处于松开位置，变速器处于空档位置），将油门踏板迅速踏到底，维持 4 s 后松开。

3.3 自由加速烟度

在自由加速工况下，从发动机排气管抽取规定容量的排气，使规定面积的清洁滤纸染黑的程度，称为自由加速烟度。单位为 Rb。

4 试验分类

试验分为型式认证试验、生产一致性检查试验和在用车检查试验三类。

4.1 型式认证试验

制造厂提交一台车辆，按附录 A 记录其特征，进行本标准第 5 条规定的试验。

4.2 生产一致性检查试验

从制造厂已通过 4.1 型式认证试验，成批生产的农用运输车中任意抽取一台，进行本标准第 5 条规定的试验。试验车辆应按照制造厂的技术规范磨合或部分磨合。

4.3 在用车检查试验

上牌照以后投入使用的农用运输车，进行本标准第5条规定的试验。

5 试验方法

农用运输车自由加速烟度试验方法按附录B的规定执行。

6 排放限值

6.1 农用运输车自由加速烟度排放限值见表1、表2和表3。

表1 型式认证试验排放限值

实施阶段	实施日期	烟度值 Rb	
		装用单缸柴油机	装用多缸柴油机
1	2002.10.01—2003.12.31	4.5	3.5
2	2004.01.01起	4.0	3.0

表2 生产一致性检查试验排放限值

实施阶段	实施日期	烟度值 Rb	
		装用单缸柴油机	装用多缸柴油机
1	2003.07.01—2004.06.30	5.0	4.0
2	2004.07.01起	4.5	3.5

表3 在用车检查试验排放限值

实施阶段	实施日期	烟度值 Rb	
		装用单缸柴油机	装用多缸柴油机
1	2002.07.01前生产	6.0	4.5
2	2002.07.01—2004.06.30生产	5.5	4.5
3	2004.07.01起生产	5.0	4.0
进入城镇建成区的在用农用运输车1)	2002.07.01—2004.06.30	4.5	
	2004.07.01起	4.0	

1) 实施限值的城镇范围由省级人民政府决定。

6.2 结果判别。

连续3次测量结果的算术平均值不超过本标准6.1对应的排放限值，则为合格。

7 标准的实施监督

标准由各级环境保护行政主管部门统一监督实施。

附　录　A
（标准的附录）
型式认证申报材料要求

A.1　车辆概况

A.1.1　厂牌：____________________

A.1.2　型号：____________________

A.1.3　车辆标识：(标识的方法和位置)____________________

A.1.4　车辆类型：____________________

A.1.5　制造厂申明的技术上允许的最大质量：____________________

A.1.6　车辆照片和/或示意图：____________________

A.1.7　制造厂名称和地址：____________________

A.1.8　车轮数量：____________________

A.2　发动机概况

A.2.1　制造厂：____________________

A.2.2　发动机型号/编号：____________________

A.2.3　型式：四冲程/二冲程1)，卧式/立式1)

A.2.4　缸径：__________ mm

A.2.5　行程：__________ mm

A.2.6　气缸数目及排列：__________

A.2.7　发动机排量：__________ cm^3

A.2.8　额定功率/转速：__________ kW/(r/min)

A.2.9　最大扭矩/转速：__________ N·m/(r/min)

A.2.10　怠速转速：__________ r/min

A.2.11　容积压缩比：____________________

A.2.12　燃烧系统说明：____________________

A.2.13　燃料室形式：直喷式/预燃室式/涡流燃烧室式1)

A.2.14　燃烧室和活塞顶部图：____________________

A.2.15　燃料供给

A.2.15.1　喷油泵

A.2.15.1.1　厂牌：____________________

A.2.15.1.2　型号：____________________

A.2.15.1.3　最大供油量：在泵的转速为__________ r/min 下，__________ mm^3/冲程或循环，或者以供油特性曲线表示。

A.2.15.1.4　喷油提前

A.2.15.1.4.1　喷油提前曲线：____________________

A.2.15.1.4.2　喷油正时：____________________

A.2.15.2　高压油管

1）划去不适应者。

A.2.15.2.1 管长：________mm

A.2.15.2.2 内径：________mm

A.2.15.3 喷油器

A.2.15.3.1 厂牌：________

A.2.15.3.2 型号：________

A.2.15.3.3 开启压力：________kPa 或特性曲线：________

A.2.15.4 调速器：

A.2.15.4.1 厂牌：________

A.2.15.4.2 型号：________

A.2.15.4.3 全负荷开始减油点的转速：________r/min

A.2.15.4.4 最高空载转速：________r/min

A.2.15.4.5 怠速转速：________r/min

A.2.16 冷却系统

A.2.16.1 液冷

A.2.16.1.1 冷却液性质：________

A.2.16.1.2 循环泵：有/无1)

特性或厂牌和型号(如适用)：________

传动比(如适用)：________

A.2.16.2 风冷

鼓风机：有/无1)

特性或厂牌和型号(如适用)：________

传动比(如适用)：________

A.2.17 增压器：有/无1)

A.2.17.1 厂牌：________

A.2.17.2 型号：________

A.2.17.3 系统说明(如：最大增压压力、废气旁通阀，如适用)：________

A.2.17.4 中冷器：有/无1)

A.2.18 冷起动装置

A.2.18.1 厂牌：________

A.2.18.2 型号：________

A.2.18.3 说明：________

A.3 附加净化装置(如有，且未包括在其他项目内)

A.3.1 净化器：有/无1)

A.3.1.1 净化器数量及元素：________

A.3.1.2 净化器尺寸和形状(容积，…………)：________

A.3.1.3 净化器的安装位置(安装地点及在排气系统中的相对距离)：________

A.3.2 辅助空气喷射装置：有/无1)

A.3.2.1 型式(脉冲空气，气泵，…………)：________

A.3.3 废气再循环(EGR)：有/无1)

A.3.3.1 特征性能(流量，…………)：________

1) 划去不适用者。

A.3.4 其他系统(描述和功能):________________

A.4 试验条件的附加说明

A.4.1 所用的润滑油:________________

A.4.1.1 厂牌:________________

A.4.1.2 牌号:________________

附 录 B
（标准的附录）
试 验 方 法

B.1 前言

本附录规定了农用运输车自由加速烟度排放的试验方法。

B.2 测量仪器技术要求

采用滤纸式烟度计(以下简称烟度计)。该烟度计一般由取样系统和测量系统组成。

B.2.1 取样系统

取样系统由取样探头、抽气装置、清洗装置和取样用连接管组成。

B.2.1.1 取样探头

取样探头应易于安装在排气管上，能抽吸排放的气体，抽气孔应不直接承受所抽气样的动压

a) 取样探头有易于安装在排气管中心处的固定部件；

b) 取样探头有冷却气样的散热装置；

c) 排气取样入口处与排放气体相接触的部件应采用耐腐蚀性或经表面处理的材料制作。

取样探头的结构及其主要尺寸应符合图 B.1 的要求。

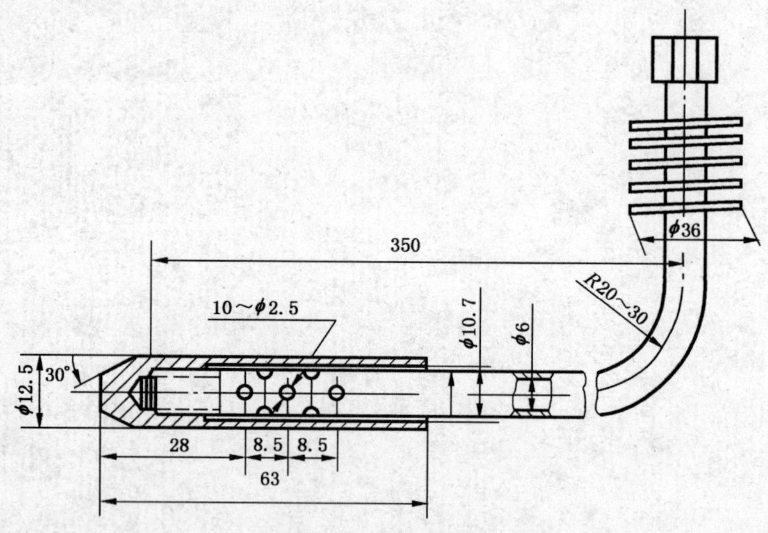

图 B.1 取样探头

B.2.1.2 抽气装置

抽气装置由抽气泵和滤纸夹持器组成。抽气泵为活塞式抽气泵。

a) 抽气泵应保证每次的抽气量为 330 mL±15 mL；

b) 抽气泵抽气速度不应变化过大。每一次吸气动作的时间为 1.4 s±0.2 s；

c) 在 1 min 内，外界空气渗入抽气泵的渗入量不应大于 15 mL；

d) 应保证滤纸的有效工作面直径为 ϕ32 mm；

e) 滤纸夹持器应易于滤纸的安装和取出，且应夹持可靠，保证密封。

B.2.1.3 取样连接管

取样用连接管应为挠性管，其两端应分别带有可与取样探头和抽气装置相连接的耐热性接头，取样用连接管的长度为 5.0 m，内径等于 $\phi5_{-0.2}$ mm，取样系统局部内径不得小于 ϕ4 mm。

B.2.2 测量系统

测量系统由光电反射头、指示器和试样台组成。

B.2.2.1 光电反射头

a) 光源采用白炽电珠泡,发光要均匀稳定;

b) 电珠光轴应位于滤纸中心并与滤纸平面垂直;

c) 采用环形硒光电池作为光电元件,其输出特性应稳定。硒光电池受光面积的外径为 ϕ23 mm,内径为 ϕ10 mm。滤纸到硒光电池表面的距离为 10.5 mm。

B.2.2.2 指示器

测量系统的指示器,可以采用指针式或数字式。要求其最小示值为满量程的 1%。

B.2.2.3 试样台

a) 应具有 B.2.3 条 a)中规定的安放衬底材料的结构,台面与光电反射头的测量部件接触应平稳严密;

b) 其尺寸形状应符合 GB 9804 的规定。

B.2.3 滤纸

a) 测量时滤纸下面应衬垫一定厚度的滤纸或其他等效反射材料作衬底。滤纸的反射因数应为(92±3)%;

b) 当量孔径为 45 μm;

c) 透气度为 3 000 mL/(cm^2·min)(滤纸前后压差为 1.96～3.90 kPa);

d) 厚度为 0.18～0.20 mm。

B.2.4 标准烟度卡

标准烟度卡的技术要求应符合 GB 9804 的规定。

a) 烟度计检定用标准烟度卡,按量程均匀分布不得少于 6 张;

b) 烟度计日常标定用烟度卡,烟度值应选 4.0 Rb～5.0 Rb,每台烟度计 3 张。

B.2.5 烟度计必须定期检定,在有效期内方可使用。

B.3 受检车辆

B.3.1 进气系统应装有空气滤清器,排气系统应装有消声器并且不得有泄漏。

B.3.2 应保证取样探头插入深度不小于 300 mm。否则排气管应加接管,并保证接口不漏气。

B.3.3 测试时使用的柴油应符合 GB 252 的规定,不得使用消烟添加剂。

B.3.4 测量时发动机的冷却水和润滑油温度应达到车辆使用说明书所规定的热状态。

B.4 测量循环

B.4.1 测量前准备。

B.4.1.1 用压力为 300～400 kPa 的压缩空气清洗取样管路。

B.4.1.2 抽气泵置于待抽气位置。

B.4.1.3 将清洁的滤纸置于待取样位置,并将滤纸夹紧。

B.4.2 循环组成

B.4.2.1 抽气泵抽气:由抽气泵开关控制,抽气动作应和自由加速工况同步。

B.4.2.2 滤纸走位:每次抽气完毕后应松开滤纸夹紧机构,把烟样送至试样台。

B.4.2.3 抽气泵回位:可以手动也可以自动,以准备下一次抽气。

B.4.2.4 滤纸夹紧:抽气泵回位后,手动或自动将滤纸夹紧。

B.4.2.5 指示器读数:烟样送至试样台后,由指示器读出烟度值。

B.4.3 循环时间

应于 20 s 内完成 B.4.2 所规定的循环。对于手动烟度计，B.4.2.5 的规定可以在完成 B.5 后一并进行。

B.4.4 清洗管路

在按 B.5 完成 3 个测量循环以后，用压力为 300～400 kPa 的压缩空气清洗取样管路。

B.5 测量程序

B.5.1 检查试验发动机的最高空载转速必须达到出厂规定值，并记录。

B.5.2 安装取样探头：将取样探头固定于排气管内，插深等于 300 mm，并使其中心线与排气管轴线平行。

B.5.3 吹除积存物：按 3.2 规定工况进行 3 次不测量的循环，以清除排气系统中积存的碳烟。

B.5.4 测量取样：将抽气泵开关置于油门踏板上，按 3.2 规定的工况和 B.4.2 规定的循环连续测量 3 次，如图 B.2 所示。3 次测量结果的算术平均值即为所测烟度值。

B.5.5 当被测车辆发动机存在黑烟冒出排气管的时间与抽气泵开始抽气的时间不同步的现象时，应取最大烟度值。

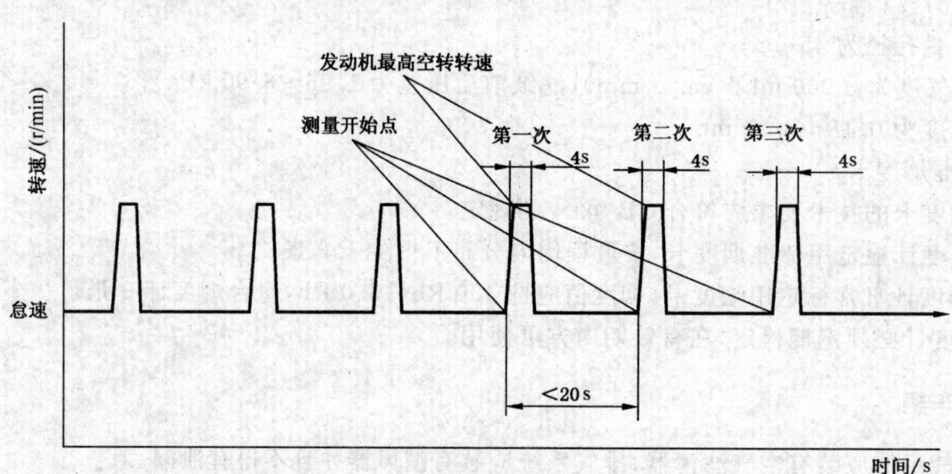

图 B.2 测量规程

附　录　C
（标准的附录）
自由加速烟度测量记录表

烟度计型号：＿＿＿＿＿＿　转速仪型号：＿＿＿＿＿＿

大气压力：＿＿＿＿＿＿　大气温度：＿＿＿＿＿＿　相对湿度：＿＿＿＿＿＿

试验地点：＿＿＿＿＿＿　试验人员：＿＿＿＿＿＿　试验日期：＿＿＿＿＿＿

序号	车型	整车编号（或底盘号/VIN）	发动机型号	怠速转速/(r/min)	最高空载转速/(r/min)	测量值 Rb			平均值 Rb
						1	2	3	

ICS 35.040
A 24

中华人民共和国国家标准

GB/T 18391.1—2002/ISO/IEC 11179-1:1999

信息技术 数据元的规范与标准化 第1部分:数据元的规范与标准化框架

Information technology—Specification and standardization of data elements—Part 1: Framework for the specification and standardization of data elements

(ISO/IEC 11179-1:1999, IDT)

2002-07-18 发布 2002-12-01 实施

中华人民共和国
国家质量监督检验检疫总局 发布

前言

GB/T 18391 在总标题《信息技术　数据元的规范与标准化》下，包括以下几部分：

——第 1 部分：数据元的规范与标准化框架；

——第 2 部分：数据元的分类；

——第 3 部分：数据元的基本属性；

——第 4 部分：数据定义的编写规则与指南；

——第 5 部分：数据元的命名和标识原则；

——第 6 部分：数据元的注册。

本部分等同采用国际标准 ISO/IEC 11179-1:1999《信息技术　数据元的规范与标准化　第 1 部分：数据元的规范与标准化框架》。

本部分的附录 A 和附录 B 是资料性附录。

本部分由中国标准研究中心提出并归口。

本部分起草单位：中国标准研究中心。

本部分主要起草人：刘植婷、邢立强、史立武。

ISO/IEC 前言

国际标准化组织(ISO)和国际电工委员会(IEC)是世界性的标准化专门机构。作为ISO或IEC成员的各个国家团体机构,通过各类技术委员会参与国际标准的研制。技术委员会由参加各类专业领域技术活动的相关组织组建而成。ISO和IEC的技术委员会在共同感兴趣的领域进行合作。同ISO和IEC有联系的官方与非官方国际组织,也可以参与该项工作。

在信息技术领域,ISO和IEC已组建了联合技术委员会,即ISO/IEC JTC1。由联合技术委员会通过的国际标准草案,提交给各国家团体进行表决。一项国际标准的颁布,至少需要75%参与表决的国家团体投赞成票。

需要提请注意的是:ISO/IEC 11179本部分中某些内容可能已经获得了专利权。ISO和IEC并不对全部或部分具有专利权的内容负责。

国际标准ISO/IEC 11179-1是由信息技术联合技术委员会(ISO/IEC JTC1)下属的数据管理与交换分委员会(SC32)负责起草的。

ISO/IEC 11179在总标题《信息技术　数据元的规范与标准化》下,包括以下部分:

——第1部分:数据元的规范与标准化框架;

——第2部分:数据元的分类;

——第3部分:数据元的基本属性;

——第4部分:数据定义的编写规则与指南;

——第5部分:数据元的命名和标识原则;

——第6部分:数据元的注册。

本标准的附录A和附录B是资料性附录。

引　　言

背景

人类通过自然界中事物的特性来认识事物，而这些特性则通过数据来表示。数据的基本单元——数据元的规范，涉及到为每一个数据元的相关特性进行规范化说明，以确保自然界事物表示的一致性与准确性。经过仔细、认真规范和标准化的数据将会大大加强其在系统间及环境间的实用性和共享性。数据共享包括所需数据的查询检索以及与其他用户的数据交换。当数据元按照GB/T 18391的要求进行编写，且其文件在一个数据元登记系统得到管理时，则从分散的数据库中查找、检索以及通过电子通信手段发送和接收它们将变得相当简便。

通过自动信息处理系统对用于交流的数据元进行识别和标准化，是一项正在进行的重要工作。该项活动的成功及其在世界范围内的应用将对提高政府、企业界及学术界间的交流起到至关重要的作用。

GB/T 18391的制定致力于解决以下几个最基本的数据共享与标准化问题(但不仅限于此)：

- 缺乏促使全球数据获得与交换的机制，特别是在应用领域；
- 全球唯一的标准数据元的标识符尚不存在；
- 有关数据元特性的文档尚不足以支持数据全面自动化的共享，包括数据的查找、检索与交换；
- 目前尚未形成关于数据元标识、开发和描述的统一指南；
- 在成千上万的数据元中查找和检索某一具体的标准数据元是非常困难或者是几乎不可能的事情；
- 目前尚不存在通用的方法对标准数据元进行有效的组织；
- 尽管有些数据在一个机构内已经标准化，但机构间公用的数据标准却很少；
- 机构间数据的交换导致了专用数据交换表示方法的激增；
- 数据定义和描述的精确程度尚不能支持数据的再利用以及用户多样化的需求；
- 现有用于缩减冗余逻辑数据的目录结构尚不能满足需要；
- 由于标准数据元的缺乏而使全球实施电子数据交换(EDI)受到阻碍；EDI报文的内容需要标准数据元。

为了推动电子通信的全球化，国际标准界通过细心而持续不断的努力确定了开放系统互连环境(OSIE)。在该环境内，不同的计算机硬件及应用可实现信息共享。开放性信息处理系统所需的四个基本要素(硬件、软件、通信和数据)中的三个(硬件、软件和通信)要素，已经或正在制定为相关标准，而GB/T 18391作为数据规范，为开放性信息系统的第四个基本要素，提供了在OSIE内实现数据共享的机制。

系统要做到真正的开放，数据必须是易于交换的且可以在各种不同的应用环境内及其相互间进行共享，它可以跨越区域化的网络和分布式的网络。为了数据的共享，数据的使用者与拥有者必须对其含义、表示和标识的理解是一致的。例如，为了理解数据的含义，数据使用者必须在数据元登记系统获得关于数据的描述。数据必须得到充分的描述，并应使使用者可以通过很方便的途径得到这些描述。数据元登记系统提供了对数据元内容及表示进行组织的方法，以确保数据描述的一致性，并使数据设计者和使用者较为方便地对其进行定位。数据的统一规范化将为整个软件开发生命周期中的数据检索、交换和一致性的使用提供便利。具有规范意义和形式的信息单元则被称为“已标准化数据元”。

GB/T 18391 的目的

GB/T 18391 描述数据元标准化和注册，使理解和共享数据成为可能。相对于传统的数据管理办法，以 GB/T 18391 来描述数据元标准化及其注册将使一个共享数据环境的产生花费更少的时间和精力。

GB/T 18391 的目的在于如何就离散性数据元的描述及其语义内容（元数据，它以一种一致、标准的方式来表达数据元）的表达与维护提供具体的指南。它还就数据元注册系统的建立提供指南。

GB/T 18391 的初衷是通过电子信息交换以满足国际范围数据开放化交换的需要，它还能：

- 便利数据的获取和注册；
- 加速数据的访问及应用；
- 依据元数据描述的特性，运用智能软件简化数据操作；
- 促成用于 CASE 工具和数据存储的数据表示元模型的开发；
- 方便电子数据的交换与数据的共享。

GB/T 18391 将使以下信息系统和人们之间的数据传递获益：

- 一个机构内；
- 不同的机构间；
- 跨越所有软件、硬件层面和地理、机构及政治的界限。

关于数据元的元数据被存储于数据元注册系统中。数据元注册系统支持数据及其描述的共享。注册是将支持数据共享的元数据文件化的过程。注册应在数据元层面进行，使其含义得到最大程度的理解。GB/T 18391 将使最终用户能自信、准确、无歧义地解释其所想要表达的意思。

GB/T 18391 的用户

GB/T 18391 为数据用户和管理者阐明了共享数据所必需的数据元特性中的一个基本集。并对重要的数据元特性如标识符、定义及分类类型做了特意的强调。GB/T 18391 对数据元注册系统的描述，旨在帮助共享数据的用户对数据元的含义、表示和标识有一个共同的理解。如果已获得数据值，用户就可以找到该数据的确切含义。用户还可以通过辨识所需数据的类型从数据库中检索所期望的数据值。

GB/T 18391 为系统分析者和数据管理者提供了能满足需求的数据元的再利用途径，或如果一个数据元不存在，设计新的数据元的途径。在用户从数据库中获得数据元以前，数据服务管理者和系统分析者必须对数据进行逻辑标识和描述，以确保用户不会无意中引进不一致的数据值。如果数据分析者想生成一个共享数据的产品，他们首先应该知道所需特性的数据元是否存在。若存在，他们可以使用它。如果系统分析者复制该数据元，就必须以包含相同信息的相同方式表示数据元。若不存在具有恰好相同特性的数据元，数据管理者就需要设计数据元使其描述适合于软件开发者的需求。GB/T 18391 的目的在于开发对数据元的精确描述。依照这个由多个部分组成的国家标准的原则产生的数据元，可以进行数据交换和检索，而与其所使用的信息处理系统和通信协议无关。

GB/T 18391 为软件开发者提供了确保数据一致的手段。注册系统可以使软件开发者在整个软件开发生命周期（SDLC）中保证数据使用的一致性。注册系统将提供数据元管理的机制并使其在软件开发生命周期（SDLC）的不同阶段具有可追溯性。

GB/T 18391 为数据字典开发者、数据元注册系统、计算机辅助软件工程（CASE）工具和其他数据管理软件提供了用于设计元模型的基础，而元模型又是获取、存储、管理和交换数据元的元数据所必需的。

信息技术　数据元的规范与标准化
第1部分:数据元的规范与标准化框架

1　范围

GB/T 18391 规定了数据元组成的基本内容,包括元数据。GB/T 18391 的本部分适用于人、机共享数据元的规范化表示和含义,不适用于机器级上数据以位和字节为单位的物理表示。

本部分提供了关联部分的相关环境和从概念上理解数据元的基础。

2　规范性引用文件

下列文件中的条款通过 GB/T 18391 本部分的引用而成为本部分的条款。凡是注日期的引用文件,其随后所有的修改单(不包括勘误的内容)或修订版均不适用于本部分,然而,鼓励根据本部分达成协议的各方研究是否可使用这些文件的最新版本。凡是不注日期的引用文件,其最新版本适用于本部分。

GB/T 5271.4—2000　信息技术　词汇　第4部分:数据的组织(idt ISO/IEC 2382-4:1987)

GB/T 10112—1999　术语工作　原则与方法(neq ISO/DIS 704:1997)

GB/T 15237.1—2000　术语工作　词汇　第1部分:理论与应用(eqv ISO 1087:1-2000)

GB/T 18391.2——[1]　信息技术　数据元的规范与标准化　第2部分:数据元的分类(idt ISO/IEC 11179-2:2000)

GB/T 18391.3—2001　信息技术　数据元的规范与标准化　第3部分:数据元的基本属性(idt ISO/IEC 11179-3:1994)

GB/T 18391.4—2001　信息技术　数据元的规范与标准化　第4部分:数据元定义的编写规则与指南(idt ISO/IEC 11179-4:1995)

GB/T 18391.5—2001　信息技术　数据元的规范与标准化　第5部分:数据元的命名和标识原则(idt ISO/IEC 11179-5:1995)

GB/T 18391.6—2001　信息技术　数据元的规范与标准化　第6部分:数据元的注册(ISO/IEC 11179-6:1997)

GB/T 20001.1—2001　标准编写规则　第1部分:术语(ISO 10241:1992,International terminology standards—Preparation and layout,NEQ)

ISO 标准手册10　数据处理　词汇1982

3　术语和定义

下表中的术语和定义适用于 GB/T 18391 的各部分。表头中"部分"编号列中的 X 表明该术语在该部分被定义并会在其他章中被使用。以黑体出现于一个术语定义中的词语本身也是一个术语,它将会在该章的其他地方被定义。以普通字体出现的词语采用其被普遍理解的含义。某些词这两种情况都存在。也有的情况是两个或两个以上的术语在一个定义中同时出现,且出现的新术语并未给出定义。在上述情况下,确定术语时是无歧义的。

1) 正在制定中。

序号	术语	定义	“部分”编号					
			1	2	3	4	5	6
3.1	管理成分 administered component	汇集了管理**属性**的成分。		×				
3.2	管理状态 administrative status	**注册机构**处理**注册**申请期间所处各种状态的标示。	×					×
3.3	属性 attribute	某个**对象**或**实体**的一种特性。	×	×	×	×	×	×
3.4	属性值 attribute value	某种**属性**的一个实例表示。			×			
3.5	已审核数据元 certified data element	**已登录的数据元**。符合GB/T 18391规定的质量要求。	×					×
3.6	分类方案 classification scheme	依据**对象**的共性如:来源、构成、结构、应用和功能等将其排列或分组。		×	×			×
3.7	分类方案条款 classification scheme item	**分类方案**内容的一个成分。这可以是**分类法**或本体论的一个节点,**主题词表**中的一个术语等。		×				
3.8	分类成分 classified component	可以依据一个以上的**分类方案**进行分类的**数据元**的成分。这些成分包括**对象类**、**特性**、**表示类**、**数据元概念**、**值域**和**数据元**。		×				
3.9	备注 comments	关于**数据元**的注释。			×			×
3.10	概念 concept	在一组**对象**共同特性的基础上抽象出来的思想。[GB/T 15237]	×	×		×		
3.11	相关环境 context	对使用**名称**或产生**名称**的应用环境或应用规程的指明或描述。			×		×	×
3.12	数据 data	对事实、概念或指令的一种形式化表示,适用于以人工或自动方式进行通信、解释或处理。 [GB/T 5271.4—2000]	×	×		×		×
3.13	数据字典 data dictionary	涉及其他**数据**应用和结构的**数据**的数据库,即用于存储**元数据**的数据库[ANSI X3.172—1990]。又见**数据元字典**。	×	×		×		
3.14	数据元 data element	用一组**属性**描述定义、标识、**表示**和允许值的**数据**单元。	×	×	×	×	×	×
3.15	数据元概念 data concept	能以**数据元**形式表示,且与任何特定的**表示法**无关的一种**概念**。	×	×	×		×	×
3.16	数据元字典 data element dictionary	列出并定义了所有相关数据元的一种信息资源。又见**注册簿**。		×	×	×		

序号	术语	定义	“部分”编号					
			1	2	3	4	5	6
3.17	数据元面 data element facet	易于分类的**数据元**的任一方面。这包括**对象类**、**特性**、**表示**和**数据元概念**。		×				
3.18	数据元名称 data element name	用于标识**数据元**的主要手段，由一个或多个词构成的命名。	×					
3.19	数据元注册系统 data element registry	由注册机构保存的用于描述数据元含义和表示形式的信息资源，包括注册标识符、定义、名称、值域、元数据和管理属性等。又见**注册簿**。	×					
3.20	数据元值 data element value	**数据元**允许值集合中的一个值。又见**数据值**。			×			×
3.21	数据标识符(DI) data identifier	由**注册机构**分配给**数据元**的标识符(一串字符或其他图形符号)。					×	×
3.22	数据项 data item	**数据元**的一个具体值。						×
3.23	数据模型 data model	以反映信息结构的某种方式对**数据**组织的描述。	×					
3.24	数据管理者 data steward	对特定的一系列**数据**资源管理负责的个人或组织。	×					
3.25	数据类型 datatype	由**数据元**操作决定的用于采集字母、数字和(或)符号的格式，以描述**数据元**的值。	×					
3.26	数据元值的数据类型 datatype of data element value	表示**数据元值**的不同值的集合。			×			×
3.27	数据值 data value	**值域**中的一个元素。	×					
3.28	定义 definition	表述人和事物的基本特性、或者人或事物类别的词或短语：要回答“X是什么？”或“一个X属于什么？”这样的问题：一个词或词组含义的表述[韦氏新世界英语大词典，第三版，1986]。一个**数据元**基本特性的陈述，并使之区别于其他**数据元**。	×		×	×	×	
3.29	域 domain	一种**属性**的可能**数据值**的集合。[GB/T 5271]。又见**值域**。	×	×		×		
3.30	实体 entity	任何具体的或抽象的事物，包括事物间的联系。[GB/T 5271]。又见**对象类**。	×	×				

序号	术语	定义	“部分”编号					
			1	2	3	4	5	6
3.31	穷举域 enumerated domain	由所有允许值的列表表示的**值域**。	×					
3.32	表示形式 form of representation	**数据元表示**形式的名称或描述。如：‘数量值’、‘代码’、‘文本’、‘图标’。又见**表示术语**。			×			×
3.33	标识符 identifier	**注册机构**内与语言无关的**数据元**的唯一**标识符**。又见**数据标识符**。给定相关环境的**对象**的无歧义的名称。	×	×	×	×	×	×
3.34	信息 information	(信息处理中)关于**对象**的知识，如：事实、事件、事物、处理、或想法，包括在某些相关环境中有特定含义的概念。[GB/T 5271]。	×					
3.35	信息交换 information interchange	以某种方式发送和接收**数据**的过程，该方式不会使指定给**数据**的**信息**内容或含义在传输中被更改。	×					×
3.36	国际注册数据标识符(IRDI) international registration data identifier	**数据元**的一个国际唯一**标识符**。						×
3.37	关键字 keyword	用于**数据元**检索的一个或多个有意义的字词。		×	×			×
3.38	表示格式 layout of representation	在**数据元值**之内，字符的格式表示用字符串表现。			×			×
3.39	词法 lexical	有关一种语言的词或词汇，而非它的语法和结构。	×				×	
3.40	数据元值的最大长度 maximum size of data element values	表示**数据元值**的(对应**数据类型**的)存储单元的最大数值。			×			×
3.41	元数据 metadata	定义和描述其他**数据**的**数据**。	×					
3.42	数据元值的最小长度 minimum size of data element values	表示**数据元值**的(对应**数据类型**的)存储单元的最小数值			×			×
3.43	名称 name	人们标识**对象**和**概念**的基本方式。赋予**数据元**的单字或多字的名称。	×	×	×	×	×	×
3.44	对象 object	可以想象或感觉的世界的任一部分。[GB/T 15237]。	×					

序号	术语	定义	“部分”编号					
			1	2	3	4	5	6
3.45	对象类 object class	**对象集**。现实世界中的想法、抽象概念或事物的集合,有清楚的边界和含义,并且**特性**和其行为遵循同样的规则而能够加以标识。	×					
3.46	对象类术语 object class term	数据元名称的成分,用于表示其所属的对象类;如:“雇员”。	×				×	
3.47	允许的数据元值 permissible data element values	依据在相应**属性**中规定的**表示形式**、**布局**、**数据类型**、**最大范围**和**最小范围**,表示 **数据元**允许事例的集。该集可以依据**名称**、参照来源、列举事例的表示或产生事例的规则而加以指定。			×			×
3.48	特性 property	**对象类**的所有个体所共有的某种性质。	×					
3.49	特性术语 property term	**数据元名称**的一个成分,用于表述**对象类**的**特性**。(**数据元名称**的一个成分,表述**数据元**所属类别。)	×				×	
3.50	限定词 qualifier	帮助定义和呈递唯一性概念的术语。	×					
3.51	限定术语 qualifier term	帮助定义和区分数据库中某个**名称**的词或词组。					×	
3.52	已登录数据元 recorded data element	提交的**数据元**,包含了所有必选**属性**并已被记录,但其内容可能不满足 GB/T 18391 中其他部分规定的质量要求。	×					×
3.53	注册簿 register	一套文件档案(纸质文件、电子文件或复合文件),内有已注册的数据元和相关信息。又见数据元注册系统。						×
3.54	注册 registration	赋予数据元一个明确无二义的标识符以使感兴趣的各方可以获得关于这些**数据元**的**元数据**。	×					×
3.55	注册申请者 registration applicant	需要从注册机构获得标识符的组织、个人等。	×					
3.56	注册机构(RA) registration authority	经授权对**数据元**或其他**对象**注册的组织。	×		×		×	×
3.57	注册机构标识符(RAI) registration authority identifier	赋予**注册机构**的**标识符**。	×		×		×	×

序号	术语	定义	"部分"编号					
			1	2	3	4	5	6
3.58	注册状态 registration status	**数据元**在进行**注册**期间所处各种状态的标示。	×		×			×
3.59	相关数据参照 related data reference	数据元与相关数据间的参照。			×			×
3.60	表示 representation	**值域**、**数据类型**的组合，必要时也包括度量单位或字符集。	×					
3.61	表示类别 representation category	用于表示**数据元**的符号、字符或其他表示的类型。			×			×
3.62	表示术语 representation term	**数据元名称**的成分，用于描述**数据元**的**表示形式**。	×				×	
3.63	主管机构 responsible organization	对必选**属性**内容负责的机构或其所属部门。**数据元**就是由这些必选属性来规定的。			×			×
3.64	语义学 semantics	有关词义注释的语言学分支学科(韦氏)。	×				×	
3.65	分隔符 separator	在名称中连接或分隔成分的符号或空格，又称分界符。					×	
3.66	已标准化数据元 standardized data element	在**数据元注册系统**中可以优先使用的已审核**数据元**。	×					×
3.67	结构设置 structure set	在**相关环境**中放置**对象**的方法，用以展示与其他**对象**的关系。如各种实体关系模型，**分类法**和本体论法。					×	
3.68	提交机构(SO) submitting organization	对**数据元注册系统**的**数据元**提出增补、变更、取消、删除或撤出的机构或其所属部门。			×			×
3.69	同义名称 synonymous name	与给定**名称**有区别但表示相同的**数据元概念**的单字或多字的指称。			×			×
3.70	句法 syntax	语言表述的结构，以及支配语言结构的规则。字符或字符组间的各种关系，这些关系与字符或字符组的含义、解释和使用方式无关。	×				×	
3.71	分类法 taxonomy	依据类及其子类间的固有关系进行分类的方法。	×	×				
3.72	术语 term	以语言表述的形式对某一特定语言中已经定义的概念的标示。[GB/T 15237]。	×					
3.73	主题词表 thesaurus	按给定顺序排列参照词汇，其中显示和标识了词汇间的关系。	×				×	

序号	术语	定义	“部分”编号					
			1	2	3	4	5	6
3.74	关系类型 type of relationship	**数据元**与相关**数据**间关系的一种表述。			×			×
3.75	值域 value domain	允许值的集合。	×					
3.76	版本 version	**注册机构**内，一套**逐渐完善的数据元规范**中的一个**数据元**规范发布的标识。			×			×
3.77	版本标识符(VI) version identifier	赋予**版本**的一个**标识符**。用于提交或修改**数据元注册**。 注：在第5部分，等同于**版本**。			×		×	×

4 缩略语

CASE——计算机辅助软件工程(Computer-Aided Software Engineering)

EDI——电子数据交换(Electronic Data Interchange)

ERD——实体关系图(Entity-relationship Diagram)

IEC——国际电工委员会(International Electrotechnical Commission)

ISO——国际标准化组织(International Organization for Standardization)

JTC1——第1联合技术委员会(Joint Technical Committee 1)

OSIE——开放系统互联环境(Open Systems Interconnection Environment)

RA——注册机构(Registration Authority)

RDBMS——关系数据库管理系统(Relational Database Management System)

SC32——ISO/IEC JTC1　32分委员会(ISO/IEC JTC1/Sub-committee 32)

SDLC——软件开发生命周期(Software Development Life Cycle)

5 方法论无关性

公认的事实是：不同的方法被用于派生出面向应用的数据元。仅数据建模就有许多方法(如：信息工程和面向对象)用于标识和形成数据元。该数据规范标准的六个部分，独立于其他数据元派生方法和技术。因为该标准不仅可应用于所有的数据元，而且可以很好地应用于生成数据元的任何方法。

6 数据元的基本概念

鉴于GB/T 18391的目的，数据元由以下三部分组成：

a) 对象类：现实世界中的想法、抽象概念或事物的集合，有清楚的边界和含义，并且特性和其行为遵循同样的规则而能够加以标识；

b) 特性：对象类的所有个体所共有的某种性质；

c) 表示：值域、数据类型的组合，必要时也包括度量单位或字符集。

对象类是我们希望用于收集和存储数据的事物。对象类的例子有轿车、人、家庭、雇员和定单等。区分实际的对象类与其名称是很重要的。某些“想法”用一种自然语言可以简单地表述(如英语),而用另一种语言却难以表述(如汉语),反之亦然。例如:“在过去的12个月里至少有一次活产生育的年龄在15~45岁间的妇女”是一个有效对象类,但却难以用汉语简单命名。不过,对象类可以由两个或更多的其他对象类构成。该例可由概念“年龄在15~45岁间的人”和“在过去12个月中至少有一次活产生育的妇女”组合而成。

人们用特性来区别和描述对象。特性的例子有颜色、模型、性别、年龄、收入、地址、价格等。另外,特性有可能需要用多个词组加以描述,这要视所用的自然语言而定。

数据元表示部分中最为重要的方面是值域。值域是数据元允许(或有效)值的集。比如,表示家庭年收入[1)]的数据元可能用一个非负整数集(以美元为单位)作为有效值集。这是一个非穷举域的例子。可供选择的是,有效值可以是事先说明的类别清单,且每个类别都具有某个标识符,如:

1　$0 —— $15,000

2　$15,001—— $30,000

3　$30,001—— $60,000

4　$60,001——+

该值域是穷举域的一个例子。在这两个例子中,都度量了同样的对象类和特性组合——家庭年收入。

对象类和特性的组合是一个数据元概念(DEC)。数据元概念(DEC)是能以数据元形式表示的概念,其描述不包括任何具体的表示。在上面的例子中,家庭年收入[1)]实际上可以称之为一个数据元概念(DEC),它具有与之相关联的两个可能的表示。因此,数据元由两个部分组成:数据元概念和表示。

图6.1阐明了本节的思想。

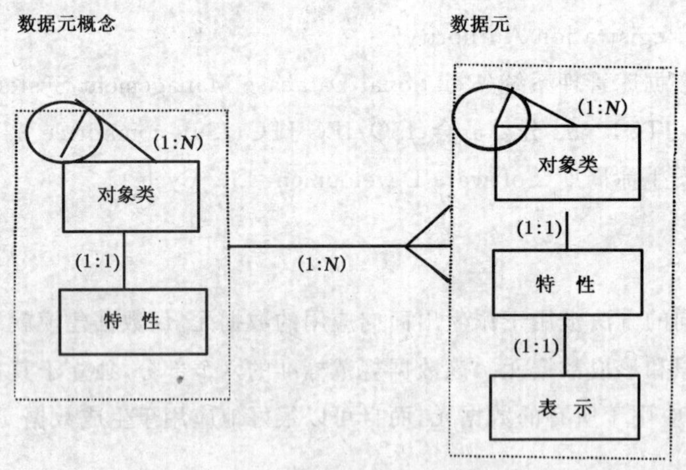

图6.1　数据元结构

1) GB/T 18391.5阐明了在一个数据元名下包含了表示术语,因此,家庭年收入不是一个完整的数据元名称。省略是有意的。

7 数据元与其他数据概念的关系

图7.1是数据层级的简化表示,表明数据元所在的那些层。数据元出现在数据库、文件和事务集中。数据元是一个组织管理数据的基本单元,因而它必然是组织内部数据库和文件设计,并用于建立与其他组织交流的事务集的组成部分。

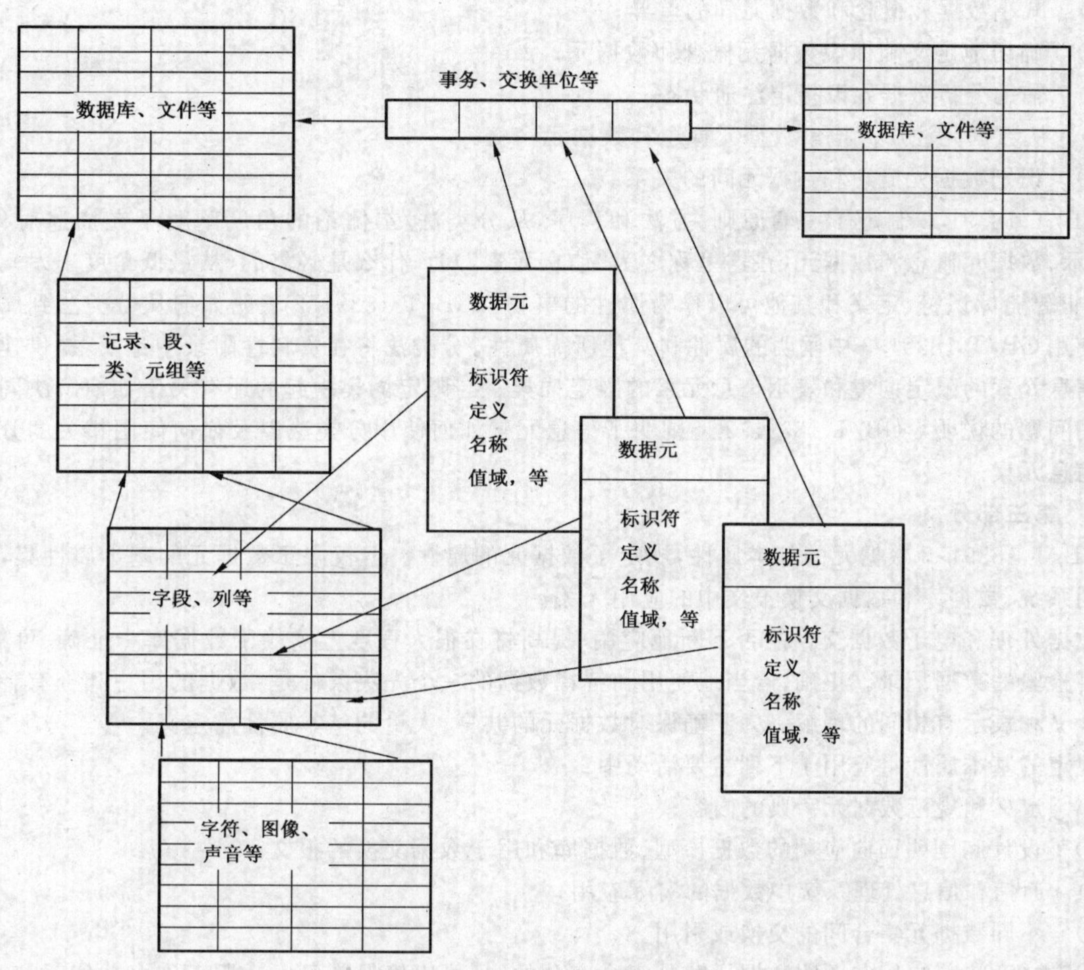

图7.1 各数据层级的数据元

在组织内部,数据库或文件由记录、段和元组等组成,而记录、段和元组则由数据元组成。数据元本身包含有字符、图像、声音等多类数据。

一个组织需要将数据传输给其他组织时,数据元构成了事务集的基本单元。事务主要发生于数据库间或文件间,但组织间的文件和数据库结构(如记录或元组)并不一定相同。信息(数据加上理解)传输的公共单元是数据元。

8 GB/T 18391第1部分至第6部分综述

8.1 各部分介绍

本条介绍了GB/T 18391系列标准的每一部分。概述其重点及各部分的重要性。

8.1.1 第一部分

GB/T 18391.1数据元的规范与标准化框架,介绍并讨论了理解本套标准所必需的数据元的基本概念,并提供了与GB/T 18391各单个部分联系的相关环境。

8.1.2 第二部分

GB/T 18391.2 数据元的分类，提供了使数据元概念和数据元与对象类、特性和表示的分类模式相联系的程序和技术。

这些程序和技术将辅助注册机构应用分类方案完成以下内容：

a) 分析对象类、数据元概念和数据元；

b) 在以下范畴内进行比较：对象类、数据元概念和数据元；

c) 减小数据元概念和数据元间的差异；

d) 确切地定义和标识数据元概念和数据元；

e) 辅助分析数据元以指定注册状态；

f) 从数据元注册簿检索数据元概念和数据元；

g) 识别数据元概念和数据元间的关系。

GB/T 18391.2 制定了一套原则、方法和程序，从分类法/本体论的角度阐明了在描述对象类、特性、表示、数据元概念和数据元(在这里称之为“信息元素”)时，什么是必需的(从最低角度出发)。这包括名称、非智能标识符、定义和其他可以作为属性的事物。GB/T 18391.2 表明如何从分类法到属性以及如何使用GB/T 18391.3 中阐明的属性和其他所需属性。分类法将在资料性附录中论及，提供建议用于特性信息元素的限定词集和表示信息元素的限定词集。与限定词集一起的还有关于如何解决同义词和同形词问题的说明。GB/T 18391.2 还阐明了信息元素如何使用分类法以及如何使用相关的分类信息描述信息元素。

8.1.3 第三部分

GB/T 18391.3 数据元的基本属性，规定了数据元的属性。但仅限于数据元的基本属性集，而与其在应用系统、数据库和数据交换报文中的应用无关。

数据处理和电子数据交换能否不断地应用、提高将在很大程度上依赖于数据库中准确、可靠、可控制且可检验的数据记录。正确、恰当地使用和解释数据的一个先决条件是：数据的用户和拥有者对数据元的含义和表示有相同的理解。为了确保对数据元的共享，大量的基本属性需定义。

规定的基本属性将应用于下列主要活动中：

a) 定义和规范数据元字典的内容；

b) 设计和阐明面向应用的数据模型、数据库和用于数据交换的报文；

c) 通信和信息处理系统中数据的实际应用；

d) 不同数据元集合间的交换或引用。

“基本”意味着它们在阐明数据元时是完全充分的，且可以确保其可以适用于许多功能，如：

a) 信息处理系统的设计；

b) 数据库中数据的检索；

c) 用于数据交换的 EDI 报文的设计；

d) 数据字典的维护；

e) 数据管理；

f) 字典设计；

g) 字典管理；

h) 信息处理系统的应用。

“基本”还意味着它们独立于：

a) 应用环境；

b) 数据元的功能(如：限定符、指示符)；

c) 含义抽象的程度(如：像“一个人的姓名”这样一个类概念的表示，或者“一个卡车司机姓名”这样一个具体概念的表示)；

d） 数据元的归类；

e） 信息处理系统或数据交换报文设计的方法；

f） 数据元注册系统。

“基本”并不意味着GB/T 18391.3中阐明的属性在所有情况下都是必需的。这些基本属性的区别是：

a） 必选——总是必需的[2]；

b） 条件选——在某种指明的条件下是必需的；

c） 可选——允许但非必需。

8.1.4 第四部分

GB/T 18391.4 数据定义的编写规则与指南，提供了研制准确的数据元定义的指南，列举了许多特定的规则与指南，确切地阐明了如何形成数据元定义。准确的、形式完好的定义是对数据元理解一致的至关重要的要求之一。形式完好的定义对于信息交换也是必要的。只有每一位用户对数据元有共同和准确的理解，其交换才能是毫无困难的。

8.1.5 第五部分

GB/T 18391.5 数据元命名与标识原则，就数据元的标识提供了指南。标识是指明、识别特定数据元的一个较为宽泛的术语。标识可以依据标识符的使用，以许多不同的方式来实现。标识包括对人们没有固有含义的数字型标识符的给定；图符（被赋予了含义的图像符号）；和与数据元定义和值域有联系的，通常为人们所理解的具有嵌入含义的名称。

名称是赋予数据元的语义的、自然语言的标记，这些标记的变体具有不同的功能。一些名称是为了人们的使用和理解；一些名称是为了在某个特定的系统环境中的应用。名称常常由用户确定，且在不同的用户之间存在差异。本部分标准中的规则描述了名称的不同功能及其如何使用名称。在一个注册机构内每一个数据元有且只能有一个标识符。只要数据元的含义和表示类保持不变，标识符就不会发生变化。标识符仅在一个注册机构内是唯一的。GB/T 18391并没有规定标识符的格式与内容。

每个数据元可能拥有多个名称——在特定的相关环境中，每个名称都是有意义的。结构化的名称可能被注册用于数据管理。某个首选名称会被其公司加以阐明，许多公用名称会为不同的用户群体所熟悉，缩写名称会被注册用于软件应用等。命名协议将在相关环境内得以执行。相关环境间的协议可以有所不同，相关环境的描述必须与每个数据元名称一起提供。

GB/T 18391.2中所描述的分类模式可以派生一类结构名称。该名称的构成来源于三种分类法：对象类、特性和表示。每类名称与一些描述性限定词的组合将构成一个数据元名称。该名称将有助于用户直观地在分类中查找或放置一个数据元。但是，它不是固定不变的，而且将其作为一个唯一的标识符也是不可靠的。

GB/T 18391.5论述了数据元的识别与命名。尽管宜使用同样的规则，但它并没有对表示、特性和对象类的名称或标识符进行特别论述。

8.1.6 第六部分

GB/T 18391.6 数据元的注册，提供了注册申请者如何在一个中心注册机构注册数据元，以及如何为每一个数据元分配一个独一无二的标识符的规程和细则。本部分对已注册数据元的维护也做了规定。

已注册数据元的唯一性取决于注册机构标识符和版本的组合，一个注册机构内一个数据元将被分配一个独一无二的标识符。它们也普遍见诸于许多可用的数据元注册系统中。每一个注册系统由其逻辑和功能上隶属的数据元注册机构来维护。例如：与化学药品有关的数据元很可能在化学药品厂商注册机构下注册。应建立注册簿并为其编写索引，以便于设计应用或报文，例如EDI，能较为容易地确定是否有合适的数据元已经存在。确定在什么地方建立新的数据元是必要的，并鼓励通过适当的修改从已存在

2）需要用于记录数据元。GB/T 18391.3并没有选定记录数据元概念所必需的属性子集的记录。

的条目中派生。这样,可以避免不必要的变更影响类似数据元的构造。注册可以使人们区分发挥相同功能的两个或两个以上的数据元,更为重要的是,它使人们可以区分具有相似或相同名称,但在某个或某几个方面具有巨大差异的数据元。

注册远远复杂于仅仅表明一个数据元是否被注册的双重状态。尽管坚持“好的”数据被注册是诱人的,但却是不实际的。因此,注册数据质量的提高分为三个层次(称作注册状态):已登录数据元、已审核数据元和已标准化数据元。另外,在这些质量层次间存在着管理状态的层次。总之,这些状态层次被称之为管理状态层。它表明在现行注册生命周期中一个已注册数据表示所获得的状态位置点。

8.2 应用GB/T 18391第1~6部分的基本规则

GB/T 18391的每部分从数据元规范化的不同方面作了阐述,每部分应与其他部分配合使用。GB/T 18391.1确立了各部分间关系,并就作为一个总体如何应用给出了指南。GB/T 18391.3规定了注册申请者应为每一个数据元提供一套必选的元数据项。此外,还提供了潜在可能用到的附加款项列表以及每一个数据元基本属性的详尽特征。由于数据定义和标识这两个必选属性的重要性,分别在GB/T 18391.4数据定义的编写规则与指南及GB/T 18391.5数据元的命名和标识原则,这两个文件中对其进行了专门而又详尽的论述。

构造数据元的定义应遵循有关定义的文件。数据元的标识应遵循GB/T 18391.5中确立的原则。GB/T 18391.2数据元的分类,规定了一套用于开发数据元及其成分分类模式的属性。当数据元编写完成后,能够在注册机构注册并在该处的注册系统中维护。GB/T 18391.6数据元的注册,就此步骤提供了指南。

附 录 A
（资料性附录）
数据表示和管理的基本概念

本附录介绍了GB/T 18391第2～6部分所依据的基本思路。

A.1 数据元

数据元是称之为数据的一个广义概念的特殊成员。总而言之，数据是事实、想法或命令的一种表示数据被收集、组织、记录、处理和存放在一个可检索的表中。数据还必须适用于以人工或自动方式进行交换、解释及加工处理。

有许多结构用于数据组织与管理，如数据合成、实体、文件、对象类、对象、记录、关联、关系、行、段、主体域、表以及元组。它们与数据元并不具有相似性，但可以包括或通过一些数据库实现或逻辑建模来等同于数据元的支持。

字节和位也是数据的构件，尽管它们被用于电子媒体中数据元的注册，但并不等同于数据元。在数据库中，数据元可以作为信息组（符号组、域）或字符列来处理。在Chen的ER数据模型中，它是一个属性（见图A.5）。在某特定的相关环境中被视为不可分割时，一个数据元则被作为一个单独的数据单位。在自然界中，它是数据的单位，表示关于对象类的单独事实。（如：一个被赋值“M”和“S”的字符码表示了“雇员”这一对象类的婚姻状态的属性）。在其使用范围内，它不可能被分解为更多且具有有用含义的基本信息组。因而，数据元可被定义为在用户论述领域内是与用户相关的。数据元是自然界中对象类特性以电子或书面形式的表示。

A.1.1 表示

一个特性可由能够被人们解释的某一符号集来体现。一个单独的特性可由几个交替的数据元甚至数据元组（通常称之为数据合成，有时也称之为数据元集或数据元链）来表示。这样，一个特性可以由数据元组构成的数据合成或一个单独的数据元表征。

A.1.2 常用法

所有数据从业者和理论家都会涉及数据元的概念。无论用什么方法或技术，数据元都是整个软件开发生命周期（SDLC）的公用纽带。在SDLC的早期阶段，它们曾被视为实体（或对象类）的属性。在SDLC的后期，具体的数据值被赋予它们的实例作为符号组或字符列。在SDLC的任一阶段，对于软件的生产者和用户来说，数据元是可识别的。

数据元是数据共享和共同持有的最小单元。一些数据元得以共享的信息系统成分有：

a） 企业信息模型；

b） 数据模型；

c） 数据流程图；

d） 数据库设计（模式、文件、表格）；

e） 接口规范；

f） 计算机程序。

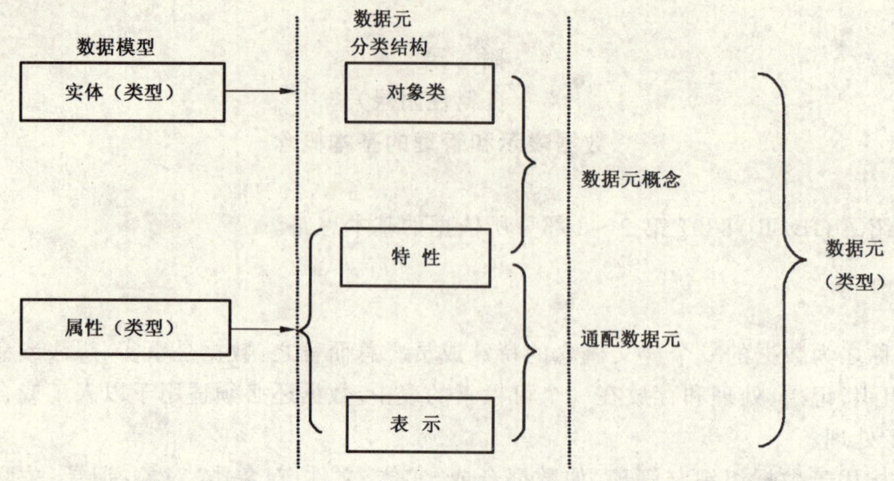

图 A.1 数据元结构

A.1.2.1 数据模型中的数据元

在数据建模出现之前，“数据元”这个术语已被普遍使用。用于表示指导企业商务信息的数据单元传统上被称之为数据元。数据建模的演进就是为捕捉这些数据表示的语义提供一种有效的方法。

图 A.1 描述了用于 GB/T 18391 中的数据元结构和术语与一些更为传统数据建模术语的关联。

在一个数据模型中，一个实体(实体类型、对象类等)的某个特性的属性会被企业选择记录为数据。对每个实体，通常有许多属性会引起企业的兴趣。

数据模型和对象模型(面向对象定向范例中)用于识别兴趣体(实体或对象)应用相关环境中的诸多事物。属性提供关于这些实体和对象使用所需的信息。用于整个自动化信息系统环境的数据元是面向对象范例中这些实体或对象以及它们属性的表示。产生于数据模型的数据元的名称的典型形式是实体名称和实体属性名称的合成(图 A.2)。

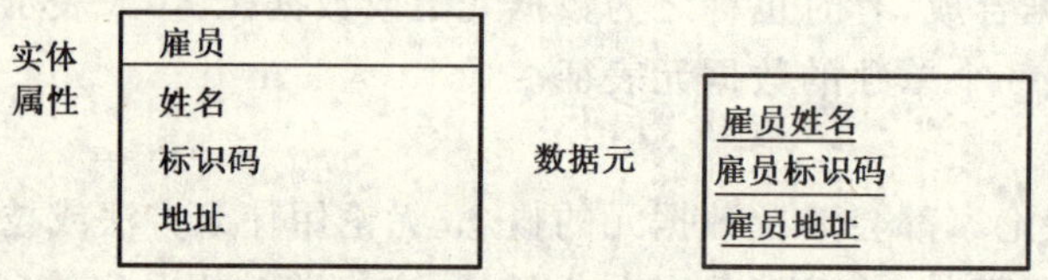

图 A.2 数据模型中的数据元

数据元名称大体上是以同样方式产生的。在对象模型中，类或对象名称与类或对象属性混合使用以形成数据元名称(图 A.3)。对象模型不同于数据模型的地方在于：前者可包含有关对象或类的附加信息，如行为或运行。

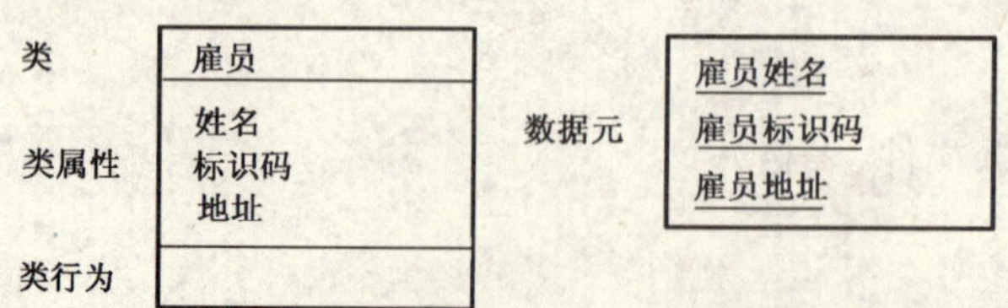

图 A.3 对象模型中的数据元

在数据模型或对象模型中，一个属性经常等同于一个数据元(见图 A.5)。它是自然界中对象某个类型单个特性的表示。而另一类思路是将对象类特性的概念与特性的表示分隔开来。由于数据元包含了表示，人们不必依靠其在数据库、屏幕和纸张等中的表示就可以了解其隐含的思想，因而将其隐含思想分隔开来是合理而又明智的。这与那些将属性看作与值域有关，而不是属性具有值域的数据建模技术是一致的。

在某些情况下,如度量单位,属性与数据元间存在着明显的差异。例如:"日期"是时间连续区上用来度量最近一天的一个点。这样,它可以被看作一个单独的事实并用一个单独的属性表示在一个数据模型中。但是,有好几种方式来表示一个日期。在美国,最常用的是:月的名称、一月中的天数和年数。它们是三个数据元。然而,同样的日期事实可以用过去某确定日期后所流逝的天数这样一个单独的数据元来表示(如天文学家就使用儒略历)。许多单独事实可以用多于一种度量衡单位来表示,既可用英制表示,也可用公制来表示。

一个数据元概念上的等同体被称之为:属性、特性、数据元概念、逻辑数据元和商务事实。在此,它是作为一个特性来论及的,以区别于人们通常所说的属性(一般包括其表示形式)。这样,特性就成了某个对象类所有成员共有的特征。

特性可以用一个例子来解释。假设一棵树是自然界中我们感兴趣的对象。但是,我们关心的是任一棵树,而不是某棵具体的树。树的特征中我们感兴趣的是其高度。树高就是一个对象类加上一个特性(数据元概念),但还不是一个数据元,因为合适的表示形式尚未阐明。我们可以从多个度量高度的方式中选择一个来表示树高。

相对于特性,人们更倾向于用特性类这个术语来命名数据元那个方面。对象中的一类如:人群没有身高;而每一个对象个体,如:个人,就有身高。因此,对于称之为人群的对象类来说,身高是该对象类的一个特性类。但在该标准中,术语特性的使用遵循常用法则。

有时,数据元可以由几个表示为数据元的要素部分来派生,每个部分又表示为数据元。这些派生物可以有许多形式。一个例子是电话号码由几个要素部分组成。在美国,电话号码由十位数字唯一地描述,这些号码很容易由一个数据元表示。但是,电话公司(和其他公司)需要将电话号码分隔为区号、交换码和线路号,形成三个数据元。将区号、交换码和线路号串联起来(以正确的方式)形成一个数据元以表示整个电话号码。

另一个派生的例子是代数运算。均值(或平均数)的计算需要观测值及其个数,因此,一个人群平均年龄的计算需要表示人群年龄的数据元和表示人群中人数的数据元。这样,就可以用派生中阐明的公式进行显而易见的算术运算。

这些例子是相当简单的,但不难想象那些需要在数据元中搜集的更为复杂的派生类型。与数据元关联的派生为现存的数据元与新需要的数据元之间发生关联提供了一个强有力的手段。

A.1.2.2 表中的数据元

关系型数据库中的数据元以字段名的形式出现于表格中。图 A.4 给出了数据库表格中数据元的一个例子。

	雇员			
记录				
属性	号码	姓	出生日期	工资额
数据值	1	Rood	47/3/4	483.00
	2	Herden	48/6/3	501.00
	3	Albright	51/7/9	490.00

图 A.4 数据库表格中的数据元

A.1.2.3 数据管理工具中的数据元

图 A.5 标明了数据管理工具中经常与数据元(黑体部分)有关联的术语。

传统的	文件	记录	字段	字段值
相关的	关系	元组	属性	元素
对象定向的	—	类	属性	实例
RDBMS*	表	行	列	数据值
ERD**	—	实体	属性	
替换 ERD		实体类	属性类	
术语	—			

* 关系型数据库系统

** Chen 格式实体关系图

图 A.5 数据元数据管理术语

A.2 分类

A.2.1 主题词表

主题词表是使相关术语关联的工具，主题词表术语有助于现有数据元的定位。查找名称构件的大量同义同，近义词以及同形异义词使得主题词表成了一个很有用处的工具。它能够提供首选名称术语和其他术语间语义上的联系。在指导同形异义词（拼写相同而表示不同概念的词）使用的同时，主题词表还可以指导用户通过涉及等同、层次以及关联关系的选择。

一个标准名称构件的主题词表可以由注册员开发并分配给各有关方面；此外，应鼓励主体领域主题词表的开发。

A.2.2 分类法和本体论

分类（如"属"和"种"）至少可以通过两种途径实现。第一种，同时也是最简单的方法是标准化方法，即每当一个新数据元注册时，该方法就会生成一个分类。更理想但非常麻烦的方法是，首先形成一个包括所有可能数据元的完备分类，然后将新注册的数据元放入事先定义好的位置。最为实用的方法是，先形成一个基本的而相对较为简单的分类，在数据元被注册时，允许其在使用严格规则的情况下逐渐完善。

最为普遍的方法是通过词典编纂的形式产生一种分类法。词典编纂过程更加关注语言的词或词汇而并不直接关注语义学。如果人们接受了这样假设：除非一个概念可以用词汇加以描述，否则，人们是无法理解此概念的。这样，词典编纂者的方法就可以服务于数据元的分类要求。即人们可以为其所思考的概念创造词汇。

每一个数据元注册应具有最大满足其用户的特定分类。如此，不同的注册可以选择使用不同的分类。

在一个分类中，每个节点是一个或多个上位类的一个下位类。该节点不仅沿用了上位类的含义，而且其含义同时也受到了上位类的限制。无论一个数据元被定义得如何好，分类对用于其中的节点含义的确切描述，无疑具有极大的帮助作用。分类的另一个主要的好处在于有助于一个具体数据元的查找。分类通过大量的数据元描述支持导航查询。

一个基本的分类结构应能有助于数据元的注册、分析和应用。它基于这样的前提：数据元是自然界存在的对象类的特性的表示。数据元的类别由这样三个类组成：

a） 对象类；

b） 特性；

c） 表示形式。

通过查找该类概念的标记，就可以查出所需的数据元。

数据元的分类模式最好通过实例进行描述。但是，一个数据元分类模式可以用于多个实例。这主要取决于元数据用户是否为数据的最终用户或是否参与信息资源管理。若是后者，则取决于他们在软件开发生命周期中所处的阶段。例如数据建模者应用其定义数据库结构以支持一项具体应用。

a) 数据建模者发现需要使用该方法处理一项具体的数据。在本例中,是测量马的高度。

b) 数据建模者认识到可以称该"特性"为"高度"。为了通过注册,数据元注册被建议使用面向导航的特性分类。在处理尺寸的分类范围内,发现了名为"高度"的这个类。该类名的定义确认了其描述了所指特性。

c) 数据建模者认识到该对象类可以称之为"马"。在该注册中,对象类分类被建议使用"动物"类下的"马"这一类名。该类名的定义证实这是所需要的。马就成为数据模型使用中的对象类。

d) 数据元注册表明高度这一特性被视为与马这一对象类相关联。注册则为这一特性是马从其站立的平面到其肩隆的(即:肩部)位距。

e) 表示分类用于查找用于度量的注册。注册中马的一个标准化的数据元是以公制中米表示的高度。但是,数据建模者知道该数据元不会满足需要,因为最终用户坚持用传统方法——掌宽来测量并记录马的高度。用该分类模式查找注册簿则发现没有这样的数据元被注册。

f) 数据建模者描述了以掌宽为度量单位测量的关于马高的新数据元的表示形式。该数据元得到了充分描述并被提交注册。只是其表示(即:主要是值域)需要重新描述,因为马这一对象类及其附属特性高度已经被注册过。

g) 在数据模型的应用中,高度掌宽度量将成为马的一个属性。

h) 将来,当任何人需要该数据元时,会发现其在注册中的描述使用了三种分类模式。对象分类中马类、特性分类中高度类和表示分类中掌宽度量类的联系,可以使将来的用户直接找到该数据元的此类描述。

在 GB/T 18391.2 数据元的分类中,数据元分类模式得到了详细描述。

在实际中,特性和对象类间的区别并不常常是绝对的。差异与考虑中所要论述的领域有关,其最好的例子是身体特性。比如,眼睛颜色名称可被视为一个数据元概念,眼睛是其对象类,颜色是其特性。源于该数据元概念的许多可能数据元中的一个数据元可以是眼睛颜色名称。

例 1

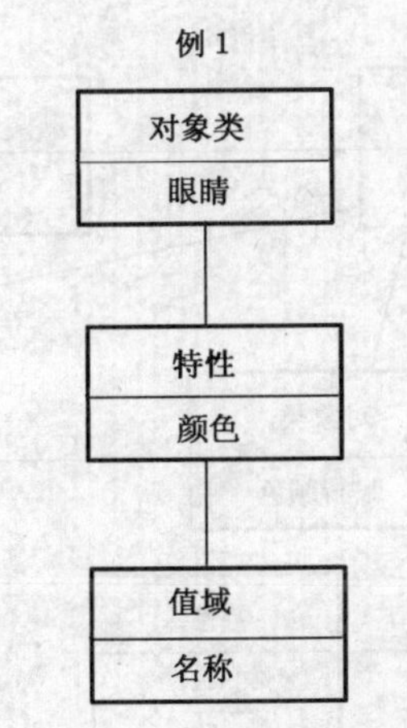

但是,如果某人从事标记各类可观察到的颜色时,颜色将成为对象类,而特性则可被称之为标记。与之关联的一个数据元可以被称之为颜色名称。在此,颜色是一个对象类,而在第一个例子中,它是一个特性。但没有一个可以被视为不正确。

例 2

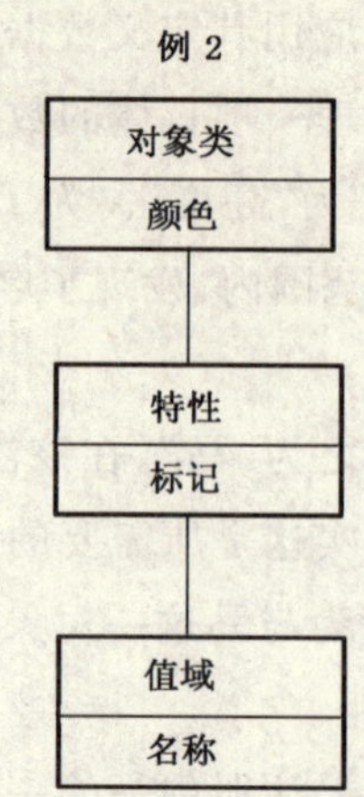

第二个结构可以用于眼睛颜色中，眼睛颜色可以视为眼睛对象类与颜色对象类之间关系的对象类。

例 3

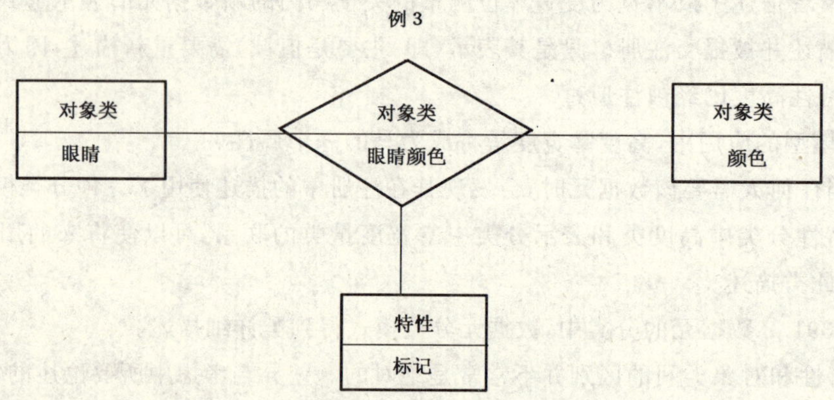

另一种描述眼睛颜色的方法是将其作为一个子类。眼睛颜色作为颜色对象类下面的一个子对象类。

例 4

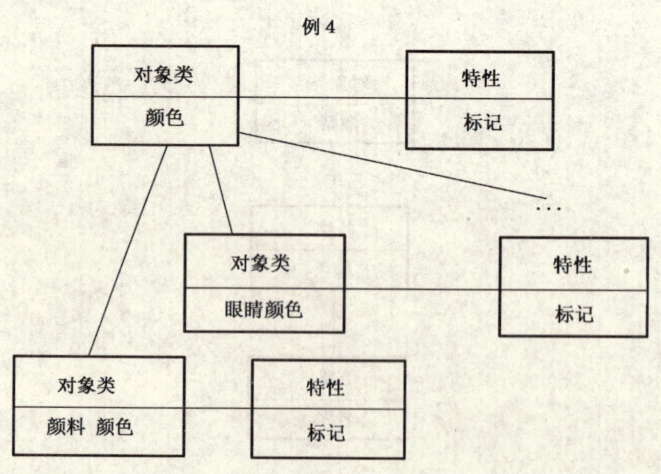

例 3 和例 4 结果的实质是一样的，就这两个例子来说，眼睛颜色名称的值域可以是颜色名称值域的子集。

例 5

穷举域
颜色名称
红色 灰色 橙色 茶色 米色 · · ·
眼睛颜色名称
棕色 兰色 绿色 淡褐色 紫罗兰色 · · ·
琥珀色 · · ·

关于此情况的另一种思路是:颜色名称值域可以作为 1)在例 4 中颜色子集,或 2)在例 3 中与颜色关联所有对象类的一个超集。GB/T 18391 允许此种数据元结构变体的使用。

A.3 数据元的元数据属性

A.3.1 标识

如同由数据元表示的特性和对象类一样,唯一的数字型标识符赋予给每一个已注册的数据元。在有些情况下,唯一的数字型标识符也是一个数据元的给定数值。这些唯一的标识符也被注册在一个数据元注册中。它们使得可以跨越自然语言和应用系统直接解释这些数据元。虽然数据元在不同的自然语言中或在同一种语言的多种版本中会有不同的解释,但具有唯一性的标识符保持不变,并成为由一个版本向另一个版本转化的桥梁。

每一个数据元应获得一个标识符以使该数据元在整个计算空间中得到唯一的标识。而这些计算空间有:应用程序、区域计算系统、分布式的计算系统、组织、企业以及面向所有国家的全球型此类计算空间。标识符不含有任何信息。因此,它们可以由注册员赋予数据元并永久地依附于它们。数据交换用的标识符由注册机构赋予并维护。

在所限定的学科或其主题领域内,除了标识符外,数据元可以被赋予任何一个可替换的名称或图标。一个数据元名称可以是一个注册机构内首选的名称。如同标识符一样,首选名称与数据元之间保持着一一对应的关系。名称通常是数据用户标识数据元并与之相互作用的基本手段。

数据元由不同的注册机构注册。它们中的每一个都首选持有数据用户熟悉的标识符、名称、图符或其他形式的标识。对于可替换标识符,标识符连同其相关环境一起以应用文件的形式表现出来。

一些值域中的每一个数据值也有可能被赋予一个标识符。这对穷举域具有特殊的用处,它将为与数据实例相关的名称国际语言间的翻译提供便利。例如:数据元“眼睛颜色名称”可有穷举域“灰色、兰色、绿色和褐色”,在此,每个数据值可以有一个它们自己唯一的标识符(如,灰色=1 357;兰色=2 468)。

A.3.2 定义

定义是数据元含义的自然语言表述:它的断言。对于数据元开发来说,数据元的定义是极其至关重要的一个方面。为了共享,数据元必须有一个形式上完备、清楚、精确并被普遍理解的定义。GB/T 18391.4包含了对数据元定义的广泛讨论,给出了关于其编写的精确的规则与指南。

A.3.3 表示

数据建模者通常称属性的表示形式为它的"值域",或简称为"域"。鉴于GB/T 18391的目的,我们称数据元的表示部分为表示。

数据元在商务运作中呈现为值,并在信息交换等功能中得到共享。数据元通常有一个允许值的集合。这个允许值的集合被称之为值域。

数据元从不表示为一个单个的数值,因为它是一个类(如,数据值完整的集合)而不是一个单个事例。比如,雇员标识符是一个数据元,它的值域由一个特定企业中允许值的一个完整列表来描述。这里的数据值仅是雇员标识符所有实例的一个列表。数据元的一个实例只有一个单个数据值并被称之为一个"数据元实例"。

一个特性有定义并隶属一个对象类。相反,一个表示没有定义,但有一个格式类、允许值、最大字符数,如果可以度量,还应有一个度量单位。比如,数据元"月名称"就有以下表示:

a) 格式类=alpha;

b) 允许值=January,February,March,April,May,June,July,August,September,October,November,December;

c) 最大字符数=9;

d) 度量单位=(不适用,因为不存在度量的问题)。

A.3.3.1 穷举域

尽管数据元的元数据的结构可以从对象类或特性的角度考察,也可从表示的角度考察,这最容易用一个穷举域的例子来表明。穷举域是一个可以由所有允许值列表指定的值域。比如,人们给国家标上名称,就很容易引证它们。包含现今世界上所有国家名称的集合就是穷举域的一个例子。

尽管特性和(表示的)有关的值域可以被考虑用来标识数据元一个潜在有效数据值的集合,对象类通常将宽泛的值域限定为数据值的一个具体的子集,以用于某个具体的数据元。图A.6表明了用不同的对象类对值域的限定。

在图A.6数据元的实例,X公司雇员姓名中:

a) "名称"的值域是所有可能的名称;

b) "人的"将其归类为所有可能名称的一个子集;

c) "被X公司雇用"进一步将名称值域限定为非常具体的一个人名子集:X公司雇员的姓名。

因此,X公司雇员姓名就是由所有可能名称这个值域限定为仅仅是X公司雇员的那些姓名。该数据元所有可能有效的姓名数目就被大大地减少为一些具体姓名。

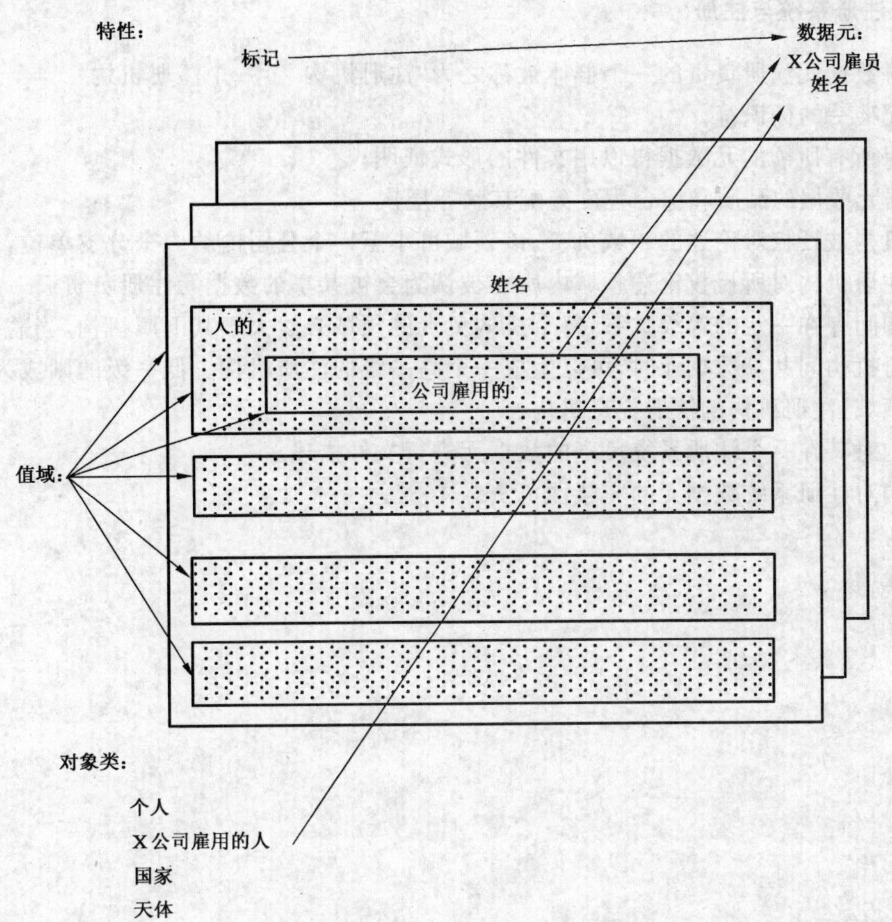

图 A.6 值域限定

一些穷举域可以看作是一个由一些更广泛穷举域构成的交集。图 A.7 表明:在一些情况下,值域是可以重叠的。

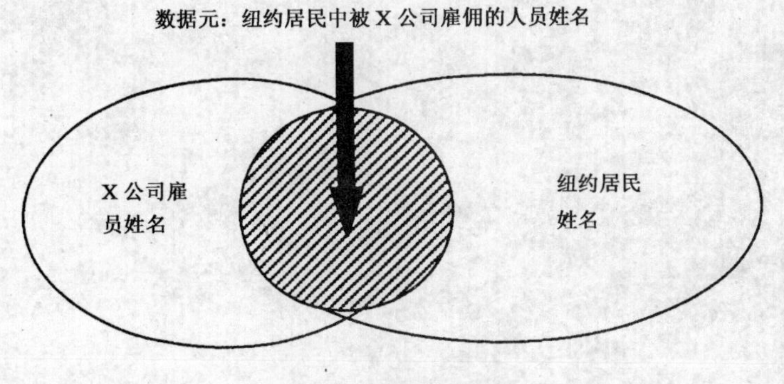

图 A.7 值域交集

A.3.3.2 可再利用域

一些域有被许多数据元使用的潜在可能。比如,所有人类眼睛颜色的名称可被用于雇员、承包商、夫妻和数据库中其他类的人员。

一个严格定义并被指定的域可以被再利用。这些可再利用的域在用于数据元时,具有相同的值域、表示和特性。比如,雇员眼睛颜色或承包商眼睛颜色。我们称这些可再利用域为通配数据元(见图 A.1)。

A.4 数据元注册系统与注册

被授权对数据元注册负责的一个群体被称之为“注册机构”。一个注册机构：

a） 分配唯一的标识符；

b） 确保所有所需的元数据得以用文件的形式证明；

c） 依据元数据的品质和综合程度分配其状态层次。

该注册机构被授权对论述的领域负责。该领域可小至一个公司内的一个分支单位，也可大到整个行业或国家。注册机构对所授权论述领域内所有被认为会被共享的数据元注册负责。

注册机构间存在一定的等级关系，每个机构负责的领域必然大于其下属机构。当需要在低一级的两个或更多注册机构间共享数据元时，可以生成一个高一级的注册机构。低一级的则成为高一级（具有更广泛的论述领域）注册机构的注册提交机构。

注册机构对其在一个注册系统负责的数据元进行文件描述。

注册机构对注册系统数据元的完整性负责。

附 录 B
（资料性附录）
元数据和数据元

该附录讨论元数据和数据元之间的关系。

B.1 什么是元数据

通常，元数据被定义为“关于数据的数据”，但是该定义并不确切，因而会导致歧义和混乱。实际上，元数据是一种信息和文献，它使得数据在经历了时间的推移后，对于用户来说，依然具有可理解性和共享性。它使得在元数据可获得的情况下，数据依然是有用的、可共享以及可理解的。

所用产生数据的组织都有义务提供（生成）必要的元数据，使得数据对于它的内部和外部用户都是可理解的。仅仅使用户可以获得数据，而缺乏理解和解释数据必要的信息显然是不够的。

每一个提供数据的组织还有一个义务就是对元数据的成分及构成，给出确切的定义。其原因包括三个方面：

a） 在一定的相关环境中，必须对数据和元数据给出明确的界定（尽管在信息系统内，元数据常常被作为另一种数据）；

b） 元数据的整个范围必须被确定，即：充分、全面地描述数据所必需的所有元数据；

c） 由于每一个组织对元数据的需求和应用都相差甚远，因而无法对元数据给出一个普遍可以接受的定义。

因为元数据是数据（从某种超越某个组织需求的角度来看），元数据也可以像数据库中数据一样，在其储存库中，对元数据进行存储和检索。有序地存储和应用元数据，将使迅速、有效的使用数据成为可能。通过联机数据传播、发送，数据及其元数据就可以同时获得。这样，数据用户就可以通过元数据来了解其需要用的数据的信息。

由于各种组织提供了不同类型的数据，因此对元数据也有不同的需要和要求。但是，元数据宽泛的分类模式使之在不同组织间具有更多的共性。一个普遍确立的方案模式是：

a） 系统——计算机程序设计及数据库管理所必需的物理及逻辑特征，包括文件的定位、存储介质、记录格式、数据库模式、数据字典等信息；

b） 应用——数据理解和应用所必需的信息，以及术语定义、搜集程序和工具、数据采集处理等信息；

c） 管理——成本、时间表、预算及与数据搜集项目、分析管理的相关信息。

综上所述，元数据是数据，并且就形式而言，可以依据数据模型和元模型进行组织。对元数据的全面理解是所有数据用户建立此类模型的首要步骤。这些模型将成为建立元数据库的基础。同时这些模型也成为一些元数据分类的依据，因而，它们也成了分类方案的一部分。

关于元数据的另一种观点则考虑了数据和元数据的可能用户的因素。每一类型的用户会有不同的需求，而且一些用户的需求是互不重叠的。一个程序员也许只需知道系统的元数据，而一个管理人员可能只想看看管理元数据。通常，数据分析员有更为广泛的需求，特别当他们是数据提供组织的外部用户时。总之，不同类型的用户，其需求（基于他们利用数据要回答和解决问题的类型）和水平都会对生成适合于他们的元数据产生影响。

B.2 数据元、元数据、元模型

关于数据元的相关信息是任何一个组织的元数据的一个完整的组成部分。GB/T 18391.2 至 GB/T 18391.6是这样描述元数据的：一个组织的数据元必须具备元数据。这些元数据将便于用户理解和共享该组织的数据。对于潜在的数据用户来说，分类、基本特性、定义、命名和注册是信息的最主要的几个方面。

将元数据存储于一个库中并使之条理化就需要建模。GB/T 18391.2 至 GB/T 18391.6 是这样描述信息元模型的:元模型是从一个注册系统或库中获取信息所必需的。开发这样的元模型是一件不太容易的事情,但它的开发将大大地增加该标准实施的有用性。

元数据不可能涵盖理解数据元所要表示的数据所必需的所有信息。许多关于数据的内容和管理元数据及组织在该标准中是缺省的,而计算机处理的元数据几乎也是缺省的。例如,一个收集调查资料的组织将会有许多关于如何收集数据的信息。这些诸如样本和问卷设计等常常是理解数据所必要的。但是,样本和问卷设计并不是用来表示和描述数据元的元数据的一部分(源自 GB/T 18391)。

确立一个宽泛的元模型将使得额外的元数据的描述成为可能。内容、计算机处理和管理区域均超出了 GB/T 18391 的范围,它们都需要开发自己的元模型和数据模型。可扩展性将会使新模型拥有自己的位置,以适应于基本的数据元的元模型。这样,就可以建立起一个更加完善的模型。

ICS 07.060
N 93

中华人民共和国国家标准

GB/T 18522.2—2002
代替 GB/T 9359.2—1988

水文仪器通则
第2部分：参比工作条件

**General specification for hydrometric instruments—
Part 2: Referential operating condition**

2002-09-09 发布　　　　2003-03-01 实施

中华人民共和国
国家质量监督检验检疫总局　发布

前　言

GB/T 18522《水文仪器通则》分为六个部分，即：

——第1部分：总则；

——第2部分：参比工作条件；

——第3部分：基本性能及其表示方法；

——第4部分：结构基本要求；

——第5部分：工作条件影响及试验方法；

——第6部分：检验规则及标志、包装、运输、贮存。

本部分为GB/T 18522的第2部分，代替GB/T 9359.2—1988《水文仪器总技术条件　参比工作条件》。

本部分是对GB/T 9359.2—1988《水文仪器总技术条件　参比工作条件》进行修订，其主要修订内容如下：

——根据水文仪器科技水平、生产工艺、器件应用的不断发展，重新规定了水文仪器的标准条件、参比测试条件和实际测试条件，并按照GB/T 1.1—2000《标准化工作导则　第1部分：标准的结构和编写规则》及GB/T 1.3—1997《标准化工作导则　第1单元：标准的起草与表述规则　第3部分：产品标准编写规定》的格式进行修订；

——考虑到水下工作的水文仪器或部件日益增多，本部分在原标准基础上增加了有关水文仪器的静水压力测试条件；

——为适应室外工作的水文仪器及自动化系统设备，增加了有关产品基本环境测试条件。

本部分由中华人民共和国水利部提出。

本部分由全国水文标准化技术委员会水文仪器分技术委员会归口。

本部分负责起草单位：南京水利水文自动化研究所，参加起草单位：水利部水文局。

本部分主要起草人：鲍良钝、陆旭、陆建华、陈宇。

本部分所代替标准的历次版本发布情况为：

——GB/T 9359.2—1988。

水文仪器通则
第2部分:参比工作条件

1 范围

GB/T 18522的本部分规定了水文仪器在确定参比性能时的参比工作条件范围。参比工作条件包括标准条件、参比测试条件、实际测试条件和产品基本环境试验条件。

本部分适用于各种类型的水文仪器。

2 规范性引用文件

下列文件中的条款通过GB/T 18522的本部分的引用而成为本部分的条款。凡是注日期的引用文件,其随后所有的修改单(不包括勘误的内容)或修改版均不适用于本部分,然而,鼓励根据本部分达成协议的各方研究是否可使用这些文件的最新版本。凡是不注明日期的引用文件,其最新版本适用于本部分。

GB/T 2421 电工电子产品环境试验 第1部分:总则(idt IEC 68-1)

GB/T 2423 电工电子产品环境试验

GB/T 9359 水文仪器基本环境条件及试验方法

GB/T 18522.5 水文仪器通则 第5部分:工作条件影响及试验方法

SL 10 水文仪器术语

3 术语和定义

GB/T 2421、GB/T 2423和SL 10确定的术语和定义适用于GB/T 18522的本部分。

4 标准条件

即仪器工作环境的基准值,该基准值是水文仪器研究、设计、制造和测试的基本依据之一。

水文仪器的标准条件规定如下:

a) 温度:20℃(通用基准);
   23℃(夏季);

b) 相对湿度:65%;

c) 大气压力:101.3 kPa;

d) 静水压力:同仪器实际技术条件;

e) 电源电压偏差:±5.0%;

f) 频率偏差:±1.0%(交流电源);

g) 谐波电压:小于或等于10.0%(交流电源);

h) 纹波电压:小于或等于0.5%(直流电源);

i) 环境噪声:小于或等于65 dB;

j) 接地电阻:小于或等于4 Ω;

k) 震动:避免;

l) 阳光直射:避免。

5 参比测试条件

水文仪器的参比测试条件是指在保证测得仪器参比性能的前提下，允许标准条件变化的范围。在此范围内，条件变化所产生的影响通常应计入被测水文仪器的总误差；在此范围内所反映出的性能即为产品的参比性能。水文仪器的参比测试条件是水文仪器研制、开发和比测的基本依据之一。

水文仪器的参比测试条件规定如下：

a） 温度：20℃±3℃（通用基准）；

23℃±3℃（夏季）；

b） 相对湿度：40%～70%；

c） 大气压力：(86.0～106.0)kPa±15.0 kPa；

d） 静水压力：同仪器实际技术条件；

e） 电源电压偏差：±10.0%；

f） 频率偏差：±2.0%（交流电源）；

g） 谐波电压：小于或等于15.0%（交流电源）；

h） 纹波电压：小于或等于1.0%（直流电源）；

i） 环境噪声：小于或等于70 dB；

j） 接地电阻：小于或等于5 Ω；

k） 震动：避免；

l） 阳光直射：避免。

6 实际测试条件

水文仪器的实际测试条件是指当水文仪器不可能或不必要在参比测试条件下进行测试时，实际所采用的测试条件。在此范围内，条件变化所产生的影响通常应计入被测水文仪器的总误差；当产品标准规定有附加误差时，允许计入附加误差；附加误差的测试方法应按 GB/T 18522.5 的规定进行。

水文仪器的实际测试条件规定如下：

a） 温度：0℃～40℃；

（在做产品性能测试时，单项性能测试过程中的温度变化不得大于±3℃）

b） 相对湿度：40%～95%；

c） 大气压力：(86.0～106.0)kPa±20.0 kPa；

d） 静水压力：同仪器实际技术条件；

e） 电源电压偏差：－15%～＋20%或－10%～＋15%；

f） 频率偏差：±5.0%（交流电源）；

g） 谐波电压：小于或等于20.0%（交流电源）；

h） 纹波电压：小于或等于2.0%（直流电源）；

i） 环境噪声：小于或等于75 dB；

j） 接地电阻：小于或等于8 Ω；

k） 震动：避免；

l） 阳光直射：避免。

7 产品基本环境试验条件

水文仪器的产品基本环境试验条件是指将水文仪器的实际测试条件放宽到被试产品标准所规定的基本环境条件，即该产品所允许的使用和试验环境条件。在此范围内，条件变化所产生的影响通常应计入被测水文仪器的总误差。

水文仪器的基本试验环境条件规定如下：

a） 温度：－15℃～＋50℃；

（在产品标准选用时，上下限温度指标选择允许变化±5℃）

b） 相对湿度：40％～98％；

c） 大气压力：(86.0～106.0)kPa±20.0 kPa；

d） 静水压力：同仪器实际技术条件；

e） 淋雨：应考虑；

f） 化学环境（如盐雾）：应考虑；

g） 机械环境，如振动、冲击、碰撞，应考虑；

h） 其他指标同第6章规定。

具体有关各类水文仪器的基本环境试验条件可按GB/T 9359等相关产品标准的规定进行选择使用。

ICS 07.060
N 93

中华人民共和国国家标准

GB/T 18522.4—2002
代替 GB/T 9359.4—1988

水文仪器通则 第4部分:结构基本要求

General specification for hydrometric instrument—Part 4:Basic requirements of structure

2002-09-09 发布 2003-03-01 实施

中华人民共和国国家质量监督检验检疫总局 发布

前　言

本部分是GB/T 18522《水文仪器通则》的第4部分，代替原GB/T 9359.4—1988《水文仪器总技术条件　结构基本要求》，本部分是水文仪器各项产品标准中的通用性标准。GB/T 18522共分6个部分，即：

——第1部分：总则；

——第2部分：参比工作条件；

——第3部分：基本性能及其表示方法；

——第4部分：结构基本要求；

——第5部分：工作条件影响及试验方法；

——第6部分：检验规则及标志、运输、贮存。

本部分是对原GB/T 9359.4—1988《水文仪器总技术条件　结构基本要求》的修订，主要修订内容如下：

——根据水文仪器科技水平、生产工艺、器件应用等技术的不断发展，重新规定了本标准的适用范围，以及水文仪器的一般要求、电源、计时、记录单元结构等技术内容，并按照GB/T 1.3—1997《标准化工作导则　第1单元：标准的起草与表述规则　第3部分：产品标准编写规定》及GB/T 1.1—2000《标准化工作导则　第1部分：标准的结构和编写规则》的格式进行修订；

——考虑到水文仪器结构形式繁多，各种测量仪器或设备在通用人机关系下对共性结构的要求等应统一并符合国家有关标准，故本标准在原基础上对水文仪器的基本结构等作了进一步的修订和规范；

——本部分的修订是在新技术、新工艺不断发展条件下，为满足水文仪器研制和使用需要，在条文上对原规定的有关规定内容作了适当的拓宽和调整，并加以明确；

——考虑到国内水文仪器生产技术、工艺水平以及电子元器件质量等方面的进步和提高，本部分对水文仪器的整机要求、安装要求和通用人机关系要求等亦做出原则规定；

——本部分规定的基本要求是水文仪器在结构设计和制造时的一般准则，是保证仪器在使用现场能够正常工作的重要条件。

本部分由中华人民共和国水利部提出。

本部分由全国水文标准化技术委员会水文仪器分技术委员会归口。

本部分负责起草单位：南京水利水文自动化研究所，参加起草单位：水利部综合事业局。

本部分主要起草人：陆旭、鲍良钝、李文明、徐海峰。

本部分所代替标准的历次版本发布情况为：

——GB/T 9359.4—1988

水文仪器通则
第4部分:结构基本要求

1 范围

GB/T 18522 的本部分规定了水文仪器及其自动化系统设备、装置的构成形式、一般要求及电源、计时或记录等单元结构和产品整机结构、安装结构及人机关系等方面的要求。

本部分规定的各项技术内容,主要提供给有关产品设计、制造、试验测试及相关产品标准、技术条件编制时选择应用。

本部分适用于各种类型的水文仪器。

2 规范性引用文件

下列文件中的条款通过 GB/T 18522 的本部分的引用而成为本部分的条款。凡是注日期的引用文件,其随后所有的修改单(不包括勘误的内容)或修订版均不适用于本部分,然而,鼓励根据本部分达成协议的各方研究是否可使用这些文件的最新版本。凡是不注日期的引用文件,其最新版本适用于本部分。

GB/T 50095　水文基本术语

SL 10　水文仪器术语

3 术语和定义

GB/T 50095、SL 10 确立的术语和定义适用于 GB/T 18522 的本部分。

4 外观型式

a） 联机型:传感器与显示(记录)器分别为两个独立产品,相互间通过外部信号接口进行连接;

b） 整机型:传感器与记录器均为一个独立产品中的两个功能单元,相互间通过内部电路进行连接。

5 要求

5.1　水文仪器的水上或水下传感器部分应能在现场感测到水文要素的足够的特征量,仪器的其他部分一般不应被长期暴露在自然环境之中,应加有适当保护措施或安放在有防护的工作场所。

5.2　仪器通常所使用的材料或零部件表面涂、敷、镀等工艺措施,应能保证其耐潮湿、盐雾、磨损等物理或化学环境的侵蚀。

5.3　长期露天或在水下工作的部件,应选用防锈抗蚀材料,或在其表面涂、镀有效的防护层,其他部件也应注重防湿、耐磨、抗蚀等措施。

5.4　长期安装在野外现场工作的水文仪器,所使用的材料和防护层还应能抗各种有害生物和微生物的侵蚀。

5.5　对仪器关键构件或配合尺寸发生变化有可能影响其自身的性能或功能时,应明确规定其允许的温湿度变化所引起材料胀缩的范围。

5.6　除特殊情况外,水文仪器一般应具有机壳或防护罩,并能防上沙尘、风、雨或动植物的侵入。必要时还应具有水密或气密防护结构。

5.7 一般常规水文仪器的结构应具有设置、调整、复位等措施。必要时,传感器的安装还应配置水平校正装置。

5.8 仪器面板或构件上的标记、分度、刻度等均应清晰、耐久。

5.9 水文仪器的各种内外联结件的机械结构要求、密封要求和电气接插件、元器件等,均应符合国家相关标准规定。推荐采用标准结构件或通用件,禁止采用英制尺寸的结构件。

5.10 仪器在更换或自动(手动)切换备用电源时,不得影响记录,也不得丢失资料。

5.11 在高水流环境或危险地区运行的仪器,如悬挂在水文缆道上用的各种仪器,在结构上应附有安全和防护结构措施。

5.12 仪器的可动结构部分,如旋桨、绞车、伸缩臂等,在包装运输前应具有一定的锁定结构措施。

5.13 人工携带的便携型仪器,单体构件的包装尺寸或质量通常应不超过以下规定:

a) 最大体积:600 mm×600 mm×600 mm;

b) 最大单体长度:2 000 mm;

c) 最大单体质量:20 kg。

5.14 邮寄运输的便携型仪器,单体构件的包装尺寸或质量通常应不超过以下规定:

a) 最大周长:1 200 mm;

b) 最大单体长度:1 100 mm;

c) 最大单体质量:25 kg。

5.15 仪器构造中带有对环境敏感的部件或元器件时,应在设计和工艺上采取保护措施。

6 电源单元

6.1 水文仪器的电驱动部分的电压,一般情况下应符合表1规定;特殊情况下,当仪器电源电压有可能超高时,应具有适当的安全装置或防护结构措施。

表1 供电条件

电源	电压/V	允许偏差级/(%)			频率	允许偏差/(%)
交流	380	+10~-10	+10~-15	+15~-20	50	±5.0
	220	+10~-10	+10~-15	+15~-20	50	±5.0
直流	24	+15~-10	+10~-15	—	—	—
	12(优选)	+15~-10	+20~-15	—	—	—
	6	+15~-10	+20~-15	—	—	—

注:表中指标是仪器或设备内外常用电能启动条件,不包括用于校准或检验目的的供电。

6.2 仪器的直流电源容量应大于仪器工作所需要的总容量的1.3倍以上,必要时应设置超低电压告警装置。

6.3 仪器利用市电电源时,仪器本身一般应有辅助(或备用)电源,并在市电断电时能够自动投入,以保证仪器能连续工作,且不丢失资料。

7 计时单元

7.1 应优先选用晶振源的时钟,无论采用何种时间源,其计时单元的结构应能防止偶然误操作或不规范调整。

7.2 采用机械计时单元的结构应标明发条卷绕方向,并能在走时中方便调整。无论机械或电计时单元结构,均应指明其在低温-5℃环境下运行时所需用的专用润滑油牌号。

7.3 计时单元结构的允许记时误差应符合表2规定。

表 2 允许记时误差

单位为分钟

准确度等级	允许误差				
	1 d	30 d	91 d	182 d	365 d
精密	±1	±4	±9	±12	±15
普通	±3	±15	—	—	—

7.4 计时单元结构的连续工作时间一般应大于记录周期，并应符合表 3 规定。

表 3 连续工作时间

单位为天

记录周期	1	30	91	182	365
连续工作时间	≥1.5	≥35	≥100	≥200	≥400

7.5 在采用不连续计时方式时，可以设置一种限制连续记录次数的结构装置，使当水文要素的数值没有明显变化时，减少记录的次数或重复内容。

7.6 在采用不连续计时方式时，其记录的时间间隔和次数应能调整，必要时应能定时插入校验记录。

8 记录存贮单元

8.1 记录或存贮的资料不应丢失，且能方便地从仪器或记录装置上读出或取出。

8.2 测量实际历时和水文要素的记录应能以合理的和易于理解的形式表示。

8.3 数据记录装置的数据存贮容量应与仪器的采样频率和无人值守周期相适应。一般情况下，记录载体的存贮容量应不少于 30 d。

8.4 记录数据的载体(记录纸、纸卡、磁带、磁盘、光盘或半导体存储卡等)应无需特殊防护措施便可携带、安装和拆卸，并能确保记录数据的完整可靠。

8.5 装置应能清晰地标明以下内容：

a) 水文要素的数值；

b) 起止日期和时间；

c) 测站站名或站址、站号；

d) 记录方式；

e) 采样频率；

f) 非连续记录时各次记录的时间。

8.6 记录方式和格式应满足数据接收处理装置的要求；信号采集装置、记录装置或数据存贮装置与数据处理装置等之间的接口应符合国家有关标准的规定。

9 整机结构

9.1 仪器的整机结构应便于安装、调试、运输、使用和维修养护，对于其中易损件、易耗件的更换应能方便可靠。

9.2 水下工作的仪器及其部件、线缆及接头等应能承受其规定工作水深 1.5 倍的静水压力，即具有良好的密封性能。

9.3 水文仪器的整机结构应具有防潮、防尘及防盐雾等措施。

9.4 包装好的仪器一般均应能承受运输过程中的倾斜、摇摆、振动、冲击或碰撞、自由跌落等。

10 安装结构

10.1 仪器应具有对外部工作环境的良好适应能力。即在符合规定的条件下，能够正确、可靠、方便的安装仪器。

10.2 仪器对防雷、防漏电、防堵、防鼠、防虫等应有相应的安装结构措施，以保护人身及设备的安全。

10.3 必要时，野外安装的仪器除应具有调平调高等结构措施外，还应考虑留有一定的接地结构措施。

10.4 对于具有悬挂安装要求的仪器或设备，其悬挂机构应具有足够的强度和刚度，必要时应注明允许最大挂重。

11 人机关系

11.1 水文仪器的人机界面应符合操作者的操纵和视觉生理习惯，以便于施测过程中的正确控制或测量、监测。

11.2 仪器或设备结构设计高度或安装高度应考虑并符合操作者按规定工作姿态操纵时的方便和需要。

11.3 仪器或设备的操作件位置分布应符合方便、安全、可防误操作等基本要求。

a) 常用的调节旋钮、形状、按键等应设置在仪器或设备操作面板的正面，并与相应的“显示”、“告警”等相对应；

b) 不常用的旋转开关、复位键等可设置在仪器或设备的内面板或其他隐蔽位置，并具有相应的标志；

c) 特殊、专用、重要或保险等控制开关一般设置在仪器或设备的背板上。

11.4 仪器或设备的操作面板通常应按一定的分布规律用特定的颜色和线条进行功能划区。

11.5 以计算机程序配套进行数据显示处理的人机界面，应美观大方，便于理解和读取、记录等操作，并应符合国家计算机方面的有关标准规定。

参 考 文 献

德国标准 DIN 19244.21:1992《遥控设备与遥控系统——第 2 部分:运行条件　第 1 章:环境条件与供电》(IEC 870-2-1:1987 修订)

ICS 07.060
N 93

中华人民共和国国家标准

GB/T 18522.5—2002
代替 GB/T 9359.6—1988

水文仪器通则
第5部分:工作条件影响及试验方法

General specification for hydrometric instruments—
Part 5:The operating condition's influences and test method

2002-09-09 发布　　　　2003-03-01 实施

中华人民共和国
国家质量监督检验检疫总局　发布

前　言

GB/T 18522《水文仪器通则》分为六个部分，即：

——第1部分：总则；

——第2部分：参比工作条件；

——第3部分：基本性能及其表示方法；

——第4部分：结构基本要求；

——第5部分：工作条件影响及试验方法；

——第6部分：检验规则及标志、包装、运输、贮存。

本部分为GB/T 18522的第5部分，代替GB/T 9359.6—1988《水文仪器总技术条件　工作条件影响及试验方法》。

本部分是对GB/T 9359.6—1988《水文仪器总技术条件　工作条件影响及试验方法》进行修订，其主要修订内容如下：

——根据水文仪器科技水平、生产工艺、器件应用的不断发展，重新规定了本部分的适用范围，明确水文仪器工作条件影响的定义、确定方法、主要因素和试验方法等，并按照GB/T 1.1—2000《标准化工作导则　第1部分：标准的结构和编写规则》及GB/T 1.3—1997《标准化工作导则　第1单元：标准的起草与表述规则　第3部分：产品标准编写规定》的格式进行修订；

——考虑到运用电子测量技术的电气型水文仪器品种日益繁多，各种涉电环境或工作条件变化对仪器测量误差会带来一定附加影响等因素，本部分在原标准基础上对水文仪器工作条件变化或影响的试验内容及方法作了比较明确的修订；

——本部分对上衔接各水文测验规范、对下指导各产品通用标准的编制或修订。在条文上对原规定的有关内容作了适当的拓宽和调整，并加以明确；

——考虑到国内水文仪器生产技术、工艺水平以及电子元器件品种、质量等方面的进步和提高，本部分对水文仪器的工业电磁干扰和模拟雷电波放电等环境试验方法亦做出原则规定；

——本部分规定的各项技术内容，主要提供给有关产品设计、制造、试验测试及相关产品标准、技术条件编制时选择应用。

本部分由中华人民共和国水利部提出。

本部分由全国水文标准化技术委员会水文仪器分技术委员会归口。

本部分负责起草单位：南京水利水文自动化研究所，参加起草单位：水利部水文局。

本部分主要起草人：石明华、陆旭、崔玉兰、赵越。

本部分所代替标准的历次发布情况为：

——GB/T 9359.6—1988。

水文仪器通则
第5部分:工作条件影响及试验方法

1 范围

GB/T 18522的本部分规定了水文仪器因工作条件变化或影响所可能引起附加误差的主要因素、试验内容及方法等。

本部分适用于各种类型的水文仪器(以下简称“仪器”)。若仪器的产品标准只考虑总误差而不考虑附加误差,则免做本部分规定的相关试验。若仪器为纯机械型产品,则可免做涉及电子测量的相关试验。

2 规范性引用文件

下列文件中的条款通过GB/T 18522的本部分的引用而成为本部分的条款。凡是注日期的引用文件,其随后所有的修改单(不包括勘误的内容)或修订版均不适用于本部分,然而,鼓励根据本部分达成协议的各方研究是否可使用这些文件的最新版本。凡是不注明日期的引用文件,其最新版本适用于本部分。

GB/T 6833.2—1987 电子测量仪器电磁兼容性试验规范 磁场敏感度试验

GB/T 6833.3—1987 电子测量仪器电磁兼容性试验规范 静电放电敏感度试验

GB/T 6833.4—1987 电子测量仪器电磁兼容性试验规范 电源瞬态敏感度试验

GB/T 6833.5—1987 电子测量仪器电磁兼容性试验规范 辐射敏感度试验

SL 10 水文仪器术语

3 术语和定义

GB/T 6833.2、GB/T 6833.3、GB/T 6833.4、GB/T 6833.5以及SL 10确立的以及下列术语和定义适用于GB/T 18522的本部分。

3.1

标称电源 nominal power supply

制造厂在设计中为仪器规定的供电电源(额定电压和频率)。

3.2

额定供电电压 rated supply voltage

制造厂在设计中为仪器规定的供电电压。

3.3

电磁兼容性 electromagnetic compatibility

在不损失有用信号所包含的信息条件下,信息与干扰共存的能力。

4 工作条件变化或影响产生附加误差的确定方法

从参比工作条件的某一规定值改变到正常工作条件的某一规定值时,可用一个系数表示工作条件(影响量)单位变化所引起仪器测量准确度(有时包括计时准确度)变化。

该系数可分区段做不同的规定。

5 工作条件变化(或影响)产生的附加误差的主要因素

a) 电源瞬时中断;

b) 电源欠压;

c) 电源瞬时过压;

d) 电磁干扰;

e) 温度变化;

f) 其他(包括水面波浪、雨强、流速、含沙量、风量等自然条件变化)。

6 试验内容及方法

6.1 电源电压变化影响试验

6.1.1 直流供电仪器

以可调直流稳压电源为受试仪器供电。先将电源电压调整至仪器额定供电电压,记录仪器测量值;然后将电源电压分别调整至标准允许正向和负向的极限电压值,并至少保持 5 min,分别记录仪器的测量值,比较并记录两者的变化量。

6.1.2 交流供电仪器

通过自耦变压器给受试仪器供电。先将电源电压调整至仪器额定供电电压,记录仪器测量值;然后将电源电压分别调整至标准允许正向和负向的极限电压值,并至少保持 5 min,分别记录仪器的测量值,比较并记录两者的变化量。

6.2 电源频率变化影响试验

通过交流电压频率可调装置为受试仪器供电。首先使仪器在标称电源供电下工作,记录仪器测量值;然后在保持标称电压前提下,将电源频率分别调整至标准允许正向和负向的极限值,并至少保持 5 min,此时记录仪器的测量值,比较并记录两者的变化量。

6.3 电源瞬态尖峰信号敏感度试验

通过尖峰信号发生器将一个上升时间为 0.5 μs 持续时间为 10 μs 幅度为额定电源电压有效值两倍的尖峰信号加到受试仪器的电源进线上,此时记录仪器测量值的变化量。

具体实验方法可参照 GB/T 6833.4—1987 中 3.1 和 3.2 的有关规定进行。

6.4 电源瞬态切换试验

具有主电源和后备电源的仪器应进行此项试验。试验前,将受试仪器主电源及后备电源均调整至额定电压。试验时,以仪器主电源为仪器供电,记录测量值,然后关闭仪器主电源,由后备电源为仪器供电,并保持输入信号不变,记录仪器测量值。并记录仪器测量值的变化量。

试验应至少重复 3 次,对于具有数据存储功能的仪器,总试验时间应大于仪器最小数据存储时间间隔,并应检查试验时段仪器存储数据的正确性和变化量。

6.5 磁场敏感度试验

将供电电源为直流或交流 50 Hz～60 Hz 的受试仪器置于频率范围为 47.5 Hz～198 Hz,峰-峰值为 0.1 mT 的均匀磁场中,并用标称电源供电工作,此时记录仪器测量值的变化量。

具体试验方法可参照 GB/T 6833.2—1987 中 3.1 的有关规定进行。

6.6 辐射敏感度试验

将受试仪器至于频率范围为 14 kHz～1 GHz,电场强度为 1 V/m 的环境中,并用标称电源供电工作时,此时记录仪器测量值的变化量。

具体试验方法可参照 GB/T 6833.5—1987 的有关规定进行。

6.7 电磁干扰综合影响试验

6.7.1 采用标准电磁干扰器或大于 600 W 功率的手持冲击式电钻(空载)对处于工作状态的受试仪器

进行电磁干扰试验。使仪器以标称电源供电工作，要求在距仪器 25 cm 的三个不同方向上，共开关电磁干扰器或冲击电钻 10 次，每次持续时间 1 min，此时记录仪器测量值的变化量。

6.7.2 采用 25 W 发射功率的无线电台对处于工作状态的受试仪器进行电磁干扰试验。使仪器以标称电源供电工作，将连接在电台上的鞭状天线放置在距仪器 0.5 m 或 1 m 处，使控制电台工作的数传设备人工发数 10 次，此时记录仪器测量值的变化量。

选择进行 6.7 项试验的产品，可免做 6.5 和 6.6 两项试验。

6.8 静电放电敏感度试验

6.8.1 静电标准放电试验

静电标准放电是将一个 300 PF 的电容器充电到－15 000 V，经过一个 500 Ω 的电阻器对受试仪器进行放电。对仪器上操作人员可能触及的任何部位进行标准放电时，及放电衰减后，记录仪器测量值变化量。具体试验方法可参照 GB/T 6833.3—1987 的相关规定进行。

6.8.2 模拟雷电波放电试验

根据试验的不同目的或要求，使用雷电波模拟发生器，选择其电脉冲输出幅度为 500 V、1 000 V、1 500 V、2 000 V 中的一档，持续时间为 1 ms、5 ms、10 ms 或 15 ms 的模拟雷电波信号，分别加载到处于工作状态下的受试仪器所有信号输入口线上，正反向各试验 5 次，在雷电波衰减后记录仪器测量值的变化量。

本项试验可在 6.8.1 或 6.8.2 中选择一种进行。进行本项试验时应做好安全防护工作。

6.9 温度变化影响试验

温度变化影响试验的目的是考核仪器在规定的工作条件温度范围内所产生的附加误差（或变动量）。对于记录式仪器还应测试其计时准确度的变化。

6.9.1 将被测量的仪器置于参比测试条件下，测量其基本误差。

6.9.2 将被测量仪器放入低温试验箱中，以 1 ℃/min 的平均速度降温至工作温度范围的下限值，恒温 30 min 后测试仪器基本误差。

6.9.3 将被测量仪器放入高温试验箱（若试验箱高低温可连续变化，则无需换箱）中，以 1 ℃/min 的平均速度升温至工作温度范围的上限值，恒温 30 min 后测试仪器基本误差。

试验后仪器随高低温试验箱回温至室温。

6.9.4 从高低温试验箱中取出被测试仪器，置于室温下 8 h 后，在参比测试条件下再次测试仪器基本误差。

6.9.5 计算温度试验前后的基本误差值，并计算高、低温时与试验前的基本误差变化量。其两类变化值均不应超过产品标准中规定的因温度变化影响造成的附加误差值。

6.10 其他影响试验

包括水面风浪、雨强、流速、含沙量、风速等自然条件变化，以上影响因素与仪器特定的工作原理相关，应根据仪器各自的产品标准，规定相应的试验方法，从而确定其产生的附加误差。

ICS 01.120
A 00

中华人民共和国国家标准

GB/T 20000.1—2002
代替 GB/T 3935.1—1996

标准化工作指南
第1部分:标准化和相关活动的通用词汇

Guide for standardization—
Part 1:Standardization and related activities—General vocabulary

(ISO/IEC Guide 2:1996,Standardization and related activities—General vocabulary,MOD)

2002-06-20 发布　　　　2003-01-01 实施

中华人民共和国
国家质量监督检验检疫总局 发布

前言

GB/T 20000《标准化工作指南》分为如下几部分：

——第1部分：标准化和相关活动的通用词汇；(已发布)

——第2部分：采用国际标准的规则；(已发布)

——第3部分：引用文件；

——第4部分：标准中涉及安全的内容；

——第5部分：产品标准中涉及环境的内容。

本部分为GB/T 20000的第1部分。

本部分修改采用ISO/IEC指南2:1996《标准化和相关活动的通用词汇》(英文版)。

本部分根据ISO/IEC指南2:1996重新起草。本部分根据GB/T 1.1—2000的规则将ISO/IEC指南2:1996中未编号的“范围”一章编为第1章，同时设置第2章“术语和定义”，将ISO/IEC指南2:1996中“范围”一章之后的术语和定义归集到此第2章中，因此，本部分的术语条目的编号是在ISO/IEC指南2:1996的章条编号前加“2”。例如，ISO/IEC指南2:1996中的1.1，在本部分中编号为2.1.1。

本部分与ISO/IEC指南2:1996相比，存在如下技术性差异：

——本部分删除了ISO/IEC指南2:1996中11.4的术语“mandatory standard”及其定义。因为此术语及其定义极易与我国“强制性标准”的概念相混淆，且与《贸易技术壁垒协定(TBT)》中关于“标准”的定义不协调。

——本部分删除了ISO/IEC指南2:1996中1.3的拒用术语“domain of standardization”、2.7的拒用术语“environmental protection”和7.5.1的拒用术语“mandatory requirement”。在我国，这三个术语从未用作其对应的优先术语(见本部分的2.1.3、2.2.7和2.7.5.1)的同义词，因此不存在拒用的问题。

——本部分删除了ISO/IEC指南2:1996中3.4的注3、10.1的注、12.2的注2、12.5的注、13.1.1的注和14.1的注，这些术语的注是关于这些术语在中文以外的其他语种中适用的情况，对于本部分无意义。

——本部分删除了ISO/IEC指南2:1996中1.6.3和1.6.4的注，并将这两个注稍作修改(改为从整个“标准化层次”的角度叙述各分层次)增加到本部分的2.1.6中。这是因为对整个“标准化层次”加注更有利于理解。

——本部分在2.12“合格评定”标题下增加了一个注，说明在我国“合格评定”这个术语还有另一许用术语“符合性评定”，及这两个术语的使用情况。

——本部分在2.10.1和2.11.4中分别增加了一个注，说明这两个术语和定义在我国适用的情况。

——本部分在2.3.2.1的注中增加了对于我国行业标准的注释，以便适合我国的情况。

为了便于使用，本部分还对ISO/IEC指南2:1996做了下列编辑性修改：

a)“本指南”一词改为“本部分”；

b)删除ISO/IEC指南2:1996的前言，修改了ISO/IEC指南2:1996的引言；

c)删除ISO/IEC指南2:1996的10.2.1和10.2.2中“国际”二字。

本部分代替GB/T 3935.1—1996《标准化和有关领域的通用术语 第1部分：基本术语》。

本部分与GB/T 3935.1—1996相比主要变化如下：

——将GB/T 3935.1—1996中有关“认证体系”的术语和定义调整为有关“合格评定体系”的术语和定义(本部分的2.12.1～2.12.8；GB/T 3935.1—1996的2.14.1～2.14.3和2.14.10～

2.14.12)；

——增加了有关"认可体系"的术语和定义(本部分的2.17)；

——删除了GB/T 3935.1—1996中有关"测试实验室的认可"的术语和定义(GB/T 3935.1—1996中的2.16)。

GB/T 20000是标准化工作导则、指南和编写规则系列国家标准之一。下面列出了这些国家标准的预计结构及其对应的国际标准、导则、指南，以及将代替的国家标准：

a) GB/T 1《标准化工作导则》，分为：

——第1部分：标准的结构和编写规则(ISO/IEC导则第3部分，代替GB/T 1.1—1993、GB/T 1.2—1996)；(已发布)

——第2部分：标准中规范性技术要素内容的确定方法(ISO/IEC导则第2部分，代替GB/T 1.3—1997、GB/T 1.7—1988)；(已发布)

——第3部分：技术工作程序(ISO/IEC导则第1部分，代替GB/T 16733—1997)。

b) GB/T 20000《标准化工作指南》，分为：

——第1部分：标准化和相关活动的通用词汇(ISO/IEC指南2，代替GB/T 3935.1—1996)；(已发布)

——第2部分：采用国际标准的规则(ISO/IEC指南21)；(已发布)

——第3部分：引用文件(ISO/IEC指南15，代替GB/T 1.22—1993)；

——第4部分：标准中涉及安全的内容(ISO/IEC指南51)；

——第5部分：产品标准中涉及环境的内容(ISO/IEC指南64)。

c) GB/T 20001《标准编写规则》，分为：

——第1部分：术语(ISO 10241，代替GB/T 1.6—1997)；(已发布)

——第2部分：符号(代替GB/T 1.5—1988)；(已发布)

——第3部分：信息分类编码(代替GB/T 7026—1986)；(已发布)

——第4部分：化学分析方法(ISO 78-2，代替GB/T 1.4—1988)。(已发布)

本部分由中国标准研究中心提出。

本部分由国家标准化管理委员会标准化原理与方法直属工作组(CSBTS/WG3)归口。

本部分起草单位：中国标准研究中心、中国合格评定国家认可中心、中国电子技术标准化研究所。

本部分主要起草人：逄征虎、白殿一、徐有刚、陆锡林、全如瑊、刘慎斋。

本部分所代替标准的历次版本发布情况为：GB/T 3935.1—1983、GB/T 3935.1—1996。

引　言

制定GB/T 20000的本部分的目的在于促进从事标准化工作的机构间的相互理解，也为有关的教学和引用提供适当的依据。

请读者特别注意，本部分不重复在其他权威词汇中定义过的术语的定义。

标准化一词的定义(见2.1.1)宜结合**标准**的定义(见2.3.2)和**协商一致**的定义(见2.1.7)来理解。

表达更具体的概念的术语，通常可由表达更一般的概念的术语组合而成。因此这后一类术语就形成了“建筑构件”，本部分就采用了这种方法选择术语和编写定义。这样，再增添的术语，就可以按照本部分的框架，很容易地构建起来。例如，**安全标准**可定义为，关于免除了不可接受的损害风险的状态(见2.2.5中的**安全**的定义)的**标准**(见2.3.2)。

一些术语中放在括号中的字词“(……)”，在不致引起混淆的条件下，可以省略。

本部分中的定义，在编写时尽量做到简洁。当在本部分中已定义的术语出现在其他定义中时，这些术语都用黑体字印刷。

某些定义的注，提供进一步的澄清、解释和示例，以帮助对所指称的概念的清晰理解。

标准化工作指南
第1部分:标准化和相关活动的通用词汇

1 范围

GB/T 20000的本部分给出了有关标准化和相关活动的通用术语和定义,本部分适用于标准化、认证和实验室认可及其他相关领域。

2 术语和定义

2.1 标准化

2.1.1

标准化 standardization

为了在一定范围内获得最佳秩序,对现实问题或潜在问题制定共同使用和重复使用的**条款**的活动。

注1:上述活动主要包括编制、发布和实施**标准**的过程。

注2:标准化的主要作用在于为了其预期目的改进产品、过程或服务的适用性,防止贸易壁垒,并促进技术合作。

2.1.2

标准化(的)对象 subject of standardization

需要标准化的主题。

注1:在本部分中使用的"产品、过程或服务"的表述,含有对标准化对象的广义理解,宜等同理解为包括如材料、元件、设备、系统、接口、协议、程序、功能、方法或活动。

注2:**标准化**可以限定在任何对象的特定方面,例如,可对鞋子的尺码和耐用性分别标准化。

2.1.3

标准化领域 field of standardization

一组相关的**标准化对象**。

注:例如工程、运输、农业以及量和单位均可视为标准化领域。

2.1.4

最新技术水平 state of the art

根据相关科学、技术和经验的综合成果判定的在一定时期内产品、过程或服务的技术能力的发展程度。

2.1.5

公认的技术规则 acknowledged rule of technology

大多数有代表性的专家承认的能反映**最新技术水平**的技术**条款**。

注:有关技术对象的**规范性文件**,如果是与有关各方通过讨论和**协商一致**程序合作编制,则在批准时可视为公认的技术规则。

2.1.6

标准化层次 level of standardization

标准化所涉及的地理、政治或经济区域的范围。

注:**标准化**可以在全球或某个区域或某个国家层次上进行。在某个国家或国家的某个地区内,**标准化**也可以在一个行业或部门(例如政府各部)、地方层次上、行业协会或企业层次上,以至在车间和业务室进行。

2.1.6.1

国际标准化 international standardization

所有国家的有关**机构**均可参与的**标准化**。

2.1.6.2

区域标准化 regional standardization

仅世界某个地理、政治或经济区域内的国家的有关**机构**可参与的**标准化**。

2.1.6.3

国家标准化 national standardization

在国家层次上进行的**标准化**。

2.1.6.4

地方标准化 provincial standardization

在国家的某个地区层次上进行的**标准化**。

2.1.7

协商一致 consensus

普遍同意，表征为对于实质性问题，有关重要方面没有坚持反对意见并按程序对有关各方的观点进行了研究和对争议经过了协调。

注：协商一致并不意味着没有异议。

2.2 标准化的目的

注：标准化的一般目的是基于2.1.1的定义。标准化可以有一个或更多特定目的，以使产品、过程或服务具有适用性。这样的目的可能包括**品种控制**、可用性、**兼容性**、**互换性**、健康、**安全**、**环境保护**、**产品防护**、相互理解、经济效能、贸易等等。

2.2.1

适用性 fitness for purpose

产品、过程或服务在具体条件下适合规定用途的能力。

2.2.2

兼容性 compatibility

在具体条件下，诸多产品、过程或服务一起使用，各自满足相应**要求**，彼此间不引起不可接受的相互干扰的适应能力。

2.2.3

互换性 interchangeability

某一产品、过程或服务代替另一产品、过程或服务并满足同样**要求**的能力。

注：功能方面的互换性称为"功能互换性"，量度方面的互换性称为"量度互换性"。

2.2.4

品种控制 variety control

为了满足主导需求，对产品、过程或服务的规格或类型的最佳数量的选择。

注：品种控制通常指减少品种。

2.2.5

安全 safety

免除了不可接受的损害风险的状态。

注：**标准化**考虑产品、过程或服务的安全问题，通常着眼于实现包括诸如人类行为等非技术因素在内的若干因素的最佳平衡，把损害人员和物品的可避免的风险消除到可接受的程度。

2.2.6

环境(的)保护 protection of environment

· 保护环境,使之免受由产品、过程或服务的影响和作用造成的不可接受的损害。

2.2.7

产品防护 product protection

保护产品,使之在使用、运输或贮存过程中免受由气候或其他不利条件造成的损害。

2.3 规范性文件的种类

2.3.1

规范性文件 normative document

标准文件(拒用)

为各种活动或其结果提供规则、导则或规定特性的文件。

注1:“规范性文件”是诸如**标准**、**技术规范**、**规程**和**法规**等这类文件的通称。

注2:“文件”可理解为记录有信息的各种媒体。

注3:界定各种规范性文件的术语,是将文件及其内容作为单一整体来定义的。

2.3.2

标准 standard

为了在一定的范围内获得最佳秩序,经**协商一致**制定并由公认**机构**批准,共同使用的和重复使用的一种**规范性文件**。

注:标准宜以科学、技术和经验的综合成果为基础,以促进最佳的共同效益为目的。

2.3.2.1

可公开获得的标准

注:作为标准,它们可以公开获得,以及必要时可通过**修正**或**修订**以保持与**最新技术水平**同步,所以,**国际标准**、**区域标准**、**国家标准**、**行业标准**和**地方标准**可视为**公认的技术规则**。

2.3.2.1.1

国际标准 international standard

由**国际标准化组织**或**国际标准组织**通过并公开发布的**标准**。

2.3.2.1.2

区域标准 regional standard

由**区域标准化组织**或**区域标准组织**通过并公开发布的**标准**。

2.3.2.1.3

国家标准 national standard

由**国家标准机构**通过并公开发布的**标准**。

2.3.2.1.4

地方标准 provincial standard

在国家的某个地区通过并公开发布的**标准**。

2.3.2.2

其他标准

注:**标准**还可在其他基础上通过,例如企业标准。这类标准在地域上可影响几个国家。

2.3.3

试行标准 prestandard

由**标准化机构**临时通过并公开发布的文件,目的是从它的**应用**中取得必要的经验,再据以建立正式的**标准**。

2.3.4

技术规范 technical specification

规定产品、过程或服务应满足的技术**要求**的文件。

注1：适宜时，技术规范宜指明可以判定其要求是否得到满足的程序。

注2：技术规范可以是**标准**、标准的一个部分或与标准无关的文件。

2.3.5

规程　code of practice

为设备、构件或产品的设计、制造、安装、维护或使用而推荐惯例或程序的文件。

注：规程可以是**标准**、标准的一个部分或与标准无关的文件。

2.3.6

法规　regulation

由**权力机构**通过的有约束力的法律性文件。

2.3.6.1

技术法规　technical regulation

规定技术**要求**的**法规**，它或者直接规定技术**要求**，或者通过引用**标准**、**技术规范**或**规程**来规定技术**要求**，或者将**标准**、**技术规范**或**规程**的内容纳入法规中。

注：技术法规可附带技术指导，列出为了符合法规要求可采取的某些途径，即**权宜性条款**。

2.4 标准和法规的负责机构

2.4.1

机构　body

〈负责标准和法规〉有特定任务和组成的法定或行政的实体。

注：机构如：**组织**、**权力机构**、公司和社团。

2.4.2

组织　organization

由具备成员资格的其他机构或个人组成的，具有既定的章程和自己的行政管理的**机构**。

2.4.3

标准化机构　standardizing body

公认的从事标准化活动的**机构**。

2.4.3.1

区域标准化组织　regional standardizing organization

其成员资格仅向某个地理、政治或经济区域内的各国有关国家**机构**开放的标准化**组织**。

2.4.3.2

国际标准化组织　international standardizing organization

其成员资格向每个国家的有关国家**机构**开放的标准化**组织**。

2.4.4

标准机构　standards body

在国家、区域或国际的层次上承认的，根据其章程的规定以制定、批准或通过公开发布的标准为主要职能的**标准化机构**。

注：标准机构还可有其他的主要职能。

2.4.4.1

国家标准机构　national standards body

在国家层次上承认的，有资格成为相应的**国际和区域标准组织**的国家成员的**标准机构**。

2.4.4.2

区域标准组织　regional standards organization

其成员资格仅向某个地理、政治或经济区域内的各国有关国家**机构**开放的**标准组织**。

2.4.4.3

国际标准组织　international standards organization

其成员资格向每个国家的有关国家**机构**开放的**标准组织**。

2.4.5

权力机构　authority

具有法律上的权力和权利的**机构**。

注：权力机构可能是区域的、国家的或地方的。

2.4.5.1

法规制定机构　regulatory authority

负责制定或通过**法规**的**权力机构**。

2.4.5.2

法规执行机构　enforcement authority

负责执行**法规**的**权力机构**。

注：法规执行机构可是也可不是**法规制定机构**。

2.5　**标准的种类**

注：本条给出下列术语和定义的目的既不是为了对标准进行系统的分类，也不是为了全部列出所有可能的**标准**类别，仅仅为了给出一些常见的标准类别。这些类别的标准相互间并不排斥，例如，一个特定的**产品标准**，如果规定了关于产品特性的**试验方法**，则也可视为**试验标准**。

2.5.1

基础标准　basic standard

具有广泛的适用范围或包含一个特定领域的通用**条款**的**标准**。

注：基础标准可直接应用，也可作为其他标准的基础。

2.5.2

术语标准　terminology standard

与术语有关的**标准**，通常带有定义，有时还附有注、图、示例等。

2.5.3

试验标准　testing standard

与**试验方法**有关的**标准**，有时附有与**测试**有关的其他**条款**，例如抽样、统计方法的应用、试验步骤。

2.5.4

产品标准　product standard

规定产品应满足的**要求**以确保其**适用性**的**标准**。

注1：产品标准除了包括适用性的要求外，还可直接地或通过引用间接地包括诸如术语、抽样、测试、包装和标签等方面的要求，有时还可包括工艺要求。

注2：产品标准根据其规定的是全部的还是部分的必要要求，可区分为完整的标准和非完整的标准。同理，产品标准又可区分为其他不同类别的标准，例如尺寸类标准、材料类标准和交货技术通则类标准。

2.5.5

过程标准　process standard

规定过程应满足的**要求**以确保其**适用性**的**标准**。

2.5.6

服务标准　service standard

规定服务应满足的**要求**以确保其**适用性**的**标准**。

注：服务标准可以在诸如洗衣、饭店管理、运输、汽车维护、远程通信、保险、银行、贸易等领域内编制。

2.5.7

接口标准　interface standard

界面标准

规定产品或系统在其互连部位与兼容性有关的要求的标准。

2.5.8

数据待定的标准　standard on data to be provided

列出产品、过程或服务的特性，但其特性的具体值或其他数据需根据产品、过程或服务的规格化要求或具体使用要求另行规定的标准。

注：典型情况下，一些标准由供方规定数据，另一些标准由需方规定数据。

2.6 标准的协调

注：技术法规的协调与标准的协调相似。用“技术法规”代替2.6.1至2.6.9中的“标准”，用“权力机构”代替2.6.1中的“标准化机构”，便可得到技术法规协调的相应的术语和定义。

2.6.1

协调标准　harmonized standards

equivalent standards

不同标准化机构各自针对同一标准化对象批准的具有下列特征的若干标准，按照这些标准提供的产品、过程或服务具有互换性，提供的试验结果或资料能够相互理解。

注：符合本定义的协调标准，在表述方面甚至在内容方面都可能有所不同，例如在注，在达到标准要求的指导原则，在可选项和品种规格的优选等方面都可能有所不同。

2.6.2

一致标准　unified standards

内容相同，但表达形式不同的协调标准。

2.6.3

等同标准　identical standards

内容和表达形式都相同的协调标准。

注1：各等同标准的编号可互不相同。

注2：不同语种的等同标准互为准确的译文。

2.6.4

国际协调标准　internationally harmonized standards

与国际标准相协调的标准。

2.6.5

区域协调标准　regionally harmonized standards

与区域标准相协调的标准。

2.6.6

多边协调标准　multilaterally harmonized standards

两个以上标准化机构之间相协调的标准。

2.6.7

双边协调标准　bilaterally harmonized standards

两个标准化机构之间相协调的标准。

2.6.8

单边调整标准　unilaterally aligned standard

按照另一标准调整的标准，以便按该标准提供的产品、过程、服务、试验和资料能满足另一标准的要求，但反之未必然。

注：单边调整标准与其调整所依据的标准不协调。

2.6.9

可比标准　comparable standards

不同**标准化机构**各自针对同一产品、过程或服务批准的具有下列特征的若干**标准**，所规定的特性和评定方法相同，但对特性规定的**要求**不同，因而可以对**要求**的差异清楚地进行比较。

注：可比标准不是**协调标准**。

2.7 规范性文件的内容

2.7.1

条款　provision

规范性文件内容的表述方式，一般采取**陈述**、**指示**、**推荐**或**要求**的形式。

注：条款的这些形式以其所用的措辞加以区分，例如：指示用祈使句表达，推荐用助动词"宜"，要求用助动词"应"。

2.7.2

陈述　statement

表达信息的**条款**。

2.7.3

指示　instruction

表达应执行的行动的**条款**。

2.7.4

推荐　recommendation

表达建议或指导的**条款**。

2.7.5

要求　requirement

表达应遵守的准则的**条款**。

2.7.5.1

必达要求　exclusive requirement

为了符合**规范性文件**而必须遵守的**要求**。

2.7.5.2

任选要求　optional requirement

为了符合**规范性文件**所允许的特定选择而必须遵守的**要求**。

注：任选要求可以是：

a）两个或更多的可选择的要求中的一个；

b）仅在适用时必须符合的，而在不适用时则可不予考虑的附加要求。

2.7.6

权宜性条款　deemed-to-satisfy provision

指明符合**规范性文件**的**要求**的一种或多种途径的**条款**。

2.7.7

描述性条款　descriptive provision

有关产品、过程或服务特征的**适用性**的**条款**。

注：描述性条款通常用尺寸和材料组成来表达设计、构造细节等内容。

2.7.8

性能条款　performance provision

有关产品、过程或服务的使用性能或与使用相关的性能的**适用性**的**条款**。

2.8 规范性文件的结构

2.8.1

主体　body

〈规范性文件中〉构成**规范性文件**实质内容的一组**条款**。

注1：就标准而言，主体即规范性要素，由标准的规范性一般要素和规范性技术要素组成。

注2：为了方便起见，规范性文件主体的某些部分可以采用附录的形式（规范性附录），但其他附录（资料性）只可以作为附加要素。

2.8.2

附加要素　additional element

包括在**规范性文件**中而不影响其实质内容的资料。

注：就标准而言，附加要素即资料性概述要素和资料性补充要素，可以包括：前言、引言、资料性附录、参考文献、索引和注等。

2.9　规范性文件的制定

2.9.1

标准工作计划　standards programme

标准化机构所列出的当前**标准化**项目的工作时间表。

2.9.1.1

标准项目　standards project

标准工作计划内的具体工作项目。

2.9.2

标准草案　draft standard

通常为了征求意见、投票（审查）或批准而提出的**标准**文稿。

2.9.3

有效期　period of validity

规范性文件现行有效的时期，即从负责该文件的**机构**决定该文件生效之日（"生效日期"）起直到它被废止或代替之日为止所经历的时间。

2.9.4

复审　review

决定**规范性文件**是否应予确认、更改或废止的审查活动。

2.9.5

勘误　correction

对已出版的**规范性文件**文本中的印刷上、语言上和其他类似错误的更正。

注：适合时，勘误的结果可视情况发布单独的勘误页或发布规范性文件的**新版本**。

2.9.6

修正　amendment

对**规范性文件**内容的特定部分的修改、增加或删除。

注：修正的结果一般是发布单独的规范性文件的修正案。

2.9.7

修订　revision

对**规范性文件**的实质内容和表述做全面必要的更改。

注：修订的结果是发布规范性文件的**新版本**。

2.9.8

重印　reprint

不加任何改变的**规范性文件**的新的印刷品。

2.9.9

新版本　new edition

包括了对前一版本的更改内容的**规范性文件**的新的印刷品。

注：即使仅将现存的**勘误**或修正案的内容纳入规范性文件的文本中，该文本也构成一个新版本。

2.10　规范性文件的实施

注：可以认为**规范性文件**有两种不同的“实施”方式。它可以直接应用于生产、贸易等方面，也可以被另一个规范性文件全部或部分地采用。通过这第二个规范性文件作为媒介，第一个规范性文件还可得到应用，或再次被第三个规范性文件所采用。

2.10.1

(在国家规范性文件中)采用国际标准　taking over an international standard (in a national normative document)

以标明与相应**国际标准**之间差异的方式，发布一个以该国际标准为基础的国家**规范性文件**，或签署认可该国际标准与国家规范性文件具有同等地位。

注：由于我国标准管理体制和语言习惯与国际上的一些国家有所不同，签署认可与国家规范性文件具有同等地位的国际标准这种采用国际标准的方法对我国不适用，因此，我国未采纳这种方法。

2.10.2

规范性文件的应用　application of a normative document

规范性文件在生产、贸易等方面的使用。

2.10.2.1

标准的直接应用　direct application of an standard

不管某标准是否被其他**规范性文件**采用而对该**标准**的应用。

2.10.2.2

标准的间接应用　indirect application of an standard

通过另一个采用了某标准的**规范性文件**作为媒介而对该**标准**的应用。

2.11　在法规中对标准的各种引用

2.11.1

(在法规中)对标准的引用　reference to standards (in regulations)

法规中引用一个或多个**标准**，以代替详细的**条款**。

注1：对标准的引用可以是注日期引用、不注日期引用或普遍性引用，同时又可以是唯一性引用或指示性引用。

注2：涉及**最新技术水平**或**公认的技术规则**的更普遍性的法律条款可以直接引用标准。这种法律条款也可以单独列出。

2.11.2　引用的准确性

2.11.2.1

(对标准的)注日期引用　dated reference (to standards)

对一个或多个具体**标准**的一种引用方式，除非**法规**本身有所修订，被引用的标准随后的**修订版**均不适用。

注：对以这种方式引用的标准通常标出标准代号、顺序号和发布日期或版次。也可给出标准名称。

2.11.2.2

(对标准的)不注日期引用　undated reference (to standards)

对一个或多个具体**标准**的一种引用方式，不需要对**法规**本身进行修订，被引用的标准的最新版本适用。

注：对以这种方式引用的标准通常仅标出标准代号和顺序号。也可给出标准名称。

2.11.2.3

(对标准的)普遍性引用　general reference (to standards)

指定特定机构的或具体领域内的所有标准(不逐个列举)作为引用标准的一种引用方式。

2.11.3　**引用的力度**

2.11.3.1

(对标准的)惟一性引用　exclusive reference (to standards)

引用标准时声明符合所引用的**标准**是满足**技术法规**有关**要求**的惟一途径的一种引用方式。

2.11.3.2

(对标准的)指示性引用　indicative reference (to standards)

引用标准时声明符合所引用的**标准**是满足**技术法规**有关**要求**的途径之一的一种引用方式。

注:对标准的指示性引用是**权宜性条款**的一种形式。

2.12　**合格评定**

注:本条以后的术语中,“合格”一词可用“符合”一词替换,含“合格”一词的术语可用“符合性”一词替换,例如,“合格评定”也可替换为“符合性评定”。“合格评定”一词已在其领域普遍使用并已用于一些法律性文件中,但用“符合性”一词代替“合格”(对应英文“conformity”)被认为更加符合所定义事物的本意。“符合性评定”一词也已在一些具体领域(例如电子行业)使用。

2.12.1

合格　conformity

产品、过程或服务达到了规定的**要求**。

2.12.2

合格评定　conformity assessment

有关直接或间接地确定是否达到相应的**要求**的活动。

注:合格评定活动的典型示例有:抽样、**测试和检验**;评价、验证和**合格保证**(供方声明、认证);**注册**、**认可和批准**以及它们的组合。

2.12.3

合格评定机构　conformity assessment body

开展**合格评定**的机构。

2.12.4

合格评定体系　conformity assessment system

具备实施**合格评定**的有其自身的程序和管理规则的体系。

注1:合格评定体系可以是国家、区域或国际层次上的体系。

注2:合格评定体系的典型示例有:测试体系、检验体系、认证体系。

2.12.5

合格评定方案　conformity assessment scheme

关系到规定的产品、过程或服务的**合格评定体系**,该体系遵循了相同的**标准**和规则以及相同的程序。

2.12.6

合格评定体系准入　access to a conformity assessment system

申请者根据体系的规则得到**合格评定**的机会。

2.12.7

合格评定体系参与机构　participant in a conformity assessment system

仅按其规则开展活动而未参与合格评定体系的管理的**合格评定机构**。

2.12.8

合格评定体系成员机构　member of a conformity assessment system

按其规则开展活动并参与合格评定体系的管理的**合格评定机构**。

2.12.9

第三方　third party

在所涉及的问题上公认的独立于有关各方的个人或**机构**。

注：有关各方通常是供方(第一方)和需方(第二方)。

2.12.10

注册　registration

由**机构**在适当的、可公开获得的名录上发表某产品、过程或服务的有关特性或一个机构或人员的特征的程序。

2.12.11

认可　accreditation

由权力**机构**对机构或人员具备执行特定任务的能力进行正式承认的程序。

2.12.12

互惠　reciprocity

双方彼此有同样的权利和义务的双边关系。

注1：互惠可以存在于将双边互惠关系网络包括在内的**多边协议**中。

注2：尽管权利和义务是相同的，但它们的机会可以是不同的，这也可能导致双方间的不平等关系。

2.12.13

平等待遇　equal treatment

在可比的情况下，给予某一方的产品、过程或服务的待遇与给予任何其他方类似产品、过程或服务的待遇同样优惠。

2.12.14

国民待遇　national treatment

在可比的情况下，给予其他国家的产品、过程或服务的待遇与给予本国类似产品、过程或服务的待遇同样优惠。

2.12.15

国民和平等待遇　national and equal treatment

在可比的情况下，给予其他国家的产品、过程或服务的待遇与本国或任何其他国家类似的产品、过程或服务的待遇同样优惠。

2.13　特性的测定

注：对产品、过程或服务特性的测定通常可以通过测试或其他方法，诸如简单的观察方式(当没有规定适用的程序时)进行，或通过文件评审或审核方法(针对质量体系)进行。

2.13.1

试验　test

依据规定的程序测定产品、过程或服务的一种或多种特性的技术操作。

2.13.1.1

测试　testing

进行一个或多个试验的行动。

2.13.2

试验方法　test method

进行试验所依据的技术程序。

2.13.3

试验报告 test report

表述试验结果和其他与**试验**有关的资料的文件。

2.13.4

测试实验室 testing laboratory

从事**试验**的实验室。

注:"测试实验室"可指法律实体或技术实体,或同时指法律和技术实体。

2.13.5

(实验室)能力测试 (laboratory) proficiency testing

通过实验室间的对比确定实验室的**测试**水平。

2.14 合格评价

2.14.1

合格评价 conformity evaluation

对产品、过程或服务达到规定**要求**的程度所进行的系统的检查。

2.14.2

检验 inspection

通过观察和判断以及适当的测量、**测试**所进行的**合格评价**。

2.14.3

检验机构 inspection body

从事**检验**活动的机构。

2.14.4

合格测试 conformity testing

通过**测试**进行的**合格评价**。

2.14.5

型式试验 type testing

根据一个或多个代表生产产品的样品所进行的**合格测试**。

2.14.6

合格监督 conformity surveillance

确定是否按规定的**要求**持续合格的**合格评价**。

2.15 合格保证

2.15.1

合格(的)保证 assurance of conformity

为了提供使人们相信产品、过程或服务满足规定**要求**的声明所开展的活动。

注:对产品而言,声明的形式可以是文件、标签或其他等效方式,它也可以印在有关产品的公告、产品目录、发货单或用户手册上。

2.15.1.1

供方声明 supplier's declaration

由供方对产品、过程或服务达到规定**要求**给出书面保证的程序。

注:为了避免任何混淆,不宜使用"自我认证"(self-certification)。

2.15.1.2

认证 certification

由**第三方**对产品、过程或服务达到规定**要求**给出书面保证的程序。

2.15.2

认证机构　certification body

从事认证活动的**机构**。

注：认证机构可以自己进行**测试**和**检验**活动，或监督由其他机构代表其进行的这些活动。

2.15.3

(认证)许可文件　licence (for certification)

认证机构根据**认证**体系的规则颁发的文件，该文件授予个人或**机构**对其符合有关认证方案规定的产品、过程或服务使用**合格证书**或**合格标志**的权利。

2.15.4

(认证)获证方　licensee (for certification)

从**认证机构**获得**许可文件**的个人或**机构**。

2.15.5

合格证书　certificate of conformity

根据**认证**体系的规则颁发的文件，该文件表明充分相信有关的产品、过程或服务符合具体的**标准**或其他**规范性文件**。

2.15.6

(认证)合格标志　mark of conformity (for certification)

根据**认证**体系的规则使用或颁发的、受到保护的标志。该标志表明充分相信有关的产品、过程或服务符合特定的**标准**或其他**规范性文件**。

2.16　批准和承认的协议

2.16.1

批准　approval

允许产品、过程或服务在声明的用途或条件下销售或使用。

2.16.1.1

型式批准　type approval

根据**型式试验**结果做出的**批准**。

2.16.2

承认协议　recognition arrangement

以一方承认另一方的**合格评定体系**中一个或多个指定功能要素的实施结果为基础而达成的协议。

注1：承认协议的典型例子有**测试**协议、**检验**协议、**认证**协议。

注2：承认协议可以建立在例如国家、区域或国际层次上。

注3：此定义不包括仅限于程序等效性的声明协议，程序等效性协议不包括对结果的承认。

2.16.3

单边协议　unilateral arrangement

只涉及一方接受另一方的结果的**承认协议**。

2.16.4

双边协议　bilateral arrangement

涉及双方相互接受对方结果的**承认协议**。

2.16.5

多边协议　multilateral arrangement

涉及两方以上的相互接受各方结果的**承认协议**。

2.17　合格评定机构和人员的认可

2.17.1

认可体系　accreditation system

具备实施认可的有其自身的程序和管理规则的体系。

注：对合格评定机构的认可通常基于对其成功的评定，并在认可后对其进行适当的监督。

2.17.2

认可机构　accreditation body

实施和管理认可体系并授予认可的机构。

2.17.3

被认可的机构　accredited body

获得认可的机构。

2.17.4

认可准则　accreditation criteria

认可机构所使用的、合格评定机构为了获得认可所应达到的一组要求。

中文索引

A

B

C

D

F

G

H

S

T

W

X

Y

Z

英文索引

A

B

C

M

N

O

P

R

S

T

U

V

ICS 13.020.10
Z 06

中华人民共和国国家标准

GB/T 24042—2002/ISO 14042:2000

环境管理 生命周期评价 生命周期影响评价

Environmental management—Life cycle assessment—
Life cycle impact assessment

(ISO 14042:2000,IDT)

2002-04-16 发布 2002-10-01 实施

中华人民共和国
国家质量监督检验检疫总局 发布

前　言

本标准等同采用国际标准 ISO 14042:2000《环境管理　生命周期评价　生命周期影响评价》。

本标准为环境管理系列标准中关于生命周期评价的标准之一。此前发布的有关生命周期评价的标准有：

GB/T 24040—1999《环境管理　生命周期评价　原则与框架》(idt ISO 14040:1997)

GB/T 24041—2000《环境管理　生命周期评价　目的与范围的确定和清单分析》(idt ISO 14041:1998)

GB/T 24043—2002《环境管理　生命周期评价　生命周期解释》(idt ISO 14043:2000)

本标准的附录 A 为规范性附录。

本标准由中国标准研究中心提出并归口。

本标准起草单位：中国标准研究中心、中国科学院生态环境研究中心、中国环境科学研究院、中国石油天然气股份公司、中国进出口产品质量认证中心、中国环境管理体系认证机构认可委员会、中国合格评定国家认可中心。

本标准主要起草人：范与华、杨建新、孙启宏、饶一山、刘克、李燕、徐有刚、黄进。

引　言

生命周期影响评价(LCIA)是GB/T 24040所规定的生命周期评价的第三个阶段,LCIA的目的是对产品系统[1)]生命周期清单分析(LCI)的结果进行评价,以便更好地理解这些结果的环境意义。在LCIA阶段,对选定的环境问题(即影响类型)建立模型,并利用类型参数[2)]来精简和解释LCI结果。类型参数用来反映各影响类型中的累积总量或资源消耗,表征GB/T 24040中所说的“潜在环境影响”[3)]。此外,LCIA还为生命周期解释阶段做准备。

LCIA作为整个生命周期评价的一部分,可用于:

——识别改进产品系统的机会并帮助确定其优先次序;

——对产品系统和其中的单元过程加以特征化或确定参照基准;

——在选定类型参数的基础上对不同的产品系统进行比较;

——发现能用其他方法为决策者提供补充性环境数据和信息的环境问题。

尽管LCIA有助于上述应用,但同时也宜认识到对产品系统做详尽评价是困难的,可能需要借助于其他一些环境评价方法。

1) 在本标准中,术语“产品系统”也包括服务系统。

2) 此术语的完整表达为“生命周期影响类型参数”

3) GB/T 24040中提到的“潜在环境影响”是GB/T 24001中“环境影响”的一个子集,是通过功能单位计算得到的。“潜在环境影响”与产品系统的功能单位相关联,是一个相对概念。

环境管理 生命周期评价
生命周期影响评价

1 范围

本标准就生命周期评价(LCA)中生命周期影响评价(LCIA)阶段的基本框架、关键特性和局限进行阐述,提供指导,并规定实施 LCIA 的要求以及 LCIA 和其他 LCA 阶段的关系。

2 规范性引用文件

下列文件中的条款通过本标准的引用而成为本标准的条款。凡是注日期的引用文件,其随后所有的修改单(不包括勘误的内容)或修订版均不适用于本标准,然而,鼓励根据本标准达成协议的各方研究是否可使用这些文件的最新版本。凡是不注日期的引用文件,其最新版本适用于本标准。

GB/T 24001—1996 环境管理体系 规范及使用指南(idt ISO 14001:1996)

GB/T 24040—1999 环境管理 生命周期评价 原则与框架(idt ISO 14040:1997)

GB/T 24041—2000 环境管理 生命周期评价 目的与范围的确定和清单分析(idt ISO 14041:1998)

GB/T 24043—2002 环境管理 生命周期评价 生命周期解释(idt ISO 14043:2000)

GB/T 24050—2000 环境管理 术语和定义(idt ISO 14050:1998)

3 术语、定义和术语缩写

3.1 术语和定义

GB/T 24001、GB/T 24040、GB/T 24041 和 GB/T 24050 中的定义及下列定义适用于本标准。

3.1.1

生命周期清单分析结果 life cycle inventory analysis result(LCI 结果)

生命周期清单分析的成果,由此得到通过系统边界的能流和物流,并作为生命周期影响评价的起点。

3.1.2

影响类型 Impact category

可将 LCI 结果划归其中、代表所关注的环境问题的类别。

3.1.3

生命周期影响类型参数 life cycle impact category indicator

对影响类型的量化表达。

注:为简洁起见,后文称之为“类型参数”。

3.1.4

类型终点 category endpoint

所关注的特定环境问题涉及的自然环境、人体健康或资源的属性或组成。

注:图 2 对本术语做了更详尽的示意。

3.1.5

特征化因子　characterization factor

由特征化模型导出、用来将LCI结果转换成类型参数通用单位的因子。

注：通用单位使合并得以实现，得出类型参数结果。

3.1.6

环境机制　environmental mechanism

特定影响类型的物理、化学或生物过程系统，它将LCI结果与类型参数和类型终点相联系。

3.2

术语缩写

LCA：生命周期评价

LCI：生命周期清单分析

LCIA：生命周期影响评价

4 LCIA概述

4.1 LCIA目的

LCIA的目的是通过使用与LCI结果相关的影响类型和类型参数，从环境角度审查一个产品系统，并为生命周期解释阶段提供信息。

4.2 LCIA的关键特性

以下是LCIA的关键特性：

——LCIA阶段和其他LCA阶段一起，从系统的观点考察一个或多个产品系统的环境和资源问题。

——LCIA将LCI结果分类，并划分到相应的影响类型。对于每种影响类型选择一个类型参数，并计算出类型参数结果（下称参数结果）。参数结果的集合（下称LCIA概要）提供与产品系统的输入输出相关的环境问题信息。

——LCIA和其他技术，诸如环境表现评价、环境影响评价和风险评价等不同，它是一种基于功能单位的相对方法。LCIA可以使用来自上述其他技术的信息。

第8章将说明LCIA的局限性。

4.3 LCIA要素

4.3.1 LCIA阶段的基本框架中包含一些必备要素，用来将LCI结果转换为参数结果。另外还有一些可选要素，用来将参数结果归一化、分组或加权，可选要素还包括数据质量分析技术。LCIA阶段仅仅是整个LCA研究的一部分，应与LCA的其他阶段协调一致，附录A对此作了论述。LCIA要素如图1所示。

将LCIA阶段划分为不同的要素主要是基于下列原因：

——每项要素都有不同特点并能明确定义；

——便于在LCA研究的目的与范围确定阶段对每种要素分别加以考虑；

——便于对每项要素的LCIA方法、假定和其他决定分别进行质量评价；

——能使每项要素中的LCIA程序、假定和其他操作具有透明度，以便进行鉴定性评审和编写报告；

——能使每项要素中对价值的选用及其主观性（下称价值选择）具有透明度，以便进行鉴定性评审和编写报告。

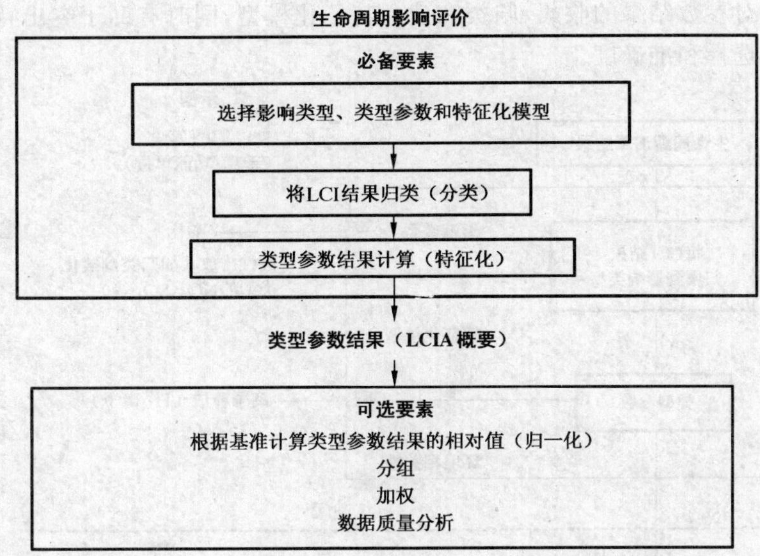

图1 LCIA阶段要素

4.3.2 LCIA必备要素

a） 影响类型、类型参数和特征化模型的选择：确定影响类型、相应的类型参数和特征化模型、类型终点及LCA研究将涉及的有关LCI结果。例如气候变化这一影响类型，以红外线辐射强度作为类型参数，反映温室气体的排放情况(LCI结果)，见表1。

b） 分类：将LCI结果划分到各个影响类型。

c） 特征化：计算类型参数结果。

各个影响类型的参数结果共同构成产品系统的LCIA概要。

第5章对图1及上述必备LCIA要素做了更详尽的说明，并提出了具体要求。

4.3.3 LCIA可选要素

根据LCA研究的目的和范围，可采用下列可选LCIA要素和信息。

a） 归一化：根据基准信息计算类型参数结果的大小。

b） 分组：对影响类型进行分类，必要时加以排序。

c） 加权：用基于价值选择的数值因子对分属各个影响类型的参数结果进行转化，必要时加以合并。

d） 数据质量分析：更好地了解参数结果集合(即LCIA概要)的可靠性。

5 必备要素

5.1 总论

在LCIA阶段，通过必备要素得到各影响类型参数结果的集合。

5.2 类型参数概念

图2说明了基于环境机制的类型参数概念。每种影响类型都有其特有的环境机制。图2中以酸化这一影响类型为例进行说明。

特征化模型通过表述LCI结果、类型参数以及类型终点(在某些情况下)之间的关系反映环境机制。特征化模型用来导出特征化因子。对于每种影响类型，需要

——识别类型终点；

——就给定类型终点定义类型参数；

——识别能归属到一定影响类型的适当的LCI结果(考虑选定的类型参数和所识别的类型终点)；

——确定特征化模型和特征化因子。

这一程序有助于对参数结果的收集、归类和建立特征化模型,同时有助于突出特征化模型的科学技术有效性、假定、价值选择和准确度。

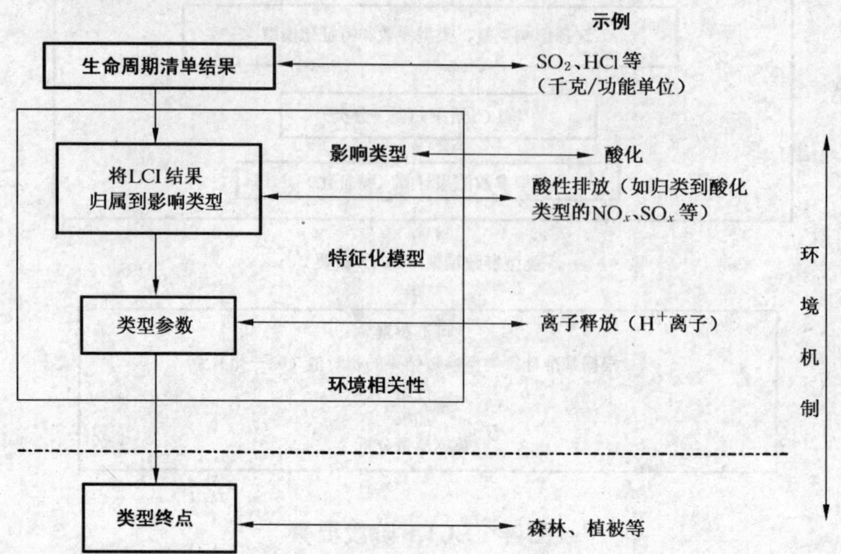

图 2 类型参数概念

表 1 提供了本标准中术语的示例,在这里环境机制是和气候变化有关的环境过程的总和。

表 1 术语示例

术 语	示 例
影响类型	气候变化
LCI 结果	温室气体排放
特征化模型	IPCC[a] 模型
类型参数	红外线辐射强度(W/m^2)
特征化因子	各种温室气体的潜能值(千克二氧化碳当量/千克气体)
参数结果	二氧化碳当量(kg)
类型终点	珊瑚礁、森林、农作物
环境相关性	类型参数和类型终点的关联程度
注:ISO/TR 14047[1]提供了更多的示例。	
[a] 政府间气候变化专门委员会(Intergovernmental Panel on Climate Change)	

5.3 影响类型、类型参数和特征化模型的选择

5.3.1 5.3 条给出了用于选择影响类型、类型参数和特征化模型以及环境相关性准则的指南和要求。

对于大部分 LCA 研究,通常选择现有的影响类型、类型参数和特征化模型。在 LCA 研究中,对任何有关影响类型、类型参数和特征化模型的选择,均应指明对有关信息的引用。5.3 条中的要求和建议适用于被引用的信息。然而,在有些情况下,现有的影响类型、类型参数和特征化模型不能满足 LCA 研究目的和范围的需要,就要定义新的影响类型、类型参数和特征化模型,而这时本条的要求和建议仍然适用。

可在 LCI 结果和类型终点之间的环境机制中(见图 2)任何环节选择类型参数。

5.3.2 选择影响类型、类型参数和特征化模型应满足下列要求:

a) 影响类型、类型参数和特征化模型的选择符合研究目的和范围;

b) 指明影响类型、类型参数和特征化模型的来源;

c）对影响类型、类型参数和特征化模型的选择加以论证；

d）赋予影响类型和类型参数准确的表述性名称；

e）所选择的影响类型在考虑到研究目的和范围的同时，能全面反映产品系统所涉及的环境问题；

f）说明特征化模型和将 LCI 结果和类型参数相联系并提供特征化因子的环境机制予以表述；

g）说明用来导出类型参数的特征化模型对研究目的和范围的适用性。

5.3.3 此外，下列建议也适用于影响类型、类型参数和特征化模型的选择：

a）影响类型、类型参数和特征化模型宜为国际上能接受的，基于国际协议或为有资格的国际机构所认可的；

b）影响类型宜通过类型参数反映产品系统在类型终点的总体排放或资源消耗；

c）在选择影响类型、类型参数和特征化模型时宜尽量少用价值选择和假定；

d）除非是出于研究目的和范围的要求，宜避免对影响类型、类型参数和特征化模型进行重复计算，例如研究中同时涉及人体健康和致癌性；

e）每种影响类型的特征化模型都宜为科学技术上有效的，并基于可明确识别的环境机制或可再现的经验观察；

f）宜对特征化模型和特征化因子在科学技术上的有效程度加以识别；

g）类型参数宜具有环境相关性。

5.3.4 宜根据环境机制和研究目的和范围的不同，考虑将 LCI 结果和类型参数相联系的特征化模型的空间和时间差异。特征化模型中宜包含物质的转移和最终去向。

应对 LCI 结果中除物流和能流以外的数据（例如土地利用）加以识别，并确定它们和相应的类型参数之间的关系。

5.3.5 宜根据下列准则对类型参数或特征化模型的环境相关性加以说明：

a）类型参数反映 LCI 结果对类型终点产生影响的能力（至少要定性说明）；

b）在特征化模型中添加有关类型终点的环境数据或信息，包括

——类型终点的状况；

——评估各类型终点相对变化的大小；

——空间因素，例如面积和范围；

——时间因素，例如时间跨度、滞留时间、持久性和即时性等；

——环境机制的可逆性；

——特征化模型和类型终点变化间关系的不确定性。

5.4 分类

本条提供将 LCI 结果划分到影响类型（分类）的指导。

把 LCI 结果划归到影响类型中能够更清晰地显现与该结果相关的环境问题。

除非研究目的和范围另有规定，把 LCI 结果划分到影响类型宜考虑下列情况：

——LCI 结果仅涉及一种影响类型时的归类；

——LCI 结果涉及不止一种影响类型时对它们的识别，包括：

——对并联机制的区分，例如将 SO_2 分配到人体健康和酸化两种影响类型。

——在串联机制间进行分配，例如可将 NO_x 划归地面臭氧形成和酸化两种影响类型。

如果由于 LCI 结果不可得或数据质量不足以满足 LCIA 研究的目的和范围，就要反复收集数据，或对目的和范围加以调整。

5.5 特征化

本条给出对参数结果进行计算（特征化）的指导和要求。计算包括对 LCI 结果进行统一单位换算，并在一种影响类型内对换算结果进行合并。这一转换采用特征化因子，特征化的结果是一个量化指标。

应对参数结果的计算方法，包括所使用的价值选择和假定，加以确定并纳入文件。

参数结果对特定目的和范围的适用性取决于特征化模型和特征化因子的准确性、有效性和性质。由于影响类型的不同,用于特征化模型类型参数的价值选择和简化假定的数量和种类也有所不同。特征化模型的简化性和准确性之间往往存在折衷。各种影响类型中类型参数质量的差异可能对整个LCA研究的准确性产生影响,引起这些差异的原因如:

——系统边界和类型终点之间环境机制的复杂性;

——时间和空间特性,例如某种物质在环境中的持久性;

——剂量-反应特性。

参数结果的计算包括下列两个步骤:

a) 选择并使用特征化因子将已归类的LCI结果换算为同一单位;

b) 将转换后的LCI结果进行合并,形成参数结果。

类型参数的一个例子是红外线辐射强度。在本例中,以温室气体的全球变暖潜值作为特征化因子,将每种温室气体的LCI结果折合为二氧化碳当量,再对各种气体的计算结果进行合并,就得到以二氧化碳当量总数表示的参数结果。

关于环境状况的更多信息能赋予参数结果更多的含义并提高其可用性,在进行数据质量分析时也可加以考虑。

6 可选要素

6.1 总论

本章将阐述归一化、分组和加权三种可选LCIA要素。它们可使用来自LCIA框架外的信息。宜对这些信息进行论证并在报告中予以记载。归一化采用基线和(或)基准信息,分组和加权采用价值选择。

6.2 归一化

对参数结果进行归一化的目的是更好地认识所研究的产品系统中每个参数结果的相对大小。根据基准信息对参数结果的大小进行计算(归一化)是一种可选要素,例如它有助于:

——检查不一致性;

——提供和交流关于参数结果相对重要性的信息;

——为其他步骤如分组、加权、生命周期解释等作准备。

在本过程中,通过一个选定的基准值作除数对参数结果进行转化。基准值例如:

——特定范围内(如全球、区域或局地)的排放总量或资源消耗总量;

——特定范围内的人均(或类似均值)排放总量或资源消耗总量;

——基线情景,如特定的备选产品系统。

对基准系统的选择宜考虑环境机制和基准值在时间和空间范围上的一致性。

参数结果的归一化将改变LCIA必备要素的结果,可能需要使用若干个基准系统以体现对该结果的影响。敏感性分析可能提供关于选择基准的额外信息。归一化的参数结果集合反映归一化的LCIA概要。

6.3 分组

分组是把影响类型划分到在目的和范围确定阶段预先规定的一个或若干组影响类型中去,其中可包括分类和(或)排序。加权是一种可选要素,包括以下两个可能的步骤:

——根据性质对影响类型进行分类,例如属于排放还是资源消耗,是全球性、区域性还是局地性的。

——根据预定的等级规则对影响类型进行排序,例如属于高、中、低级。

排序基于价值选择。

分组方法的应用应与研究目的和范围一致并具有充分的透明度。

由于不同的个人、组织和人群可能具有不同的倾向性,他们对于同样的参数结果或归一化的参数结果可能得出不同的排序结果。

6.4 加权

加权是使用基于价值选择所得到的数值因子对不同影响类型的参数结果进行转换的过程，其中可包含已加权的参数结果的合并。加权是一种可选要素，包括以下两个可能的步骤：

——用选定的加权因子对参数结果或归一化的结果进行转换；

——可能对各个影响类型中转换后的参数结果或归一化的结果进行合并。

加权是基于价值选择而不是基于自然科学。

加权方法的应用应与研究目的和范围一致并具有充分的透明度。由于不同的个人、组织和人群可能具有不同的倾向性，他们对于同样的参数结果或归一化的参数结果可能得到不同的加权结果。在一项 LCA 研究中可能要使用若干不同的加权因子和加权方法，并进行敏感性分析来评价不同的价值选择和加权方法对 LCIA 结果的影响。

应将所使用的加权方法和具体作法形成文件以提供透明度，宜将加权前所取得的数据和参数结果或归一化的结果和加权结果一同予以提供，以确保

——决策者和其他使用者能知悉所做的权衡和其他信息；

——使用者能掌握这些结果的全面情况和有关细节。

7 数据质量分析

为了更好地认识 LCIA 结果的重要性、不确定性和敏感性，可能需要更多的方法和信息，以便

——判别是否存在重要差异；

——去掉可忽略的 LCI 结果；

——指导 LCIA 的反复性过程。

对方法的需求和选择取决于实现研究目的和范围所需的准确和详尽程度。

具体方法及其作用说明如下：

——重要度分析（例如帕雷托分析）是一种用来识别对参数结果具有最重要影响的数据的统计程序。将识别的数据进行优先研究，以确保做出正确决定。

——GB/T 24041 中所定义的不确定性分析。它说明数据集的统计变化性，旨在确定来自同一影响类型的参数结果之间是否存在重大差异。

——GB/T 24041 中所定义的敏感性分析。它评价变化（例如在 LCI 结果中或特征化模型中变化）对类型结果的影响程度。类似地，它还能用来评审计算程序中的修改对 LCIA 概要的影响程度。

由于 LCA 是一个反复的过程，数据质量分析结果可能对 LCI 阶段也具有指导作用，例如修正取舍准则或收集原来被忽略的数据。参看附录 A。

8 LCIA 的局限性

LCIA 仅涉及目的和范围中所识别的那些环境问题，因此 LCIA 不是对所研究的产品系统的所有环境问题的完整评价。

LCIA 具有一些内在的局限性：

——一般说来，LCIA 是一种技术和科学的程序。但是在选择影响类型、类型参数和特征化模型以及进行归一化、分组、加权和实施其他程序时都须使用价值选择。

——LCIA 一般不包含有关时间、空间、阈值和剂量—反应等方面信息，并把一段时间和（或）空间内的排放或活动加以合并，因而削弱了参数结果的环境关联性。

——由于下述差异，不同影响类型的类型参数的准确度可能不同：

——特征化模型和相应的环境机制之间的差异，例如空间和时间范围的差异；

——应用简化假定时的差异；

——现有科学知识的差异。

——LCIA 结果不对类型终点、超出阈值、安全极限或风险等影响进行预测。

——LCIA 不是总能反映影响类型和备选产品系统的有关参数结果中的重大差别。其原因可能有：

——LCIA 阶段用来进行特征化、敏感性分析和不确定性分析的特征化模型建立得不够充分；

——来自 LCI 阶段的局限，如由于取舍和数据断档使设定的系统边界未纳入产品系统可能的所有单元过程或未包括每个单元过程的所有输入和输出；

——来自 LCI 阶段的局限，例如由于分配和合并程序的不确定性或差异产生的 LCI 数据质量问题；

——收集的清单数据对每种影响类型的适宜性和代表性不够所带来的局限。

9 向外界公布的对比论断

本章适用于支持向外界公布对比论断的 LCIA 阶段，GB/T 24040—1999 的 5.1.2.4 条和第 7 章，GB/T 24041—2000 的第 7 章对此有所论述，这里提出进一步的要求。

支持对比论断的 LCIA 应使用一套足够广泛的类型参数。应对类型参数进行逐个对比。由于克服第 8 章所指出的局限可能需要更多信息的支持，不应以 LCIA 作为判定整体环境优越性或等价性的对比论断的单一基础。

不得将 6.4 条阐述的加权方法用于向外界公布的对比论断[4]。

用来支持向外界公布的对比论断的类型参数宜为国际上能够接受的，这些类型参数至少应

——从科学技术的角度上说是正确的，即基于可明确识别的环境机制或可再现的经验观察；

——有环境相关性，即和类型终点有足够明显的联系，包括(但不仅限于)空间和时间特性。

注：关于环境机制和环境相关性的更多信息见第 5 章。

对于旨在支持对比论断的研究，应对研究结果进行敏感性和不确定性分析。

10 报告和鉴定性评审

10.1 总论

本章规定了就 LCIA 结果编写报告和进行鉴定性评审的要求。这些要求是对 GB/T 24040 和 GB/T 24041两项标准中要求的补充。

10.2 LCIA 报告

10.2.1 对于 GB/T 24040 第 6 章中规定的第三方报告，其中应包括下列内容：

a) 该项研究的 LCIA 程序、计算和结果；

b) 就规定的 LCA 研究目的和范围而言，LCIA 结果存在哪些局限；

c) LCIA 结果与上述目的和范围之间的关系，见附录 A；

d) LCIA 与 LCI 结果之间的关系，见附录 A；

e) 所考虑的影响类型，包括选择它们的理由，并指明其来源；

f) 对使用的所有特征化模型、特征化因子和方法，以及所有假定和局限的表述或引用；

g) 对影响类型、特征化模型、特征化因子、归一化、分组、加权和 LCIA 中其他方面所用到的价值选择的说明或出处，选用它们的理由以及它们对结果、结论和建议的影响；

h) 声明 LCIA 结果只是一种相对概念，而不预测对类型终点的影响、超出阈值、安全极限或风险等情况。

10.2.2 当作为 LCA 研究的一部分，编写 GB/T 24040 第 6 章规定的第三方报告时，还应包括下列

4) GB/T 24040—1999 中关于对比论断的定义是：对于一种产品优于或等同于具有同样功能的竞争产品的环境声明。

内容：

a） 表述和论证LCIA中使用的任何新的影响类型、类型参数或特征化模型；

b） 对所有影响类型分组的声明和论证；

c） 对参数结果进行转化的其他程序和选择基准值和加权因子的论证；

d） 对参数结果的任何分析，例如敏感性和不确定性分析，环境数据的使用，以及这些结果的内在含义；

e） 在归一化、分组或加权之前得到的数据和参数结果应与分类、分组或加权之后得到的结果同时提供。

10.2.3 此外，对于向外界公布的对比论断，报告中还应包含下列内容：

a） 对LCIA完整性的评价；

b） 声明所选用的类型参数是否为国际上所接受，并对其使用进行论证；

c） 对研究所使用的类型参数的科学技术有效性和环境相关性进行论证；

d） 不确定性和敏感性分析的结果；

e） 对所发现的差异的重要性的评价；

f） 如果在LCA中包括分组，则其中还应包含：

——分组程序和结果；

——声明通过分组所做出的结论和建议都是基于价值选择；

——对用来进行归一化和分组的准则的论证（这些准则可以是个人的、组织的或国家的价值选择）；

——声明“GB/T 24042不规定任何具体方法或支持特定的价值选择对影响类型进行分组”；

——声明“研究的委托方自行对分组程序中的价值选择和判断负责”（研究的委托方可为政府、社区、组织等）。

10.2.4 当使用LCIA结果编写其他的报告时，宜考虑纳入以上列举的相关内容。

注1：在报告中用图形表示LCIA结果可能有助于说明问题，但宜考虑到它有对比和下结论的隐含效果。

注2：由于LCIA阶段固有的复杂性，在编写内部报告或向第二方提交的报告时也可考虑根据本章及GB/T 24040的规定进行文件编制。

10.3 鉴定性评审

应在研究目的中定义鉴定性评审的类型，该评审应符合GB/T 24040—1999中7.3条的要求。

当LCA研究是用来提供向外界公布的对比论断时，应按照GB/T 24040—1999第7.3.3条进行鉴定性评审。

LCIA评审者除应具有其他相关技能和知识外，还应考虑他们在与重要影响类型有关的学科方面的能力。评审能力宜包括分类、特征化、归一化、分组和加权等方面的能力，以支持LCA研究中的生命周期解释。

附 录 A
（规范性附录）
LCIA 和 LCA 框架的关系

A.1 总论

必须对 LCIA 进行精心策划以满足 LCA 目的和范围。为此应准确理解 LCIA 和 LCA 其他各阶段之间的关系。

A.2 LCIA 和目的与范围的确定之间的关系

宜对目的与范围的确定阶段进行评审，以便

——识别 LCA 中 LCIA 阶段的具体目标；

——识别需纳入考虑的环境问题和关注事项；

——选择与上述环境问题和关注事项有关的影响类型；

——确定建立影响类型、类型参数和特征化模型所需的详尽程度、科学技术有效性和环境相关性；

——为每种影响类型选择一个类型参数；

——识别 LCIA 阶段为从事 LCA 研究所需的其他技术要求和信息；

——识别要使用的价值选择；

——决定对不同影响类型的参数结果的合并程度，例如在空间上；

——决定对数据质量分析的需求；

——识别对报告的文件编制要求和透明度要求。从筛选应用到用于向外界公布的对比论断，这种要求大大增加了；

——对于每种影响类型，当使用基准值对类型参数进行转化时，规定这些基准值和计算方法；

——当进行归一化、分组或加权时，规定所采用的价值选择和用来选择及使用它们的程序。

A.3 LCIA 和 LCI 的关系

LCI 分析和 LCIA 是两种相互依存的活动，因而需要协调一致。LCIA 影响类型、类型参数和特征化模型的性质决定 LCI 数据的具体收集方向。应考虑下列因素是否可能造成数据的缺失或形成不确定性的来源。

——LCI 在数据质量和结果数量上是否能满足根据目的和范围的需求开展 LCIA 的要求；

——对系统边界和数据弃取的决定是否做了足够的评审以确保得到所需的 LCI 结果，以便进行 LCIA 的参数结果计算；

——LCI 阶段对功能单位的计算、在系统内平均、合并和分配等是否削弱了 LCIA 参数结果的环境相关性。

A.4 LCIA 和生命周期解释的关系

LCIA 的结果要输入到生命周期解释阶段。考虑到 LCA 研究的反复性，其透明度与完整性是重要的。由于生命周期解释要反映 LCA 研究的应用情况和局限性，有必要检查下列因素

——影响类型、类型参数和特征化模型的选择，LCI 结果的分配和类型参数结果的计算；

——所使用的假定和价值选择；

——以上决定、假定等对参数结果的影响；

——对敏感性分析和不确定性分析的需求及其结果，它们对影响类型参数结果的相对作用，环境数

据，以及从其他环境技术取得的信息等的相对作用；
——经过数据质量评价后，确定 LCIA 结果是否存在重大差别；
——上述重大差别是否对环境有意义。

参 考 文 献

[1] ISO/TR 14047[5)] 环境管理 生命周期评价 ISO 14042 应用示例

5）即将发布。

ICS 13.020.10
Z 00

中华人民共和国国家标准

GB/T 24043—2002/ISO 14043:2000

环境管理 生命周期评价 生命周期解释

Environmental management—Life cycle assessment—Life cycle interpretation

(ISO 14043:2000,IDT)

2002-04-16 发布 2002-10-01 实施

中华人民共和国
国家质量监督检验检疫总局 发布

前　言

本标准等同采用国际标准 ISO 14043:2000《环境管理　生命周期评价　生命周期解释》。

本标准为环境管理系列标准中关于生命周期评价的标准之一，此前已发布了生命周期评价的两项国家标准 GB/T 24040—1999《环境管理　生命周期评价　原则与框架》和 GB/T 24041—2000《环境管理　生命周期评价　目的与范围的确定和清单分析》。

关于生命周期评价的标准还有：

GB/T 24042 idt ISO 14042:2000《环境管理　生命周期评价　生命周期影响评价》。

本标准由中国标准研究中心提出并归口。

本标准起草单位：中国标准研究中心、中国合格评定国家认可中心、中国环境管理体系认证机构认可委员会、中国进出口商品质量认证中心、中国石油天然气股份有限公司、中国环境科学研究院、中国科学院生态环境研究中心。

本标准主要起草人：黄进、徐有刚、李燕、刘克、饶一山、孙启宏、杨建新、范与华。

本标准于 2002 年 4 月首次发布。

引　言

本标准阐述了生命周期评价(LCA)过程的最终阶段——生命周期解释,其中总结并讨论了生命周期清单分析(LCI)和(或)生命周期影响评价(LCIA)的结果,是根据所确定的生命周期评价目的与范围形成结论、建议和决策的基础。

LCA 研究始于目的和范围的确定阶段,终于生命周期解释阶段。

生命周期解释是一个系统的过程,用来识别、判定、检查和评估来自于产品系统 LCI 和(或)LCIA 结果的信息,并对此加以表述,以满足研究目的与范围所规定的应用要求。为了确保提出特定的问题,从事 LCA 的执业者宜在整个研究过程中与委托方保持密切联系,在生命周期解释阶段也必须保持这种沟通。因此,在生命周期解释阶段透明度是必不可少的。当涉及到优先事项、假设或价值选择时,LCA 执业者需要在最终报告中予以明确阐述。

LCA 只是若干辅助决策的工具之一,例如用于提供信息(建立产品系统文件),实现改进(对现有产品系统进行改进),或建立新的产品系统。

生命周期解释还能通过对结果的合理解释和关注,表明 LCA 和其他环境管理技术之间存在的联系。因此重要的是既要关注生命周期评价各阶段,也要考虑其他技术的综合利用。

生命周期解释还包括采用使决策者易于理解和实用的方式进行信息交流,提供生命周期其他阶段(即 LCI 和 LCIA)结果的可信性。

尽管基于技术性能、经济或社会因素的决策不在 LCA 研究之列,但在目的和范围确定阶段所选择的环境问题中对此仍有所反映。

环境管理 生命周期评价
生命周期解释

1 范围

本标准提出了在LCA或LCI研究中进行生命周期解释的要求和建议。

本标准不表述LCA和LCI研究中生命周期解释阶段的具体方法。

2 规范性引用文件

下列文件中的条款通过本标准的引用而成为本标准的条款。凡是注日期的引用文件，其随后所有的修改单(不包括勘误的内容)或修订版均不适用于本标准，然而，鼓励根据本标准达成协议的各方研究是否可使用这些文件的最新版本。凡是不注日期的引用文件，其最新版本适用于本标准。

GB/T 24040—1999 环境管理 生命周期评价 原则与框架(idt ISO 14040:1997)

GB/T 24041—2000 环境管理 生命周期评价 目的与范围的确定和清单分析(idt ISO 14041:1998)

GB/T 24042—2002 环境管理 生命周期评价 生命周期影响评价(idt ISO 14042:2000)

GB/T 24050—2000 环境管理 术语(idt ISO 14050:1998)

3 术语、定义和术语缩写

3.1 术语和定义

GB/T 24040、GB/T 24041、GB/T 24042、GB/T 24050中的定义及下列定义适用于本标准。

3.1.1

完整性检查 completeness check

验证LCA前几个阶段或LCI研究所获得的信息是否足以根据确定的目的和范围形成结论的过程。

3.1.2

一致性检查 consistency check

验证在整个研究过程中所运用的假定、方法和数据的一致性，以及是否符合所确定的目的和范围的过程。

注：一致性检查应在得出结论之前进行。

3.1.3

评估 evaluation

(用于生命周期解释)生命周期解释阶段的第二个步骤，旨在确定LCA或LCI研究结果的可信性。

注：评估包括完整性检查、敏感性检查、一致性检查和研究目的和范围所要求的任何其他确认。

3.1.4

敏感性检查 sensitivity check

验证敏感性分析所获得的信息与结论和建议的形成相关的过程。

3.2 术语缩写

LCA　生命周期评价

LCI　生命周期清单分析

LCIA　生命周期影响评价

4　生命周期解释概述

4.1　生命周期解释的目的

生命周期解释的目的是根据LCA前几个阶段或LCI研究的发现，以透明的方式来分析结果、形成结论、解释局限性、提出建议并报告生命周期解释的结果。

生命周期解释还根据研究目的和范围提供关于LCA或LCI研究结果的易于理解的、完整的和一致的说明。

4.2　生命周期解释的主要特点

生命周期解释的主要特点是：

——基于LCA或LCI研究的发现，运用系统化的程序进行识别、判定、检查、评价和提出结论，以满足研究目的和范围中所规定的应用要求；

——在解释阶段内部和LCA的其他阶段或LCI研究间都应用一个反复的程序；

——就确定的目的和范围，针对LCA或LCI研究的长处和局限来说明LCA和其他环境管理技术之间的联系。

4.3　生命周期解释的要素

LCA或LCI研究中的生命周期解释阶段由以下三个要素组成，如图1所述。

——基于LCA中LCI和LCIA阶段的结果识别重大问题；

——评估，包括完整性、敏感性和一致性检查；

——结论、建议和报告。

4.4　与LCA其他阶段之间的关系

图1描述了生命周期解释与LCA其他阶段之间的关系。

生命周期评价中的目的与范围的确定和解释阶段构成了LCA研究的框架，而其他阶段(LCI和LCIA)则提供了有关产品系统的信息。

5　重大问题的识别

5.1　目的

注：见附录A中A.2条的示例。

本要素旨在根据确定的目的和范围以及与评价要素的相互作用，对LCI或LCIA阶段得出的结果进行组织，以便确定重大问题。这种相互作用的目的将包括前面阶段所涉及的使用方法和所作的假定等，如分配规则、取舍准则、影响类型、类型参数和模型的选择等。

5.2　信息的识别和组织

LCA前几个阶段或LCI研究的发现要求包括以下四种类型的信息：

a)　LCI和LCIA的发现：必须将这些发现与数据质量方面的信息一起加以汇总并组织。应以适当的形式对这些结果进行组织，例如：按照产品系统生命周期的各个阶段，或按照不同过程或运行单元，如运输、能量供给和废物管理。可采用数据清单、表格、柱状图或其他适当的输入、输出和(或)类型参数结果的表示形式。因此，应收集并综合所有有关的现有结果以便作进一步分析。

b)　方法的选择：诸如LCI所规定的分配规则和产品系统边界以及LCIA所使用的类型参数和模型。

c)　目的和范围的确定中规定的LCA研究使用的价值选择。

d） 目的和范围所确定的与应用有关的不同相关方的作用和职责，如果同时实施鉴定性评审过程，则还包括评审结果。

5.3 重大问题的确定

在前面阶段（LCI 和 LCIA）取得的结果满足了研究目的和范围的要求后，就应确定这些结果的重要性。LCI 阶段和（或）LCIA 阶段的结果正是用于上述目的，它宜成为一个与评价要素交互作用的反复过程。

重大问题可包括：

——清单数据类型，如能源、排放物、废物等；

——影响类型，如：资源使用、温室效应潜值等；

——生命周期各阶段对 LCI 或 LCIA 结果的主要贡献，如：运输、能量生产等单元过程或过程组。

确定一个产品系统的重大问题既可以简单，也可以复杂。本标准不提供关于判定某问题与研究的关联性或对产品系统重要性的指南。

可采用多种特定的途径、方法和工具来识别环境问题并确定其重要性。

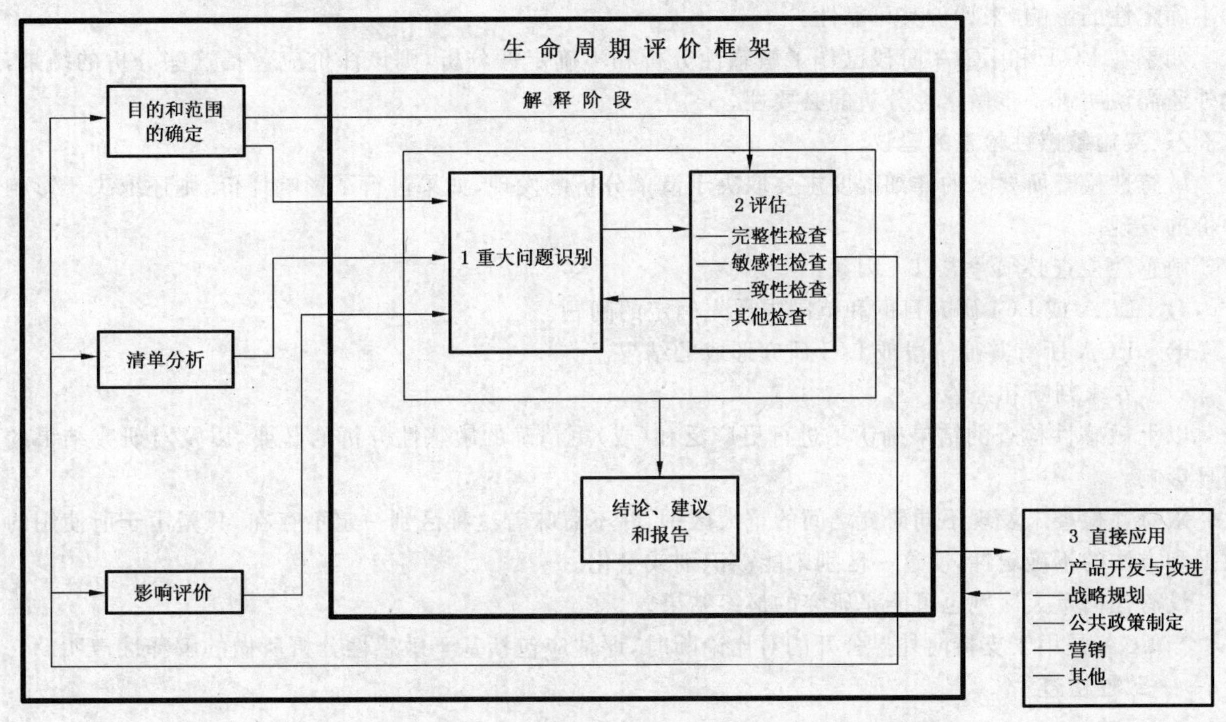

图 1 LCA 解释阶段的要素与其他阶段之间的关系

6 评估

6.1 目的和要求

注：见附录 A 中 A.3 条的示例。

本要素旨在建立并增强包括前一要素中所识别的重大问题的 LCA 或 LCI 研究结果的可信性和可靠性。宜以清晰的、易于理解的方式向委托方或任何其他相关方提交研究成果。

必须根据研究的目的和范围进行评估，同时应考虑研究结果的最终应用意图。

在评估过程中应考虑使用以下三种技术：

a） 完整性检查（见 6.2）。

b） 敏感性检查（见 6.3）。

c） 一致性检查（见 6.4）。

宜以不确定性分析结果和数据质量评价结果作为对上述检查的补充。

6.2 完整性检查

6.2.1 目的

完整性检查的目的是确保解释所需的所有信息和数据已经获得，并且是完整的。

6.2.2 缺失或不完整的信息

如果某些信息缺失或不完整，则必须考虑这些信息对满足 LCA 或 LCI 研究目的和范围的必要性。

如果认为某个信息是不必要的，则应记录理由，然后才能继续进行评估。

如果某些缺失信息对于确定重大问题是必要的，则应重新检查前面的阶段(LCI、LCIA)，或对目的和范围加以调整。

必须记录这一发现及其理由。

6.3 敏感性检查

6.3.1 目的

敏感性检查的目的是通过确定最终结果和结论是否受到数据、分配方法或类型参数结果的计算等的不确定性的影响，来评价其可靠性。

如果在 LCT 和 LCIA 阶段已作了敏感性分析和不确定性分析，则该评价应包括这些分析的结果，此外还需说明进一步敏感性分析的必要性。

6.3.2 实施敏感性检查的建议

敏感性检查所要求的详细程度主要取决于清单分析的发现，如果进行了影响评价，则还取决于影响评价的发现。

敏感性检查必须考虑以下因素：

a) LCA 或 LCI 研究目的和范围中预先确定的问题。

b) LCA 所有其他阶段或 LCI 研究形成的结果。

c) 专家判断和经验。

以上敏感性检查的结果确认了进行更广泛和(或)更精确的敏感性分析的必要，以及对研究结果的明显影响。

敏感性检查未发现不同研究之间的重大区别，并不意味着这种区别一定不存在，只是由于所使用的数据和方法的不确定性，使这一区别未能被识别或量化。

没有任何重大区别也可能是研究的最终结果。

当 LCA 是用于支持向外界公开的对比论断时，评估应包括基于敏感性分析所做的解释性声明。

6.4 一致性检查

6.4.1 目的

一致性检查的目的是确认假定、方法和数据是否与目的和范围的要求相一致。

6.4.2 检查单

如果与 LCA 或 LCI 研究有关，或要求作为目的和范围确定的一部分内容，则以下问题也应予以考虑。

——同一产品系统生命周期中以及不同产品系统间数据质量的差别是否与研究的目的和范围相一致？

——是否一致地应用了地域的和(或)时间的差别(如果存在)？

——所有的产品系统是否都应用了一致的分配规则和系统边界？

——所应用的各影响评价要素是否一致？

7 结论和建议

7.1 目的

本要素旨在面向 LCA 或 LCI 研究的使用对象形成结论并提出建议。

7.2 结论

研究的结论宜从与生命周期解释阶段的其他要素的交互作用中获得。该过程的逻辑顺序如下所述:

a) 识别重大问题。

b) 评估方法学和结果的完整性、敏感性和一致性。

c) 形成初步结论并检查该结论是否符合研究目的和范围要求,特别是数据质量要求、预先确定的假定和数值以及应用所需的要求。

d) 如果结论始终一致,则作为报告的完整结论,否则返回到前面相应的步骤 a)、b)或 c)。

7.3 建议

只要向决策者提出的具体建议适合于研究的目的和范围,就应证实其合理性。

应根据研究的最终结论提出建议,建议应从结论中逻辑地、合理地生成。

如 GB/T 24040 所述,建议宜与应用意图相关。

8 报告

报告应对研究给出完整的、公正的说明,见 GB/T 24040。在编制解释阶段报告时,应在价值选择、原理和专家判断方面严格体现完全透明的原则。

9 其他研究

鉴定性评审类型的选择应予以记录。

注:GB/T 24040—1999《环境管理 生命周期评价 原则与框架》(idt ISO 14040:1997)的 7.3 中阐述了鉴定性评审的类型。

如果研究是用于支持面向公众的对比论断,就应按照 GB/T 24040—1999《环境管理生命周期评价原则与框架》(idt ISO 14040:1997)中 7.3.3 的规定进行鉴定性评审。

附　录　A
（资料性附录）
生命周期解释示例

A.1　总则

为了帮助使用者理解如何进行生命周期解释，本资料性附录将为 LCA 或 LCI 研究解释阶段中的要素提供示例。

A.2　重大问题识别的示例

识别要素（见第 5 章）和评估要素（见第 6 章）是交互进行的。它包括了信息的识别和组织以及随后对重大问题的确定。对可获得数据和信息加以组织是一个与 LCI 阶段、LCIA 阶段（如果进行）以及目的与范围的确定同时进行的、反复的过程。信息的组织可能已在以前的 LCI 或 LCIA 阶段完成，并旨在为这些早期阶段的结果提供综述。这有助于确定重大环境问题，形成结论和建议。在信息组织的基础上，将运用分析性技术进行任何后续的确定。

根据研究的目的和范围可运用不同的信息组织方法。其中，可采用以下可能的组织方法：

——生命周期阶段的区分：如原材料生产、产品的制造、使用、再循环和废物处理（见表 A.1）；

——过程组之间的区分：如运输、能源供给（见表 A.4）；

——不同程度管理影响下的过程之间的区分。例如：变化和改进可被控制的内部过程，外部职责，比如国家能源政策、供方的特定边界条件等所确定的过程（见表 A.5）；

——各个单元过程之间的区分。这可能是最细化的分解层次。

这一信息组织过程的输出可以二维矩阵表述，其中，上述区分准则构成了列，清单输入输出或各类型参数结果构成了行。采用这种信息组织方式有可能对各个影响类型进行更详尽的检查。

重大问题的确定基于所组织的信息。

与各个数据清单类型相关联的数据可在目的和范围阶段预先确定，或从清单分析或其他来源（如公司的环境管理体系或环境政策）获得。有多种可能的方法。根据研究的目的和范围以及所要求的详尽程度，可应用以下方法：

——贡献分析：检查生命周期阶段（见表 A.2 和 A.8）或过程组（见表 A.4）对总体结果的贡献，例如，以百分比表示对总体结果的贡献；

——优势分析：应用统计工具或其他技术，例如：定性或定量排列（比如 ABC 分析），以检查显著的或重大的贡献（见表 A.3）；

——影响分析：检查影响环境问题的可能性（见表 A.5）；

——异常分析：根据以前的经验，观察对预期或正常结果的反常偏离。从而可进行后续检查并指导改进评价（见 A.6）。

该确定过程的结果也可以矩阵形式表述，其中上述区分准则构成列，清单输入输出或类型参数结果构成行。

对从目的和范围确定中所选取的任何特定输入和输出，或对任何单一的影响类型，也可实施该程序，以进行更详细的检查。在此识别过程中，并未对数据加以改变或重新计算，只是将数据转换为百分比等。

以下各种表格对如何组织信息并予以列表提供示范，这些列表方法对 LCI 和 LCIA 结果适用。

信息的组织可基于目的和范围的特定要求，或 LCI 或 LCIA 的发现。

表 A.1 是将 LCI 输入和输出与表示生命周期各阶段的单元过程组对照列表的示范，表 A.2 是它的百分比表示。

表 A.1 生命周期各阶段的 LCI 输入和输出

LCI 输入和(或)输出	原材料生产/kg	制造过程/kg	使用阶段/kg	其 他/kg	合 计/kg
硬煤	1 200	25	500	—	1 725
CO_2	4 500	100	2 000	150	6 750
NO_X	40	10	20	20	90
磷酸盐	2.5	25	0.5	—	28
AOX[a]	0.05	0.5	0.01	0.05	0.61
城市废物	15	150	2	5	172
尾渣	1 500	—	—	250	1 750

[a] AOX=可吸收的有机卤化物

表 A.1 提供的 LCI 结果表明了不同输入和输出在各个过程或生命周期阶段所占份额的大小,后续评估可据此揭示并表明这些数据的内涵和稳定性,为形成结论和建议提供基础。评估可以是定量的,也可以是定性的。

表 A.2 生命周期各阶段的 LCI 输入和输出的百分比组成

LCI 输入和(或)输出	原材料生产/%	制造过程/%	使用阶段/%	其 他/%	合 计/%
硬煤	69.6	1.5	28.9	—	100
CO_2	66.7	1.5	29.6	2.2	100
NO_X	44.5	11.1	22.2	22.2	100
磷酸盐	8.9	89.3	1.8	—	100
AOX	8.2	82.0	1.6	8.22	100
城市废物	8.7	87.2	1.2	2.9	100
尾渣	85.7	—	—	14.3	100

此外,可通过排列程序或目的和范围中预先确定的规则将这些结果排列并确定其优先次序。表 A.3 显示了应用这种排列程序,根据下列排列准则进行排序的结果。

A:最重要,有重大影响,即:贡献>50%;

B:非常重要,有相关影响,即:25%<贡献≤50%;

C:较重要,有一些影响,即:10%<贡献≤25%;

D:较不重要,有较小影响,即:2.5%<贡献≤10%;

E:不重要,影响可以忽略,即:贡献<2.5%。

表 A.3 生命周期各阶段 LCI 输入和输出排序

LCI 输入和(或)输出	原材料生产	制造过程	使用阶段	其 他	合 计/kg
硬煤	A	E	B	—	1 725
CO_2	A	E	B	D	6 750
NO_X	B	C	C	C	90
磷酸盐	D	A	E	—	28
AOX	D	A	E	D	0.61
城市废物	D	A	E	D	172
尾渣	A	—	—	C	1 750

表 A.4 是将 LCI 输入和输出按过程组列表，以表明另一种可能的信息组织方式。

表 A.4 过程组的 LCI 输入和输出

LCI 输入和(或)输出	能量供给/kg	运 输/kg	其 他/kg	合 计/kg
硬煤	1 500	75	150	1 725
CO_2	5 500	1 000	250	6 750
NO_X	65	20	5	90
磷酸盐	5	10	13	28
AOX	0.01	—	0.6	0.61
城市废物	10	120	42	172
尾渣	1 000	250	500	1 750

其他的技术诸如确定相关的贡献并按所选择的准则加以排列的技术，遵循表 A.2 和表 A.3 所显示的同样的程序。

表 A.5 显示了按照单元过程组将 LCI 输入和输出的影响程度进行排序。影响程度表述如下：

A：有效控制，可能有大的改进；

B：一般控制，可能有某些改进；

C：无控制。

表 A.5 过程组的 LCI 输入输出影响程度排序

LCI 输入和(或)输出	网 电	现场能量供给	运 输	其 他	合 计/kg
硬煤	C	A	B	B	1 725
CO_2	C	A	B	A	6 750
NO_X	C	A	B	C	90
磷酸盐	C	B	C	A	28
AOX	C	B	—	A	0.61
城市废物	C	A	C	A	172
尾渣	C	C	C	C	1 750

表 A.6 是将 LCI 输入和输出结果的异常和非预期的评价结果按单元过程组列表，表述了不同过程组的 LCI 输入和输出，这种异常和非预期的结果表示如下：

●：非预期结果，即贡献太大或太小；

#：异常结果，即在预想无排放处发生了一定排放；

○：无注释。

异常结果可以表示计算或数据传送中的误差，因而应予认真考虑。在形成结论之前应对 LCI 或 LCIA 结果进行检查。

非预期结果也宜重新考虑和检查。

表 A.6 过程组的 LCI 输入和输出异常和非预期评价结果

LCI 输入和(或)输出	网 电	现场能量供给	运 输	其 他	合 计/kg
硬煤	○	○	●	○	1 725
CO_2	○	○	●	○	6 750
NO_X	○	○	○	○	90
磷酸盐	○	○	#	○	28
AOX	○	○	○	○	0.61
城市废物	○	●	○	●	172
尾渣	○	○	○	○	1 750

表 A.7 是一个基于 LCIA 结果的可能的信息组织过程的示例。它将生命周期各阶段与类型参数结果，即温室效应潜值(GWP)进行对照列表，显示了生命周期各阶段不同的类型参数。

通过表 A.7 中特定物质对类型参数结果的贡献进行分析，可确定具有最大贡献的过程或生命周期阶段。

表 A.7 生命周期阶段的类型参数结果(GWP)

温室效应潜值(GWP)的来源	原材料生产 CO_2/当量	制造过程 CO_2/当量	使用阶段 CO_2/当量	其他 CO_2/当量	总 GWP CO_2/当量
CO_2	500	250	1 800	200	2 750
CO	25	100	150	25	300
CH_4	750	50	100	150	1 050
N_2O	1 500	100	150	50	1 800
CF_4	1 900	250	—	—	2 150
其他	200	150	120	80	550
合计	4 875	900	2 320	505	8 600

表 A.8 生命周期阶段的类型参数结果(GWP)的百分比组成

GWP 的来源	原材料生产/%	制造过程/%	使用阶段/%	其 他/%	总 GWP/%
CO_2	5.8	2	20.9	2.3	31.9
CO	0.3	1.1	1.7	0.3	3.4
CH_4	8.7	0.6	1.2	1.8	12.3
N_2O	17.4	1.2	1.8	0.6	21
CF_4	22.1	2.9	—	—	25.0
其他	2.4	1.7	1.4	0.9	6.4
合计	56.7	10.4	27	5.9	100

此外,还可考虑方法学的问题,如运作不同的情景方案,通过显示那些与其他假定并行的结果,或通过确定哪些排放确实发生,可很容易地检查分配准则和划界选择等的影响。

同样地,可通过证实各种假定对结果的不同影响来表明特征因素(如 GWP100 和 GWP500)对 LCIA 的影响或所选数据集对归一化和加权的影响。

总之,识别是为此后评估研究数据、信息和发现提供一种信息组织方法。建议考虑下列问题:

——各个清单数据类型:排放物、能量和物质资源、废物等;

——各个过程、单元过程或其过程组;

——各个生命周期阶段;

——各个类型参数。

A.3 评估要素的示例

A.3.1 总则

评估要素和识别要素是同时进行的过程。为了确定识别要素结果的可靠性和稳定性，这一反复进行的过程将对一些问题和任务做更详细的讨论。

A.3.2 完整性检查

完整性检查旨在确保所有阶段要求的全部信息和数据已被使用，并可用于进行解释。此外，还要确定数据断档并评估完善数据获得的需要。识别要素对于这些考虑是有价值的。表A.9显示了一个完整性检查的示例，由于该表是检查是否有遗漏的已知因素，完整性检查的结果只是定性表达。

表 A.9 完整性检查一览表

过程单元	方案A	是否完整	要求的措施	方案B	是否完整	要求的措施
原材料生产	×	是		×	是	
能源供给	×	是		×	否	重新计算
运输	×	未知	检查清单	×	是	
加工	×	否	检查清单	×	是	
包装	×	是		—	否	与A比较
使用	×	未知	与B比较	×	是	
生命结束	×	未知	与B比较	×	未知	与A比较

×:数据可获得；
—:当前无数据。

表A.9中得出的结果显示了一些需要做的工作。对原始清单进行再计算或再核查时需要一个反馈环。

例如，当某项产品的废物管理未知时，应对两种可能的选择进行比较。这种比较会导致对废物管理状态进行深入的研究，也可得出两种选择无明显不同或这种区别与规定的目的和范围无关的结论。

这种检查的基础是使用一份检查单，其中包含规定的清单参数(比如：排放物、能量和物质资源、废物等)、规定的生命周期阶段和过程以及规定的类型参数等。

A.3.3 敏感性检查

敏感性分析(敏感性检查)试图确定假定、方法和数据的变化对结果的影响。通常，所确定的最重大问题的敏感性都要通过检查。敏感性分析的程序是将使用某些给定的假设、方法或数据所获得的结果与使用改变了的假定、方法或数据所获得的结果进行比对。

在敏感性分析中，通常是在一定范围内改变假定和数据的范围，比如±25%，检查对结果的影响，然后对比两种结果。敏感性可以变化的百分比或以结果的绝对偏差来表示。在此基础上，结果的重大变化(比如大于10%)即可被确定。

敏感性分析既可以在目的和范围的确定中提出要求，也可以基于经验或假定在研究过程中加以确定。敏感性分析对于以下假定、方法或数据的示例而言可能是有价值的：

——分配规则；
——取舍准则；
——边界设定和系统定义；
——数据的判断和假定；
——影响类型的选择；
——清单结果的分配(分类)；
——类型参数结果的计算(特征化)；
——归一化结果；
——加权结果；

——加权方法；

——数据质量。

表 A.10、A.11 和 A.12 展示了如何在现有的 LCI 和 LCIA 敏感性分析结果基础上进行敏感性检查的示例。

表 A.10　对分配规则的敏感性检查

硬煤要求	方案 A	方案 B	差　值
按质量[物]分配/MJ	1 200	800	400
按经济价值分配/MJ	900	900	0
偏差/MJ	−300	+100	400
偏差/%	−25	+12.5	重大
敏感度/%	25	12.5	

从表 A.10 中可见分配具有显著影响，A 和 B 两种方案在此情况下没有真正的差值。

表 A.11　对数据不确定性的敏感性检查

硬煤要求	原材料生产	制造过程	使用阶段	合　计
基础值/MJ	200	250	350	800
变化的假定/MJ	200	150	350	700
偏差/MJ	0	−100	0	−100
偏差/%	0	−40		−12.5
敏感性/%	0	40	0	12.5

从表 A.11 可以看到发生了重大变化，这些变化改变了结果。如果不确定性此时具有显著影响，则需要收集更新的数据。

表 A.12　对特征性数据的敏感性检查

GWP 数据输入和(或)影响	方案 A	方案 B	差　值
GWP 得分=100CO_2 当量	2 800	3 200	400
GWP 得分=500CO_2 当量	3 600	3 400	−200
偏差	+800	+200	600
偏差/%	+28.6	+6.25	重大
敏感性/%	28.6	6.25	

从表 A.12 可以看到发生了重大变化，变化了的假定可以改变结论甚至得出相反结论；同时 A 和 B 两种方案之间的区别比最初预想的要小。

A.3.4　一致性检查

一致性检查旨在确定假定、方法、模型和数据在产品的生命周期进程中或几种方案之间是否始终一致。不一致的示例如下：

——数据来源不同，如方案 A 的数据来源于文献资料，而方案 B 的数据来源于原始数据；

——数据的准确性不同，如方案 A 可以得到一个非常详细的过程树和过程表述，而方案 B 则被表述为一个累积的黑箱系统；

——技术覆盖面不同，如方案 A 的数据基于实验过程(比如中间实验阶段使用新型催化剂使过程效率更高)，而方案B的数据则是基于现有大规模使用的技术；

——时间跨度不同，如方案A的数据描述了最近开发的技术，而方案B则描述了技术组合，包括新建造的和旧设备；

——数据年限不同，如方案A的数据是已收集了5年之久的原始数据，而方案B的数据是最近刚收集的；

——地域广度不同，如方案A的数据描述了一个典型的欧洲技术组合，而方案B则描述了具有高层环境保护政策的欧盟成员国家，或一个单一的工厂。

有一些不一致，可以按规定的目的和范围进行调整。在其他所有情况下，存在重大区别，还应在得出结论和提出建议之前考虑其有效性和影响。

表A.13提供了LCI研究中一致性检查结果的示例。

表A.13 一致性检查的结果

检 查	方案A		方案B		A与B比较	措 施
数据来源	文献资料	是	原始数据	是	一致	无
数据精确性	良好	是	差	不符合目的和范围	不一致	再访问B
数据年限	2年	是	3年	是	一致	无
技术覆盖面	最新工艺	是	中间实验阶段	是	不一致	无研究目标
时间跨度	最近	是	现在	是	一致	无
地域广度	欧洲	是	美国	是	一致	无

ICS 13.100
C 60

中华人民共和国国家标准

GB/T 28002—2002

职业健康安全管理体系 指南

Occupational health and safety management system—Guidance

2002-12-24 发布　　2003-06-01 实施

中华人民共和国
国家质量监督检验检疫总局 发布

前　言

《职业健康安全管理体系》国家标准体系结构如下：

——GB/T 28001—2001《职业健康安全管理体系　规范》；

——GB/T 28002—2002《职业健康安全管理体系　指南》。

制定本标准的目的是为了对 GB/T 28001 中的具体要求提供相应的实施指南。

为了便于使用，本标准将 GB/T 28001 的基本内容置于方框内。方框中的内容不是本标准的内容。

本标准覆盖了 OHSAS 18002：2000《职业健康安全管理体系　指南》的所有技术内容，并考虑了国际上有关职业健康安全管理体系的现有文献的技术内容，例如 BS 8800：1996《职业健康安全管理体系指南》。

本标准无意包含一个合同中所有必要的条款。使用者应对本标准的应用自负其责。使用者符合本标准的规定并不免除其所应承担的法律责任。

本标准的附录 A、附录 B 和附录 C 为资料性附录。

本标准由中国标准研究中心提出并归口。

本标准起草单位：中国标准研究中心、中国合格评定国家认可中心、北京大学。

本标准主要起草人：陈元桥、房庆、刘卓慧、白殿一、李强、陈全、吴晶、王凤泰、姜铁白、王生。

职业健康安全管理体系　指南

1　范围

本标准为 GB/T 28001—2001《职业健康安全管理体系 规范》的应用提供了一般的建议。

为了有助于理解和实施 GB/T 28001，本标准对照 GB/T 28001 中的各项要求，解释了 GB/T 28001 的基本原理，阐述了各项要求的意图、典型输入、过程和典型输出。

本标准既不对 GB/T 28001 中规定的条文提出另外的要求，也不对 GB/T 28001 的实施方法作出强制性规定。

本标准适用于职业健康安全，而非产品和服务安全。

GB/T 28001 职业健康安全管理体系　规范

1　范围

本标准提出了对职业健康安全管理体系的要求，旨在使一个组织能够控制职业健康安全风险并改进其绩效。它并未提出具体的职业健康安全绩效准则，也未作出设计管理体系的具体规定。

本标准适用于任何有下列愿望的组织：

a)　建立职业健康安全管理体系，消除或减小因组织的活动而使员工和其他相关方可能面临的职业健康安全风险；

b)　实施、保持和持续改进职业健康安全管理体系；

c)　使自己确信能符合所声明的职业健康安全方针；

d)　向外界证实这种符合性；

e)　寻求外部组织对其职业健康安全管理体系的认证；

f)　自我鉴定和声明符合本标准。

本标准中的所有要求意在纳入任何一个职业健康安全管理体系。其应用程度取决于组织的职业健康安全方针、活动性质、运行的风险与复杂性等因素。

本标准针对的是职业健康安全，而非产品和服务安全。

2　规范性引用文件

下列文件中的条款通过本标准的引用而成为本标准的条款。凡是注日期的引用文件，其随后所有的修改单（不包括勘误的内容）或修订版均不适用于本标准，然而，鼓励根据本标准达成协议的各方研究是否可使用这些文件的最新版本。凡是不注日期的引用文件，其最新版本适用于本标准。

GB/T 19021.1—1993　质量体系审核指南　审核(idt ISO 10011-1:1990)

GB/T 19021.2—1993　质量体系审核指南　质量体系审核员的评定准则(idt ISO 10011-2:1991)

GB/T 19021.3—1993　质量体系审核指南　审核工作管理(idt ISO 10011-3:1991)

GB/T 24010—1996　环境审核指南　通用原则(idt ISO 14010:1996)

GB/T 24011—1996　环境审核指南　审核程序　环境管理体系审核(idt ISO 14011:1996)

GB/T 24012—1996 环境审核指南 环境审核员资格要求(idt ISO 14012:1996)

GB/T 28001—2001 职业健康安全管理体系 规范

3 术语和定义

GB/T 28001 中的术语和定义适用于本标准。

GB/T 28001 职业健康安全管理体系 规范

3 术语和定义

下列术语和定义适用于本标准。

3.1

事故 accident

造成死亡、疾病、伤害、损坏或其他损失的意外情况。

3.2

审核 audit

见 GB/T 19000—2000 中 3.9.1 的定义。

3.3

持续改进 continual improvement

为改进职业健康安全总体绩效,根据职业健康安全方针,组织强化职业健康安全管理体系的过程。

注:该过程不必同时发生在活动的所有领域。

3.4

危险源 hazard

可能导致伤害或疾病、财产损失、工作环境破坏或这些情况组合的根源或状态。

3.5

危险源辨识 hazard identification

识别危险源的存在并确定其特性的过程。

3.6

事件 incident

导致或可能导致事故的情况。

注:其结果未产生疾病、伤害、损坏或其他损失的事件在英文中还可称为"near-miss"。英文中,术语"incident"包含"near-misses"。

3.7

相关方 interested parties

与组织的职业健康安全绩效有关的或受其职业健康安全绩效影响的个人或团体。

3.8

不符合 non-conformance

任何与工作标准、惯例、程序、法规、管理体系绩效等的偏离,其结果能够直接或间接导致伤害或疾病、财产损失、工作环境破坏或这些情况的组合。

3.9

目标 objectives

组织在职业健康安全绩效方面所要达到的目的。

3.10

职业健康安全　occupational health and safety（OHS）

影响工作场所内员工、临时工作人员、合同方人员、访问者和其他人员健康和安全的条件和因素。

3.11

职业健康安全管理体系　occupational health and safety management system（OHSMS）

总的管理体系的一个部分，便于组织对与其业务相关的职业健康安全风险的管理。它包括为制定、实施、实现、评审和保持职业健康安全方针所需的组织结构、策划活动、职责、惯例、程序、过程和资源。

3.12

组织　organization

见 GB/T 19000—2000 中 3.3.1 的定义。

注：对于拥有一个以上运行单位的组织，可以把一个单独的运行单位视为一个组织。

3.13

绩效　performance

基于职业健康安全方针和目标，与组织的职业健康安全风险控制有关的，职业健康安全管理体系的可测量结果。

注1：绩效测量包括职业健康安全管理活动和结果的测量。

注2："绩效"也可称为"业绩"。

3.14

风险　risk

某一特定危险情况发生的可能性和后果的组合。

3.15

风险评价　risk assessment

评估风险大小以及确定风险是否可容许的全过程。

3.16

安全　safety

免除了不可接受的损害风险的状态。

3.17

可容许风险　tolerable risk

根据组织的法律义务和职业健康安全方针，已降至组织可接受程度的风险。

注1：在某些文献中，术语"风险评价"包含"危险源辨识、风险确定和适当的风险降低或控制措施的选择"这一全过程。GB/T 28001 和本标准分开提及这一全过程的单个部分，并使用术语"风险评价"表示这一全过程的第二步骤，即风险确定。

注2："建立"意味着某种永久性，只有所有体系要素都真正实施才可认为已建立了体系。"保持"意味着体系一旦建立就持续运行。这就要求组织作出积极的努力，不仅要建立体系，更要保持体系。GB/T 28001 的许多要素(例如：检查和纠正措施、管理评审等)，其目的是为了确保体系得到积极保持。

4　职业健康安全管理体系要素

4.1　总要求

4.1.1　GB/T 28001 的要求

GB/T 28001 职业健康安全管理体系　规范

4.1　**总要求**

组织应建立并保持职业健康安全管理体系。第 4 章描述了对职业健康安全管理体系的要求。

职业健康安全管理体系模式如图 1 所示。

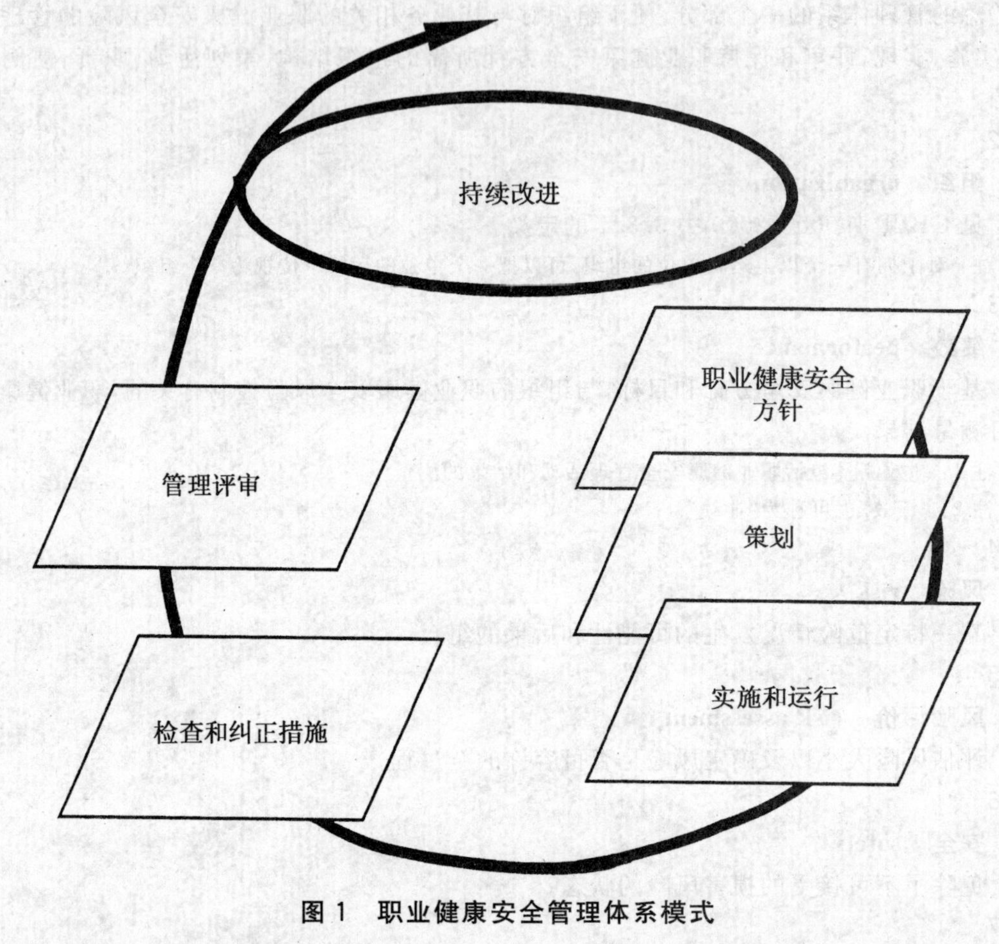

图 1　职业健康安全管理体系模式

4.1.2　**意图**

组织宜建立和保持符合 GB/T 28001 所有要求的职业健康安全管理体系，这有助于组织满足职业健康安全法规的要求。职业健康安全管理体系的详尽和复杂程度、专用于职业健康安全管理体系的文件和资源的多少，将取决于组织的规模及其活动性质。

组织可自由而灵活地确定体系的实施范围，既可以在整个组织范围内，也可在其特定的运行单位或活动中实施 GB/T 28001。

在确定职业健康安全管理体系的实施范围时，组织宜谨慎从事，不宜试图限制其范围，将组织总体运行所需要的、或可能影响员工和其他相关方的职业健康安全的某一运行或活动排除在外，使之得不到评价。

如果组织的某一特定运行单位或活动实施 GB/T 28001，则可以采用组织的其他运行单位或活动所制定的职业健康安全方针和程序，以有助于满足 GB/T 28001 的要求，但可能需要对这些方针或程序做少许的修改或补充，以确保其适用于该运行单位或活动。

4.1.3　**典型输入**

实施 GB/T 28001 的所有输入要求在本标准中描述。

4.1.4 典型输出

典型输出是一个有助于组织持续改进其职业健康安全绩效的、得到有效实施和保持的职业健康安全管理体系。

4.2 职业健康安全方针

4.2.1 GB/T 28001的要求

GB/T 28001 职业健康安全管理体系 规范

4.2 职业健康安全方针

职业健康安全方针如图2所示。

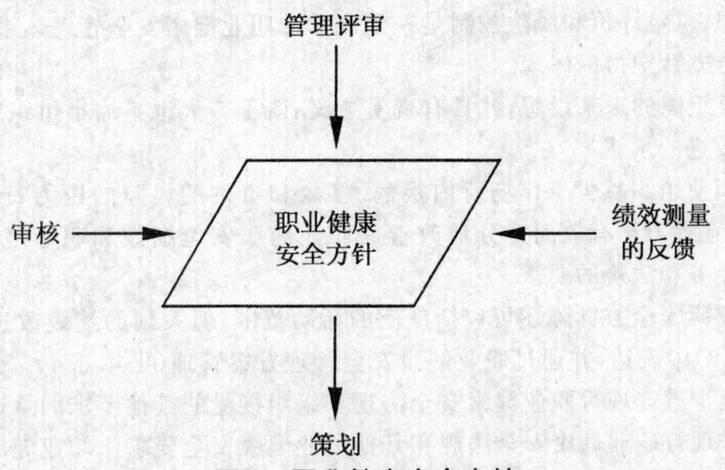

图2 职业健康安全方针

组织应有一个经最高管理者批准的职业健康安全方针，该方针应清楚阐明职业健康安全总目标和改进职业健康安全绩效的承诺。

职业健康安全方针应：

a) 适合组织的职业健康安全风险的性质和规模；
b) 包括持续改进的承诺；
c) 包括组织至少遵守现行职业健康安全法规和组织接受的其他要求的承诺；
d) 形成文件，实施并保持；
e) 传达到全体员工，使其认识各自的职业健康安全义务；
f) 可为相关方所获取；
g) 定期评审，以确保其与组织保持相关和适宜。

4.2.2 意图

职业健康安全方针为组织确立了总方向和行动原则。它确定了整个组织所要求的职业健康安全职责和绩效的目标，表明了组织实行良好职业健康安全管理的正式承诺，尤其是组织最高管理者的承诺。

形成文件的职业健康安全方针陈述宜由组织的最高管理者提出和批准。

注：职业健康安全方针宜与组织的总体业务方针和其他管理方法（如：质量管理和环境管理）的方针保持一致。

4.2.3 典型输入

在制定职业健康安全方针时，管理者宜考虑以下方面：

——与组织总体业务相关的方针和目标；
——组织的职业健康安全危险源；
——法规和其他要求；
——组织以往和当前的职业健康安全绩效；

——其他相关方的需要；

——持续改进的机遇和需要；

——所需资源；

——员工的参与；

——合同方人员和其他外部人员的参与。

4.2.4 **过程**

组织的最高管理者宜参考下述几方面提出和批准职业健康安全方针，但至关重要的是，需由最高管理者传达和宣传职业健康安全方针。

一个陈述简洁并得到有效沟通的职业健康安全方针宜：

a) 适合组织的职业健康安全风险的性质和规模

危险源辨识、风险评价和风险控制是一个成功的职业健康安全管理体系的核心，宜在组织的职业健康安全方针中得以体现。

方针宜符合组织的未来设想，并具有现实意义，既不夸大也不缩小组织所面临的风险的性质。

b) 包括持续改进的承诺

社会的期望使组织减少工作场所内疾病、事故和事件的风险的压力日益增加，除承担法律责任外，组织宜致力于有效而充分地改善其职业健康安全绩效和职业健康安全管理体系，以满足变化的业务和法规的要求。

尽管职业健康安全方针陈述可包括广泛的活动范围，但策划的绩效改进宜在职业健康安全目标（见 4.3.3）中表达，并通过职业健康安全管理方案管理（见 4.3.4）。

c) 包括组织至少遵守现行职业健康安全法规和组织接受的其他要求的承诺

组织宜遵守现行职业健康安全法规和其他职业健康安全要求。职业健康安全方针承诺是组织的一种公开的确认，它确认组织有义务遵守职业健康安全法规或其他要求（如果不比法规或其他要求更严格，至少应符合法规或其他要求），并打算如此行事。

注：“其他要求”指如社团或集团方针、组织自己的内部标准或规范、或组织接受的行为准则等。

d) 形成文件，实施并保持

策划和准备是实施成功的关键。职业健康安全方针陈述和职业健康安全目标不切实际，通常是由于提供的资源不充足或不适宜造成的。在做任何的公开声明之前，组织宜确保可得到必要的资金、技术和资源，并且所有职业健康安全目标实际上都可达到。

为了使职业健康安全方针真正发挥作用和影响，组织宜将职业健康安全方针形成文件，并定期评审其持续适宜性，必要时加以改进或修正。

e) 传达到全体员工，使其认识各自的职业健康安全义务

员工的参与和承诺对于成功的职业健康安全至关重要。

员工必需认识到职业健康安全管理对其自身工作环境质量的影响。组织宜鼓励员工为组织的职业健康安全管理作出积极的贡献。

除非员工（所有层次的员工，包括管理层）理解其职责并有能力执行所要求的任务，否则，将不大可能对职业健康安全管理作出有效的贡献。

这就要求组织向员工明确传达职业健康安全方针和目标，使他们能够有一个比较依据，并据此测量自己个人的职业健康安全绩效。

f) 可为相关方所获取

任何相关方都有可能特别关注组织的职业健康安全方针陈述，因此，组织宜有一个向他们传达职业健康安全方针的过程，并确保相关方在要求时能获得职业健康安全方针，但无须主动提供方针文件。

g) 定期评审，以确保其与组织保持相关和适宜

由于变化不可避免，法规不断发展，社会期望值不断增加，因此，组织的职业健康安全方针和管理体系需定期评审，以确保其持续适宜性和有效性。

如果需要修改方针，组织宜尽可能将修改的方针予以传达。

4.2.5　典型输出

典型输出是一个全面的、易于理解的、传达到整个组织的职业健康安全方针。

4.3　策划

GB/T 28001 职业健康安全管理体系　规范

4.3　策划

策划如图 3 所示。

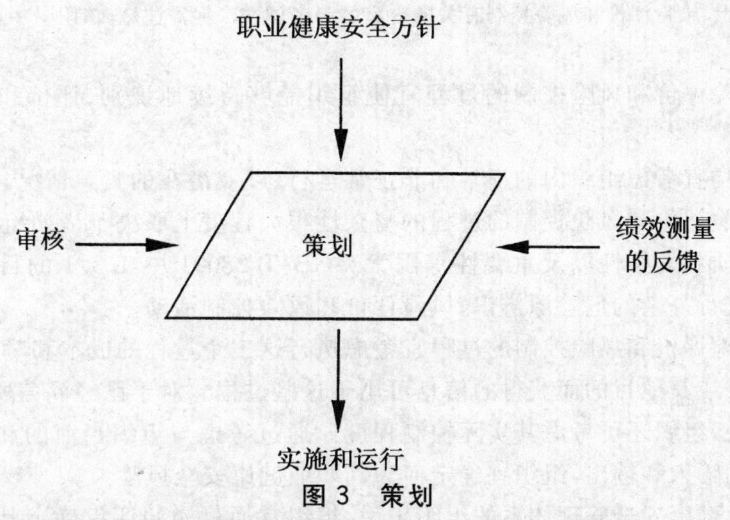

图 3　策划

4.3.1　对危险源辨识、风险评价和风险控制的策划

4.3.1.1　GB/T 28001 的要求

GB/T 28001 职业健康安全管理体系　规范

4.3.1　对危险源辨识、风险评价和风险控制的策划

组织应建立并保持程序，以持续进行危险源辨识、风险评价和实施必要的控制措施。这些程序应包含：

——常规和非常规活动；

——所有进入工作场所的人员（包括合同方人员和访问者）的活动；

——工作场所的设施（无论由本组织还是由外界所提供）。

组织应确保在建立职业健康安全目标时，考虑这些风险评价的结果和控制的效果，将此信息形成文件并及时更新。

组织的危险源辨识和风险评价的方法应：

——依据风险的范围、性质和时限性进行确定，以确保该方法是主动性的而不是被动性的；

——规定风险分级，识别可通过 4.3.3 和 4.3.4 中所规定的措施来消除或控制的风险；

——与运行经验和所采取的风险控制措施的能力相适应；

——为确定设施要求、识别培训需求和（或）开展运行控制提供输入信息；

——规定对所要求的活动进行监视，以确保其及时有效的实施。

4.3.1.2 意图

在执行危险源辨识、风险评价和风险控制的过程之后，组织对其范围内的所有重大职业健康安全危险源宜有一个正确的总体评价。

注：参见第3章中的注1。

危险源辨识、风险评价和风险控制的过程及其输出宜作为整个职业健康安全管理体系的基础。重要的是，在危险源辨识、风险评价和风险控制的过程与职业健康安全管理体系其他要素之间建立明确而显著的联系。有关 GB/T 28001 中 4.3.1 的要求与其他要求之间的联系，可依据 4.3.1.3 和 4.3.1.5 确定。

本标准的目的在于制定一些原则，组织可以据此确定特定的危险源辨识、风险评价和风险控制的过程是否适宜和充分。但为如何实施这些活动提供建议，并不是本标准的目的。

注：为了增加相关的参考信息，附录B列出了 BS 8800:1996《职业健康安全管理体系　指南》附录D(资料性附录)中与危险源辨识、风险评价和风险控制有关的内容的参考译文。但需注意，该附录中的某些说法可能与本标准有差异。

危险源辨识、风险评价和风险控制的过程宜使组织能够持续地识别、评价和控制其职业健康安全风险。

在任何情况下，均宜考虑组织内的正常和非正常运行，以及潜在的紧急情况。

危险源辨识、风险评价和风险控制的过程的复杂性很大程度上取决于诸如组织规模、组织内工作场所状况、危险源的性质和复杂性以及重要性等因素。GB/T 28001 中 4.3.1 的目的并不是迫使危险源很有限的小组织也进行复杂的危险源辨识、风险评价和风险控制活动。

危险源辨识、风险评价和风险控制的过程宜考虑执行这三个过程的成本和时间，以及能否获得可靠的资料。为制定规章或其他目的而获得的信息可用于这些过程。对于已经涵盖所考虑的职业健康安全风险的控制措施来说，组织还可考虑其实际控制程度。通过考虑与组织当前的和以往的活动、过程、产品和(或)服务相关的输入和输出，组织宜确定何为其职业健康安全风险。

对于未建立职业健康安全管理体系的组织来说，组织宜通过初始评审确定其当前的职业健康安全风险状况，其目的在于考虑组织所面临的所有职业健康安全风险，并以此为基础建立职业健康安全管理体系。组织可能希望在其初始评审中考虑以下方面(但不限于此)：

——法规要求；
——对组织所面临的职业健康安全风险的识别；
——对所有现行职业健康安全管理惯例、过程和程序的审查；
——对已往事件、事故和紧急情况的调查资料的评价。

根据活动的性质，适合于初始评审的方法可包括：

——检查表；
——面谈；
——直接检查和测量；
——以往管理体系审核或其他评审的结果。

值得强调的是，初始评审不能代替 4.3.1 的其余部分所给定的已构成系统的方法。

4.3.1.3 典型输入

典型输入包括：

——职业健康安全法规或其他要求(见 4.3.2)；
——职业健康安全方针(见 4.2)；
——事件和事故记录；
——不符合(见 4.5.2)；
——职业健康安全管理体系审核结果(见 4.5.4)；

——与员工和其他相关方的沟通(见 4.4.3);

——工作场所中员工的职业健康安全协商、评审和改进活动的信息(这些活动在性质上可能是主动性的,也可能是被动性的);

——最好的实践经验信息、与组织有关的典型危险源的信息、类似组织已发生的事件和事故的信息;

——有关组织的设施、过程和活动的信息,包括以下方面:

- 更改控制程序的详情;
- 现场平面图;
- 过程流程图;
- 危险材料库存清单(原材料、化学品、废料、产品、副产品);
- 毒理学和其他职业健康安全资料;
- 监视资料(见 4.5.1);
- 工作场所环境资料。

4.3.1.4 过程

4.3.1.4.1 危险源辨识、风险评价和风险控制

4.3.1.4.1.1 总则

原则上,风险管理措施宜首先考虑消除危险源(如果可行),然后再考虑降低风险(降低伤害或损坏发生的可能性或潜在的严重程度),最后考虑采用个体防护装备。危险源辨识、风险评价和风险控制的过程是风险管理的主要手段。

对于不同的行业,危险源辨识、风险评价和风险控制的过程极不相同,有的行业是简单的定量评价,而有的行业则包含大量文件的复杂定量分析,但都是为了使组织能够策划和实施适合其需要和工作场所状况的危险源辨识、风险评价和风险控制的过程,并有助于遵守所有职业健康安全法规的要求。

危险源辨识、风险评价和风险控制的过程宜作为一项主动性而非被动性措施执行。也就是说,危险源辨识、风险评价和风险控制的过程宜在引入新的或修改的活动或程序之前进行,已识别的任何必要的风险降低和控制措施均宜在变化发生之前得到实施。

对于正在进行的活动,组织宜及时更新有关危险源辨识、风险评价和风险控制的文件、资料和记录,并在引入新发展业务、新的或修改的活动之前,将这些文件、资料和记录予以扩充以便涵盖这些活动。

危险源辨识、风险评价和风险控制的过程不仅适用于装置和程序的“正常”运行,而且适用于定期的或临时的运行(例如:对装置进行清洗和维护),还适用于装置启动或关停期间。

组织虽然拥有控制某特定危险任务的书面程序,但仍需就程序的运行持续执行危险源辨识、风险评价和风险控制的过程。

除考虑组织自身员工的活动所产生的危险源和风险外,组织还宜考虑合同方人员和访问者的活动、使用外部提供的产品或服务所带来的危险源和风险。

4.3.1.4.1.2 危险源辨识、风险评价和风险控制的过程

组织宜将危险源辨识、风险评价和风险控制的过程形成文件,并包括以下组成部分:

——危险源辨识;

——风险评价:

- 在假定现有的(或拟定的)风险控制措施均已实施的前提下,确定残余风险的水平(可考虑:在特定危险源中的暴露程度;伤害或损坏发生的可能性;伤害或损坏发生的后果的严重性);
- 残余风险的可容许性评价;

——风险控制:

- 对所需的另外的风险控制措施的识别:

- 对风险控制措施是否足以将风险降至可容许程度的评价。

此外，危险源辨识、风险评价和风险控制的过程还宜包括对以下方面的确定：

——对于将要使用的任何形式的危险源辨识、风险评价和风险控制，确定其性质、时间安排、范围和方法；

——适用的法规或其他要求；

——负责执行此过程的人员的作用和权限；

——将要执行此过程的人员的能力要求和培训需求(见 4.4.2)(组织可能有必要使用外部咨询或服务，这取决于所用过程的性质或类型)；

——出自员工的职业健康安全协商、评审和改进活动(这些活动在性质上可能是主动性的，也可能是被动性的)的信息的使用；

——宜如何考虑使此过程内的人为错误的风险能得到检查；

——材料、装置或设备的过期老化(尤其是在储存这些材料、装置或设备时)所形成的危险源。

4.3.1.4.1.3 **后期活动**

在执行危险源辨识、风险评价和风险控制的过程之后：

——宜有明确的证据表明，对于任何已识别的必要的纠正或预防措施(见 4.5.2)，其及时的完全实施得到了监视(可能要求实施进一步的危险源辨识和风险评价，以反映对拟定的风险控制措施的更改和确定对残余风险的评价的修正)；

——宜向管理者提供有关纠正或预防措施的完成进展和结果的反馈信息，以作为管理评审(见 4.6)和修改或制定新的职业健康安全目标的输入；

——组织宜能确定执行特定危险任务的员工的能力是否与风险评价过程所规定的必要风险控制要求相一致；

——后期运行经验的反馈信息宜用于改进过程或修正所依据的资料数据(如果合适)。

4.3.1.4.2 **危险源辨识、风险评价和风险控制的评审(见 4.6)**

宜按职业健康安全方针文件中所确定的预定时间或周期，或由管理者所确定的预定时间评审危险源辨识、风险评价和风险控制的过程。该期限可能有所变化，这取决于以下方面：

——风险源的性质；

——风险的大小；

——正常运行的改变；

——给料、原材料和化学品等的改变。

如果组织内的变化使现有评价的有效性产生疑义，则宜执行评审。这种变化可包括以下因素：

——扩大、缩小、限制；

——职责的重新分配；

——工作方法或行为模式的改变。

4.3.1.5 **典型输出**

宜具有包含下列各方面的形成文件的程序：

——危险源辨识；

——与已识别的危险源有关的风险的确定；

——有关每个危险源的风险水平的表示，无论风险是否为可容许风险；

——对监视和控制风险(见 4.4.6 和 4.5.1)的措施的描述或引用，尤其是对不可容许的风险；

——为了降低已识别的风险而建立的职业健康安全目标和措施(见 4.3.3)，以及监视风险降低过程进展的任何跟踪活动(如果可行)；

——实施控制措施的能力和培训需求的识别(见 4.4.2)；

——宜作为体系运行控制要素的一部分而予以详细描述的必要控制措施(见 4.4.6)；

——上述各程序所产生的记录。

4.3.2 法规和其他要求

4.3.2.1 GB/T 28001 的要求

> **GB/T 28001 职业健康安全管理体系 规范**
>
> **4.3.2 法规和其他要求**
>
> 组织应建立并保持程序,以识别和获得适用法规和其他职业健康安全要求。
>
> 组织应及时更新有关法规和其他要求的信息,并将这些信息传达给员工和其他有关的相关方。

4.3.2.2 意图

组织需认识和了解其活动如何或将如何受到适用法规和其他要求的影响,并就此信息与有关员工进行沟通。

此项要求拟促进对法律义务的认识和了解,但并不要求组织建立一个包含本组织很少涉及或使用的法规或其他要求的资料库。

4.3.2.3 典型输入

典型输入包括以下方面:

——组织的产品或服务实现过程的详情;

——危险源辨识、风险评价和风险控制的结果(见 4.3.1);

——最好的实践经验(例如:准则、工业协会指南);

——法规要求;

——信息来源清单;

——国家标准、行业标准、地方标准、国际标准、其他标准等;

——组织内部要求;

——相关方要求。

4.3.2.4 过程

组织宜识别有关法规和其他要求,并寻求最适宜的获取这些信息的手段,包括提供这些信息的媒介(例如:纸件、CD、磁盘和国际互联网等)。组织还宜评估:

——应用哪些要求;

——在哪里应用;

——组织内谁需要获取哪类信息。

4.3.2.5 典型输出

典型输出包括以下方面:

——识别和获取信息的程序;

——对应用哪些要求和在哪里应用的识别;

注:可采用登记表形式。

——适用于组织所确定的各岗位的要求(如果可行,可以是现行文本、综述或分析);

——对随着新职业健康安全法规的颁布而实施控制措施进行监视的程序。

4.3.3 目标

4.3.3.1 GB/T 28001 的要求

> **GB/T 28001 职业健康安全管理体系　规范**
>
> **4.3.3　目标**
>
> 组织应针对其内部各有关职能和层次，建立并保持形成文件的职业健康安全目标。如可行，目标宜予以量化。
>
> 组织在建立和评审职业健康安全目标时，应考虑：
>
> ——法规和其他要求；
>
> ——职业健康安全危险源和风险；
>
> ——可选择的技术方案；
>
> ——财务、运行和经营要求；
>
> ——相关方的意见。
>
> 目标应符合职业健康安全方针，包括对持续改进的承诺。

4.3.3.2　意图

有必要确保在整个组织内建立可测量的职业健康安全目标，以使职业健康安全方针能够实现。

4.3.3.3　典型输入

典型输入包括以下方面：

——有关组织总体业务的方针和目标；

——职业健康安全方针，包括持续改进的承诺(见 4.2)；

——危险源辨识、风险评价和风险控制(见 4.3.1)的结果；

——法规和其他要求(见 4.3.2)；

——可选择的技术方案；

——财务、运行和经营要求；

——员工和相关方的意见(见 4.4.3)；

——出自工作场所中员工的职业健康安全协商、评审和改进活动(这些活动在性质上可能是主动性的，也可能是被动性的)的信息；

——对以前建立的职业健康安全目标所进行的绩效分析；

——有关职业健康安全的不符合、事故、事件和财产损失的以往记录；

——管理评审的结果(见 4.6)。

4.3.3.4　过程

适宜的管理层宜使用上述“典型输入”的信息或资料识别和建立职业健康安全目标，并确定职业健康安全目标的优先顺序。

在建立职业健康安全目标时，宜特别注意那些最可能受个别职业健康安全目标影响的有关方面的信息和资料，因为这能有助于确保目标合理并得到广泛接受。考虑来自组织外部资源的信息和资料(例如：来自合同方或其他相关方的信息和资料)也很有用。

适当的管理层宜定期举行(如：至少一年一次)有关建立职业健康安全目标的会议。对于某些组织来说，可能需要将建立目标的过程形成文件。

职业健康安全目标既要针对组织内广泛共同的职业健康安全问题，又要针对个别职能和层次特定的职业健康安全问题。

宜为每个职业健康安全目标确定合适的参数。这些参数宜考虑到对职业健康安全目标实现情况的监视。

职业健康安全目标宜合理并可实现，以便组织有能力实现这些目标和监视其进展。宜为实现每个职业健康安全目标确定合理的并可实现的时间表。

根据组织的规模、职业健康安全目标的复杂性及时间表，职业健康安全目标可分解为各单独的子目标，但宜为各个不同层次的子目标与职业健康安全目标之间建立明确的联系。

职业健康安全目标类型的实例包括：

——风险水平的降低；

——为职业健康安全管理体系增加另外的特性；

——改善现有特性或其应用的一致性所采取的步骤；

——消除或降低特定意外事件的频次。

职业健康安全目标宜传达到有关的人员（例如：通过培训或小组简短会议传达，见 4.4.2），并经职业健康安全管理方案进行部署（见 4.3.4）。

4.3.3.5 典型输出

典型输出包括组织内各职能形成文件的、可测量的职业健康安全目标。

4.3.4 职业健康安全管理方案

4.3.4.1 GB/T 28001 的要求

> **GB/T 28001 职业健康安全管理体系　规范**
>
> **4.3.4 职业健康安全管理方案**
>
> 组织应制定并保持职业健康安全管理方案，以实现其目标。方案应包含形成文件的：
>
> a) 为实现目标所赋予组织有关职能和层次的职责和权限；
>
> b) 实现目标的方法和时间表。
>
> 应定期并且在计划的时间间隔内对职业健康安全管理方案进行评审，必要时应针对组织的活动、产品、服务或运行条件的变化对职业健康安全管理方案进行修订。

4.3.4.2 意图

组织宜通过制定职业健康安全管理方案而力图实现其职业健康安全方针和目标。为此，组织宜制定行动战略和计划，并将其形成文件，予以传达。对于实现职业健康安全目标的进展情况，组织宜予以监视、评审和记录，并相应地更新或修正战略和计划。

4.3.4.3 典型输入

典型输入包括以下方面：

——职业健康安全方针和目标；

——对法规和其他要求的评审；

——危险源辨识、风险评价和风险控制的结果；

——组织的产品或服务实现过程的详情；

——出自工作场所中员工的职业健康安全协商、评审和改进活动（这些活动在性质上可能是主动性的，也可能是被动性的）的信息；

——对从新的或不同的可选技术方案中可得到的机会的评审；

——持续改进活动；

——实现组织的职业健康安全目标所需资源的可用性。

4.3.4.4 过程

职业健康安全管理方案宜识别各有关层次负责下达职业健康安全目标的人员。为实现每个职业健康安全目标，还宜识别需执行的各种不同任务。

职业健康安全管理方案宜针对每项任务规定适当的职责和权限，并为每项单独的任务确定时间表，以满足有关目标的总时间表的要求。职业健康安全管理方案还宜为每项任务规定适当的资源配置（例如：财力、人力、设备、后勤）。

职业健康安全管理方案也会涉及特定的培训计划(见 4.4.2)。培训计划将进一步规定有关的信息和管理。

在对工作惯例、过程、设备或材料做预期的重大变更或修改之处,职业健康安全管理方案宜规定执行新的危险源辨识和风险评价。职业健康安全管理方案还宜规定就预期改变与有关员工进行协商。

4.3.4.5 典型输出

典型输出包括明确的、形成文件的职业健康安全管理方案。

4.4 实施和运行

> **GB/T 28001 职业健康安全管理体系 规范**
>
> **4.4 实施和运行**
>
> 实施和运行如图 4 所示。
>
> 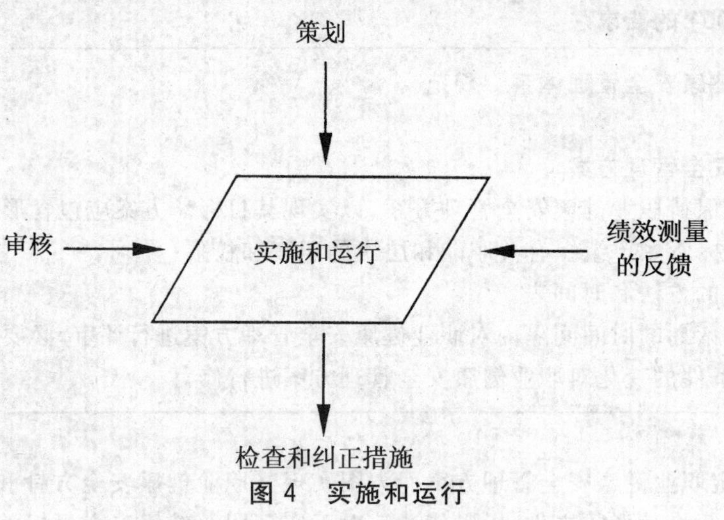
>
>
> **图 4 实施和运行**

4.4.1 结构和职责

4.4.1.1 GB/T 28001 的要求

> **GB/T 28001 职业健康安全管理体系 规范**
>
> **4.4.1 结构和职责**
>
> 对组织的活动、设施和过程的职业健康安全风险有影响的从事管理、执行和验证工作的人员,应确定其作用、职责和权限,形成文件,并予以沟通,以便于职业健康安全管理。
>
> 职业健康安全的最终责任由最高管理者承担。组织应在最高管理者中指定一名成员(如:某大组织内的董事会或执委会成员)作为管理者代表承担特定职责,以确保职业健康安全管理体系正确实施,并在组织内所有岗位和运行范围执行各项要求。
>
> 管理者应为实施、控制和改进职业健康安全管理体系提供必要的资源。
>
> 注:资源包括人力资源,专项技能、技术和财力资源。
>
> 组织的管理者代表应有明确的作用、职责和权限,以便:
>
> a) 确保按本标准建立、实施和保持职业健康安全管理体系要求;
>
> b) 确保向最高管理者提交职业健康安全管理体系绩效报告,以供评审,并为改进职业健康安全管理体系提供依据。
>
> 所有承担管理职责的人员,都应表明其对职业健康安全绩效持续改进的承诺。

4.4.1.2 意图

为有效地实施职业健康安全管理,有必要:

——确定作用、职责和权限,并形成文件,予以沟通;

——提供充足的资源,以便能够完成职业健康安全任务。

4.4.1.3 典型输入

典型输入包括以下方面:

——组织结构(组织图);

——危险源辨识、风险评价和风险控制的结果;

——职业健康安全目标;

——法规和其他要求;

——岗位描述;

——有资格的人员名单。

4.4.1.4 过程

4.4.1.4.1 概述

对于所有执行职业健康安全管理体系各部分职责的人员,宜确定其职责和权限,包括明确规定处于不同职能之间接口位置的人员的职责。

此外,还需同样规定下列人员的职责:

——最高管理者;

——组织所有各层次的管理者;

——过程运行人员和一般人员;

——对合同方人员的职业健康安全进行管理的人员;

——负责职业健康安全培训的人员;

——负责职业健康安全关键设备的人员;

——组织内具有职业健康安全资格的员工或其他职业健康安全专家;

——参加协商讨论会的员工职业健康安全代表。

无论如何,组织宜传达和宣传这种理念,即:职业健康安全是组织内每个人的责任,而不只是那些具有明确的职业健康安全管理体系职责的人员的责任。

4.4.1.4.2 最高管理者职责的确定

最高管理者职责宜包括确定组织的职业健康安全方针和确保职业健康安全管理体系的实施。作为此承诺的一部分,最高管理者宜指定一名特定的管理者代表(在大型的或复杂的组织内,可以指定多名管理者代表),并规定其实施职业健康安全管理体系的职责和权限。

4.4.1.4.3 管理者代表职责的确定

职业健康安全管理者代表宜为最高管理者中的一员。他可获得其他已被委派负责监视职业健康安全职能总体运行情况的人员的支持。无论如何,管理者代表宜定期获悉体系绩效状况,并保持对定期评审和职业健康安全目标制定的积极参与。组织宜确保分派给管理者代表的任何其他职责或职能不与其履行职业健康安全职责相冲突。

4.4.1.4.4 管理者职责的确定

管理者职责宜包括确保职业健康安全在其运行范围内得到管理。在职业健康安全事务的主要职责由管理者负责之处,组织内任何职业健康安全专家的作用和职责均宜适当地确定,以免职责和权限方面的含糊不清。这宜包括通过提高管理水平以安排解决在职业健康安全问题与对生产效率的考虑之间的任何冲突。

4.4.1.4.5 作用和职责文件

宜以适宜于组织的形式将职业健康安全职责和权限形成文件。可采用以下一种或多种形式,或组织选择的另外的形式：

——职业健康安全管理手册；

——工作程序和任务描述；

——岗位描述；

——上岗培训包。

如果组织采用以涵盖员工其他作用和职责的书面岗位描述形式发布，则宜将职业健康安全职责纳入岗位描述之中。

4.4.1.4.6 **作用和职责的沟通**

需将职业健康安全职责和权限有效地传达到组织内各层次所有受其影响的人员。这宜确保每个人了解不同职能之间的范围和接口，以及用于发挥作用的方式。

4.4.1.4.7 **资源**

为保持工作场所的安全，管理者宜确保可获得充足的资源（包括设备、人力资源、专家和培训）。

如果资源足以实施职业健康安全管理方案和活动（包括绩效测量和监视），则可认为资源是充分的。

对于已建立职业健康安全管理体系的组织，通过比较所策划的职业健康安全目标要求与实际完成结果，至少能部分地评价资源的充分性。

4.4.1.4.8 **管理者的承诺**

管理者宜提供对其职业健康安全承诺的直观证实，证实的方式可包括：

——现场访问和检查；

——参与事故调查；

——为后文中所述的纠正措施提供资源；

——出席职业健康安全会议和发布支持信息。

4.4.1.5 **典型输出**

典型输出包括以下方面：

——对所有有关员工的职业健康安全职责和权限的规定；

——手册（程序或培训套件）形式的作用和职责文件；

——将作用和职责传达到所有员工和其他相关方的过程；

——所有层次的管理者对职业健康安全的积极参与和支持。

4.4.2 **培训、意识与能力**

4.4.2.1 **GB/T 28001 的要求**

GB/T 28001 职业健康安全管理体系　规范

4.4.2 **培训、意识与能力**

对于其工作可能影响工作场所内职业健康安全的人员，应有相应的工作能力。在教育、培训和（或）经历方面，组织应对其能力作出适当的规定。

组织应建立并保持程序，确保处于各有关职能和层次的员工都意识到：

——符合职业健康安全方针、程序和职业健康安全管理体系要求的重要性；

——在工作活动中实际的或潜在的职业健康安全后果，以及个人工作的改进所带来的职业健康安全效益；

——在执行职业健康安全方针和程序，实现职业健康安全管理体系要求，包括应急准备和响应要求（见 4.4.7）方面的作用和职责；

——偏离规定的运行程序的潜在后果。

培训程序应考虑不同层次的：

——职责、能力及文化程度；

——风险。

4.4.2.2 意图

组织宜具有有效的程序以确保员工有能力完成所安排的职责。

4.4.2.3 典型输入

典型输入包括以下方面：

——作用和职责的规定；

——岗位描述(包括执行危险任务的详情)；

——员工的绩效评价；

——危险源辨识、风险评价和风险控制的结果；

——程序和作业指导书；

——职业健康安全方针和目标；

——职业健康安全管理方案。

4.4.2.4 过程

过程中宜包括以下方面：

——组织内每个层次和职能所需职业健康安全意识和能力的系统识别；

——安排识别和弥补员工个人现有水平与所要求的职业健康安全意识和能力之间的任何不足；

——及时而系统地提供已识别的任何必要的培训；

——对员工个人进行评价，以确保他们已获得并保持所要求的知识和能力；

——保持员工个人培训和能力的适当记录。

宜针对以下方面，建立和保持职业健康安全意识和培训方案：

——对组织的职业健康安全安排和员工个人的特定作用和职责的了解；

——对员工和那些在组织内各小组、现场、部门、区域、岗位或任务之间调任的员工进行的上岗和继续培训的系统方案；

——就局部的职业健康安全安排、危险源、风险、所采取的预防措施和所遵循的程序进行的培训(宜在工作开始前提供此类培训)；

——为执行危险源辨识、风险评价和风险控制所进行的培训(见4.3.1.4)；

——在职业健康安全管理体系中起特定作用的员工(包括员工的职业健康安全代表)所需的特定的内部或外部培训；

——对负责管理员工、合同方人员和其他人员(例如：临时工)的所有人员，就其职业健康安全职责进行的培训。这是为了确保这些管理人员以及受其管理的人员都了解所负责的运行的危险源和风险(无论这些危险源和风险发生在何处)，此外还为了确保这些人员具备必要的能力按照职业健康安全程序安全地从事活动；

——最高管理者的作用和职责(包括法人的和个人的法律职责)。这是为了确保职业健康安全管理体系发挥作用，以控制风险，并减少疾病、伤害和组织的其他损失；

——对于合同方人员、临时工和访问者，根据其所面临的风险水平而确定的培训和意识方案。

宜评价培训的有效性和最终所达到的能力水平。这可能包括：

——将评价作为培训训练的一部分；

——通过适当的现场检查以确定是否已获得能力；

——监视培训产生的长期效果。

4.4.2.5 典型输出

典型输出包括以下方面：

——个人作用的能力要求；

——培训需求分析；

——针对员工个人的培训方案(计划)；

——可供组织内使用的培训课程(产品)的范围;
——培训记录和培训有效性评价记录。

4.4.3 协商和沟通

4.4.3.1 GB/T 28001 的要求

> **GB/T 28001 职业健康安全管理体系 规范**
>
> **4.4.3 协商和沟通**
>
> 组织应具有程序,确保与员工和其他相关方就相关职业健康安全信息进行相互沟通。
>
> 组织应将员工参与和协商的安排形成文件,并通报相关方。
>
> 员工应:
>
> ——参与风险管理方针和程序的制定和评审;
> ——参与商讨影响工作场所职业健康安全的任何变化;
> ——参与职业健康安全事务;
> ——了解谁是职业健康安全的员工代表和指定的管理者代表(见 4.4.1)。

4.4.3.2 意图

通过协商和沟通过程,组织宜鼓励所有受其运行影响的人员参与良好的职业健康安全实践活动并支持组织的职业健康安全方针和目标。

4.4.3.3 典型输入

典型输入包括以下方面:

——职业健康安全方针和目标;
——有关的职业健康安全管理体系文件;
——危险源辨识、风险评价和风险控制的程序;
——在职业健康安全方面的作用和职责的规定;
——员工与管理者就职业健康安全进行正式协商的结果;
——工作场所中员工的职业健康安全协商、评审和改进活动(这些活动在性质上可能是主动性的,也可能是被动性的)的信息;
——详细的培训方案。

4.4.3.4 过程

组织宜促进与员工和其他相关方(如:合同方人员、访问者)就有关职业健康安全信息进行协商和沟通,并将有关安排形成文件。

这包括安排员工参与以下过程:

——就以下方面进行协商:
- 风险管理方针的制定和评审;
- 职业健康安全目标的制定和评审;
- 就执行风险管理的过程和程序而作出的决策,包括执行危险源辨识、对与其自身活动有关的风险评价和风险控制进行评审;

——就影响工作场所职业健康安全的改变(例如:采用新的或改进的设备、材料、化学品、技术、过程、程序或工作方式)进行协商。

在职业健康安全事务上,员工宜有自己的代表。组织宜告知员工谁是他们的职业健康安全代表和指定的管理者代表。

4.4.3.5 典型输出

典型输出包括以下方面：

——管理者与员工通过职业健康安全委员会或类似机构正式协商；

——员工参与危险源辨识、风险评价和风险控制；

——就工作场所的职业健康安全积极鼓励员工参与协商、评审和改进活动，并向管理者反馈职业健康安全问题；

——员工的职业健康安全代表的明确作用和与管理者的沟通机制，例如：参与事故和事件调查以及现场职业健康安全检查等；

——员工和其他相关方(例如：合同方人员或访问者)的职业健康安全简报；

——包含职业健康安全绩效资料和其他有关职业健康安全信息的公告栏；

——职业健康安全业务通讯；

——职业健康安全海报。

4.4.4 文件

4.4.4.1 GB/T 28001 的要求

GB/T 28001 职业健康安全管理体系　规范

4.4.4 文件

组织应以适当的媒介(如：纸或电子形式)建立并保持下列信息：

a) 描述管理体系核心要素及其相互作用；

b) 提供查询相关文件的途径。

注：重要的是，按有效性和效率要求使文件数量尽可能少。

4.4.4.2 意图

组织宜建立足够的文件，并保持及时更新，以确保其职业健康安全管理体系被充分了解，并有效果和有效率地运行。

4.4.4.3 典型输入

典型输入包括以下方面：

——组织为支持其职业健康安全管理体系和职业健康安全活动以及为满足 GB/T 28001 的要求而所建立的文件和信息系统的详情；

——职责和权限；

——所用文件或信息的局部环境的信息，以及将文件或信息按照物理文档或电子(或其他媒介)文档形式保存的限制。

4.4.4.4 过程

在建立必要文件以支持其职业健康安全过程前，组织宜评审其职业健康安全管理体系对文件和信息的需求。

这里并不要求组织为了符合 GB/T 28001 而必须按某一特定格式建立文件，也不要求组织必须替代现有文件(例如：手册、程序或作业指导书)，只要现有文件充分描述了当前安排，就可以继续使用。如果组织已建立了一个已形成文件的职业健康安全管理体系，那么，建立一个描述其现有程序与 GB/T 28001的要求之间的相互关系的综述性文件可能更为方便和有效。

宜考虑以下方面：

——文件和信息使用者的职责和权限。这将导致对安全程度、需要限制的可访问性(尤其是电子媒介)和变动控制(见 4.4.5)的考虑；

——物理文档使用的方式和环境。这要求考虑所提交的格式。对于使用信息系统电子设备来说，宜给予类似的考虑。

4.4.4.5 典型输出

典型输出包括以下方面：

——职业健康安全管理体系综述文件或手册；

——文件登记簿、主要清单或索引；

——程序；

——作业指导书。

4.4.5 文件和资料控制

4.4.5.1 GB/T 28001 的要求

GB/T 28001 职业健康安全管理体系 规范

4.4.5 文件和资料控制

组织应建立并保持程序，控制本标准所要求的所有文件和资料，以确保：

a) 文件和资料易于查找；

b) 对文件和资料进行定期评审，必要时予以修订并由被授权人员确认其适宜性；

c) 凡对职业健康安全体系的有效运行具有关键作用的岗位，都可得到有关文件和资料的现行版本；

d) 及时将失效文件和资料从所有发放和使用场所撤回，或采取其他措施防止误用；

e) 对出于法规和(或)保留信息的需要而留存的档案文件和资料予以适当标识。

4.4.5.2 意图

宜识别和控制所有包含职业健康安全管理体系运行和组织的职业健康安全活动绩效的关键信息的文件和资料。

4.4.5.3 典型输入

典型输入包括以下方面：

——为支持组织的职业健康安全管理体系和职业健康安全活动以及满足 GB/T 28001 的要求，组织所建立的文件和资料系统的详细资料；

——职责和权限的详细资料。

4.4.5.4 过程

书面程序宜确定对职业健康安全文件的标识、批准、发布和撤消的控制和对职业健康安全资料的控制(与 GB/T 28001 中的 4.4.5 的要求一致)。这些程序宜明确阐明所用文件和资料的类别。

宜确保在常规和非常规条件下(包括紧急情况下)都易获得所需的文件和资料。例如：在紧急情况下，过程运行人员和所有有此需要的人员都能获得最新的装置工程制图、危险材料资料卡、程序和作业指导书。

4.4.5.5 典型输出

典型输出包括以下方面：

——文件控制程序，包括指定的职责和权限；

——文件登记簿、主要清单或索引；

——受控文件及其位置的清单；

——档案文件记录(有的可能需要与法规或其他时间要求保持一致)。

4.4.6 运行控制

4.4.6.1 GB/T 28001 的要求

GB/T 28001 职业健康安全管理体系　规范
4.4.6　运行控制 组织应识别与所认定的、需要采取控制措施的风险有关的运行和活动。组织应针对这些活动(包括维护工作)进行策划,通过以下方式确保它们在规定的条件下执行: a)　对于因缺乏形成文件的程序而可能导致偏离职业健康安全方针、目标的运行情况,建立并保持形成文件的程序; b)　在程序中规定运行准则; c)　对于组织所购买和(或)使用的货物、设备和服务中已识别的职业健康安全风险,建立并保持程序,并将有关的程序和要求通报供方和合同方; d)　建立并保持程序,用于工作场所、过程、装置、机械、运行程序和工作组织的设计,包括考虑与人的能力相适应,以便从根本上消除或降低职业健康安全风险。

4.4.6.2　意图

为了实现职业健康安全方针和目标以及满足法规和其他要求,组织宜建立和保持计划安排,以确保为控制运行风险而采取的控制和应对措施得到有效实施。

4.4.6.3　典型输入

典型输入包括以下方面:

——职业健康安全方针和目标;

——危险源辨识、风险评价和风险控制的结果;

——已识别的法规和其他要求。

4.4.6.4　过程

为了控制已识别的风险(包括由合同方人员和访问者所带来的风险),组织宜建立形成文件的程序,否则,会因缺乏形成文件的程序而导致事件、事故或其他偏离职业健康安全方针和目标的情况发生。组织宜定期评审风险控制程序的适宜性和有效性,必要时予以更改。

在程序中,需考虑风险扩展至客户或其他外部相关方的场所或控制区域的情况,例如:组织的员工在客户场所工作。组织可能需要就此类环境的职业健康安全与外部相关方进行协商。

下面列出了一些有代表性的引发风险的场合的实例以及针对这些风险的控制措施的实例。

a)　货物或服务的采购或转移以及外部资源的使用

包括:

——审批核准对危险的化学品、材料和物质的采购或转移;

——在采购机械、设备、材料或化学品时,或需要获得有关安全搬运机械、设备、材料或化学品的文件时,可得到有关安全搬运机械、设备、材料或化学品的文件;

——对合同方人员的职业健康安全能力进行评价和定期进行再评价;

——审批为新装置或新设备所设计的职业健康安全预防措施。

b)　危险任务

包括:

——危险任务的识别;

——工作方法的预先确定和审批;

——执行危险任务的人员的预备资格;

——出入危险工作场所的人员的工作许可证制度和程序。

c)　危险材料

包括:

——存货清单和库房位置的识别；
——安全贮存预防措施和准入控制；
——材料的安全资料和其他有关信息的预备和存取。

d) 安全装置和设备的维护

包括：

——组织的装置和设备的供应、控制和维护；
——个体防护装备的供应、控制和维护；
——入口隔离和控制；
——与职业健康安全有关的设备和高集成系统的检验和测试。这些设备和高集成系统包括：

- 运行人员的防护系统；
- 防护装置及身体防护；
- 关停系统；
- 火焰探测和灭火设备；
- 装卸设备(起重机、铲车、吊车和其他起重设备)；
- 放射源及安全防护；
- 重要监视设备；
- 局部通风排气系统；
- 医疗设施和设备。

4.4.6.5 典型输出

典型输出包括以下方面：

——程序；
——作业指导书。

4.4.7 应急准备和响应

4.4.7.1 GB/T 28001 的要求

> **GB/T 28001 职业健康安全管理体系　规范**
>
> **4.4.7 应急准备和响应**
>
> 组织应建立并保持计划和程序，以识别潜在的事件或紧急情况，并作出响应，以便预防和减少可能随之引发的疾病和伤害。
>
> 组织应评审其应急准备和响应的计划和程序，尤其是在事件或紧急情况发生后。
>
> 如果可行，组织还应定期测试这些程序。

4.4.7.2 意图

组织宜积极评价对潜在事件和紧急情况的响应需求，制定计划满足响应需求，建立程序和过程应对响应需求，测试所策划的响应，并寻求改进响应的有效性。

4.4.7.3 典型输入

典型输入包括以下方面：

——危险源辨识、风险评价和风险控制的结果；
——当地可得到的应急服务、所有应急响应的详情或经协商并达成一致的安排的详情；
——法规或其他要求；
——以往事故、事件和紧急情况的经验；
——来自于类似组织以往事故、事件和紧急情况的经验(经验总结、最好的实践经验)；
——对应急、已执行的实际演练和随后所采取措施的结果的评审。

4.4.7.4 **过程**

组织宜制定应急计划,识别和提供合适的应急设备,通过实际演练定期测试其应急能力。

实际演练的目的在于,测试应急计划最关键部分的有效性和测试应急策划过程的完备性。虽然案头训练在策划期间可能很有用,但实际演练仍宜尽可能逼真,以便有效。这可能要求执行完整的事件模拟。

宜评价应急和实际演练的结果,必要时予以修改。

4.4.7.4.1 **应急计划**

应急计划宜概述特定紧急情况发生时所采取的措施,宜包括以下几方面:

——潜在的事件和紧急情况的识别;

——应急期间的负责人的识别;

——全体人员在应急期间所采取措施的详情,包括处于应急场所的外部人员(例如:合同方人员、访问者)所采取措施的详情(例如:可能要求他们集合到特定地点);

——应急期间具有特定作用的人员〔例如:消防人员、急救人员和核泄露(毒物泄露)处置专家等〕的职责、权限和任务;

——疏散程序;

——危险材料的识别和位置以及所需的应急措施;

——与外部应急服务机构的相互联系;

——与立法部门的沟通;

——与邻居和公众的沟通;

——极为重要的记录和设备的保护;

——应急期间必要信息的可利用性,如:装置布置图、危险材料的资料、程序、作业指导书和联络电话号码等。

组织宜对外部机构的参与作出明确规定并形成文件,宜向这些机构通报参与时可能遇到的情况,并为其提供所需信息以便于他们参与应急响应活动。

4.4.7.4.2 **应急设备**

组织宜识别对应急设备的需求,并提供充足的设备。为了保持这些设备的持续可操作性,组织宜在规定的时间间隔内对其进行测试。

设备实例包括:

——报警系统;

——应急照明和动力;

——逃生工具;

——安全避难所;

——应急的隔离阀、开关和断流器;

——消防设备;

——急救设备(包括应急喷淋设备、眼冲洗站等);

——通讯设备。

4.4.7.4.3 **实际演练**

实际演练宜按预定计划进行。如果适宜和可行,宜鼓励外部应急服务机构参与实际演练。

4.4.7.5 **典型输出**

典型输出包括以下方面:

——形成文件的应急计划和程序;

——应急设备清单;

——应急设备的测试记录;

——以下各种记录：

- 实际演练；
- 对实际演练的评审；
- 评审提出的建议措施；
- 实施建议措施的进展情况。

4.5 检查和纠正措施

GB/T 28001 职业健康安全管理体系　规范

4.5 检查和纠正措施

检查和纠正措施如图 5 所示。

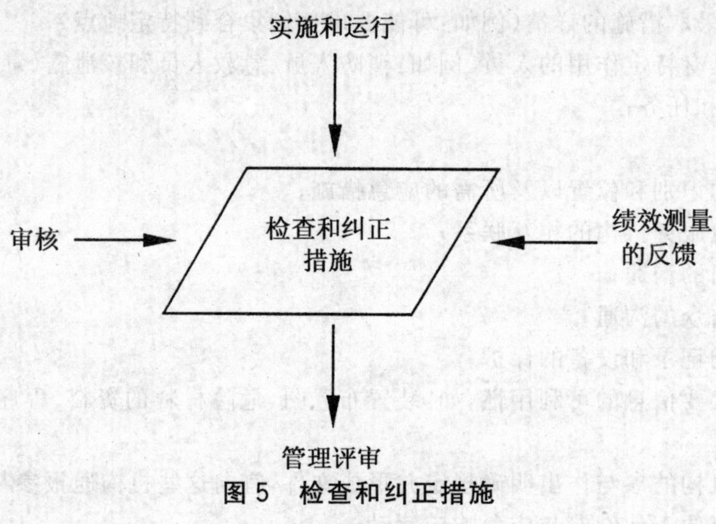

图 5　检查和纠正措施

4.5.1 绩效测量和监视

4.5.1.1 GB/T 28001 的要求

GB/T 28001 职业健康安全管理体系　规范

4.5.1 绩效测量和监视

组织应建立并保持程序，对职业健康安全绩效进行常规监视和测量。程序应规定：

——适合组织需要的定性和定量测量；

——对组织的职业健康安全目标的满足程度的监视；

——主动性的绩效测量，即监视是否符合职业健康安全管理方案、运行准则和适用的法规要求；

——被动性的绩效测量，即监视事故、疾病、事件1) 和其他不良职业健康安全绩效的历史证据；

——记录充分的监视和测量的数据和结果，以便于后面的纠正和预防措施的分析。

如果绩效测量和监视需要设备，组织应建立并保持程序，对此类设备进行校准和维护，并保存校准和维护活动及其结果的记录。

4.5.1.2 意图

1) 包括 GB/T 28001—2001 的 3.6 注中的"near-miss"。

对于贯穿整个组织的职业健康安全绩效，组织宜识别关键的绩效参数。宜包括确定以下内容的参数(但不仅限于此)：

——职业健康安全方针和目标是否正在得到实现；

——风险控制措施是否实施并且有效；

——是否从职业健康安全管理体系失败包括危险事件(事故、事件[1]和疾病)中吸取教训；

——员工的意识和能力是否符合要求，对其培训是否有效；

——与员工和其他相关方的协商和沟通方案是否有效；

——能够用于评审和(或)改进职业健康安全管理体系状况的信息是否正在获取和使用。

4.5.1.3 典型输入

典型输入包括以下方面：

——危险源辨识、风险评价和风险控制的结果(见4.3.1)；

——法规和其他要求、最好的实践经验；

——职业健康安全方针和目标；

——不符合的处理程序；

——设备测试和校准记录(包括属于合同方的设备测试和校准记录)；

——培训记录(包括属于合同方的培训记录)；

——管理者的报告。

4.5.1.4 过程

4.5.1.4.1 主动性监视和被动性监视

组织的职业健康安全管理体系宜将以下主动性监视和被动性监视结合起来：

——采用主动性监视，以检查组织职业健康安全活动的符合性，例如：监视职业健康安全检查的频次和有效性；

——采用被动性监视，以调查、分析和记录职业健康安全管理体系的失败(包括事故、事件[1]、疾病和财产损失)。

主动性监视资料和被动性监视资料(参见附录C)通常用于确定目标是否实现。

4.5.1.4.2 测量技术

以下是可用于测量职业健康安全绩效的方法实例：

——应用危险源辨识、风险评价和风险控制的过程的结果；

——使用检查表进行系统的工作场所检查；

——职业健康安全检查，例如：基于“巡视”的检查；

——对新的装置、设备、材料、化学品、技术、过程、程序或工作方式的预评价；

——检验特定的机械和装置，以检查与安全有关的部分是否处于适宜和良好状态；

——安全抽样：检查某特定方面的职业健康安全；

——环境抽样：测量在化学、生物或物理因素(例如：噪音、挥发性有机物等)中的暴露情况，并与有关标准相比较；

——可获得并有效使用具有认可的职业健康安全经历或正式资格的员工；

——行为抽样：评价工人的行为以识别可能需要纠正的不安全工作习惯；

——文件和记录的分析；

——以其他组织好的职业健康安全实践经验为基准进行比较；

1) 此处“事件”仅指“near-miss”。有关“near-miss”参见 GB/T 28001—2001 的3.6注。

——通过调查以确定员工对职业健康安全管理体系、职业健康安全实践和协商过程的态度。

对于监视什么和采取什么频次进行监视，组织需基于风险水平(见4.3.1)予以确定。装置或机械的检验频次可能有法规规定(例如:空气净化器、蒸汽装置、起重设备)。作为职业健康安全管理体系的组成部分，宜基于危险源辨识和风险评价的结果以及法规要求而制定检查计划。

宜按照形成文件的监视计划，由一线或中层管理者对过程、工作场所和实际工作活动进行常规的职业健康安全监视。所有一线管理人员宜承担关键任务的现场检查，以确保职业健康安全程序和行为准则的符合性。为了有助于实施系统检查和监视，可使用检查表。

4.5.1.4.3 检验

4.5.1.4.3.1 设备

宜草拟一份由有关人员(可能来自外部)进行法定或技术检测的全部设备清单(均使用唯一标识)。这些设备宜按要求加以检验，并纳入检验计划中。

4.5.1.4.3.2 工作条件

组织宜制定用于确定可接受的工作场所条件的标准，并将其形成文件。管理者宜在规定的时间间隔内按标准进行检验。为此，可以使用一个包含标准详细内容和所有待检项目的检查表。

4.5.1.4.3.3 验证检验

组织宜执行验证检验，但这并不免除一线管理者执行常规检验或危险源辨识。

4.5.1.4.3.4 检验记录

每次的职业健康安全检验均宜保持记录。记录宜表明形成文件的职业健康安全程序是否得到遵守。为了识别不符合和反复性的危险源存在的根本原因，组织宜对职业健康安全检验、巡视和调查以及职业健康安全管理体系审核的记录进行抽样。为此，组织宜采取任何必要的预防措施。对于检验期间所识别的低于标准的条件、不安全的情况和项目，宜作为不符合项形成文件，并评价其风险，按照不符合程序予以纠正。

4.5.1.4.4 测量设备

对用于评价职业健康安全条件的测量设备(如:声级计、光测量仪、气体采样仪)，组织宜列出其清单，并予以唯一标识，对其进行控制。测量设备的精度宜为已知的。必要时，宜有描述如何进行职业健康安全测量的书面程序。职业健康安全测量设备宜以适当的方式维护和保存，并能提供所需的测量精度。

需要时，测量设备的校准计划宜形成文件。校准计划宜包括：

——校准的频次；

——所引用的测试方法(如可行)；

——校准设备的识别；

——当发现特定的测量设备未校准时所采取的措施。

校准宜在适当的条件下进行。对于关键的校准或难于进行的校准，宜建立程序。

如果有国家标准，校准设备应符合现行国家标准。否则，组织宜将作为标准使用的依据形成文件。

所有校准、维护活动和结果的记录均宜保持。宜详细记录调整前后的测量情况。

宜向使用者清楚标明测量设备的校准状态。对于未知校准状态的或已知未校准的职业健康安全测量设备，组织不宜使用，而需从使用中撤出，并明确予以标识、贴上标签或其他的标记，以防误用。此类标记宜与书面程序相一致，因为程序中包括了产品校准状态的识别。组织宜签发不符合，以便为所采取的措施提供文件证明。如果发现了未校准的设备，程序还宜包括措施计划。

4.5.1.4.5 合同方的设备

合同方所用的测量设备宜和组织内部的设备一样受到相同的控制。组织宜要求合同方保证其设备符合这些要求。对于任何已识别的需要设备测试记录的关键设备，在其开始工作前，宜要求合同方提供一份设备测试记录的副本。如果工作需要专门的培训，合同方宜为本组织提供相应的培训记录，以供评审。

4.5.1.4.6 统计或其他理论分析技术

任何用于评价职业健康安全状况、调查职业健康安全事件或失败情况、支持有关职业健康安全决策的统计或其他理论分析技术，均宜以充分可靠的科学原理为基础。管理者代表宜确保识别此类技术需求。如果可行，组织宜将其使用指南和所适用的环境一同形成文件。

4.5.1.5 典型输出

典型输出包括以下方面：

——监视和测量程序；

——检验计划和检查表；

——关键设备清单；

——设备检验的检查表；

——工作场所条件标准和工作场所条件检验的检查表；

——测量设备清单；

——测量程序；

——校准计划和校准记录；

——维护活动和结果；

——已完成的检查表和检验报告(职业健康安全管理体系审核输出，见 4.5.4)；

——不符合报告；

——程序执行结果的证据。

4.5.2 事故、事件、不符合、纠正和预防措施

4.5.2.1 GB/T 28001 的要求

GB/T 28001 职业健康安全管理体系　规范

4.5.2 事故、事件、不符合、纠正和预防措施

组织应建立并保持程序，确定有关的职责和权限，以便：

a) 处理和调查：

——事故；

——事件；

——不符合；

b) 采取措施减小因事故、事件或不符合而产生的影响；

c) 采取纠正和预防措施，并予以完成；

d) 确认所采取的纠正和预防措施的有效性。

这些程序应要求，对于所有拟定的纠正和预防措施，在其实施前应先通过风险评价过程进行评审。

为消除实际和潜在不符合原因而采取的任何纠正或预防措施，应与问题的严重性和面临的职业健康安全风险相适应。

组织应实施并记录因纠正和预防措施而引起的对形成文件的程序的任何更改。

4.5.2.2 意图

为了报告和评价(调查)事故、事件和不符合，组织宜建立有效的程序。程序的主要目的是，通过识别和消除根源，预防事故、事件和不符合情况的进一步发生。此外，程序宜能检查、分析和消除不符合的潜在根源。

4.5.2.3 典型输入

典型输入包括以下方面：

——程序(通常)；

——应急计划；

——危险源辨识、风险评价和风险控制的结果；

——职业健康安全管理体系审核报告,包括不符合报告；

——事故、事件和(或)危险源报告；

——维护和服务报告。

4.5.2.4 **过程**

组织宜建立形成文件的程序,以确保对事故、事件和不符合(见第3章)进行调查并实施纠正和(或)预防措施。组织宜监视纠正和预防措施的完成进展情况,并评审这些措施的有效性。

4.5.2.4.1 **程序**

程序宜考虑以下方面：

a) 总则

程序宜：

——确定参与纠正和预防措施的实施、报告、调查、跟踪和监视的人员的职责和权限；

——要求报告所有不符合、事故、事件和危险源；

——适用于所有员工,即工作场所内的员工、临时工、合同方人员、访问者和其他人员；

——考虑财产的损坏；

——确保员工不因报告不符合、事故或事件而遭受虐待；

——明确规定在职业健康安全管理体系中识别不符合之后采取措施的过程。

b) 即时措施

各方宜知晓在发现不符合、事故、事件或危险源时所需采取的立即措施。程序宜：

——确定通知的过程；

——如果可行,可与应急计划和程序相配合；

——确定有关潜在或实际伤害的调查工作规模(例如:让管理者参加严重事故的调查工作)。

c) 记录

宜采用适当的方式记录事实信息、立即调查的结果和随后更详细的调查。组织宜确保按程序：

——记录不符合、事故或危险源的详情；

——确定记录的保存位置和保管职责。

d) 调查

程序宜确定如何实施调查过程。程序宜识别：

——所调查事件的类型(例如:可能导致严重伤害的事件)；

——调查的目的；

——负责调查的人员及其权限和所需的资格(如可行,可包括各级管理者)；

——不符合的根源；

——与目击者面谈的安排；

——实际问题,例如:能否利用摄影设备、如何保存证据等；

——对包含法定报告要求的调查报告的安排。

调查人员在收集进一步信息的同时,宜开始对事实进行初步分析。资料的收集和分析宜持续进行,直至获得令人满意且十分全面的解释为止。

e) 纠正措施

为了防止已识别的不符合、事故或事件再次发生,组织宜采取纠正措施以消除其产生的根源。在建立和维护纠正措施程序时所考虑的因素的实例包括：

——短期和长期的纠正和预防措施的识别和实施(这也可包括使用合适的信息资源,例如:拥有职业健康安全专业技术的员工的建议);

——对危险源辨识和风险评价的结果的任何影响(以及对更新危险源辨识、风险评价和风险控制的报告的任何需要)的评价;

——记录由纠正措施或由危险源辨识、风险评价和风险控制所导致的对程序进行的任何所需的更改;

——实施风险控制或修改现有的风险控制,以确保采取纠正措施并使其有效。

f) 预防措施

建立和维护预防措施程序时所考虑的因素的实例包括:

——使用适当的信息资源("无损失的事件"的趋向、职业健康安全管理体系审核报告、记录、更新的风险分析、有关危险材料的新信息、安全"巡视"、拥有职业健康安全专业技术的员工的建议等);

——识别任何需要采取预防措施的问题;

——开始实施预防措施并进行控制以确保措施有效;

——记录由预防措施和将预防措施提交批准所导致的对程序进行的任何更改。

g) 跟踪

所采取的纠正措施或预防措施宜尽可能持久有效。为此,组织宜检查其有效性。对于未完成的(延误的)措施,宜尽早向最高管理者报告。

4.5.2.4.2 对不符合、事故和事件的分析

宜对已识别的不符合、事故和事件的根源进行分类和常规分析。为了便于比较,事故的频次和严重性等级宜按照公认的行业惯例计算。

宜进行以下方面的分类和分析:

——可报告的或误工的伤害(疾病)的频次或严重性等级;

——地点、伤害类型、身体部位、所涉及的活动、所涉及的机构、日期、时间(无论哪一个,只要可行);

——财产损坏的类型和数量;

——直接原因和根本原因。

对涉及财产损坏的事故,组织宜给予足够的关注。有关财产修理的记录,有可能表明某个未报告的事故(事件)所导致的损坏。

事故和疾病的数据(信息)极为重要,因为它们可以直接作为职业健康安全绩效指标。但对于其使用,组织宜谨慎从事,宜考虑下列问题:

——大多数组织由于发生伤害事故或与工作相关的疾病的案例太少,而不能辨别是实际趋势还是偶然结果;

——如果在相同时间内同样数量的人员完成了更多的工作,则只有增加的工作负荷可能被认为是事故率增加的原因;

——因伤害或与工作相关的疾病所导致的误工时间长短,可能还受到除伤害或疾病的严重程度之外其他因素的影响,例如:缺乏道德、工作单调、不良的同事关系等;

——事故通常被弱化报告(有时被夸大报告)。各级的报告可能会变化。这种情况可以通过增强员工意识、改进报告和记录机制得以改善;

——从职业健康安全管理体系失败到有害影响发生,将有一段延迟时间。此外,很多职业疾病还有相当长的潜伏期。组织不必等待伤害发生之后再去判断职业健康安全管理体系是否正常运行。

宜作出有效的结论,并采取纠正措施。至少每年将此类分析上报最高管理者,并纳入管理评审(见4.6)中。

4.5.2.4.3 **监视和沟通的结果**

宜评价职业健康安全调查和报告的有效性。评价宜客观，如果可能，则宜得出量化的结果。

为了从调查中吸取经验教训，组织宜：

——识别其职业健康安全管理体系和一般管理中的缺陷的根源(如果可行)；

——就发现的问题和建议与管理者和有关的相关方进行沟通(见4.4.3)；

——将调查中的有关发现和建议纳入持续的职业健康安全评审过程中；

——监视补救控制措施的及时实施及其随后时期的有效性；

——为了避免组织内相同的地方重复发生极为相似的事件，宜将出自不符合调查中的经验教训应用于整个组织，但重要的是所涉及的主要原理，而不是局限于采取特定的措施。

4.5.2.4.4 **记录保持**

纠正措施可能是一个极小的、可迅速实现的正式计划，也可能是一个较复杂的、需进行长期的活动才能实现的正式计划。为此，有关的文件宜与纠正措施的复杂程度相适应。

宜向管理者代表(如果可行，包括向员工的职业健康安全代表)递交报告和建议，以便分析和归档。

组织宜保持用于记录所有事故(包括具有重大职业健康安全后果的潜在事件)的登记簿。这类登记簿通常是法规所要求的。

4.5.2.5 **典型输出**

典型输出包括以下方面：

——事故和不符合程序；

——不符合报告；

——不符合登记簿；

——调查报告；

——更新的危险源辨识、风险评价和风险控制的报告；

——为管理评审提供输入信息；

——对所采取的纠正和预防措施的有效性进行评价的证据。

4.5.3 **记录和记录管理**

4.5.3.1 **GB/T 28001的要求**

> **GB/T 28001职业健康安全管理体系　规范**
>
> 4.5.3 **记录和记录管理**
>
> 组织应建立并保持程序，以标识、保存和处置职业健康安全记录以及审核和评审结果。
>
> 职业健康安全记录应字迹清楚、标识明确，并可追溯相关的活动。职业健康安全记录的保存和管理应便于查阅，避免损坏、变质或遗失。应规定并记录保存期限。
>
> 应按照适于体系和组织的方式保存记录，用于证实符合本标准的要求。

4.5.3.2 **意图**

为了证实职业健康安全管理体系运行的有效性和所有过程在安全的条件下均得到执行，组织宜保持记录。由于职业健康安全记录将职业健康安全管理体系和对要求的符合性形成文件，组织宜字迹清楚、标识明确地建立和保持职业健康安全记录。

4.5.3.3 **典型输入**

宜保持的记录(用于证实对要求的符合性)包括以下方面：

——培训记录；

——职业健康安全检验报告；

——职业健康安全管理体系审核报告；
——协商报告；
——事故(事件)报告；
——事故(事件)跟踪报告；
——职业健康安全会议纪要；
——医疗测试报告；
——健康监视报告；
——个体防护装备发放和维护记录；
——应急响应演练报告；
——管理评审；
——危险源辨识、风险评价和风险控制的记录。

4.5.3.4 **过程**

尽管 GB/T 28001 的大部分要求无需多加解释，但是还宜另外考虑以下方面：
——职业健康安全记录的处置权限；
——职业健康安全记录的机密性；
——有关职业健康安全记录保持力的法规和其他要求；
——围绕使用电子记录的问题。

职业健康安全记录宜完整填写、字迹清楚、标识明确。组织宜确定职业健康安全记录的保存时间。记录宜保存在安全地点，并便于查阅，避免损坏。对于极为重要的职业健康安全记录，组织宜给予妥善保护或按法规要求加以保护，以防可能的火灾和其他损坏。

4.5.3.5 **典型输出**

典型输出包括以下方面：
——程序(用于职业健康安全记录的识别、保持和处置)；
——妥善保存和便于查阅的职业健康安全记录。

4.5.4 **审核**

4.5.4.1 **GB/T 28001 的要求**

> **GB/T 28001 职业健康安全管理体系 规范**
>
> 4.5.4 **审核**
>
> 组织应建立并保持审核方案和程序，定期开展职业健康安全管理体系审核，以便：
>
> a) 确定职业健康安全管理体系是否：
>
> 1) 符合职业健康安全管理的策划安排，包括满足本标准的要求；
>
> 2) 得到了正确实施和保持；
>
> 3) 有效地满足组织的方针和目标；
>
> b) 评审以往审核的结果；
>
> c) 向管理者提供审核结果的信息。
>
> 审核方案，包括日程安排，应基于组织活动的风险评价结果和以往审核的结果。审核程序应既包括审核的范围、频次、方法和能力，又包括实施审核和报告审核结果的职责和要求。
>
> 如果可能，审核应由与所审核活动无直接责任的人员进行。
>
> 注：这里“无直接责任的人员”并不意味着必须来自组织外部。

4.5.4.2 **意图**

职业健康安全管理体系审核是一个组织由此可以评审和持续评价其职业健康安全管理体系有效性

的过程。通常，职业健康安全管理体系审核需要考虑职业健康安全方针和程序、工作场所内的条件和实际工作情况。

组织宜建立一个职业健康安全管理体系的内部审核方案，自我评审其职业健康安全管理体系对GB/T 28001的符合性。宜由组织内部的员工和(或)由组织选用的外部人员执行策划的职业健康安全管理体系审核，以确定对形成文件的职业健康安全程序的符合程度，并评价职业健康安全管理体系是否有效满足组织的职业健康安全目标。不管职业健康安全管理体系审核人员来自内部还是外部，均宜公正客观。

注：职业健康安全管理体系的内部审核宜将重点集中在职业健康安全管理体系的绩效方面。组织不宜将其混同于职业健康安全检查或其他安全检查。

4.5.4.3 典型输入

典型输入包括以下方面：

——职业健康安全方针陈述；

——职业健康安全目标；

——职业健康安全程序和作业指导书；

——危险源辨识、风险评价和风险控制的结果；

——法规和最好的实践经验(如果适用)；

——不符合报告；

——职业健康安全管理体系审核程序；

——有资格的、独立的内部(外部)审核人员；

——不符合程序。

4.5.4.4 过程

4.5.4.4.1 审核

职业健康安全管理体系审核提供了一个全面而又正式的对职业健康安全程序和惯例的符合性评价。

职业健康安全管理体系审核宜按计划安排进行。必要时，还可执行计划外的审核。

职业健康安全管理体系审核宜仅由有资格的、独立的人员执行。

职业健康安全管理体系审核的输出宜包括对职业健康安全程序的有效性、符合程序和惯例的程度水平的详尽评价，必要时宜识别需采取的纠正措施。职业健康安全管理体系的审核结果宜予以记录，并定期向管理者报告。

宜由管理者执行对审核结果的评审，必要时采取有效的纠正措施。

注：在GB/T 19021.1—1993、GB/T 19021.2—1993、GB/T 19021.3—1993、GB/T 24010—1996、GB/T 24011—1996、GB/T 24012—1996中描述的通用原则和方法适用于职业健康安全管理体系审核。

4.5.4.4.2 计划

为了执行职业健康安全管理体系内部审核，组织宜制定年度审核计划。职业健康安全管理体系审核宜覆盖受职业健康安全管理体系控制的整个运行范围，并评价对GB/T 28001的符合性。

职业健康安全管理体系审核的频次和规模宜与以下方面有关：

——与职业健康安全管理体系各种要素的失败有关的风险；

——可利用的关于职业健康安全管理体系绩效的资料；

——管理评审的输出；

——职业健康安全管理体系或其运行环境易发生改变的程度。

如果情况需要，例如发生事故后，可能需要增加执行计划外的职业健康安全管理体系审核。

4.5.4.4.3 管理者的支持

为了使职业健康安全管理体系审核具有价值，最高管理者有必要对职业健康安全管理体系审核理念及其在组织内有效实施作出全面承诺。最高管理者宜考虑职业健康安全管理体系审核发现及其建议和在适当时间内采取必要的措施。一旦同意执行职业健康安全管理体系审核，就宜公正地完成。组织宜告知所有有关员工职业健康安全管理体系审核的目的和好处，并鼓励员工与审核员充分合作，诚实地回答他们的问题。

4.5.4.4.4 **审核员**

职业健康安全管理体系审核可由一人或多人承担。如果由多人承担，可采用审核小组形式的工作方法，这样可扩大参与并增进合作，还能利用更大范围的专家的专业技能。

审核员宜：

——独立于所审核的部门或活动；

——了解其任务并有能力胜任；

——有经验并具有相关标准和将要审核的体系方面的知识，以便能够评价绩效和识别缺陷；

——熟悉所有相关法规的要求；

——了解和获取与他们所从事工作有关的标准和权威性指南。

4.5.4.4.5 **资料收集和解释**

用于收集信息的技术和手段取决于所承担的职业健康安全管理体系审核的性质。职业健康安全管理体系审核宜确保对主要活动的典型样本进行审核，以及与有关员工（如果可行，包括员工的职业健康安全代表）进行面谈。组织宜检查相关文件，可包括：

——职业健康安全管理体系文件；

——职业健康安全方针陈述；

——职业健康安全目标；

——职业健康安全应急程序；

——工作许可制度和程序；

——职业健康安全会议纪要；

——事故（事件）报告和记录；

——来自职业健康安全执法机关或其他法规制定机构的任何报告或信息（口头的、信件、通知等）；

——法定登记和证书；

——培训记录；

——以往职业健康安全管理体系审核报告；

——纠正措施要求；

——不符合报告。

组织宜尽可能将核查纳入职业健康安全管理体系审核程序，以有助于避免曲解或误用所收集的资料、信息或其他记录。

4.5.4.4.6 **审核结果**

对于最终的职业健康安全管理体系审核报告，其内容宜清楚、准确和完整，宜注明日期并由审核员签名。审核报告视情况可包含以下方面：

——职业健康安全管理体系审核目的和范围；

——职业健康安全管理体系审核计划的细节、审核小组成员和受审核的代表的识别、审核日期、接受审核的区域的识别；

——作为执行职业健康安全管理体系审核依据的文件的识别（例如：GB/T 28001、职业健康安全管理手册）；

——已识别的不符合的详情；

——审核员对符合 GB/T 28001 程度的评价；

——职业健康安全管理体系实现所确立的职业健康安全管理目标的能力；

——最终的职业健康安全管理体系审核报告的分发。

职业健康安全管理体系审核结果宜尽快反馈给所有有关的相关方，以便采取纠正措施。宜起草一份经过协商的补救措施的行动计划，同时识别负责人、完成日期和报告的要求。宜作出跟踪监视安排，以确保建议得到满意的实施。

就包含在职业健康安全管理体系审核报告中的信息进行沟通时，宜考虑保密要求。

4.5.4.5 典型输出

典型输出包括以下方面：

——职业健康安全管理体系审核计划(方案)；

——职业健康安全管理体系审核程序；

——职业健康安全管理体系审核报告，包括不符合报告、建议和纠正措施要求；

——签发(关闭)不符合报告；

——向管理者报告职业健康安全管理体系审核结果的证据。

4.6 管理评审

4.6.1 GB/T 28001 的要求

GB/T 28001 职业健康安全管理体系 规范

4.6 管理评审

管理评审如图 6 所示。

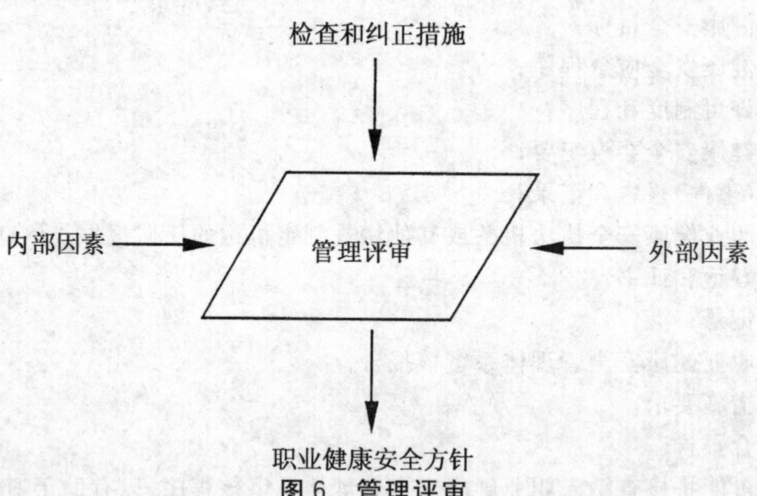

图 6 管理评审

组织的最高管理者应按规定的时间间隔对职业健康安全管理体系进行评审，以确保体系的持续适宜性、充分性和有效性。管理评审过程应确保收集到必要的信息以供管理者进行评价。管理评审应形成文件。

管理评审应根据职业健康安全管理体系审核的结果、环境的变化和对持续改进的承诺，指出可能需要修改的职业健康安全管理体系方针、目标和其他要素。

4.6.2 意图

最高管理者宜评审职业健康安全管理体系的运行情况，以便评价：

——职业健康安全管理体系是否完全实施；

——职业健康安全管理体系是否继续适宜于实现组织所确立的职业健康安全方针和目标。

评审还宜考虑职业健康安全方针是否继续合适。评审宜建立新的职业健康安全目标，或者更新原有的职业健康安全目标，以实现持续改进，适应未来需要，并考虑职业健康安全管理体系的任何要素是否需要改变。

4.6.3 **典型输入**

典型输入包括以下方面：

——事故统计；

——职业健康安全管理体系内部审核和外部审核的结果；

——前次评审以来对体系所执行的纠正措施；

——应急报告(实际的或演练的)；

——管理者代表关于体系总体绩效的报告；

——各级管理者关于体系在其管理区域的有效性的报告；

——危险源辨识、风险评价和风险控制的过程的报告。

4.6.4 **过程**

最高管理者宜定期进行评审(例如:每年一次)。由于在职业健康安全管理体系内宜通过正常手段处理具体细节问题,因此,评审宜将重点集中于职业健康安全管理体系的总体绩效,而不是具体细节。

在管理评审计划中,宜考虑以下方面：

——所针对的主题；

——谁参加(管理者、职业健康安全专家顾问、其他员工)；

——各参与者在评审方面的职责；

——为评审所提供的信息。

评审宜针对以下方面：

——现有职业健康安全方针的适用性；

——为下一个循环周期而建立和更新职业健康安全目标以实现持续改进；

——现有危险源辨识、风险评价和风险控制的过程的充分性；

——风险的现有水平和现有控制措施的有效性；

——资源的充分性(财力、人力、物力)；

——职业健康安全检查过程的有效性；

——危险源报告过程的有效性；

——有关已发生的事故和事件的资料；

——所记录的无效程序的实例；

——前次评审以来对体系所执行的内部审核和外部审核的结果及其有效性；

——应急准备的状况；

——对职业健康安全管理体系的改进(例如:采取新的主动性或扩大现有的主动性)；

——所有事故和事件调查的输出；

——法规或技术的预期变动的影响评价。

管理者代表宜向会议报告职业健康安全管理体系的总体绩效。如果需要,职业健康安全管理体系绩效的局部评审宜在更频繁的时间间隔内进行。

4.6.5 **典型输出**

典型输出包括以下方面：

——评审纪要；

——对职业健康安全方针和职业健康安全目标的更改；

——单个管理者的特定纠正措施及其完成的预定日期；

——特定的改进措施及其指定的职责和完成的预定日期；

——纠正措施的评审日期；

——将体现在未来内部审核计划中的重要方面。

附　录　A
（资料性附录）
GB/T 28001—2001 与 GB/T 24001—1996、GB/T 19001—2000 之间的联系

表 A.1 列出了 GB/T 28001—2001 与 GB/T 24001—1996、GB/T 19001—2000 之间相应章条间的对应关系。

表 A.1 GB/T 28001—2001 与 GB/T 24001—1996、GB/T 19001—2000 之间相应章条间的对应关系

GB/T 28001—2001		GB/T 24001—1996		GB/T 19001—2000	
1	范围	1	范围	1 1.1 1.2	范围 总则 应用
2	规范性引用文件	2	引用标准	2	引用标准
3	术语和定义	3	定义	3	术语和定义
4	职业健康安全管理体系要素	4	环境管理体系要求	4	质量管理体系
4.1	总要求	4.1	总要求	4.1 5.5 5.5.1	总要求 职责、权限与沟通 职责和权限
4.2	职业健康安全方针	4.2	环境方针	5.1 5.3 8.5	管理承诺 质量方针 改进
4.3	策划	4.3	规划(策划)	5.4	策划
4.3.1	对危险源辨识、风险评价和风险控制的策划	4.3.1	环境因素	5.2 7.2.1 7.2.2	以顾客为关注焦点 与产品有关的要求的确定 与产品有关的要求的评审
4.3.2	法规和其他要求	4.3.2	法律和其他要求	5.2 7.2.1	以顾客为关注焦点 与产品有关的要求的确定
4.3.3	目标	4.3.3	目标和指标	5.4.1	质量目标
4.3.4	职业健康安全管理方案	4.3.4	环境管理方案	5.4.2 8.5.1	质量管理体系策划 持续改进
4.4	实施和运行	4.4	实施和运行	7 7.1	产品实现 产品实现的策划
4.4.1	结构和职责	4.4.1	组织结构和职责	5 5.1 5.5.1 5.5.2 6 6.1 6.2 6.2.1 6.3 6.4	管理职责 管理承诺 职责和权限 管理者代表 资源管理 资源的提供 人力资源 总则 基础设施 工作环境
4.4.2	培训、意识和能力	4.4.2	培训、意识和能力	6.2.2	能力、意识和培训

表 A.1(续)

GB/T 28001—2001		GB/T 24001—1996		GB/T 19001—2000	
4.4.3	协商和沟通	4.4.3	信息交流	5.5.3 7.2.3	内部沟通 顾客沟通
4.4.4	文件	4.4.4	环境管理体系文件	4.2 4.2.2	文件要求 质量手册
4.4.5	文件和资料控制	4.4.5	文件控制	4.2.3	文件控制
4.4.6	运行控制	4.4.6	运行控制	7 7.1 7.2 7.2.1 7.2.2 7.3 7.3.1 7.3.2 7.3.3 7.3.4 7.3.5 7.3.6 7.3.7 7.4 7.4.1 7.4.2 7.4.3 7.5 7.5.1 7.5.2 7.5.3 7.5.4 7.5.5	产品实现 产品实现的策划 与顾客有关的过程 与产品有关的要求的确定 与产品有关的要求的评审 设计和开发 设计和开发策划 设计和开发输入 设计和开发输出 设计和开发评审 设计和开发验证 设计和开发确认 设计和开发更改的控制 采购 采购过程 采购信息 采购产品的验证 生产和服务的提供 生产和服务的提供的控制 生产和服务的提供过程的确认 标识和可追溯性 顾客财产 产品防护
4.4.7	应急准备和响应	4.4.7	应急准备和响应	8.3	不合格品控制
4.5	检查和纠正措施	4.5	检查和纠正措施	8	测量、分析和改进
4.5.1	绩效测量和监视	4.5.1	监测和测量	7.6 8.1 8.2 8.2.1 8.2.3 8.2.4 8.4	监视和测量装置的控制 总则 监视和测量 顾客满意 过程的监视和测量 产品的监视和测量 数据分析
4.5.2	事故、事件、不符合、纠正和预防措施	4.5.2	不符合,纠正和预防措施	8.3 8.5.2 8.5.3	不合格品控制 纠正措施 预防措施
4.5.3	记录和记录管理	4.5.3	记录	4.2.4	记录控制
4.5.4	审核	4.5.4	环境管理体系审核	8.2.2	内部审核
4.6	管理评审	4.6	管理评审	5.6 5.6.1 5.6.2 5.6.3	管理评审 总则 评审输入 评审输出

附 录 B
（资料性附录）
BS 8800中与危险源辨识、风险评价和风险控制有关的内容（BS 8800中附录D D.3至D.6）的参考译文

B.1 风险评价过程

B.1.1 风险评价的基本步骤

图B.1展示了风险评价的基本步骤。由于B.2、B.3和B.4将对这些步骤进行全面阐述，因此，下面对这些步骤仅作简要介绍：

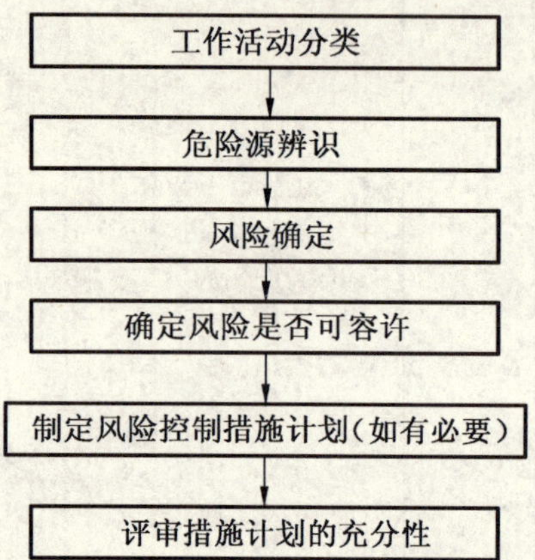

图B.1 危险源辨识、风险评价和风险控制的基本步骤

a) 工作活动分类：编制工作活动表，其内容包括厂房、设备、人员和程序及其相关信息；

b) 危险源辨识：识别与每项工作活动有关的所有危险源，并考虑谁会受到伤害以及如何受到伤害；

c) 风险确定：在假定计划的或现有的控制措施均已实施的情况下，对与各项危险源有关的风险作出主观评价。评价人员还宜考虑控制的有效性以及控制失败的后果；

d) 确定风险是否可容许：判断计划的或现有的职业健康安全预防措施（若有的话）是否足以控制危险源并符合法规要求；

e) 制定风险控制措施计划（如果有必要）：制定计划以处理风险评价中发现的、需要重视的任何问题。组织宜确保新的或现有的控制措施的适当性和有效性；

f) 评审措施计划的充分性：针对已修改的控制措施，重新进行风险评价，并确定风险是否可容许。

B.1.2 风险评价的要求

如果风险评价在实践中是有用的，则组织宜：

a) 指定组织的一名高级人员负责促进和管理该活动；

b) 与每个有关人员进行协商，讨论计划细节，并得到他们的建议和承诺；

c) 确定拟执行风险评价的人员（小组）对于风险评价的培训需求，并制定适当的培训方案；

d) 评审风险评价的充分性：确定风险评价是否适当和充分，即是否足够详细而严密；

e) 将风险评价的管理详情和重要发现形成文件。

一般没有必要对风险进行精确的数值计算。复杂的定量风险评价方法通常仅在风险控制失效后可能造成灾难性后果的场合才需要。对于存在重大危险源的行业，由于工作场所不同，所需的风险评价的方法也不相同，但在大多数组织中，较简单的主观评价方法更可取。

对于暴露在有毒物质和有害能量下的风险评价，可能需要进行有关的测量，例如测量大气粉尘浓度和噪音暴露值。

B.2 风险评价的实践

B.2.1 总则

这里阐述了组织在策划风险评价时宜考虑的诸多因素。组织需注意参考有关的法规和指南，以确保满足特定的法规要求。

风险评价的过程宜涵盖所有的职业健康安全危险源。较好的办法是对全部危险源进行综合评价，而不是对健康危害、人工搬运和机械危害等进行单独评价。如果使用不同方法进行单独的评价，那么，将很难排列风险控制措施的优先顺序。此外，单独评价还会造成不必要的重复。

在开始着手风险评价时，需仔细考虑以下方面：

a) 设计一个简单的风险评价的预定形式(见 B.2.2)；

b) 工作活动分类的准则，以及每项工作活动所需的信息(见 B.2.3 和 B.2.4)；

c) 危险源辨识和危险源分类的方法(见 B.3.1)；

d) 基于可靠信息确定风险的程序(见 B.3.2)；

e) 用于描述所评价的风险水平的措辞(见表 B.1 和表 B.2)；

f) 确定风险是否可容许的准则：计划的或现有的控制措施是否充分(见 B.4.1)；

g) 实施补救措施(如果有必要)的时间表(见表 B.2)；

h) 首选的风险控制方法(见 B.4.2)；

i) 评审措施计划的充分性准则(见 B.4.3)。

B.2.2 风险评价的形式

组织宜设计一种能记录评价发现的简单形式，典型形式可包括：

a) 工作活动；

b) 危险源；

c) 适当的控制措施；

d) 暴露于风险中的人员；

e) 伤害的可能性；

f) 伤害的严重程度；

g) 风险水平；

h) 根据评价所采取的措施；

i) 有关管理的详情，例如：评价人员的姓名、日期等。

组织宜建立其综合的风险评价的程序，并对程序进行测试和按程序持续评审其职业健康安全管理体系。

B.2.3 工作活动分类

工作活动分类

制定工作活动表是风险评价的必要准备过程。在制定工作活动表时，宜以合理的和易管理的方式将组织的所有工作活动进行分组，并搜集与工作活动有关的必要信息。但至关重要的是，既包括不常见的维修任务，又包括日常的工作活动。工作活动分类的方式可包括：

a) 组织厂房内(外)的地理位置；

b) 生产过程或所提供服务的阶段；

c) 计划的和被动性的工作；

d) 确定的任务(例如：驾驶)。

B.2.4 工作活动信息

每项工作活动的相关信息可包括以下方面：

a） 正在执行的工作：工作期限和频次；

b） 执行工作的场所；

c） 谁通常(偶然)执行此项工作；

d） 受到此项工作影响的其他人员(例如：访问者、合同方人员、公众等)；

e） 已接受此项工作的人员的培训；

f） 为此项工作所建立的书面的工作制度和(或)持证上岗程序；

g） 可能使用的装置和机械；

h） 可能使用的动力手工具；

i） 制造商或供应商关于装置、机械和动力手工具的操作和维护指令；

j） 可能要搬运的材料的尺寸、形状、表面特征和质量；

k） 材料需用手移动的距离和高度；

l） 所用的服务(例如：压缩空气)；

m） 工作期间所用到或所遇到的物质；

n） 所用到或所遇到的物理形态的物质(例如：烟气、气体、蒸汽、液体、粉尘、粉末、固体等)；

o） 与所用到的或所遇到的物质有关的危险源数据表的内容和建议；

p） 与所进行的工作、所使用的装置和机械、所用到的或所遇到的物质有关的法规和标准的要求；

q） 被认为适当的控制措施；

r） 被动性的监视资料：从组织内(外)以往发生的、与当前所进行的工作、所用设备和物质有关的事件、事故和疾病的经历而获得的资料；

s） 与此项工作活动有关的任何现有评价的发现。

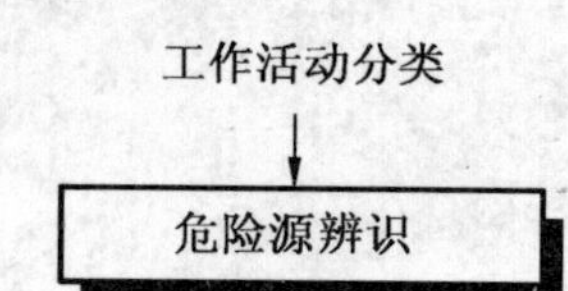

B.3 风险分析

B.3.1 危险源辨识

B.3.1.1 总则

用于危险源辨识的三个问题如下：

a） 有伤害的来源吗?

b） 谁(或什么)会受到伤害?

c） 伤害如何发生?

如果危险源所具有的潜在伤害可以明确忽略，则不宜形成文件或给予进一步的考虑。

B.3.1.2 广义的危险源分类

为有助于危险源辨识，可采用不同的方法对危险源进行分类。例如按专业分类，危险源可分为：

a） 机械类；

b） 电气类；

c） 辐射类；

d） 物质类；

e） 火灾和爆炸类。

B.3.1.3 危险源提示表

危险源提示表是危险源辨识的一种补充方法。提示表可包含以下问题：工作活动期间存在以下危险源吗？

a) 在平地上滑倒(跌倒)；

b) 人员从高处坠落；

c) 工具、材料等从高处坠落；

d) 头顶以上空间不足；

e) 用手举起/搬运工具、材料等有关的危险源；

f) 与装配、试车、操作、维护、改型、修理和拆卸有关的装置、机械的危险源；

g) 车辆危险源，包括场地运输和公路运输；

h) 火灾和爆炸；

i) 对员工的暴力行为；

j) 可吸入的物质；

k) 可伤害眼睛的物质或试剂；

l) 可通过皮肤接触和吸收而造成伤害的物质；

m) 可通过摄入(例如：通过口腔进入体内)而造成伤害的物质；

n) 有害能量(例如：电、辐射、噪声、振动)；

o) 由于经常性的重复动作而造成的与工作有关的上肢损伤；

p) 不适的热环境，例如：过热；

q) 照度；

r) 易滑、不平坦的场地(地面)；

s) 不合适的楼梯护栏或扶手；

t) 合同方人员的活动。

上面所列并不全面。组织宜根据其工作活动和场所的特点建立适合本组织的危险源提示表。

B.3.2 风险确定

B.3.2.1 总则

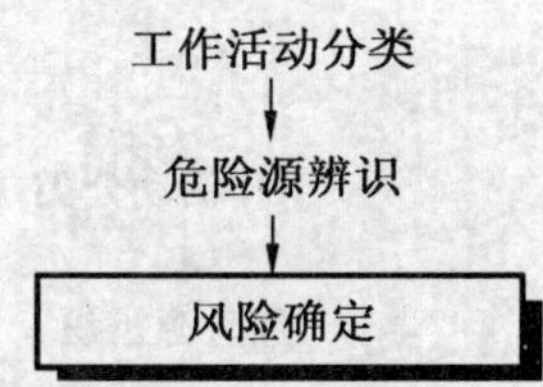

危险源的风险宜通过评价潜在伤害的严重程度和发生的可能性而确定。

B.3.2.2 伤害的严重程度

工作活动信息(见B.2.4)是风险评价的关键输入。在确定潜在伤害的严重程度时，还宜考虑以下方面：

a) 可能受到影响的身体部位；

b) 伤害的性质，从轻微伤害到严重伤害：

1) 轻微伤害，例如：

——表面损伤、轻微割伤和擦伤、粉尘对眼睛的刺激；

——烦躁和刺激(如头痛)、导致暂时性不适的疾病；

2) 伤害，例如：

——划伤、烧伤、脑震荡、严重扭伤、轻微骨折；

——耳聋、皮炎、哮喘、与工作有关的上肢损伤、导致永久性轻微功能丧失的疾病；

3） 严重伤害，例如：

——截肢、严重骨折、中毒、复合伤害、致命伤害；

——职业癌症、其他导致寿命严重缩短的疾病、急性不治之症。

B.3.2.3 伤害的可能性

在确定伤害发生的可能性时，组织宜考虑已实施的和已符合要求的控制措施的充分性。此时，由于法规要求和行为准则包含了规定的危险源控制措施，因而具有良好的指导作用。除B.2.3所给定的工作活动信息外，组织还宜考虑以下方面：

a） 暴露人数；

b） 暴露在危险源中的频次和持续时间；

c） 服务（例如：供电、供水）中断；

d） 装置、机械部件和安全装置的失灵；

e） 暴露于恶劣气候；

f） 个体防护装备所提供的保护和个体防护装备的使用率；

g） 不安全行为（无意识的错误或故意违反程序），例如：

1） 可能不知道哪是危险源；

2） 可能不具备执行工作任务所需的知识、体能或技能；

3） 低估了所暴露的风险；

4） 低估了安全工作方法的实用性和有效性。

重要的是，组织宜考虑发生意外事件的因果关系。

通常，这些主观的风险评价宜考虑暴露于某一危险源中的所有人员。对于任何给定的危险源来说，受影响的人数越多，其风险程度就越严重。但是，某些较大的风险可能仅与某个人所执行的临时任务有关，例如：对提升设备不可进入部位的维护。

B.4 风险评估

确定风险是否可容许以及控制措施

B.4.1 确定风险是否可容许

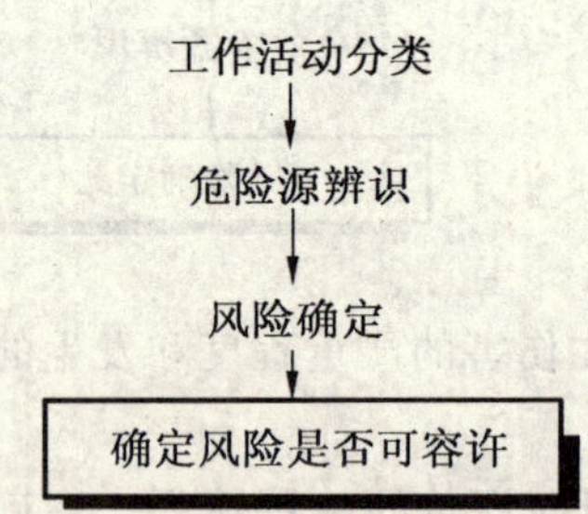

表B.1给出了一种评价风险水平和确定风险是否可容许的简单方法。按照所评估的伤害的可能性和严重程度，可以将风险分级。某些组织可能希望开发更完善的方法，但可将此方法作为一个合理的起点。可使用数字代替“中度风险”、“重大风险”等措辞来描述风险，但并不意味着评价结果更精确。

B.4.2 制定风险控制措施计划

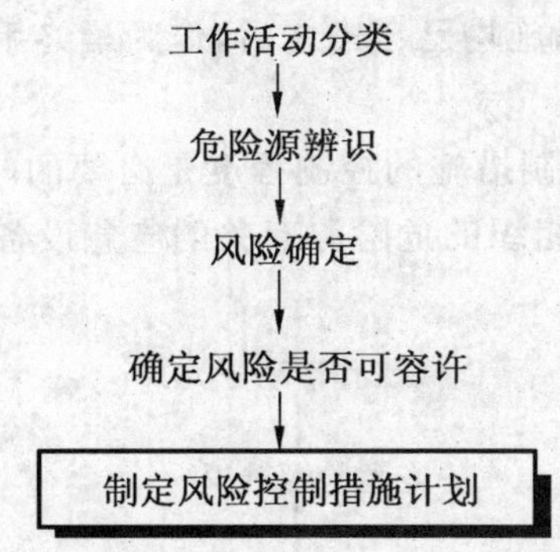

组织可依据如表 B.1 所示的风险分级，确定是否需要改进控制措施，以及行动的时间表。表 B.2 给出的措施计划只是一种探讨性研究方法，仅为了便于举例说明。表 B.2 表明，控制措施宜与风险水平相称。

表 B.1 简单的风险水平评估

可能性	严重程度（后果）		
	轻微伤害	伤害	严重伤害
极不可能	可忽略的风险	可容许风险	中度风险
不可能	可容许风险	中度风险	重大风险
可能	中度风险	重大风险	不可容许风险

表 B.2 基于风险水平的简单措施计划

风险水平	措施和时间表
可忽略风险	无须采取措施且不必保持文件记录。
可容许风险	无须增加另外的控制措施。宜考虑成本效益更佳的解决方案或不增加额外成本的改进措施。需要监视以确保控制措施得以保持。
中度风险	宜努力降低风险，但宜仔细测量和限定预防措施的成本。宜在规定的时间期限内实施风险降低措施。 当中度风险的后果属于“严重伤害”时，则需要进一步的评价，以便更准确地确定伤害的可能性，从而确定是否需要改进控制措施。
重大风险	对于尚未进行的工作，则不宜开始工作，直至风险降低为止。为了降低风险，可能必须配置大量的资源。对于正在进行的工作，则在继续工作的同时宜采取应急措施。
不可容许风险	不宜开始工作或继续工作，直至风险降低为止。如果即使投入无限的资源也不可能降低风险，就必须禁止工作。

风险评价的结果宜为一个按优先顺序排列的控制措施清单，该清单包含了新设计的控制措施、拟保持的控制措施或加以改进的控制措施。

选择控制措施时宜考虑以下方面：

a) 如果可能，则完全消除危险源，例如用安全物质取代危险物质；

b) 如果不可能消除，则努力降低风险，例如使用低压电器；

c) 尽可能使工作适宜于个体，例如考虑个体的心理和生理接受力；

d) 利用技术进步改进控制；

e) 措施用于保护每个人；

f) 将技术控制与程序控制结合起来；

g) 对诸如机械安全防护装置的维护的需求；

h） 在所有其他可选择的控制措施均已考虑之后，作为最终手段而使用个体防护装备；

i） 对应急方案的需求；

j） 主动性测量指标对于监视控制措施的控制程度是必要的(见附录 C)。

还宜考虑建立应急计划，提供与组织的危险源有关的应急设备。

B.4.3 评审措施计划的充分性

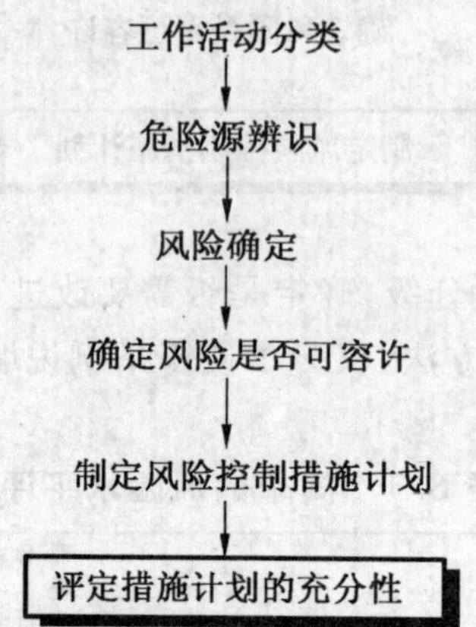

措施计划宜在实施前予以评审，评审包含以下方面：

a） 更改的控制措施是否使风险降至可容许水平；

b） 是否产生了新的危险源；

c） 是否已选定了成本效益最佳的解决方案；

d） 受影响的人员如何评价更改的预防措施的必要性和实用性；

e） 更改的预防措施是否会用于实际工作中，以及在面对诸如完成工作任务的压力等情况下是否将不被忽视。

B.4.4 条件变化和措施更改

宜将风险评价视为一个持续不断的过程。为此，组织宜持续评审控制措施的充分性，必要时更改控制措施。同样，如果条件发生变化，以至危险源和风险受到重大影响，则组织还宜对风险评价进行评审。

附　录　C
（资料性附录）
BS 8800 中的与绩效测量和监视有关的内容（BS 8800 中附录 E E.3.2 和 E.3.3）的参考译文

C.1　主动性监视数据

主动性监视数据的实例包括：

a）目标的制定数量和实现程度；

b）全体员工对管理者的职业健康安全承诺的理解；

c）是否指定了一名职业健康安全主管；

d）是否指定了职业健康安全专家；

e）职业健康安全专家的影响力；

f）是否发布了一个安全方针；

g）安全方针是否得到了充分的沟通；

h）职业健康安全培训人数；

i）职业健康安全培训效果；

j）已完成的风险评价项目数占所需项目数的比例；

k）风险控制措施的符合程度；

l）符合法规和其他要求的程度；

m）高级管理者进行职业健康安全巡视的次数和效果；

n）员工有关职业健康安全改进建议的数量；

o）员工对风险和风险控制的态度；

p）员工对风险和风险控制的理解；

q）职业健康安全审核的频次；

r）实施职业健康安全审核建议的时间；

s）职业健康安全委员会会议的频次和效果；

t）员工职业健康安全简报的频次和效果；

u）职业健康安全专家报告；

v）执行有关投诉或建议的措施的时间；

w）健康监视报告；

x）人员暴露抽样报告；

y）工作场所暴露水平（例如：噪声、尘、烟）；

z）个体防护装备的使用。

C.2　被动性监视资料

被动性监视资料包括：

a）不安全行为；

b）不安全条件；

c）事件；

d）仅造成损坏的事故；

e) 发生值得报告的危险；

f) 误工事故，即一人因事故伤害而至少损失一个工班(或其他时间期限)；

g) 损失工作日数超过三天的、值得报告的事故；

h) 值得报告的重要伤害；

i) 因病休工，即员工因疾病(职业病或非职业病)误工；

j) 投诉，例如公众投诉；

k) 执法机构人员的批评；

l) 执法机构的强制措施。

后　记

2002年共发布国家标准1047项，全部收入在《中国国家标准汇编》第286～294分册和2002年修订-1～-16分册中，其中两项标准由于标准文本延迟交稿未被收入本汇编，即：

1. GB/T 4588.3—2002《印制版的设计和使用》

2. GB/T 4677—2002《印制版的测试方法》

除以上两项国家标准请读者购买单行本外，配套购买25个分册的《中国国家标准汇编》，则可收齐2002年发布的全部制、修订国家标准。

中国标准出版社总编室

2004年1月